JN145662

増補改訂版

The eyes

眼の収斂進化

推薦のことば 1

The eyes

（堀内二彦著、創英社／三省堂書店）

小学生から大学生、社会人、そして眼科医に、私はこの本を推薦します！

堀内先生は、立派な眼科臨床医であり、特に眼循環の専門家である。

その堀内先生が、驚くべき素敵な図鑑的本を出版された。

「動物の眼」ということで、読んでいくと、あっという間に、ぐいぐいと引き込まれて行く。

とても不思議な魅力的な本である。

「こんな動物に、こんな眼があったんだ」

「トリには優れた遠くを見る視力」

「馬には広い視野」

「猫には優れた夜間の視力と動体視力」

「ミツバチには紫外域も見る視力」

「マグロの、左右別々に睡眠が取れる眼」…

生物は約５億4,500万年前に、視覚を得た。

捕食行動を起こし、その後約50万年で眼が完成したと言われている。

この本は、どこからでも読めて、前へ後へと読み比べて行くと、我々人間の眼は、将来、どのように進化して行くのだろうと、真剣に考えさせられる。

この「ひと時の喜び」は、眼科医には「広い心の幅」を与え、学生さんには「大きな夢」を、そして社会で働いている皆さんには、「我々の眼って、素晴らしいなあ。大切にしなくちゃ」という「自信」を与えてくれるだろう。

堀内先生流に、「眼は口以上に物を言っていて」、大成功である。

私は今日まで、こんなに素晴らしい「眼」を見た事がない。

是非、是非、多くの皆さんがこの本を手に取って読み、また、友人へのサプライズプレゼントとしても、「開眼」するだろう。

堀内二彦先生、楽しいひと時を有難うございます。

旭川医科大学

学長　吉田晃敏（眼科教授兼務）

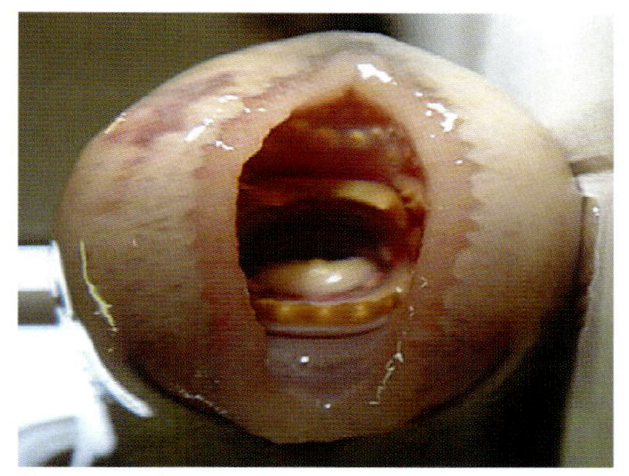

ヤツメウナギの口

ヤツメウナギは顎がなく無顎類または円口類で、口を吸盤として大型の魚に吸着して体液を吸うといわれているが、口が吸盤状でなく泥底の有機物を濾しとって食べる種もいる。

ベニシジミ

体長15mm で、日本中に生息している。幼虫は雑草のスイバやギシギシなどの食性がある。

推薦のことば 2

　この本は、人間の眼の形と機能を知り尽くした眼科医が、他の生き物の眼にまで興味を持って調べ始め、「生物の眼の不思議と魅力」に取り付かれて書き上げた、とても質の高い「眼の雑学書」である。眼科医はもちろん、獣医、医学部や獣医学部の学生にとっては、読みやすい学術書にもなりうるが、一般の学生や成人にとっても、楽しいウンチク本となっている。

　本書の特徴は、著者の興味が前面に出ており、自分が「あれっ、これどうなっているのだろう？」と疑問に感じたことに沿って解説されているため、一般の無味乾燥な学術書とは違い、読者が本の内容に入り込みやすいようになっている。ただ、眼科医には大変興味あることでも、一般の方には少し難しい内容の解説がされている項目もある。写真や図を多く取り入れた図鑑のようであり、話題が1ページで完結するように構成されているため、最初からじっくり読むのも良いが、自分が興味あるところだけをピックアップして読む、という読み方をしても、この本の魅力は十分に伝わると思われる。私自身、最初は面白そうな動物や昆虫の眼の項を拾い上げては飛ばし読みしていたが、結局最後は全項目を読む、ということになった。

　生物の最高位に位置する、と思われるヒトであるが、他の生物の眼と比較してみると、その眼の機能は最高位でない、ということに気づかされる。ヒトと比較して、遠方視力は鷲や鷹の方が優れており、夜間視力や動体視力は猫や犬の方が、瞬間視力はチンパンジーの方が、視野は馬の方が、フリッカー値はミツバチの方が、ヒトよりもずっと優秀であり、進化の最終ステージがすべてヒトにあるわけではないことは、とても興味深く感じた。これからも長い年月をかけて、ヒトの眼は収斂進化していくのであろうが、どの機能が良くなってどの機能が悪くなるのか、それは自然環境によって変わっていくのか、人類が科学の力で変えていってしまうのか、50万年後のヒトの眼を自分で確認したいと思ってしまった。

　自分の興味を満たすのも良し、他人にウンチクをひけらかすのも良し、多くの方々がこの本を読んで「眼の多様性と不思議な世界」を味わっていただくことをお勧め致します。

東京慈恵会医科大学
眼科学講座
教授　常岡　寛

ヤゴ

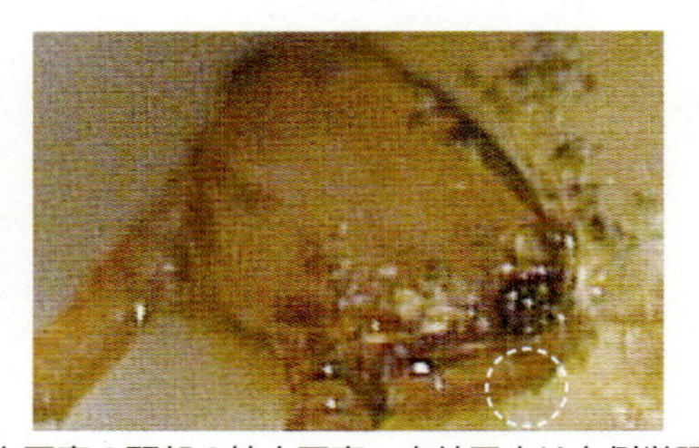

上写真の頭部の拡大写真、点線円内は左側単眼

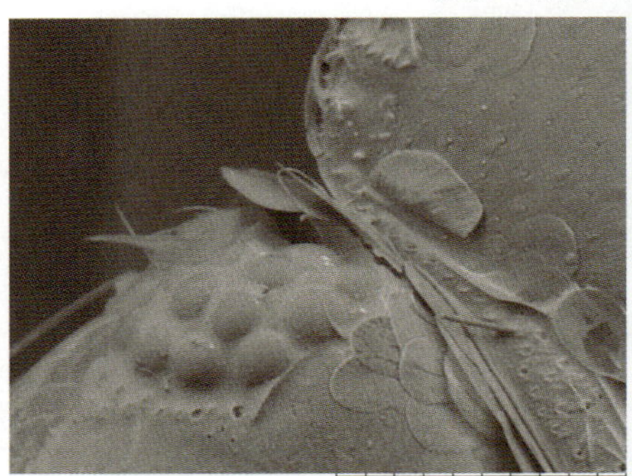

ヤゴはトンボ目の幼虫の総称で、大部分は水棲、一部は湿地の泥中などにすむ。成虫のトンボの多くは1対の複眼と3個の単眼を有する場合が多い。トンボの種類によって異なると思われるが、上写真のヤゴは複眼はなく、9対の単眼を有する。SEM300×

推薦のことば 3

眼に関する書物は山ほどあるが、生物の眼をこれほどまでに集めて一冊に載ることを試みた書を私は知らない。それほど本書は昆虫を含めた小動物から象に至る大型動物の眼まで走査電子顕微鏡など使って構造学的のみならず機能的面も含めて画像的に解り易く記載してある。従って、眼への造詣が深い眼科医、眼研究関係者のみならず生物系研究者や学生、そして目に魅せられているアーチストや一般の方に読んでもらってもそれぞれの視点から新知見が得られて実に楽しい一冊である。

眼は本当に神秘的な小器官である。動物に眼がないと外観や形態的にも不均衡となるし、行動的にも不安定になる。さらには美容的にも不調和となる。また外観ばかりでなく、ひとたび眼の中に入るとそこは正に小宇宙である。眼内組織の構造的美しさ、完備した機能など、どれ一つ取っても知れば知るほど眼の素晴らしさ、神秘さに心を奪われないものはない。

我々の住む宇宙がいかにしてできたのか謎の様に、生物の眼もどうしてできたのか謎だらけである。確かにPax6遺伝子が眼を形成するマスター遺伝子であるが、ではこの遺伝子は何のために、何故できてきたのか、太古の時代からただ光だけを求めて眼が出来てきたのか、本当に謎だらけで驚異である。

一方この本書の後半部分には、「眼の収斂進化」と題して視機能、眼の病気、発生、色覚、視覚情報処理機構が簡潔に述べられている。そして最近話題の再生医療や人工網膜までも記載されている。巻末には、著者らしい面を伺わせるコラムが添えられている。「恩師の眼」と題してこれまでに著者が師事してきた恩師たちの眼と物事への考え方など、著者の人生に影響を与えた内容が記されてあり楽しく、清々しい。

この書が眼そのものの研究ばかりでなく、心の眼についての養成になることを大いに期待したい。

東京医科大学名誉教授
日本眼科学会名誉会員
東京医科大学理事長
臼井正彦

マイマイガは昆虫で複眼である

マイマイガの幼虫はおしゃれである

SEM（Scanning Electron Microscope）
以後、走査電子顕微鏡の写真を、SEM と略し、
撮影倍率も併記する。

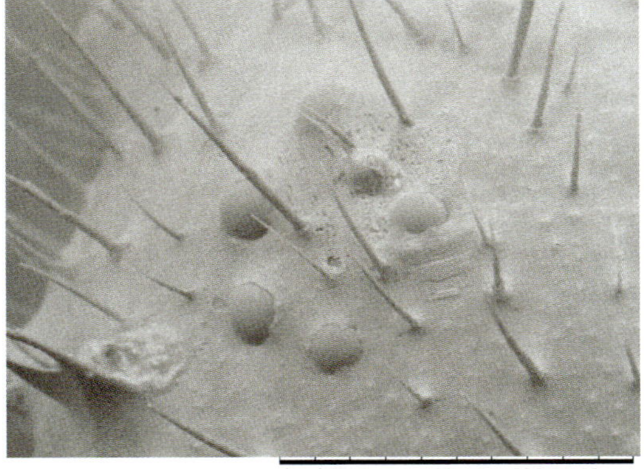

SEM150×　幼虫には単眼５対

はじめに

眼科医になって半世紀近く、医学の進歩の目覚ましさを痛感するとともに、眼科学の面白さが日々増幅している。「眼は口ほどに物を言う」の諺のごとく、眼は多くのことを我々に語りかけてくれる、大変面白い臓器である。

この小書は、医学書でも眼科専門書でも写真集でもない。単なる眼に関する「雑学の書」である。しかし、この雑学はレベルの低い無意味な雑学でなく、見識を深める質の高い雑学を意味する。

動物に興味のある若者が、医学を志す若者が、眼科に興味のある若者が、眼科臨床を生活の糧とする仲間が、そして、何よりも動物の眼と全く関わりなく生きてきた多く人々が、気楽に頁をめくり、雑学と見識を高め、脳細胞を刺激して頂ければ幸いである。

5億4500万年前から5億500万年前のカンブリア紀に爆発的に多くの生物が出現し、それぞれの種は環境に適応しながら全く別の進化を遂げてきた。その中でも眼の役割は重要であり、それぞれの種が特有な視機能を得て現在に至っている。しかし、それぞれ全く別個に進化してきた眼も極めて高い類似性や相似性を有する。それが「眼の収斂進化」である。

生態系の頂点に立つヒトの眼が、他の生物の視機能を凌駕するものでもない。この小書は多くの動物の眼を通して、視覚のしくみについて、視覚認知について、眼の多様性について、眼の収斂進化について、解りやすく解説する。ヒトは今後も英知を持って、豊かさや便利さを求め、生活習慣や生活環境を変え続けるであろう。それに伴うヒトの視機能が進む方向は無限であるが、理想の視機能を得るためには我々はどう生きるべきか、についても考えてみる。

動物学者や眼科の専門家からみれば、筆者の不勉強により、この小書の内容に多くの誤謬があると思う。また、科学的根拠に基かず、筆者の推理・憶測で書いた部分が多々あり、間違いについてはメクジラをたてずに読み流して頂きたい。動物の眼の解剖や機能についてのみ言及すると、この小書が極めて「無粋」になる。蛇や蛙が嫌いな読者もいるであろう。そこで、心して生々しい写真は除外し、所々に、過去に投稿した動物の眼に関する随筆や下手な俳句を挿入した。

小書の構成は、動物の発生や分類にとらわれず、グラビア風に、写真を中心にして、1頁完結型を採用し、気楽に読めるようにしたつもりである。

この小書を通して、視機能の意味や眼の収斂進化について興味を持って頂ければ幸いである。

本書で不明な部分や誤謬部分に挑戦される読者がいればさらに本望である。

イリオモテヤマネコ
沖縄県の西表島にのみ生息する、野生のヤマネコ。20世紀に入ってから発見された食肉目ネコ科の新属イリオモテヤマネコの瞳孔は縦長ではなく丸い。

空を舞う巨大な蝶。実は遠方に焦点を合わせ近くの蝶を撮影した、トリック写真である。

増補改訂版に寄せて

2012年７月に「The eyes」の初版を上梓して以来、この度増補改訂版を出すことになりました。第２版は多くの読者から指摘された初版の誤字誤文、内容の疑義についての修正が主でした。この増補改訂版は内容の充実を図るため、走査電子顕微鏡（SEM）の資料を中心に約85頁を差し替えし、50頁を新規に追加しました。走査電子顕微鏡は小さな資料の表面構造を観察する特徴から、新規に追加された頁は昆虫を含め小さな生物の眼が中心になります。走査電子顕微鏡検査のために、ダニや蚊などの有害虫は別として、幾多の生物の命を犠牲にしたことが心苦しく思われます。「知りたい」と云う衝動が多くの生物の命を犠牲にしたことに良心の呵責を覚えます。こうした小さな命の犠牲から知り得た情報をこの増補改訂版で紹介することにより、読者の眼に関する興味と認識が高まって頂ければ、良心の呵責に対して、多少なりとも救いになります。

増補改訂版の原稿を再読して、本の内容が少々難しくなった感があります。初版では中学生や高校生を対象に纏めてきましたが、走査電子顕微鏡による微細構造の内容が入ると、少々難解になったようです。しかし、最近は中学校でも走査電子顕微鏡を扱っているクラブ活動もあり、若いからこそ解らないことへの挑戦が出来るものと考えます。この本は、原則、１頁完結型の構成ですので、判りにくいところは飛ばして頁を進めて頂ければ幸いです。

本書は書籍の分類上、医学書でもなく、眼科専門書でもなく、動物学書でもありません。“一般書”に分類されます。それぞれの専門家から見ると極めて中途半端で、内容に物足りなさを感じると思います。しかし、多くの動物の眼を通し、視覚情報が生物の進化に多彩な影響を及ぼしてきたこと、そして、知的動物の最高位を獲得した我々人間が今後どのように視覚情報を活用すべきかを考える機会にして頂けたら幸いです。そうした意味から、中高生に限らず、一般社会人、医学生、眼科医にも読んで頂き、“人生の肥”にして頂きたく思います。私自身も、今後、さらに版を重ねる機会に恵まれれるよう愛しき眼と向き合う予定です。

増補改訂版出版に当たり、多くの資料のご提供を頂いた諸氏に心より感謝の意を表します。

27年11月吉日　著者　堀内二彦

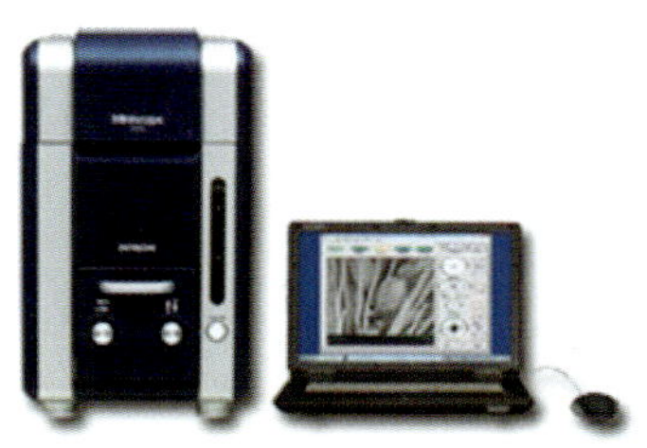

今回使用した走査電子顕微鏡（SEM）　日立 TM3000®
最近は、走査電子顕微鏡クラブが活動している中学校もある、とのことである。

精肉用のブタは生後６～７か月で屠殺される。ブタは限りなく美食を求めるヒトの犠牲動物の代表でもある。

やれ打つな
蠅が手をすり
足をする
小林一茶

センチニクバエ
一茶の素朴で、小さな命にも心を寄せる句である。

ハエの幼虫であるウジムシにも小さな生命がある。これを走査電子顕微鏡で観察するとき、犠牲になる愛しき生命に対して、一茶はどう感じるであろうか？

目次………①

アンモナイト化石
アンモナイトは古生代シルル紀末（４億1,600万年前）から中生代白亜紀末（6,600万年前）までのおよそ３億5,000万年前後の間を、海洋に広く分布し繁栄した頭足類で、巻貝の形をした殻を有する。恐竜と時を同じく絶滅する。（福井恐竜博物館にて）

恐竜：プロトケラトプス・アンドリューシの化石復元図
恐竜とは、解剖学的に、寛骨臼に穴が開いた直立歩行する爬虫類で、鳥とトリケラトプスの直近の共通祖先と、すべての子孫を言い、中生代三畳紀（約２億5,217万年前）に出現し、白亜紀末（約6,600万年前）に突然姿を消した生物である。体長はニワトリ程度のものから、30m を超す大型のものなどさまざまである。（福井恐竜博物館にて）

珪化木（木の化石）
地中に埋まった木が二酸化ケイ素によって置き換えられた化石。2,000～2,200万年前のもの。（美濃加茂市にて）

クジャクの親子
クジャクのメスには飾り羽がなく、地味である。親子の体重差が著しい。（シンガポールにて）

スズメの親子
スズメの数は20年足らずの間に60から80%減少したとの報告がある。親と同じくらいの体長になっても、小スズメは親に餌をねだる。（写真◎田中桂子）

ツバメの親子
ツバメの親は口の大きい子に餌をやる習性があり、空腹な子ツバメほど大きな口を開くとのことである。
（写真◎山梨県医師会誌537号、大戸武久）

目次………②

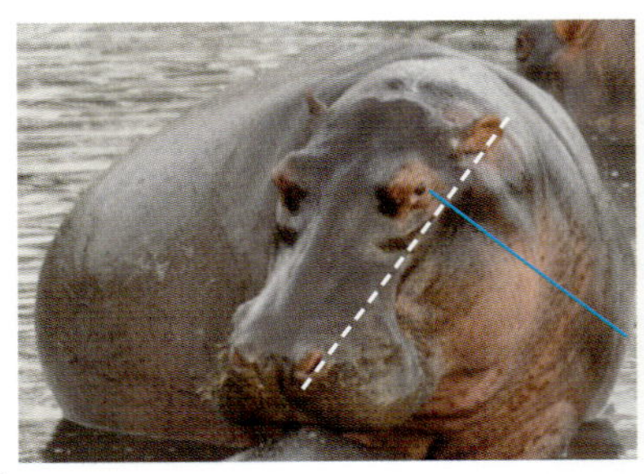

カバ
顔の側面上方に鼻孔・眼・外耳が一直線に並んで突き出している。水中からこれらだけを出して周囲の様子をうかがっている。

キリン
キリンは首が長く、心臓から脳までが約 2 m あるため、高血圧で、首の静脈には弁が存在する。また、後頭部には「奇驚網」と呼ばれる網目状の毛細血管網があり、首の急激な上下移動による脳血流の変化による貧血を防いでいる。

アフリカゾウ
ゾウの鼻は物をつかむ働きだけではなく、嗅覚がイヌの 2 倍以上と非常に発達している。

カミキリムシは大きな木の根元に穴を開け、産卵する。昆虫なので複眼である。

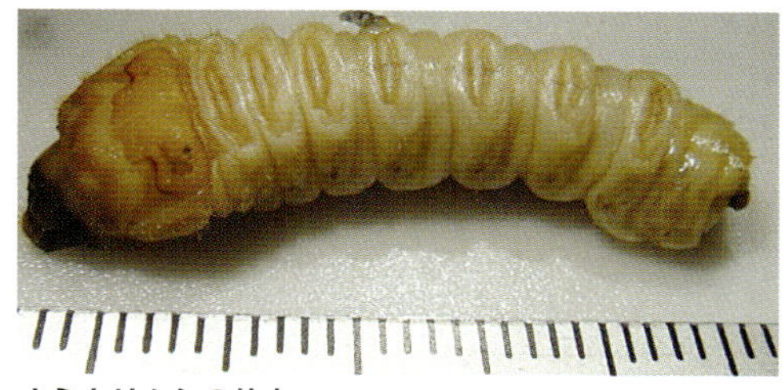
カミキリムシの幼虫
体長 3 cm 足らずの幼虫であるが、大きな木を食い倒す害虫である。

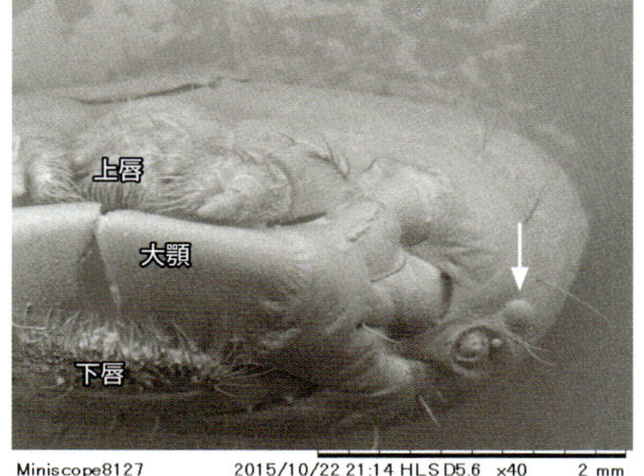

SEM40×　**カミキリムシの左側の頭部**
口には大きな顎がみられる。側面に小さな単眼が認められる（矢印）。幼虫には複眼はなく、単眼のみで、明暗程度の識別視機能と思われる。

目次………③

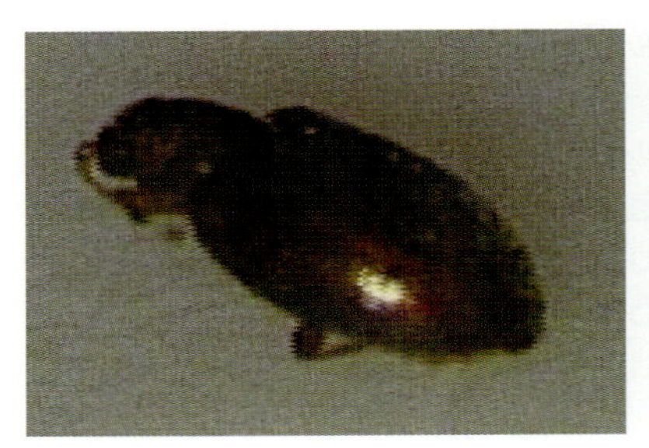

ハムシ
昆虫綱ハムシ上科　体長1.5mm

トゲハムシ（昆虫綱ハムシ上科、トゲハムシ亜科）

ミカドトックリバチとその巣

ヤマトルリジガバチ
胸部と腹部が細い管で繋がっている（矢印）。尾部にある針が自由に全方向に向いて敵から身を守る。管が細いので固形物は食さない。

オオゴマダラの幼虫

オオゴマダラの金蛹

オオゴマダラの成虫　（沖縄にて）

目次……④

ムカデ（百足）
ムカデは百足と表記するが、歩肢の数は100本あるわけでなく、15対から100対以上のものまでさまざまである写真のムカデは20対である。

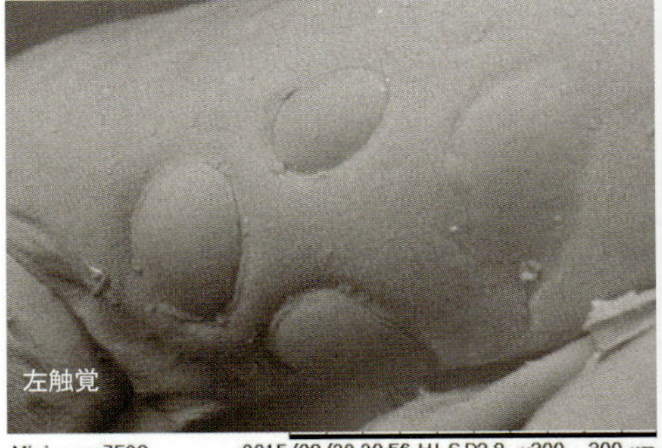

SEM350×　**上写真のムカデの左側の眼**
ムカデの種類により4対の単眼は配置や大きさが異なる。

ミドリババヤスデ
多足亜門ヤスデ網に属する節足動物。細く、短い多数の歩脚がある。ムカデと似るが、4対ある単眼の位置や生殖口の位置、体節あたりの歩脚の数などが異なる。
ムカデが肉食性であるのに対し、ヤスデは腐植食性で毒のある顎を持たない。

気流に乗って飛行するトビ
トビは集団で寝る習性がある。夕方、ねぐらの上空を群がって飛ぶのがしばしば観察される。
視力は良く上空から餌のネズミ、カエル、ヘビなどを探す。

何故か、不吉なカラスの羽根

白子のカラス
カラスは、ずる賢く、黒くて、うるさく、悪戯をして、嫌われ者である。突然変異の白子のカラスは、ヒトのカラスに対するイメージを変えるであろうか？

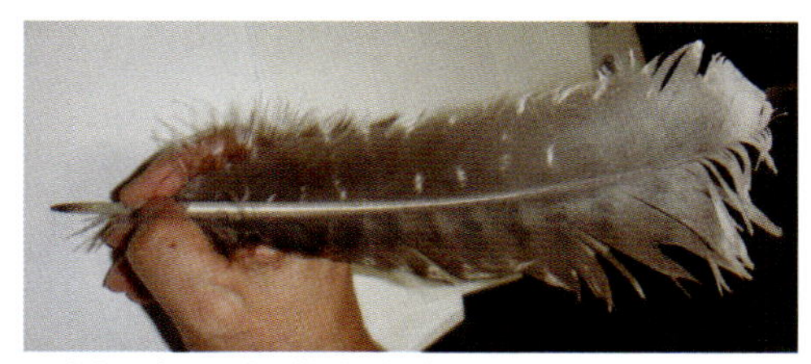

野生七面鳥の羽根（羽根ペン）
鷲や雁、白鳥や七面鳥の羽根は、弓矢の矢羽として、また、根の部分をカットして羽根ペンとして利用された。羽根ペンは15～19世紀ごろまで主なる筆記用具であり、イギリスの英雄ロビンフッドの帽子には携帯ペンを兼ねた飾り羽根が付いている。

目次………⑤

竜の落としご
トゲウオ目ヨウジウオ科タツノオトシゴ属に分類される魚の総称で、ウミウマ、カイバ、ウマノコ、ウマノカオ、リュウノコマ、ウマヒキ、リュウグウノコマ、ウマウオなど地域により多くの名称を有する魚らしくない魚である。

クマノミ
体色は地域によりさまざまで、２本の白い縞があり、前の縞は眼に接して、後方にある。もう１本は肛門の上にある。

色絵獅子置物有田
18世紀に東インド会社よりヨーロッパに輸出された。
（愛知県陶磁美術館）

獅子舞の獅子（石垣島）

シンガポール　マーライオン
ライオンは百獣の王、様々な形に抽象化されている。

獅子舞の獅子は地域により、形や踊りも異なる。（東京）

沖縄八重山地方の獅子

解体新書の眼

解体新書は、ドイツ人医師であるヨハン・アダム・クルムスの医学書“Anatomische Tabellen”（1722年）のオランダ語訳（1734年）を杉田玄白・前野良沢が日本語に翻訳した書（1774年）である。

解体新書の図表は秋田藩士、角館の小野田直武の筆によるとされてる。28枚の図表中、眼に関係する頁は骨飾篇図と眼目篇図のみである。

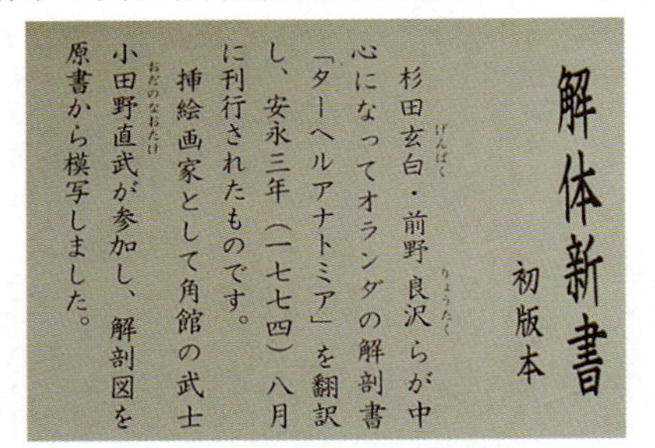

秋田・角館の小野田家の資料

解体新書の眼

①骨飾篇図は眼窩を中心に顔面骨が記載されている。

②眼目篇図には、眼胞筋（眼輪筋）、涙管及機里爾（涙管と涙腺）、諸目涙（種々な流涙）、眼球全影（眼球後部の図）、剥膜見血運（結膜か網膜か不明）、剖眼諸見（眼の解剖）などが記載されている。

眼科新書

眼科新書は杉田立卿（1786～1845）が、オーストリアのブレンキの眼科書のプロイス訳を重訳したものである。立卿は杉田玄白の子であり、眼科医となったが、著作は眼科書にとどまらず、日本最初の梅毒についての翻訳書『黴瘡新書』など多数に及ぶ。眼科新書は清水弘一氏が雑誌「臨床眼科65巻」に現代語訳を連載された。

「解体新書の眼」からの脱却

医学が全く体系化されていなかった時代に医学書“Anatomische Tabellen”をこの世に出したヨハン・アダム・クルムスの業績に及ばずとも、この書を「解体新書」として翻訳した杉田玄白らの偉業は、その書の内容の如何に関わらず、揺らぐことはない。解体新書は日本における「西洋医学の曙」を象徴する書物である。

「昨日の医療を今日は使えない」と言われるほど医学は目覚ましく進歩している。解体新書の内容からみても、今から250年前まで、眼は全く不明な臓器であった。

解体新書以来、今日に至るまで、先人たちの努力により、この不明な臓器「眼」についての多くが明らかにされてきている。我々が先人達の明らかにした眼に関する知見に無関心であれば、我々の知識は解体新書のレベルから脱却できない。「解体新書の眼」は先人達の眼に関する知的興味を継代する出発点である。本書が眼に関する知的興味の継代に多少なりとも貢献できれば幸いである。

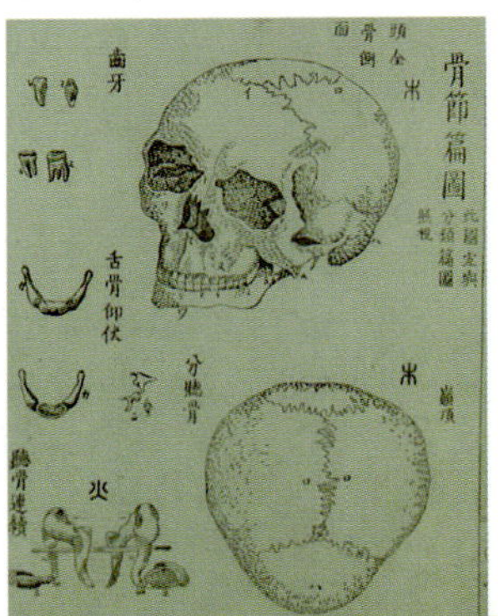

骨飾篇図

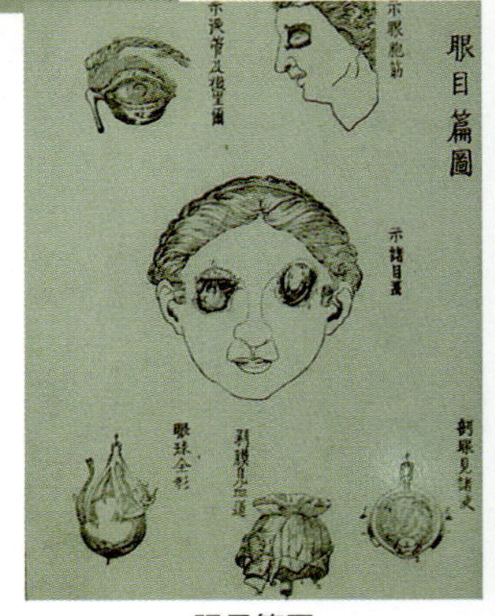

眼目篇図

概略年表

	45.5億年前	ビッグ・バン、地球誕生
	44億年前	海の誕生（マグマの海と窒素や二酸化炭素の大気）
	35億年前	最古の化石 （W. Schopf：Science, 260, 640-646 1993年）
	27億年前	真核生物出現
	26億年前	陸上微生物
	18億年前	多細胞生物の化石
	5.75億年前	最古の動物 （ミロクンミンギア・フェンジャオア）
先カンブリア紀	5億4,200万年前以前	
カンブリア紀	5億4,500万年前～5億0,500万年前	カンブリアの爆発 眼をもった生物（三葉虫）の誕生
	5億年前	植物の進化
オルドビス紀	4.5億年前	昆虫などの無脊椎動物の出現
シルル紀	4億3,500万年前～4億1,000万年前	大陸の移動期、多くの生物が繁栄していた
デボン紀	4億1,600万年前～3億6,700万年前	森林の形成、多くの魚が出現
	3.6億年前	四足動物の上陸
石炭紀	3.4億年前	
	3.2億年前	羊膜類と両生類の起源
ペルム紀	2億9,000万年前～2億5,100万年前	恐竜の先祖の出現（サンヨウチュウ絶滅）
三畳紀	2億5,100万年前～1億9,500万年前	恐竜の大型化が始まる
	2.25億年前	哺乳類と恐竜の台頭
ジュラ紀	2億1,000万年～1億4,000万年前	海洋生物と陸上生物の一部が絶滅
白亜紀	1億4,550万年前～6,550万年前	後期には隕石による気候変動
暁新世	6,500万年前	恐竜の絶滅と哺乳類の台頭
始新世	5,500万年前～3,800万年前	
漸新世	3,400万年前～2,300万年前	
中新世	2,300万年前～500万年前	
鮮新世	500万年前～160万年前	
更新世	180万から160万年前～1万年前	現生人類アフリカで出現 （ジャワ・北京原人）
縄文時代	1万6,500年前～3,000年前	縄文人の出現

生命の誕生

生命は生命から生まれる。それなら、最初の生命はどのように生まれたのか？
無機物質から有機物質が出来るのか？
無生物から生物が出来るのか？

①“万学の祖であり、西洋最大の哲学者” であるアリストテレス（前384-前322年）は、ハエやウジ虫など低級の小動物は物質の腐敗物から生まれる、と述べている。

②フィンランドの著名な医師で、生理学者のヘルモント（1577-1644年）は、ネズミが古いぼろきれの中から生まれるのを見たと報告している。

③イタリアのフランチェスコ・レーディ（1626-1697年）は、動物は自然発生するのでなく、生殖器官が関与していると報告する。
しかし、それなら、「最初の生命はどのように生まれたのか？」の疑問には答えられていない。

生物の三大特徴

1. 遺伝子情報を子孫に残すこと：遺伝子⇒RNA・DNA⇒ゲノム
2. 栄養をとってエネルギーを生産すること：アミノ酸⇒酵素活動⇒蛋白質⇒ATPのエネルギー代謝
3. 細胞膜構造が存在すること：脂質⇒組織の形成⇒形態と機能の分化

生命作成の実験例

①1960年ミラーらは、初期地球の大気をメタンやアンモニアと想定し、それらのガスを装置内に充填し、その中で放電することにより、人工的にアミノ酸を作成した。

②2010年ベンダーらは、人工DNAの断片を作成し、それらを酵母の中に入れると人工DNAの断片同士が繋がり、本来の酵母中のDNAと置き換わり、人工ゲノムによる細胞増殖に成功した。

③ショスタクらは、100種類のアミノ酸をランダムに並べて、1兆種類の蛋白質を作成した。

④1999年ランセットらは、炭素を含む隕石の中から見つかった分子で、袋状の脂質膜（ベジクル膜）を作成した。この膜に人工DNAを入れると細胞分裂が起こることを確認した。

生命の誕生劇場

1部：地球誕生が46億年前で、その後、39億年前に海底の熱水噴出孔周辺に原始的バクテリアが誕生する。

2部：原始バクテリアの一部は硫化水素の水素と太陽エネルギーで有機化合物を体内で作る。

3部：35億年前に葉緑素の出現により、水から水素を利用してシアノバクテリアが光合成をするこれまでは地球上にバクテリア、藻類、未熟な単細胞動物しか存在しなかった。

4部：12億年前に未熟単細胞が進化し、核やミトコンドリアを持つようになる。原生生物が出現する。

5部：核内に遺伝情報が蓄積され、細胞の組織化が始まる。

6部：口や消化腔のみの多細胞動物、海綿動物が出現する。

7部：神経系、筋組織を有する刺胞動物、有節動物が出現する。

8部：10億年～6億6千万年前ごろに血管系、消化管系を有する各動物門が出揃う。

原生生物とは、真核生物のうち、菌界にも植物界にも動物界にも属さない生物の総称。古生物でなく、現代の原生生物としては、アメーバー、ゾウリムシ、トキソプラズマ、トリコモナス、トリパノソーマ、ミドリムシなどが有名であり、病原性原生生物も少なくない。

ウジ虫　ハエの第１齢幼虫の頭部 SEM250×
アリストテレスは､ウジは腐敗物から生まれると報告した。

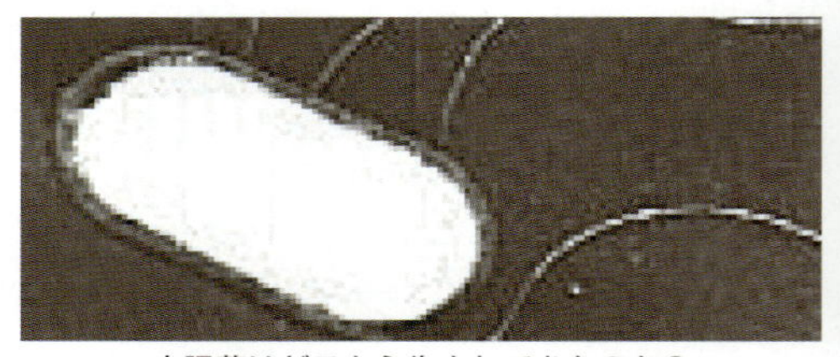

大腸菌はどこから生まれてきたのか？

カンブリアの爆発と眼

カンブリアの爆発とは、一般的に、古生代カンブリア紀（５億4,500万年前～５億0,500万年前）に突如として今日見られる動物の先祖が出そろった現象をいう。カンブリアとは、この時代の岩石が出土し研究された最初の地である英国イングランド最北端の地名に由来する。

何故、カンブリア紀に生命の大爆発が起こったか？……諸説……

①カンブリアの爆発の前提として、氷河時代から温暖な気候に変化し、大気や海水の成分組成も変化し、葉緑体を持つ藻類が太陽光と二酸化炭素で酸素を産生する光合成の結果、硫化水素を主体として生きていた原始的な生命が、酸素を主体とする生命に入れ替わり、生活環境への順応と共に、生物の多様化が進み、遺伝子の種類が増加したとする、自然の成り行き説。

②偶然か、何らかのメカニズムにより、カンブリア紀に異質性（生物の体制の種類）が爆発的に増加してカンブリアの爆発が生じたとする説。(Stephen Jay Gould)

③カンブリア紀の約３億年前に遺伝子の爆発的多様化が起っていただけで化石上の多様化に過ぎないという説。

④先カンブリアの原始的生命にはほとんど視機能は無かったが、光と葉緑素（光合成）の環境になり眼が出現し、視機能の発達が捕食動物や非捕食動物の行動範囲を広げ、生物の多様化を爆発させたとする説。(Andrew Parker)

⑤上記④のAndrew Parkerの説を補填する考えで、眼を初めて持った三葉虫は炭酸脱水素酵素を有し、角膜と水晶体が方解石 ($CaCO_3$) で出来ていた。そのために紫外線域まで見える視機能が生物の多様化を促進させた、とする炭酸脱水素酵素説。

⑥最近では、炭酸カルシウムによる外骨格（硬い骨格）や眼の発達に加え、高い運動能力と海への栄養分の流入がカンブリアの爆発を引き起こしたと考えられている。

バージェス動物群

これまでの古生物のうち、視覚を有するものは限られていた。この生物群は顕生代の始め、カンブリア紀のごく初期に消滅し、入れ替わるように多様な生物群が出現した。これらはバージェス動物群と呼ばれる。

バージェス動物群は、カナダのブリティシュコロンビア州にあるバージェス頁岩（けつがん）の中から化石として発見された動物群で、約５億0,500万年前（カンブリア紀中期）のものとされる。酸素の少ない粘土状態で急速に化石となり、軟体部がよく保存され、体の組織が観察される。また、通常は化石に残らないような軟体性の動物の化石がきれいに残っていることでも有名である。100を超す属、150近い種が記録されており、そのうち三葉虫の22属がもっとも多く、それと同じ22属の所属不明の節足動物がみつかっている。奇妙な形態のものが多く、それらは現生にその類縁がみつからない。このような特異な化石動物相は、動物界に爆発的な分化がおこった際に出現したが、子孫を残せないで消滅したと考えられ、進化の研究に貴重な化石群といわれる。その後これに類似した動物群が中国などで発見される。バージェス動物群での三葉虫は、視覚が備わっており、多くの動物界の生存競争に優位な立場であった。

カナダ　ブリティシュ・コロンビア州のバージェス山

眼の誕生 1

はじめに光ありき

旧約聖書の創世記冒頭に『はじめに光ありき』とある。46億年前に地球が誕生し、高熱で硫化水素を主とした地球に生命が誕生し、太陽の光による光合成で大気を硫化水素から酸素に置換した。それと共に、多くの動物が硫化水素から酸素を利用するようになり、現在のような地球環境適応動物の進化が始まった。

この地球上で初めて眼を有し、光を見た動物は何であったか？　そして、それはいつ頃か？

カンブリア紀

40億年前に生命が誕生し、34億年かけてクラゲやカイメンに進化した。そして、**54,300万年前～49,000万年前に生物は爆発的に進化した。**この時代の地層から最初に化石が発見された英国のカンブリア山地の名前から、この時代はカンブリア紀と命名されている。それより古い時代を先カンブリア紀という。先カンブリア紀にも細菌、藻類、単細胞などの生物は存在したが、カンブリア紀に入って、今日見られる各動物グループが、それぞれ特有な形態に進化させた。このことは動物進化のビッグバン「カンブリアの爆発」といわれている。

カンブリア紀の眼の保有者

①カンブリア紀の動物のほとんどが節足動物であった。

②眼の定義にもよるが、カンブリア紀にもいた軟体動物には眼は存在しなかった。

③原始的な脊索動物には眼は存在せず、その後に進化した脊索動物には眼が存在している。

④節足動物の眼の進化と脊索動物の眼の発生は全く別個な独立した事象である。

⑤最初に眼をもった動物門は節足動物で、眼点が集まった未発達な複眼を有したイモムシ状の祖先と思われている。そして、眼は50万年前後で現状にまで進化した。

⑥カンブリア紀に入りサンヨウチュウの複眼が開眼すると、カンブリアの爆発が始まった。

体色

①動物の体色の変化や発光生物には何らかの目的が存在する。

②その目的には、捕食者からの防御または繁殖に付随したものが考えられる。

③体色の形成は動物の視覚の発生と深い関係がある。

④体色の変化は、体表の色素に光が反射する原始的な構造から始まっている。

⑤カンブリア紀直後の5億年前に生きていた三葉虫の体色に色素の痕跡が残っている。

先カンブリア時代の光刺激利用動物

①先カンブリア時代の動物は光刺激を温覚または痛覚として利用していたもの。

②または、視覚に近似した明暗として光を利用していたもの。などが考えられる。

アンドリュー・パーカー著の『眼の誕生』の表紙にみられる三葉虫

眼の誕生 2

生物の発生は、基本的に外胚葉、中胚葉、内胚葉からそれぞれの組織を分化させる。

外胚葉から中枢神経系や皮膚、視細胞などが分化する。

内胚葉由来は肝臓や膵臓、肺などの臓器があり、中胚葉由来は骨や軟骨、心臓などがある。

無脊椎動物の眼は外胚葉由来の皮膚の表皮から、脊椎動物の眼は外胚葉由来の中枢神経から発生する。

二枚貝のヨメガカサは杯状眼を有する

無脊椎動物の眼：表皮から発生

散在性視覚器（例：ミミズ）
- ↗ 単眼の発生：眼点（例：ミドリムシ）→杯状眼（例：ヨメガカサ）→窩状眼（例：アワビ）→原始的単眼（例：ホタテガイ）→進化した水晶体眼（例：タコ）
- ↘ 複眼の発生：眼点 ――――→原始的複眼 →進化した複眼（例：トンボ・カニ）

脊椎動物の眼：中枢神経からの発生（しかし、元をたどれば、中枢神経も皮膚の表皮から神経菅が形成され、脳や脊髄になったものである）

散在性視覚器（例：ナメクジウオ）
- ↗ 頭頂眼：無脊椎動物の単眼に近い、一部は松果体に（例：トカゲ）
- ↘ 側頭眼：さまざまな脊椎動物がさまざまな単眼（水晶体眼・カメラ眼）を獲得する

種々の眼の特徴

散在性視覚器：無脊椎動物の場合は光感受性細胞が皮膚の表皮内に複数みられる（ミミズ）、脊椎動物の場合は光感受性細胞が脊椎内に複数みられる（ナメクジウオ）。散在性視覚器は明暗の判別能しかなく、光に対し逃避行動をとる。

眼点：光覚弁（明暗判別）程度の視力で、形体や光の方向などの判別は出来ない。それでも光と闇を見分けることができ、既日リズムのために有用である。

杯状眼：光受容器面が杯状になっているので、光の方向性が判別可能になる。

窩状眼：眼内を暗くし、光が集光するので、不鮮明であるが輪郭画像としての判別が可能になる。

原始的単眼：調節機能や色覚などは不完全である。

進化した水晶体眼：視覚を利用した捕食行為や逃避行為が可能になる。

複眼：昆虫や甲殻類に一対認められる。複眼で受容された光情報は、視覚中枢（視葉）で光情報処理される。その後の高次情報処理は動物種により異なる。個眼数により視機能が異なる。

頭頂眼：脊椎動物が水中生活をしていた頃は上方の視野に有用であったが、陸上動物になり退化傾向にある。現在は、ある種の爬虫類に認められる。

単眼：単眼には様々なレベルがある。無脊椎動物では複眼に伴う単眼（昆虫）と、単眼のみの種もいる（クモ）。脊椎動物の場合は一対の単眼が一般的で、視覚情報処理も高次中枢で行われる。

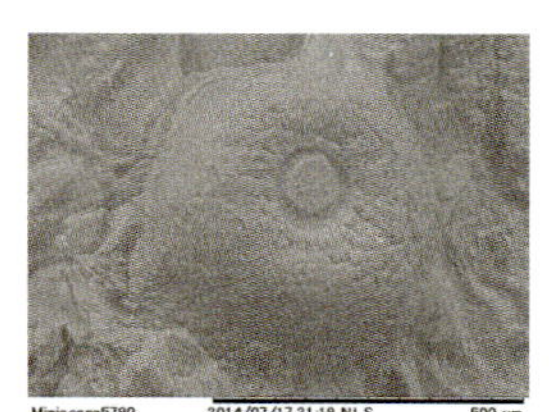

SEM200×ホタテガイの眼

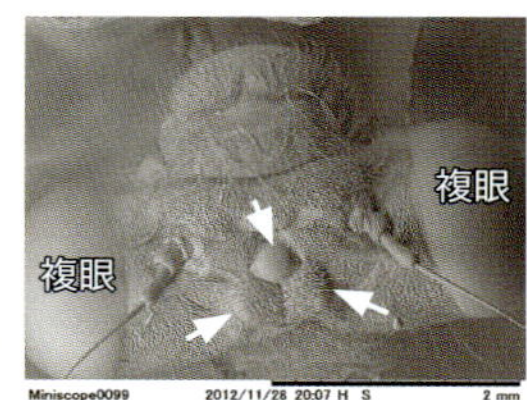

SEM40×赤トンボ　矢印は単眼

最初の有眼生物

最初の有眼生物

①サンヨウチュウの眼は複眼で、角膜と水晶体が方解石で出来ているため、眼が化石として残っており、最初に確認された有眼生物はサンヨウチュウとされている。

②しかし、先カンブリア紀の化石からも有眼生物と推定される化石が発見されている。すなわち、古世代の節足動物の一部にも有眼生物が存在したと考えられている。

③さらに、現在の二枚貝の一部にも眼が存在することから、古世代の二枚貝が最も早く眼を有したとする説もある。

④また、眼の定義しだいで、視覚情報を獲得した古世代生物が、それより古く存在した可能性もある。

⑤動物と植物の区別が難しいが現生動物として鞭毛虫の一種であるミドリムシや扇形動物のプラナリアは単純な眼点を有する。

有名な化石群

1．エディアカラ生物群またはエディアカラ動物群、エディアカラ化石群は、オーストラリア、アデレードの北方にあるエディアカラ丘陵で大量に発見される生物化石群で、約6億年前―5億5千万（先カンブリア時代：5億4,200万年前以前）の化石群と推定されている。

2．澄江動物群（チェンジャン）は、中国雲南省澄江県で発見された約5億2500万－約5億2000万年前（古生代 カンブリア紀前期中盤[カエルファイ世アドダバニアン]）に生息していた動物群の呼称である。

3．バージェス動物群は、カナダのブリティッシュコロンビア州バージェス頁岩（けつがん）で発見された化石動物群である。約5億500万年前（カンブリア紀中期）のものとされ、これは、カンブリアの爆発よりもやや後の時代である。

（クイーンズランド博物館蔵）

▲ダンクルオステウスの頭部化石の復元模型、古世代デボン紀後期の北アメリカ大陸、及び北アフリカに生息していた板皮類で、眼の存在が推定されている。（パブリックドメイン）

▼クアマイアの化石からの復元模型、体長：4～10cm 澄江動物群の1つで、節足動物。頭部に二つの膨隆があり、複眼があったと推定されている。サンヨウチュウに近い動物とされている。

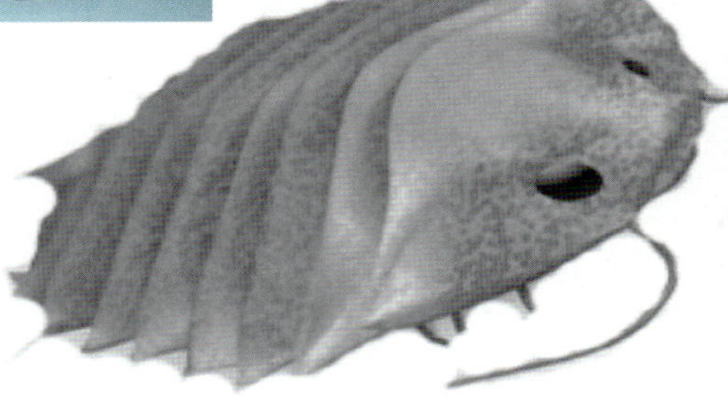

サンヨウチュウの眼

サンヨウチュウ（Trilobite）は、カンブリア紀（約５億4,500万年前～約５億0,500万年前）に現れ古生代の終期に絶滅した節足動物で、古生物を代表する無脊椎動物であり、化石も多く、化石の年代設定に重要な基準化石である。サンヨウチュウは体長0.1mmから60cmの大きさまでさまざまで、眼もさまざまである。

多数の体節を持ち、各体節に一対の付属肢がある。背板の特徴は、縦割りに中央部の中葉と左右の側葉からなっており、この縦割り三区分が三葉虫の名称の由来となっている。サンヨウチュウは海中を泳いだり、海底を這ったり、潜ったりする浮遊生物であり、世界各地から化石が見つかっているが、日本での発掘は較的少ない。最終的にペルム紀末期に絶滅したとされるが、その原因は不明である。

サンヨウチュウの眼

①先カンブリア時代にも原始的サンヨウチュウが存在したが、硬い外骨格や眼は存在せず、軟体性のサンヨウチュウであった。

②カンブリア紀初期のサンヨウチュウの幼虫は眼点が散在し、視器としては極めて原始的なものであったが、捕食動物として眼が進化した。

③サンヨウチュウは古生物の化石として発見されたもので、実際にサンヨウチュウの眼全体は確認されていない。多くの化石からの類推である。

リチャード・フォーティ著「三葉虫の謎」の表紙に描かれているサンヨウチュウは代表的な形をしており、眼も表現されている。サンヨウチュウの代表として、ファルロタスピス、ネオコブボルディア、シズディスクスなどが有名である。

④リチャード・フォーティ著、垂水雄二訳の「三葉虫の謎」のブックカバーに化石から想像したサンヨウチュウの眼が描かれている。(左下写真)

⑤サンヨウチュウは一対の複眼を有している。

⑥幼虫は海面で生息し、個眼は六角形で、光を取り入れやすい構造である。

⑦成虫は深海に住み、個眼は四角形に変化し夜行性になる、と推測されている。

⑧サンヨウチュウの複眼はレンズが角膜に相当し、方解石（$CaCO_3$炭酸カルシウム）で出来ている。従って、サンヨウチュウは白内障にはならない。

⑨複眼には、連立複眼と重複複眼があり、さらに後者は集合複眼と完全複眼に分類される。

1．連立複眼：昼行性に多く、複眼の個眼がそれぞれ独立している。

2．重複複眼：夜行性に多く、個眼間に共有部分がある。

　1）集合複眼：複眼は大きいが、個眼数は少なく、個眼のレンズはそれぞれ屈折が異なる多焦点になっている。(屈折型調節)

　2）完全複眼：複眼は小さいが、個眼数が多く、個眼のレンズは互いに融合し、個眼間は干渉により屈折勾配をしめす。(回折型調節)

炭酸脱水素酵素

$$Ca(OH)_2 + CO_2 \rightarrow CaCO_3 + H_2O$$

実験的には、酸性側鎖の多いタンパク質を炭酸カルシウム溶液に浸すと方解石が出来る。方解石は、立方体でなく、菱面体を形成し、多方向の光を一定の軸（c軸）に屈折させる性質がある。サンヨウチュウはc軸が上方を向き一種の偏光を得ていたとされる。

サンヨウチュウに似ているが、カブトガニの化石
ジュラ紀前後推定約１億99,860万年～１億4,550万年前）出土はモロッコ。このカブトガニの化石から比べれば、サンヨウチュウの化石がいかに古いものかが解かる。

両生類の眼

両生類は約4億年前に最初に陸上生活を始めた脊椎動物で、有尾目、無足目、無尾目の三群に分類されている。

両生類の眼
（カエルを代表とする無尾目の場合）

①眼瞼は未発達で、鼻涙管はない。
②下眼瞼の内側より透明な瞬膜が角膜を保護している。
③ヒトの上下斜筋とは別に、眼球後引筋が数本存在し、眼球の後退と嚥下補助作用を有する。
④眼球はほぼ球状である。
⑤眼球の赤道部から後極には強膜軟骨が存在する。
⑥角膜はヒトと同様に層状である。
⑦水晶体は球状で前後に動いて調節する。
⑧虹彩にはグアニン色素を有する。
⑨虹彩には瞳孔括約筋と散大筋が存在する。
⑩虹彩は極めて薄く、種類によっては多瞳孔のものもいる。
⑪瞳孔は散瞳時は円形であるが、縮瞳時は種類により様々な形になる。
⑫毛様体は貧弱ながら存在する。
⑬角膜周辺から水晶体前突筋が起こり、毛様体に付着し、収縮により水晶体を前方に移動し遠方視する。
⑭赤道部脈絡膜から脈絡膜緊張筋が起こり、毛様体に付着し、収縮により水晶体を後方に移動し、近方視する。
⑮網膜血管は上下に伸び、分岐が少なく冬眠時にはスラッジ現象が観察される。網膜は主として、脈絡膜血管より栄養を受ける。
⑯網膜はヒトと同様な層状構造をしている。
⑰視細胞は錐体と桿体を有する。錐体は大きく遠位端に色覚を補うとされる「油球」を有する。油球は一種の色フィルターの働きをしている。
⑱視力は良くないが、形体や動きに敏感である。
⑲松果体由来の第三の眼「頭頂眼」を有する種もある。

両生類の眼 獣医眼科学全書より改変

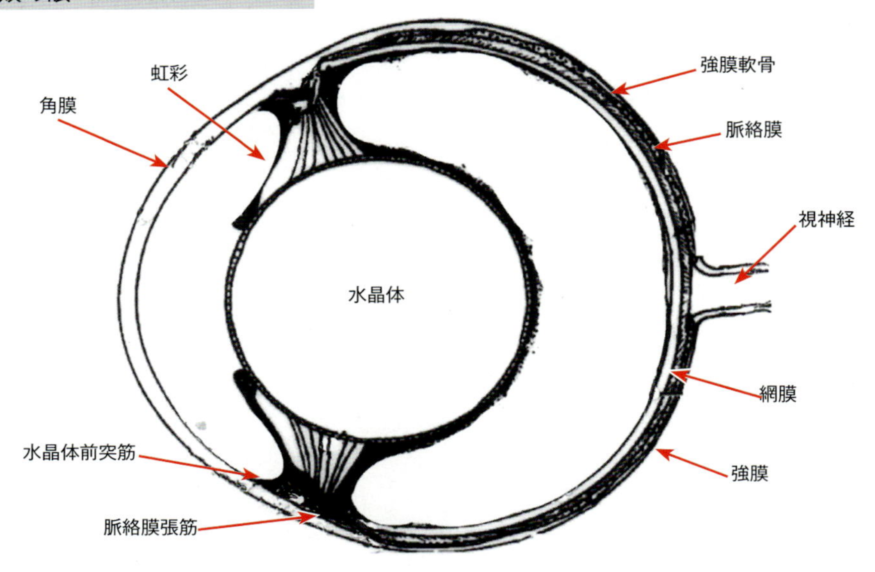

カエルの眼1　カエルの視機能

カエルは両生類の代表で、脊索動物門の両生綱に属する。両生類の種類は多いが、この30年間で120種類が絶滅したとされている。両生類は大量の昆虫を捕食し、鳥類の餌となる生態系に重要な役割を演じている。両生類の絶滅の原因として、田圃の減少、農薬の使用、カビやウイルスの感染、などが挙げられる。

両生類の代表であるカエルは、オタマジャクシの時期は水中で鰓呼吸し、陸に上がったカエルは肺呼吸に変態する。

水中視力と空気中視力

カエルの水中での見え方と、空気中での見え方

①屈折力から

水と空気では屈折率が異なる。真空を1とした場合、空気は（0℃、1気圧）1.000292であり水は（20℃）1.3334である。水中のほうが屈折力が大きい。

②角膜乱視から

角膜と水晶体は乱視の発生原因の場であるが、前房-角膜間より空気-角膜間の方が相対屈折率が大で、水晶体乱視よりも角膜乱視が重要である。換言すれば、空気中より水中の方が角膜乱視の影響が少なくなる。

③光透過度から

光の透過度は、水と空気の透明度にもよるが、圧倒的に空気の方が光の透過率は良い。

ニホンアマガエル

体長2.0～4.0cm、日本各地に生息している。環境の変化に応じてホルモン分泌し、皮膚の色を変え、保護色を示す。

④眼の屈折力から

カエルは水晶体が球状で、水晶体の膨らみによる調節ではなく眼軸長の変化または、水晶体の前後移動による調節を行っている。その場合、水中の方が水圧により調節力が減じられる。

⑤その他

・カエルは泥水の中では瞬膜が角膜を守る。その瞬膜の屈折度が近方視を補助していると考えられる。

・カエルの眼球後方には眼窩骨がなく、眼球突出させたり陥没させて、眼球で食道を圧迫し、食物の通過をコントロールしている。

カエルの視機能

①カエルの視機能はあまり良くない。

②カエルは捕食と敵から身を守るためだけの視機能である。

③眼前の横長の形をした動く物に対して捕食行動をする。餌でも動かなければ捕食しない。ヘビの様に縦長は敵と認識する。サルもヘビのような長いものに対して、恐怖を感じさせる逃避行動を示し、それは脳の感情を司る扁桃体の働きとされる。カエルの恐怖条件づけがどこで行われているかは不明である。

④遠近の調整は、主として水晶体の前後の移動で行っている。

⑤カエルは、直線部のエッジ、カーブ、コントラスト、明暗の変化を神経節細胞で検出し、その情報を中脳の上丘に伝えている。

ヒキガエルの一種

カエルの眼2　ガマガエル

ガマガエルの網膜血流

①一般に、脳や網膜は、極めて虚血に弱い組織である。
②ガマガエルは変温動物で、冬眠によって、脳や網膜の代謝を下げ、虚血に耐える。
③冬眠中のガマガエルの網膜血管には、血流の断続的途絶（スラッジ）現象がみられる。
④ヒトにおける脳梗塞、心筋梗塞時の低体温療法への示唆が得られるか？

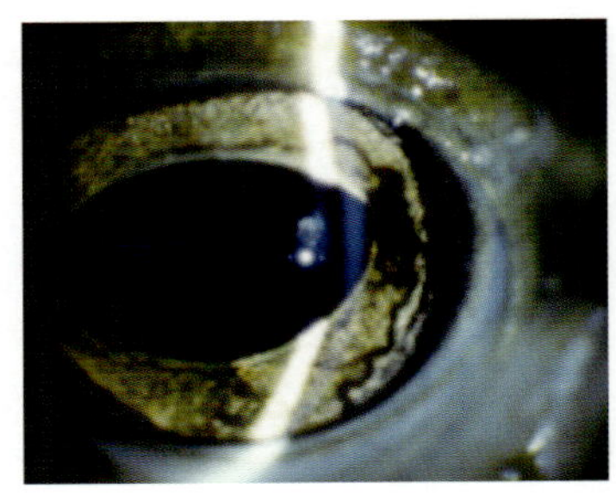

ガマガエルの眼

ガマガエル

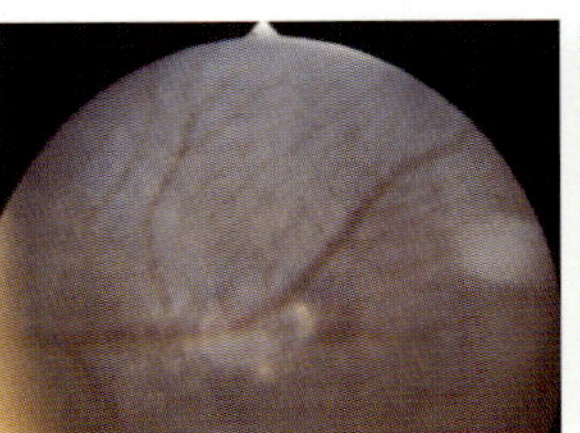

ガマガエルの眼底

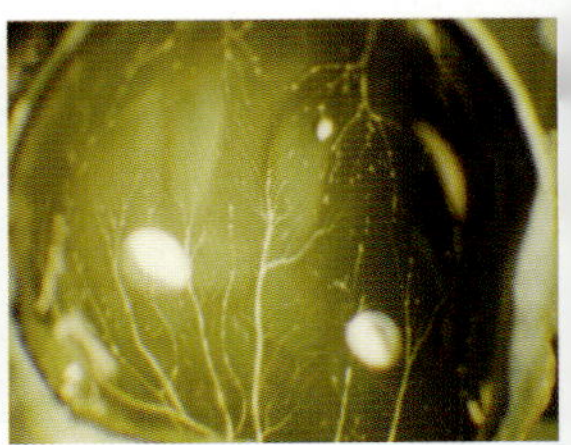

ガマガエルの網膜血管鋳型標本

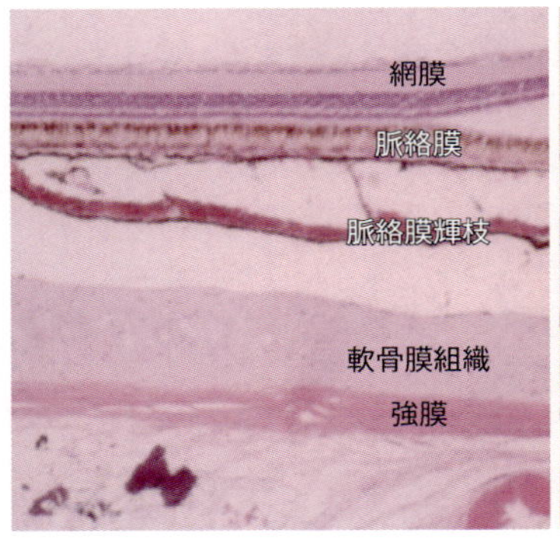

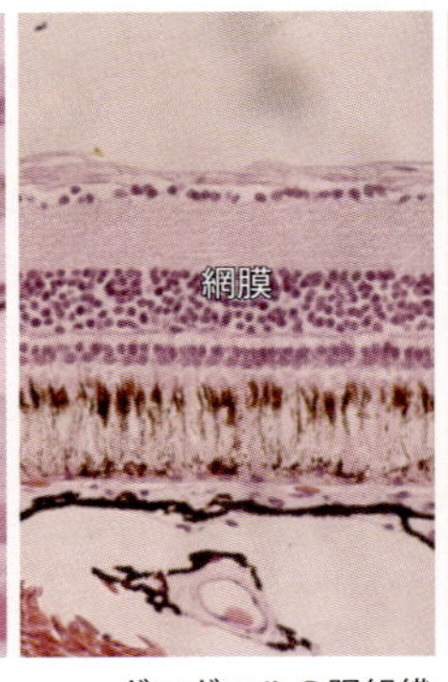

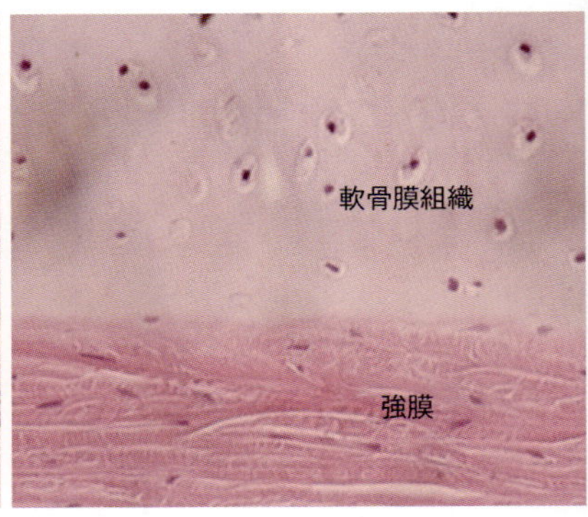

ガマガエルの眼組織

ガマガエルの眼

①カエルの水晶体を摘出しても、毛様体上皮細胞より水晶体が再生する。
②ガマガエルの瞬膜は透明で下眼瞼の内側にあり、角膜保護作用以外に、近方視にも役立っている。
③ガマガエルの脈絡膜下にはヒトには見られない軟骨膜が存在する。
④カエルの網膜には中心窩は存在せず、桿体と錐体は均一に分布している。
⑤オタマジャクシの視交叉は全交叉、カエルの視交叉は半交叉である。
⑥冬眠中の網膜血流にスラッジを認める。
⑦明暗、動き、形態などの基本的視覚情報処理は、脳を介さず網膜神経節細胞のレベルで行われている。

カエルの眼3　随想　ガマガエルの眼

（山梨県眼科医会誌　1994年秋季号平成6年9月掲載）

東京の郊外の病院に勤務していた頃、病院の庭によくガマガエルが落ちていた。三月末頃になると日中はポカポカ陽気で庭の芝生で看護婦さん達と弁当を楽しむほどであるが、夜は車のウインドウに霜が降るほど冷え込む。そうした日には、日中に冬眠から覚め地上に出てきたガマガエルが夜の寒さに動けなくなり、冬眠状態で地上に落ちているのである。

眼科医ならば当然、ガマガエルの眼について興味がもたれ、冬眠状態のガマガエルを拾ってきて観察した。

兎の眼の瞬膜は乳白色で鼻側から角膜を覆うが、ガマガエルの瞬膜は半透明で下眼瞼の内部から半月状をなして角膜を覆う。平素、動物の瞬膜は角膜保護作用のみと思っていたが、ガマガエルの瞬膜を眺めていると、あたかも近方用の屈折矯正レンズ作用がある様に思える。もし、ヒトの瞬膜が退化せず進化していたら、近方用の屈折矯正レンズとして活用でき、老眼鏡などは不要になったであろう。我々の遠い先祖が瞬膜を十分に活用せず、退化させたことが残念に思われる。しかし、神から与えられた多くの感覚や機能を退化させず、進化させながら子孫に伝えるのは容易なことではない。遠い将来、我々の身体から何が退化消失するのか予想すらできない。

ガマガエルの眼底を観察するためにミドリンP点眼液を点眼する。意外に早く数分で極大散瞳に達する。左手でガマガエルを鷲掴みにして、直像鏡で眼底を観察する。冬眠状態のガマガエルの体温は、これが生きものかと思うほどヒンヤリ冷たい。冬眠状態のガマガエルの眼底は感動的である。上下に走る網膜血管内を血球成分がチョロチョロ流れ、いわゆる“スラッジ現象※”が見られる。ヒトの眼底なら網膜動脈閉塞症の初期に稀に見られる現象である。感動と興奮をもって眼底を観察し続けると、我が左手の温もりと鼻息がガマガエルの体温を上昇させて、冬眠から醒め始める。冬眠から醒め始めると網膜血管内の血流成分の流れが速くなり、スラッジ現象が消失する。それとともに膀胱機能も眠りから醒め、我が鼻先に小便をひっかけ、暴れだし、眼底検査が不可能になる。

最近、「氷温熟成」という言葉をよく耳にする。これは魚や野菜をそれぞれ特有の低温で保存すると、腐敗や過酸化現象が起こらず、細胞内アミノ酸が熟成し、鮮度も保持され、おいしい食物になる現象と解釈される。ガマガエルのスラッジ現象が見られても網膜循環障害特有の網膜浮腫・混濁が見られないのは、特に、冬眠温度が氷温熟成温度に相当しているためと思われる。以前、アメリカ・インディアンの居住観光地区で、焼き鳥ならぬ「焼き蛙」が売られている話をしたためか、落ちているガマガエルを拾い集めていると、「堀内先生は氷温熟成した蛙を食べる」という噂が広まった。網膜循環障害の治療法には、眼球局所の氷温熟成温度の維持に鍵が有りそうだ。

追記：瞬膜は第三眼瞼ともいわれ、動物により部位や形や機能も異なる。カエルは下眼瞼から、ウサギは鼻側から、イヌは背側から角膜を覆う。犬の瞬膜には軟骨や分泌腺、瞬膜筋が存在する。ネコには瞬膜筋はない。ヒトの瞬膜は内側に涙阜として存在しているが、その機能は不明である。

※スラッジ現象：赤血球が血管内で流速が落ちたり、凝集塊を作ったりすること。

モリアオガエル
体長42～62mm、本州と佐渡に生息している。虹彩が赤褐色。絶滅の危険があり、保護活動が必要。

カエルの眼 4　ウシガエルの眼

ウシガエル（牛蛙）特徴

①カエル目（無尾目）アカガエル科アカガエル属のカエル。

②鳴き声は大きく「ブオー、ブオー」と牛のように鳴く。

③体長11～18cm、 体重500～600gほどの大きさである。

④目の後ろに大きな聴覚器 (鼓膜）がある。

⑤元来、北米大陸にのみ分布していた。

⑥食用として養殖された個体が逃げ出し、各地に定着する。

⑦繁殖力強く、在来種を捕食し、生態系を変えている。

⑧実験動物としても扱いやすい。

⑨日本では食用ガエルとして、輸入し繁殖させた時代もあった。

⑩特定外来生物として飼育や販売、駆除以外の捕獲も厳しく禁止されている。（学術研究は例外）

⑪カエルの長い舌は味覚以外に、運動器として虫をとらえたり、触覚として餌の感触を認知する働きがある。

ウシガエルの眼

1）随意性眼球突出が可能である。常時、眼球を突出させて周囲を警戒しているが、危険を感じると眼球を引っ込める。

2）網膜は桿体優位な夜行性である。

3） 松果体由来の頭頂眼（第三の眼 parietal eye）が見られる。

4）頭頂眼は角膜と網膜よりなり、極めて小さい。頭頂眼の光感受性細胞は側頭眼のような逆光路でなく、直光路である。

5）頭頂眼は、ある一定の波長の光を感受するが、その働きの詳細は不明である。

6）ウシガエルの皮膚には第四の眼としてメラノプシンが存在する。

7）ウシガエルの水晶体を摘出しても、条件によっては毛様体上皮から水晶体が再生する。

8）脳神経である視神経を切断しても、再縫合すると条件によっては生着する。

9）横長の形をした動く物に対して捕食行動をする。餌でも動かなければ捕食しない。

10）縦長の形をした動く物は敵と認識する。

11）ウシガエルにとって、視力よりも周囲の動きを察知する、動体視力が有用である。

12）眼より大きい鼓膜で、聴覚が視覚を補っている。鼓膜が大きいことから低振動の音に対応しているものと思われる。

視神経の再生

中枢神経である脳神経や脊髄神経はひとたび障害されると再生しない。中枢神経が再生可能であれば、片麻痺や脊損の治療が可能になる。そこで、中枢神経である視神経を用いた再生の研究が進んでいる。例えば

①ウシガエルの視神経を切断しても条件によっては再生する。

②Dock 3 遺伝子が強く発現するマウスは、視神経の再生が促進される。

行方和彦ら：2010年 4 月「Proceeding of the National Academy of Science of the USA」オンライン版

③神経細胞の軸索の周りを取り巻く髄鞘の中に、軸索の再生を阻害する因子（軸索再生阻害因子）が複数ある。

高井ら：2011年 3 月 1 日「The EMBO Journal」のオンライン速報版

④遺伝子「ASK 1」欠損マウスは、視神経障害を抑制される。

原田高幸ら：2021年 9 月14日「Cell Death and Differentiation」オンライン版

⑤最近は人工多能性幹細胞（iPS細胞）による視神経再生実験も行われている。

ウシガエルの頭頂眼

カエルの眼５　カエルの皮膚血流と網膜血流

主な眼内血流量測定法（動物実験）

A．色素希釈法
　1．蛍光色素の利用
　　1）高速蛍光眼底撮影法
　　2）ビデオ蛍光撮影法
　2．赤外線写真による脈絡膜循環の測定
B．ドップラー効果の利用
　1．超音波血流計
　2．レーザードップラー血流計
　3．レーザー組織血流計
C．眼球脈波の利用
　1．眼全血流
　2．拍動性眼血流量
D．内視現象の利用
　1．Blue field entopic phenomenon 法
E．クリアランス法
　1．放射性同位元素の利用
　　1）クリプトン^{85}クリアランス法
　　2）キセノン^{133}クリアランス法
　2．水素クリアランス法
　　1）吸入式水素クリアランス法
　　2）電解式水素クリアランス法
　3．笑気クリアランス法
　4．ICG クリアランス法
F．Microspheres 法
　1．Radioactivity labelled microsphere 法
G．熱量変化の利用
　1．熱伝対法
H．レーザー・スペクル法
I．その他

TRP (transient receptor potential) チャネル

ヒトを含め、多くの生物は、光・化学物質・機械刺激・熱・浸透圧変化などのさまざまな刺激を感知する感覚機能を持っている。その受容体は細胞膜の蛋白にあり、これを TRP チャネルと呼ぶ。TRP チャネルは Ca^{2+} を主とした on/off を行い、細胞内外に情報を伝達する。

変温動物は温度に対する受 TRP チャネルの受容体閾値により、代謝が規定される。

休眠物質と冬眠物質

植物にはアブシシン酸という植物ホルモンの一種である休眠物質が存在し、成長抑制、湿度や温度変化などのストレスに対応している。動物にも低温時に全身の代謝を制御する冬眠物質が存在する。冬眠物質の研究は将来の医療を大きく変える可能性がある。

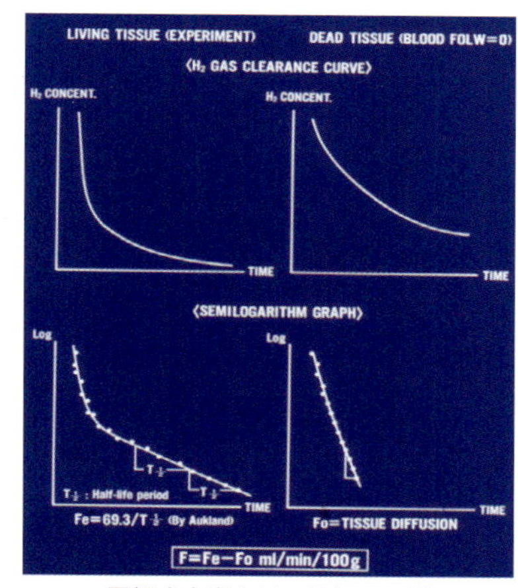

電解式水素クリアランス一例

網膜血流

網膜や脳は血液を非常に大切にしている組織で、血圧（灌流圧）の変化に対して血流量を一定に保持しようとする自動調節（自己調節）機構が存在する。この血流調節機構を研究することは、網膜循環障害や脳循環障害の治療に重要と考えられている。

レーザードップラー血流計で
カエルの皮膚血流測定

冬眠中の網膜血流

①冬眠中の網膜は代謝が下がり、血流が減少している。
②著しく網膜血流が減少し、スラッジ現象が生じても、血管内凝固が生じない機構が存在する。

低体温療法

ヒトは恒温動物で、体温が30℃程度になると低温障害で生命の維持が出来なくなる。しかし、低体温で心肺機能や代謝を下げ、感染症やガンの悪化も抑えられる。最近は、脳が障害を受けた際に脳の障害がそれ以上進行することを防止するため、体温を低く保つ治療法（脳低温療法）が行われている。

将来、網膜中心動脈閉塞症などに対する網膜低温療法も期待される。

爬虫類の眼　総論

爬虫類は古生代に地上で生活環を全うできる生物群として両生類から分化し、急速に多様化した。現在ではトカゲ目（ヘビ目を含む）、ムカシトカゲ目、ワニ目、カメ目が含まれる。多様化が急速であったため、眼でも共通する部分と個別に進化した部分があり、爬虫類の眼は多様化が特徴的である。

爬虫類の眼

①ヘビは他の爬虫類と同様な眼を持っていたが、進化の過程で本来の爬虫類の眼の性質を失なった部分もり、固有の機能を獲得した部分もある。

②昼行性のトカゲには第三の目（頭頂眼）が存在する。発生学的には、昼行性であった全ての爬虫類に頭頂眼が存在していたが、夜行化に従って多くは退化したと考える。

③ヘビは上下眼瞼が発達し、下眼瞼の方が可動性がある。ワニの上眼瞼の力は強く、骨性の瞼板を有する。カメレオンの眼瞼は角膜周辺部を圧迫し、屈折力を変えている。

④トカゲの一部では両生類のカエルと同様に、透明な瞬膜である第三の眼瞼を有する種類もいる。

⑤カメには大きな涙腺があるが、ヘビの涙腺は退化し存在しない。

⑥トカゲ以外の爬虫類は外眼筋の発育は弱い。

⑦ヘビは皮膚と繋がる角膜を有し、脱皮の時にはその角膜も脱落する。
ヘビの角膜は層状になっており、新しい角膜は角膜上皮から再生するが、角膜そのものは皮膚由来のため、鱗の再生に似ている。

⑧トカゲやワニの水晶体赤道部には輪状パッドが存在するが、ヘビにはない。水晶体の輪状パッドは水晶体の曲率を変化させる。
ヘビは毛様体の圧力で水晶体の前方移動により調節力を変える。

⑨トカゲとカメの眼球後極から赤道部強膜にはヒアリン様軟骨がある。ワニの強膜には骨性の膜が存在する。

⑩トカゲは視神経乳頭から硝子体内に血管に富む乳頭円錐が存在する。乳頭円錐は硝子体血管遺残とする説もあるが、その詳細は不明である。トカゲには中心窩が存在する。

⑪ワニの網膜色素上皮中にはグアニン結晶を有するタペタムが存在する。

⑫トカゲとヘビの網膜には視細胞の桿体と錐体があるが、その比率は昼行性か夜行性かで異なる。

⑬トカゲの視細胞錐体の外節遠位端には「油球」が存在する。

⑭油球には色素が含まれており、色フィルターの効果がある。

	トカゲ	ヘビ	ムカシトカゲ	ワニ	カメ
眼瞼の発達		良			
皮膚上の頭頂眼	あり	なし	あり	あり	あり
瞬膜の透明性	透明	不透明	不透明	不透明	不透明
瞼板軟骨又は骨	軟骨	軟骨	軟骨	骨	軟骨
涙腺	あり	なし	あり	発達	発達
鼻涙管		あり		なし	なし
外眼筋の発育	良好	悪い	悪い	悪い	悪い
角膜の脱皮	可能	可能			
強膜に軟骨又は骨	軟骨	軟骨	軟骨	骨	軟骨
水晶体輪状パッド	あり	なし	あり	あり	
調節	パッド	毛様筋		パッド	
タペタム				あり	
錐体・桿体の優劣	多様	多様	多様	桿体優	錐体優
中心窩	あり	なし	なし	なし	なし

爬虫類の眼についての大雑把なマトメ　同一目でも種により多様性がみられる

第三の眼１　松果体（１）

松果体

松果体は、ヒトでは脳内の中央、左右の大脳半球間に位置し、二つの視床体が結合する溝にはさみ込まれている。

松果体は概日リズムを調節するホルモン、メラトニンを分泌する。

発生学的には外胚葉由来の網膜に近似し、下等脊椎動物では体表近くに位置し、第三の眼としての役割を有する。

松果体の細胞構造は、脊索動物では網膜細胞と発生学的な類似性がある。鳥類や爬虫類では、松果体で光シグナルを伝達する。下等脊椎動物の松果体細胞を培養し、水晶体、色素上皮、視細胞などの視器を誘導した報告もある。

マイアミ大学眼科の電気生理の研究室を見学した際「下等動物の松果体（parietal eye）の電気生理学的研究」を行っているグループがいた。ある種のイグアナの頭頂部の皮膚上に第三の眼として角膜と虹彩があるのを見たのを記憶している。

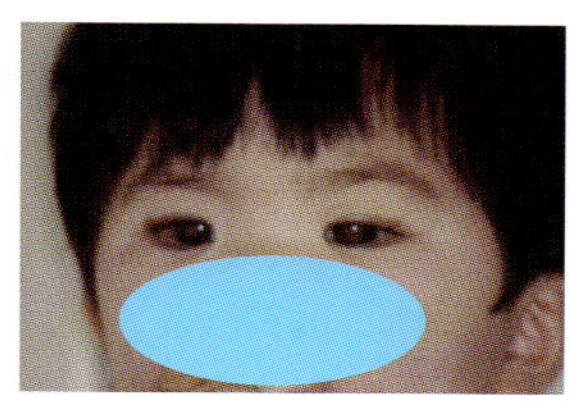

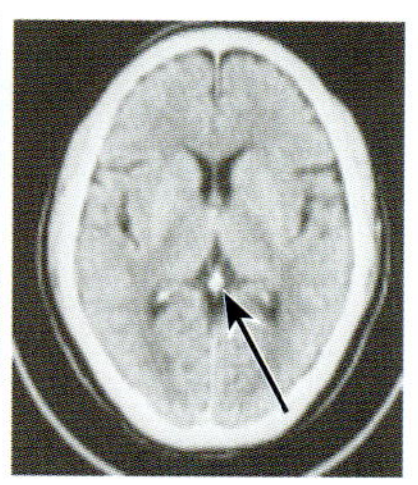

頭部CT　松果体石灰化

松果体の石灰化

小児の悪性腫瘍として、網膜芽細胞腫、ウイルムス腫瘍（腎）、白血病がよく知られている。

網膜芽細胞腫は胎児性腫瘍の一種で、両眼の網膜芽細胞腫の片親の松果体に石灰化が見られることがある。これは良性の網膜細胞腫（レチノーマ）の石灰化と考えられている。網膜細胞腫は網膜と松果体が発生学的に近似し、眼杯から生じる胎児性腫瘍とされている。小児の網膜芽細胞腫は悪性腫瘍であるが、網膜細胞腫は良性腫瘍で、石灰化して自然消滅する。

（ネコの眼１ cat's eye参照）

両眼の網膜芽細胞腫（胎児性悪性腫瘍）

ヒトの松果体も網膜に近似している。両眼の網膜芽細胞腫の症例やその両親では松果体にも腫瘍が生じている場合がある。この松果体腫瘍は良性で網膜細胞腫と呼ばれ、石灰化する。

松果体

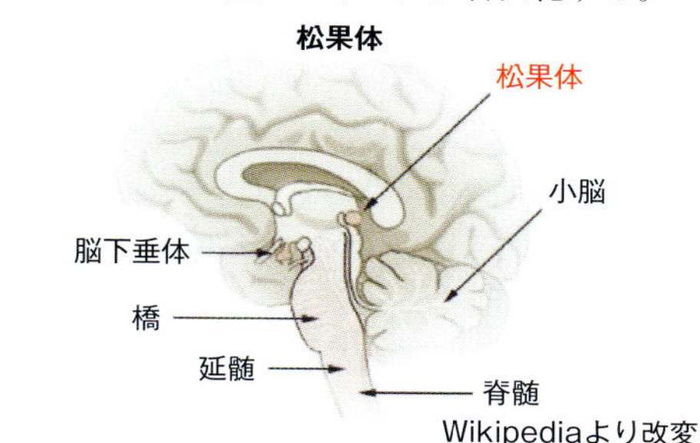

Wikipediaより改変

MRI　３Ｄ　Ｔ１強調画像による松果体

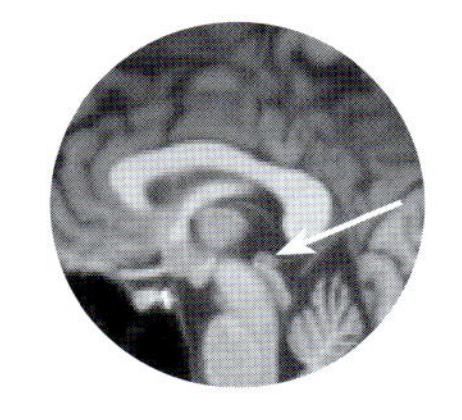

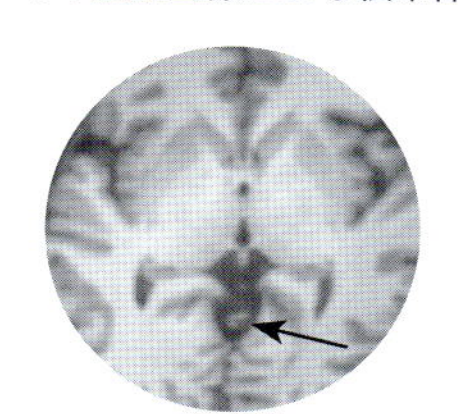

写真　吉田正樹

松果体は、赤灰色で（人間で8mm）ほどの大きさである。上丘の上、視床髄条の下に位置し、左右の視床に挟まれている。松果体は視床後部の一部を構成する。（白矢印）

トカゲ、イモリ、ヤモリなど爬虫類を代表とする下等脊椎動物の松果体は第三の眼として存在する。爬虫類の頭頂部をよく観察すると周囲の皮膚と明らかに区別できる部位が存在する。それは松果体で、発生学的に眼に近似し視細胞も存在する。

第三の眼２　松果体（２）トカゲの眼

爬虫類では、松果体である第三の眼を**頭頂眼**（parietal eye）、従来の眼を**側頭眼**（lateral eye）と呼ぶ。

頭頂眼（parietal eye）

①トカゲのような爬虫類は「よく発達した頭頂眼」を有する。頭頂眼は魚の一部（マグロ、サメ）、カエルなどでも見られる。よく発達した頭頂眼は頭頂部の皮膚に露出しており、角膜・水晶体・網膜などで構成されてる。

②未発達のものは皮膚の下、頭頂骨の中、頭頂骨の下と頭蓋内に位置する場合もある。

③鳥や哺乳類では松果体として位置づけられている。

④ヒトの松果体はホルモン分泌器官と考えられている。

⑤鳥類の松果体は方向性を探知するとの説もある。

⑥ニワトリの松果体からロドプシン類似の光受容蛋白（ピノプシン）が発見されている。

Muse（ミューズ）細胞

ヒトの皮膚や骨髄から、神経や筋肉、肝臓などの多様な細胞に変わる幹細胞を効率的に抽出し、増殖させる技術を、2010年に東北大の出沢教授や京都大の藤吉教授らが開発した。この細胞は「Muse 細胞（Multilineage-differentiating Stress Enduring Cell）」と名付けられた。松果体がホルモン分泌腺、網膜、水晶体、角膜などになり得るのは、松果体に Muse 細胞が存在している可能性もある。

iPS 細胞
(Induced pluripotent stem cells)

体細胞へ数種類の遺伝子を導入し、ES細胞（胚性幹細胞）のように非常に多くの細胞に分化できる分化万能性と、分裂増殖を経てもそれを維持できる自己複製能を持たせた細胞で、京都大学の山中教授らのグループによって、マウスの線維芽細胞から2006年に世界で初めて作られた。人工多能性幹細胞、誘導多能性幹細胞とも呼ばれる。（337頁参照）

トカゲの側頭眼

トカゲの眼

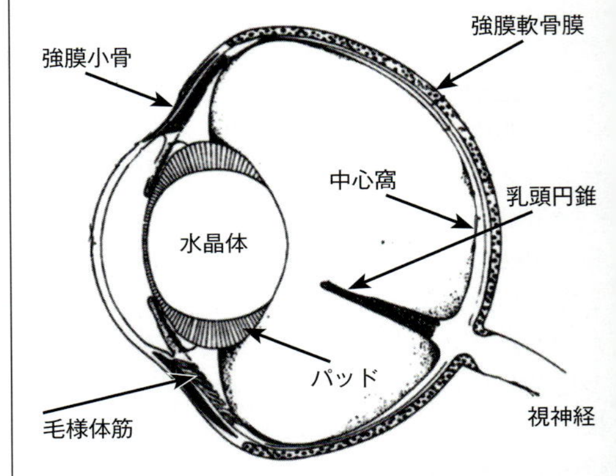

獣医眼科全書より改変

ムカシトカゲ（Tuatara）

ムカシトカゲは恐竜時代の生物で、生きた化石としてニュージーランドの島に僅かに生息している。このトカゲは卵生で、卵の周囲温度が22℃以上ならオスになり、18℃以下ならメスになることが知られている。また、子供のムカシトカゲには頭頂眼がみられ、大人になると解らなくなることでも有名である。

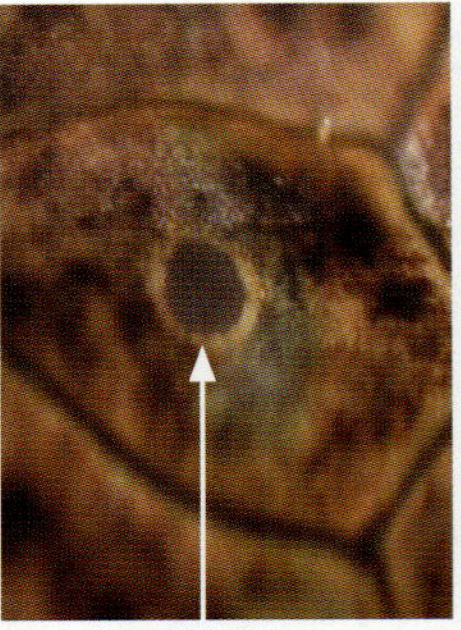
トカゲの頭頂眼

第三の眼３　松果体（3）イグアナ

松果体と頭頂眼の発生

中枢神経系の形成は神経管から始まる。神経管の上方は脳を、下方は脊髄を形成する。まず、上方に三つの膨隆が形成され、前脳胞・中脳胞・菱脳胞が生じる（一次脳胞）。

その上端の前脳胞が終脳胞と間脳胞になる（第二次脳胞）。前脳胞は側脳室を、間脳胞は第三脳室を形成する。間脳胞の壁から分化して左右一対の松果体原基が形成される。その一対が前後に並び、ヒトでは片方が松果体になり、残りが退化する。トカゲ類の一部やムカシトカゲでは片方が松果体になり、片方が頭頂眼になる。

D. I. Hamasaki のイグアナの頭頂眼に関する論文

①明順応、暗順応下でのイグアナの側頭眼と頭頂眼の光感度特性を検討した結果、イグアナの頭頂眼は側頭眼より夜行性の性質を有していた。

②イグアナの頭頂眼は、460nm の陽性波と520nm の陰性波のスペクトル感度特性を示した。

イグアナの眼

①一対の側頭眼と１個の頭頂眼をもつ。

②頭頂眼は暗所で有用で、ある特定の波長光に感度特性を示す。

③側頭眼は、眼球運動はなく、閉瞼は可能で、強膜は一部に軟骨を有する。

④毛様体は毛様体筋により水晶体を前後に動かし、調節機能を有する。

⑤網膜血管はなく、櫛状突起（ペクテン）から血液供給を受ける。

ツノトカゲ（イグアナ科）の眼

ツノトカゲは眼の周囲ある血洞から血を吹き飛ばす。これは捕食者に対する防御反応と考えられている。

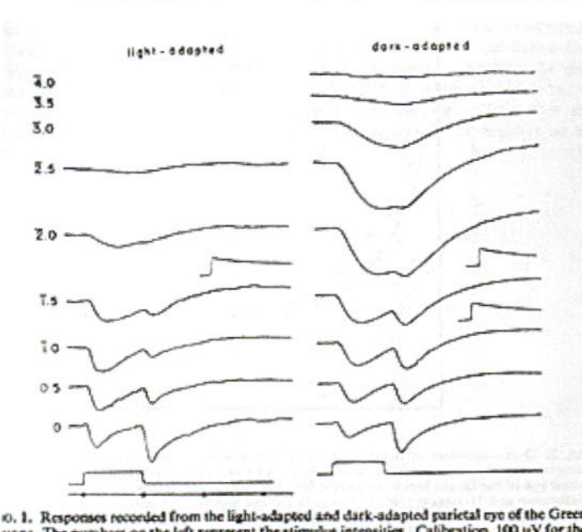

...G. 1. Responses recorded from the light-adapted and dark-adapted parietal eye of the Green ...uana. The numbers on the left represent the stimulus intensities. Calibration, 100 µV for the ...ght-adapted ERGs and from 1=4·0 to 2·0 for the dark-adapted ERGs. 250 µV for the dark-adapted ERGs from 1=1·5 to 0. Time, 1 sec.

D. I. Hamasaki の論文より

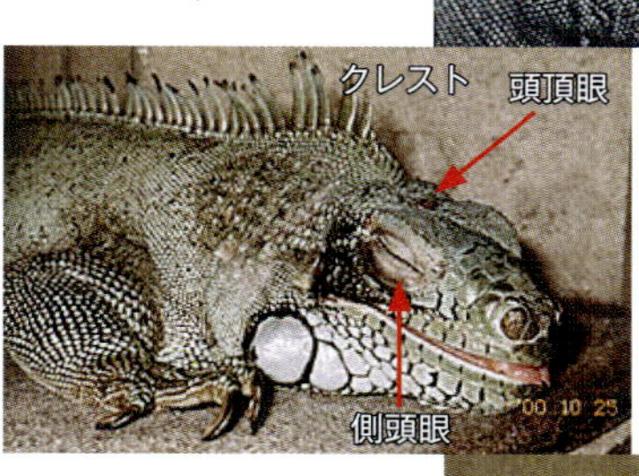

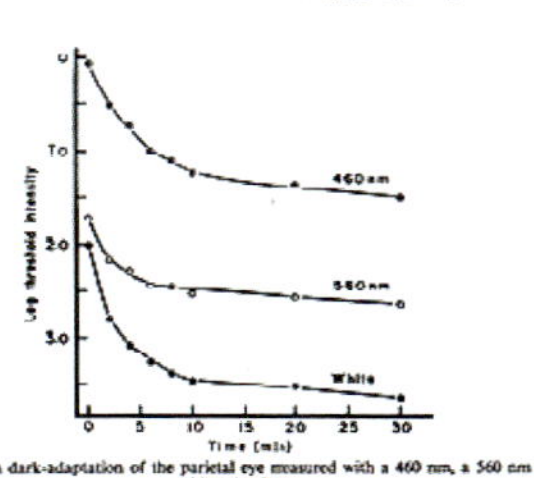

FIG. 5. Mean dark-adaptation of the parietal eye measured with a 460 nm, a 560 nm and white stimulus.

Green iguana（iguana iguana）

最大全長180cm。体色は灰褐色や赤褐色、黒褐色。幼体の体色は明緑色や青緑色。オスは後頭部から背面にかけてたてがみ状の鱗（クレスト）が発達する。頭頂眼は眼瞼がなく、露出している。

（写真◎島田和哉）

第三の眼４　シシュパーラの眼

ヒンドゥー教の三大神

①**シヴァ神**：創造と破壊を司る。暴風雨は、破壊的な風水害ももたらすが、同時に土地を豊かにし植物を育てる。

②**ブラフマー神**：世界の創造と破壊。その後の再創造を担当する。ヒンドゥー教の教典にのっとって苦行を行ったものにはブラフマー神が恩恵を与える。ブラフマー神には、ヒラニヤガルパ、ローケーシャ、スヴァヤンブーの三つの名前の化身がある。

③**ヴィシュヌ神**：４本の腕を持ち、10の化身を有する。その８番目がクリシュナである。クリシュナは、インドの神話に登場する英雄である。

シシュパーラ

叙事詩「マハーバーラタ」で、チェディ国の王子として生まれてきたシシュパーラは生まれたとき３つの眼と４本の腕を持っていた。両親は不気味な子どもの容姿を見て捨てようとした。すると天の声が「この子供は将来強大な力を有する王になる。この子供はまだ死ぬ時ではない。しかし彼を殺す者はすでに生まれている。その者が子供を膝に置いたときに余分な腕が落ち、また子供がその者を見たときに第３の眼が消えるであろう」と述べた。シシュパーラはチェディ国の王となるが、クリシュナに成敗される。

クリシュナの眼

シシュパーラの眼から転じ、インドのクリシュナの聖地にはお守りとしてクリシュナの眼が売られている

クリシュナの聖地のお土産、クリシュナの眼

ヒンドゥー教徒の眉間の印

シシュパーラの第三の眼から、ヒンドゥー教では眉間には強い力が宿っていると信じられるようになった。それを示すためにヒンドゥー教徒の眉間に印が描かれている。この印は宗派ごとに形や呼び方が異なる。最近はファッションとして用いられている。

仏教での第三の眼

第三の眼は古来より仏像等の額にも描かれており、全てを超越した仏の知覚を意味している。また、身体には７箇所の要所（中枢）があり、その中でも、眉間が最も大切とされている。

インドの神話にみる第三の眼

仏像の前額にみる第三の眼

カメレオンの眼

カメレオンは爬虫類で、トカゲの仲間に属し、およそ200種が生息する。日本固有種はいなく、アフリカやマダガスカル、インド、スリランカなどに生息する。上野動物園には展示されていないが、ペットとして広く飼育されている。カメレオンは気分や体調、生活環境により体色を変える種もいる。体長は70cm～3cmと種類により異なるが、ミクロヒメカメレオンは陸上脊椎動物の中で最小の仲間に属する。

カメレオンの眼

①一般に昼行性である。

②一般にカメレオンには松果体由来の第三の眼（頭頂眼）は存在しないが、存在する種もあるらしい。

③眼球は眼瞼によりドーム状に細鱗で覆われ、ピンホール眼裂を形成している。

④ピンホール眼裂のため、焦点深度は深く、視力はソコソコに良いと思われる。

⑤ピンホール眼裂であるが、瞳孔も存在する。しかし、瞳孔は固定されている。

⑥ピンホール眼裂のため視野は狭く、眼球を360°片眼ずつ回転して周囲を窺う。

⑦カメレオンの眼球は周囲の様子を窺うときは、幾分眼球を突出させ、危険を察知すると眼球を引っ込める。（随意性眼球突出・陥凹が可能である）

⑧眼球運動に連動して眼瞼も動いている。恐らく、眼瞼と眼球が癒着しているか、眼球壁が眼瞼皮膚の細鱗で形成されているものと思われる。

⑨眼前にある餌に対しては、両眼視機能があり、長舌による捕食行動を行う。左右別々に眼球を動かし、さらに両眼視機能も有する優れものである。

⑩カメレオンは両眼視機能を有するが、両眼を別々に動かしているときは、複視が生じないように片眼に抑制がかかっているものと考えられる。

⑪角膜は凸レンズであるが、水晶体は凹レンズで、光学的に視野を広くする構造である。

⑫視神経乳頭から硝子体内に血管叢突起が伸びている。

⑬強膜には軟骨膜が存在する。

⑭網膜色素上皮にはグアニン結晶の蓄積がみられ、光を反射し、さらにタペタムが光を増幅している。

⑮中心窩が存在し、視細胞は錐体と杆体が存在する。

⑯一般にカメレオンは樹上生活をするので、外敵から身を守るため、周囲の状況や体調や気分に応じて体色を変化させることから、色認識も出来ると考えられる。体色が変わっても、虹彩色は変化しない。

カメレオンの眼球は皮膚で覆われている。その眼瞼は眼球運動と共に動く。ピンホール状の眼瞼の大きさは変わらない。

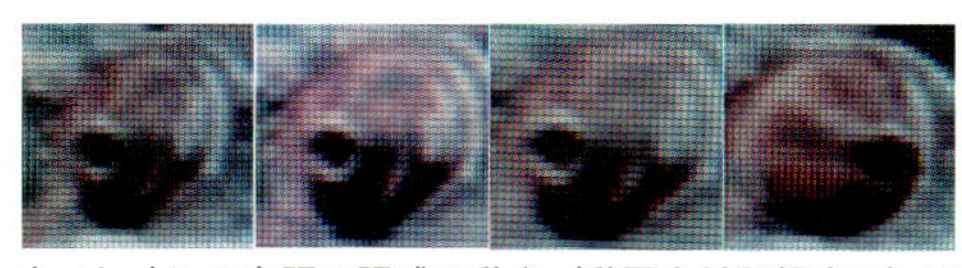

カメレオンの左眼の眼球の動き（動画より記録する）眼球と眼瞼が共に動いて、丸い瞳孔様の眼瞼裂が上下左右360°回転する。しかし、丸い眼列の大きさは一定である。

眼瞼裂の奥に角膜と瞳孔が見える。カメレオンの瞳孔は散瞳も縮瞳もしない。視野は狭いが眼球を動かして周囲をみる。随意性眼球突出・陥凹が可能である。

右眼は正面を、左眼は上方を見ている。片眼に抑制が掛かり、交代視しているものと考えられる。

第四の眼　皮膚（？）

眼は光（電磁波）を感じる

①電磁波の波長は無限小から無限大に存在する。

②ヒトの眼が感じることの出来る可視光線は、僅か380nm～780nmの波長に過ぎない。

③ヒトの可視光線より赤外域または紫外域の波長を感じることのできる動物も存在する。例えば、ミツバチの眼は300nm～650nmの波長を感じる。

④ヒトの皮膚は赤外域の電磁波を熱として感じる。皮膚は可視光線外の電磁波を感じる第四の眼ともいえる。

⑤ヘビやカエルなどは、皮膚の電磁波に対する感度が鋭敏で、第四の眼の存在価値が高い。

⑥電磁波を感じる皮膚＝光検知器≠眼　であるが、この光検知器も生存には欠かせない動物も存在する。

誤解

①**「紫外線が眩しい」**
紫外線はヒトの眼には感じないので眩しくない。眩しいのは可視光線である。

②**「眩しいからサングラスを使う」**
サングラス下の瞳孔は散大しており、サングラスをしても眼底に入る光量には大差がない。

③**「紫外線カットだから安心」**
どの波長の紫外線を何パーセント、カットしているかが大切である。

④**「心配だからCT検査する」**
CT検査は、かなりの放射線を浴びる。必要最小限にすべきである。

⑤**「赤外線は健康に良い」**
750～140nmの近赤外線を大量に浴びると赤外線白内障になる。

⑥**「動物も色が判る」**同じ波長の電磁波を認識できても、ヒトと同じ色を認識しているとは限らない。

皮膚で光を感じるラット

東北大の八尾寛教授らは、皮膚で光を感じるラットの育成に世界で初めて成功した。単細胞緑藻類（クラミドモナス）が持つ、青い光を感じるタンパク質「チャネルロドプシン２」の遺伝情報を組み込んだラットを育て、皮膚が青色LED光に反応することを確認した。皮膚の触覚をつかさどる大型の神経節細胞にチャネルロドプシン２が多く集積していた。（共同通信ウエブ・ニュース H24.3）

電磁波の種類と波長

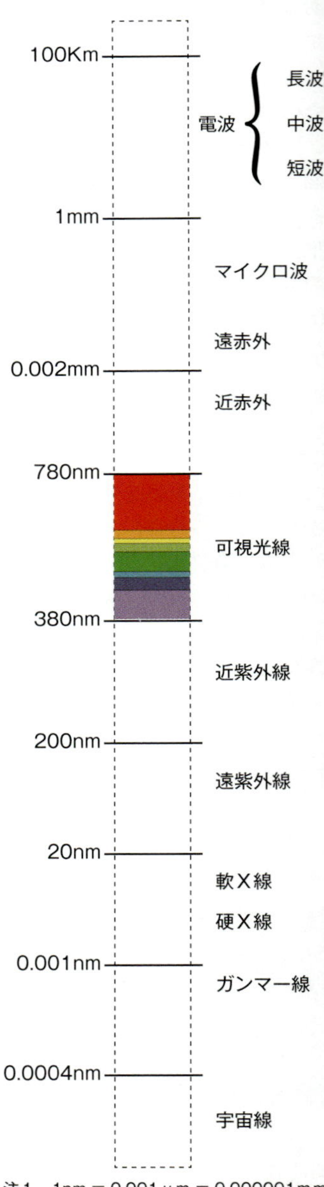

注１　1nm＝0.001μm＝0.000001mm
注２　上の表の数字と縮尺は一致していない

単眼症

「単眼」は複眼に対して用いられるが、２個あるべきものが、一個の場合「単眼症」という。複眼を構成する一つひとつの眼は「個眼」という。

ウェンロックとマンデビル

2012年のロンドンオリンピックのマスコットは単眼症である。名前は、現代のオリンピックと、パラリンピックの先駆けといわれるスポーツの競技会が開かれていたイギリスの地名をとって、「ウェンロック」と「マンデビル」と名付けられた。

一つ目は、眼にカメラが内蔵されているので、まさしくカメラ眼である。

一つ目小僧

一つ目小僧は日本の妖怪の一種で、額の真ん中に眼が一つだけある坊主頭の子供妖怪。漫画家水木しげるの代表作『ゲゲゲの鬼太郎』も一つ目である。その他、各地に一つ目妖怪の話は多く存在する。外国ではギリシャ神話の鍛冶技術を持つ単眼の巨人キュクロプスが有名である。

単眼症

単眼症は先天奇形の一つである。母胎の何らかの異常により単眼症が生じる。脳や神経系、循環器系や呼吸器系などの異常も合併し、多くは流産や死産で、生まれても間もなく死亡する。『実際眼科学』大橋孝平著に単眼症の写真が載っているが、前額に大きな眼瞼裂が一個あり、左右の眼球が融合している死産例であった。その他、単眼症には片眼の先天無眼球症も含まれる。（何らかの原因で、後天的に片眼を眼球摘出したものは単眼症には含めない）

1932年に座間市内の墓地から、眼窩が一つしかない頭蓋骨が掘り出され、供養のために「一つ目小僧地蔵」が建造されている。この頭蓋骨も単眼症の例と思われるが、その頭蓋骨がどこに保管されているかは不明である。

後述するが、ミドリムシも単眼症である。

ロンドン五輪マスコット

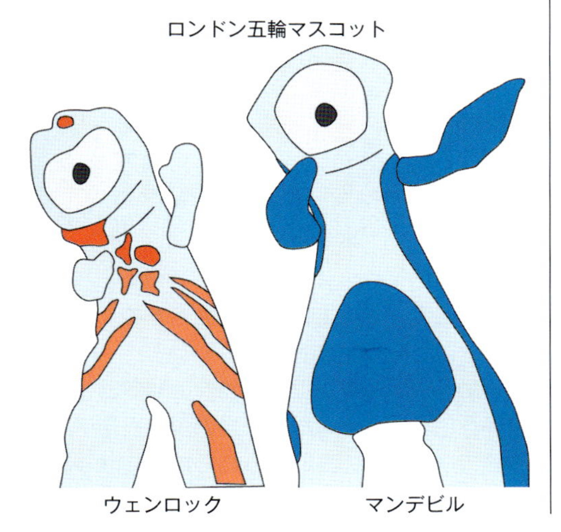

ウェンロック　　マンデビル

先天単眼症へのアプローチ

1）眼窩が１個か２個か？
2）眼瞼の位置は？
3）左右の眼球の融合があるか？
4）眼球の痕跡があるか？
5）眼球に何らかの異常はないか？
6）視力があるか？
7）全身合併症は？
8）偽単眼症（眼瞼閉鎖・無眼瞼）でないか？
9）妊娠時の異常は？
10）遺伝因子は？
11）系統発生学的に単眼の動物が存在するか？

追記：座間市の一つ目小僧頭蓋骨は眼窩が中心に１個存在し、全額には１対の角状の突出が存在していた。（座間商店街ポータルサイトより）

一眼レフカメラ
一眼レフカメラも一種の単眼症である。一眼レフカメラは撮影系光路と観察系光路が共通で、観察時はミラーで光路を変え、シャッターを押すとミラーが挙上して撮影系光路になる。シャッター音はミラーの開閉する音である。

ヘビの眼１　ヘビの視機能

新聞に、ヘビが23mの送電鉄塔上にある鳥の巣を狙って登り、感電死した記事が載っていた（下新聞）。

日新聞　2008年（平成20年）5月27日　火曜日

送電線にヘビ感電が原因

有効策なく「困った」

郡内、峡東の大規模停電

東電、巡視を強化

富士北ろくや峡東地域、県東部などの約八万二千世帯で二十五日夜に発生した停電は、送電線に絡まったヘビが原因であることが二十六日、東京電力山梨支店の調べで分かった。ヘビが高さ二十三㍍の送電線に触れたため安全装置が作動して電力供給が止まったとみられ、約四十分間停電した富士吉田市内では冷蔵庫内の食材の廃棄を余儀なくされた飲食店もあった。ヘビの〝侵入〟を防ぐ有効な手だてはなく、同支店は「職員の巡回を増やして再発防止に努めたい」としている。

同支店によると、二十五日午後十一時ごろ、職員が大月市梁川町立野の鉄塔近くの送電線にヘビの死骸（しがい）がぶら下がっているのを発見、約一時間後に撤去した。長さ約一㍍のアオダイショウで感電死していた。鉄塔上部には鳥の巣があり、ヘビは巣の中の卵を狙って鉄塔を上った可能性があるという。

近くに住む自営業男性（四二）は「停電前の約二十分間に四回、鉄塔の方から青白い火花が出るのを見た」と話している。

ヘビが送電線に接触したことで、電線の系統に当たる上吉田変電所内の安全装置が異常を感知して作動。富士吉田市内への送電が止まり、続いて約十分後に大月市内の駒橋変電所でも安全装置が働き、峡東地域や県東部など対象地域への送電が遮断されたという。

同支店などによると、一九九五年に旧明野村の鉄塔にヘビが上り、周辺地域が停電したことがある。二〇〇二年には旧須玉町内の変電所にヘビが侵入し、県内各地で約九万

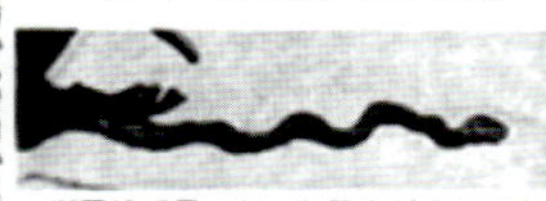
送電線で見つかったアオダイショウ

蛇の目紋

ヘビは23mの高さの鉄塔上の鳥の巣が見えるのか？

ヘビは、爬虫綱有鱗目ヘビ亜目に分類される爬虫類の総称。その種類は多く、大きいものは体長10m、小さいものは10cm程度のものもいる。

ヘビの感覚器

ヤコブソン器官：口内にある嗅覚器

ピット器官（孔器）：ヘビの種類により異なるが、顔面や口唇上下に数個の窪みを認める。これをピット器官という。ピット器官内部は「窩状眼」状で、視細胞類似の細胞が存在する。この細胞は可視光線には反応せず、5000～14000nmの赤外線を感知し、形体覚があると、考えられている。

聴覚は退化：下顎で振動感受

視覚は退化：松果体は？

①ヘビによっては上に登る習性もある。

②視覚以外の感覚器も利用している。

③特に、ヘビのヤコブソン器官は嗅覚器として優れており、送電線上の鳥の巣から落下してくる鳥のフンの臭いから鳥の巣を判断している。視覚はさほど良くない。

ヘビの眼２　ヤマカガシの眼

ヤマカガシ（写真１）はマムシ、ハブと共に毒蛇である。

写真１

ヤマカガシの眼

①ヤマカガシは爬虫類だが昼行性である。
②眼は他の蛇に比較して大きい（写真２）。
③角膜は皮膚の鱗が変化したものとの説あり（写真３）。
④角膜の下にさらに角膜が見られる（写真４）。
⑤ヤマカガシの頭頂に第三の眼（頭頂眼）らしきもの（？）が見られるが、断定は出来ない。（写真５）。

蛇の角膜

1）ヘビの角膜は層状になっている。
2）最外層の角膜はピンセットでつまむとすぐ外れることから、皮膚由来の「鱗」との説もある。これは、体表組織に比べて容易に剥がれ易いことから、本来の角膜を感染や汚れから守る役割と考えられる。
3）したがって、表皮のように剥がしても、また、再生してくるものと考えられる。
(実は鱗ではなく、角膜上皮由来の膜である。後述)

写真２

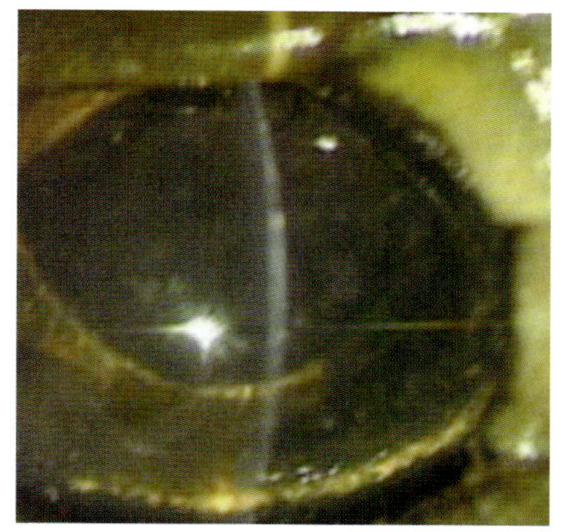
写真３　眼部の細隙灯写真

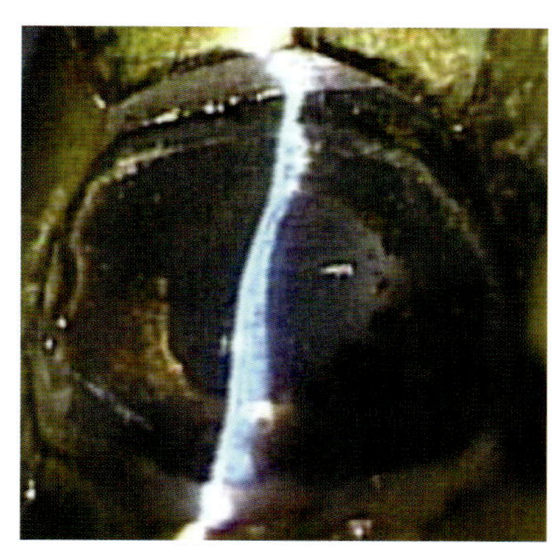
写真４　角膜除去後

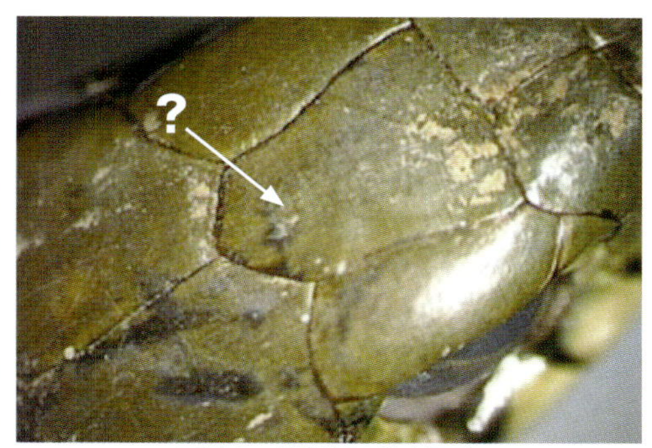

写真５　頭頂部の拡大写真
頭頂部に頭頂眼らしき小点が見られる

ヘビの眼３　ヤマカガシの眼組織（１）

ヤマカカシは体長70～150cm の毒蛇である。

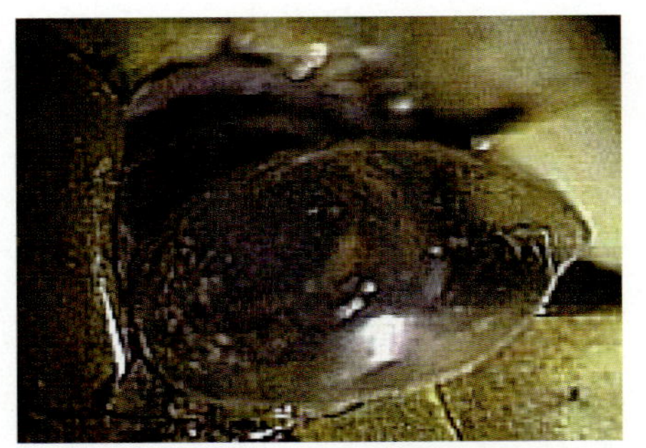

蛇の角膜は層状になっていて、最外層は鱗のように簡単に外れるので、俗称「眼鏡」とも言われている。

クチクラ（Cuticula）層

クチクラは表皮を構成する細胞が、その外側に分泌することで生じる、丈夫な膜で、様々な生物において、体表を保護する役割を果たしている。人を含む哺乳類の毛の表面にも存在する。昆虫や節足動物の場合、外骨格や角膜、水晶体がクチクラ層で形成されている場合が多い。カマキリのように角膜と水晶体が一体化している場合、クチクラレンズとも云う。クチクラ層は植物にも存在し、表皮を乾燥や害虫から守る働きをしている。

ヒトの角膜

ヒトの角膜は組織学的に６層を形成している。

①**上皮**：最外側層で、重層扁平上皮よりなり、再生可能

②**ボーマン膜**：外境界膜

③**固有層**

④**デュア層**：厚さ15μｍの層

⑤**デスメ膜**：内境界膜

⑥**角膜内皮**：最内側層で、一層の立方上皮で、再生不能

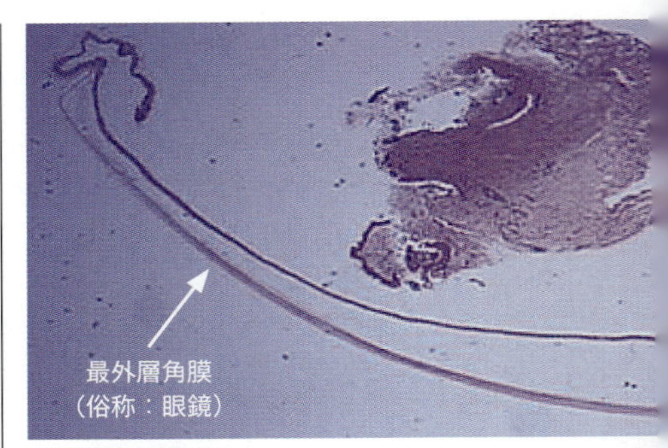

表層角膜の弱拡大

ヘビの角膜の最外層（俗称眼鏡）は組織学的には鱗由来でなく、クチクラ層由来と考える。クチクラ角膜は２～３枚存在し、最外層が無くなっても再生する。その再生速度については不明である。

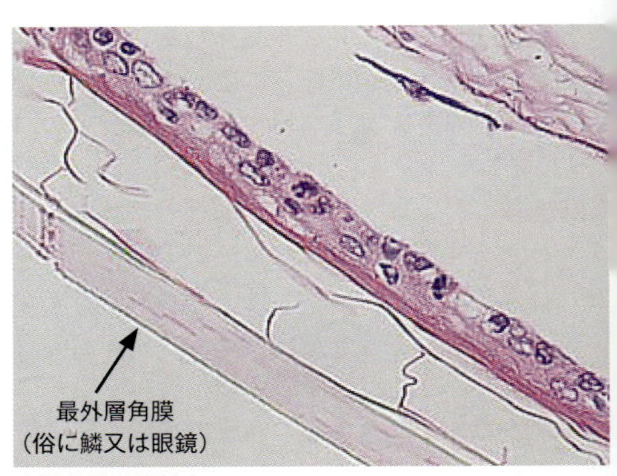

表層角膜の強拡大

外層の角膜は細胞成分がなく、無構造の組織で、クチクラ層と考える。

「眼から鱗が落ちる」とは

●何かのきっかけで、今まで分からなかったことが分かるようになること。

●キリストの奇跡で盲目のヒトが見えるようになった。新約聖書、使徒行伝第９章「直ちに彼の眼より鱗のようなものが落ち、見えるようになる……」

●**蛇の眼に鱗がついていたとは、眼から鱗である。**

ヘビの眼４　ヤマカガシの眼組織（２）

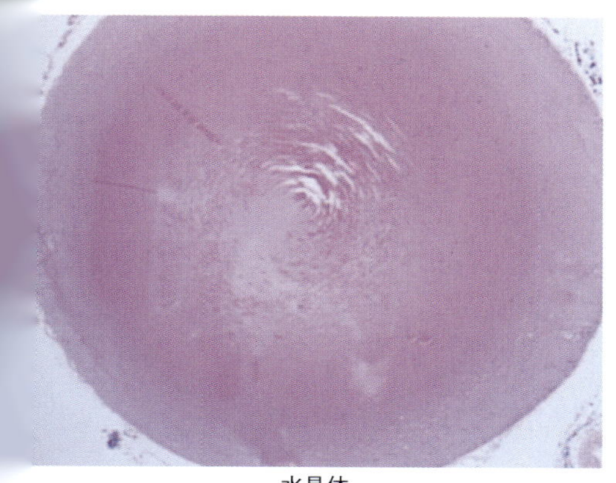

水晶体

①水晶体は球状で大きく、焦点距離が短く、水晶体後面と網膜は近接する。

②水晶体上皮細胞は、水晶体の全域に存在するが、水晶体前極部では前嚢から離れた皮質内に、水晶体後極部では後嚢下に存在する。

③水晶体上皮細胞の存在する場所が、水晶体の前・後極で異なる理由は不明である。

④毛様体は貧弱で、調節には関与していない。

⑤強膜は貧弱であるが、軟骨膜によって補強されている。

⑥軟骨膜は眼球後極部のみならず、眼球赤道部の毛様体領域まで存在する。

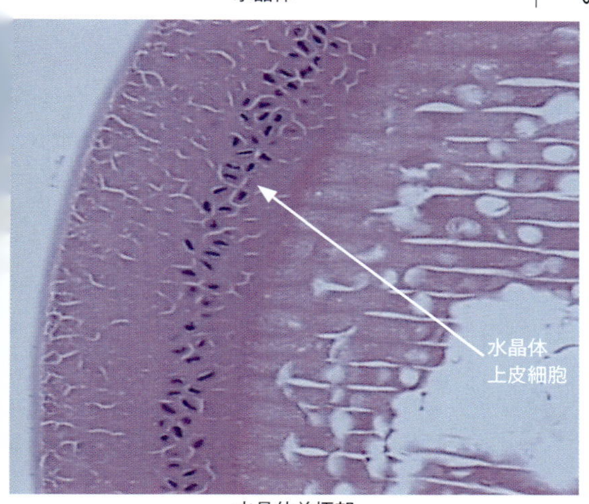

水晶体前極部

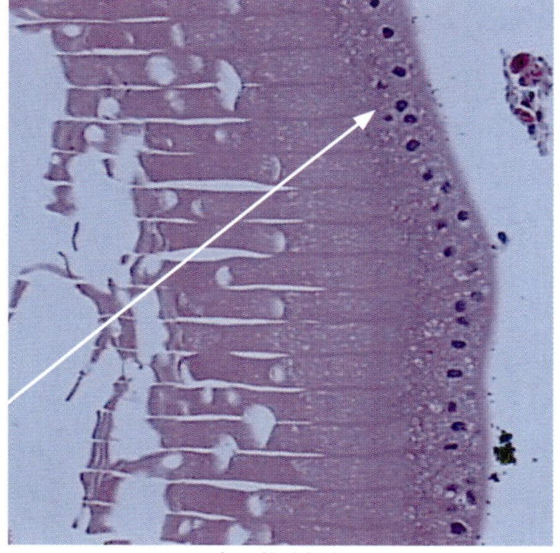

水晶体後極部

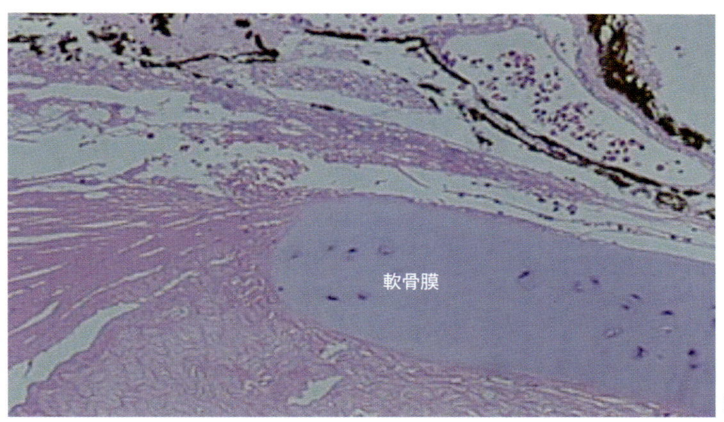

眼球赤道部

ヘビの眼５　ヤマカガシの眼組織（３）

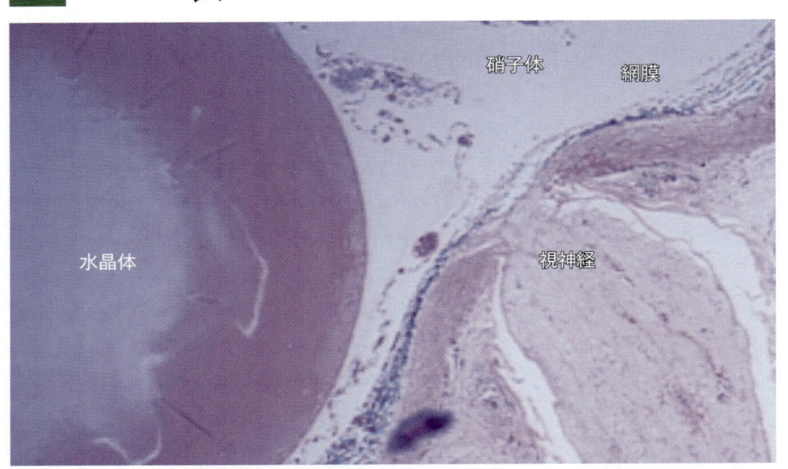

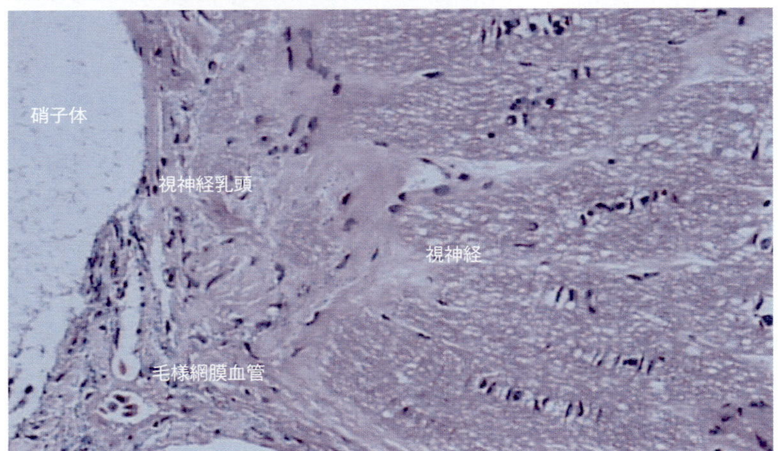

①網膜は球状水晶体に接するような位置に、層状をなしている。視細胞は網膜外層に存在する。

②視神経乳頭部から放射状に出る網膜中心血管は存在せず、視神経乳頭辺縁から眼内に入る毛様網膜動脈がみられる。

③網膜血管は網膜内になく、網膜に接して硝子体内に存在する。

④脈絡膜は貧弱で薄い。

⑤視神経乳頭も存在し、視神経は比較的太い。

⑥ヤマカガシの眼は視器としての形態を呈しているが、調節力や視力はあまり良くないと想像する。

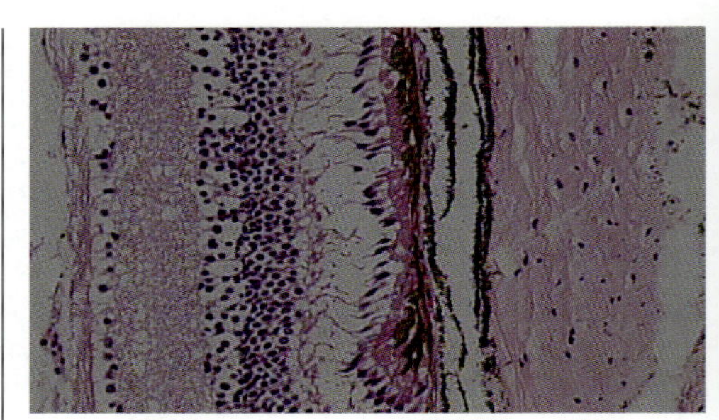

ヘビの眼 6　コブラの眼（1）

コブラは亜熱帯から熱帯に生息する毒蛇である。コブラの毒は神経毒で、咬まれると、痺れ、麻痺、呼吸困難、心停止を来たすことがある。東南アジアに生息するキングコブラは毒蛇中最も大きく、体長4m位あり、2m近くの鎌首を持ち上げることが出来る。キングコブラは絶滅危惧種とされている。インドのヘビ使いのコブラは小型のインドコブラである。

コブラの眼

①頭頂眼がはっきり観察される。
②角膜は鱗状の三層になっている。
③三層目の角膜は厚くシュレーム管も認められる。
④鱗と思われていた角膜は角膜上皮由来のクチクラ層である。
④水晶体は球状で、硝子体内を広く占有している。
⑤網膜の層構造も確認できる。

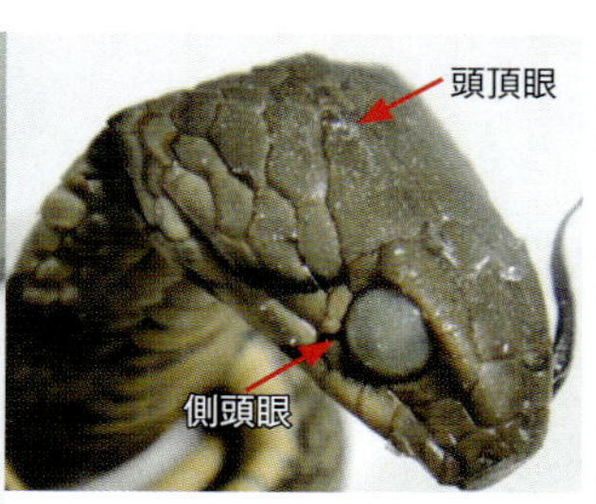

小型のインドコブラ
インドコブラは全長135～150cmと比較的小型のヘビであるが、毒蛇で、インドやパキスタン、スリランカの農地に生息し、強い神経毒のため、毎年多くの被害が出ていたが、最近は血清が開発されて、犠牲者も少なくなった。
インドの有名な「ヘビ使い」のヘビはこのヘビである。ヘビ使いのヘビは毒牙を抜かれており、ヘビ使いの笛の音を聞いて首を振るのでなく、笛の先を見て威嚇行動で鎌首を動かすと考えられている。

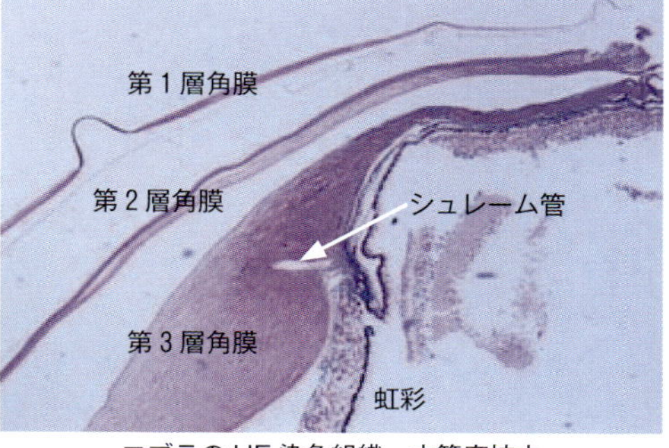

コブラのHE染色組織　中等度拡大

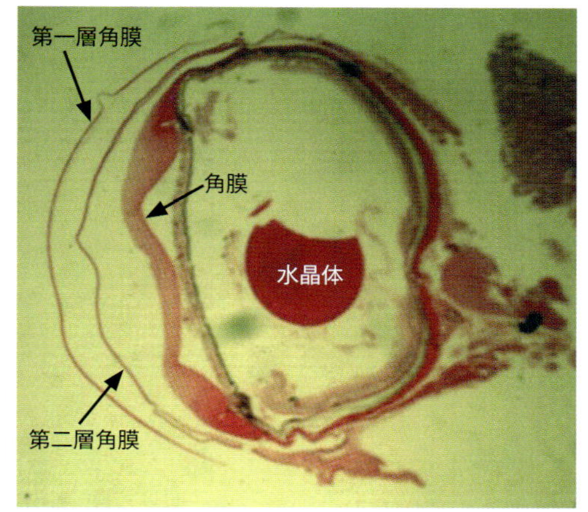

資料の保存状態が悪くアーチファクトが多い。第1層と第二層角膜は鱗のようにはずれる。

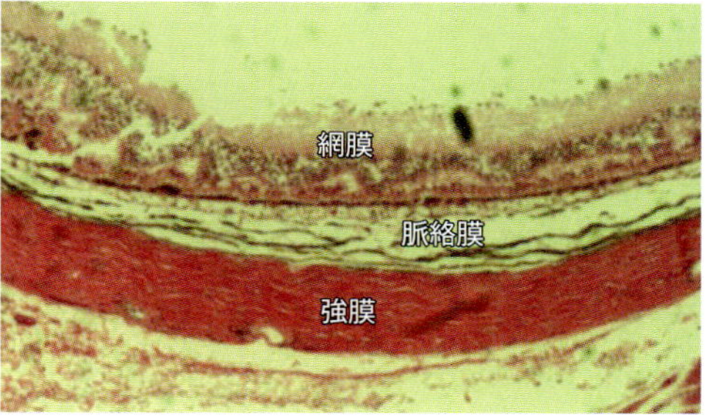

コブラのHE染色組織　強拡大

ヘビの眼7　コブラの眼（2）組織

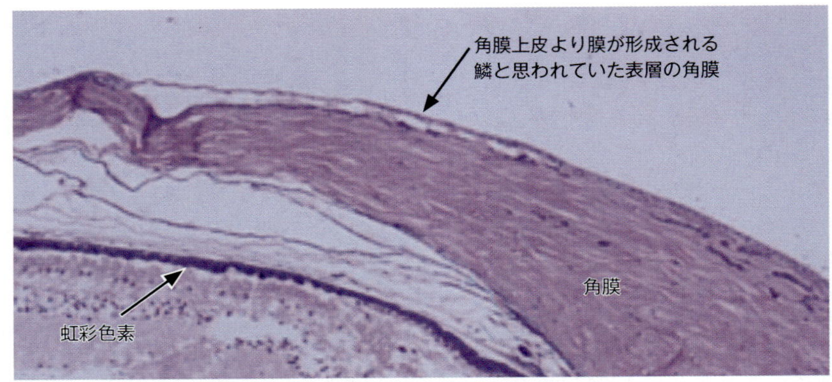

表層の角膜は皮膚の鱗由来では無く、角膜上皮細胞由来である。
角膜は分厚く、虹彩にはグアニンが存在すると思われる。

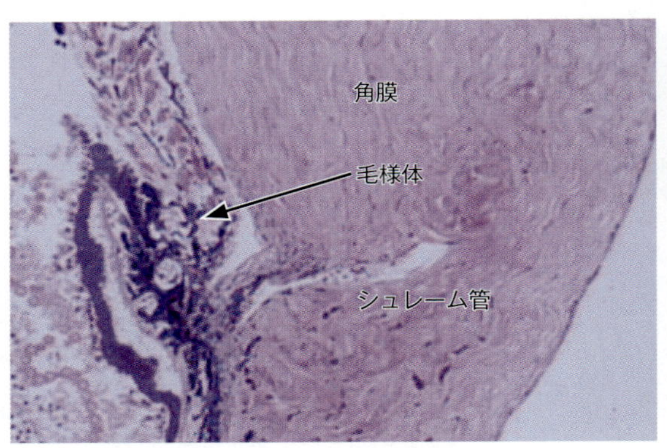

毛様体は貧弱で、シュレーム管は発達している

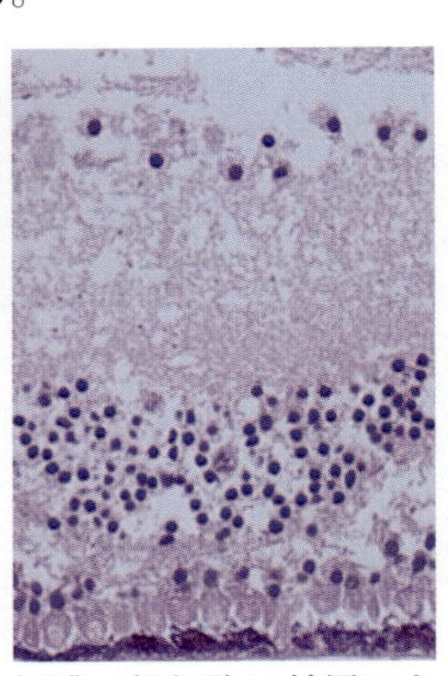

網膜の視細胞は外層にあり、
ヒトと同様逆行性である

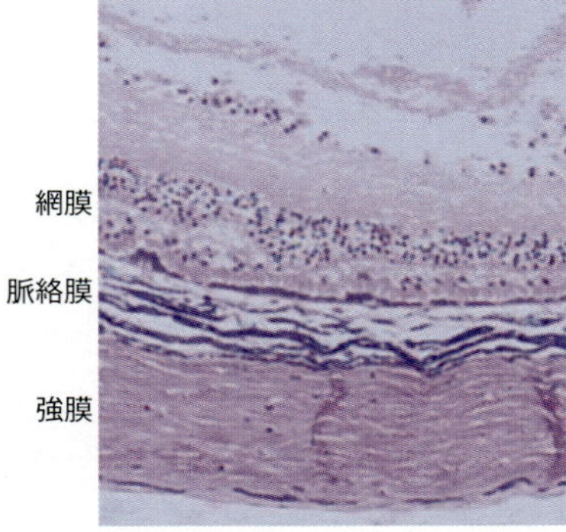

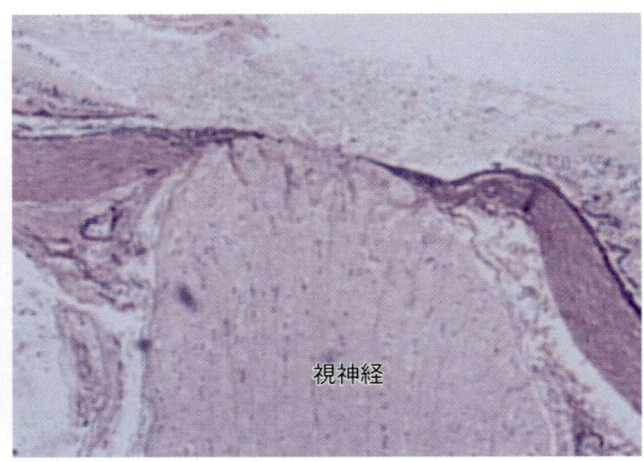

強膜には軟骨は無く、脈絡膜は薄い、視神節線維は集合して視神経乳頭を作り、
視神経束は太い

ヘビの眼８　ハブの眼

爬虫綱有鱗目クサリヘビ科ハブ属に分類されるヘビである。日本では沖縄本島や八重島諸島、奄美大島などの島々で固有に変化を遂げた毒蛇で、ホンハブ、ヒメハブ、トカラハブ、サキシマハブなどと呼ばれている。毒性はニホンマムシよりも弱いが、毒牙が1.5cmと大型で毒量が100～300mgと多く、噛まれると危険である。

ヒメハブ

ハブの毒牙は抜けると歯根部に、次の毒牙が、片側５本程度用意されている。

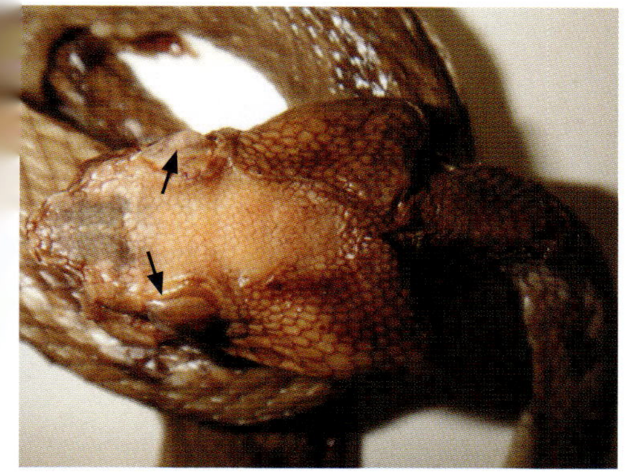

頭部は三角形で、眼は鱗状物で覆われている。（矢印）

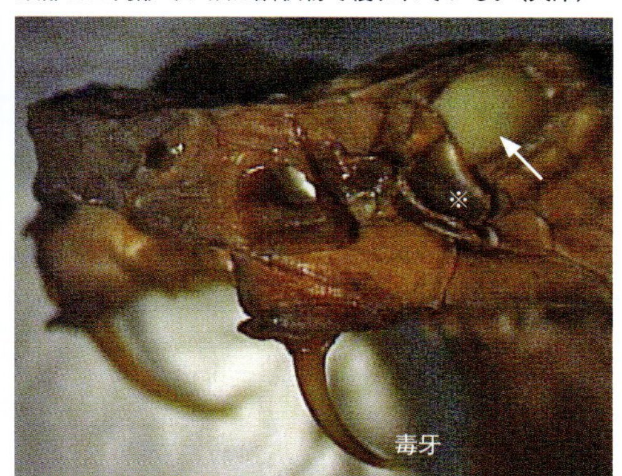

眼の鱗状物（※）の下には角膜が認められる。写真の角膜はアルコール固定され、白濁している。（矢印）

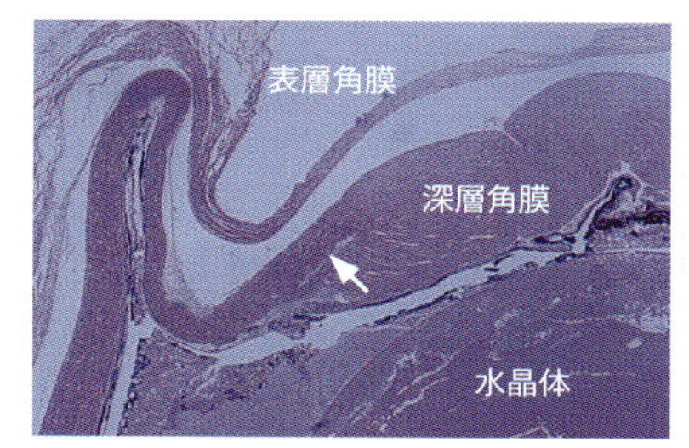

眼球前部　鱗状の表層角膜の下には深層角膜の層状分離がみられる。（矢印）

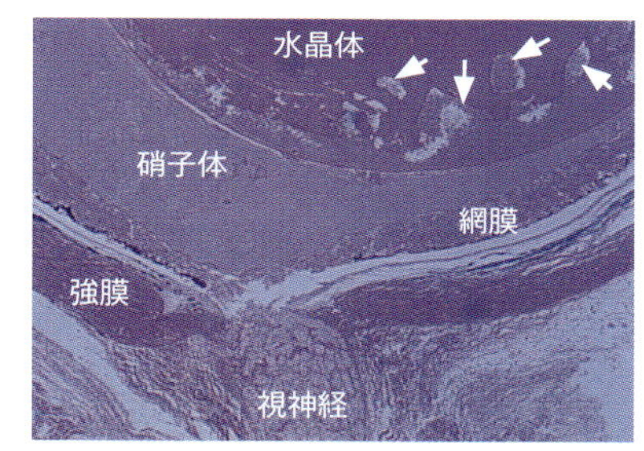

眼球後部　水晶体皮質には血管が存在する（矢印）

ハブの頭部

1．ハブの頭部は三角形である。
2．下顎骨は左右中央の前面部が関節で、左右が開き、上顎骨も多数の関節を形成しており、それら複数の関節により最大限に開口することが出来る。
3．ハブの毒牙は、左右１対あり、中空で、先端近くが開放しており、注射針のようになっている。
4．毒牙が抜け落ちても、歯根部には次の毒牙が、５対ほど用意されている。

ハブの眼

①角膜はクチクラより形成され、深層の角膜が分離し、鱗のように順次脱落している。
②水晶体は球状で大きく、硝子体腔の大部分を占める。
③水晶体皮質には、血管が存在する。
④視神経は視神経乳頭を形成し、眼外に出る。
⑤ハブの視機能は構造的にもあまり良くない、と思われる。

トカゲモドキの眼

オマキトカゲモドキ

オマキトカゲモドキ（尾巻蜥蜴擬）は、爬虫綱有鱗目トカゲモドキ科に分類され、南アジアに生息するが、最近はペットとして日本でも売られている。体長は約18cm。体色は赤褐色で、背面に明色の不定形の斑紋が入る。

夜行性で、昼間は木の根元等に隠れて休む。動きは緩怠で、体を持ち上げて忍び足で移動する。

トカゲモドキの眼

①眼球も角膜も大きい。

②夜行性で動体視力、暗所視力は良い。

③トカゲには第三の眼である頭頂眼を有すものが多いが、トカゲモドキには肉眼的に頭頂眼は認められない。

④皮膚には第四の眼である電磁波を感知する光覚器が備わっているものと推定する。

⑤虹彩は縦長であるが、虹彩の色は種によって様々である。

⑥トカゲモドキも周囲の光に対応して体色を変化させるものもあり、第四の眼である皮膚が周囲の環境を感知して、変色する。

縦長虹彩

トカゲモドキに頭頂眼は認めない。

ワニの眼

ワニ（鰐）は、脊椎動物亜門・爬虫綱ワニ目に属する。

ワニは眼と鼻孔のみが水面上に露出するような配置になっている。

ワニの血液中のいくつかの抗体が**ペニシリン耐性黄色ブドウ球菌**に有効との報告があり、ワニの血清は**エイズウイルス**を無力化するといわれている。

ワニの涙

1）空涙のこと。「鰐は葦の中にかくれていて、人が通るのを見るとその声をまねて哀れげに鳴き、人をおびき寄せてから捕まえて食べる」という民話がある。

2）ムロージェク短篇集『鰐の涙』は有名である。

3）ワニは口を開けると涙が出る。（鰐は泣きながら餌を食べる）

上記3）の原因として

①ワニの眼は水面から出ていることが多いので、角膜乾燥防止のために涙液分泌が多い説。

②顔面神経の成長過程で涙腺枝に運動神経が混線したという説。

③涙液排出路が未熟という説。

④下眼瞼にも涙腺があり、油性涙液を出すという説。

⑤涙液により体液電解質バランスを取っているという説。

カイマン：ワニは、アリゲーター科、クロコダイル科、ガビアル科に分けられ、カイマンはアリゲータ科に属する

ワニの眼

①眼は体長に比して小さい。

②頭頂眼（parietal eye）はっきりしない。

③水陸両生だが、眼は陸性である。

④涙腺が発達して、熱帯での乾燥を防いでいる。

⑤瞳孔は縦長である。

⑥網膜の後方にグアニンを含む反射層（輝板）がある。

⑦水中に潜るとき、瞬膜が角膜を覆い、眼の屈折率を変化させて水中での視力を保っている。

ミスディレクション

ミスディレクションとは神経が発生または再生するとき、間違った神経支配を形成することをいう。例として、

①**ワニの涙症候**：顔面神経麻痺の回復過程で、涙腺枝のミスディレクションにより、物を食べると涙が出る症状をいう。

②**デュアン症候群**：外直筋の異常な神経支配を示す先天性の眼球運動障害で、片側の外転神経核の発生が弱く、そのため内直筋に入るべき神経線維がミスディレクションする形で外直筋にも侵入する。

ワニの眼は上方（背側）に位置する（矢印）

カメの眼

カメは脊索動物門爬虫綱に属し、多くは固い甲羅を有する。種類や大きさは様々である。生態も陸生、水生、両生様々でその相違は大きい。スッポンを除く多くのカメは性染色体を持っておらず、性の決定は地中の卵の環境温度に依存する。地中温度が低いとオスになるとのことである。

カメの眼

①カメの眼は頭部から突出しているが、危険を感じると頭部を甲羅の中に引っ込めて、眼が守られている。カメの首の関節は可動性が高く、引っ込めた首が甲羅の中で折りたたまれている。

②眼球の背後には、眼球自体に匹敵する大きな涙腺が存在する。涙腺は体内に取り込んだ余分な塩分を濾過し、常に体外に塩分を放出している。ウミガメの涙腺は特に大きい。

③大きな涙腺を収めるために眼窩骨壁が退化し、眼球は眼窩から飛び出している。左下写真の点線部分は涙腺である。

④カメは「涙を出して泣く」といわれているが、これは涙液で全身の塩分調節をしている現象である。

⑤ウミガメは爬虫類に属するが、昼行性である。

⑥カメの外眼筋は萎縮しており、眼球運動による視野の獲得範囲は少なく、頭部を動かすことにより視界を得ている。

⑦カメの色覚は 3 色型とされている。

スッポン

カメの眼球は突出している

涙腺は非常に大きい（点線）

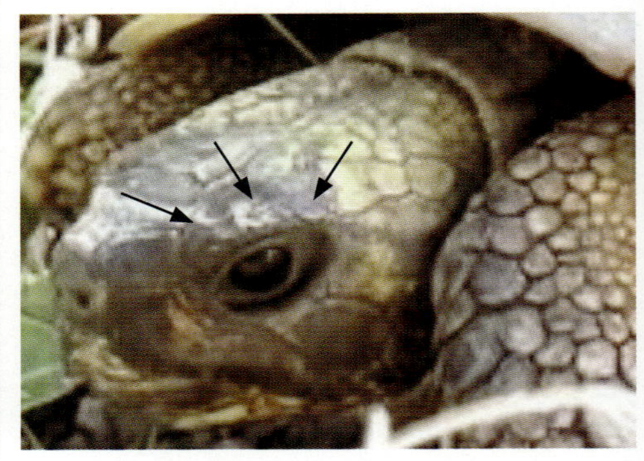
眼球は涙腺と共に眼窩縁から脱出

トリの眼１　総論（１）

鳥類は、脊椎動物の下位で鳥綱を構成するグループで、世界で約１万種が確認されている。

トリの眼の特徴

1）トリの眼球は頭蓋に比して大きく、形状は三つの基本形に分類される。

①扁平：多くのトリがこのタイプで、前後径は短い

②球状：視力の良い昼行性の猛禽類やカラスにみられる

③管状：中間が筒状で、フクロウにみられる

2）トリは夜行性と非夜行性があり、それらは形態的に若干異なり、多くは昼行性である。

3）哺乳類と同様に眼瞼があるが、寝るときのみ閉じる。

4）瞬目（瞬き）は瞬膜で行い、眼瞼は開いたままである。

5）瞬膜は透明で内眼角から角膜を覆う。涙腺は眼瞼下耳側に存在する。

6）下眼瞼が可動性で、閉瞼時は下眼瞼が上に動く。

7）一般に鳥の眼球は大きく、ダチョウの眼は陸生動物では最大級で、直径50mm である。（ウマは40mm、ヒトは24mm）

8）虹彩は随意筋で、瞳孔を随意に開閉できる。

9）角膜は球状で、厚く、二層になっている。角膜筋で角膜の曲率を変えて、屈折力を変化させる。前房は浅い。

10）水晶体の大きさや形はトリの種類により様々である。特に、昼行性では水晶体前面が平坦である。放射状と線状の筋肉により、調節力は良く発達している。

11）水晶体の輪状パッドは毛様体筋の力を伝達する。これは爬虫類に類似している。

12）眼球運動は少ないが、首を動かして視野を広めている。

13）視力は、ヒトの数倍あり、特に動体視力は極めて良い。

14）眼底に櫛状突起（ペクテン）が存在するが、輝板（タペタム）は存在しない。

15）鳥の網膜には網膜中心動静脈がなく、脈絡膜またはペクテンの血管から栄養を受けている。

16）視神経乳頭はペクテンの陰に隠れているが、楕円形である。

17）昼行性のトリ（ツバメなど）には中心窩が二か所あり、捕食時には両眼視用の中心窩を用い、全体を見るときはパノラマ視用の中心窩を用いる。

18）視細胞錐体内節にはカルチノイドを含む球状の脂質「油球」が存在する。（油球については次頁参照）

19）視神経は視交叉部では全交叉であるが、視皮質部で半交叉している。即ち、眼球の内・外側の視神経線維は視交叉で全交叉し、対側の視床で中継され、さらに、内側視神経は同側の、外側視神経は対側の視皮質へ向かう。

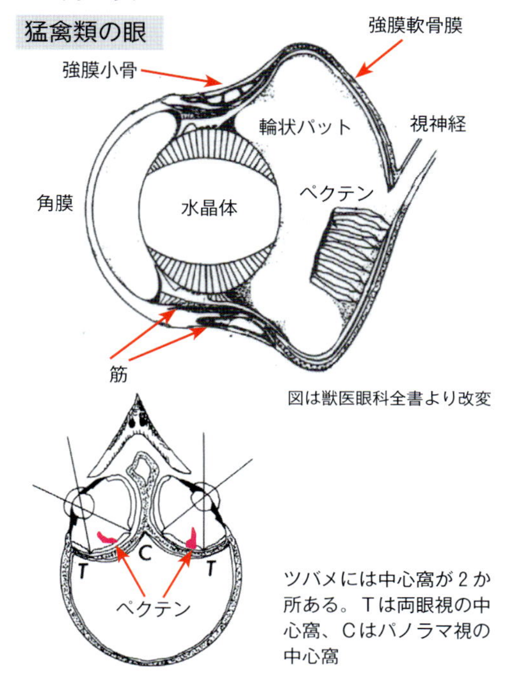

図は獣医眼科全書より改変

ツバメには中心窩が２か所ある。Ｔは両眼視の中心窩、Ｃはパノラマ視の中心窩

トリの眼2　総論（2）

油球（oil droplets）

トリの目の網膜には、色を感じる視細胞錐体が存在する。その錐体内節に着色した「油球」という一種の色フィルターが存在する。油球には赤、オレンジ、黄、うす緑色などがあり、それぞれ生活環境に対応した色認識に関与している。

①ウ類の油球は、うす緑色で、水中でも小魚を見分ける能力と、渡り鳥として飛行するときには、周辺の緑色を吸収して仲間を見分けやすくする。

②カモメやウミネコの油球には、赤やオレンジ色が多く、水面のキラキラ反射する光を防ぐ働きがあり、水面からでも魚を見分ける。

③ハトは赤視物質（アイオドプシン：吸光スペクトルのピーク562nm）と黄視物質を持つ錐体が存在し、赤油球は網膜の上耳側に多く見られる。

＊アイオドプシンはハトやニワトリの赤感受性錐体視物質であり、多くの動物に類似の視物質が存在する。油球は両生類、爬虫類、鳥類に存在する。

櫛状（しじょう）突起（櫛膜）（ペクテン）

①ペクテンは視神経乳頭から下方（腹側）神経乳頭部から舌状に硝子体内に伸びている。

②ペクテンは神経堤細胞由来とされ、無血管網膜である鳥類にみられる。（下図）

③ペクテンはトリの種類により様々だが、黒い色素の塊として、風車型とヒダ型がある。

④ペクテンの働きは不明であるが、網膜への血液供給、方位を認識、体位の保持、偏光装置眼内温度調節、毛様体類似の分泌機能、などに関係しているとの説もある血管叢組織である。

ハトの眼底の赤色領と黄色領

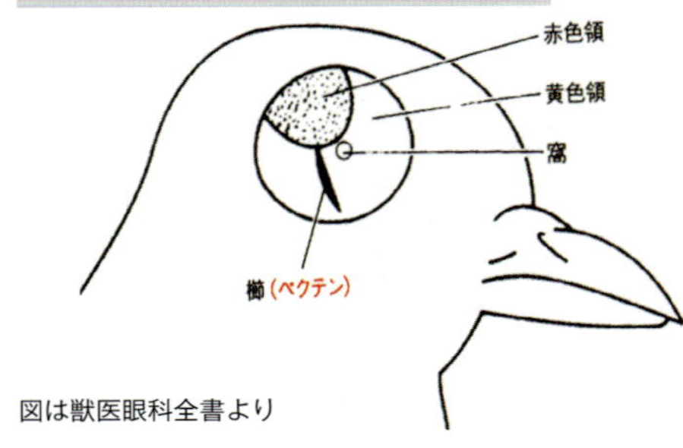

図は獣医眼科全書より

ニュージーランドに生息する飛べない鳥。キウイフルーツの名前のもとになっている。飛べない鳥としては、ダチョウ、ペンギン、コジュケイなどがいる。

カワセミ

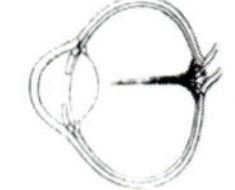
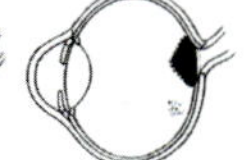
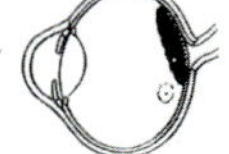
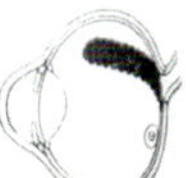
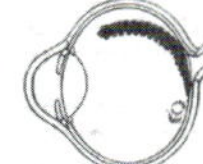
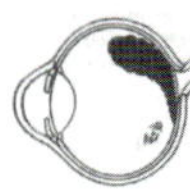
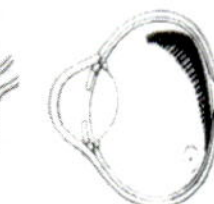

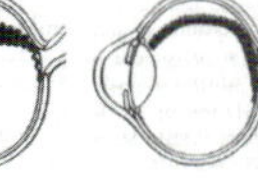

トリの種による櫛状突起（ペクテン）の形状

トリの眼3　鳥目≠夜盲症？

トリは本当に鳥目（夜盲症）か？
鵜は水中で見えているのか？
トキは泥の中の虫が何故わかる？

①トリの眼底には輝板と櫛状突起が存在し、網膜を通過した光線は、網膜色素上皮細胞および脈絡膜に吸収されず、輝板に達し、輝板で反射して再び視細胞を刺激する。
②輝板の発達したトリは夜行性で、発達が少ないのは昼行性である。
③トリは黄昏時視力と動体視力は良い。
④トリ眼は夜盲症（鳥目）ではない。
⑤トキの様に嘴に餌を認識するセンサーを持つトリもいる。
⑥フクロウの目が光るのは輝板の反射である。

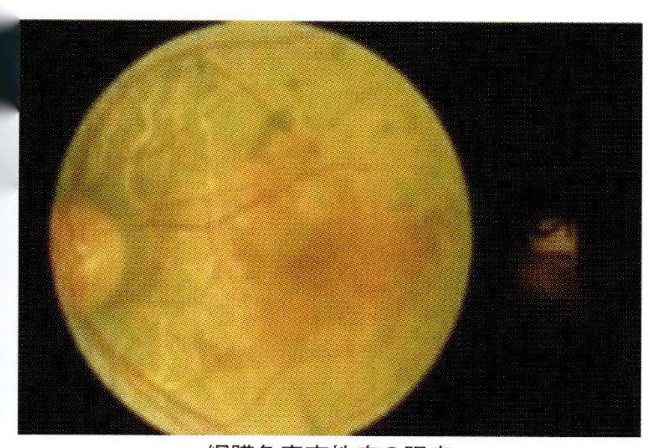
網膜色素変性症の眼底

ハトは昼行性で夜盲症ではない。

網膜色素変性症

網膜色素変性症は、両眼の進行性夜盲、視野狭窄、視力低下、後天性の色覚異常、明暗の順応障害を来たす疾患である。わが国は島国で、3から4世代前の先祖には近親結婚が多いため、常染色体劣性遺伝疾患が多く、4000人に1人の有病率とされている。網膜色素変性症は網膜視細胞や網膜色素上皮細胞に特異的に発現する遺伝子の異常により発症し、光ストレスにより視細胞のアポトーシスを来す疾患である。本症の関連遺伝子は100種類近くあると予想されている。関連遺伝子の種類により眼底病変も多少異なるが、自覚症状、眼底所見、視野、網膜電位図（ERG）などで確定診断される。本症に対する決定的な治療法はまだないが、進行防止策として、 直射日光を避ける帽子とサングラス（CPF）が有用とされている。内服としてアダプチノールが保険で認められているが、効果に対するエビデンスの再検討が必要である。最近は網膜視細胞のアポトーシスを抑制する多くの生理活性物質による進行防止策が検討されている。また、光マイクロセンサーの移植や再生医療として網膜色素上皮移植などの研究も進んでいる。

病草紙

平安・鎌倉期に描かれた「疾の草紙」にならって江戸時代に作られた『病草紙』に“鳥目”（夜盲症）についての記載がある。当時からトリは夜見えないと信じられていたようだ。

病草紙に“鳥眼”（夜盲症）の記載

帰巣本能

鳥の帰巣本能は磁気嵐によって乱れることから、鳥は地磁気を読み取って飛行方向を判断していると考えられている。

最近はスズメやツバメが少なくなった。田舎も都市型の建築家屋が多くなり、鳥が巣を作りにくくなっているためともいわれている。

最近は核家族化が進み、都会に出た若者が家に帰らず、田舎には独居の高齢者が増えている。しかし、ツバメは独居の高齢者の軒下を忘れずに帰ってくる。

ツバメは飛翔する昆虫などを空中で捕食し、水面上を飛行しながら水を飲み、巣を作り、子を育てる働き者である。ツバメは台湾やフィリピンなど、遠い南国で越冬する。

ただひたすらに働く本能と帰巣本能のツバメの遺伝子をヒトに移植したいものである。

ツバメ

八十路過ぎ独居の家にツバメかな

トリの眼４　鶏眼（１）

ニワトリはキジ目キジ科に属する。ニワトリとヒトの関係は古く、中国で野生の鳥を家畜化したものとされている。万葉集にもニワトリが出てくる。野生の鳥として、同じキジ目のコジュケイなどが考えられる。その後、卵をよく産むもの、食肉として適するもの、鑑賞用として好まれるものなど、品種改良されてきた。ブロイラー飼育により、飼育期間を１／２程度短縮し、45日前後で精肉用に出荷する是非についての異論もある。ブロイラーの近くに野生の鳥が飛来し、トリインフルエンザを媒介する問題もあった。

鶏眼（ケイガン Clavus）

皮膚の角質層の異常で、別名を魚の目（うおのめ Corn）とも言う。

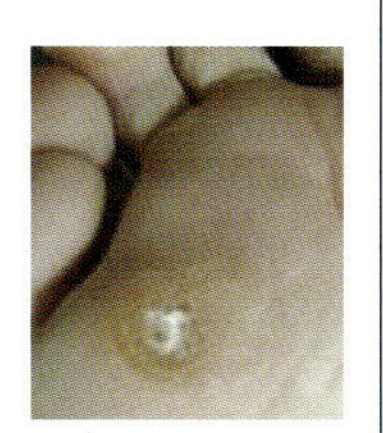

足底のウオノ目は、医学的に「鶏眼」と云う。

何故「鶏眼」と書いてウオノメと読ませるのか？

日本では「魚の目」、ドイツ語で Hühnerauge［鶏の目］と呼ぶための混乱したものと思われる。

慧眼（ケイガン）：眼力・洞察力

炯眼（ケイガン）：鋭く光る眼

ニワトリの眼

①生まれて初めて見た生き物を親と認識する原始的視覚情報処理が行われている。
②眼球が脳と同じくらい大きいので、人間の眼底カメラでも眼底撮影が可能である。
③輝板（タペタム）があり、夜間視力も良い。
④両眼視機能はないが、地面の細かい餌を上手に突き、視力と奥行き感は悪くない。
⑤ニワトリも鳥類の特徴である櫛状突起（ペクテン）を有し、眼内の血流に関与している。

ニワトリはヒトにより家畜化された家禽である。

⑥色覚は562nm と415nm の吸収スペクトルを有する。
⑦ニワトリの赤色感受性錐体の光受容蛋白質をアイオドプシンと言う。
⑧錐体が上耳側１／４象限に多くあり、下方の細かい餌を探すのに有利な位置にある。

輝板（タペタム）

眼底後極部の網膜色素上皮下、脈絡膜中口径血管層に存在する構造物で、英語でタペタム（またはタペータム）ともよばれる。細胞性輝板と線維性輝板に分類される。輝板は規則正しく並んだコラーゲン線維や輝板細胞よりなり、グアニンが存在し、鏡のように光を反射する。一般に、輝板を持たない動物は昼行性である。輝板の働きとして、

１）網膜を通過した光線が、網膜色素上皮や脈絡膜に吸収されず、輝板で反射され再び網膜視細胞を刺激する、光増幅作用。
２）光を偏光にして、散乱光を抑え視細胞に伝える、散乱光防止作用、などが考えられるが詳細は不明である。ヒトの眼には存在しない膜である。

①細胞性輝板

輝板細胞が網膜と平行に層状に積み重なった構造であり、食肉類や原猿類に存在する。イヌ、ネコなど。

②線維性輝板

少数の線維芽細胞を含むコラーゲン線維層からなり、有蹄類や鯨類に存在する。ウマ、ウシ、ヒツジ、ヤギ、トリなど。

ニワトリの鳴き声？

現在では「コケコッコー」と表現されているが、江戸時代は「東天紅（トウテンコウ）」と、さらに、米国では「Cock-a-doodle-doo」と表現される。

閉瞼時に下眼瞼が動き、瞬膜も発達している。

トリの眼５　鶏眼（２）組織

ニワトリの眼組織

焼き鳥屋さんからニワトリの眼を譲り受け組織標本にした。

①ニワトリは眼球径が23mm と体長に比して大きい。（ヒトは24mm 前後）

②眼球壁の強膜下にはほぼ全周に軟骨膜が存在する。

③眼球内側には色素に富む櫛状突起（ペクテン）がみられる。

④強膜篩板が存在しない。

⑤視神経線維は強膜篩板を通らないので、緑内障にはなりにくい。

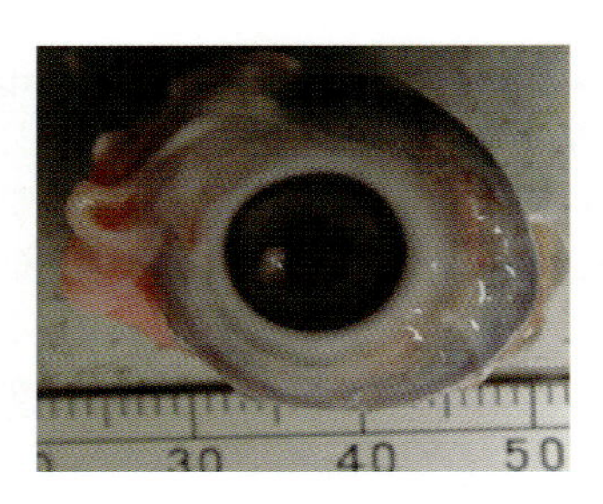

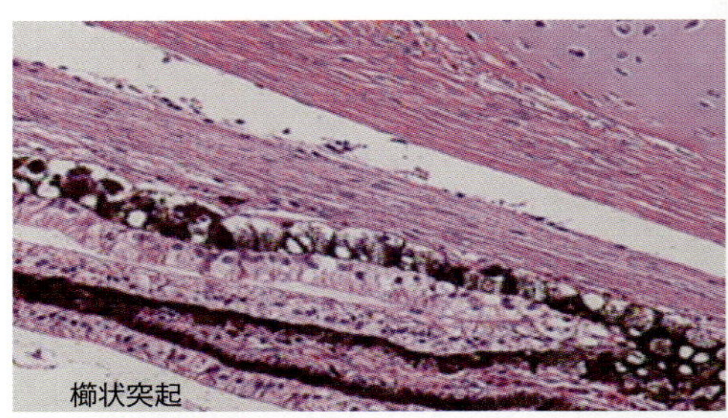

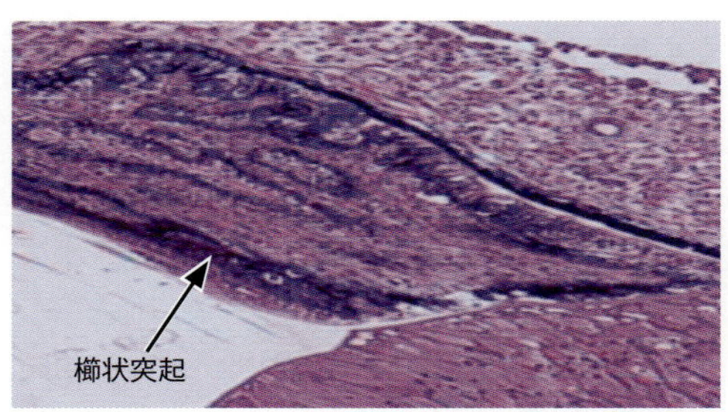

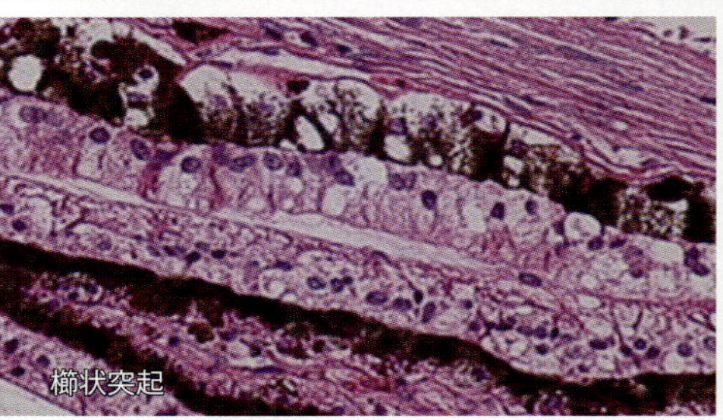

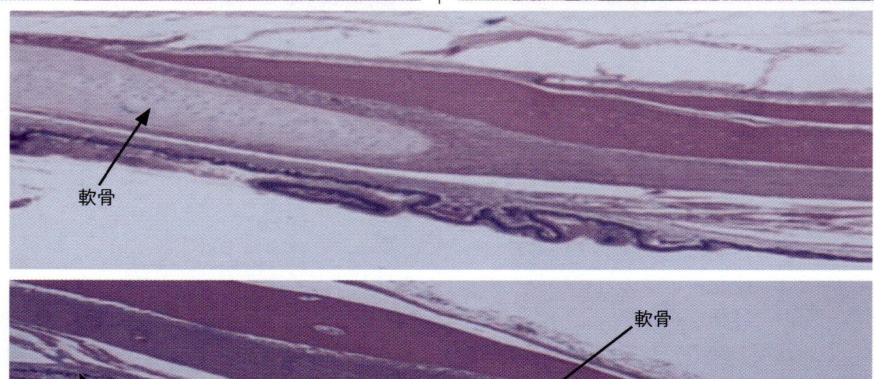

トリの眼6　鷹の眼

鷹はタカ目タカ科に属する鳥のうち比較的小型のものを指す通称である。タカ科に分類される種で比較的大型のものをワシ（Eagle）、小型のものをタカ（Hawk）と呼び分けているが、明確な区別ではない。イヌワシは国の天然記念物で、希少野生動物種に指定されている。

鷹の眼

①眼球は大きく、虹彩は黄褐色や淡いオレンジ色で、鋭い眼である。
②高所から小さなネズミを捕食するために、視力はヒトより良い。中心窩が2か所ある。
③眼底には黄斑が無く視細胞は桿体優位眼で、特に動体視力が良い。
④一般の鳥類と同様に、タペタムとペクテンを有する。
⑤眼球が正面を向いており、距離感・奥行き感を示す両眼視機能があるとの説もある。
⑥視力の良し悪しを示す空間周波数（解像度）は150サイクル前後で、ヒトの2～3倍の視力がある、との報告もある。
⑦色覚は3色型とされている。

鷹と矢

イソップ物語に“鷹と矢”という話がある。猟師に心臓を矢で射たれ重傷の鷹が、矢の矢羽根が鷹の羽で作られているのを見て、「己を滅ぼす者は己である」という教訓を導く話である。日本弓道の矢でもイヌワシの羽根を最高級の矢として用いていた時代もあったが、今は入手出来ない。

イヌワシの正面写真
眼球は前方を向き、両眼視の条件を備えている

タカはワシより一回り小型である

鵜の目・鷹の目

「鵜の目・鷹の目」とは、鵜が魚を、鷹が小鳥を探すように一生懸命物を探すさま（広辞苑）。眼を皿の様にし、物事の全体を見ず、枝葉末節だけ見詰め、利することのみを考えた貪欲な眼つきのことで、一般的に良い意味では用いない。

オジロワシ

タオオワシの嘴と虹彩は黄色である

トリの眼７　鴨の眼（１）

凍てつく寒い朝、散歩していると、道路に子ガモが死んでいた。

川から200m位離れた所である。どうしてこんな所に？

上を見るとカラスが電信柱にとまっていた。まだ温もりがあり、蘇生を試みるも無駄であった。放置するとカラスか猫に食べられてしまうので、持ち帰り供養することにした。

供養の前に眼を観察させて頂く。

鴨の眼

①体長25cmの鴨の眼軸径は約１cmであった。

②角膜前面に瞬膜様の膜があり、二重構造の角膜を呈していた。

③水晶体は前方がフラットで後方が球状であった。

④水晶体は中間部で虹彩と癒着し、後方で舌状の櫛状突起（ペクテン）と癒着していた。

⑤後眼部は、強膜、軟骨膜、脈絡膜、網膜、網膜上に舌状のペクテンがみられた。

この舌状のペクテンは、網膜から水晶体後面に向かって、硝子体内に認められる血管叢組織である。その作用は網膜への血液供給、方位の認識、体位の保持、偏光装置、眼内温度調節、毛様体類似の分泌機能、などが考えられている。

⑥網膜血管は確認できなかった。

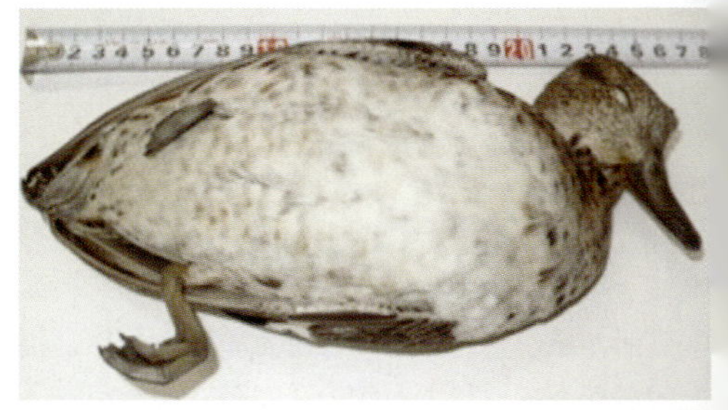

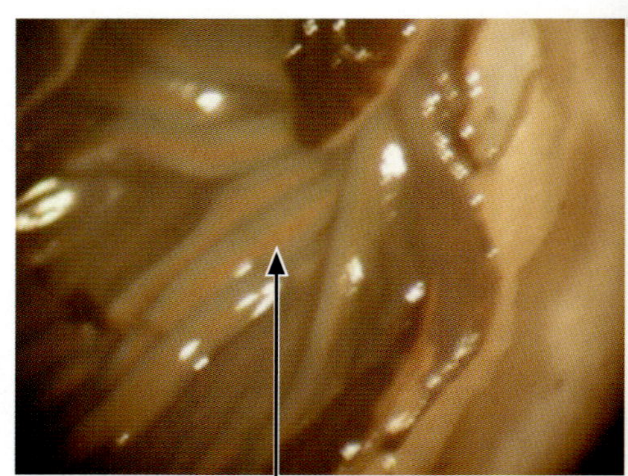

硝子体内の櫛状突起（Pecten）
櫛状突起は視神経乳頭部から硝子体側にヒダ状に突き出した血管叢である。

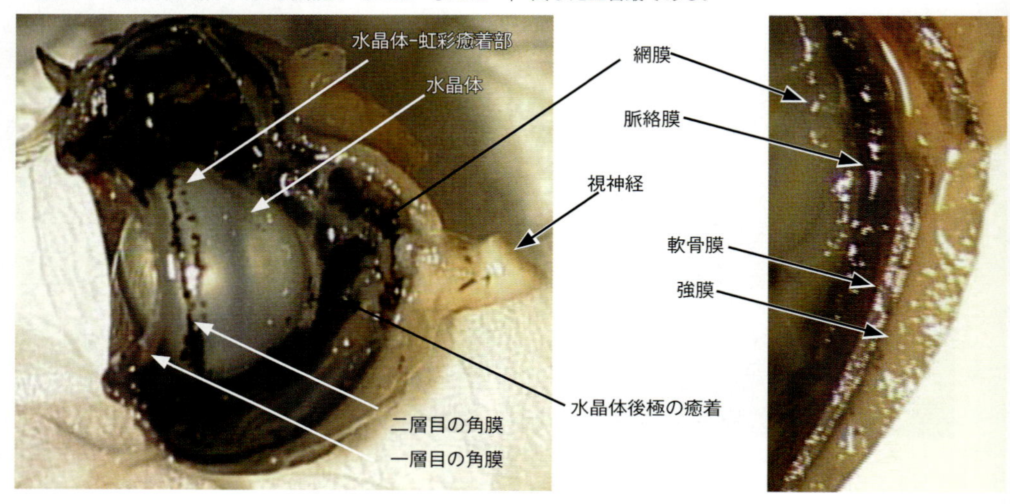

トリの眼8　鴨の眼（2）組織

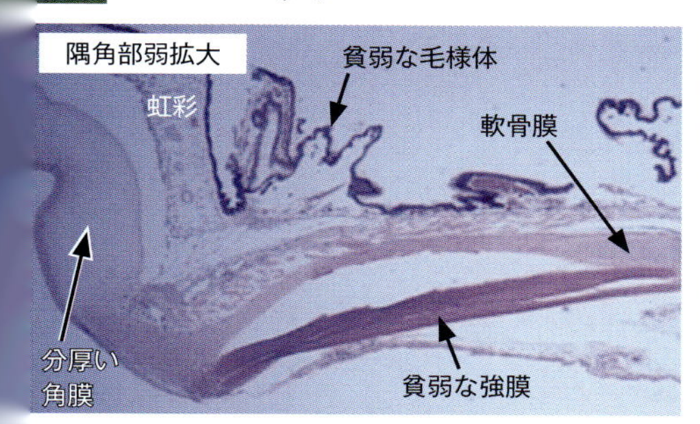

隅角部弱拡大

球後視神経

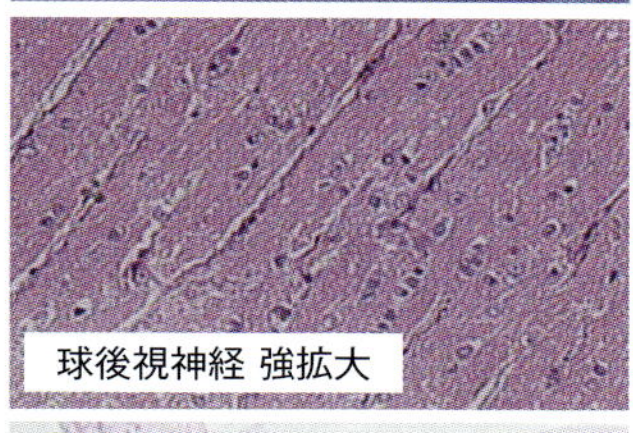
球後視神経 強拡大

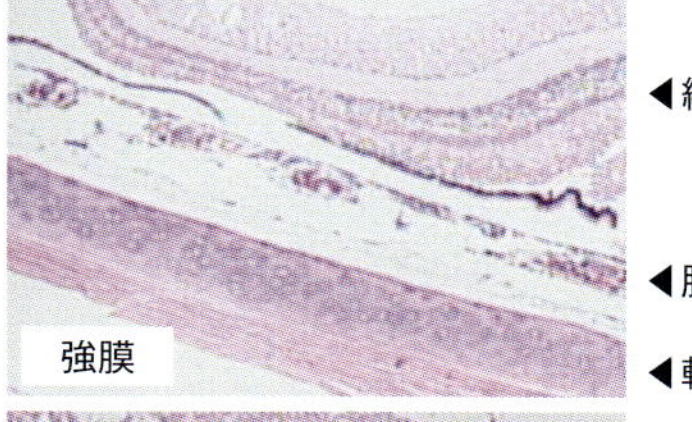

強膜

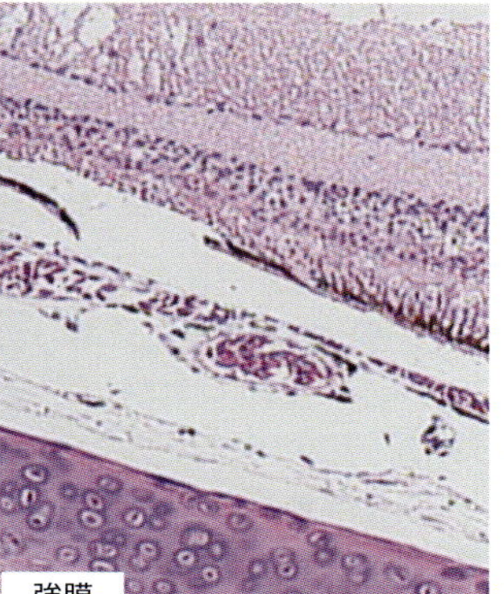

強膜

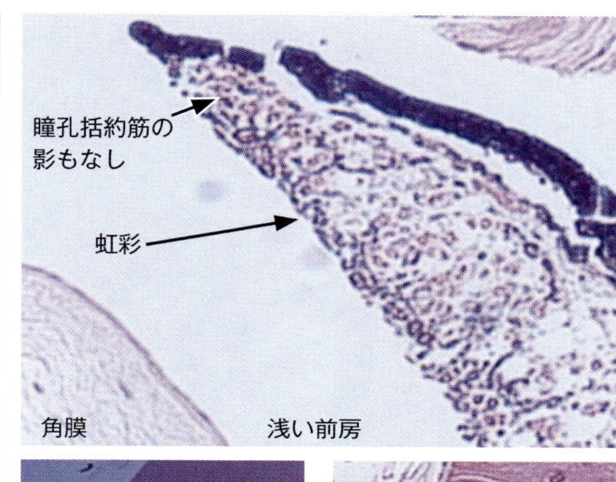

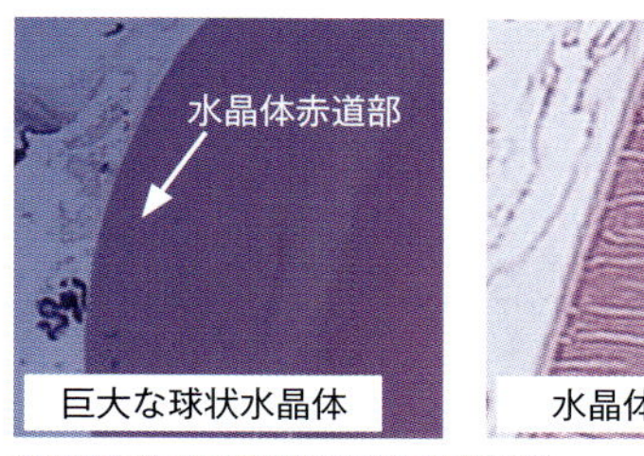

巨大な球状水晶体

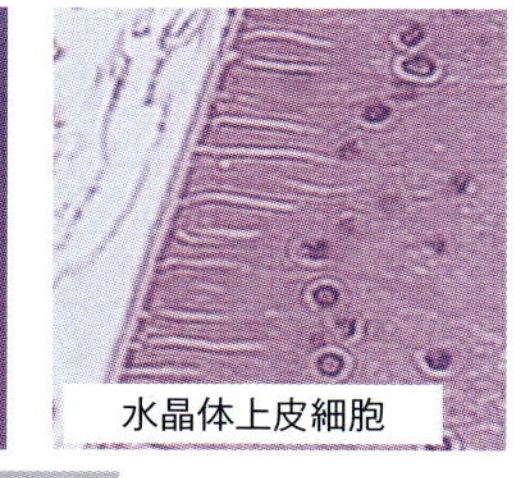
水晶体上皮細胞

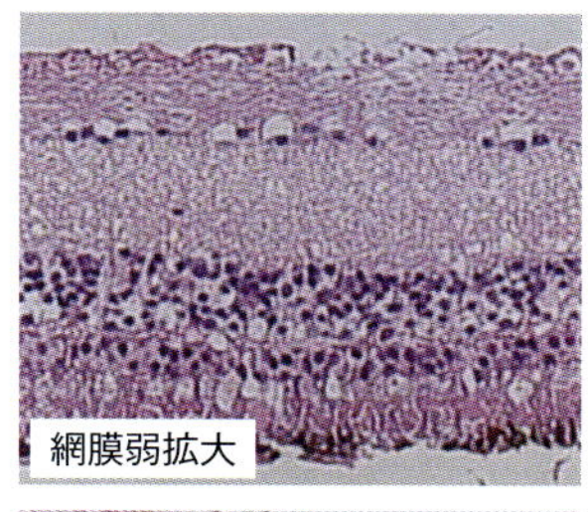
網膜弱拡大

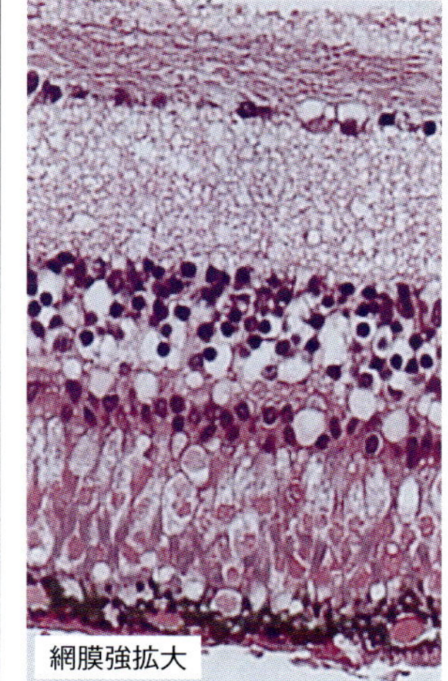
網膜強拡大

トリの眼９　スズメの眼

スズメは、北海道から沖縄まで広く分布し、最もポピュラーな小鳥であるが、最近は巣を作る瓦屋根の家が減少し、農薬等で餌の小虫も減り、生息数が減少している。

体　長　13cm 前後
頭横径　1.5cm
眼球径　0.7cm

両眼視機能もあり得る

スズメの前眼部
瞬目は可能であるが、通常は瞬膜が働いている。

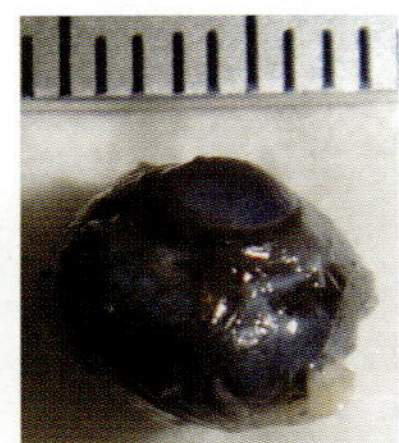

スズメの眼球後部
強膜が薄いため、摘出眼球は毛様体色素の青色が透見される。

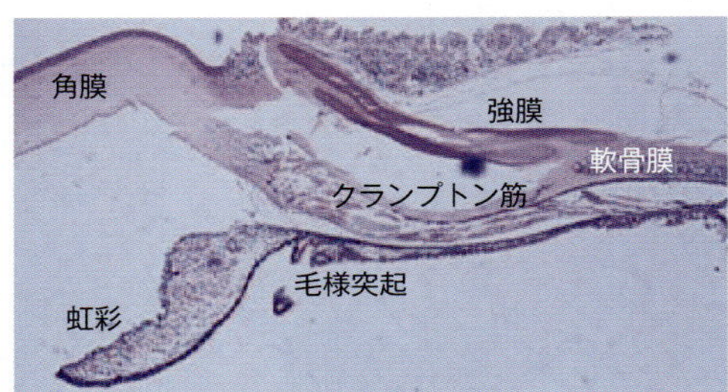

スズメの前眼部組織　HE 染色
この写真にはないが毛様体部から環状パットが水晶体につながり、調節に関与する。

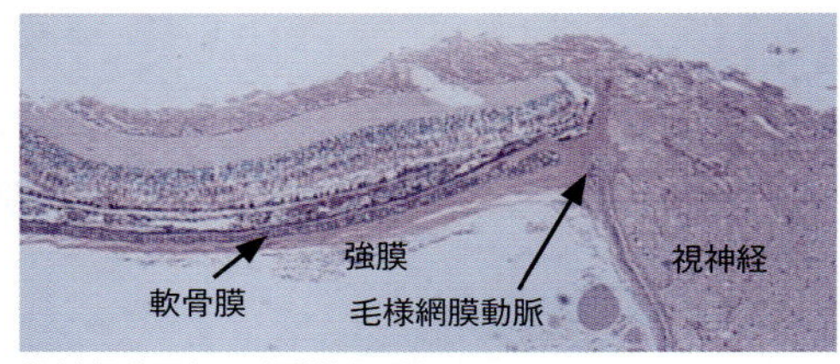

視神経乳頭部に強膜篩板がない。

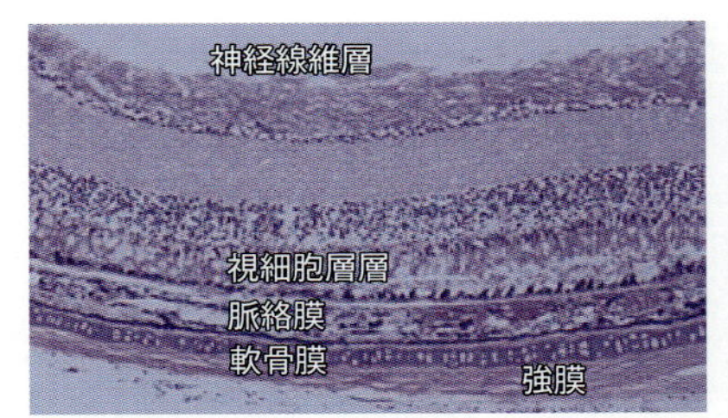

スズメの網膜はヒトに似た層状構造であるが、ヒトには軟骨膜は存在しない。

スズメの眼

①頭部の大きさに比して眼球径が大きい。
②視覚は優れており、両眼視機能もあり得る。（少なくとも嗅覚より視覚優位である）
③寝ているときは眼瞼を閉じるが、起きているときは主として瞬膜が働いている。
④角膜の形状を変化させるクランプトン筋が存在するが、その作用効果は不明である。
⑤水晶体と毛様突起の間には、ヒトのチン小帯に相当する annular pad（環状パット）が存在し、水晶体による調節に関与している。
⑥網膜の層構造は、ヒト網膜に類似している。
⑦脈絡膜は貧弱で、視神経乳頭部から硝子体内に櫛状突起（ペクテン）がみられる。
⑧ヒトの網膜は網膜中心動脈と脈絡膜血管から栄養を受けるが、トリは毛様網膜動脈と篩状突起（ペクテン）から栄養を受ける。
⑨強膜は薄いが、軟骨膜が存在する。
⑩強膜篩板がなく、緑内障にはなりにくい。
⑪トリの可視領域は、300〜700nm とヒトより紫外域が広く、色覚は 4 色型である。

櫛状突起（ペクテン）

櫛状突起は、視神経乳頭部から硝子体内に扇状に伸びたヒダのある黒い組織である。トリの種類により、大きさやヒダの数は異なり、一般に 3 〜30本程度である。猛禽類のように視覚が発達した鳥では櫛状突起が発達している。櫛状突起内の毛細血管が眼内に酸素を供給していると考えられている。ヒトには存在しない。

トリの眼10　メジロの眼（1）光学顕微鏡観察

メジロ
メジロはスズメ目メジロ科に属し、目の周りの白い輪が特徴である。

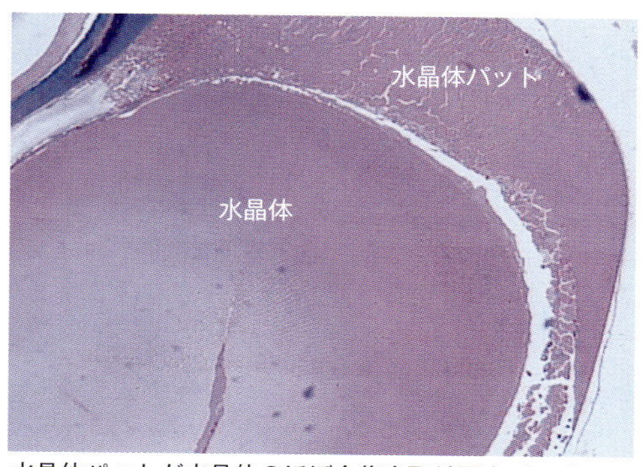

水晶体パットが水晶体のほぼ全集を取り囲んでいる

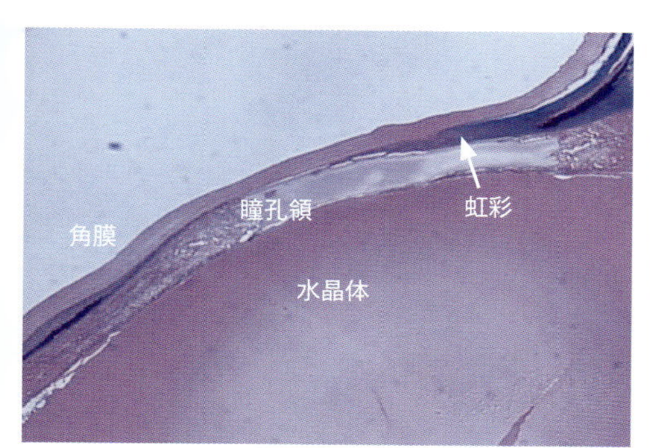

瞳孔領では虹彩が角膜に接している

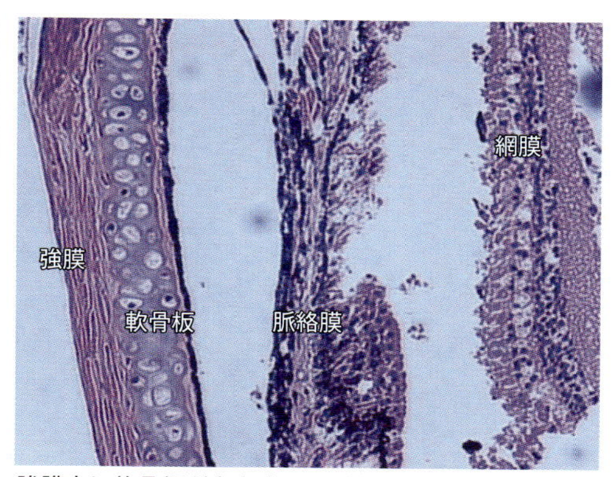

強膜内に軟骨板が存在する。脈絡膜並びに網膜組織はartifact で破壊されている。

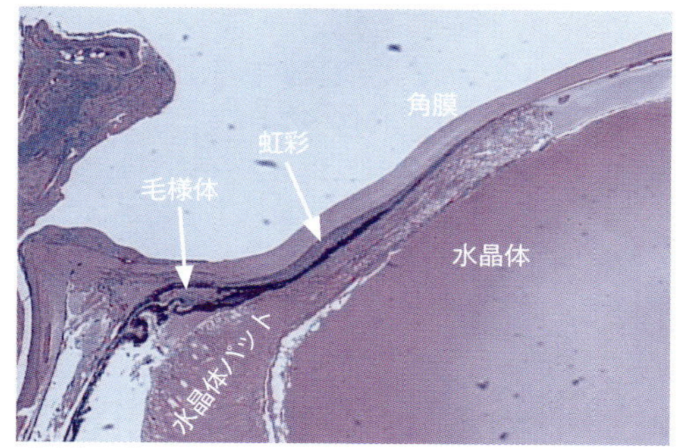

瞳孔領の前房に水晶体パットが伸びている。
毛様体は貧弱である。

メジロの眼（肉眼・光学顕微鏡所見）

①眼の周りが白いのは眼を大きく見せて、外敵を威嚇する作用がある。
②角膜は薄く、水晶体は大きい。
③虹彩が瞳孔領で角膜と接している。対向反応はない。
④水晶体パットは水晶体赤道部のみならず、水晶体の前後面にも存在する。
⑤毛様体は未発達である。
⑥前房は水晶体パットで占められている。
⑦水晶体パットは調節に関与している。
⑧強膜内には軟骨板が存在する。

トリの眼11　メジロの眼（2）走査電子顕微鏡(SEM)観察

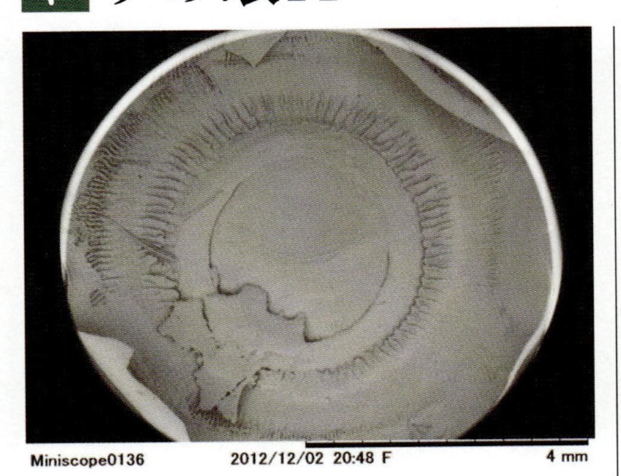

SEM 20×標準画像　水晶体を除去して、眼内から虹彩後面を観察。角膜は除去してある。

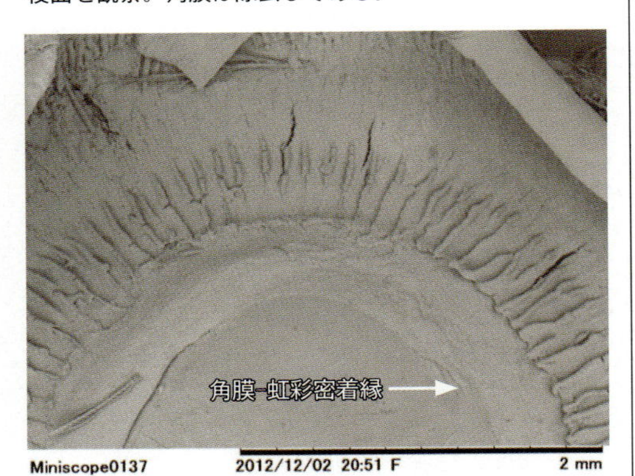

SEM 50×標準画像　角膜除去すると、角膜と密着している虹彩部分も除去される。

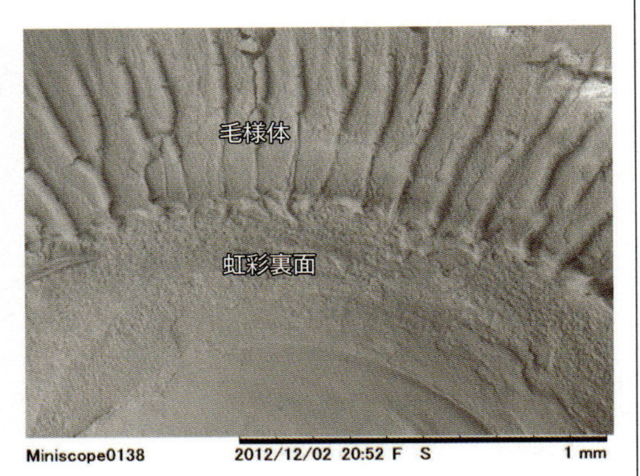

SEM 100×影2強調画像

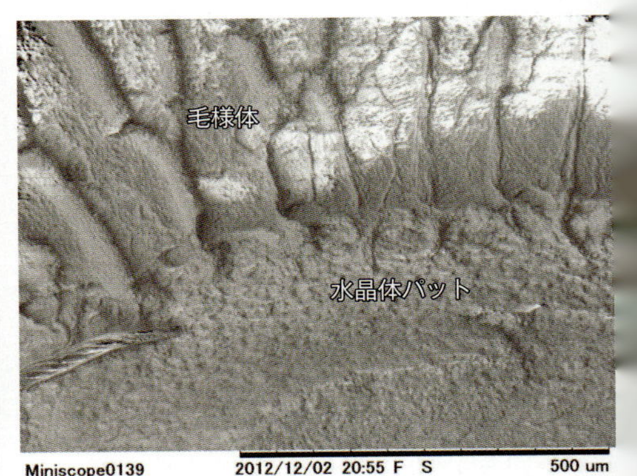

SEM 200×影Ⅱ強調画像　毛様体は貧弱である。

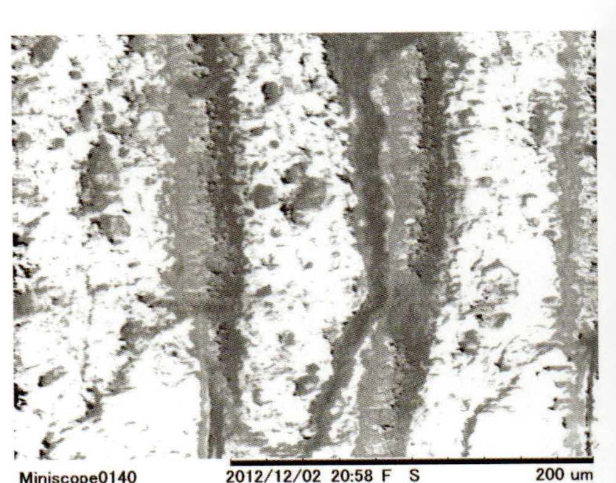

SEM 500×影2強調画像　毛様体筋やチン小帯は観察されない

メジロの眼（SEM所見）

①毛様体は未発達で、毛様体筋やチン小帯は観察されない。水晶体はチン小帯でなく、水晶体パットで固定されている。

②角膜と虹彩は瞳孔領で密着しているので、角膜除去すると密着部の虹彩も除去される。

③虹彩には瞳孔散大筋や瞳孔括約筋は認められない。

④瞳孔は固定されており、散瞳も縮瞳もしない。

⑤調節には水晶体パットが関与していると考える。

⑥ヒトのような隅角構造は認めない。

イカの眼１　ホタルイカの眼（１）

富山の「ほたるいか館」の案内板より

富山県の「ほたるいか館」で、ホタルイカの眼について解説されていた。

その要点は

①ホタルイカには角膜が無い。
②人の目に似た構造で優れている。
③レンズは球形で全方向からの像が網膜上に焦点を結び、視野は180度と広い。
④ホタルイカは発光生物の代表である。
⑤メスの背中には一対の光覚器があり、これは全身の発光器の光量調整する。
⑥眼の周囲に５個の発光器がある
⑦夜行性で光に群がってくる

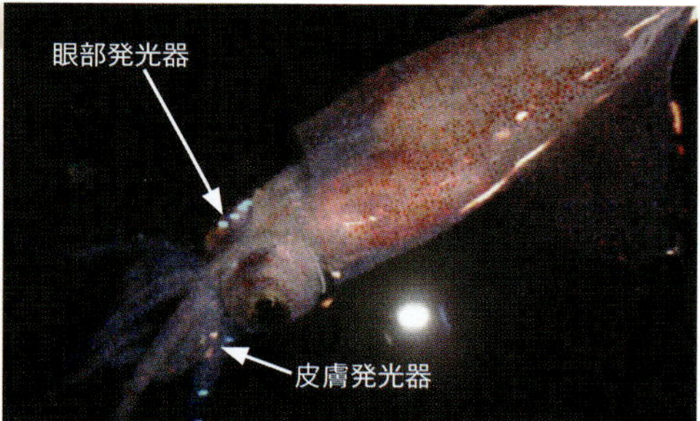

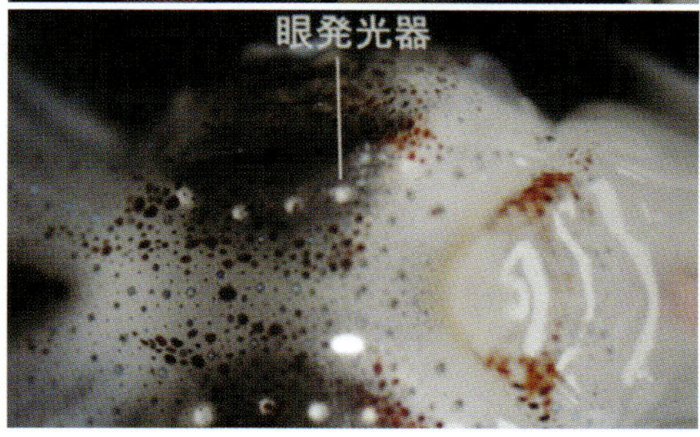

１．ホタルイカの発光器

１）皮膚発光器：胴体、頭部、第３腕、第４腕に約1000個存在する。
２）眼部発光器：両眼部に直径は0.8mmから0.5mm程度の発光器が５個存在する。
３）腕発光器：第４腕の先端に３個存在する

２．発光のメカニズム

肝臓で合成されたルシフェリンが発光器に運ばれ、ルシフェラーゼ酵素の触媒で酸素を取り込み、ATPエネルギーにより発光し、オキシルシフェリンになる。オキシルシフェリンは肝臓にてルシフェリンに再生される。

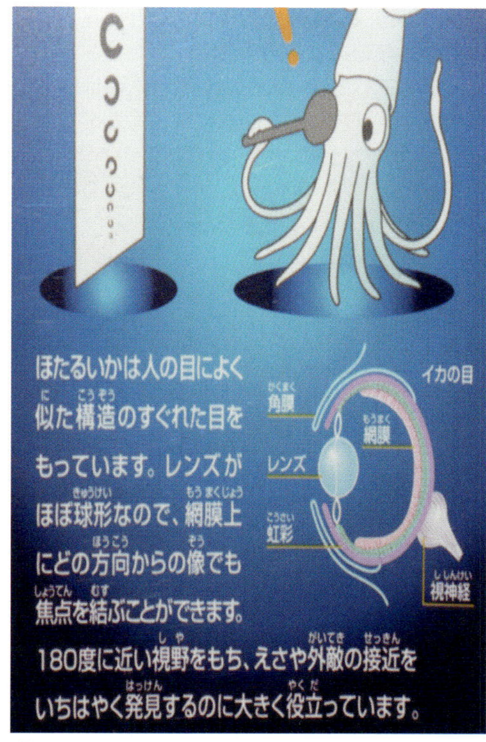

「ほたるいか館」の案内板
上記①、②、③の項目には疑義もある。ホタルイカには皮膚由来の薄い角膜が存在する。角膜は破損しても再生する。

イカの眼２　ホタルイカの眼（２）

ホタルイカの眼

1．「ほたるいか館」の案内板で角膜と描かれているところは、結膜・テノン嚢・瞬膜の可能性がある。生体顕微鏡で、水晶体の前面に観察される脆弱な被膜を角膜とすべきであろう。
2．水晶体は二枚重ねレンズで、前部水晶体を角膜としても良いが、その前に皮膜が存在する。
3．視力は必ずしも良くない。動体視力は良いと予想する。海水中は光が吸収されるので、遠方視力は程々あれば良い。
4．レンズが球形のため、レンズの膨らみによる調節機能は無い。角膜ならびにレンズの前後移動による調節機能が備わっている。
5．視野として動物の生活で重要なのは眼球の形態だけでなく、眼球の動きも重要である。

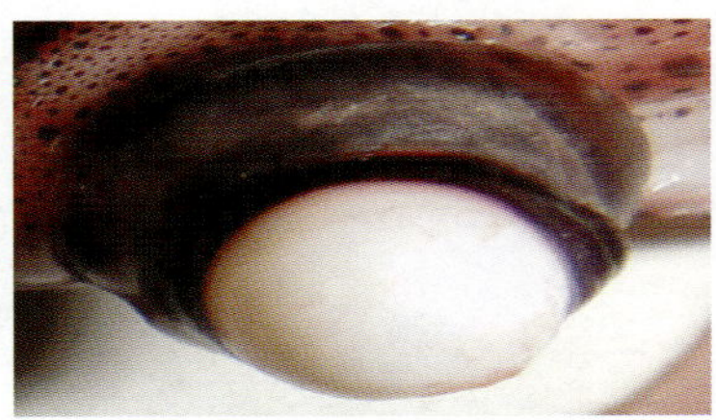

ホタルイカを茹でると水晶体が白濁し、脱臼する。薄い角膜は破裂する。
ホタルイカには皮膚由来の薄い被膜状の角膜が存在する。レンズが球形でも全方向からの像が網膜上に焦点を結ぶとは限らない、視野は180度と広い。

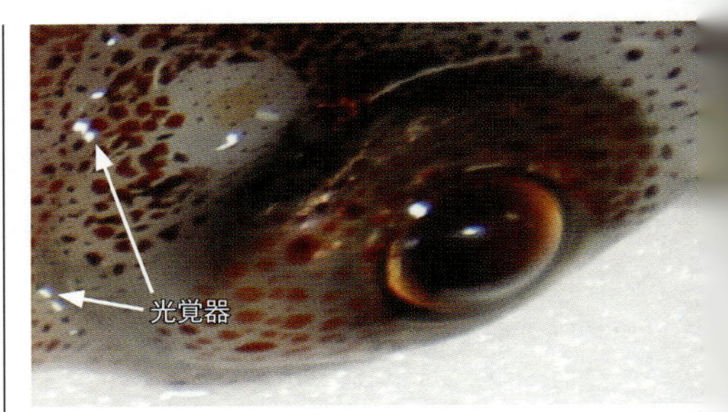

「メスの背中の光覚器」とは？
それはメスにのみ存在するのか？

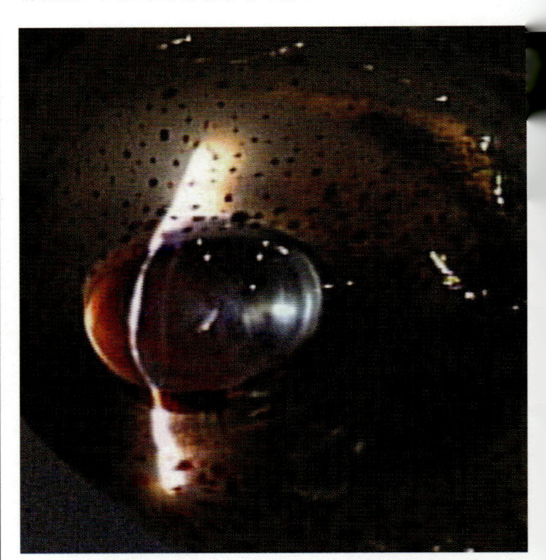

生体顕微鏡で観察すると、非常に薄い膜状物が角膜として認められる。脆弱で茹でると破裂して所在が分からなくなる。

ホタルイカ

イカの眼3　ホタルイカの眼（3）組織

ホタルイカの眼

①細隙灯顕微鏡で、薄い被膜状の角膜が観察される。
②角膜はクチクラ層よりなる。
③水晶体は大きく、水晶体は前後二葉の合わせレンズで、水晶体筋が調節に関与している。
④脈絡膜は薄く、血管に乏しい。
⑤強膜も薄いが、軟骨膜を有し、水圧に抗する働きをしている。

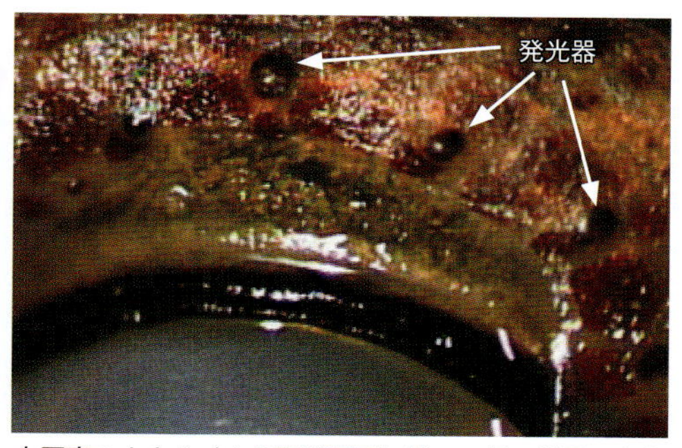

上写真：ホタルイカの眼瞼周囲には、一見、単眼のような発光器が数個ある。発光器は発光物質のルシフェリンに発光酵素ルシフェラーゼが作用すると発光する。この光は発熱しない。ホタルイカの発光器は刺激を与えると発光する。

左写真：細隙灯検査で、水晶体の前面に透明な被膜が見える。クチクラ層の角膜と思われる。

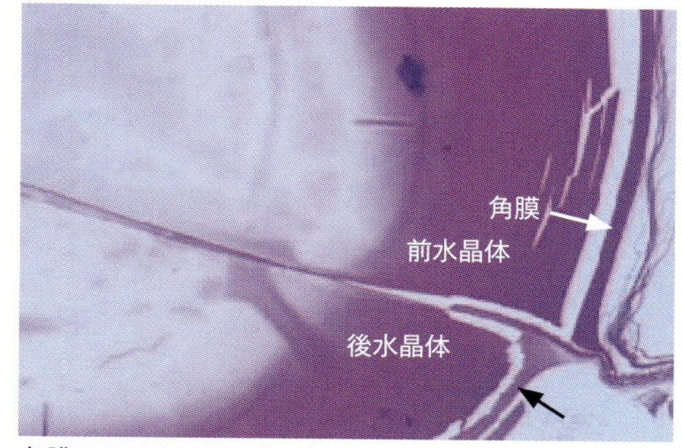

角膜はクチクラ層の薄い被膜で形成され、水晶体は前後に二分される合わせレンズである。水晶体には水晶体筋が存在し、調節に関与しているものと思われる。
白矢印はクチクラ角膜、黒矢印は水晶体筋

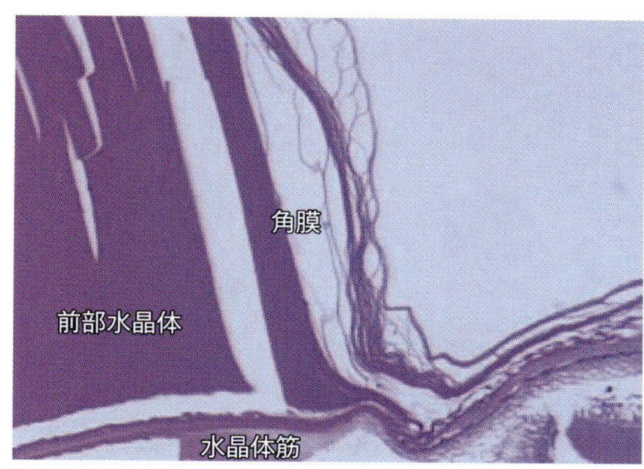

水晶体筋がどのように調節に関与しているのか、詳細は不明である。

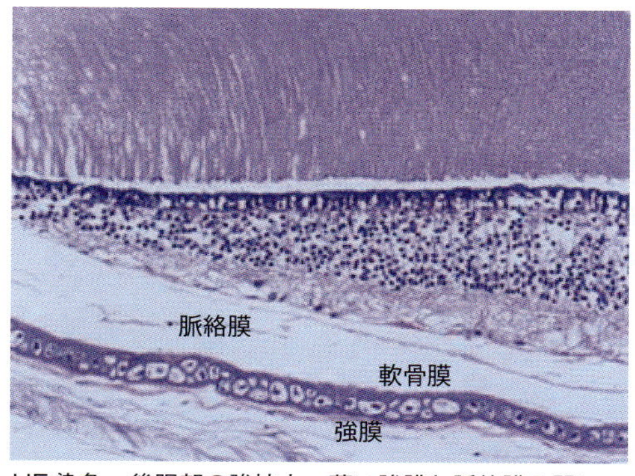

HE 染色、後眼部の強拡大。薄い強膜と脈絡膜の間に、軟骨膜がみられる。

イカの眼 4　真イカの眼（1）

ホタルイカを茹でると、角膜は破裂して、水晶体が露出するので、イカには角膜がないと思われている。

ホタルイカの角膜はクチクラ層の薄い被膜であることが判った。しかし、ホタルイカはあまりに小さいので、大きいイカでも観察してみた。

左写真は真イカ
真イカ（スルメイカ）とヤリイカは体長は似ているが、真イカは耳が大きい。
一般に寿司タネはヤリイカである。眼の構造は大差がないと思われる。

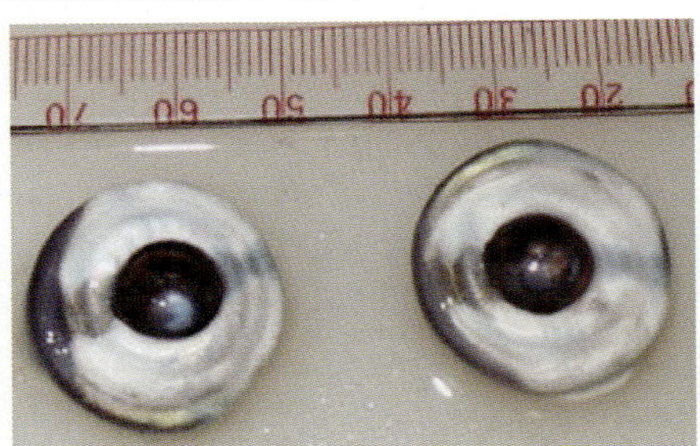

正面からの観察

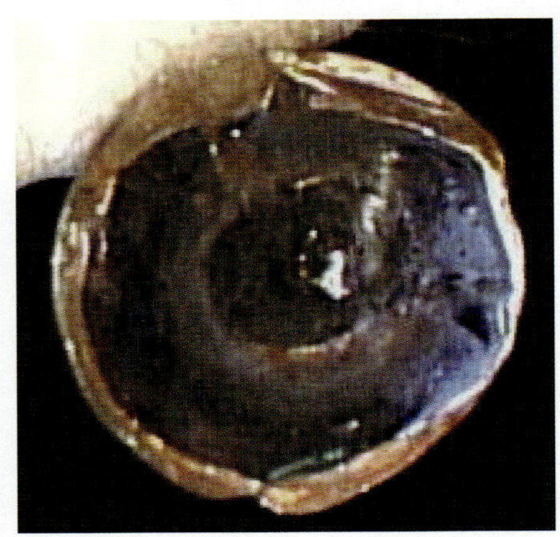

後面からの観察
真イカの眼は体長に比して大きく、眼球径が2.3cm前後あり、ヒトの眼球径に近い。角膜は薄く、角膜周辺部は水晶体に癒着し、中央部には僅かな空間があり、一種の閉鎖前房になっている。

イカの眼

①真イカの角膜は薄く、クチクラ層で形成されている。
②前房は閉鎖前房である。
③瞳孔は固定されている。
④水晶体は二重構造で、中心部に空間が存在する。この空間は水圧に抗する働きがあると推察する。
⑤前後の水晶体接合部には全周に水晶体筋が付着していて、調節に関与している。
⑥調節は、水晶体筋による水晶体の前後移動によって行われるが、前・後水晶体にどのように作用するのかは不明である。
⑦硝子体スペースは狭い。

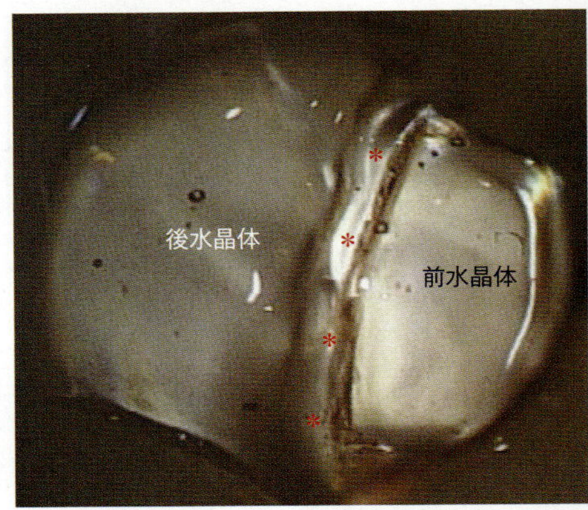

水晶体は前水晶体と後水晶体の合わせレンズで、前・後間には水晶体筋が付着している。
＊水晶体筋付着部

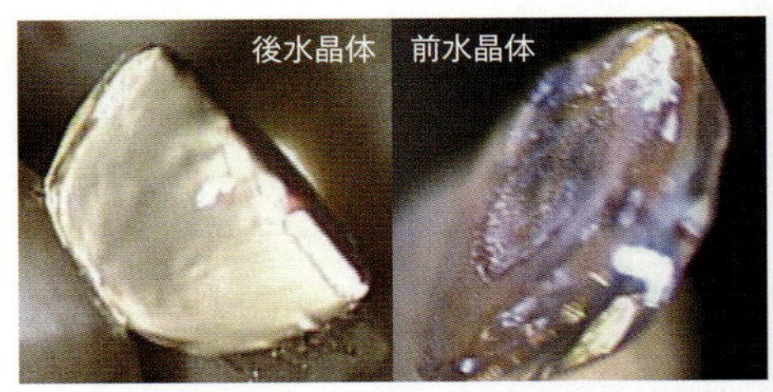

水晶体は二枚の重ねレンズで、前水晶体の方が後水晶体より薄い。両者の接触面は凹面になっている。レンズ系としては複雑で、水圧に抗する機序か調節に関与する構造と思われる。

イカの眼5　真イカの眼（2）水晶体筋

①前水晶体と後水晶体にはそれぞれ筋が付着している。
②この筋は眼球後壁まで続き、眼球壁の軟骨膜部に付着する。
③水晶体は二重構造になっており、前後それぞれの水晶体には水晶体筋が存在し、水晶体を前後に移動することにより調節を行っているが、前後の二重水晶体がどのように動くのかは不明である。
④前水晶体面の皮膜は角膜と角膜筋の線維であった。

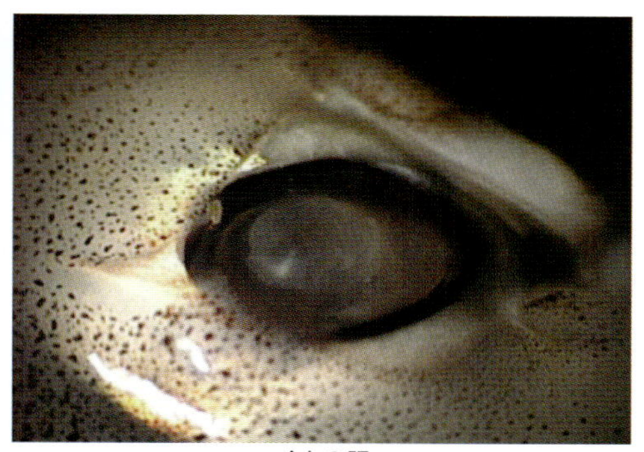

イカの眼

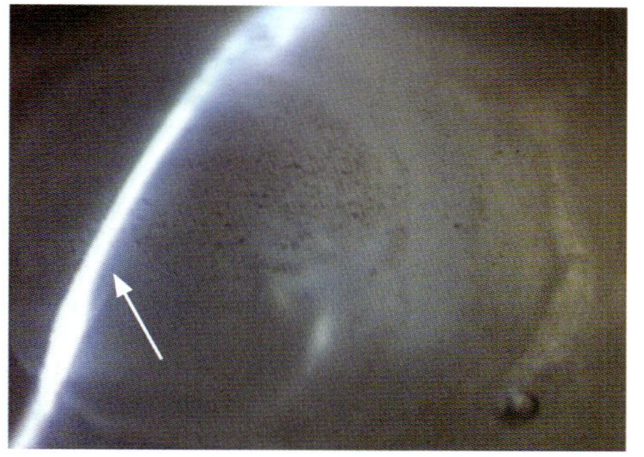

細隙灯所見　僅かな皮膜（矢印）

水晶体筋の合成写真

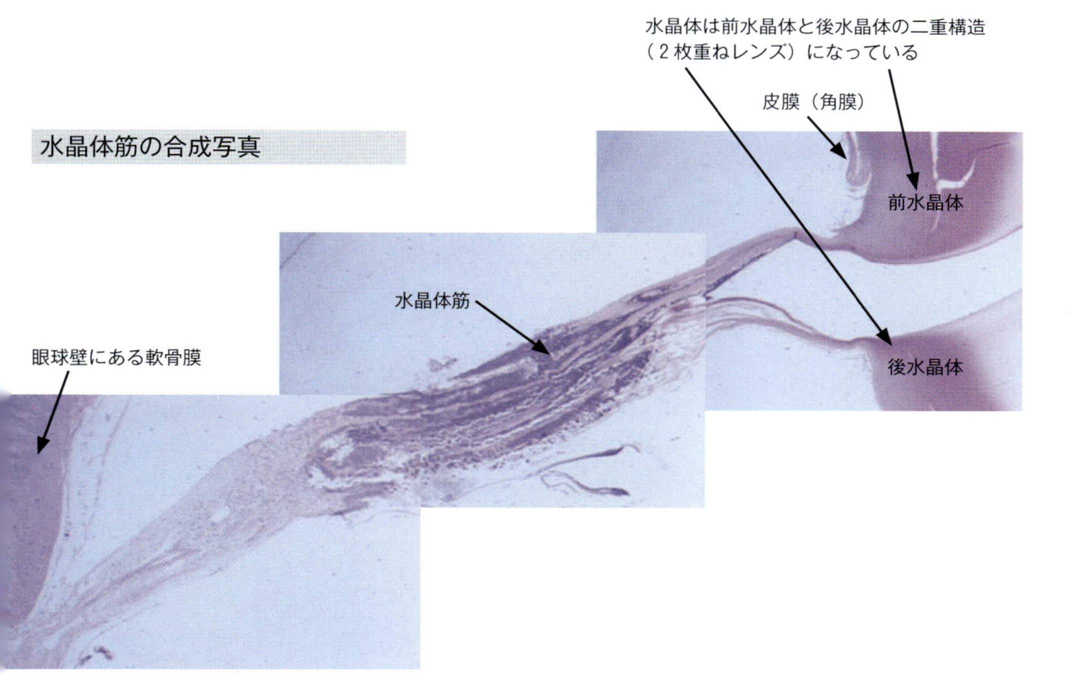

イカの眼6　真イカの眼（3）後眼部

イカの眼球後極部

①眼球強膜は貧弱で、主として軟骨膜で覆われている。

②視細胞はヒトとは異なり、受光面が硝子体側に存在するので、光ロスが少ない。

③視神経乳頭は形成せず、軟骨膜に多数の孔があり（写真内の矢印）、そこから視神経線維が眼外に出て行く。

④網膜は視細胞と神経節細胞から構成されている。

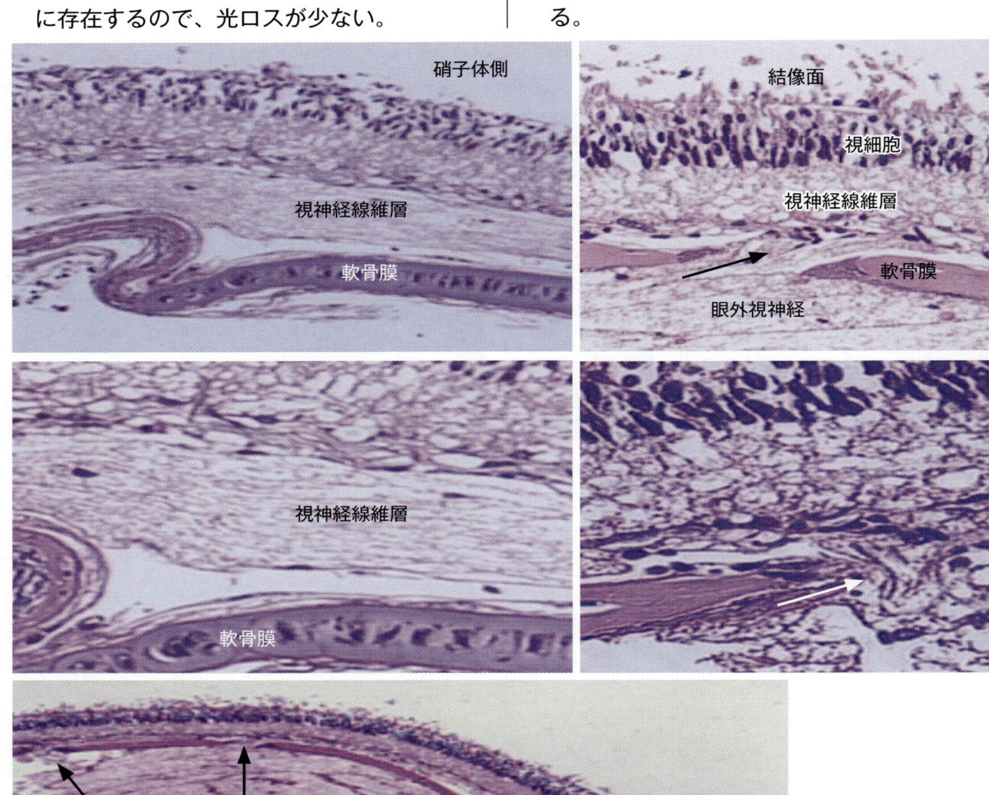

軟骨膜弱拡大

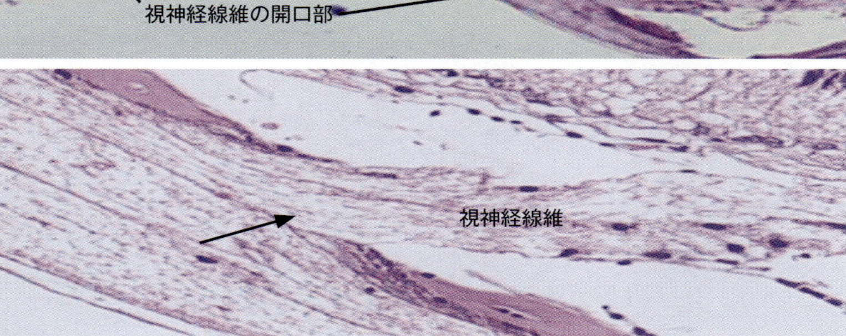

軟骨膜の強拡大

イカの眼７　マクロの眼

ダイオウイカは、ツツイカ目―ヤリイカ亜目―ダイオウイカ科に分類される。日本で捕獲された最大のものは外套長1.8m、触腕を含めると6.5mとされ、ヨーロッパで発見された最も大きなものは体長20mを超えたともいわれる。ダイオウイカは巨大な体を浮かせるために、組織に塩化アンモニウムが大量に含まれている。そのため、これらのイカの身の味には独特のえぐみがあり、食用には適さないとされている。

眼に関してマクロの定義はないが、眼球径が大きいという意味で、ダイオウイカの眼をマクロの眼の代表とする。

画像はハーパー・リーの著書
『Sea Monsters Unmasked』（1884年刊）に掲載されたものである。
出典：フリー百科事典「ウィキペディア」

マクロの眼

1）現在のところ、最も大きい眼を有する生物はダイオウイカと考えられている。記録では眼軸径40cmとされている。

2）眼軸径が大きいと、

①外敵に威圧感はあるが、眼外傷を受けやすい。
②眼に光がたくさん入るので、暗所でも見やすい。
③水晶体の曲率が大きく、調節予備能力がある。
④視細胞密度にもよるが、像の拡大率は大きい。
⑤水晶体の球面収差の影響を受けやすい。
⑥扁平な水晶体が二枚の重ねレンズ構造になって、球面収差の軽減と調節を行っていると思われる。
⑦眼球径が大きいので水圧の影響を受けやすい。
⑧仮にダイオウイカの眼がヒトの眼と同じ構造であれば、ダイオウイカの眼軸径が40cmになり、５mの距離から見える1.0の指標が、15mの距離でも見えることになる。

1861年、カナリア諸島から出航したフランス海軍砲艦アレクタン号は、海面にクジラより大きな未知の海洋動物を発見し、これに発砲した。このとき採取に成功した胴体の一部が、学会に初めて報告されたダイオウイカ属の標本となった。

平成25年１月13日の「NHKスペシャル」で、NHKと国立科学博物館の調査チームが小笠原諸島父島の東沖の深海で、体長18mに及ぶダイオウイカの撮影に世界で初めて成功したのが放送された。

タコの眼 1

タコ（Octopus）は、頭足綱一八腕形上目のタコ目に分類される、海洋棲の知的な軟体動物である。眼窩内には白色体という造血器官と、視葉という神経節細胞包があり、そこで視覚情報処理がなされている。

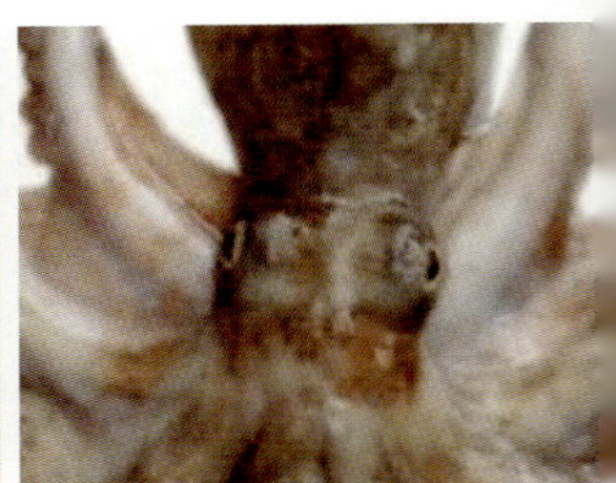

たこ焼屋の看板：タコの眼は外套膜にはない

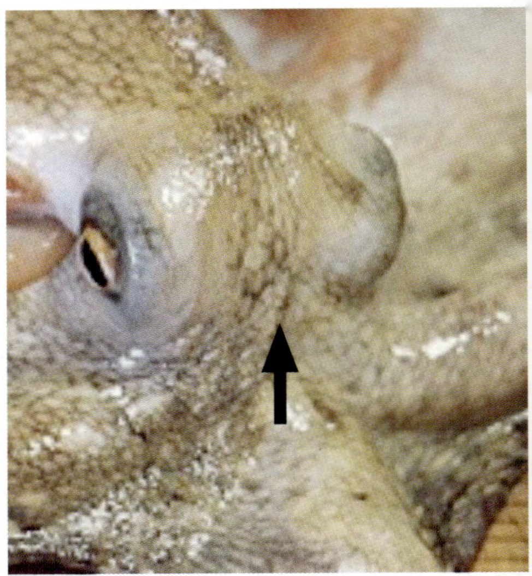

左右の眼球が接触

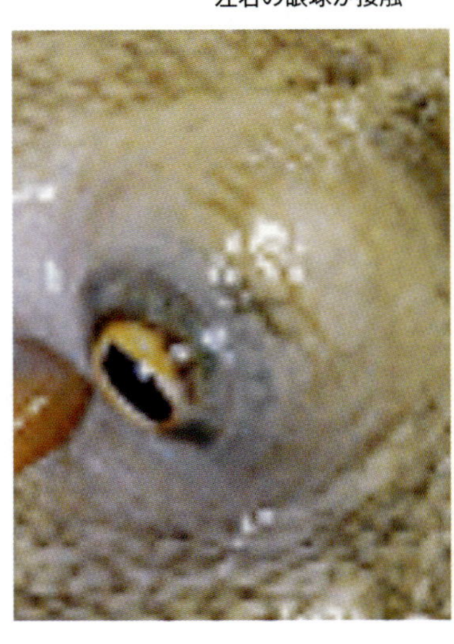

瞳孔は長方形である

タコの眼

①タコは一対の単眼をもつが、左右の眼球後極部が接触するほど、接近している。

②動物の眼で、明暗だけではなく形態を認識出来るのは脊椎動物が主であるが、無脊椎動物で軟体動物のタコやイカも形態認識が出来るとされている。

③角膜、虹彩、水晶体、網膜はヒトと同様だが、視神経乳頭は存在せず、視細胞は硝子体側にあり、視神経線維が球後に毛のように伸びている。

④角膜は薄く、眼周囲の皮膚（クチクラ層）から生じ、欠損しても再生する。

⑤水晶体は前・後二葉に重なった球状レンズで、前水晶体は皮膚、後水晶体は網膜と原器が同じとされる。

⑥水晶体の前後移動と眼球の変形により遠近の調節を行っている。

⑦形態視力より動体視力が優位である。

⑧瞳孔は、安静時には長方形であるが、眼球変形による調節時は様々な形になる。

⑨タコは色覚１色型で、色覚を有しないが光の波長差は区別している。

⑩タコは系統発生的にはヒトより昆虫に近いが、眼はゲノム配列から見ても、昆虫よりはヒトに近いとされている。

⑪タコは視覚よりも吸盤に存在する触覚が優れている。

タコの眼 2　組織

タコの眼の構造

①水晶体は二重構造（合わせレンズ）になっており、球面収差の補正に有利である。前水晶体は皮膚、後水晶体は網膜と原基が同じである。

②タコは、水晶体筋により水晶体を前後に移動して、調節能を得ている。

③水晶体の内外層で屈折率が異なっている。

④多くの無脊椎動物と同様に、視細胞の光感受面は水晶体側にあり、そこに有色素性の光結像面が存在する。

⑤タコには視神経乳頭はない。

タコの眼はヒトの眼と異なり、視細胞が硝子体側にあるので光ロスが少ない。また、視神経は眼内を長く走らないので眼圧の影響を受けにくく緑内障になりにくい。二枚重ねレンズであり、球面収差や調節に対応しており、理論的には優れた眼である。

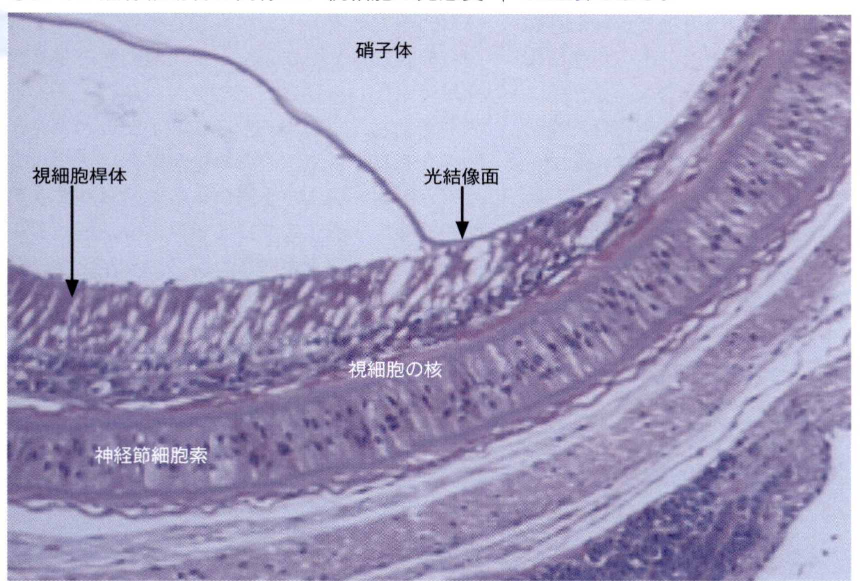

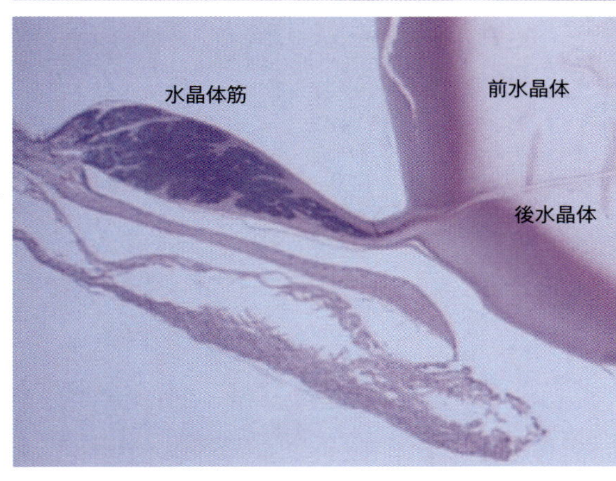

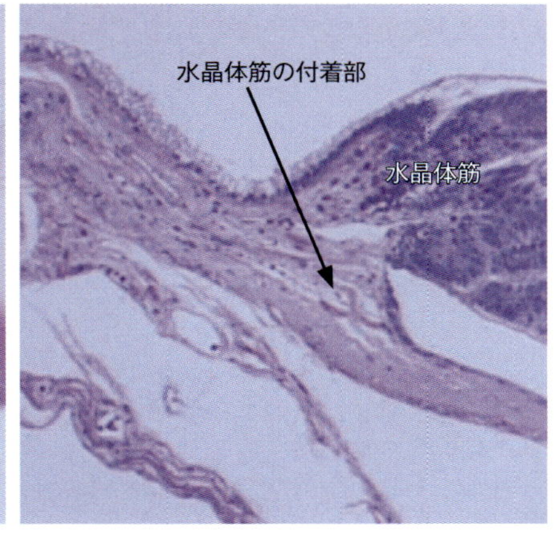

タコの眼3　ヒトの眼との相違

ヒトとタコの共通の祖先は線虫の一種と考えられている。その線虫には原始的な光受容器は存在したとしても、しっかりした眼は存在していなかった。その状態から、ヒトの眼とタコの眼は全く別々に進化してきたのにかかわらず類似性が認められる。この類似性は収斂進化の代表例とされている。しかし、ヒトの眼とタコの眼には微妙な相違もある。

ヒトの眼との相違

1．タコの瞳孔は明所では横スリット状に縮瞳する。ヒトの瞳孔は明所でピンホール状に縮瞳する。

タコの横長瞳孔は視力より光量や視野が優先されている。ヒトのピンホール瞳孔は光量や視野よりも視力が優先されている。

2．タコは水晶体筋で水晶体の前後移動により調節を得ている。ヒトは毛様体筋で水晶体の厚みを変えて調節を得ている。

タコの方が大きな調節力が得られ、水晶体の硬化に伴う老眼もなく、合理的である。

3．タコの光感受面は硝子体側にあり、光に面している。ヒトの光感受面は網膜色素上皮側にあり、光に後ろ向きである。

光感受性から見ればタコの方が合理的であるが、大量に酸素を消費する視細胞から見れば視細胞が脈絡膜側にあるヒトの網膜は、血流の豊かな脈絡膜から多くの酸素を受けることにより、視細胞の密度を高め、より良い分解能（視力）を得られる。さらに、ヒトの視細胞密度が高いことは、錐体と杆体の視細胞の機能分化がなされ、色覚や脳の情報処理能力を高めている。

4．タコの視神経線維はそのまま後方の強膜を貫いて脳へ向かう。ヒトの神経線維は網膜表層を走行し、視神経乳頭に集合して脳に向かう

タコの方が視神経束の障害が起こり難く、合理的である。ヒトの場合視神経乳頭部が盲点になり、視神経障害の場にもなっている。しかしヒトの網膜は、視細胞から神経節細胞の間で情報処理が行われ合理的である。

収斂進化

タコとヒトは同一の祖先から別々に進化してきて、姿かたちは全く異なるのに、眼は何故か類似性を有する。これらの類似性は細かのところでは幾多の相違もある。

収斂進化は、長い生活習慣や生活環境に適応・淘汰された結果であり、進化過程が同一方向に向かっているためでもある。収斂進化は眼だけに限らない。

タコは8本の触腕を有し、触腕を筋肉で自由に動かすために、十分な血液供給と繊細な中枢神経が必要である。そのため、タコは3個の心臓と9個の脳が存在する。

散大時　平常時　縮瞳時

タコの瞳孔

ヒトの網膜

硝子体側

光情報

神経節細胞の軸索

視神経乳頭から脳へ

神経節細胞層

視細胞層

視細胞内節

視細胞外節

色素上皮細胞（結像面）

脈絡膜

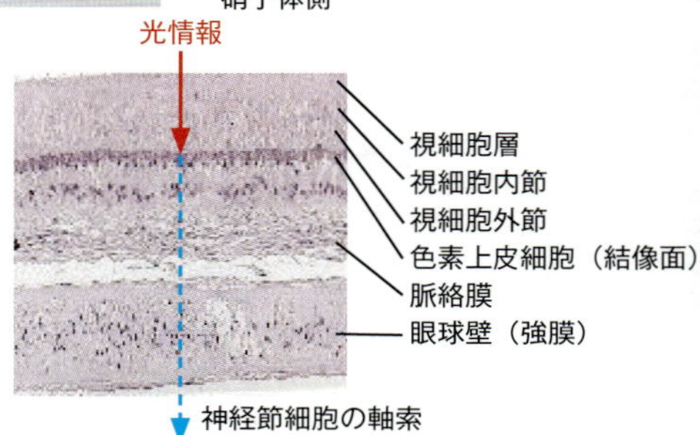

収斂進化には長所と短所を伴う。

魚の眼 1

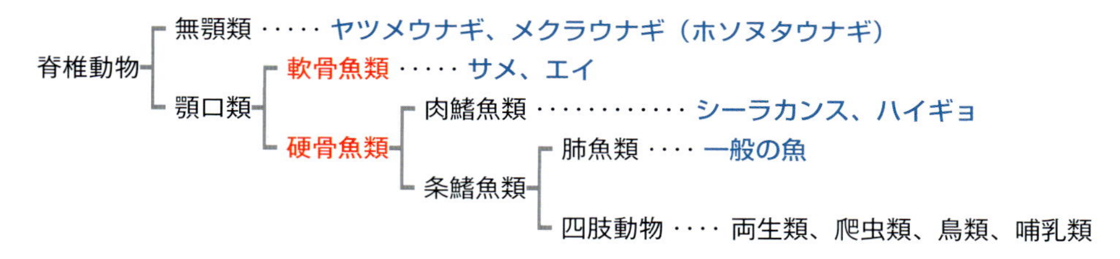

魚類は、脊椎動物亜門に属し、基本的に一生水中生活を営み、鰓呼吸を行い、ひれを用いて移動する。魚類の種数は２万5000〜３万近くあり、脊椎動物全体の半数以上を占める。魚の眼といっても多種多様で、形態や機能も様々である。生物の進化上は、硬骨魚類は軟骨魚類から、軟骨魚類は無顎類から分岐したとする説もある。研究者により多少意見も異なるが、軟骨魚綱と硬骨魚綱の２綱に分けることが多い。

魚の眼圧

魚の眼は水中で水圧を受けている。水深10mごとに１気圧上昇する。魚の眼は外圧に抵抗できるように、強膜の一部に軟骨膜が存在し、角膜も圧抵抗性を備えている。水深200m以上の深海では光も届かず、深海魚では視覚が退化しているものが多い。深海での高い水圧下の魚が急激に浮上すると、眼圧や血圧に対して悪影響を及ぼす。魚はそれぞれの水圧の許容範囲内で生活をしている。深海の生物ほど循環・代謝機能は低下し、動作は緩慢になる。

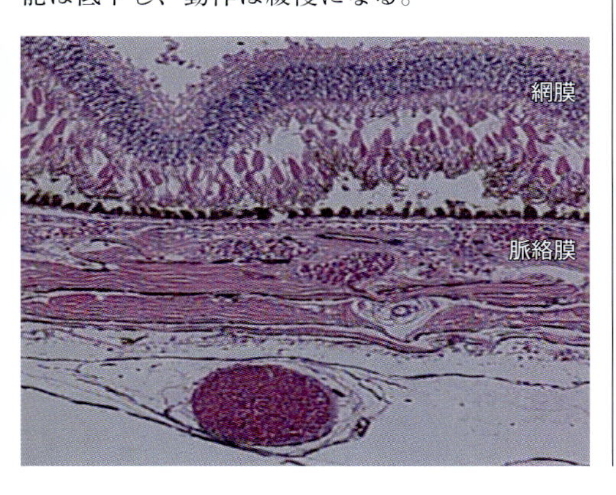

骨組織と軟骨組織

骨組織には扁平骨と管状骨があり、いずれも神経、血管、リンパ管などを伴い、骨髄形成を行う。軟骨組織は硝子軟骨（咽頭、気管、気管支など）と線維軟骨（膝関節、股関節、椎間板など）、弾性軟骨（耳介、咽頭蓋など）があり、血管がなく再生し難い組織である。

最近、濃縮血小板が軟骨細胞や骨芽細胞の増加を促す、再生医療が臨床応用されている。

魚の眼の脈絡膜下にある軟骨は硝子軟骨に属し、発生学的には脈絡膜輝板に相当する。

ヒトの眼内での骨種と軟骨種

まれに、ヒトの眼底に骨種や軟骨種を認めた報告が散見される。ヒトの正常眼には骨組織も軟骨組織も存在しないが、発生学的に胎児性腫瘍として軟骨種は存在し得る。しかし、骨組織は胎児性腫瘍でもあり得ず、どうして生じるかは不明である。外傷や強膜炎などによる異所性骨芽細胞の腫瘍化との説もある。

側線器：魚類には体の側面中央部に点線状に並ぶ色素を含む小さな膨隆点がある。これは側線器といい、水の流れや平衡感覚を感知している。

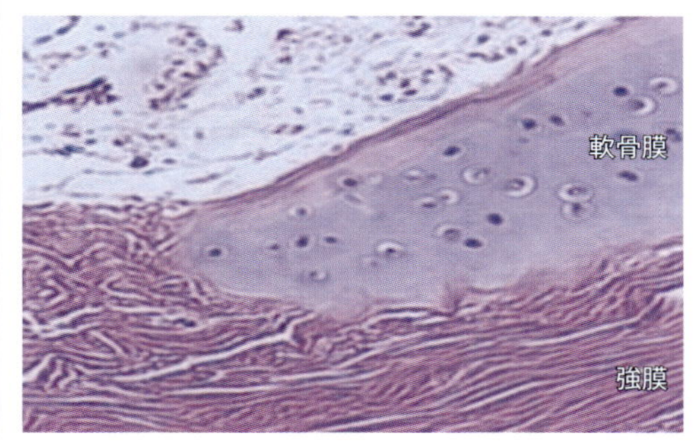

魚の眼 2

魚の眼

魚の多くは硬骨魚類なので、硬骨魚類の眼について述べる。

①水中では光の波長により光透過性が異なり、視覚より聴覚、振動覚、嗅覚の方が安定している。一部の深海魚のように、視器の退化したものもいるが、金魚のように色覚の発達した魚もおり、様々である。

②魚類は淡水と海水の回遊魚、浅層と深層の移動魚、その他の多くの生活環境に適応して生存している。特に、水深により水圧が著しく変化するので、移動魚の眼は水圧の変化に抗する構造になっている。

③一般に、魚類には眼瞼や涙腺はなく、外眼筋も未発達で、周辺の角膜内皮は靭帯となり隅角と虹彩に及んでいる。

④例外的に、マンボウやフグには可動性の眼瞼がある。この眼瞼は上下に開閉するのではなく、眼の周囲の皮膚が丸く大きくなったり、縮んだりする。この眼瞼の動きは緩慢で、瞳孔のように、光量の調節に関与しているものと思われる。

⑤魚の角膜は、水に接しているので、屈折力は小さく、水晶体が屈折を主に担っている。また、水中では角膜乱視は存在しない。

⑥角膜内皮は前房隅角を満たし、輪状靭帯になる。輪状靭帯は角膜の形状を変え、水圧に抗する働きをもつ。

⑦虹彩前面には有グアニン細胞があり、鏡の様に反射する。前房は浅い。

⑧括約筋や散大筋は未発達で、瞳孔は円形で動かない。毛様筋による水晶体の調節はない。

⑨水晶体に毛様血管由来の鎌状血管と平滑筋が付着し、硬骨魚類は遠方を見るために水晶体を後方に動かし、軟骨魚類は近方を見るために水晶体を前方に動かし、調節する。

⑩球状の水晶体であるが、水晶体の中心部と周辺部の屈折率が異なり、球面収差が排除されている。

⑪魚は脈絡膜に線維性タペタムを有する種もいるが、主として細胞性タペタムを有している。

⑫色素に富んだ鎌状の組織が硝子体内に突出して、鎌状突起を形成するが、その機能については諸説がある。

⑬強膜前方はリング状の軟骨膜で形成されている。

⑭網膜は血管は乏しく、脈絡膜血管より栄養供給を受ける。

⑮多くの脊椎動物と同様に、魚の視細胞の光受容面は入射光に逆向きであり、視神経乳頭を形成する。

⑯ビタミンAは、レチノール、レチナール、レチノイン酸などの複合体であるが、これらをビタミンA1、その3-デヒドロ体をビタミンA2と呼ぶ。魚類の視物質にはA1レチナールとA2レチナールがあり、この2種類を適度に変化させることにより、視物質の吸収波長を調節している。

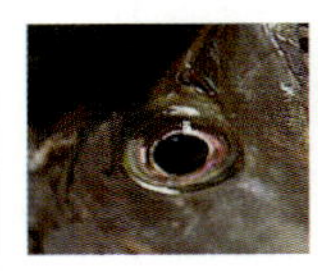

太刀魚の眼
眼瞼もなく瞳孔は一定である。

マンボウやフグの眼瞼はリング状で、丸く開いたり、縮んだりする。瞳孔の大きさは変わらず、眼瞼が瞳孔の代わりを行っている。

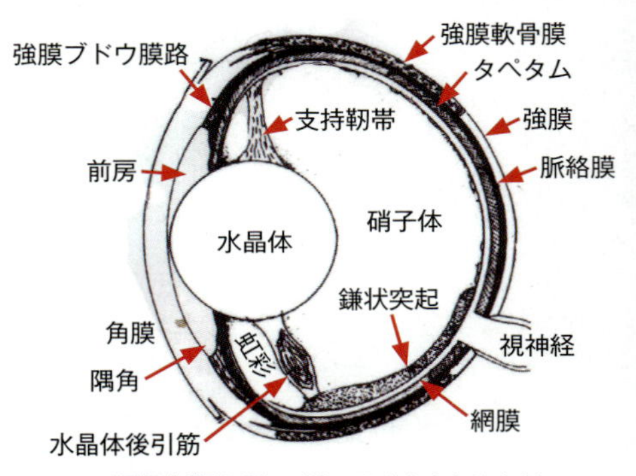

硬骨魚類の眼　（獣医眼科全書より改変）

ヤツメウナギの眼 1　生態

ヤツメウナギの生態については意外に知られていない。

①ヤツメウナギ（Lamprey）は脊椎動物、無顎類（円口類）に属する。

②脊椎動物としては極めて原始的で、顎がなく、背鰭や尾鰭はあるが横鰭がなく、魚類に含めない意見もある。

③ヤツメウナギは脊椎動物のうち顎の発育以前に分化したもので、本来のウナギ（有顎類の魚類）とは全く別物である。

④体の両側に 7 対の鰓孔を有し、眼のように見えるので、ヤツメウナギと呼称されているが、ウナギとは似て非なる生物である。

⑤全身に骨がなく、軟骨で出来ているが、他の生物の軟骨と異なり、 軟骨細胞外マトリックスとしてエラスチン様の独特なタンパク質を含んでいる。

⑥口は吸盤状で、強い吸引力があり、石や岩に吸いついて姿勢を保持する。また大きな魚に吸い付き、ヤスリ状の角質歯で傷を付けて血液を吸う。

⑦外鼻孔は頭頂部に 1 個存在し、鼻管は盲嚢状である。

⑧幼虫時代は、淡水中で 4 ～ 5 年生活し、河川生物の残骸や単細胞藻類を餌としている。その頃はまだ眼が十分に発育していない。

⑨幼虫は海洋に移動して 6 か月位して、急激に大きくなり、眼球も大きくなる。

⑩現生種は海と河川を行き来するが、淡水を中心とした世界中の寒冷水域に生息する。日本では冬の秋田県や新潟県で捕獲される。

⑪成熟したヤツメウナギは網膜も成熟し、視細胞と神経節細胞との間に細胞が介在し、層状構造を呈する。

⑫最近の分子生物学の研究で、ヤツメウナギは一般的に無顎脊椎動物の最後の共通祖先である有顎脊椎動物に見られる視色素のうち四つを保有していることが分かった。

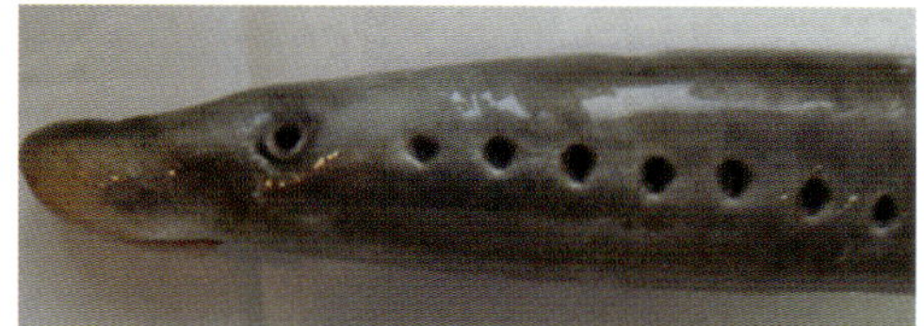

両側に 7 対の鰓孔がある

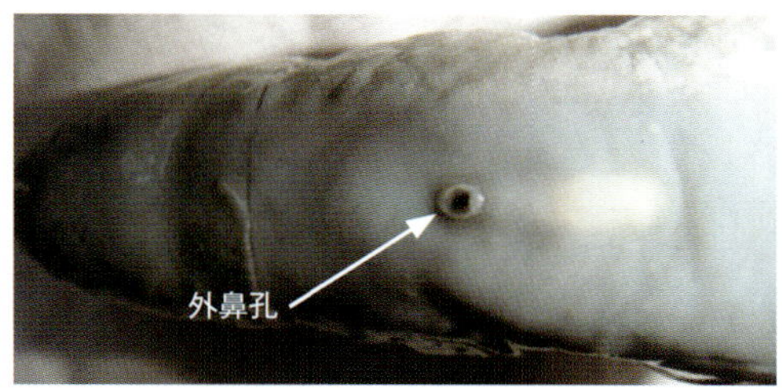

円口類は外鼻孔が 1 個である

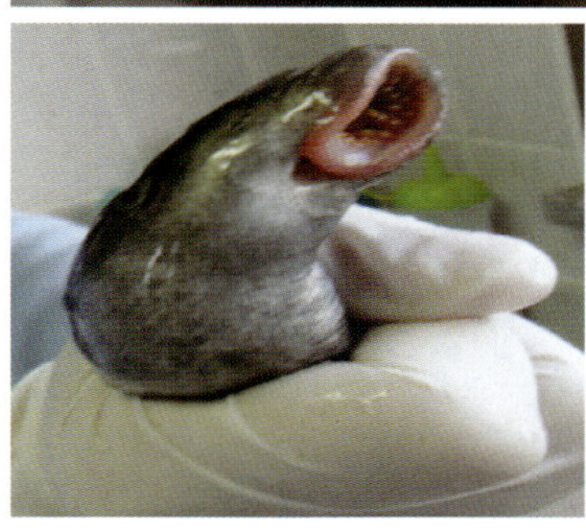

口は円形で、大きな魚の血を吸う

⑬初期の原核生物にも認められる青または紫外線にピークを示すオプシンが、 原始的な視色素（バクテリオロドプシン）であり、桿体とそのロドプシンは視覚分野において後期カンブリア紀以降の比較的後期に獲得したと推論される。

⑭他にも無顎類には現在の顎口類には全く見られなくなった特徴が多くある。これは、顎口類がヤツメウナギなど円口類と分岐して後に独自に獲得したものと思われる。

ヤツメウナギの眼2　眼の特徴

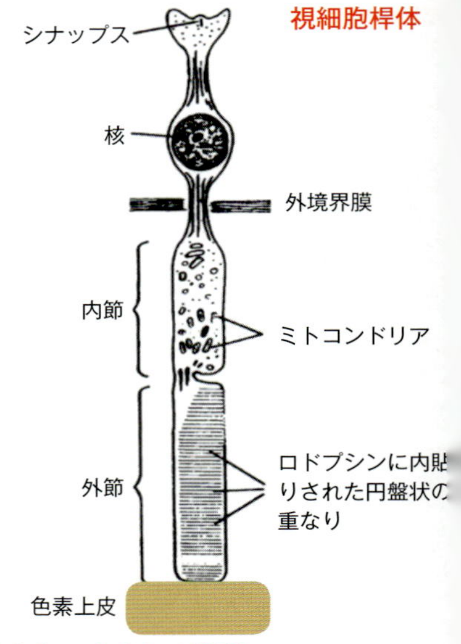

ヤツメウナギの眼

1. 眼は大きく、角膜筋や水晶体筋が存在する。
2. 水中では−8Dの近視で、遠方視では角膜筋が収縮し、水晶体も後方に移動する。
3. 松果体由来の頭頂眼は頭部軟骨内に位置し、光感受性がある。
4. 視細胞は大きく、ヒトの6倍あり、視交叉は大脳の中にある。
5. 下直筋は外転神経が支配している。
6. 初期の原核生物にみられる青、紫外線域の視物質を有する。
7. ヤツメウナギにはタペタムもあり、視覚的にみてもヘビや魚類などの脊椎動物の性質も有する。

ビタミンA（レチノール）

①ビタミンAはレチノール（ビタミンAアルコール）とも呼ばれる。

②ヤツメウナギはビタミンAを多く含む事から、古くは夜盲症（鳥目）や疲れ目などの症状改善に用いられた。

③ビタミンAは皮膚、目（角膜・粘膜）、口腔、気管支、肺、胃腸、膀胱、子宮などの上皮保護に重要である。

④不足すると、皮膚や粘膜が乾燥し、脱毛、爪の脆弱化が起こり、角膜乾燥症や夜盲症を引き起こす。

⑤ビタミンAは一個の光子にも反応できるほど光に対して敏感で、視覚の光感受性物質として働いている。

⑥網膜桿体のロドプシンはオプシン蛋白と11-シス-レチナールが結合したもので、光が当たるとオプシン蛋白と全トランス-レチノールに分かれる。この仕組みが網膜の光センサーである。

⑦ヒト錐体における青、緑、赤の視色素蛋白は、オプシン類似蛋白と11-シス-レチナールの結合体である。
(11-シス-レチナールと全トランス-レチナールは異性体である)

患者さんからの良くある質問

Q. 私の眼病にヤツメウナギが有効ですか？

A. ヤツメウナギは眼が八つある訳ではない。何かの事情でビタミンA不足の人には有効かもしれないが、あなたはビタミンAの不足でないので、ヤツメウナギを食べても無効です。ビタミンAを過剰に摂取すると健康被害も起こり得る。イギリスのヘンリー1世はヤツメウナギ料理の食べ過ぎで死亡したといわれています。

Q. 眼に良いサプリメントを教えてください。

A. サプリメントは、アメリカでの食品の区分の一つであるdietary supplementの訳語で、狭義には、「不足しがちなビタミンやミネラル、アミノ酸などの栄養補給を補助することや、ハーブなどの成分による薬効の発揮が目的である食品」とされている。従って、特殊な代謝障害以外は正しい食生活をしていれば、サプリメントは不要です。

ヤツメウナギの松果体とオプシンに関する詳細については大阪市大寺北明久教授の論文をご参照ください。

ヤツメウナギの眼3　組織（1）

ヤツメウナギの眼

①胚発生期では眼点様であるが、成長・変態を経てカメラ眼に発達する。頭頂眼は皮膚上にはなく軟骨膜下に存在し、強い光に反応する。
②眼瞼にもヌメリの厚い粘液細胞層が存在し、結合織もぶ厚い。
③角膜は薄く、周辺部に角膜筋が存在する。
④角膜筋は角膜の屈折調節以外に隅角部組織にも関与している可能性がある。
⑤虹彩にはグアニン色素を有する。
⑥水晶体は球状であるが、水晶体そのものに屈折勾配があり累進レンズ効果があるらしい。
⑦しかし、調節は角膜筋による眼軸長の変化によって行われている。
⑧水中では光透過性が悪いので、遠方より近方優位の近視と考えられている。
⑨毛様体は貧弱で殆どない。

ヤツメウナギのかば焼き

①天然ものなので、秋田、新潟、北海道などで、厳寒の季節のみ食することが出来る。
②骨がないので、ウナギの様に捌けない。
③ウナギと全く異なる食感である。
④食感はコリコリし、少々生臭い。
⑤一般に、かば焼きを楽しむのではなく、栄養補強食として珍重されている。

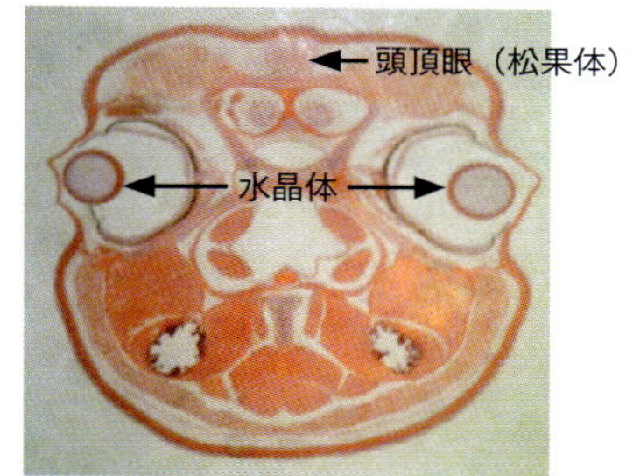

ヤツメウナギの頭頂部（冠状断） HE 染色
頭蓋骨はない。頭頂部軟骨下に頭頂眼（松果体）を認める。

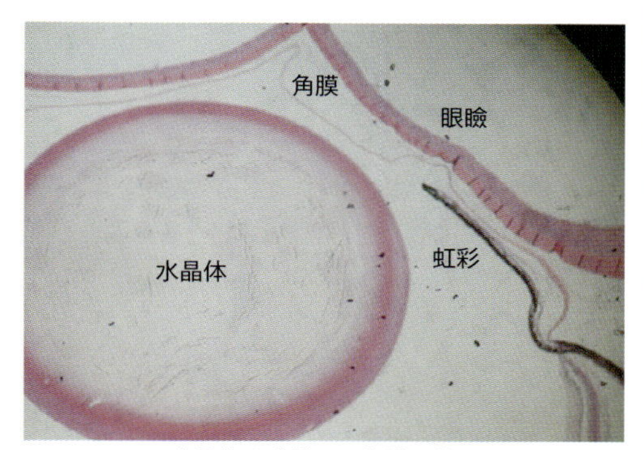

水晶体は球状で、角膜は薄い

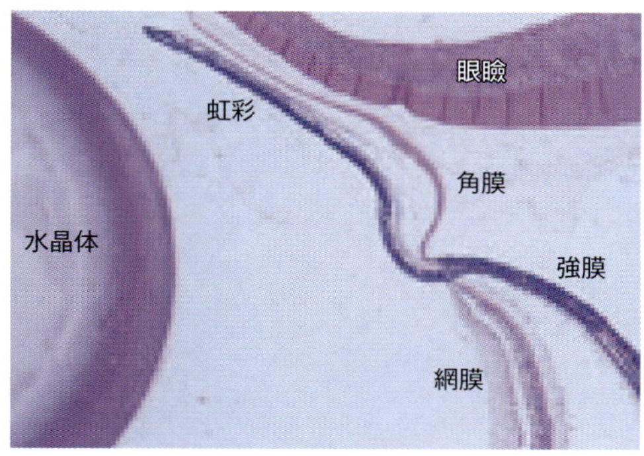

毛様体は確認できない。

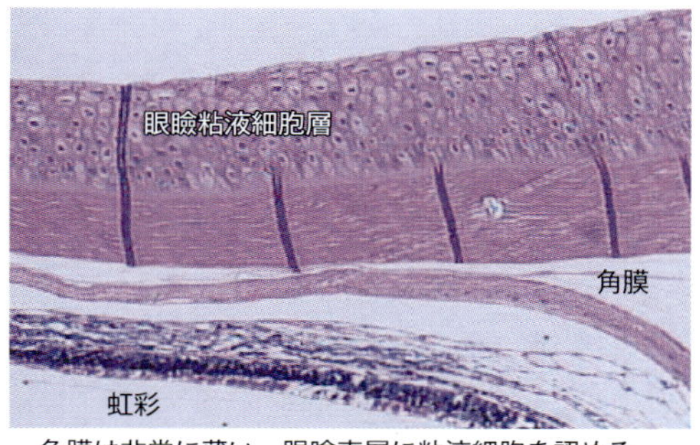

角膜は非常に薄い。眼瞼表層に粘液細胞を認める。

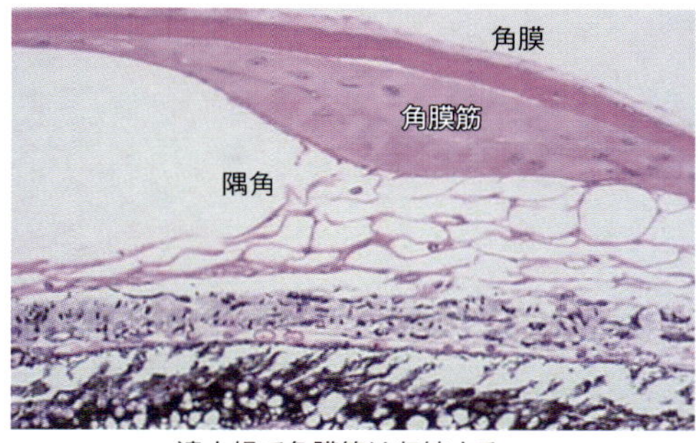

遠方視で角膜筋は収縮する。

ヤツメウナギの眼４　組織（２）

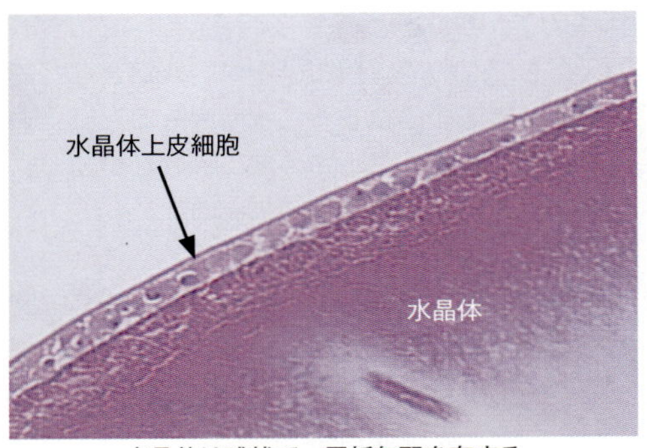

水晶体は球状で、屈折勾配を有する

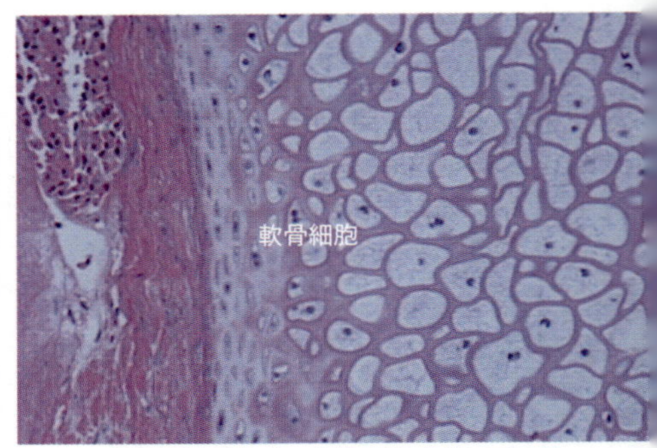

眼窩は骨でなく、軟骨で形成されている

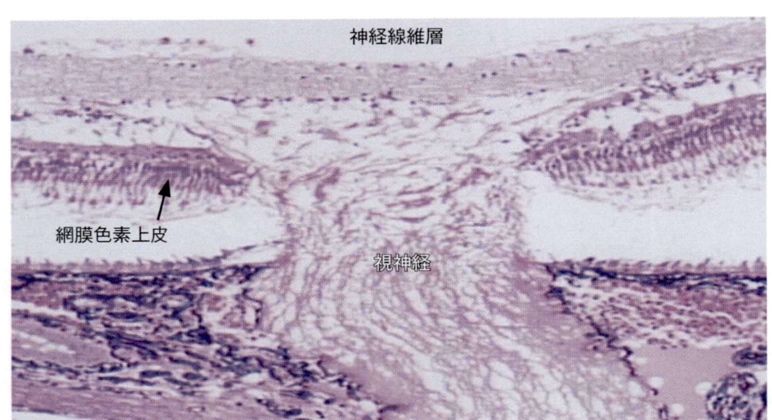

ヒトと同様に視細胞が網膜外層に位置する

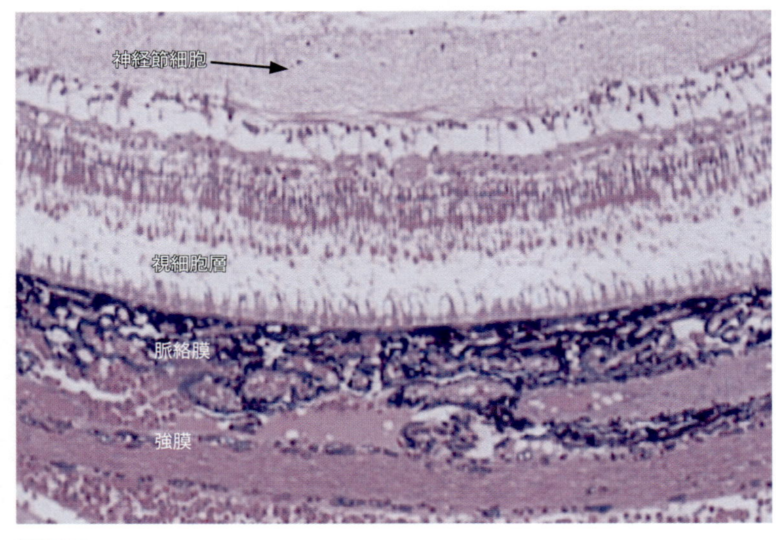

網膜視細胞は大きく、直径がヒトの６倍ある

シーラカンスの眼

シーラカンス

考古学的に約6500万年前（中生代白亜紀末）に絶滅したとされていた。1938年南アフリカで、現生種の存在が確認される。その後、インドネシア沖でも生息が確認された。アフリカの個体群とインドネシアの個体群が独立したものか否かはDNA分析で検討中である。約４億年の間ほとんど変化しなかったため、＜生きている化石＞といわれ、デボン紀の陸生脊椎動物の先祖とも考えられている。シーラカンスは椎骨の内部が１本管になっている。また、頭蓋内に関節があり、鼻や眼は耳や脳と分離し、古生物の特徴を備えている。浮袋には空気ではなく脂肪が詰まっている 。

シーラカンスの眼

①体長は１m以上あり。眼球は上方（背側）についている。

②眼球は大きく、前後に平たく、水晶体は球形である。

③深海（100～200m）に生息するので、視力は弱い。

④虹彩の前面は輝板（タペタム）のグアニン効果で、光を照らすと銀色に反射する。

⑤輝板で僅かな光も増幅して利用するので、光の感度は良好である。

⑥網膜は薄く、血管も中心窩もない。視神経は全交叉と予想する。

⑦画面計測によれば、眼球径は3.5cm前後と思われる。

魚眼レンズ

魚の視点で、水面下から水面上を見た場合、水の屈折率の関係で水上の景色が円形に見えると予想される。このことから視野が360°近く広いレンズを魚眼レンズと呼称している。視野が広いと細かなものは見にくくなる。(99頁の魚眼レンズを参照)

生きている化石

生きている化石（living fossil）とは、太古の地質時代に生きていた祖先種の形状を色濃く残している生物をさす。学術的には遺存種と呼ぶ。動物ではシーラカンス以外にもライチョウ、ゴキブリ、サイ、ムカシトカゲ、イリオモテヤマネコ、チョウザメ、アフリカゾウ、カブトガニ、オオサンショウオ、ゾウガメなど環境変化による絶滅が危惧される動物も含まれる。

CT画像「アクアマリンふくしま」

シーラカンスは椎骨の内部が１本管になっている（矢印）。また、頭蓋内に関節があり、鼻や眼は耳や脳と分離している。

シーラカンス

ヒラメ と カレイの眼

ヒラメとカレイの区別

1）左ヒラメ に 右カレイ

2）ヒラメ「おおくち」カレイ「くちぼそ」

ヒラメとカレイの眼

①視交叉：脊椎動物では左右の視神経が頭蓋内で交叉するが、動物により全交叉、部分交叉、半交叉などさまざまである。

②馬は部分交叉、魚類は全交叉で、馬も魚類も眼が体の両側についているので両眼視機能の獲得には不利である。

③ヒラメ と カレイは部分交叉を示すが、両眼視機能は無いと推定される。

④ヒラメは、右眼から左脳へと繋がる視神経が上にある。

⑤カレイは、左眼から右脳へと繋がる視神経が上にある。

⑥ヒラメもカレイも夜行性で、昼は砂に眼だけを出して隠れている。

⑦ヒラメもカレイも、海底に住み、海底の色に合わせた保護色を呈する。

ヒラメ族

①社会の底辺で同列に生活しているが高級ぶっている人々。

②いつも上を向いてチャンスを狙っている人々。

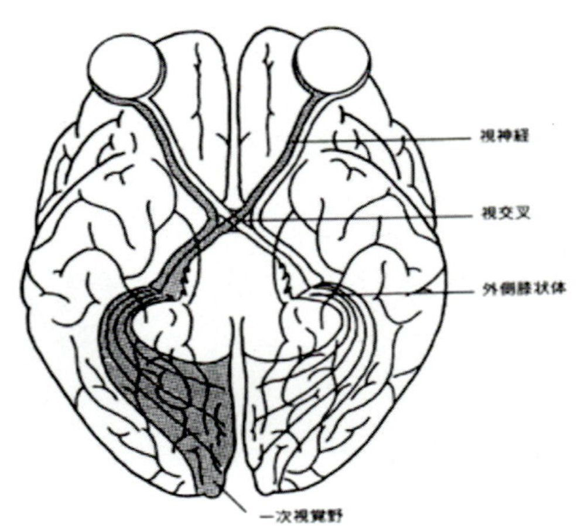

ヒトの視神経は半交叉である

内臓の位置決定遺伝子

ヒラメとカレイは、誕生時は左右対称の形だが、20-40日後に目がそれぞれ左と右に偏りはじめ、体色は目のある側だけが黒くなる。視神経交叉部の歪みが脳のねじれを誘導する。内臓の位置決定遺伝子「pit x 2」が、稚魚の段階で働くためとの報告がある。

鈴木徹・東北大農学研究科教授

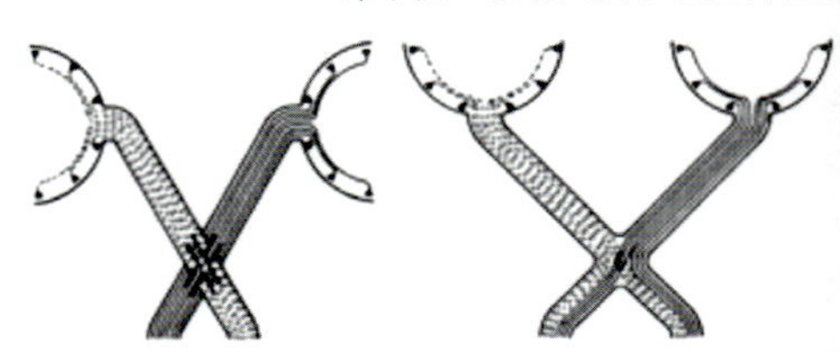
哺乳類以外の脊椎動物は左右の視神経が全部交叉する（上図左）。
哺乳類は左右の視神経が部分交叉する（上図右）。
ヒトは左右の視神経が半分ずつ交叉する半交叉（図左下）。脊椎動物以外では非交叉もありうる。

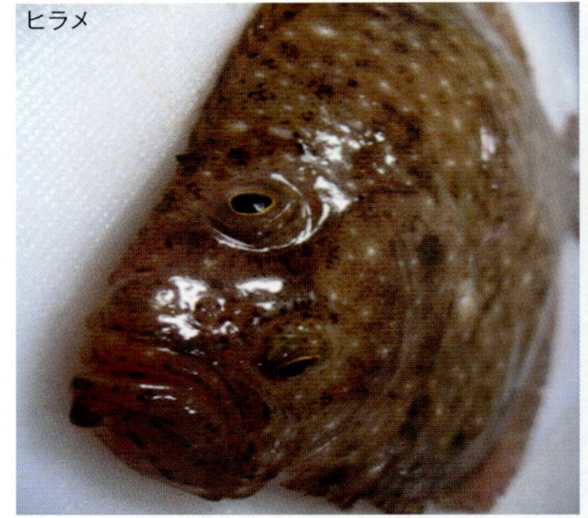
ヒラメ

カレイの保護色

ヒラメの保護色

舌ヒラメの眼

舌ヒラメは正式にはカレイ目に属し、ウシノシタと呼ばれている。ササウシノシタ科とウシノシタ科の２科に分かれ、前者は体の右側に目があり、後者は体の左側に目がある。形体的にはヒラメに類似しているが、ヒラメとは全く異なる種である。下の写真は身体の左側に眼があるウシノシタ科である。左右非対称性であるが、口は左右が連なっており、複雑な形態である。

舌ヒラメはウシノシタ（牛舌）とも呼ばれ、フランス料理の定番食材である。

舌ヒラメの眼

①カレイやヒラメ類は海底の砂面に生息し、上方の視覚情報が重要で、左右の眼が上を向くような進化をしたと思われる。
②眼は非対称性で左眼は口に接している。
③眼球はカメレオンのように左右別々に動く。
④随意性眼球突出が可能で、眼球を突出させて周囲を窺うので、見える範囲は広い。
⑤両眼視機能はなく、左右の眼で捕食者からの防御と捕食行動に活用しているものと思われる。
⑥視神経は部分交叉をするが、視神経の長さは左眼の方が長い。
⑥周囲の色に合わせ、体色を変化させる保護色を示す。色覚はそれなりに成立している。

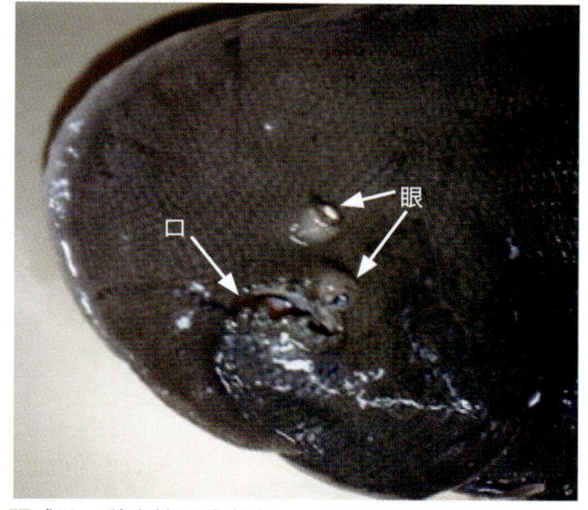

眼球は、随意性眼球突出し、左右の眼軸方向が異なる。左眼は口に接している

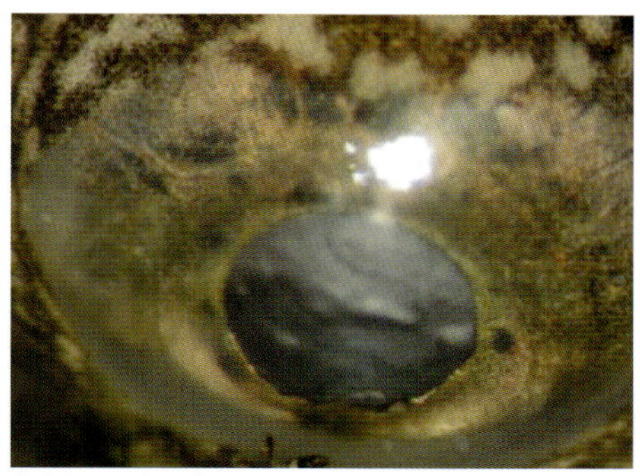
瞳孔径は一般の魚と同様、散瞳も縮瞳もせず、一定である

保護色を示すため体色はさまざまである

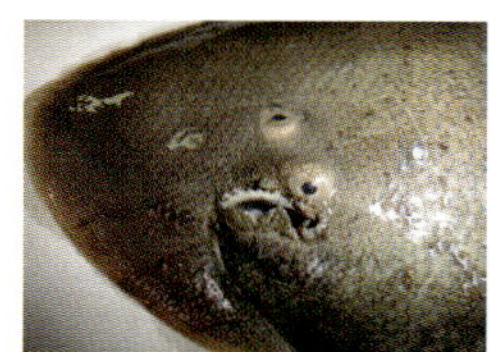
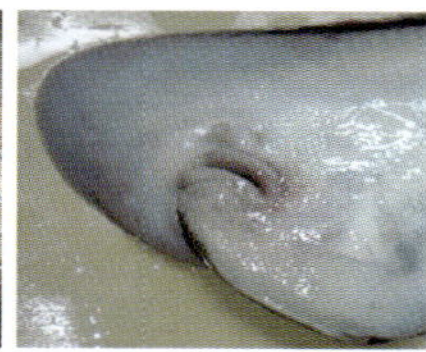
表と裏の口の状態。口の構造は極めてユニークである

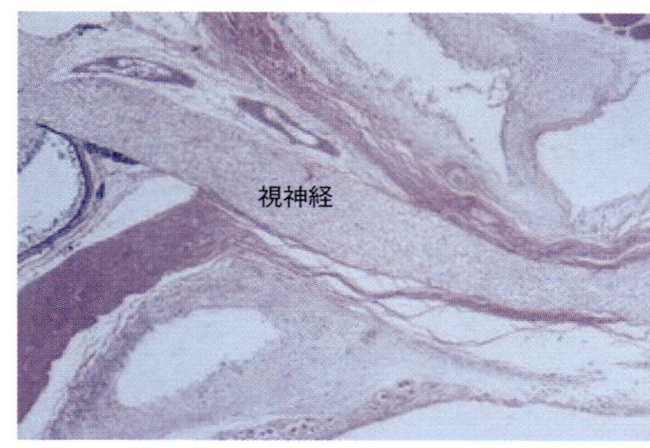

非対称性の眼の位置のため、眼窩内視神経は長い

ブリの眼

ブリ大根は冬の料理として、日本全国で食べられているが、富山県の郷土料理である。

富山湾のブリは、古来「越中ブリ」と呼ばれ、今も最高級ブリの代名詞である。その、ブリ大根を夕飯に食べる機会を得て、ブリの眼を観察した。ブリの成魚は最大で全長1.5m、体重40kgの記録があるが、通常は全長1m、体重8kg程度までである。

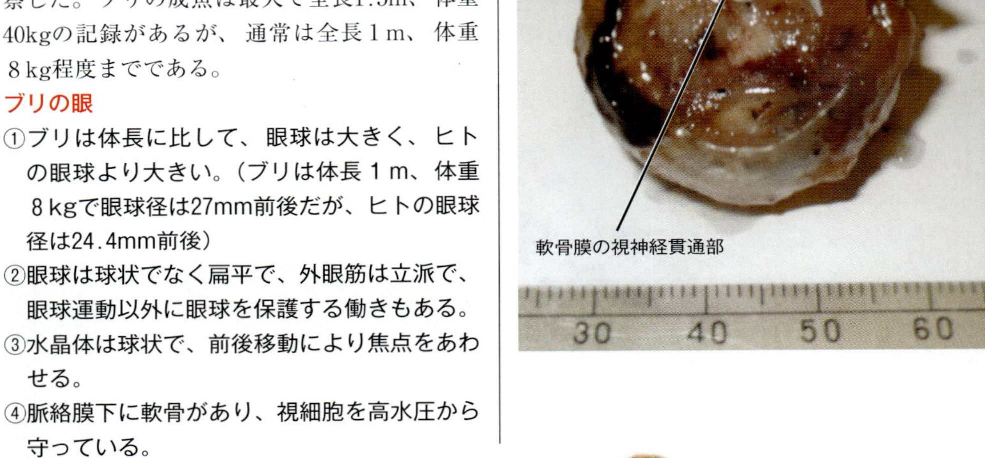

ブリの眼

①ブリは体長に比して、眼球は大きく、ヒトの眼球より大きい。（ブリは体長1m、体重8kgで眼球径は27mm前後だが、ヒトの眼球径は24.4mm前後）

②眼球は球状でなく扁平で、外眼筋は立派で、眼球運動以外に眼球を保護する働きもある。

③水晶体は球状で、前後移動により焦点をあわせる。

④脈絡膜下に軟骨があり、視細胞を高水圧から守っている。

⑤角膜と視神経も水圧に抗する。

ぶりの稚魚
赤褐色黄帯

ブリは出世魚で成長により呼び名が異なり、地域でも異なる

関東：ワカシ・ワカナゴ → イナダ → ワラサ → ブリ

関西：ワカナ・ツバス → ハマチ → メジロ（イナダ）→ ブリ

北陸：ツバエリ → コズクラ → フクラギ → アオブリ → ハナジロ → ブリ

山陰：ショウジゴ → ワカナ → メジロ → ハマチ → ブリ

九州：ワカナゴ → ヤズ → ハマチ → メジロ → ブリ → オオウオ

メバルの眼 1

メバル（眼張、鮴、春告魚、目波留）

メバルは、カサゴ目メバル科に分類される魚の名称。春告げ魚とも呼ばれる。

メバルの眼

①メバルは体長に比し眼が大きく、近視でもある。
②ヒトは体長170cmで眼軸径24.4mm、メバルは体長16cmで眼軸径が20mmと眼球は相当大きい。
③角膜は比較的厚く、さらに軟骨膜が瞳孔領を含み、眼球後部を覆っている。
④強膜は薄く、直下の軟骨膜は強固である。
⑤虹彩筋はほとんど見られず、瞳孔運動はない。
⑥虹彩前面には色素が無く、裏面のみグアニン色素があり、前面が鏡のように光る。
⑦虹彩が鏡のように光るのは、僅かな光を反射させて小さな餌を捕獲する働きと、外敵に対する威嚇作用も考えられる。
⑧毛様体は貧弱で、色素のみである。
⑨メバルの眼は水圧に抗する形態が備わっている。

角膜を除去の正面　虹彩は光る

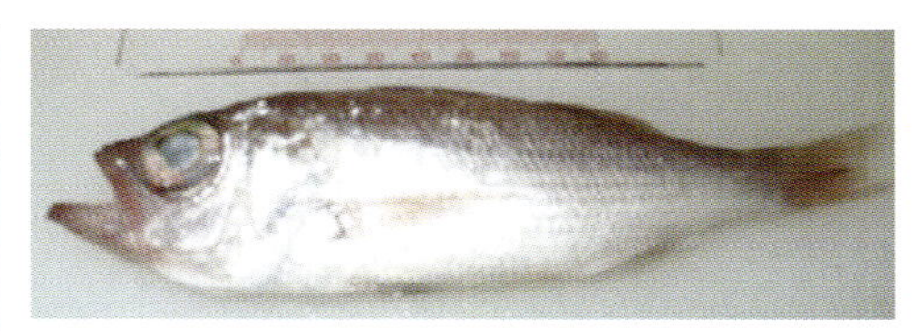

１年で体長８～９cm、２年でおよそ13cm、３年で16～17cm、５年で19～20cmになる。最大体長は約30cmこの写真のメバルは２年ものと思われる

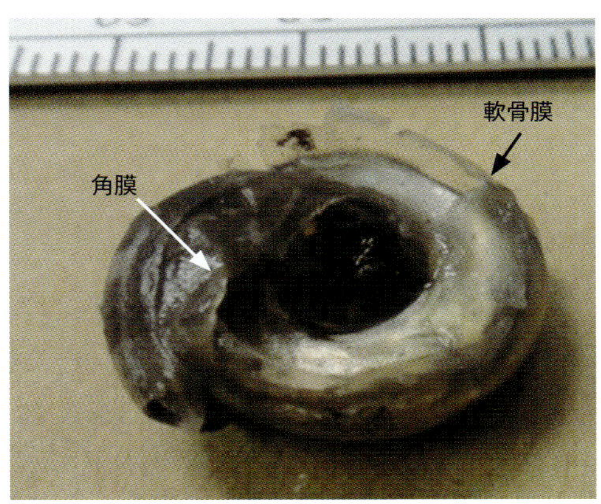

角膜除去後、軟骨膜も除去

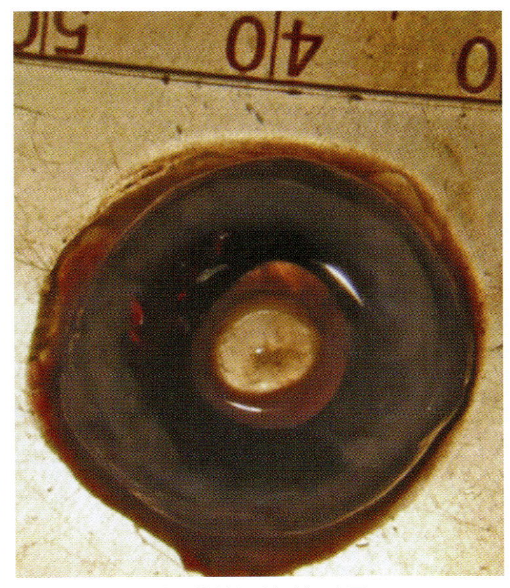

硝子体側より虹彩の裏面

メバルの眼 2　組織

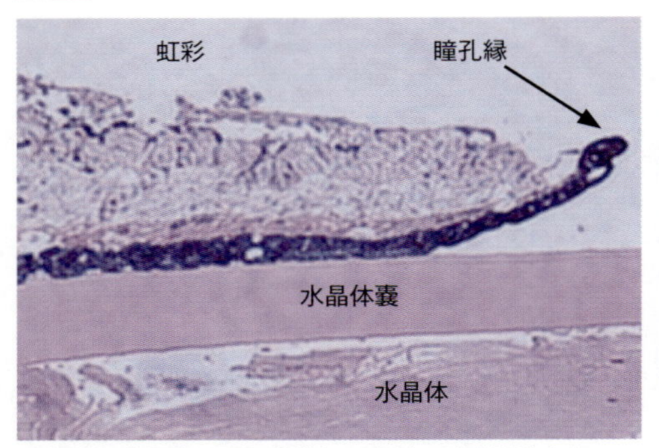

虹彩は水晶体の嚢に密着しており、瞳孔は動かない

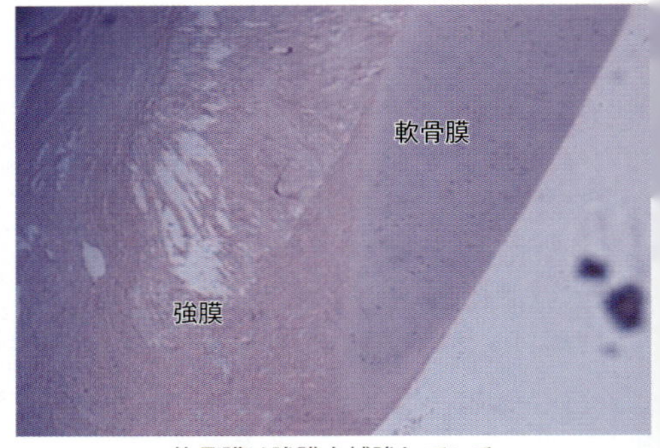

軟骨膜は強膜を補強している

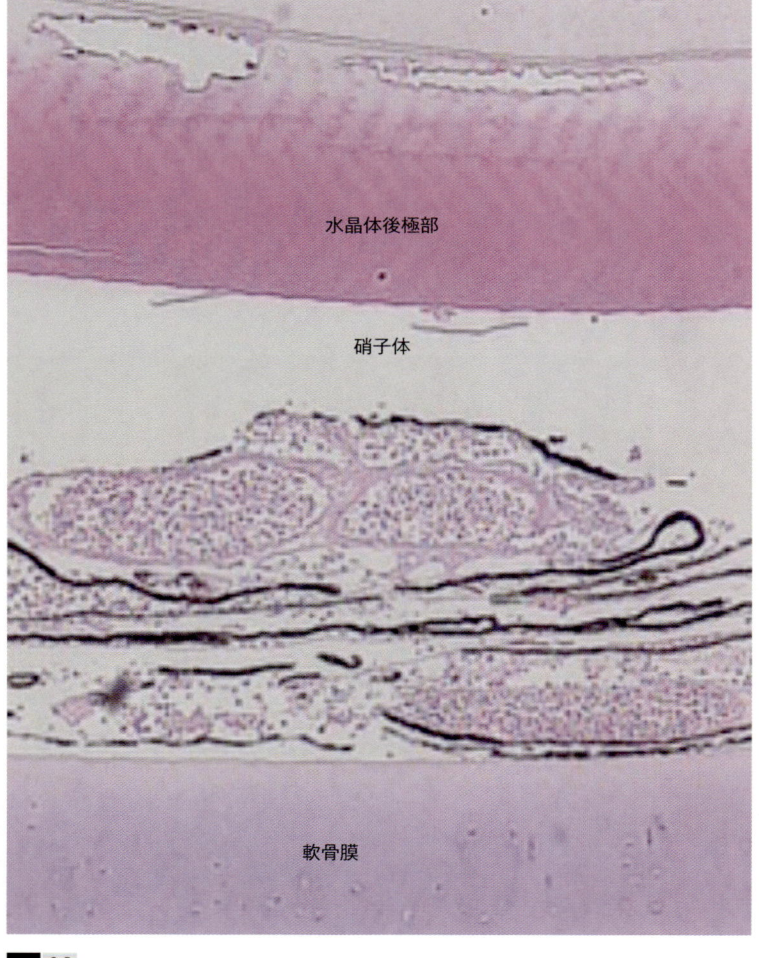

水晶体皮質に
血管が存在する

水晶体は球状で大きく硝子
体スペースを占有している

タラの眼

マダラ、スケソウダラ、コマイの３種が存在する。マダラは大きな口を開けて他の生物を捕食するので「大口魚」と呼ばれていた。非常に貪欲で、腹いっぱい食べるという意味の「たらふく（鱈腹）」の語源とされている。

タラの眼

①後部強膜は視神経が眼外に出る部位（眼底後極部）を除いて、ほぼ全てが軟骨で形成されている。

②角膜裏面に角膜筋が存在する。

③角膜筋は隅角部輪状靭帯から起こり、角膜裏面の数箇所に付着している。（下写真の赤矢印の部位）

④角膜筋の作用は不明であるが、ブドウ膜強膜流出路に作用して、眼圧のコントロールをしている可能性がある。水中での角膜形状変化による調節作用は効率が悪い。魚の主たる調節は水晶体の前後移動によるとされている。

⑤毛様体は未発達であるが、輪状靭帯は存在する。

⑥この角膜筋に対して、ヒト平滑筋ミオシン抗体による免疫染色（α-smooth muscle actin: α-SMA）を試みたが、ヒトとタラの抗体認識エピトープの相同性が無く染色が出来なかった。

角膜筋はイカナゴやヤツメウナギにも存在すると言われているが、それら角膜筋の存在理由は不明である。

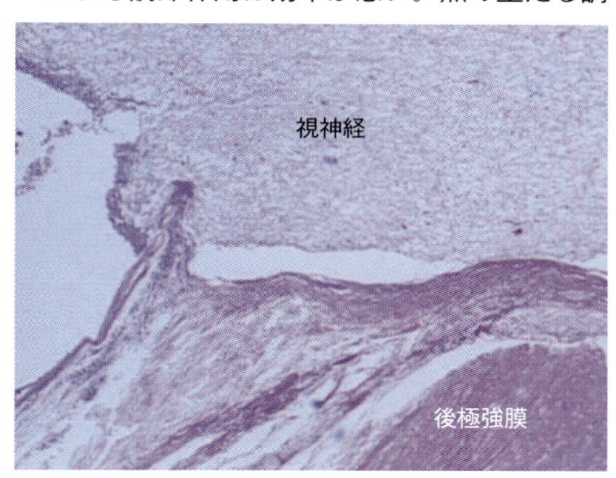

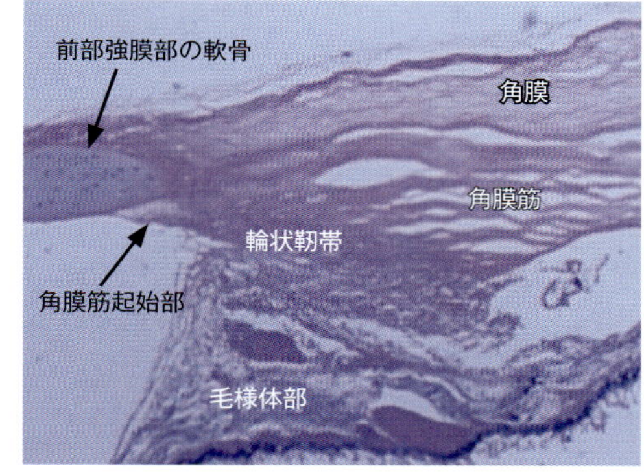

▲角膜内皮が隅角を覆い、輪状靭帯を形成する。▼角膜筋は輪状靭帯が発達したものと思われる。

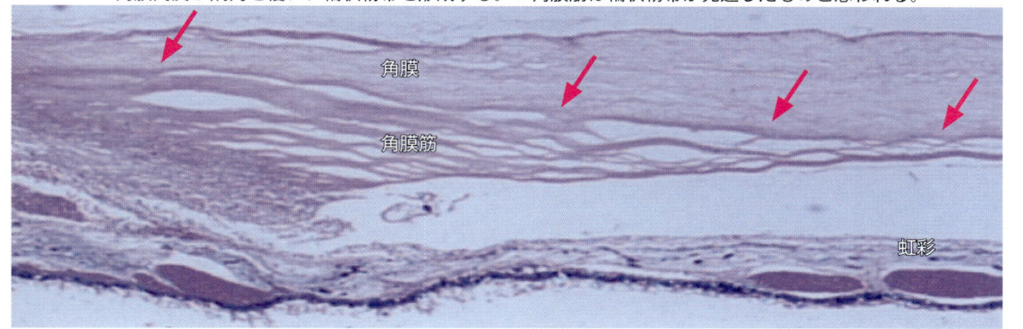

マグロの眼 1

マグロ（鮪）は、スズキ目・サバ科・マグロ属に分類される。全長は60cm～3mに達する。海中では口と鰓蓋を開けて遊泳し、ここを通り抜ける海水で呼吸する。泳ぎを止めると窒息するため、睡眠時でも止まらない。マグロの眼窩脂肪には、動脈硬化を予防するDHA（ドコサヘキサエン酸）が多く含まれている。

マグロの眼

①体長により異なるが、成魚のマグロの眼球径は10cm 前後である

②水晶体と虹彩が癒着していて、前房スペースと硝子体スペースが完全に独立している。

③硝子体スペースは強膜内側にある軟骨膜に保護され、水圧から網膜を保護している。

④前房スペースは硝子体スペースの圧調整に関与している。水圧で角膜が歪んでも、水中メガネの理論で乱視を打ち消してしまう。

⑤水晶体は直径3cm 前後と大きく、球状で、水晶体を前後に動かして調節する。

⑥毛様体は扁平で、単なる色素膜のように貧弱で、ヒトのような毛様体の機能はない。

⑦視力より明暗覚が優先されている。

瞳孔は大きく、視力より、十分光が入ることが優先されている

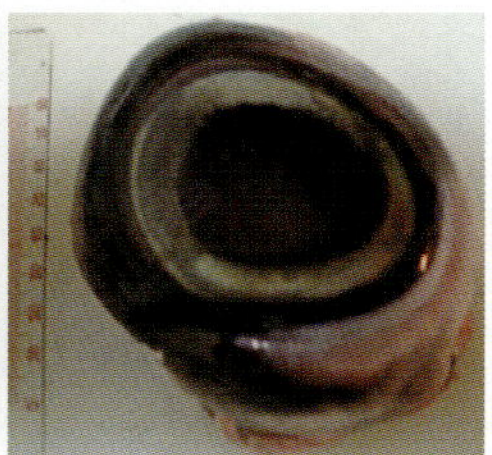

マグロの眼球径は10cm 前後

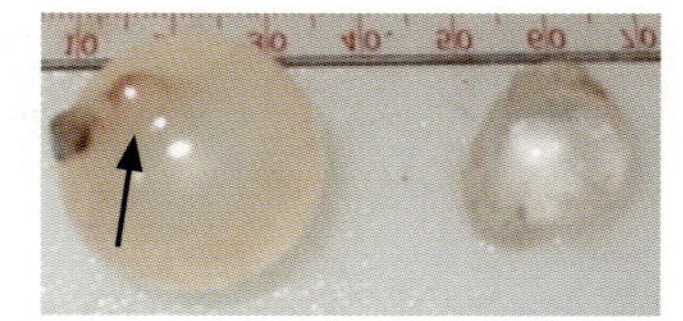

球状の水晶体は直径3cm 近くあり、後極で硝子体と癒着している。当然ながら小さいマグロの水晶体は小さい。水晶体筋が存在する（矢印）

マグロの漁獲規制が問題になっている

①日本は世界一のマグロ消費国である。

②欧米の日本食ブームでマグロの消費も増えている。

③養殖マグロの研究と推進を図る必要がる。

④日本人一人ひとりが、マグロを食べることを30%減らすのも一考である。

⑤流通の時代でも、海の遠い山奥の旅館でマグロの刺身は不要である。

マグロ漁獲規制

中西部太平洋まぐろ類委員会（WCPFC）は平成26年9月福岡市で開いた会合で、親魚量を将来に残すため未成魚（30キログラム未満）の漁獲量を2002～04年の半分以下に減らすことで合意した。平成27年の会議では「クロマグロ資源管理緊急制限ルール作成」が決まったが、これは未成魚規制のため、資源保護の抜本的解決にはならない。各国の利害が対立している。

マグロの完全養殖

稚魚を天然から捕獲して養殖する蓄養ではなく、養殖施設で卵から人工孵化させた稚魚を育てる完全養殖の技術が近畿大水産研究所が可能にした。マグロは

①人工孵化率が少ないこと、

②共食いや病死により稚魚の成育率が低いこと、

③生餌が一般であるが、人工飼料を可能にすること、

④回遊魚で、大きなスペースが必要なこと、

などの問題があり、完全養殖は不可能と言われていた。

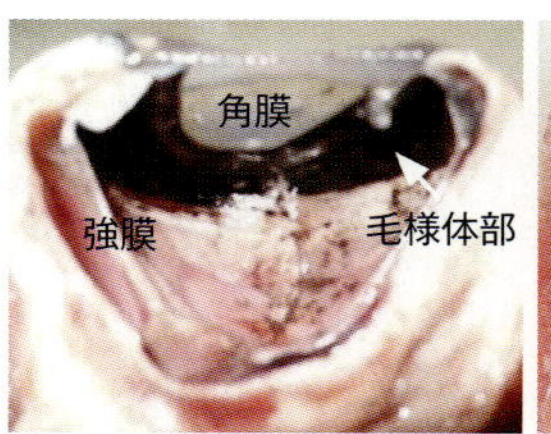

マグロの眼を半割し、水晶体を摘出後

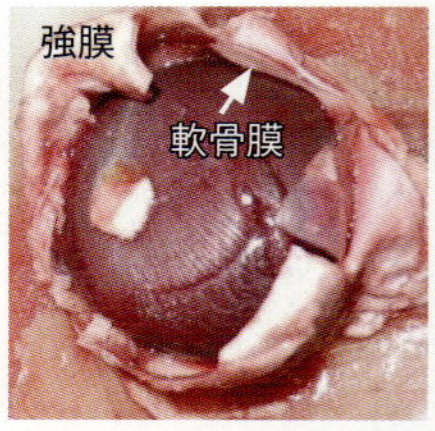

眼球後極部の強膜と軟骨膜を開くと脈絡膜が露出する

マグロの眼 2　組織

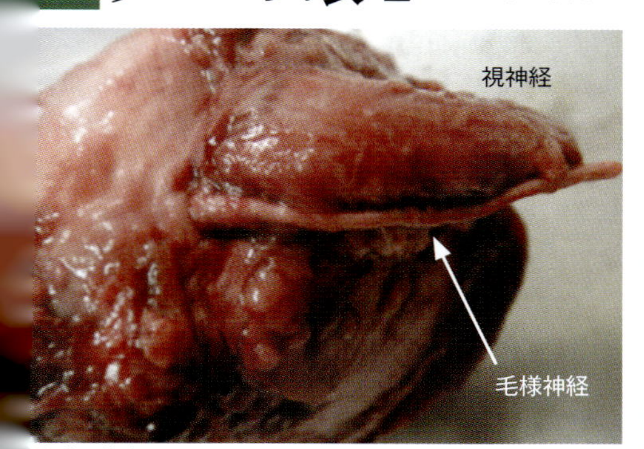

眼球の後部
太い視神経と立派な毛様神経が見られる。

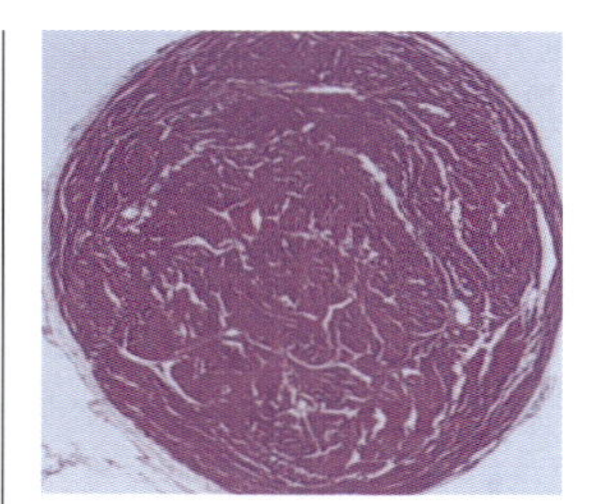

毛様神経の断面

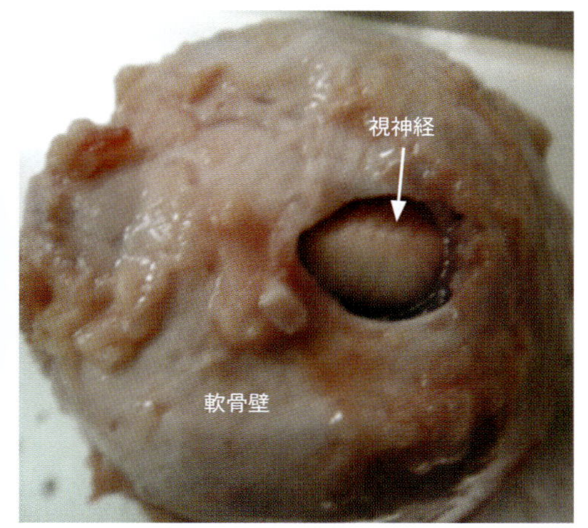

眼球は硬い軟骨膜に覆われており、眼球後極部の視神経の出口のみが開放されている。

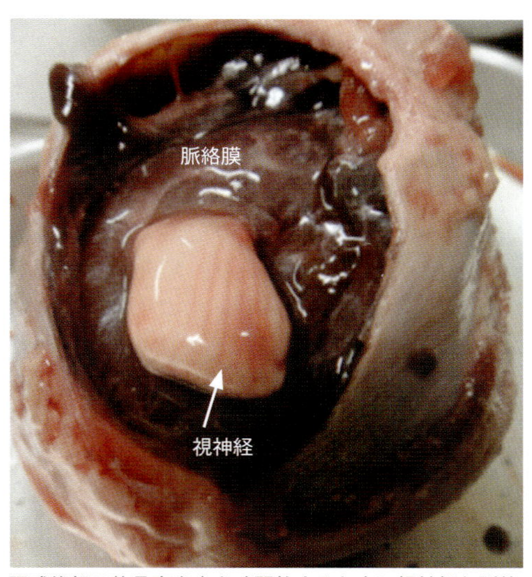

眼球後部の軟骨窓を大きく開放すると太い視神経と脈絡膜が見える。

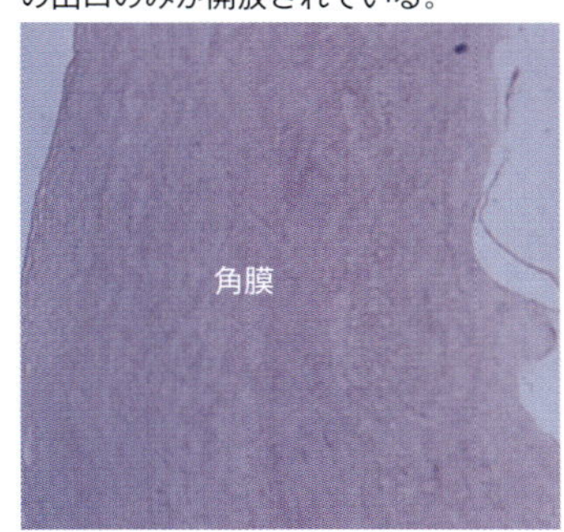

角膜は層状構造はみられず、分厚く、緻密な膠原線維で形成されている。

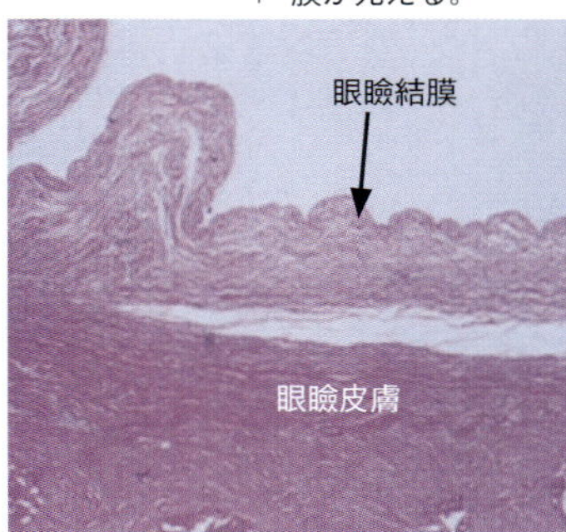

眼瞼結膜も粘膜構造は認められない。

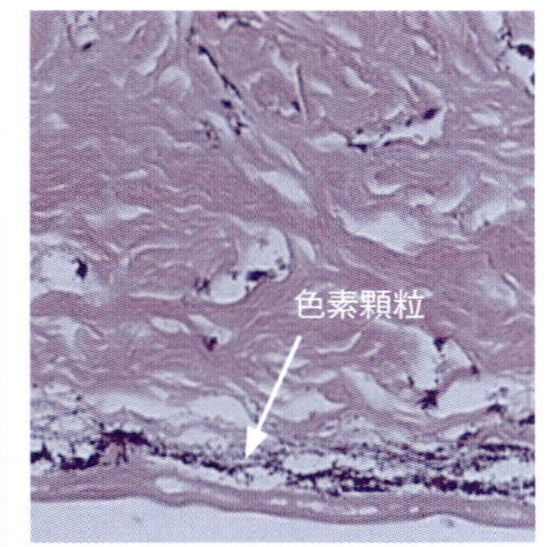

眼瞼皮膚は線維間に脂肪が取り込める空胞があり、表皮下には色素顆粒が観察される。

マグロの眼球は高い水圧にも耐えられる構造である。

マグロの眼3　随筆　マグロの眼

山梨県眼科医会報　1994年　4月号　マグロの眼に掲載

眼科医は「ヒトの眼」のみならず「動物の眼」にも関心があり、無意識のうちに、鵜の眼、鷹の眼、トンボの眼、牛の眼、カメレオンの眼、ヤツメウナギの眼などについての話題を提供し、家族や周囲の人に影響を与えているようである。過日、家内が私へのプレゼントとしてバレンタインの日にチョコレートならぬ「マグロの眼」を2個買ってきてくれた。2個で580円とのことであった。最近、「マグロの眼」は健康食品として注目を浴びているそうで、その真偽のほどは解らないが、悪玉のLDL－コレステロールが少なく、ドコサヘキサエン酸やエイコサペンタエン酸を多く含み、動脈硬化の予防に有効（？）な健康食品らしい。

その「マグロの眼」は拳大（赤道径約9 cm）で、角膜径は6 cm程度あり、瞳孔は中等度散大していた（瞳孔径約3 cm)。食用のために冷凍されており、眼底は低温白内障のために透見不能であった。そこで、毛様体扁平部を冠状に切開し、2分割にしてみた。凍結白濁している硝子体を除去すると、眼球前半割部には未熟な毛様体と水晶体がみられ、後半割部には剥離した網膜、脈絡膜、軟骨膜、強膜ならびに視神経が観察された。水晶体は予想以上に小さく、水中での角膜屈折力低下を補強するためか、一般魚類のそれと同様に球状であった。網膜には血管が乏しく、脈絡膜下に厚い軟骨が膜状にみられた。視神経の直径は1 cm弱であった。眼球前部の強膜と角膜は極めて強靭で、眼球後部の軟骨膜とともに、水圧に抗する構造に興味がもたれた。

半割された「マグロの眼」をホルマリンで固定し組織学的に検討することも考えたが、今回は健康食品として使用することにした。塩を振り、生姜と共に圧力鍋で30分煮込んでみた。驚くほど脂っぽく生臭かったが、軟骨は歯ごたえが良く、外眼筋は美味であった。脂っぽいのは眼球そのものではなく、眼窩脂肪のためであろう。生臭いのは料理法が悪いのであろう。

この「マグロの眼」を私にプレゼントした家内の意図するところは、私の「動物の眼」に対する興味に油を注ぐためか、頑固一徹になった私の脳動脈硬化を少しでも軟化させるためかは定かではない。しかし、このプレゼントは開業してこの1年、全く停止していた私の脳細胞を多少ならずとも刺激しそうになっただけでも、その有効性が示唆された。

平成6年2月14日山寺雑記

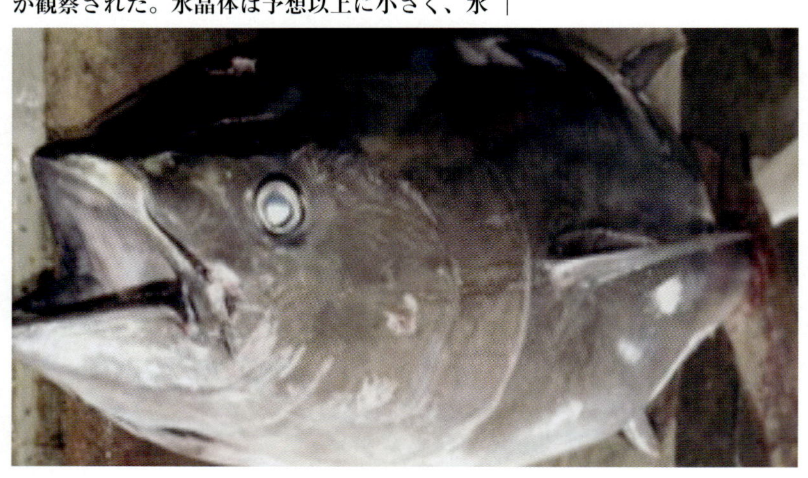

深海魚の眼１　深海魚生存の謎（１）

深海魚（Deep sea fish）は、深海に生息する魚類の総称である。一般に、水深200mより深い海域に住む魚類を深海魚と呼んでいるが、成長の過程で生息深度を変えたり、餌を求めて大きな垂直移動を行う種類もいるため、「深海魚」という用語に明確な定義は存在しない。

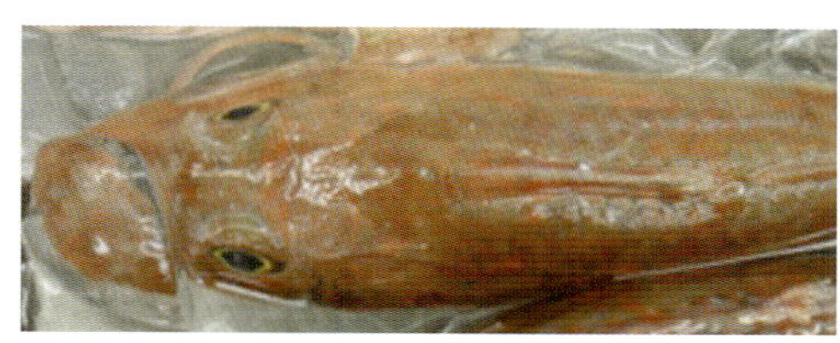

深海魚の一種のホウボウ　眼は背側にある

深海		水深（m）	水圧（気圧）	水温（℃）	光透過	一般的に魚の眼球は
中深層		200 ～ 1,000	20 以上		薄明かり以下	目は大きく管状
漸深層		1,000 ～ 3,000	100 ～ 300	2 ～ 3	暗黒	
	上部	1,000 ～ 1,500	100以上	2 ～ 3	暗黒	目は退化傾向に ホウボウの生息水深
	下部	1,500 ～ 3,000	150以上	2 ～ 3	暗黒	
深海層		3,000 ～ 6,000	300以上	2 ～ 3	暗黒	
超深海層		6,000以上	600以上	2 ～ 3	暗黒	深海魚を確認の限界

地球誕生時の大気に酸素は存在していなかったが、植物が光合成を行い、大気中に酸素が蓄積されるようになった。酸素は強い酸化毒性があり、一部の生物は淘汰され、酸素を利用したエネルギー代謝を行う生物が地球を支配するようになった。酸素を利用した代謝は細胞内のミトコンドリアによりエネルギーを得ている。しかし、地球上には、こうした好気性生物以外に嫌気性生物も存在する。例えば嫌気性菌（破傷風菌・ガス壊疽菌・ボツリヌス菌など）のように、嫌気性エネルギー代謝を行う生物も存在する。

高水圧で低水温の深海で生存する深海魚は、運動量が少なく、消費エネルギーも少量であるが、ミトコンドリア代謝以外のエネルギー代謝を利用している可能性もある。

我々の生活環境とは全く異なる深海は、我々から見れば劣悪環境であるが、深海で生まれ育った深海生物にとっては順応環境であり、むしろ、我々の環境が劣悪環境に相当する。深海魚は未知数である。

深海探査船

平成24年９月10日、日本の地球深海部探査船「ちきゅう」は青森八戸沖で、2466mの世界最深に達した。今後、深海の微生物や深海地下の資源の情報が期待される。

深海魚の眼２　深海魚生存の謎（２）

１．水中での酸素呼吸

多くの動物は、エネルギーを得るために、体内に酸素が必要である。

環境媒体から体内に酸素を取り込み、二酸化炭素を放出することを呼吸という。

酸素の取り込み方法として、

①体表からの拡散により酸素の吸収する
……単純な小型水生動物
②鰓呼吸……呼吸媒体が水分である
③肺呼吸……呼吸媒体が空気である

２．深海化学合成細菌

深海2500m（250気圧）に達する地球マグマの噴出孔近く（熱水噴出孔）で、多くの生物が生存していることが確認された。CO_2から有機物を作るためには、大きなエネルギーを必要とする。光合成では、そのエネルギーを太陽の光エネルギーに依存している。一方、光のない深海においては、化学合成で硫化水素やメタンなどを材料として、これらの化合物を酸化させた時に生じる化学エネルギーを利用する。熱水噴出孔からの無機塩類と海水が混じった部位で、硫化水素やメタンの酸化エネルギーにより細菌が増殖し、その細菌をシンカイヒバリガイ、シロウリガイ、アルビンガイ、フネカサガイ、ハオリムシ（チューブワーム）などが餌にし、さらに、それらを餌とする深海生物が食物連鎖を形成している。

すなわち、光がない深海でも有機物が生産され、深海生物の世界が大きく広がっている。

ハオリムシ（チューブワーム）

有鬚動物であるチューブワームの成長は非常に早く、直径２～３cm、体長２mにも達する。体腔のほとんどを占める大きな栄養体という器官があり、その中には硫化水素を酸化してエネルギーを産生する細菌が詰まっている。この細菌の産生した化学的エネルギーを利用してチューブワームはATPを生成する。チューブワームの血液と体腔液にはヘモグロビンが存在し、

酸素と硫化水素をバランスよく体内に運搬している。熱水噴出孔近くに住むチューブワームの成長は非常に早く時間単位で大きくなり、代謝効率の良いシステムを保有しているともいえる。深海生物の呼吸・代謝機構は、それぞれの種によっても異なると思われるが、共生や食物連鎖によって維持されていると推測する。

深海魚の網膜光感受性物質ロドプシン

水深80m付近では緑色光（520nm）を吸収するロドプシンを有する魚が多く、水深200m前後の光がほとんど達しない領域では青色光（450nm）を吸収するロドプシンをもつ魚が多くなる。

深海魚の眼３　深海の過酷条件

深海魚といっても生活圏が200m～6000mと異なり、高水圧、低水温、低酸素、希捕食生物など、ヒトから見れば過酷条件と思われるが、身体的対応がなされており、深海魚自身は過酷とは感じていないはずである。

過酷条件への身体的対応

①深海魚はエネルギー消費を抑え、あまり遊泳しない。

②深海魚の身体は高密度組織を減少させたり骨格を萎縮させて、軽量化している。

③一般的に、中深層の深海魚は浮き袋には気体ではなく脂肪やワックスが入っている。漸深層になると浮き袋は萎縮し、深海層になると浮き袋が存在しないものもいる。

④その他、深海魚は捕食方法、エネルギー貯蔵方法、保身方法など、環境適応した身体的対応がとられている。

なぜ、深海魚の眼は高圧に耐えられるのか？

①陸上にいる動物を水深1000m（水圧100気圧）の深海に入れると、肺や眼は押しつぶされ生存できない。逆に、深海の生物を陸上に上げると肺も眼も膨張し破裂する。

②眼は光を感じ、情報を得る器官である。水深1000m以上になると、可視光線は届かず、水圧も100気圧以上になる。暗黒の深海で、多くの深海魚は視覚を必要とせず、眼は退化していると考えられている。

③光の全く届かない深海にも発光生物が比較的多く生存している。退化せず、僅かな発光生物の光に鋭敏に反応する眼もある（フォトネックス）。

深海魚の眼圧

①深海魚の眼圧は深海の水圧に抗して高いわけではない。

②水圧の変化にどう対応するかが問題である。

③急激に水圧が変化すると眼組織が圧変化に対応出来ない場合もある。

④深海魚の眼は萎縮しているものや形態視があるものまで様々である。

高圧酸素療法

高圧酸素療法は、高圧酸素下で血漿中に溶解する酸素の量を増量させる目的で

①血液中にもっと酸素を増やしたい疾患……一酸化炭素中毒、潜函病、

②高濃度の酸素を血管経由で、組織に送りたい疾患……網膜中心動脈閉塞症、心筋梗塞、脳梗塞、突発性難聴、

に対して用いられる。その方法としては

1）**高圧酸素療法**：高圧酸素ボンベに入り、血液酸素分圧を高める方法。血液酸素分圧が1000mmHg前後の場合、ヘモグロビン酸素飽和度も100%に接近し、それ以上血液酸素分圧が上昇しても結合型酸素は増加しない。

2）**高気圧酸素療法**：２－３気圧の圧力環境下で高濃度の酸素を吸入する。加圧時間が10分、治療時間が60分、減圧時間が15分で、合計85分。普通に空気を吸うより、約８～10倍の酸素が血液中に含まれることになる。

最近の研究で、深海魚の多くは視覚より嗅覚が発達している、との報告がある。

カグラザメ

深海魚の眼 4　眼球でない眼

管状眼（Tubular eye）　別名：望遠鏡眼

「眼球は文字通り球状である」のが当たり前だが、球状でない管状の眼も存在する。ある深海魚（例えば Scopelarchus analis）は球状ではなく、下図のような管状の眼を有する。すなわち、“球”でないので、眼球でない眼、管状眼である。

管状眼の特徴

①管状眼には第一網膜と第二網膜があり、遠方視と近方で使い分けられている。
②また、水晶体支持組織が筋肉に連動して、水晶体を前後に移動する調節機能も有する。
③深海は光量が少ないので、光量調節のための虹彩は存在しない。
④遠方視の場合、水晶体が球状で第二網膜にほぼ接しているので、光線ロスは少ないが、視力は悪いと思われる。
⑤近方視の場合、角膜-網膜間が長いので、光線ロスもあり、視力はあまり良くないと想像する。
⑥深海は光量が少ないので、光の感度を良くするため、眼球は大きく、上方を向いている。
⑦水晶体は、ほぼ球状のため水晶体独自の調節力はない。
⑧深海魚は動きも不活発で、暗黒の世界に近いので、視覚はそれほど重要でない。
⑨深海魚の中には、光を反射させたり、自発蛍光を発して、視覚に利用するものもある。
⑩派手やかな色をした深海生物も存在することから、深海生物の中には明暗だけでなく、色も識別出来るものもいると考えられる。

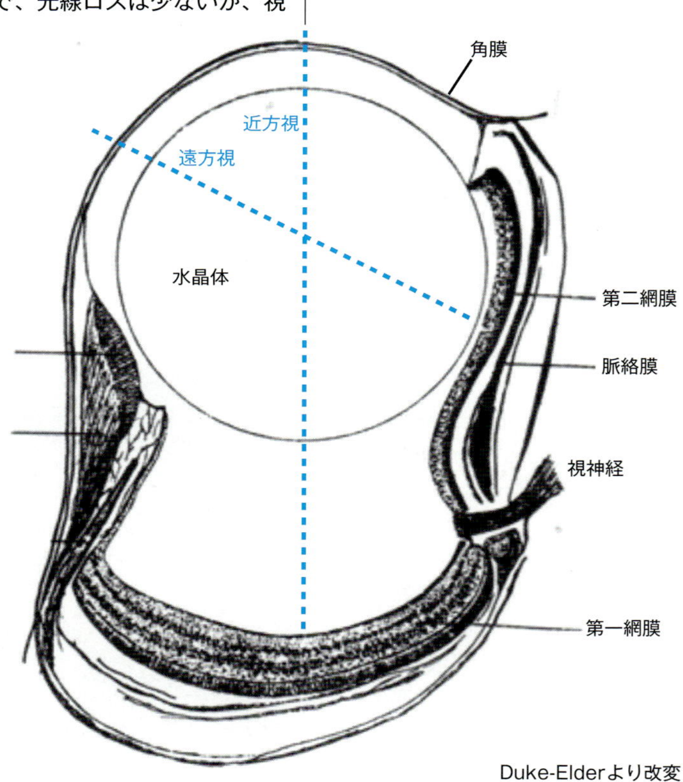

Duke-Elderより改変

ヨツメウオ（Anableps）の眼

硬骨魚綱メダカ目ヨツメウオ科に属し、中米熱帯部から南米の北岸に分布。全長30cmに達する。

ヨツメウオの眼

①目は頭部上面に位置し、水面に眼を半分出して泳ぎ、二重瞳孔である。

②角膜が帯状の皮膚組織で水平に上下二部に仕切られ、上は水面上に、下は水中に位置する。

③水面上と水中から別々に入った光は１個のレンズを通り、二部に分かれた網膜に別々に像を結ぶ。

ヨツメウオは水面に眼を半分出して泳ぐ（シュミレーション写真）。類似の眼を有するものに、ミツメウオが存在する。

④水晶体は球状でなく、第一網膜、第二網膜に集光するように変形している。

全反射

屈折率が大きい水から小さい空気に光が入るときに、入射光が境界面を通過せず、すべて反射する。一般に、水中の魚は全反射のため、空中の視野が狭い。その欠点をヨツメウオの二重瞳孔が補っている。

臨界角θｍはスネルの法則による。

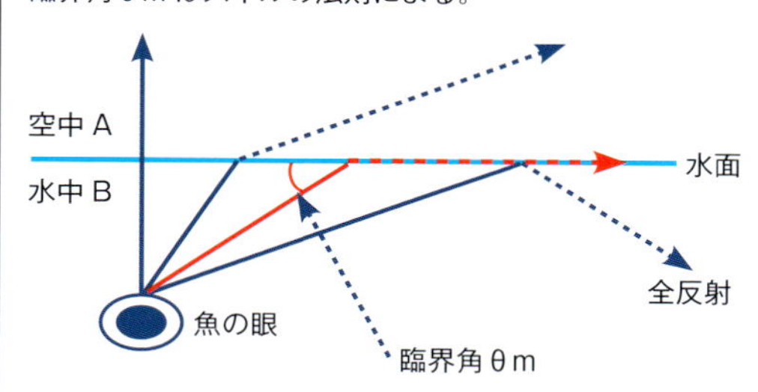

$$\sin\theta_m = \frac{\sin\theta_m}{\sin 90^\circ} = \frac{1}{n_{AB}} = \frac{n_A}{n_B}$$

n ＝屈折率

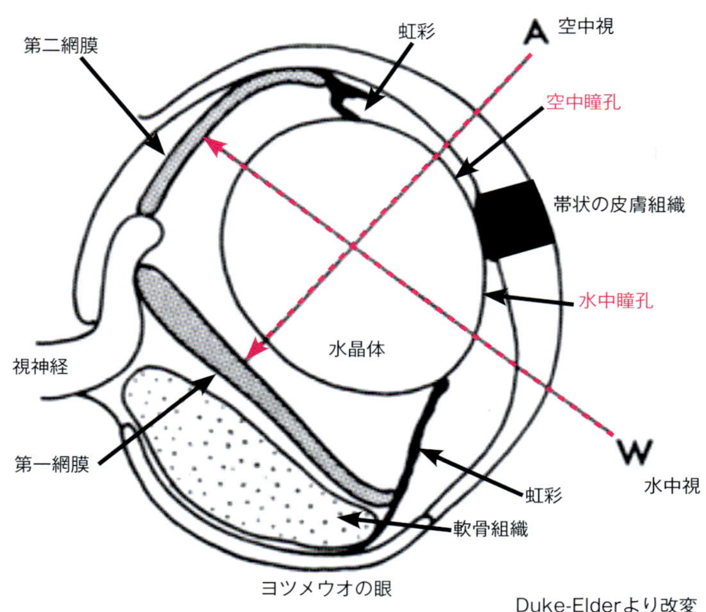

ヨツメウオの眼

Duke-Elderより改変

金魚の眼 1　出目金の眼

金魚

金魚は、フナの突然変異であるヒブナを何度も交配して作成した観賞魚である。元来、金魚は室町時代に中国から伝えられが、中国や日本で観賞用に交配が繰り返されてきた。

琉金

琉金は、江戸時代中国から琉球を経て薩摩に持ち込まれた、尾ビレの長い固体を淘汰し固定化された品種である。

出目金

出目金には、赤出目金、黒出目金、三色出目金がある。出目金は琉金の突然変異で、明治時代に琉金が突然変異で眼球突出を来したのを利用して赤出目金が作られ、その後、黒出目金、三色出目金が作られた。

出目金の眼

①出目金の稚魚は眼球突出は無い。
②成長と共に眼球突出が生じる。
③出目金の視力は良くない。
④現在の出目金は、突然変異の継代による人工的なものである。
⑤琉金の稚魚にヒトのバセドウ病血清を与えると眼球突出が起こるとの報告があるが、真意のほどは不明である。
⑥著しい眼球突出のために眼瞼は薄く萎縮している。
⑦出目金は眼球運動の制限のため、視野は狭い
⑧出目金でも、眼球突出が著しいものほど視機能は低下している。
⑨色覚は４色型とされている。

和金

琉金

赤出目金

黒出目金

三色出目金

金魚の眼 2　水泡眼

水泡眼は中国の宮廷などで支配層により飼育されてきた。新中国になり一般にも広く知られるようになった。

日本へは昭和33年に初めて輸入され、中国金魚の大量輸入時代に入り、一般に普及した。上向きの眼球と眼の下方に風船のような水泡状の大きな袋を有する。中にはリンパ液が満たされている。日本で入手できる水泡眼は背びれがないが、中国には背びれのある水泡眼があるとのことである。水泡眼は動きが緩慢で、他の金魚と同じ水槽で飼育すると餌にありつけない。水泡が破けないように配慮する必要もあり。

魚の眼はさまざま

①多くの魚は昼行性だが、ウナギ、ナマズ、ヒラメ、カレイ、コチのような夜行魚もいる。
②多くの魚は眼瞼がなく、瞳孔も動かないが、ネコザメのように眼瞼や瞳孔、瞬膜を有するものもいる。
③水圧、水温、光量、餌などの環境条件の差が大きいので、形態的にも機能的にも魚の眼は多様性に富んでいる。
④すなわち、ヒトより視力や色覚が優れている魚もいれば、ある種の洞窟魚や深海魚のように眼の退化したものもいる。

水泡眼の眼

①水泡眼の水泡は、収斂進化に伴って獲得されたものでなく、人為的に奇形を継代したものである。
②水泡は、下眼瞼・結膜・瞬膜のいずれかが起源と思われる。
③水泡内にリンパ液が入っているとすると、結膜リンパのう腫の肥大化したものかも知れない。
④水泡のため眼球は上方を向き、視野は大きく制限される。
⑤水泡眼の稚魚には水泡はなく、成長と共に水泡が大きくなる。視神経が牽引されて、視神経萎縮のため視力は良くないと推察する。

アメリカマナティの眼

アメリカマナティー（*Trichechus manatus*）は、脊索動物門哺乳綱海牛目マナティ科に分類される哺乳類である。

今、何故、アメリカマナティか？

2010年、第114回日本眼科学会総会でケンタッキー大学のAmbati氏はアメリカマナティーの角膜について講演した。

角膜の透明性

ヘビの角膜は鱗の一部（クチクラ層）であり、三葉虫の角膜は方解石であり、透明である。すなわち、眼にとって角膜は透明でなければならない。

ヒトの正常角膜は、血管やリンパ管がなく、透明性を維持している。ヒトの角膜も病気が生じると角膜に血管やリンパ管が入り込み、透明性が維持できなくなる。Ambati氏の講演要旨は以下の通りであった。

①アメリカマナティーの角膜には血管やリンパ管が存在し、加齢と共に混濁する。

②その理由は、アメリカマナティーの角膜には可溶性VEGF受容体-1が存在しないためと考えられる。

③近親動物のジュゴンには可溶性VEGF受容体-1が存在し、角膜には血管やリンパ管がなく、透明性が維持されている。

④ヒトの角膜には血管内皮細胞増殖因子(VEGF)-Aが存在するが、可溶性VEGF受容体-1が血管新生を抑制していると推測する。

血管内皮細胞増殖因子（VEGF）

VEGFはサイトカインの一種で、悪性腫瘍や加齢黄斑変性に対してVEGFに対するモノクロール抗体による治療法が脚光を浴びている。このVEGFの活性を抑える可溶性VEGF受容体の存在についてアメリカマナティの眼は示唆を与えた。今後、VEGFモノクロール抗体のみならず、可溶性VEGF受容体に対しても注目される。

サイトカイン

サイトカインとは、細胞の外傷や炎症などの刺激により、細胞から放出される種々の微量生理活性タンパク質のことで、細胞の増殖・分化・細胞死・創傷治癒などの多面的生物活性作用がある。サイトカインの種類は多く、インターロイキン、ケモカイン、インターフェロン、エリスロポエチン、VEGF、リンフォカイン、などがあり、これらは薬品として活用されているものが多い。これからの医学はサイトカインの時代と考える研究者も少なくない。

眼科における抗VEGF療法

抗VEGF療法は、ベバシズマブ（アバスチン®）、ラニビズマブ（ルセンティス®）、アフリベルセプト（アイリーア®）、ペガプタニブ（マクジェン®）などが、加齢黄斑変性、糖尿病黄斑浮腫、網膜中心静脈閉塞症、新生血管緑内障などに期待されているが、これらの薬剤は非常に高価なため、全てを保険適応にすると、保険医療の経済的破綻に繋がるため、病名により保険適応でないものもある。

アメリカマナティーの角膜には、可溶性VEGF受容体-1が存在しないため、血管やリンパ管を有し、加齢とともに角膜混濁が生じ、失明する。

可溶性VEGF受容体-1が存在しないアメリカマナティーの成獣は眼が萎縮している。視覚を失うことにより何か得るものがあるのかは不明である。むしろ、ヒトの食用に捕獲されたり、モーターボートなどと交通事故を起こして、絶滅危惧種になっている。

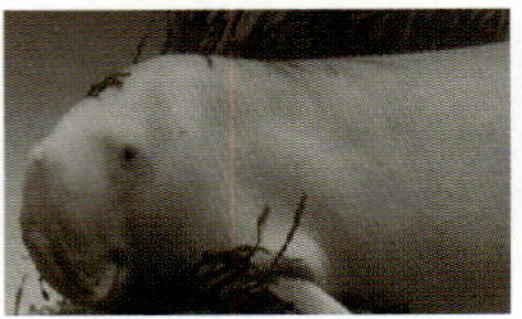
近親動物のジュゴンの角膜には可溶性VEGF受容体-1が存在し、角膜には血管やリンパ管はなく、生涯、角膜の透明性が維持されている。

魚眼レンズ（fish eye lens）

①魚眼レンズは、水中から水面上を見上げた場合、水の屈折率の関係で水上の景色が円形に見えることから命名され、魚がそのように見ているわけではない。

②一般的な魚眼レンズは対角線画角が180度だが、200度になるものもある。つまりカメラよりも後方が写る。

③最近は一眼レフに限らず、デジタルコンパクトカメラや携帯電話用の魚眼レンズも存在する。

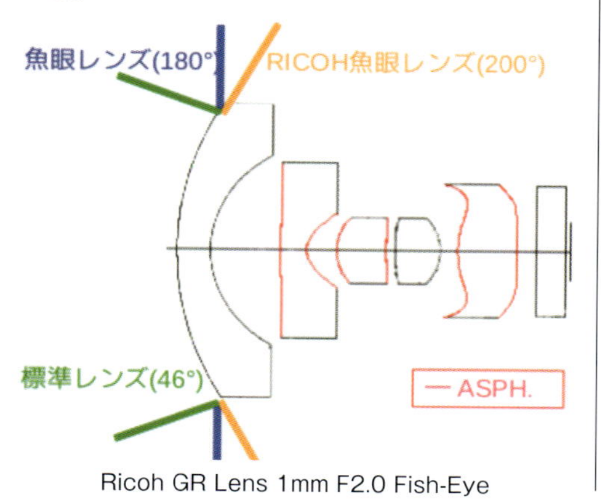

Ricoh GR Lens 1mm F2.0 Fish-Eye

左の携帯電話用魚眼レンズで撮影した鼻デカ撮影

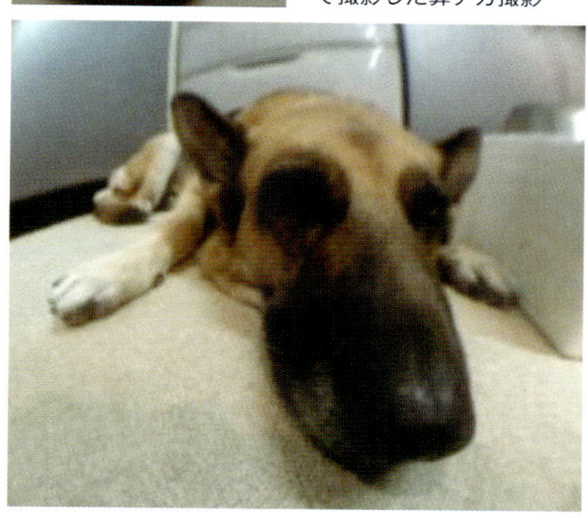

携帯電話のカメラに魚眼レンズ（×0.33 170度）を装着して、庭を撮影する。上の写真は通常撮影、右の写真は魚眼レンズによる撮影。この写真では上下左右全方向が170度画角で撮影したもの。魚眼レンズ撮影は、超広角であるが、周辺部と中心部の拡大率が異なり、周辺部に収差が表現されている。

魚眼病（fish eye disease：FED）

①魚眼病は、非常に強い老人環様角膜混濁とスリガラス様角膜混濁を特徴とし、活きのよくない魚の眼に似ていることから命名された、一種の脂質代謝異常で、眼科専門医にとっても耳慣れない病名である。

②臨床的には、低HDL、LACT活性低下、アポリポ蛋白低下などを特徴とする。

③角膜のボーマン膜ならびに実質の黄白色顆粒状沈着によるびまん性角膜混濁を来たす。

④角膜混濁は若年時より老人環様混濁（弱年環）が認められ、成人になり混濁が急速に進行する。

⑤極めて稀な常染色体劣性遺伝性疾患で、lecithin-cholesterol acyltransferase（LACT）欠損症である。

⑥家族性LACT欠損症は遺伝子解析で、LACT遺伝子の第6エクソンに一塩基置換（G→A）が同定されている。

⑦本変異により、患者LACTの293番目のメチオニンがイソロイシンに置換しているものと考えられている。

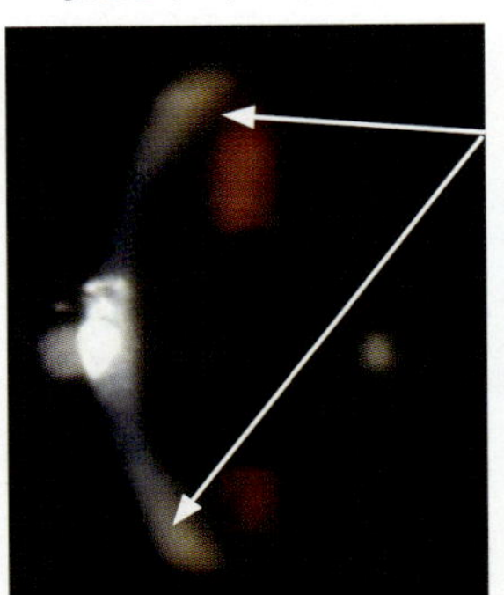

左：銅代謝異常に伴うウイルソン病（青褐色のKayser-Fleischer輪がみられる）

角膜周囲には結膜や強膜の毛細血管末端が接触するため、全身の代謝異常や薬物により、角膜周囲（輪部）に特有な沈着物を認めることが多い。

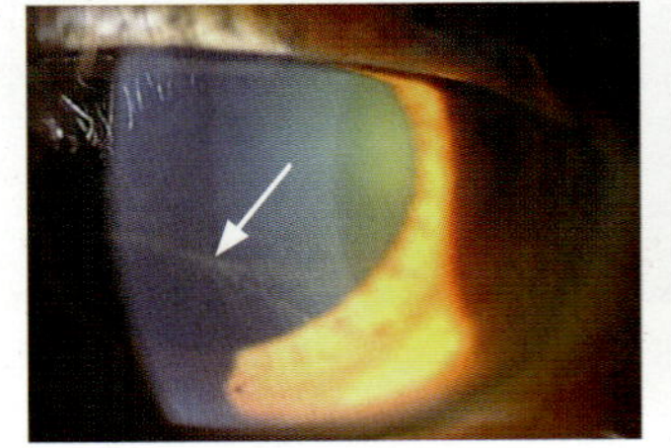

不整脈の治療薬アミオダロンによる角膜色素沈着

角膜混濁を来す全身疾患は少なくないが、最終的には角膜移植治療になるため詳細な全身検査が行なわれない場合が多い。

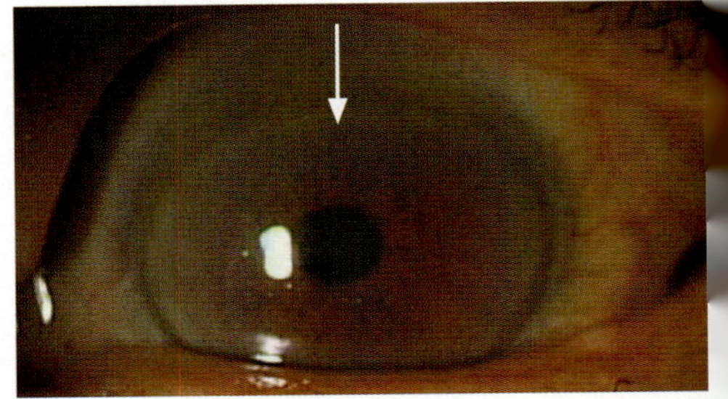

初期の老人環

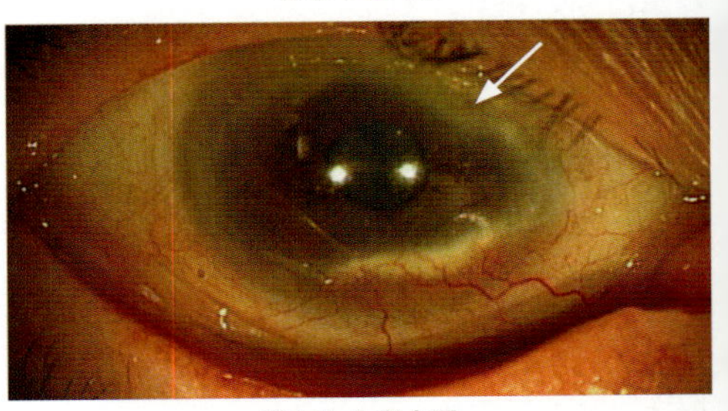

進行した老人環

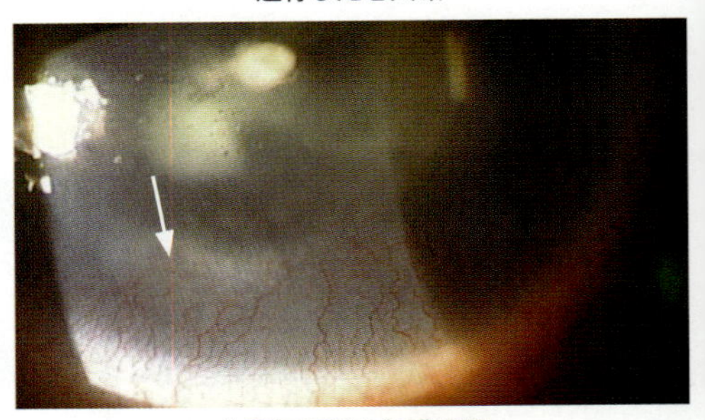

先天無虹彩の角膜混濁

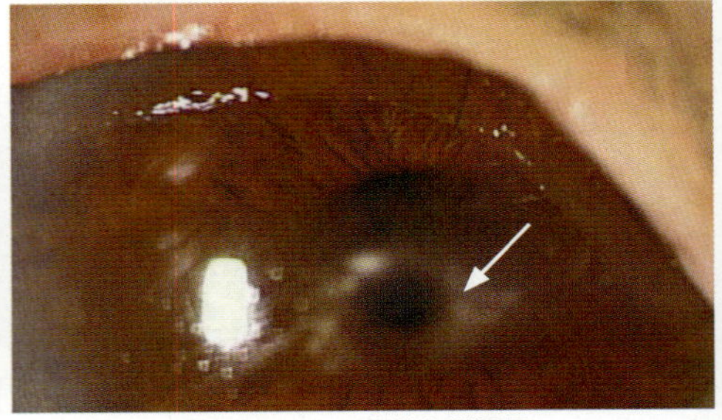

腎不全による帯状角膜混濁

ウナギの眼

ウナギの眼

①ウナギには第三の眼（頭頂眼）は存在しない。
②虹彩はグアニンにより、鏡面様に光る。
③虹彩には赤い色素の「アデニル酸シクラーゼ」を認める。
④角膜は線維状をなし、層構造をしていない。
⑤毛様体は痕跡程度で、存在しない。
⑥網膜内境界膜上には毛細血管が硝子体内に突き出している。
⑦脈絡膜は薄く、外側に軟骨膜を認める。
⑧強膜は薄く、ほぼ全域に軟骨膜が存在する。
⑨視神経は太く、強膜篩板は認められない。
⑩ウナギのぬめりの粘液分泌細胞は眼瞼にも認める。

日本ウナギの頭部

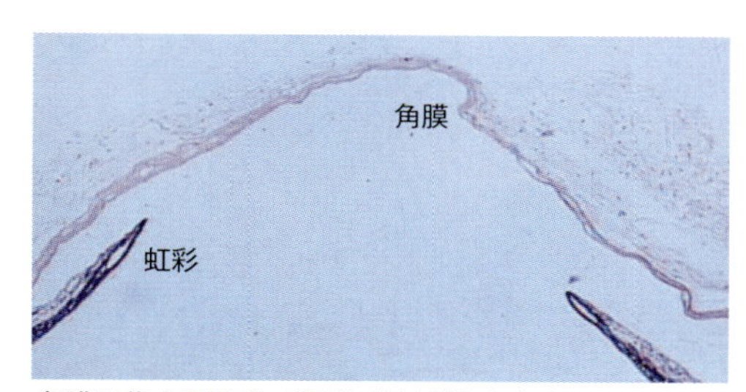

角膜は薄く貧弱で、表面に粘液が存在する。

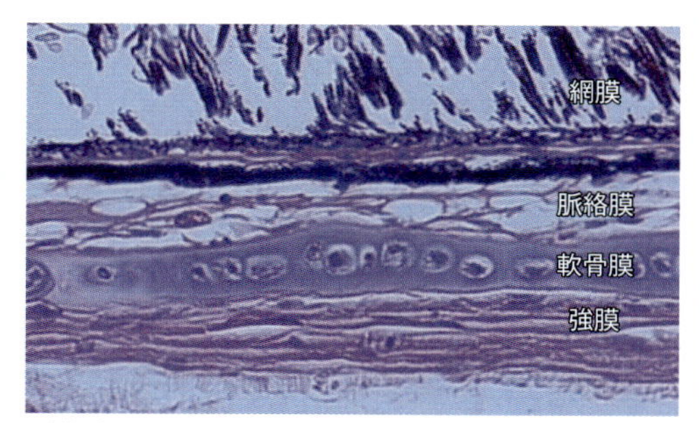

脈絡膜は部分的に痕跡程度に存在する。

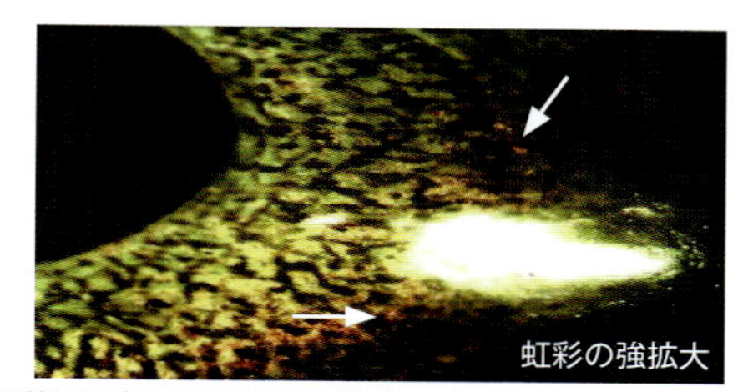

虹彩には赤い点の感光物質「アデニル酸シクラーゼ」を認める（矢印）

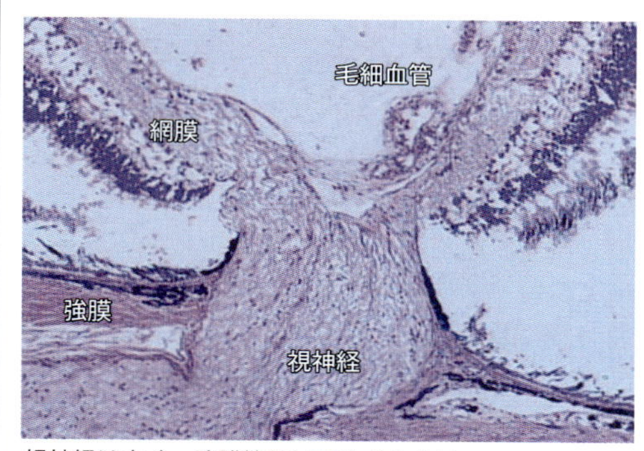

視神経は太く、強膜篩板は認められない。

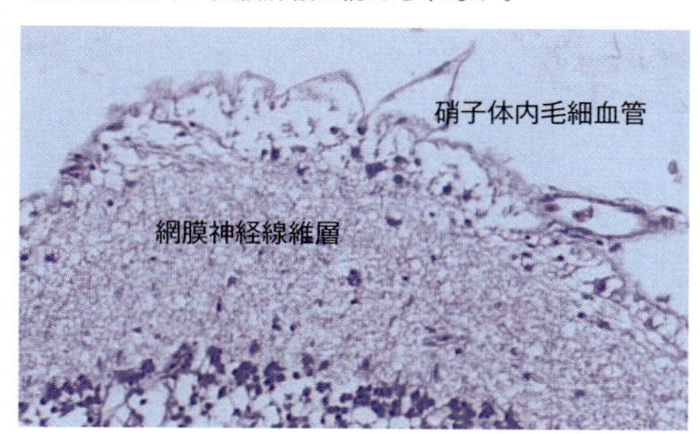

網膜血管は少なく、硝子体内毛細血管が存在する。

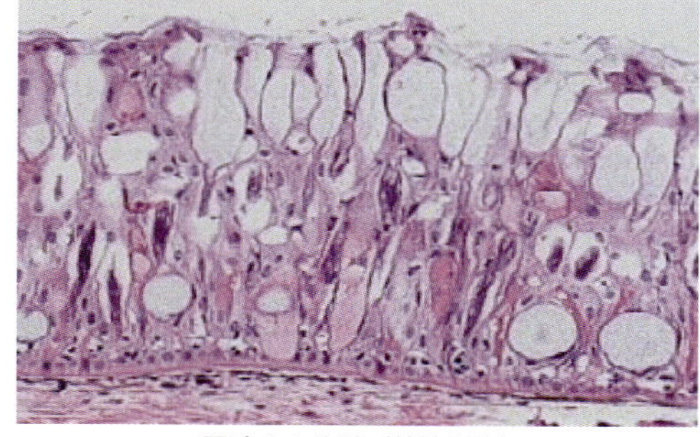

眼瞼のぬめり（粘液細胞）

クジラの眼 1

ナガスクジラ
クジラは体長に比して眼が小さい

クジラの種類

クジラは、ホッキョククジラ、シャチ、セミクジラ、マッコウクジラ、イッカク、シロナガスクジラ、ナガスクジラ、シロイルカなどと命名されているが、一般に体長４メートル前後以上の種類をクジラといい、それ以下の小形種を**イルカ**とよんでいる。その区別ははっきりしたものでなく、動物学的には両者に差はない。最大種は体長34メートルに達する。

クジラの眼

①クジラの眼瞼は瞬目が可能である。
②クジラの外眼筋は分厚い。
③水晶体は比較的小さい。
④脈絡膜下には軟骨膜があり、水圧から眼を護る。
⑤クジラには線維性タペタムがあり、短波長光の青を反射させる。
その光は光受容体のオプシンの吸収波長に一致している。
⑥強膜と視神経鞘は分厚い。
⑦クジラの視力と視野はあまり良くない。
⑧クジラの視神経は完全交叉で、片眼を開けて睡眠をとる。
⑨クジラの眼は水圧（水深）を探知している？
⑩両眼を摘出すると、水深が判らず、クジラは溺れる。
⑪クジラの耳小骨は大きく、視覚より聴覚優位である。
⑫クジラは低周波の音波を発して、エコーロケーション（反響定位）を行っている。（291頁参照）

クジラの眼軸長計測

全身と眼が同時に写っている鯨の写真はネット上でも少ない。たまたま見つけた全長4.29mのザトウクジラの子を写真計測すると眼瞼幅11.6cm眼球直径17cmであった（下写真）。

参考：鯨の眼軸長は10cmを超え、重量500ｇ以上とある。『べらどんなの兄』清水弘一著

鯨の外眼筋

「調査捕鯨」の名の下に捕獲した鯨の肉が売られている。一部の地域の人が鯨を食する「食文化？」は問題ないが、日本の人口１億2776万人（平成17年国勢調査）に鯨肉を流通させると資源が枯渇する。

画像はインターネットより

クジラの眼 2

発生学的に多くの生物は水生動物を起源とするが、その一部は陸生動物として水中の生活を捨てて陸に上がった。哺乳類のクジラは以前は陸生動物であったが、再び水生に戻ったものと考えられている。水中生活の方が重い体重を支えるには便利であり、外敵も少なく、捕食に有利であったためである。その代償として、クジラは手足を失い、水中生活に適応する体に変化した。

呼吸

クジラ類は肺呼吸をするため、必ず水面に浮上する。大形のマッコウクジラは90分間潜水でき、水深3200メートルの記録がある。ヒゲクジラの潜水時間は比較的短く、1分ないし10数分程度である。

水圧

水面が1気圧として、単純計算すれば、水深10mで水圧は2気圧、水深100mで11気圧、1000mで101気圧、3000mで301気圧に相当する。クジラは、何故90分も呼吸せず、300気圧の水圧に眼が耐えられるのか不思議である。

クジラが90分も呼吸しないでいられる理由（憶測）

①代謝機能を下げ、低酸素に適応。
②赤血球のヘモグロビンの予備能が高い。
③細胞レベルの無酸素代謝機構が備わっている。

クジラの聴覚と睡眠

クジラには耳朶や耳孔がない。音は骨伝導により認識している。クジラは右脳と左脳が交互に睡眠する。片脳が睡眠しながら泳ぐことが出来る。このような右脳と左脳を交互に休ませる睡眠は、鳥類や多くの哺乳類でも認められる。

クジラの眼

①クジラの眼は水流に耐えるため、頭部の後方に位置する。
②水圧に耐えるために、眼球は小さく、眼球周囲の脂肪組織で覆われ、眼瞼・瞬膜・角膜は頑強で、硝子体の比重が海水と同じである。
③外眼筋は発達しているが、眼球運動のためより、眼球を水圧から保護するため、と考えられる。
④海水の浸透圧に合わせ、涙の粘液濃度を変化させ、外眼角にあるハーダー腺から脂肪が分泌される。
⑤強膜と脈絡膜の間に軟骨膜があり、網膜を水圧から保護する。
⑤ブドウ膜—強膜流出路の発達で緑内障になりにくい。
⑥水深10mで太陽光は10%前後しか届かず、光の届かない深い海に棲むクジラは視覚をあまり利用していない。
⑦クジラは視覚より聴覚の方が発達しており、捕食や仲間との交信には低周波によるエコーロケーションで行っている。眼は聴覚の補佐程度で、視覚情報以外に眼で水圧を感知し、水深を判断している、と考えられている。

参考：軟骨組織と骨組織は間葉系幹細胞から分化したもの。骨組織には血管があるが、軟骨組織には血管が無い。従って、軟骨組織の方が障害時の自然治癒能力が弱い。

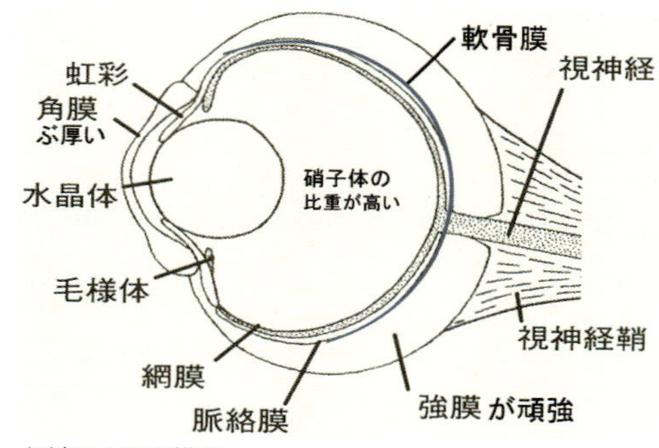

クジラの眼の模式

クジラの眼は水圧に耐えるため、眼球が体に比して小さく、角膜や強膜が頑強で、脈絡膜と強膜の間に軟骨膜を有する。硝子体は海水と同じ比重で、眼球周囲は外眼筋や脂肪組織で守られている。視機能は良くない。

（岩堀修明著「図解・感覚器の進化」を一部引用）

クジラの眼とメダカの眼

	角膜屈折力	水晶体	調節力	視力	眼球径	眼球径／体長	視覚分解能
クジラ	強くない	楕円状	大	遠方優位	10～20cm	3.96%	大
メダカ	強くない	球状	小	近方優位	1mm以下	6.6%	小

参考：ヒトの 眼球径 / 体長比は 1.4 %

クジラとメダカの眼

①メダカは体長に比して眼球径が大きい。
②クジラは体長に比して眼球径が小さい。
③メダカは近方視の構造で、遠方視力は良くはない。
④クジラは遠方視優位であるが、海の透明度に制限される。
⑤クジラもメダカも視細胞は桿体優位と予想する。
⑥クジラもメダカも音には敏感であるが、メダカはエコーロケーションを行なわない。

メダカ

メダカ

クジラの眼：室戸市吉良町「鯨博物館」の鯨模型

ウサギの眼 1　ウサギとは

ウサギは愛玩動物として可愛がられてきた一方、マウス、ラット、モルモットなどと同様に医学の発展のために実験動物として犠牲にされてきた。子どもに「ウサギとはどんな動物？」と質問すると、①猫くらいの大きさ、②体毛は白い、③耳は長い、④眼が赤い、⑤ピョンピョン跳ねる、などの答えが返ってくるが、それは必ずしも正しくない。

ウサギには多くの種類があり、白色で耳の長いウサギはアナウサギの突然変異から人間が愛玩用に継代して創ったアルビノ（白色）家兎である。ウサギの原種はノウサギやアナウサギである。ウサギの特徴は歯と肢で、歯列の門歯が上顎４本、下顎２本、小臼歯が上顎６本、下顎４本、大臼歯が上下６本の計28本を持つ。四肢は長い種が多く、素早く跳躍することに適している。前肢の指の数は５、後肢の趾の数は４で、指趾には爪が発達している。指趾の裏側は体毛で覆われている。特に、アルビノ（白色）家兎は養殖され、種としてのバラつきが少なく、体長も手ごろで扱いやすいことから、実験動物として利用されてきた。

野兎病：グラム陰性桿菌である野兎病菌による。ヒトでは潜伏期は３～５日で、突然の波状熱、頭痛、悪寒、吐き気、嘔吐、衰弱、化膿、潰瘍の発生をみる。未治療では30％の死亡率。野兎、齧歯類からの感染性が高く、敗血症により死亡することが多く、各部リンパ節の腫脹がみられる。

ウサギの眼

①体長に比して眼は大きい。成熟家兎で角膜径縦13mm、横９mm、眼軸長16mm、角膜厚0.8mmである。角膜は大きく眼球表面の25％を占める。

②ウサギは警戒心が強く、常時、眼球を突出させて視野を広くしている。そのために、眼科臨床では著しく眼球が突出している症候を「兎眼」という。

③ウサギの眼球に触れようとすると、強く閉瞼し、眼球を凹ませ（眼球陥凹）、内側から大きな瞬膜が出て角膜を守る。

④ウサギの眼窩骨は外側に骨がなく、眼球を陥凹させて眼を後ろに逃げやすくなっている（開放性眼窩）。

⑤体長に比して角膜径は大きい。水晶体は球状に近く、硝子体腔の１/３前方を占める。水晶体による調節力は弱い。

⑥ウサギの房水はブドウ膜強膜流出路からの全量の約13％が排出される。

⑦眼底は視神経乳頭から左右に伸びる有髄神経線維の中を網膜細動静脈が走る。

⑧眼底に黄斑部はなく、桿体優位で、夜間や薄明薄暮時の活動に適している。

⑨視神経乳頭下方に錐体の多い「中心窩野」という光感度の良好部位がある。

⑩アルビノ（白色）家兎の虹彩や眼底は色素が無く、ピンク色を呈している。

⑪両眼視機能はなく、色覚は１色型で、動体視力は良好である。

アナウサギ

ノウサギ：眼球が突出している

ウサギの眼２　ウサギの眼はなぜ赤い

眼の赤いウサギは、白色家兎（アルビノ兎）で、人間が愛玩用に改良した動物である。ヒトは黒人、黄色人、白人に分けられるが、白色家兎イコール白人ではない。アルビノは白色家兎に限らず、白蛇や白鯨などの他、白狐、白鯉、白なまず、など先天異常として報告されている。一般に、動物の場合、色素が無いと外敵に目立ち易く、紫外線に弱いため特殊な環境下でないと生存できない。こうした、先天的に色素細胞内の色素欠損や色素の少ないものに対して、後天的に色素細胞が消失（萎縮）したり、色素が少なくなる疾患に原田病がある。

白人とアルビノ（白子症）の違い

1）アルビノは色素細胞内の色素顆粒を合成する酵素、チロシナーゼの欠損により生じる。
2）白人は全身の色素細胞内の色素顆粒が少ないが、チロシナーゼは存在している。
3）一般にアルビノは全身に生じるが、眼だけに生じることもある（眼白子症）。

ヒトの白子症の眼

①虹彩がピンク色である
②黄斑部が判別不能（黄斑欠損）である
③弱視になる
④眼振が生じる
⑤羞明を訴える

ヒトの白子症は何故弱視か？

一般に、白子症は弱視であるが、弱視の生じる理由は不明である。諸説として、

①黄斑部視細胞錐体の発育障害：なぜ色覚は障害されないのか？
②黄斑色素（キサントフィル）欠損による錐体機能不全説：キサントフィルの作用が不明？
③大量の光による光中毒（photo toxic）説：なぜ色覚は障害されないのか？
④眼振による固視不良性弱視説：なぜ眼振が生じるのか？
⑤網膜色素上皮機能不全説：なぜ色覚は障害されないのか？

原田病（ぶどう膜炎の一種）

原田病は、自己免疫疾患で全身の色素細胞の炎症で、

①初期は感冒様症状、耳鳴り、頭痛、変視症
②虹彩毛様体炎、毛様充血、前房水混濁
③初期は多発性漿液性網膜剥離
④皮膚白斑、白髪、眼底の色素細胞委縮（夕焼け眼底）
⑤ステロイド治療が有効で、放置すると著しい視力低下を来たす。
⑥HLA検査：HLA－DR４、DR15に高率発症

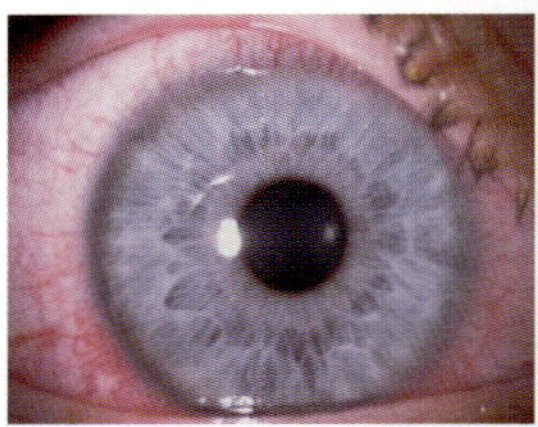

白人の虹彩（結膜炎）

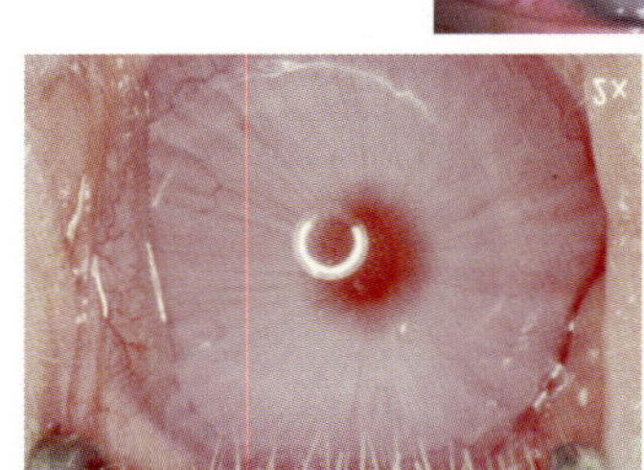

白色家兎の目

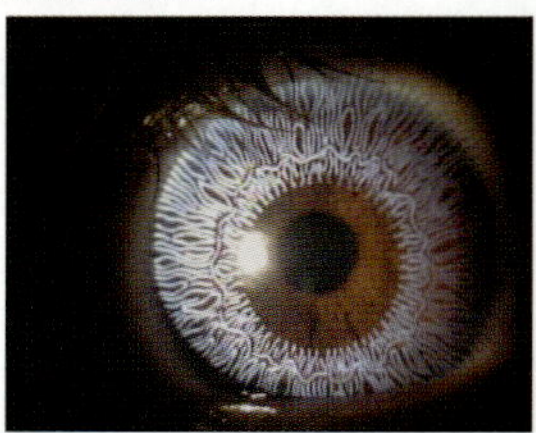

カラーコンタクト

写真◎松井孝道

ガチョウの青い虹彩

ウサギの眼3　兎眼と外眼筋

兎眼

眼瞼が眼球を完全に覆うことが出来ず、角膜が露出乾燥し、角膜に障害が生じる疾患を兎眼性角膜潰瘍あるいは、単に「兎眼」という。眼球突出や眼瞼麻痺、眼瞼欠損などでも生じる。しかし、兎の眼は飛び出していても、大きな瞬膜があり角膜障害は生じない。

眼球突出の定義

ヒトの場合、眼球が眼窩外側骨端から20mm以上突出、または左右差が3mm以上ある場合をいう。

眼球突出を来たす疾患

片眼性眼球突出

眼窩腫瘍、眼窩蜂巣炎、眼窩先端症候群、外眼筋炎、眼窩血管奇形、眼窩内出血、眼窩気腫、上額癌、粘液嚢腫、脳腫瘍、など。

両眼性の眼球突出

バセドウ病（甲状腺機能亢進症）クルーゾン病、ハンド・シューラー・クリスチャン病、など。

随意性眼球突出

理論的には、4直筋を弛緩させ、2斜筋を緊張させると自由に眼球突出が可能になる。江戸時代は随意性眼球突出が「見世物」の対象となっていた。

ウサギは眼球突出と眼球陥凹が可能

ウサギは随意に眼球を突出させたり、陥没させたりすることが可能な動物である。兎の眼は片眼に

- 4本の内・外・上・下直筋
- 2本の上・下斜筋
- 4本の眼球後引筋が存在し、計10本の外眼筋がある。（ヒトは合計6本）

しかも、外後方の眼窩骨は存在しない（開放眼窩骨）で眼球を外傷や外敵から護る構造になっている。

外眼筋……ヒトの外眼筋は片眼で6本ある

①内直筋
②外直筋
③上直筋
④下直筋
→ 4直筋は眼球を後方に引く作用

⑤下斜筋
⑥上斜筋
→ 2斜筋は眼球を前方に引きだす作用

ウサギの外眼筋は、4本の眼球後引筋（下図の赤＊印）がヒトより多くあり、片眼で10本ある。それにより眼球を突出させたり陥没させたり出来る。

外側面図

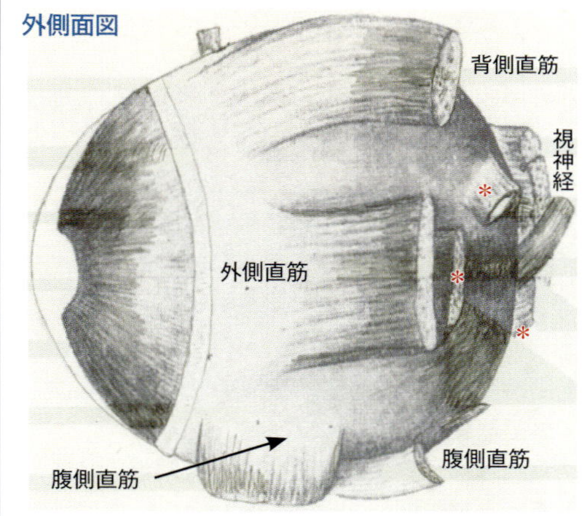

後面図

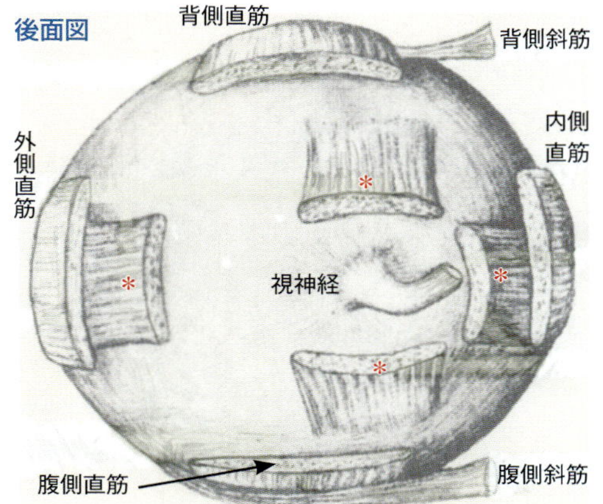

＊眼球後引筋

バーボ・シックら「兎の解剖図譜」を改変

ウサギの眼４　兎眼（甲状腺眼症）

眼球突出（兎眼）をきたす代表疾患として甲状腺腫を伴うバセドウ病が有名である。甲状腺は喉頭隆起、俗に喉仏の下に位置する内分泌器官で、甲状腺ホルモン、カルシトニンなどを分泌する。甲状腺ホルモンは全身の細胞に作用して細胞の代謝に関与する。甲状腺は脳下垂体前葉や視床下部の制御を受ける。バセドウ病は自己免疫疾患とされている。

バセドウ病の血液検査による診断

①甲状腺ホルモン量の測定
②自己抗体の検出（確定診断）
１）甲状腺刺激抗体（thyroid　stimulating 抗体：TSAb）の検出
２）甲状腺抗体ブロック抗体（TSH receptor blocking 抗体：TRBAb）の検出

バセドウ病の臨床所見

①甲状腺腫：バタフライ状甲状腺腫
②眼球突出：外側眼窩縁から17mm 以上
③ Dalrymple 徴候：眼瞼後退
④ Graefe 徴候：eye lid lag
⑤眼瞼腫脹：眼瞼浮腫
⑥外眼筋肥大：MRI にて
⑦角膜障害：乾燥性角膜障害、兎眼性角膜炎
⑧眼圧上昇：20mmHg 前後が多い
⑨複視：複数外眼筋障害が多い
⑩瞬目反射の減少：乾燥性角膜障害
⑪頻脈
⑫その他：多汗、羸痩、心悸亢進、不定愁訴

眼球突出のお面
（写真◎韓国民族村でのお面博覧会にて）

複視・眼球突出に対する治療

トリアムシノロン　40mg の上眼瞼内注射
ボトックス　2.5単位の上眼瞼に２箇所注射
ステロイド　パルス療法
減圧療法　眼窩壁開放
放射線療法　20Gy × 10日
（基本は内科的・外科的療法が優先される）
注：兎眼と言っても、ウサギはバセドウ病ではない。

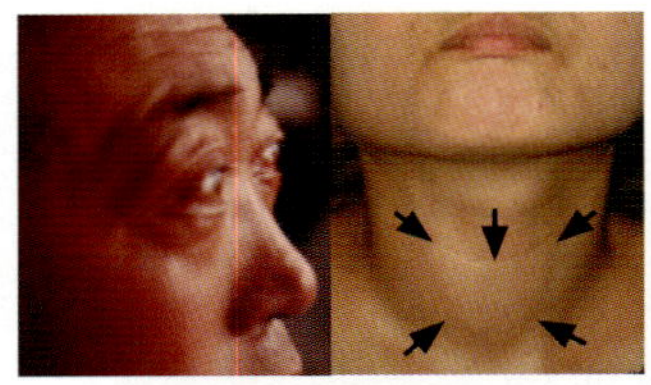

バセドウ病による眼球突出とバタフライ様の甲状腺腫（矢印）

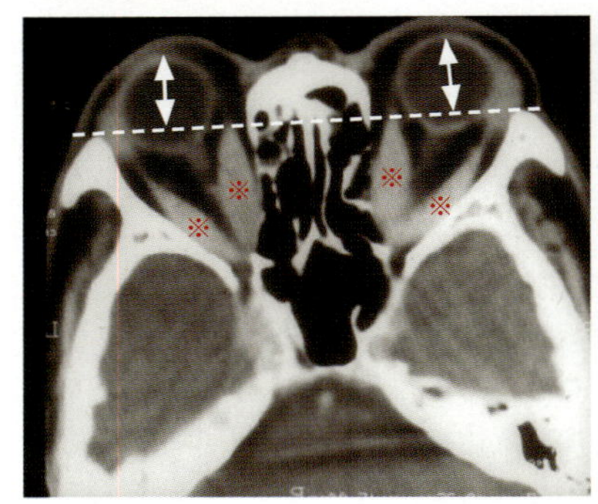

バセドウ病の CT
両外側眼窩縁（点線）から角膜頂点までの距離（両矢印）が眼球突出度を意味する。この症例は眼球が眼窩縁から８割がた飛び出している。外眼筋も肥大している（※印）。眼球突出度は17mm 以上、左右差２mm 以上とされる。

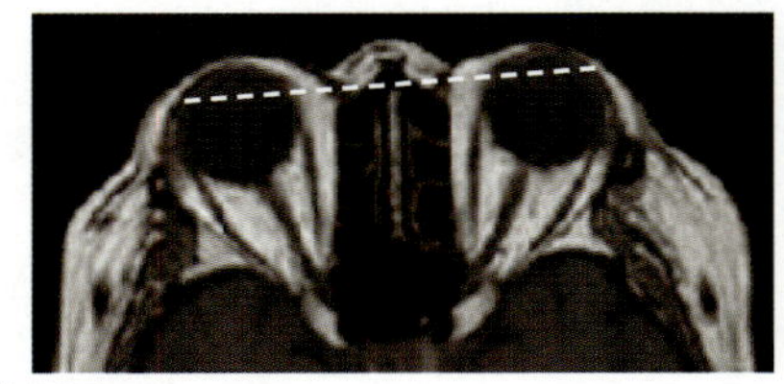

正常 MRI
外眼筋は太くない、眼球突出もみられない。MRI だと眼窩縁が不明瞭な場合もある。 正常の眼球突出度は16mm 以下、左右差も２mm 未満

羞明（眩しい）

羞明については、眼科学的にもまだ十分に原因が解明されていない症状である。眼内に入る光の量は、上眼瞼と虹彩でコントロールされている。眩しいときは、眼を細め、瞳孔が小さくなる。したがって、眩しいからといって、むやみにサングラスを用いても、サングラスの下では瞳孔が散大し、眼内に入る光量は同じである。羞明は光を異常に眩しく感じ、痛みを伴う病的状態で、その痛みは三叉神経の刺激痛である。

医学的に羞明の原因として、

1. **中間透光体の混濁**：角膜混濁、白内障、硝子体混濁、メガネの汚れ
2. **眼底疾患**：網膜色素変性症、錐体ジストロフィー、黄斑変性
3. **視神経の障害**：視神経炎、視神経萎縮
4. **眼内の炎症**：虹彩毛様体炎、ぶどう膜炎
5. **副交感神経遮断剤の内服**：精神安定剤、胃薬など
6. **瞳孔の順応不全**：普段から暗い部屋で仕事をしていたり、サングラスを常用している人
7. **虹彩の色素異常**：白子症、虹彩欠損症、虹彩委縮（原田病後など）
8. **眼内手術の既往者**：アトロピン点眼やミドリン点眼の使用者、瞳孔後癒着
9. **三叉神経終末の過敏**：トルコ鞍部の炎症や腫瘍
10. **その他**：心因性羞明

羞明に対する対策

①原因を精査し、原因の治療を行う。
②庇の長い帽子やパラソルなどを使用する。
③網膜に最も害のある波長の光をカットするサングラス（たとえばCPF）の使用する。
④乱反射を防止する目的では偏光レンズ眼鏡を用いるのも一考である。ただし、偏光レンズ眼鏡は偏光角度に対して直角の偏光光線では真っ暗になるので自動車運転には推奨できない。

NHK俳句　佳作　兼題「サングラス」

白い歯が笑いを明かすサングラス

平成20年10月号

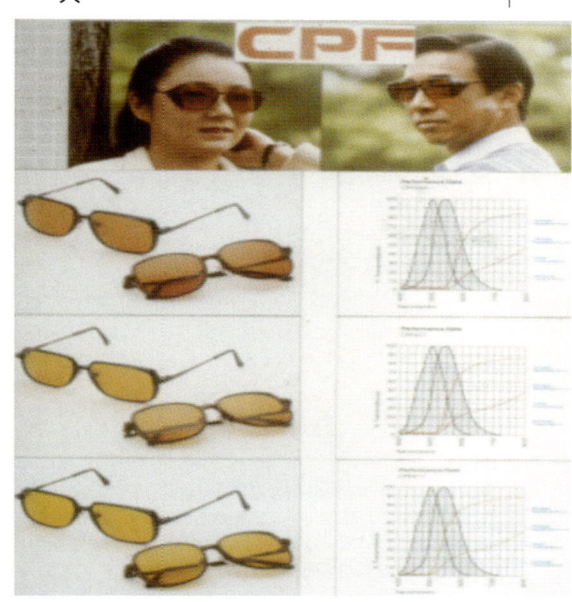

CPF：CPFレンズは網膜色素変性症進行防止を目的に開発されたが、必ずしも進行防止のエビデンスが無いので、羞明防止用レンズとして販売されている。

ウサギの眼５　自律神経

自律神経失調症（dysautonomia）

自律神経失調症とは、交感神経と副交感神経のバランスが崩れた場合に起こる病気である。日本心身医学会では「種々の自律神経系の不定愁訴を有し、しかも臨床検査では器質的病変が認められず、かつ顕著な精神障害のないもの」と定義している。めまい、冷や汗、体の一部が震える、緊張するようなところではないのに脈が速くなる、血圧が激しく上下する、立ち眩みする、耳鳴り、吐き気、頭痛、微熱、過呼吸、生理不順などの身体症状から、人間不信、情緒不安定、不安感やイライラ、抑うつ気分など自覚所見が中心で、掴みどころの無い症候である。しかし、眼科領域では自律神経障害を他覚的に捕らえやすい。

眼科と自律神経の関係

①**瞳孔括約筋**＝縮瞳させる筋で、動眼神経と副交感神経に支配されている。

②**瞳孔散大筋**＝散瞳させる筋で、交感神経支配である。

③**上眼瞼挙筋とミューラー筋**＝眼瞼を挙げる筋で、前者は動眼神経、後者は交感神経支配。

④**ホルネル症候群（Horner's　syndrome）**＝ 頚部交感神経が障害されると、縮瞳、眼瞼下垂、発汗低下、虹彩異色、血流増加、などが見られる症候。1869年、スイスの眼科医ヨハン.F. ホルネルが報告する。

⑤**アディ症候群（Adie's　syndrome）**＝左右の瞳孔異常（患側の散瞳）と共に、近方視力障害、羞明がおこる。交感神経節障害が原因。

⑥**眼心臓反射**＝心臓は脳神経の迷走神経を介して副交感神経の支配を受けている。眼球を強く刺激すると自律神経反射として除脈が生じる。眼科の検査時や手術時に緊張して突然除脈を起こし、意識消失する症例も時々みられる。

ウサギの実験

ウサギは自律神経が敏感な動物である。ウサギで瞳孔反応や血流分析の実験をする際は自律神経系の影響を無視できない。薄暗い静かな部屋で、夕方から夜にかけて空腹時に実験するのが一般的である。また、有色家兎と白色家兎の相違も配慮する必要がある。

ウサギは小心な動物である。寿命も 3 ～ 4 年で短い。実験動物として用いる場合も愛玩動物として飼う場合も充分なる配慮が必要である。

ウサギの眼6　ウサギの眼底

ウサギの眼底

①白色家兎と有色家兎の眼底構造は基本的には同じだが、白色家兎は眼底に色素がないため、眼底写真は過剰露出になりやすい。

②眼底は視神経乳頭から左右に伸びる有髄神経線維の中を網膜血管が走り、上下方向の網膜には網膜血管はなく、脈絡膜血管より栄養をうける。

③有髄神経領域に分布する網膜血管は、網膜中心動脈は乏しく、視神経乳頭縁より眼内に入る毛様網膜動脈が主体である。

④眼底には黄斑部がなく、桿体優位で、夜間や薄明薄暮時の活動に適している。

⑤視神経乳頭下方に「中心窩野」という視細胞錐体の密度が多く、光感度の良好部位がある。

⑥白色家兎の眼底は網膜を透して脈絡膜血管が見える。

⑦ウサギの眼の網膜血管は上頸神経節に由来する交感神経によって支配されている。

中心窩野

中心窩野は視細胞錐体の密度の多い部位であるが、眼底写真上では区別できない。多局所網膜電位図や網膜局所刺激による対光反応などで証明される。

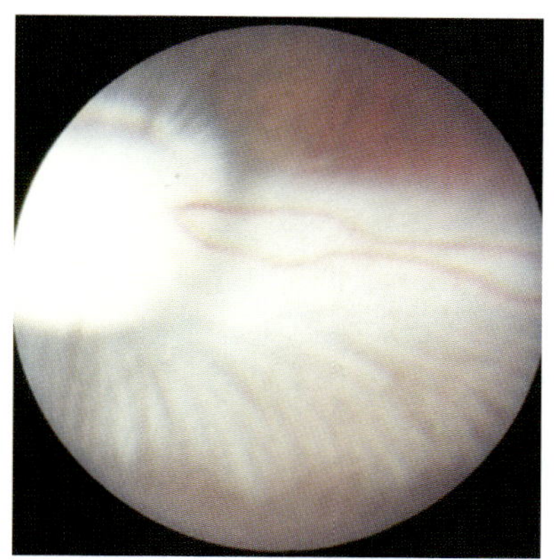
有色家兎の眼底

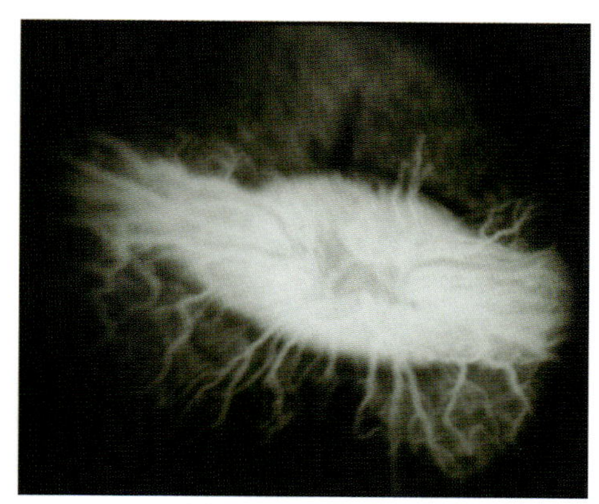
有色家兎の蛍光眼底写真

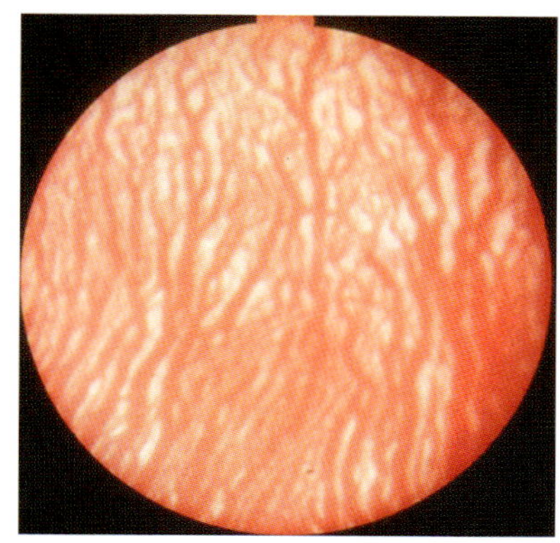
白色家兎の眼底周辺部
眼底周辺部には網膜血管は見られず、脈絡膜血管が透見されている。

写真◎松井孝道
ナキウサギ

サイの眼

サイ

サイは象に次ぐ大型の陸棲哺乳類で、最大種のシロサイは体長４m、体重2.3tに達する。その巨体に似合わず最高時速50kmで走る。頭部には１本または２本の硬い角を持つ。角の成分は骨ではなく、髪の毛や爪に近い。表面から中心部まで、皮膚の死んだ表皮細胞がケラチンで満たされてできた角質で構成されている。そのため角とは違い、折れても時間が経てば再生される。ヒトの皮膚にも同様な角質の増生が生じることがあり、皮角という。炭酸ガスレーザーで簡単に切除できる。

サイの眼

①サイの眼瞼は固いが、瞬目は出来る。
②眼軸径は3.5cm前後で、体長に比して小さい。
③視力は良くないが、夜行性で動体視力は良い。
④眼軸は身体軸から60°横向きに位置し、真正面は死角になっている。
⑤サイの角膜周囲は、血管と色素があり、羞明とグレア防止作用がある。
⑥視覚よりも鋭い嗅覚と聴覚が優位である。
⑦火に強く反応し、消す習性があるため、「森の消防士」とも呼ばれる。

サイの目

サイコロの目：多くは正六面体
サイの目：サイコロの形。料理で大根をサイの目に切る。

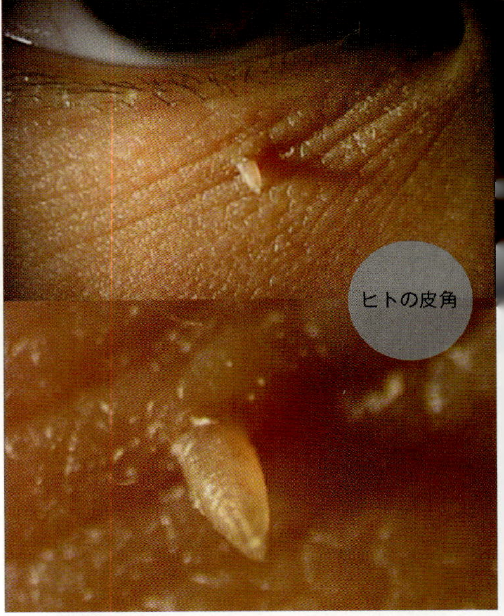

ヒトの皮角

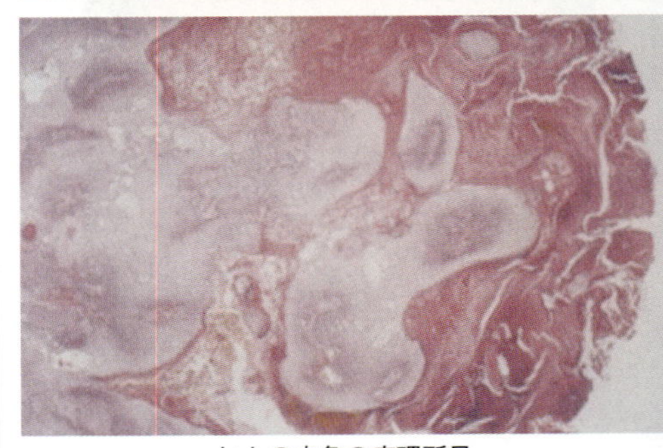

ヒトの皮角の病理所見

ゾウの眼 1　象の眼

ゾウは陸棲哺乳類では最大の動物で、体長6～7m、体重5～7tに達する。ゾウの特徴である「牙」は犬歯ではなく、第2切歯（前歯）が伸びたものである。

ゾウの眼

1）ゾウの眼が優しく見える理由

①獰猛でなく、やさしい草食動物であること。
②眼球は体格に比較して小さいく、可愛いこと。
③眼瞼は小さく、眼が目立たないこと。
④睫毛が長く、角膜が観察されにくいこと、などが考えられる。

2）ゾウの眼の特徴

①眼球径は3.5cm前後と推定される。
②水晶体はヒトに近く、調節機能も存在する。
③視力は近方より、遠方優位であるが、あまり良くない。
④網膜は血管に乏しく、脈絡膜血管より栄養を受ける（乏血管性網膜）。
⑤眼球が高い位置にあるので、遠方を広く見渡せるが、視野は広くない。
⑥視機能を嗅覚が補っている。

ゾウの鼻

①嗅神経の発達が著しい。
②鼻筋、鼻根筋、上唇鼻翼挙筋、鼻孔拡大筋、収縮筋が発達している。
③顔面神経側頭枝も発達していると思われる。
④三叉神経第2枝の感覚枝も発達している。
⑤近方は眼よりも、鼻の感覚が優位である。
⑥ゾウの鼻は筋肉流体静力学装置と言われ、舌の動く機構に類似している。

ゾウの鼻の働きは見事である

ゾウの眼瞼裂は小さく、睫毛は長い

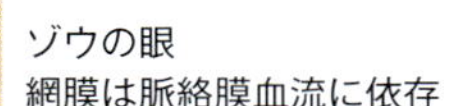

ゾウの眼
網膜は脈絡膜血流に依存

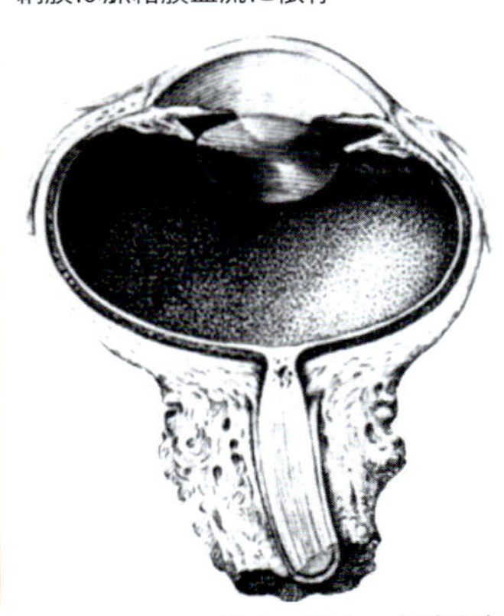

Duke-Elder より改変

ゾウの眼２　随想　象の眼

（山梨県眼科医会誌　1995年4月掲載）

学生時代、上野の博物館にオリエント美術展を見に行った際、象嵌の美しさに感動した。象嵌とは金属や木などの素材に同種の材料をはめ込む技術で、その起源はヨーロッパであるが世界中で象嵌芸術が開花している。象嵌芸術論は別として、象嵌を「象眼」とも書くのが多少気になった。象の眼がオリエント美術の象嵌のように美しいのだろうか？

そんな単純な疑問から、常々、象の眼を詳しく観察したいと思っていた。

昭和45年ごろと記憶するが、「甲府市太田町公園の象が死んだ」と正月３日の新聞に報道された。象の眼を観察する絶好のチャンスである。すぐに太田町公園に「死んだ象の眼球を頂きたい」と電話した。象のような希少動物が死んだ場合、当然解剖して標本や剥製を作成するものと思っていたが、「既に５日前に業者が埋葬し、どちらの方向に頭があるのか分からないが、ご希望なら勝手に掘って眼球を研究に用いても良い」との好意的（？）な返事であった。早速、物置から錆ついたシャベルを持ち出して、象の眼球発掘に向かった。 正月早々、5000kg近い体重の象が埋葬されている凍てついた土の山を前にして、眼球を探し出すだけの情熱はなかった。そして、二度と象の眼を観察する機会が無いまま現在に至っている。

ほんとうに象の眼は象嵌のように「美しい」のであろうか？

日常診療で眼裂が小さく、眼圧も測定できないような患者さんから「眼が小さくて済みません」と恐縮されることがよくある。そんな時「あなたの眼は小さいのではなく、象さんの眼のように可愛いのです」と慰める。このように象の眼は図体に比較して小さな眼裂なので「小さい」とか「可愛い」の代用句に用いられるが、「美しい」の意味ではない。

象の眼は地上から３ｍ以上の位置にあり、鼻先までは４ｍ近くあるので、少なくとも強度近視ではなく、眼球径10cm位と予想され、角膜曲率半径も大きく、水晶体屈折率は小さいと思われる。従って、象の眼球は決して小さくない

宇宙飛行士が始めて宇宙から地球を見て「地球は青くて美しい」と言ったように、いつの日か象の眼底を見る機会を得て、「象の眼底は象嵌のように美しい」と感動したいものである。

されば、象の眼が「美しい」の代用句になるかも知れない。

どなたかペットで象を飼っている人がおられたら、是非、眼底検査をさせて頂きたいものである。

追記：文献では、象の網膜血管は貧弱で、視神経頭周囲のみに僅かに認められる「乏血管性網膜」とされている。

マンモスの眼

マンモス（Mammoth）は長鼻目ゾウ科マンモス属に属する大型の哺乳類の総称で、現生のゾウの類縁だが、直接の祖先ではない。約400万年前から1万年前頃までの期間に生息していた。全長3.2mに達することもある巨大な牙が特徴である。絶滅したマンモスの毛からゲノム配列を解読し、近縁のアフリカゾウとの配列の違いはヒトとチンパンジーの違いの半分程度との報告がある。

ゾウとマンモスの関係

最古のゾウ類の化石は5500万年前の古第三紀始新生の初期のものとされている。ゾウは、絶滅したプリムエレファス属が直接祖先と考えられ、約700万～600万年前のアフリカにて、アフリカゾウ属とアジアゾウ属の二手に分かれ、その後、約600万～500万年前になると、アジアゾウ属は熱帯と温帯の適応種であるアジアゾウ属と、寒冷地への適応傾向の強いマンモス属とに分かれ、低・中緯度地域ではアジアゾウ属が、中・高緯度地域ではマンモス属が分散されてきた。アジアゾウ属では後世、マンモス属やアジアゾウ属の亜属であるナウマンゾウが絶滅するが、インドゾウ、セイロンゾウ、スマトラゾウ、マレーゾウといった種は現存している。

マンモスの絶滅の原因（説）

①氷河期末期の気候変動で植生の変化。
②食物不足。成獣が一日に必要な食物の量は100～300キロ。
③ヒトによる狩猟で頭数が減少する。
④伝染病による。
⑤出産率が少ない。妊娠期間は22ヶ月で、1回に1頭出産する。

マンモスの眼

①マンモスの眼はゾウの眼と類似している。
②マンモスは草食動物で、行動範囲は広く、動体視力は良好と思われる。
③遠方視力はそれほど良くはない。
④眼窩は外後方1/3が開放している。

甦るマンモスの表紙

サハ共和国のユカギルの凍土からマンモスが発見され、慈恵医大高次元医用画像工学研究所の鈴木直樹教授がロシアの研究者らと共に、最先端医用技術で画像解析をされた記録。
『1万8000年の時を経て甦るマンモス』
鈴木直樹著（ニュートンプレス）

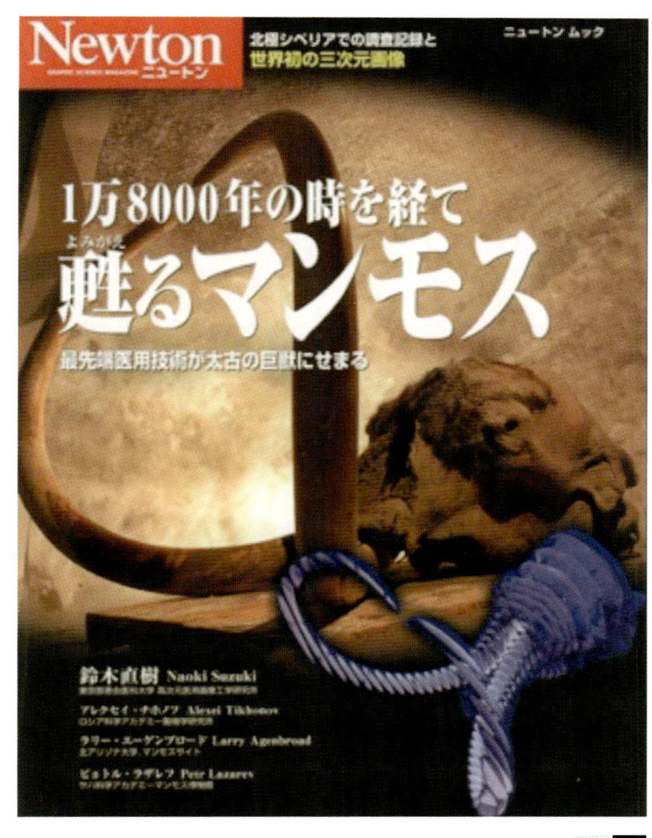

キリンの眼

鯨偶蹄目キリン科に属する。もっとも背が高い動物であり、体にくらべ際立って長い首をもつ。アフリカ中部以南のサバンナや疎林に住む。時速50キロ程度で走ることができ、キックは強烈で、ライオンを蹴り殺すことがある。長さ約40cmの長い舌でからめ取るようにして高い所にある木の葉を食べる。

キリンの血圧

①心臓から脳までの高低差は約２ｍあり、動物の中で最も高血圧である。収縮時血圧260mmHgとの報告もある。

②血圧の調整は心臓以外にも、強固な動脈壁、静脈内の弁、首の周囲筋肉などによると考えられる。

③大型動物の中では短命で、寿命30年前後とされている。

キリンの眼

①眼球径は4.1cm 前後と推定される。

②視野を広く得るために眼球突出が著しく、その眼球を保護するために上眼瞼が腫れて見える。

③視力は草原動物の特徴を備え、遠方の動体視力が良好である。

④首を動かし高いところから見ているので実行視野は極めて広い。

⑤両眼視機能はないが、首を振って遠近感を得ている。

⑥瞳孔は横楕円瞳孔である。

麒麟

1. 中国の麒麟（チーリン）は伝説上の動物で、「獣類の長」とされる。「鳥類の長」は鳳凰である。ちなみに現在中国語では実在のキリンは「長頸鹿」という。
2. 韓国と日本ではキリンのことを麒麟と漢字で表記している。
3. キリンビールの麒麟は中国の伝説上の動物と思われる。

上眼瞼が突出

Giraffe をキリンと命名する

明治39年、上野動物園が「Giraffe」という首の長い動物を購入する際、中国の珍獣「麒麟」をイメージして、「キリン」と命名し、民衆の興味をそそった。

名古屋の丸山動物園にて

頤和園の麒麟像

ウシの眼 1　牛眼（Buphthalmia）

ウシの眼の特徴

①鼻側球結膜が目立ち、大きな目を印象付ける。（ウシより大きい眼の動物は珍しくない）。上眼瞼の耳側に長い睫毛がある。瞳孔は幾分横長である。

②ウシは両眼視機能が無く、人でいえば外斜視である。（左右の交代視を行う）

③数本の網膜細動脈は視神経乳頭から眼内に入り、直角分枝を繰り返して、周辺に分布する。

④視神経乳頭は水平4.2mm、垂直2.9mmと横長で、ヒトの2.5倍程度大きい。

⑤視神経乳頭の背側に正三角形のタペタムがあり、部分的に青く光る。

⑥色覚は３色型とされている。

先天緑内障（牛眼）

胎生期における隅角の発達異常により、房水の排出機能が悪く、高眼圧（先天緑内障）となる。子どもの眼組織は軟らかいため、眼圧が高くなると角膜がウシの眼のように大きくなり、牛眼と呼ばれた。しかし、ウシそのものは緑内障ではない。新生児の角膜径に左右差がある場合は精密検査が必要である。

先天緑内障の初期症状

羞明、大角膜、角膜混濁、角膜浮腫、視神経萎縮、視力障害、眼圧上昇

新生児や乳児の角膜径に注意！

内側の球結膜が目立つ

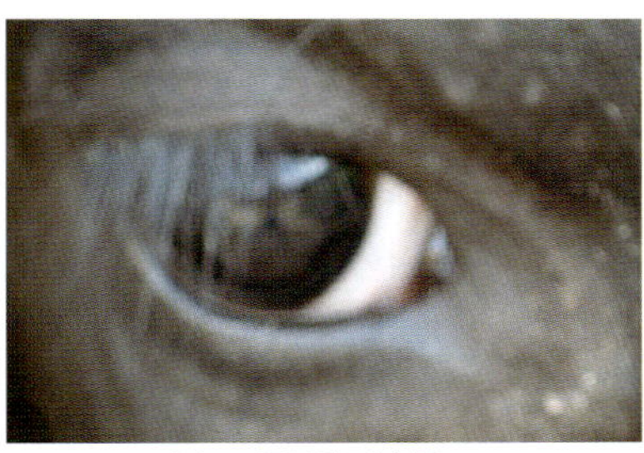

ウシの眼は睫毛が長い

シュレム管
房水分泌
眼圧
角膜
房水排出
硝子体
視神経乳頭
毛様体
前房
隅角

毛様体から分泌された房水は隅角を経て、シュレム管から眼外に排出される。分泌量＞排出量　の場合眼圧が上昇し、眼球壁の拡大と視神経障害が生じる。

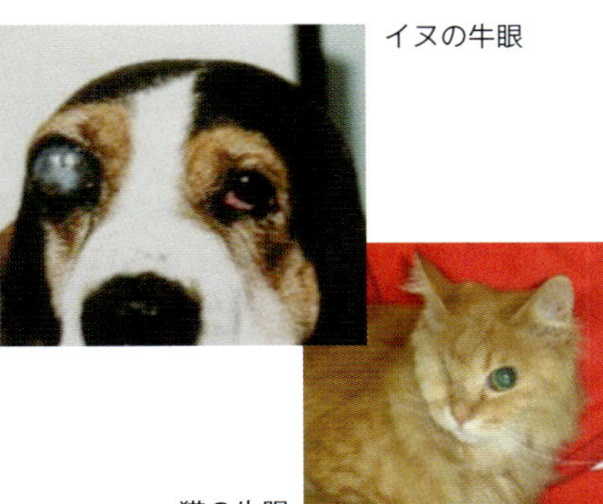

イヌの牛眼

猫の牛眼

ウシの眼２　牡牛の眼（Bull's eye）

牡牛の眼徴候（bull's eyesign）

眼底の後極に楕円形の白濁とその中心が暗い眼底所見を牡牛の眼徴候（bull's eyesign）と云って、医学生が眼底疾患を学ぶ際に重要なサインである。この所見は単なる眼底の形態的症候で、牡牛の眼とは直接関係ない。

bull's eyesign を呈する疾患として、

１）**クロロキン網膜症**：クロロキンは抗マラリア剤として開発され、その後、慢性腎炎、関節リウマチ、全身性エリテマトーデスなどの治療にも有効とされ、広く用いられてこの副作用が報告されるようになった。

２）**錐体ジストロフィー**：これは遺伝子の異状により黄斑部の錐体が変性し、羞明、視力低下、後天性色覚異常などを特徴とし、眼底に牡牛の眼徴候を示す。

３）**眼球打撲によるベルリン混濁**：眼球打撲による網膜振盪症の後極型も bull's eye を呈する。

薬害

ヒトは健康で幸せな生活をするために、多くの疾患を克服してきた。疾患の克服のために開発された薬剤が、想定外の健康被害を及ぼす「薬害」は後を絶たない。眼科では、クロロキン網膜症が薬害の代表であるが、多かれ少なかれ、サプリメントを含め、全ての薬物には身体に毒性がある。薬害の代表例として、

①水銀（不老不死薬）→秦の始皇帝の死因
②ストレプトマイシン（抗生剤）→難聴
③サリドマイド（睡眠薬）→アザラシ肢症
④キノホルム（整腸剤）→ SMON（亜急性脊髄視神経症）眼では視神経障害をきたす
⑤グアノフラシン白斑→抗菌剤の点眼で眼瞼に白斑
⑥ステロイド・ホルモン→ステロイド剤により、白内障や緑内障が生じる
⑦ソリブジン（抗ウイルス薬）→骨髄抑制
⑧血液凝固因子製剤（血友病治療薬）→ HIV 感染
⑨フィブリノゲン製剤（血液凝固製剤）→Ｃ型肝炎
⑩小柴胡湯（感冒・胃腸障害）→インターフェロンとの併用で間質性肺炎
⑪解熱薬・抗生剤など→スティーブンス・ジョンソン症候群
⑫アスピリン→ライ症候群（小児の急性脳症、肝障害）
⑫ヒト乾燥硬膜→薬害ヤコブ病
⑬各種ワクチン→脳・脊髄炎など
⑭タミフル（抗インフルエンザ）→異常行動（？）
⑮某化粧品→皮膚白斑、
⑯アミオダロン（抗不整脈剤）→間質性肺炎、角膜色素沈着など

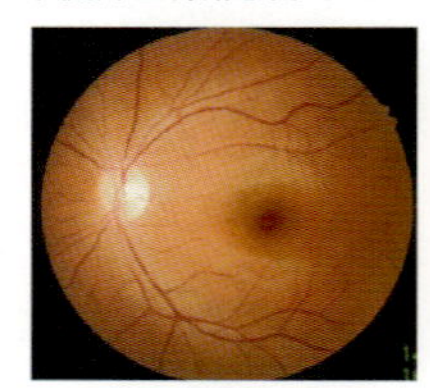

ヒトの正常状眼底

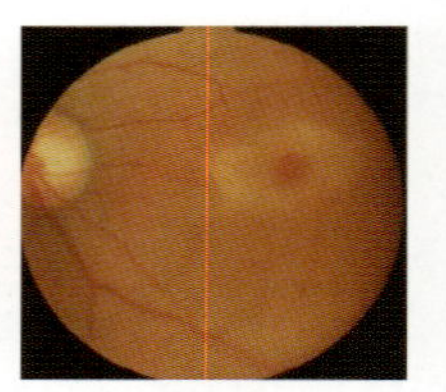

眼球打撲のベルリン混濁（外傷）

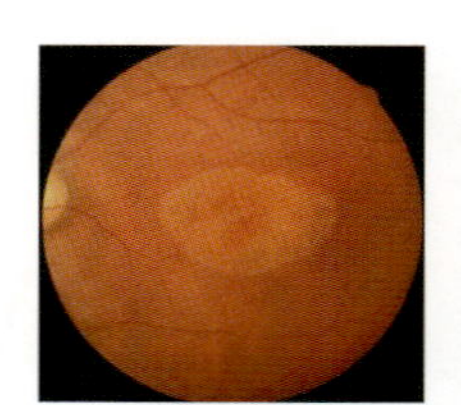

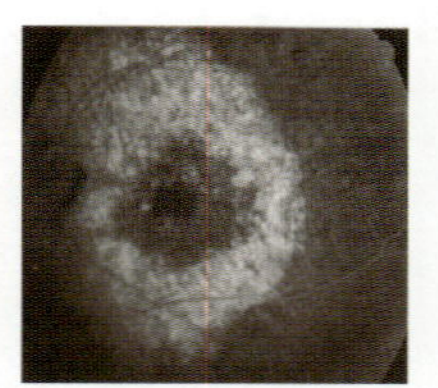

クロロキン網膜症の眼底と蛍光眼底写真（薬害）

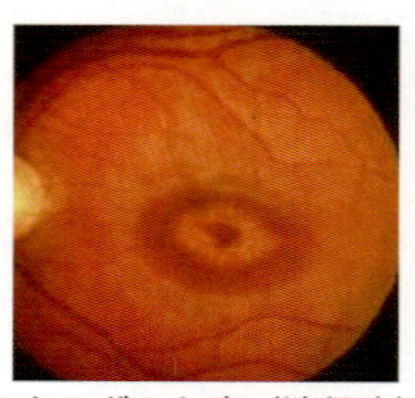

スタルガルト病（遺伝病）

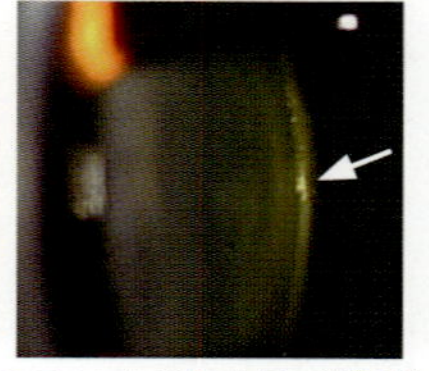

ステロイド白内障（薬害）

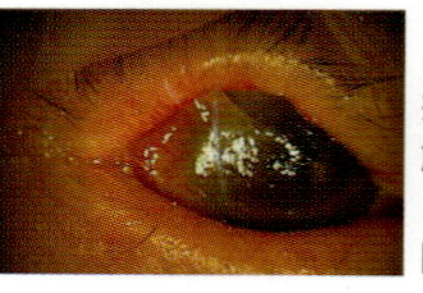

スティーブンス・ジョンソン症候群（薬害）
解熱剤等による副作用で、激しい全身の皮膚粘膜の炎症で、眼では瞼球癒着が生じる。

食文化

現在、日本は調査捕鯨問題の矢面に立たされている。日本の調査捕鯨は国際捕鯨委員会から認められているが、調査捕鯨が商業捕鯨の偽装であること、資源枯渇の問題、動物愛護の問題から批判されている。また、宗教的には、牛肉や豚肉を食することに強く抵抗する民族もある。農耕民族の日本人は狩猟民族の欧米人より食肉依存性は少ない。

文化とは

狭義には「人間の知的洗練や精神的進歩とその成果、特に芸術や文学の産物」を意味する。広義には「社会の成員が共有している行動様式や物質的側面を含めた生活様式」をさす。

（ブリタニカ国際大百科事典）

食文化

ヒトに限らずすべての生物は、古代から現在に至るまで、生存のために、子孫を残すために、飢えと闘ってきた。しかし、これは過去のものでなく、世界の各地に現在も飢えと闘っている人々が多くいるのだ。そして、将来も、資源の枯渇に伴い、この闘いは続くであろう。

我々の先祖は「僅かな食物を分かち合い、質素なものを美味しく食す」工夫や努力から、「和食」や精進料理を創造した。

これに対し、ユネスコが2013年、「和食」を無形文化遺産に指定し、「食文化」と評価した。このユネスコの評価は、裏を返せば、我々の飽食に対する警鐘でもあり、世界の飢えに注視する呼びかけでもある。

飽食は罪悪であり、文化ではない。

山里の仔牛草食む半夏生

季語「半夏生」（はんげしょう）
半夏は半夏草（烏柄杓）のことで、梅雨明け前の夏を意味する。

命あらわ牛長らへと若葉やり

肉牛として生れてきた牛の寿命は生れる前から決められている。それでも、少しでも長生きして幸せであって欲しい。

ウマの眼 1

馬の眼

①眼球は顔面の真横に位置し、軽い眼球突出もあり、前後・上下の視野は広く、両眼で尻尾領域以外の約360°の視野を有する。

②長い睫毛が耳側上眼瞼のみにみられる。

③眼窩は外側が開放型で眼球後引筋が存在する。

④両眼視機能はない。両眼を開瞼しているが、脳への視覚情報は片眼ずつ行う単眼視である。

⑤眼球径は直径が約45mm、重さは約100g程度で、前後方向に扁平で、視神経が腹側（下方）に存在する。

⑥毛様筋の発育が貧弱で、水晶体の調節力は弱い。

⑦眼球には歪みがあり、その歪みを利用して奥行き感を認識する（傾斜網膜）。角膜径も水平方向が長く楕円形である。

⑧瞳孔は多少横長である。これは前後の視野を広くし、眼球の歪みに対して上下のコントラストを有利にする。

⑨網膜に黄斑はなく、桿体優位眼で動体視力は良い。

⑩眼底に輝板（タペタム）があり、薄暗い光を増幅して見る。

⑪色覚は波長540nm前後を中心とした狭い色覚域で、黄、緑、青を識別可能であるが、赤は難しい。

競走馬の眼の条件

①ウマは視野が広いため競走馬の場合、顔を覆うブリンカー（遮眼革）を着用して、前方しか見えないようにして走らせる。

②ウマは両眼視機能が無いので、片眼が失明していても、走路が右回りか左回りかが重要で、良い方の眼を内側にして走らせれば疾走が可能である。

生き馬の眼を抜く

事をなし、利を得るのに抜け目なく素早い様をいう。(『広辞苑』)

馬の眼文様

江戸時代後期の鉄絵具による馬の眼のような大きい渦巻き模様の焼き物。大正時代に脚光を浴び、現在でも多くのコレクターに人気である

ウマは眼球の歪を利用して、遠近を見分けている。縦方向より横方向の倍率が8倍大きい。（直像鏡検査による推定）

眼球は顔面の横に位置する

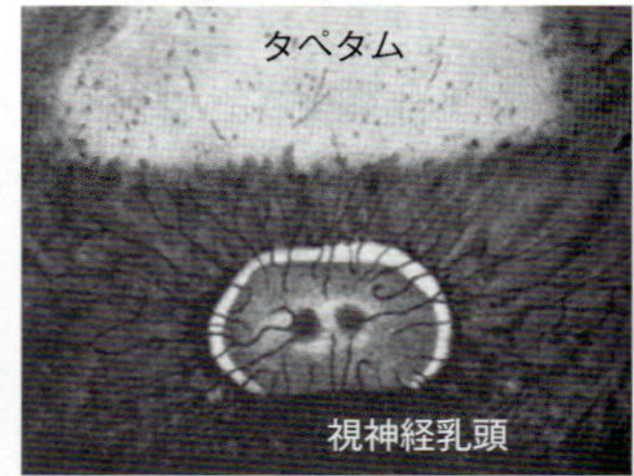

ウマの眼底は乳頭上方（背側）に輝板がみられ、視神経乳頭から多くの網膜細動静脈が視神経乳頭から1乳頭径領域に分布している。Duke-Elderより

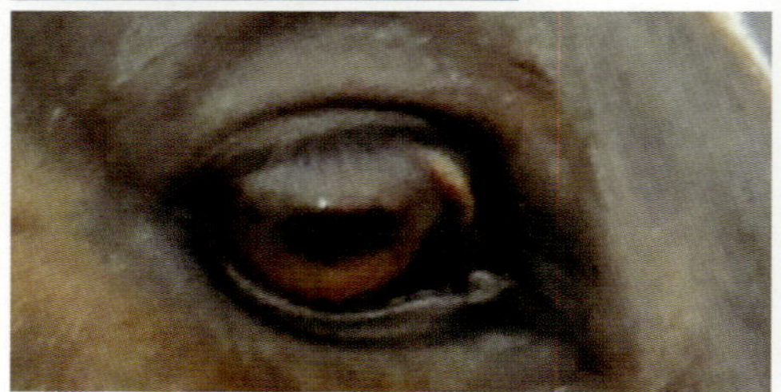

ウマの瞳孔は横楕円形で、両眼の視野は広く、ほぼ360°近くある。尻尾の領域の真後ろのみ見えないので、後ろに立つと驚いて、蹴られる場合がある。

ウマの眼 2　ヒトとウマの視野

ヒトの視野

①ヒトの眼は両眼とも顔の前面についており、両眼でカバーできる範囲は208度で、後ろ152度は見えない。

②ヒトが両眼でカバーできる124度の範囲には両眼視機能が可能な範囲でもある。すなわち、この両眼視野域は高次な視機能域である。

③ヒトの視覚は、保身や捕食のためよりも、高度な視覚情報を期待しており、視野よりも視力の質に重点が置かれている。

ウマの視野

①ウマの眼は頭部の側面に位置しているため、ほぼ360度両眼でカバー出来る。

②ウマは前方65度は両眼で見えるが、ウマには両眼視機能がないので、この前方65度の範囲以外は左右眼での交代視が行われている。

③ウマの瞳孔は横長で前後の視野を広くしている。

④ウマは草食動物で、視覚は天敵から身を守る保身のために、視力より広視野を重要とする。

ヒトの右眼

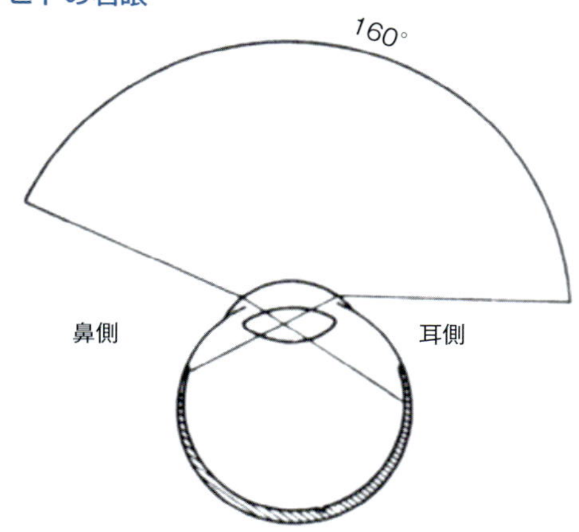

ヒトの両眼視野

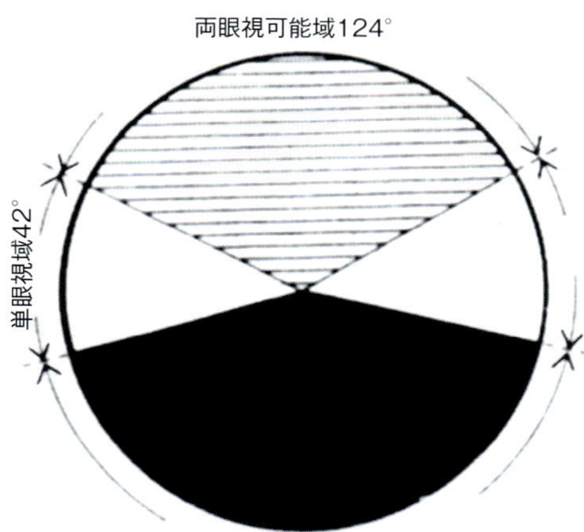

ウマの右眼

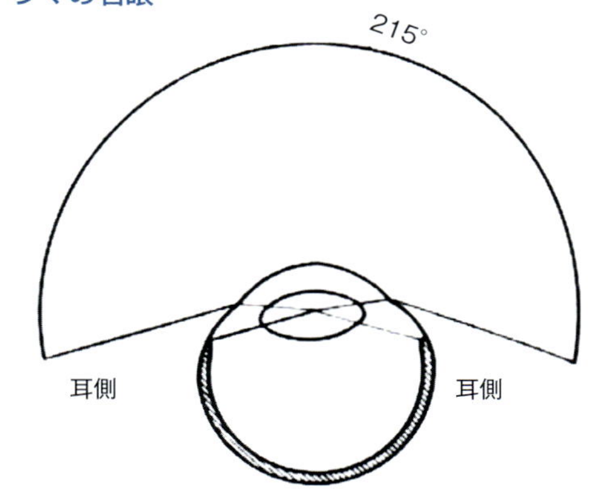

ウマの両眼視野

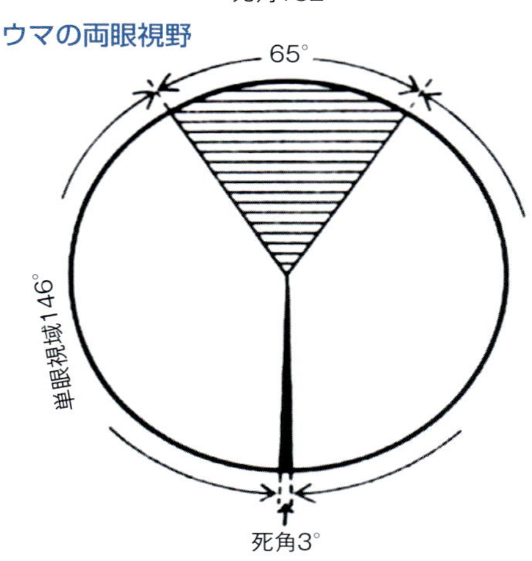

図の一部はDuke-Elderより改変

視交叉と錐体交叉について

脳神経の交叉

ヒトでは、右の脳神経が障害されると、左の麻痺（左片麻痺）が起こる。これは脳神経が脳の錐体部で左右交叉しているためである。これを**錐体交叉**という。視神経も同様に脳下垂体の部位で交叉している。これを**視交叉**という。

①視交叉

ヒトの視交叉は左右の視神経が半分だけ交叉する「半交叉」である。半交叉は両眼視機能に有用であるばかりか、脳内で片側の視神経が障害されても、障害を両眼で分担することになる（同名半盲）。半交叉の場合、眼球の内側網膜は外側から光を受け、視交叉で反対側の脳に刺激が伝えられる。外側網膜は眼球の内方から光を受け、同側の脳へ刺激が伝達される。すなわち、内側は交叉線維（図の赤矢印）、外側は非交叉線維である。視神経の半交叉は、脳内障害部位（1～12）により、特有の視野障害を示す。逆に、視野検査より視路の障害部位が判定できる。

②錐体交叉

錐体交叉は例外を除いて、全ての動物でみられるので、系統発生学的に早い時期に完成されたと考える。錐体交叉が「半交叉」だと、片麻痺が無くなると錯覚するが、視神経のような感覚器と異なり、運動器の神経支配は複雑で半交叉に利点はない。神は良く考えている。しかし例外もある。**オタマジャクシ**の錐体交叉は全交叉で、**カエル**は半交叉である。神の意とするところは不明なり。**視神経が半交叉になるには**

①成長の途中で交叉しない神経がのびてきて半交叉になる。

②神経節細胞は眼球の鼻側から発育し、耳側は遅れる。

③耳側には黄斑部（中心窩）という視力や色覚に重要な部位があり、鼻側並びに耳側周辺は視野や動体視、暗所視など動物にとっては重要な原始的機能がある。

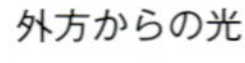

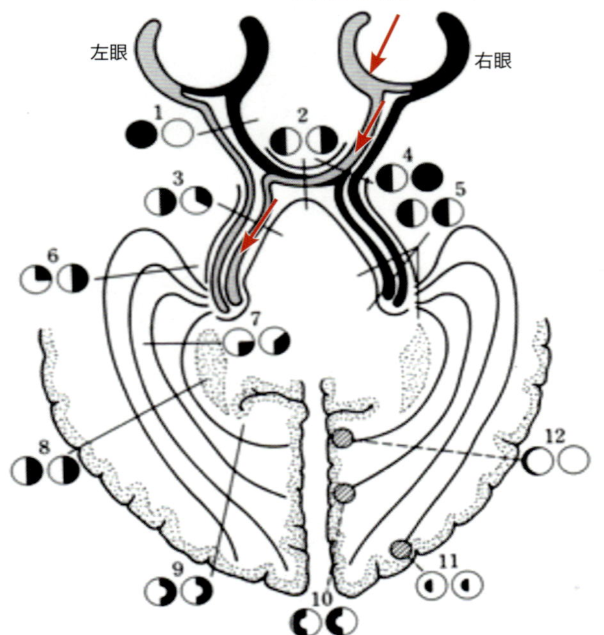

Scotch whisky の Whitehorse ラベル
ウイスキーや馬好きならずとも惚れ惚れする美しさである。
馬の視神経は視交叉で75%が交叉する。そのため瞳孔の間接反射は不明瞭である。

サルの眼１　サルの種類

サルの種類と眼

①サルは脊椎動物亜門哺乳綱の１目。霊長目とも呼ばれる。キツネザル類、オナガザル類、類人猿、ヒトによって構成され、約220種が現生する。

②サルの多くはヒトの眼に類似しているが、夜行性のサルには黄斑が無い。

③サルには両眼視機能のある種とない種がある。

④サルは眼科でも実験に多く利用されているが、研究目的によりサルの種を選ぶ必要がある。

写真◎松井孝道

ノドジロオマキザル

フクロ猿（＊）Owl monkey

オラウータン

フクロテナガザル

リス猿　Squirrel monkey

チンパンジー Pan troglodytes

日本猿　Macaca fusucata

アカゲ猿　Macaca mulatta（＊）

ゴリラ

画像の（＊）は http://ax.sakura.ne.jp/~hy4477/link/zukan/sonota/0028rhesusmonkey.htm　より

サルの眼２　アカゲザルの眼（１）

アカゲザル

アカゲザルはオナガザル科マカク属に分類される霊長類で、眼科の研究に限らず、医学の研究に大きな貢献をした。アカゲザルとニホンザルはマカク属で類似している。ニホンザルは顔と尻が赤い。アカゲザルはバナナの皮を食べないが、ニホンザルは食べる。

アカゲザルの眼

①眼底には黄斑が存在する。
②眼底には、網膜中心動脈以外に、視神経乳頭縁から眼底に入る毛様網膜動脈が多くみられる。
③二色型色覚である。（カニクイザルは三色型）

アカゲザルの実験例１　光遮断実験

生後約３ヶ月のアカゲザルに片眼または両眼に−６Dから＋12Dの球面レンズを平均120日間負荷して、遠視にした眼では脈絡膜厚は薄く、近視にした眼では厚くなり、屈折異常を補正する方向へ収斂変化する。(http://www.ganka.com/topics/000710.html)

アカゲザルの実験例２　アカゲザル相手の視線の検出

ヒトは興味のあるものに視線を向ける。逆に、視線は相手の注意の向きを知る手がかりとなる。相手の視線の向きを検出する能力がサルにあるかどうかの実験で、サルも相手の視線を感じると報告された。サルにヒトの顔写真を見せ、写真のどこを見ているのかを細かく調べた。そっぽを向いているヒトの眼と比べ自らに視線が向いているヒトの眼をより長い時間、より頻繁にサルが見ることが解った。このことはサルは自らに注意を向けているヒトに対してより注意をはらっていることを示唆する。

N. Sato and K. Nakamura：Journal of Comparative Psychology 115：115-1212001, June issue

アカゲザルの実験例３　アカゲザルの感情

側頭葉の扁桃核を損傷させたアカゲザルが社会的、情動的な障害を顕著に受けたという報告がある。

(Heinrich Klüver、Paul Bucy）→感情のコントロールセンター）

このように情動や感情を研究する場合、霊長類の利用も必要になる。

アカゲザル
http://ax.sakura.ne.jp/~hy4477/link/zukan/sonota/0028rhesusmonkey.htm　より

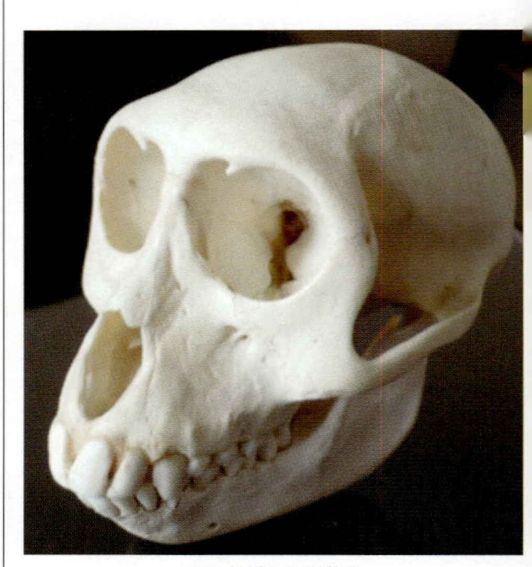

アカゲザルの頭蓋骨
眼窩は非開放型で、ヒトと同様に外眼筋に後引筋はない。眼窩に比較して脳は小さい。

サルの眼3　アカゲザルの眼（2）

網膜中心動脈閉塞症は、突然発症する眼科救急疾患の一つである。本症は動脈硬化、血液疾患、心疾患に起因する一種の網膜に生じる梗塞で視力の予後は悪い。アカゲザルを用いて本症の治療法について研究した。

実験的網膜中心動脈の切断

ステップ1

①中心動脈切断直後から、網膜血流はスラッジ現象と黄斑部の桜実紅斑を認める。

②網膜中心動脈の完全遮断で45分以上経過すると視機能の完全回復はない。

ステップ2

①切断24時間後には、黄斑部を含む眼底後極に激しい浮腫混濁を認める。

②この時期が長く続くことにより、網膜は不可逆的な障害に陥る。

ステップ3

①切断２週間後には、網膜浮腫は消失し、視神経乳頭の萎縮が見られる。

②視神経乳頭内で脈絡膜血管から網膜血管に血流が僅かであるが流入する。

③この時期には視神経ならびに網膜の障害回復は不可能である。

④しかし、網膜血流は正常時の約25％の血流が回復している。

網膜中心動脈閉塞症への対応

①網膜血流の完全遮断なら45分以内に対応を要する。

②網膜浮腫による二次的な原因で視神経や網膜の障害が進むのを阻止する。
この急性期網膜浮腫への対応が重要である。

③網膜中心動脈は終末動脈であるが、毛様動脈系から正常の25％の血流サプライの潜在能力があるので網膜の代謝を50％落す必要がある。
（網膜循環の研究より）

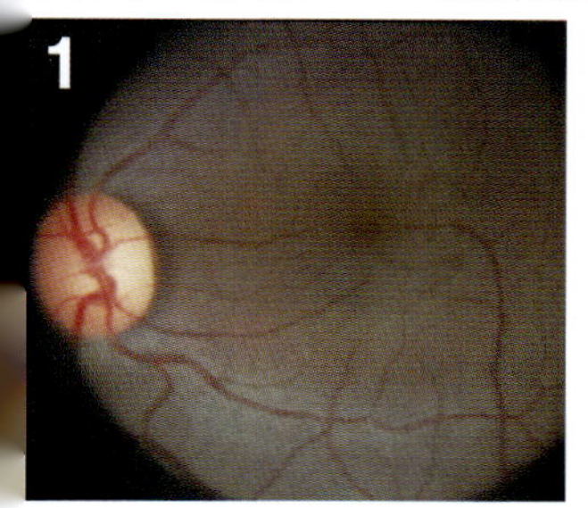

実験前の眼底

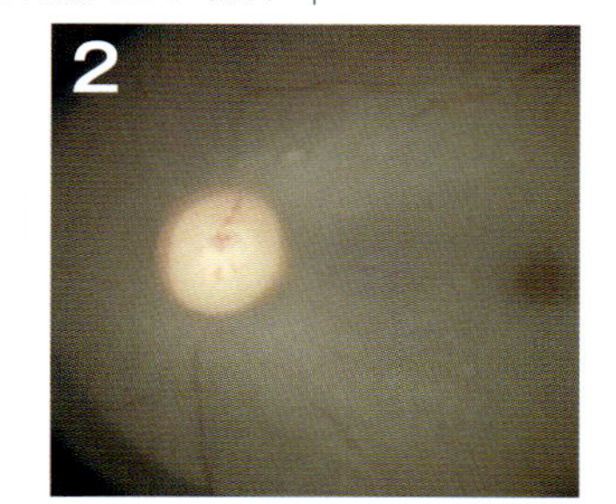

網膜中心動脈切断直後：スラッジ現象と桜実紅斑を認める

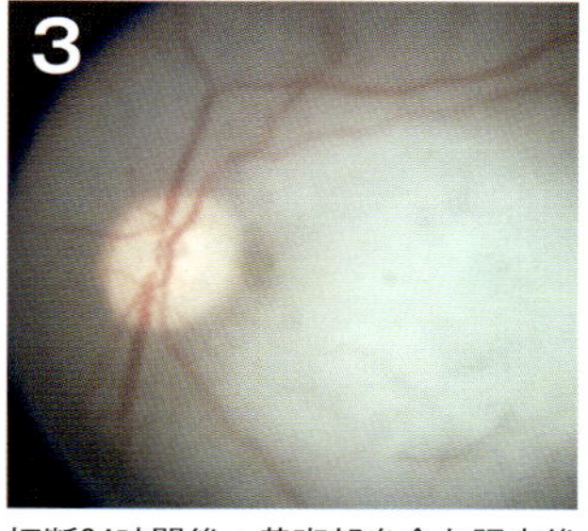

切断24時間後：黄斑部を含む眼底後極に激しい浮腫混濁を認める

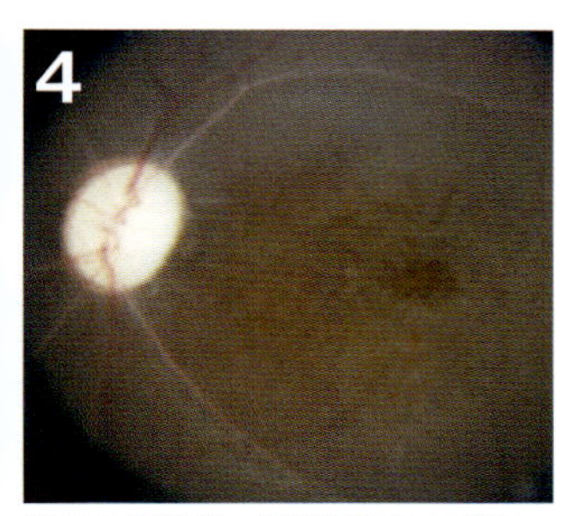

切断２週間後：視神経乳頭の萎縮、網膜血流は僅かであるが流れている

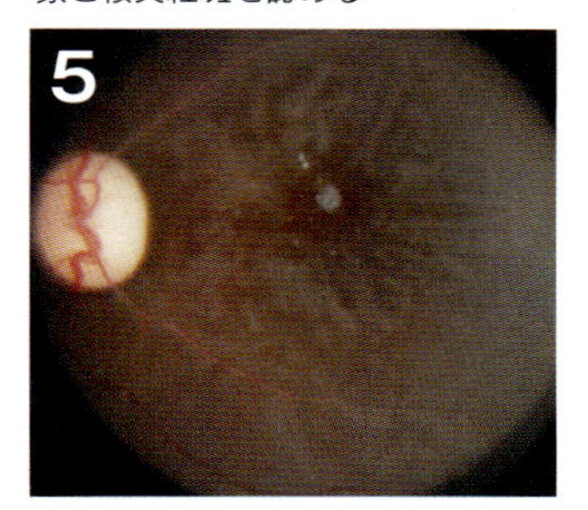

血液炭酸ガス分圧を上げる：視神経乳頭部で毛様動脈系から正常時の25％の血流を受け得る

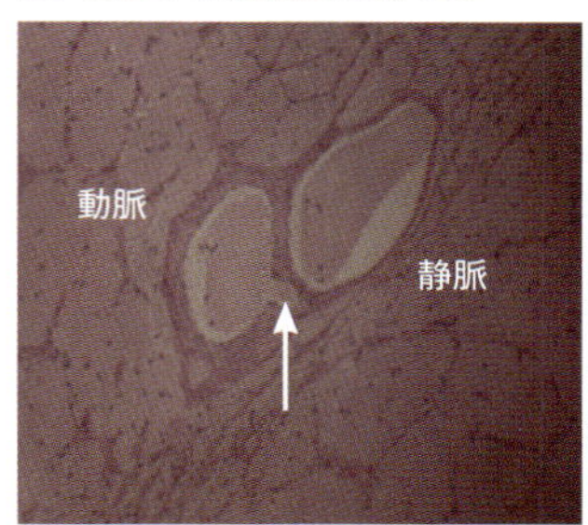

視神経内網膜中心動静脈外膜を共有、動脈分岐を認める

サルの眼４　ニホンザルの眼（ホルネル症候群）

ホルネル症候群

1869年、スイスの眼科医ホルネルによって記載された。頸部交感神経の障害により、縮瞳、眼瞼下垂、発汗低下、瞼裂狭小、虹彩異色（まれ）などが生じる。これは、頸部交感神経が分布している瞳孔散大筋、眼瞼部のミューラー筋、顔面の血管平滑筋の麻痺によって生じる。

交感神経の障害：

①**中枢性障害**：視床下部より脳幹部を下降し毛様脊髄中枢まで（第１ノイロン）の障害

②**節前性障害**：脊髄中枢から星状神経節を通り、上頸部交感神経節まで（第２ノイロン）の障害

③**節後性障害**：交感神経節から末梢器官まで（第３ノイロン）の障害

瞳孔散大筋は交感神経障害によりカテコラミンに過敏になる。そのため、微量のエピネフリン点眼により散瞳する。この過敏状態は節前障害より節後障害の方が強く表現される。

ホルネル症候群を認めたら

頸部交感神経障害の病巣部位と原因を調べる必要がある。

①頸部腫瘍
②肺尖部疾患
③頸部外傷
④鼻咽腔疾患
⑤頭蓋底疾患などの検査が必要である。

ニホンザルを用いた実験的ホルネル症候群
左眼の眼瞼下垂と縮瞳を認める

ヒトの右眼
ホルネル症候群

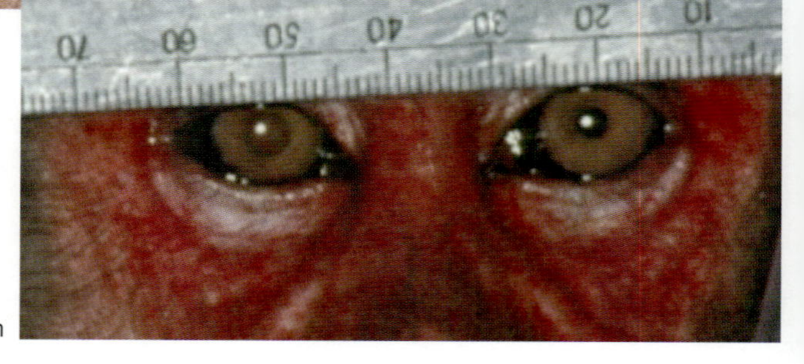

サルの左眼
瞳孔径は右５mm　左３mm

サルの眼５　リスザルの眼

リスザル

体長約30cm、尾長約41.5cm。体長がリスのように小さく、体色も似通っていることから「リスザル」と呼ばれる。中南米の森林に集団で生息し、木の実や虫、小鳥を食べる。ビタミンＤ３要求量が高いため、くる病の実験モデルとして使用される。リスザルはおとなしく、扱いやすいため、霊長類の実験動物として多くの実験に用いられている。世界で初めて宇宙旅行をした霊長類である。1958年12月に米国のジュピターに載せられて打ち上げられた。帰還時のパラシュートの不具合で生還できなかった。

リスザルの眼

①リスザルの眼底には、ニホンザルやアカゲザルと同様に黄斑部は存在する。
夜行性のフクロザルには黄斑部は存在しない。
②昼行性で視力は比較的良好である。
③色覚はメスは正常三色型、オスは赤錐体がない二色型である。
④眼底には網膜中心動脈以外に、毛様網膜動脈が多い。

動物実験

動物実験は医学の進歩のために必要不可欠な部分もある。しかし、動物愛護の立場より必要最小限にすべきであり、動物の種類、動物の飼育方法、動物の麻酔方法、実験目的、実験方法、屠殺方法、死体処理方法など研究者のマナーが問われる時代になっている。

リスザル

先天色覚異常の遺伝子治療

リスザルを用いた色覚異常の遺伝子治療

二色型のオスに赤視物質を導入したアデノ随伴ウイルスベクターを網膜下に注入し、赤視物質を獲得する

①三色型になったわけでは無い。
②神経回路の構築を経ていない。
③効果の持続性は不明である。

Mancuso K. Hauswirth WW, el al : Gene therapy for red-green color blindness in adult primates. Nature 461（7265）784-787,2009

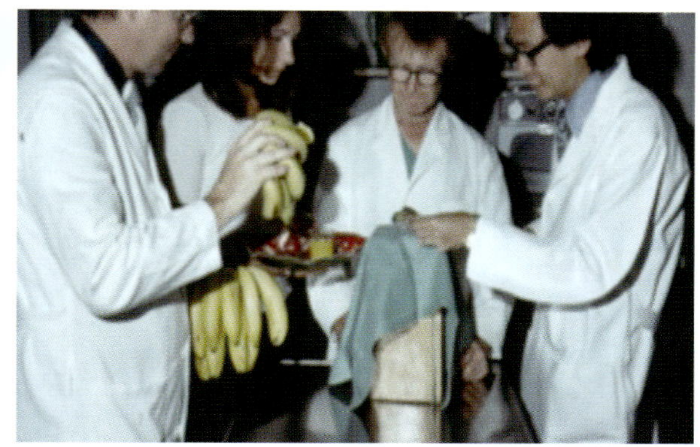

リスザルの眼底写真撮影の準備（マイアミ大にて）

台風の目と絆

台風の目は熱帯低気圧の雲の渦巻きの中心にできる空洞部分のことで、目の外側は厚い雲の壁（eyewall）になっている。目の直径は20km〜200km、高さは約14km〜16kmに及ぶものまである。一般に、目の直径が小さく、はっきりしている方が台風の勢力は強い。

2011年３月11日14時46分、東北地方太平洋沖でマグニチュード9.0の地震が発生し、多くの痛ましい犠牲者を出した。その年の暮、世相を表す漢字に「絆」が選ばれた。これは、裏を返せば、東日本大震災がヒトの薄れていた「絆」の重要性を再認識させてくれたと言える。

絆は隣近所やボランティアによるものだけではない。親子の絆、肉親間の絆が最も重要である。

台風（野分）があろうと、地震があろうと、「大丈夫？　頑張って！」のメールだけで済む便利な時代への猛省をも意味する。

「押っ取り刀で駆けつける」のは昔の話になってしまった。

多くの動物さえ絆によって種を守っている。

東日本大震災は、ヒトが忘れかけていた肉親間の絆について再認識させてくれた。

写真◎久保朗子

平成23年 台風15号による那智勝浦町の色川傷跡

何事もなきかとメール野分あと

NHK俳句　佳作　兼題「野分」

平成23年11月号

ネコの眼 1　Cat's eye

日本には約1374万頭のネコが飼育されており、その種類も多い。ネコ科・ネコ属にはイエネコ、ヤマネコ、トラ、ライオン、ジャガーも含まれる。

猫の瞳孔は縦楕円

イエネコの縦長瞳孔

ネコの眼

①イエネコの瞳孔は縦楕円で、散瞳すると正円形になる。イエネコ以外のネコ属の瞳孔は丸い。

②ネコの眼底には光反射物質グアニンを含む輝板（細胞タペタム）があるので、光に反射して光る。特に、暗所では瞳孔が大きく光りやすい。

③視神経乳頭下方（腹側）に錐体の密集する「中心窩野」が存在する。そこの錐体密度は周辺部の6～7倍と高い。

④ネコの視細胞は桿体中心で、暗所の動きには鋭敏である。

⑤ Cat's eye（白色瞳孔）は、瞳孔が光ることを意味し、小児では重要な症候である。

⑥ネコの眼窩骨は開放型で、眼球後引筋も存在する。

⑦一般にCat's eyeと言うと、宝石の猫目石、正式には金緑石（クリソベリル）のことを指す。また、英語でCat's eyeは道路の反射ガラスを意味する。

Cat's eye（白色瞳孔）を示す疾患

Cat's eyeを示す疾患として、網膜芽細胞腫（小児の胎児性がん）、網膜剥離、未熟児網膜症、第一次硝子体過形成（PHPV）、家族性滲出性硝子体網膜症（FEVR）、先天白内障、コーツ病（片眼性で男児に見られる）、ぶどう膜炎、脈絡膜骨腫、その他（眼内リンパ腫／白血病の眼内浸潤）、などがある。

特に、乳幼児のCat's eye（白色瞳孔）は胎児性がんの網膜芽細胞腫の徴候として重要である。

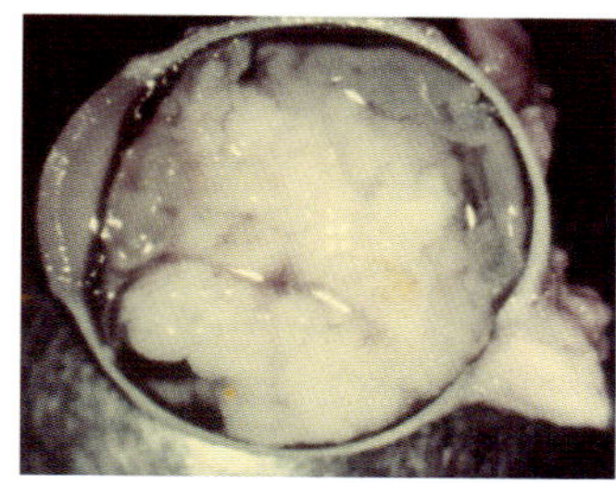
網膜芽細胞腫

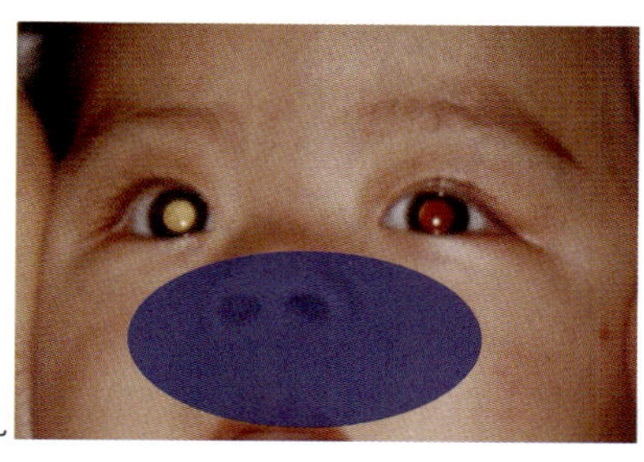
右眼の白色瞳孔

写真赤目（赤色瞳孔）の防止

赤目

暗所で散瞳しているときに、フラッシュの光が眼底に反射して明るく光る。赤目防止には

①赤目防止カメラ：二重フラッシュ

②ピロカルピンで瞳孔径を5mm以下にする（139頁参照）

③フラッシュを間接光にする

ネコの眼２　縦長瞳孔の眼

ネコの瞳孔は１日のうちでも微妙に変化する。昔の人はネコの瞳孔形状をよく観察し「六つどき（６時と18時）は丸、五つ七つ（８時と16時）は卵形、四つ八つ（10時と14時）は柿の種、九つどき（正午）は針になる」と時計代わりにしたとのことである。

瞳孔は、眼底への光量の調節や焦点深度の調節のために散瞳や縮瞳をする。瞳孔の形は動物種により様々であるが、一般的傾向として

①正円形は、昼行性または完全夜行性に見られる。霊長類、鳥類、イヌ、ブタなど。

②縦長瞳孔は、準夜行性に多い。イエネコやワニなど。

③横長瞳孔は、有蹄類、草食動物にみられる。ウマやキリンなど。

④不正形瞳孔は、魚類に多い。（魚の瞳孔は殆ど動かない）

ネコの縮瞳時

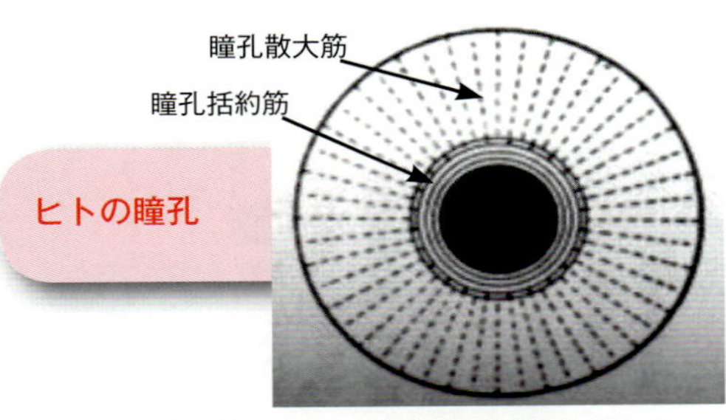

放射状に散大筋があり、瞳孔縁に括約筋がある。散大筋は交感神経支配で、括約筋は副交感神経（動眼神経）支配である。散大筋より括約筋が優位に働いているため、死亡すると散瞳する。霊長類、鳥類、イヌ、ブタにみられる。

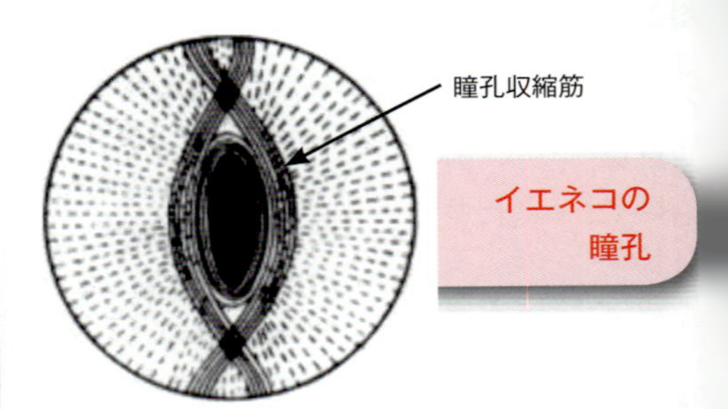

鋏の様に瞳孔収縮筋が交差する。ネコの瞳孔は暗所で正円形に散瞳しているが、明所では、縦長瞳孔になっている。ワニの瞳孔も縦長である。メガネザルは横長瞳孔である。こうしたスリット瞳孔は焦点深度と乱視には有利である。

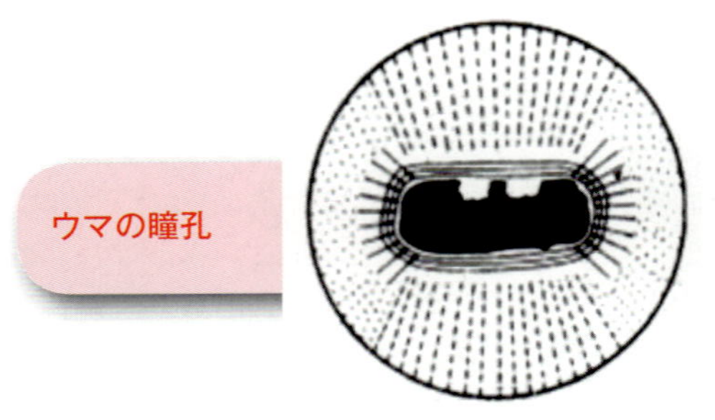

ウマで代表される有蹄類の水平瞳孔。ウマの眼は顔の横に突出しており、瞳孔も横長で、視野が前後に180°と極めて広い。散瞳するときは縦方向に広がり瞳孔は丸くなる。タコの瞳孔も横長である。

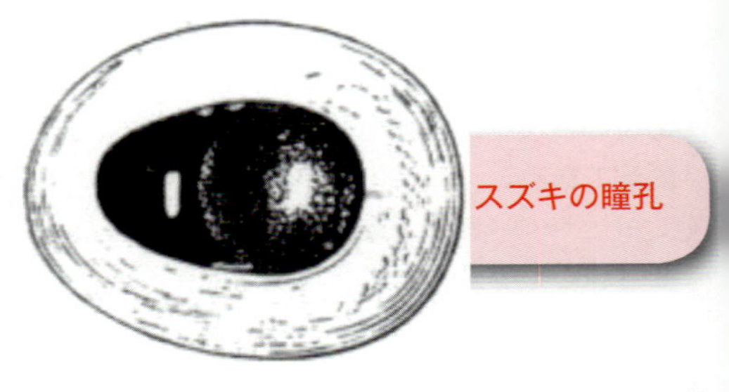

スズキの瞳孔は散瞳しているが縮瞳はしない。鏡の原理で、虹彩裏面の色素が虹彩を鏡のように光らしている。水晶体は球状であるが、水晶体の屈折に影響を受けない光路もある。調節は水晶体の前後移動による。

ネコの眼３　オッドアイ（金目銀目）虹彩異色症

ネコでは左右の虹彩の色が異なる場合が時々見られる。これを、オッドアイ（金目銀目）と言う。多くは、白猫にみられ、水色（又はブルー）と金色で、水色側の難聴を伴うこともある。これは、虹彩の色素細胞における酵素チロジナーゼの欠損によるもので、片眼性アルビノ症である。

虹彩異色を来たすもの

①**ワールデンブルグ症候群**：この片眼性アルビノ症（虹彩異色症）は人間にも見られることがある。虹彩異色、前頭部白毛、部分的白皮症、難聴、を伴うものをワールデンブルグ症候群と呼ぶ。

②**ホルネル症候群**：主として頸部交感神経の障害で、縮瞳、眼瞼下垂、発汗低下、虹彩異色、血流増加、などが見られる。

③**眼白子症**：全身の白子症は黄斑が無く、弱視になる。まれに、眼だけの白子症もありうる。また、虹彩の一部だけの場合もある。

④**虹彩萎縮**：虹彩毛様体炎や原田病のようなブドウ膜炎後に見られる。原田病（フォークト-小柳-原田病）は皮膚・眼・蝸牛の色素細胞の系統的な自己免疫疾患とされている。感冒症状、頭痛、発熱などの症状が初発する。耳鳴、眩暈などの髄膜刺激症状も出現する。発病３～７日で両眼の肉芽性ぶどう膜炎および漿液性網膜剥離による視力障害がおこる。脳脊髄液が蛋白細胞解離を認め、夕焼け様眼底、白髪、皮膚に白斑などを残す。HLA 検査でHLA-DR4、DR15が多い。

世界に通じる日本人の名前を冠とする眼科疾患

原田病：ぶどう膜炎と難聴が主症状の自己免疫疾患

小口病：染色体劣性遺伝の先天停止性夜盲

高安病：大動脈炎症候群とも云う自己免疫疾患

白人・白子症・虹彩萎縮の違い

①白人：全身の色素細胞内の色素顆粒が少ない。

②白子症：色素細胞の中に色素顆粒を作る酵素（チロジナーゼ）が欠損している。

③虹彩萎縮：色素細胞の炎症性萎縮による。

オッドアイ（金目銀目）は白猫の約20％にみられる

ヒトにみられた虹彩異色症

片眼性眼白子症や弱視、ワールデンブルグ症候群でないことを確認する必要がある。ヒトの虹彩異色症は珍しいために、興味本位で見られがちだが、個性として、尊重すべきである。

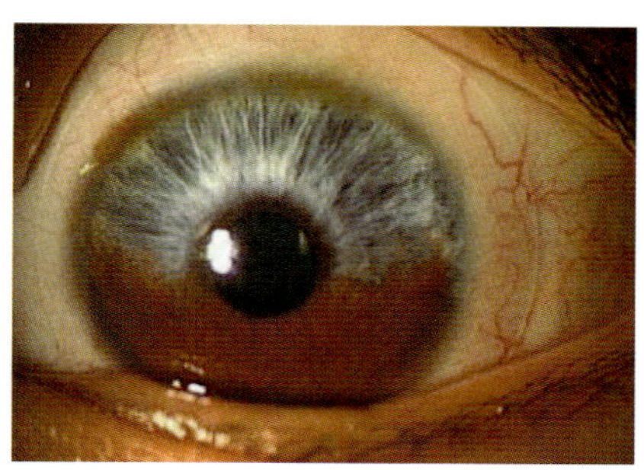

ヒトの部分的虹彩異色

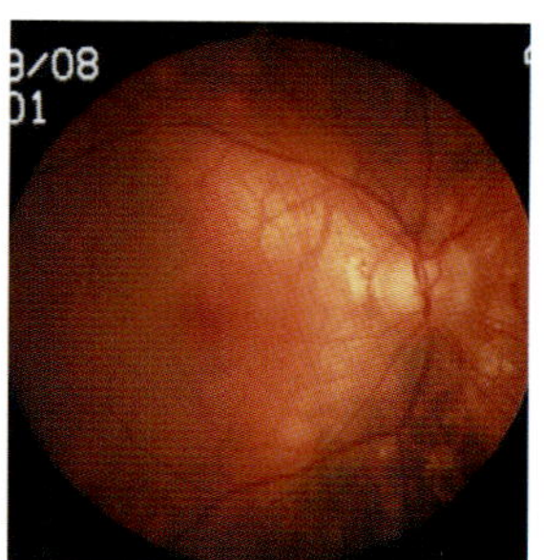

原田病の夕焼け様眼底

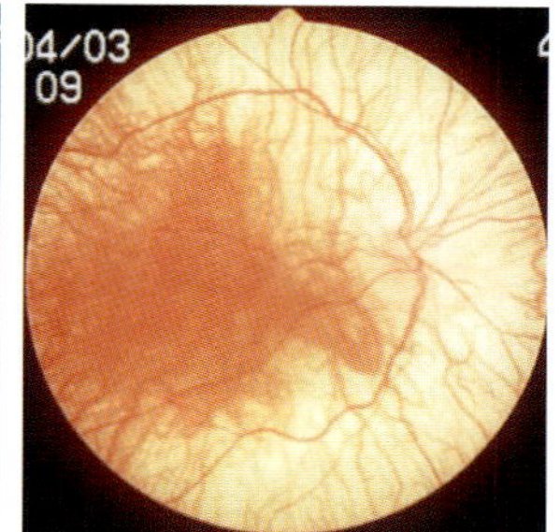

白子症の眼底

ネコの眼４　構造

ネコの眼の構造

①イエネコの瞳孔は明所で縦長だが、暗所では正円形に散大する。
②ネコの眼底には黄斑が無く、夜行性である。
③眼底の全域に輝板（タペタム）があるわけでない。
④眼底写真では、輝板のグアニンが反射して白くなり、輝板のないところは青色に撮影される。（下写真）
⑤イヌとネコの眼底を比較すると、ネコの方が輝板が多い。
⑥ネコの輝板は網膜色素上皮の内層に認められる。
⑦ネコには網膜中心動静脈はなく、視神経乳頭周囲から数本の毛様網膜動脈が網膜に血流を供給している。
⑧ヒトの網膜血管は網膜中心動脈で、まれに１から２本の毛様網膜動脈を認める場合がある。アカゲザルは網膜中心動脈が主だが、高率に毛様網膜動脈を認める。
⑨ヒトの網膜動脈は終末動脈で吻合は無いが、ネコの眼底血管には吻合が見られる。

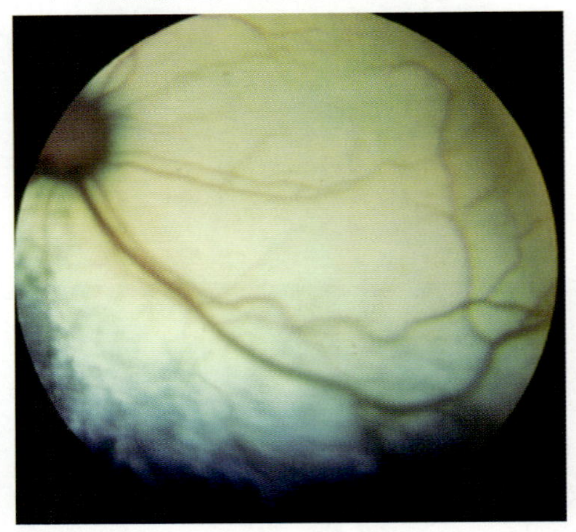

ネコの眼底写真
輝板のある背側網膜は白く反射し、輝板のない腹側網膜は青く撮影される。視神経乳頭周囲に毛様網膜動静脈が認められる。黄斑はない。

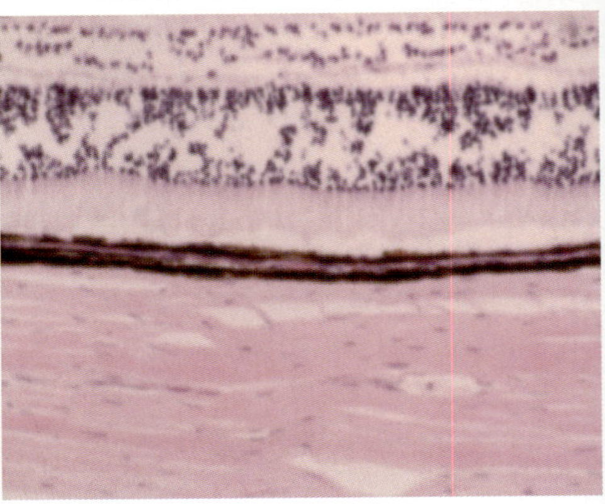

ネコの眼底
輝板のない部位

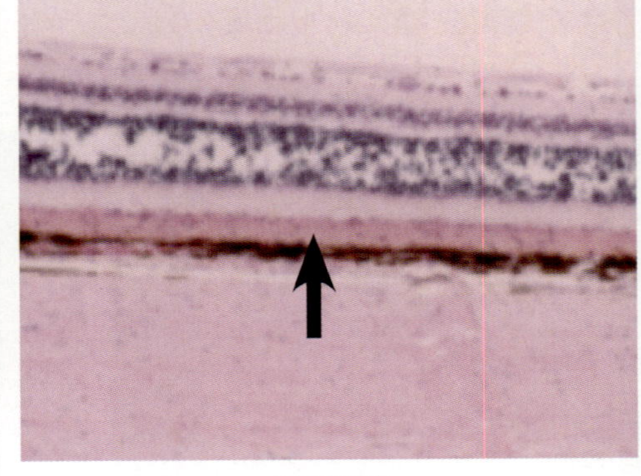

ネコの眼底
輝板のある部位（矢印は輝板）

ネコの眼 5　ネコの視機能

視力

眼底には黄斑部がなく、視細胞は桿体優位で、視神経乳頭腹側（下方）に錐体密度の多い「中心窩野」が存在する。

夜間視力

①ネコの視細胞は入射光と脈絡膜輝板のグアニンによる反射光の両方で刺激される。
②瞳孔は縦長で、極大散瞳し易い。
③可視波長幅が人間より長波長側にある。
④視細胞は桿体優位である。

以上から、ネコは夜間視力や動体視力が優れており、動くものに対して過剰に反応し、ジャレル行動をとる。

縦長瞳孔の意義

イエネコは夜行性であるが、ヒトの生活スタイルを強制されている。

①縦長瞳孔は明るい場所でスリット状になり、乱視の補正に有利である。
②眼底上方（背側）には輝板があり、下方（腹側）中心窩野があり、縦長瞳孔は光の調節にも有利とされている。

色覚

①ネコの色覚は 2 色型とされているが、主として緑感受性錐体から情報を得ている。
②ネコの可視光線波長領域は、ヒトと異なり赤外域に長く、色の差異は波長差で感じている。

視野

中心視野（光感度）は良くないが、周辺視野は動体視力との関係で、極めて良い。

両眼視機能

①ネコの種類によっても異なるが、一般に両眼視機能は存在しない。
②ネコの網膜には0.2mm幅（0.9°）の垂直経線状の帯があり、その部位の神経節細胞の密度は最大である。その帯状部の視神経線維は半交叉であり、それより鼻側では完全交叉、耳側では 1 / 4 交叉である。このことが両眼視機能にどう影響しているかは不明である。

視覚と行動の発達

縦縞しか見えない環境で仔ネコを飼育すると縦縞に良く反応する神経細胞が増えるが、横縞に反応する神経細胞は減り、その結果そのネコは横縞の視力が悪くなる。さらに、一方向、たとえば右方向にだけ動くような環境で仔ネコを育てると、同じ方向に動く刺激に鋭敏になる、との報告がある。

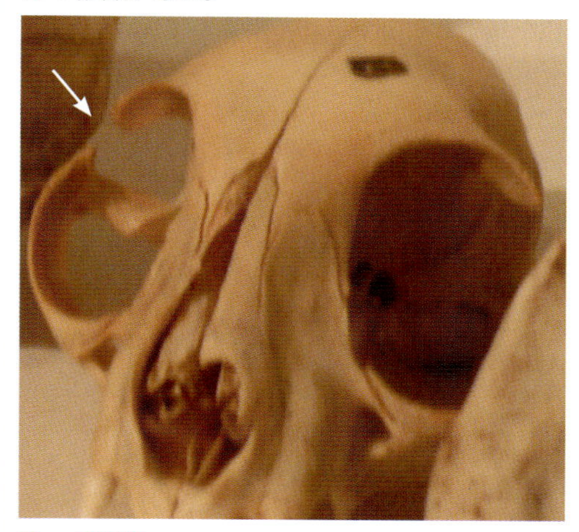

ネコの眼窩

ネコの眼窩は前面がかろうじて全周閉鎖しているが、後方外側は開いている。

開放型の眼窩は顎が大きく開く肉食動物に多い。

シャムネコ
シャムネコには両眼視機能があり、内斜視のシャムネコに視神経繊維の交叉比異常を認めた報告もある。

イヌの眼 1　落語「犬の目」

「犬の目」という落語がある。眼の悪い男が眼医者に行く。医者は眼球が曇っているので、ポイと取り出して眼を洗う。綺麗になったが、ちょっとふやけたので、眼の玉を二つ干していると、犬が食べてしまう。医者は患者に内緒で、犬の眼を取って、患者に入れる。すると患者は遠くの方までよく見えると喜んで帰る。数日して患者が医者を訪れ「良く見えるんですが、電柱を見ると足を上げたくなるんですよ」（三遊亭楽市）。

昔は医学が進歩してなく、どんな眼疾患にも眼洗いをした。そのため、「眼洗い医者」は藪医者の代名詞でもあった。最近では、洗眼により角膜の涙液脂肪層が破壊されるので、眼に酸やアルカリの薬物が入った時以外は洗眼をしない。しかし、最近、眼を洗う機器が売り出されているので驚きである。また、犬は遠方視力はあまり良くない。さらに、眼で物が判断されるのでは無く、脳の後頭葉の視覚領域に投影され認知されるので、この落語の面白い点である。

犬は140種以上おり、日本では1310万頭が飼育されている。日本犬標準として6種類が存在する。それぞれ、中型犬で、どことなく類似している。殆どは狩猟犬で果敢な性格であり、忠実である。

渋谷駅前の忠犬ハチ公は秋田犬である

紀州犬

四国犬

秋田犬

北海道犬

柴犬

甲斐犬

http://ja.wikipedia.org/wiki/%E6%97%A5%E6%9C%AC%E7%8A%AC#6.E7.8A.AC.E7.A8.AE

イヌの眼2　随筆　犬の眼（その1）

山梨県眼科医会誌　1995年　秋季号に掲載

大学の医局時代、捨て犬や野良猫を捕まえては実験動物にしてきた私は、犬好きの医局員から「犬の敵」と白い目で見られてきた。

彼らに「仔犬を譲ってほしい」と言うと、「ダメ！　先生に仔犬を譲れば、一週間以内に標本にされてしまう」と警戒される始末。

そんな私に、六か月前、K先生の奥様から「シェパードの仔犬を貰ってほしい」と突然の依頼を受けた。つい「開業しているので、もう実験動物は必要ない」と言いかけたが……その後、我が家に実験動物ではない愛玩用シェパードが居候することになった。

「犬の眼」というと、「官憲の眼」、「鋭い眼」の印象を与えるが、犬の網膜には黄斑がなく、中心視力はさほど良くないと思われる。しかし、桿体優位網膜のため、動く物の識別（動体視力）は優れている。すなわち、犬は夜行性動物なのに、家畜化されて人間のライフスタイルに強要され、日中は視覚的に不便な生活を強いられていることになる。しかし、そのハンディを優れた嗅覚が補っている。したがって、少々視力が悪くても飼い主が気づかない場合もあるようだ。特に、純潔種は近親交配のため、白内障に罹患しやすく、高齢犬では視覚よりも嗅覚が優位のことさえある。

マイアミ大学に留学していた頃、レジデント達のアルバイトに犬の白内障手術があり、全身麻酔をよく依頼された。当時は水晶体全摘出術（嚢内法）が中心で、まだ眼内レンズの時代でなかった。彼らの手術は極めて拙劣で硝子体脱出も多く、明らかに手術失敗例もみられたが、瞳孔領の白濁さえ取れれば、飼い主は喜び、視力が回復したと信じ、満足して手術代を支払っていた。

当時は1ドル300円時代、アメリカでの犬の白内障手術が、日本の人間の白内障手術より高いことに義憤を感じながらも、飼い主に引き取られていく犬の術後視力に疑問を感じていた。

K先生の奥様には申し訳ないが頂いた犬で、その疑問の解決に挑戦してみた。まず、超音波測定装置で犬の眼軸長を測定すると、図に示すごとく、生後6カ月（体重20kg）の眼軸長は20.32mmであり、生後9カ月（体重30kg）では20.12mmであった。これは、身体の成長に眼軸長が必ずしも比例していない結果を示した。水晶体厚が成犬より幼犬の方が厚いのは調節の影響と思われる。

今回、角膜曲率半径を正確に測定できなかったが、約8mmと仮定すると、－2D程度の近視にするためには、＋33Dの眼内レンズが必要になる。この結果から推定すると、単に、水晶体全摘出術だけされた当時の犬たちは、ほとんど視力改善の恩恵を受けていなかったと推定する。将来、頂いた犬が白内障に罹患したら、+33Dの眼内レンズを特注して挿入する予定である。そのとき、犬がどのように反応するかが楽しみである。（平成7年吉日記）

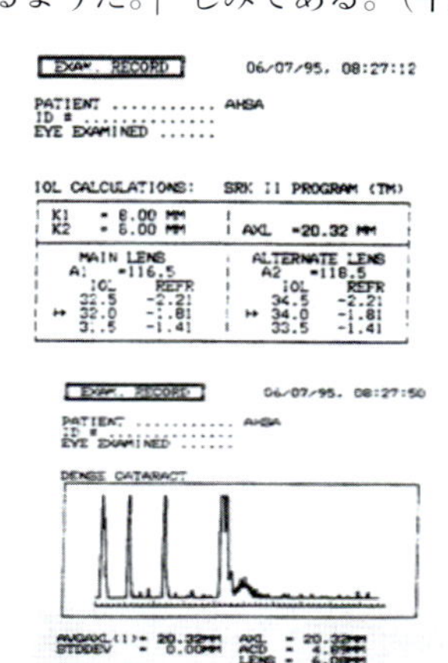

追記：最近、犬の眼内レンズが市販されている。それらは約＋30Dで、平成7年の実験は正しかった。ちなみに人間は大凡＋20D前後である。

イヌの眼３　一般的特徴

イヌはネコ目イヌ科に分類されているが、オオカミの家畜化されたものと考えられている。

イヌの眼の特徴

①眼窩骨は、前面は連続してリング状だが、後部耳側が開放型である。イヌの眼を圧迫すると、眼球は眼窩の中に埋没する。これは、鈍的外傷からの眼を保護する機構でもある。一般に肉食動物は口を大きく開けるように開放型眼窩が多い。眼球は球状で視神経は後極の腹側にある。

②眼窩鼻側の鼻骨下には太い嗅神経が存在し、極めて嗅覚が優れている。

③網膜には黄斑部がないので、視細胞は杆体優位眼で、夜行性である。

④視神経乳頭腹側（下方）に錐体の密集する「中心窩野」が存在する。

⑤イヌの視力は0.1～0.6程度とあまり良くない。調節近点も40cm 前後と遠く、視覚より嗅覚、聴覚優位である。両眼視野は250°と広い。

⑥眼底には輝板（タペタム）があり、僅かな光でも増幅でき、暗所視力は良い。

⑦輝板の偏光効果により、イヌはあまり眩しがらない。

⑧イヌの可視光線の波長域は、ヒトより長波長域が広く、近赤外域の暗闇でも見える。

⑨地面すれすれに鼻を近づけて歩いても、眼振や眩暈が生じないのは、中枢での固視対応が存在しないためと考えられる。

⑩フリッカー値は80Hz 以上と、ヒトの2.5倍程度で、動体視力は極めて良好である。

⑪イヌの色覚は２色型で、429nm と555nm をピークとする吸光スペクトルの視物質を有し、赤っぽい色と、青っぽい色の識別は出来が、どのように色を感じているかは不明である。

⑫特に、洋犬は近親交配の可能性が高く、先天性の疾患が多い。例えばチンは先天緑内障で、眼球や角膜が大きく視力も視野も悪い。しかし、一般に、イヌの隅角はヒトの隅角と異なり、また、ブドウ膜強膜流出路も発達し緑内障にはなりにくい。

⑬イヌは、かみ合う喧嘩をするので、眼外傷を受けやすく、外傷性白内障や、外傷性網膜剥離も多い。

注意

1．ペットは可愛いものです。しかし、可愛いから安全とは限らない。ペットに触れたら必ず手を洗う！

2．外国の犬は狂犬病の予防接種を受けていない場合が多い。狂犬病は致死的疾患です。要注意！

3．犬・猫・小鳥でも病原体はいます。自然界の動物には知られていないウイルスがいる可能性あり！

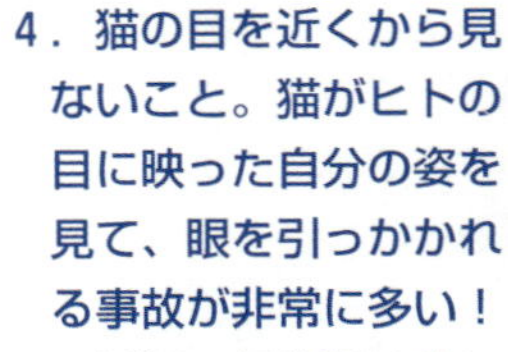

4．猫の目を近くから見ないこと。猫がヒトの目に映った自分の姿を見て、眼を引っかかれる事故が非常に多い！

5．妊婦、新生児は特にペットからの感染に注意！

6．犬や猫はヒトの赤ちゃんの上に登る習性があり、赤ちゃんの窒息事故に注意！

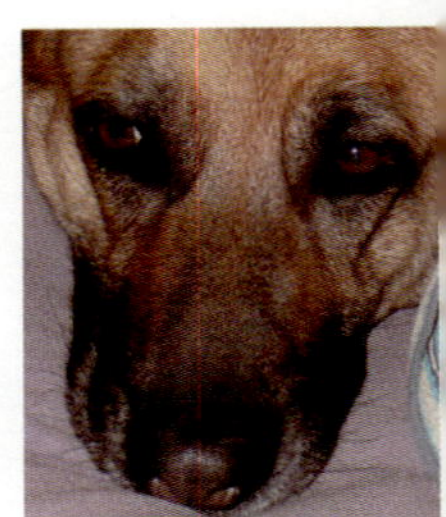

シェパード
我が家の愛犬：アーサー

ラブラドール
我が家の愛犬：アッシュ
黒人のテニス選手で、全米オープン、全豪オープン、ウインブルドンで優勝したアーサー・アッシュから名前を借用した。彼は献血で AIDS になり、黒人差別問題と AIDS 撲滅運動に精力を注いだ。

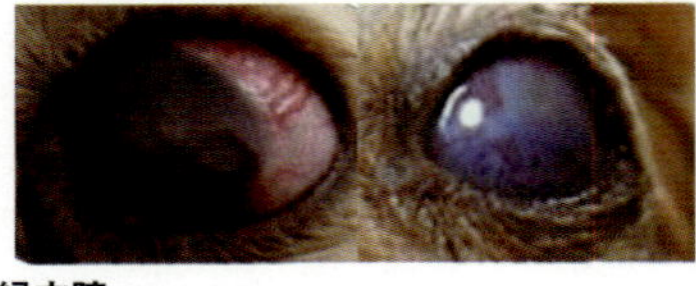

イヌの緑内障
角膜が大きくなり、混濁し、角膜内に新生血管が生じている。特に、洋犬の純血種ほど近親交配され緑内障が生じやすい。

イヌの眼4　随筆　犬の眼（その2）

山梨県眼科医会報　1996年　4月号に掲載

眼精疲労は眼科で最も多い主訴の一つだが、耳鼻科でも「鼻の疲れ」「耳の疲れ」「喉の疲れ」という症状があるそうだ。しかし、これらの症状はいずれも曖昧模糊としていて症状が症例により微妙に異なる。眼精疲労を例にしても角膜異物、結膜下出血、眼脂、掻痒感までも眼が疲れると訴えて来院する症例も少なくない。具体的に眼の疲れとはどのような症状なのか認知されていないうちに、「疲れ目に○○眼薬」のコマーシャルが先行してしまったためとも思われる。

眼精疲労の多くが、生活習慣の乱れや不適切眼鏡によるもので、眼科成書に書いてある、筋性眼精疲労、不等像性眼精疲労、症候性眼精疲労、神経性眼精疲労、などは多くない。大抵の症例は正しいメガネを作り直すか、充分寝れば解決する。

冬の日溜まりで寝ている犬を静かに観察していると、眼球や眼瞼をピクピク動かしながら心地よい寝息をかいている。いわゆるレム睡眠の状態で寝ている。その際、虫の羽音や小鳥の声の方向に耳をそば立て、あたかも聴覚系は覚醒しているかのようである。少なくとも犬は聴覚の覚醒刺域値が極めて低いと想像される。犬のように聴覚系に充分睡眠をとらない場合は、耳が疲れるであろうと想像する。

犬は鼻を地面スレスレに近づけながら相当の速さで歩くことができる。鼻を地面に擦る心配もさることながら、目線が低いため視性眼振が起こらないかが気になる。われわれ人間は腰を屈めて目線を地面から1m位にして地面を見ながら歩くと眩暈を感じる。いくら犬の鼻が長くても鼻先15cm程度のところに眼があるので、鼻先を地面に近づけて歩くと眼も疲れるはずである。

そこで、テレメーターを用いて犬の歩行時における眼球運動を分析するために、眼瞼に針状電極を設置し眼球電位図（EOG）を記録しようとしたが犬の協力が得られなかった。しかたなく、犬の眼前で縦縞回転ドラムを回してみたところ視性眼振は誘発されず、低速度ドラム回転時に頭振が確認された（写真）。これは犬が地面スレスレに鼻を下げて歩いているときは視覚をあまり活用せず、むしろ嗅覚が主として活動していることを示唆する。すなわち、この歩き方では鼻が疲れるはずである。

第33回日本網膜剥離学会で、犬には周辺網脈絡膜変性が高率にみられるとの研究発表があった（1）。

この報告ではその原因について言及していないが、犬は、①視覚をあまり用いずに嗅覚を主にして歩くこと、②じゃれたり喧嘩したりするのに口（鼻先）が主役であること、③人間が愛情の有無に拘らず犬を叩く場合鼻先であること、などから外傷性の周辺網脈絡膜変性ではないであろうか。すなわち、犬の眼は、固視機能が弱いが活発に活用する鼻の近くに位置するため、犬の眼は外傷を受けやすいと考える。

キャンキャン、ワンワン吠えるのは犬の性格などの固体差があるので、喉の疲れを別にすれば、犬は眼よりも鼻や耳が疲れ易いと想像する。しかし、アメリカでAnimal eye surgeon（動物の眼科医）なる雑誌をみたが、その雑誌には犬用の疲れ眼、疲れ鼻、疲れ耳などに対する薬の広告がまだ無かったと記憶する。

（1）張文一、出田秀尚、他：犬の周辺部網膜変性マクロ所見について、眼臨89：796～799、1995

（平成8年1月吉日記）

追記：

①眩暈の多くは末梢性の三半規管の障害で起こるが、中枢性の脳幹から小脳の障害でも生じる。

②アイススケートの選手が、クルクル回転しても眩暈でフラフラせず、突然、回転を止めても眼振が生じていないのは、後天的な訓練によるものと考えられている。

③縦縞回転ドラムは乳幼児の視機能検査、眩暈や眼振などの検査に用いられる。

犬の視性眼振の実験
縦縞模様のドラムを回転させ眼振を誘発させる

イヌの眼５　白内障

イヌの白内障

白内障は、眼の水晶体（レンズ）が白く混濁する現象である。イヌの白内障の原因として、

①イヌが闘う時は鋭い犬歯が武器である。したがって、眼部を打撲し易く、外傷性白内障が起こり易い。

②最近はイヌの健康的な飼い方が確立され、イヌの寿命が長くなり、加齢白内障が増えてきている。

③イヌは純血種も雑種も近親交配率が高く、先天的に白内障が起り易い。

④ペットとして、愛情深く観察するので、早期に白内障に気がつく。

イヌの寿命はヒトの１/７程度と短く、白内障になっても水晶体核は硬くない。したがって、超音波乳化は不要で、シムコ針等で吸引手術が可能である。

白内障手術の値段（平成28年４月現在）

日本では、イヌの白内障手術は片眼で、30万円、両眼で40万円が相場です。ちなみに、ヒトの白内障手術は、片眼12100点（121,000円）である。ヒトより、イヌのほうが２倍以上手術代が高い。矛盾を感じる。

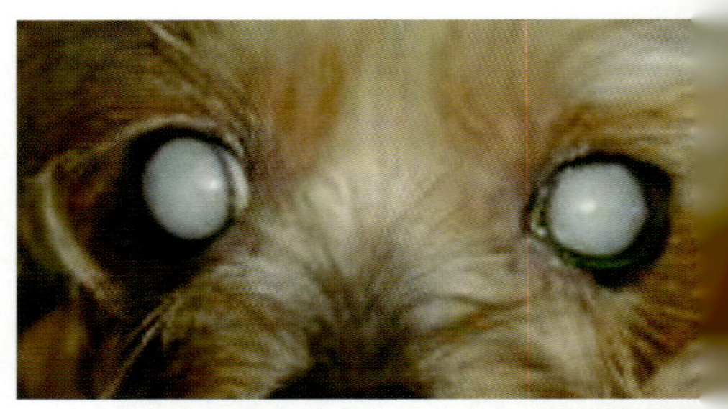

イヌの白内障はヒトの白内障と異なり、水晶体核は硬くなく、超音波乳化吸引装置が不要な場合が多い。

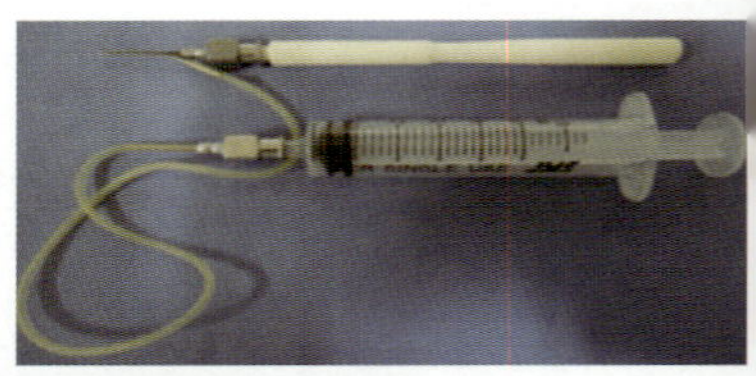

シムコ針

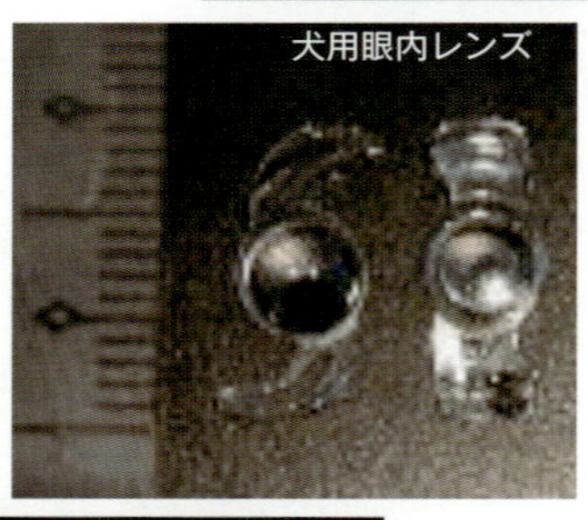

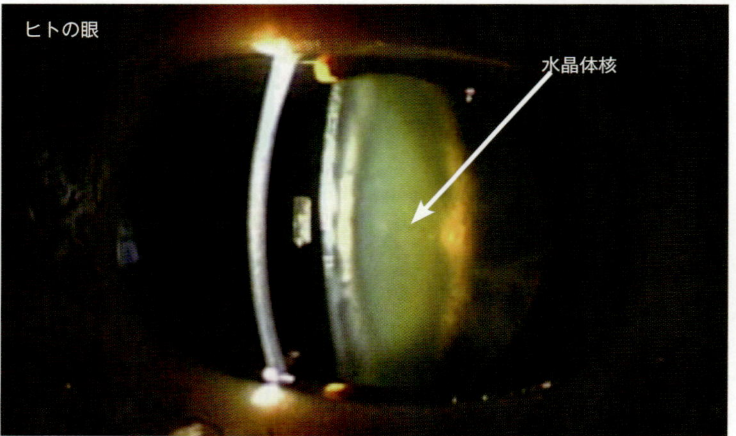

ヒトの白内障の多くは加齢性白内障で水晶体に硬い核があるため、超音波で核を崩しながら吸引する。まれに、超音波でも崩せない硬い核もある。ヒトの水晶体は皮質と核が層状になっており、屈折率の変化から球面収差を少なくする構造になっている。

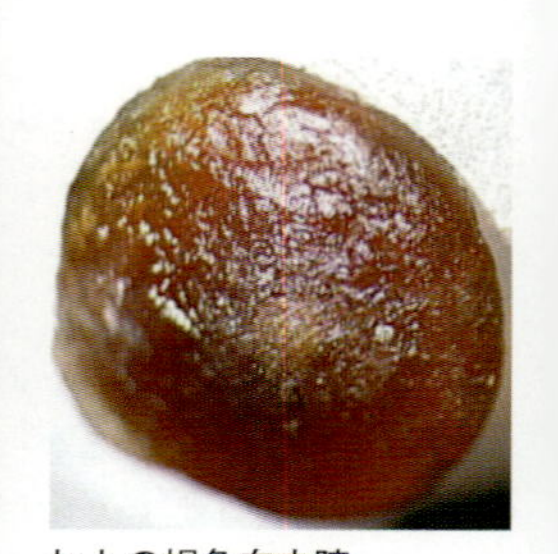

ヒトの褐色白内障
白内障は水晶体が混濁する病態であるが、混濁水晶体は必ずしも白色ではなく、黄色や褐色の場合もある。

イヌの眼６　随筆　犬の眼（その３）

山梨県眼科医会報　1996年　秋季号に掲載

これまでにマグロの眼、ガマの眼、象の眼、などについて書いてきたためか、過日、愛犬家のAさんから「フラッシュを用いて犬の写真を撮ると眼が光るのはなぜか？」と質問された。

犬の眼に限らず夜行性動物の眼は暗闇で光るのは周知の通りである。これは眼底からの自発光ではなく脈絡膜輝板からの反射光である。この脈絡膜輝板の働きは動物により差異があるが、犬の場合は暗闇での微弱な光を増幅させ、夜間視力を増強させるとの説もある。眼が光る徴候に対して眼科臨床では「cat's eye」とか「白色瞳孔と表現し、特に小児の場合は網膜芽細胞腫、コーツ病、網膜剥離、第一次硝子体過形成遺残、未熟児網膜症、眼内炎、白内障、脈絡膜欠損など、鑑別に身が引き締まる疾患ばかりである。

古い眼科成書には、「家族が発見したcat's eyeを呈する網膜芽細胞腫は眼球摘出し、医師が発見したものは保存的に治療すべし」との記載がある。しかし、この記述は眼球摘出という重大決断の根拠にしてはあまりにも非科学的で以前から気になっていた。おそらく、cat's eyeを呈するには腫瘍の大きさ、部位、瞳孔径も関係すると予想して、犬の眼の光り方と瞳孔径の関係について検討してみた。

左眼をピロカルピンで縮瞳させながら、暗闇で犬の眼をフラッシュ撮影した。その結果、瞳孔径が5.5mm以下になると瞳孔が光らないことが分かった（写真）。瞳孔径５mmはほぼ人間の瞳孔径と同じであることから犬の眼がフラッシュで光るのは脈絡膜輝板の存在だけでなく、瞳孔径が深く関与していることが解った。「家族でも発見できるようなcat's eye」は視神経も障害され散瞳している予後不良例が多いと解釈すべきなのだろうか？

随筆、犬の眼（その１）が山梨県眼科医会報（1995年秋季号）に掲載され、福岡の林先生から福岡県眼科医会報に転載するよう依頼を頂いた。そのため急遽（その２）を追加して投稿したところ、今度は日本眼科医会会報の「日本の眼科」（1996年５月）への再々転載の依頼を受けた。そこで、（その３）をさらに追加して投稿した。そんな訳でオリジナルの山梨県眼科医会報には（その２）、（その３）が遅れて掲載される結果になった。学術論文ではないので日本眼科学会誌（vol.100：9,716―718）で問題になっている二重投稿規定には抵触しないと思うが、本報編集者：小林先生のご配慮に感謝します。

「日本の眼科」に「犬の眼」が掲載されて以来、学会や研究会で、多くの仲間から「面白く読んだよ」と頻繁に声を掛けられる。今まで「日本の眼科」はほとんど読まなかったので、その反響の大きさに驚いている。過去に、多くの学術論文を専門誌に投稿してきたが、これほど多くの人に声をかけられたことはない。有名になった愛犬の眼を見ながら、今まで発表してきた学術論文に虚しさを感じている。

（平成８年９月吉日）

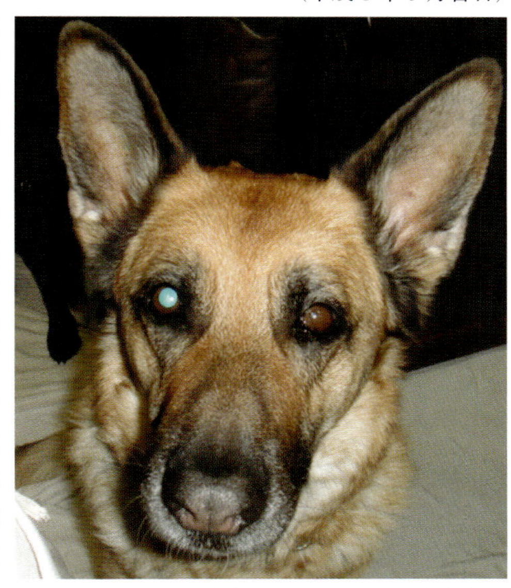

ピロカルピン点眼で瞳孔径 5mm以下にした左瞳孔は光らない

イヌの眼7　随筆　犬の眼（その4）

山梨県眼科医会報　1997年4月号に掲載

私が眼科に入局したころはまだ診察台には河本式検眼鏡が置いてあり、平面鏡を用いて検影法が行われていた。その後、レチノスコープが出現し、医局員一同競って検影法で屈折検査の腕を磨いたものである。マイアミ大学に留学し、電気生理研究室でDr.Hamazakiが視誘発脳波の研究で猫の屈折検査をレチノスコープで行っているのをみてその技術に敬服したものだった。留学を終え、帰国しローデンストック社の最新のレフラクトメータを購入した東京の聖母病院にわざわざ見学に行き医療機器の進歩に感心した記憶がある。ところが現在はオートレフラクトメータが当たり前の時代、隔世の感がある。こうした時代に生きてきたためかコンピュータの組み込まれた最新の医療機器には弱いが、検影法には少々自信を有していたつもりである。

我が愛犬の眼が近視か遠視かを知るため、レチノスコープで屈折検査に挑戦したが、tapetum（脈絡膜輝板）の反射が強く、ほとんど判定不能であった。さらに、検影法の原理を写真化したナイツ社製のホト・スクリーナでも挑戦してみたが、やはり判定不能であった。そこで、犬の眼（その3）で述べた如くフラッシュで瞳孔が光らなくなる瞳孔径5 mm以下までピロカルピン点眼で縮瞳させ、ホト・スクリーナーの再検査を行った。しかし、瞳孔全域に丸い反射が記録されるのみで、判定不能であった。犬と同様にtapetumを有するネコの検影法を気楽に行っていたDr.Hamazakiの技術に今更ながら感心せざる得ない。ちなみに、彼はハワイ出身の日系三世で、いわゆるアメリカ眼鏡士の資格を有するPhD.で、視覚電気生理学の第一人者で日本眼科学会でも教育講演を担当している。その後マイアミ大学眼科名誉教授としてバスコンパルマー眼研究所で後進の指導をされていた。

眼科的に眼が光るのをcat's eyeというが、写真用語では「赤目」と呼ぶらしい。最近のデジタル・カメラには赤目防止装置がついているものがある。犬の眼が光るのはtapetumと瞳孔径が関与すると考えていたが、写真技術ではどのようにして赤目を防止するのかメーカーに問い合わせたが、企業秘密として詳しく教えてもらえなかった。犬は人間が邪魔しない限り、極めて規則正しいライフスタイルを保持している。ところがピロカルピン点眼で縮瞳された我が愛犬はその規則性を乱し、いつもより早く睡眠に入った。ピロカルピン点眼は副交感神経末梢刺激剤で、眼瞼痙攣や眼瞼炎などの副作用はあるが、睡眠作用はないとされている。おそらく、犬にはピロカルピンのコリン作用が強く働いたためか、夜行性動物で夜間散瞳しているべきときにピロカルピン点眼で縮瞳し暗くなったためと推察する。最近は人間のライフスタイルも乱れ、深夜まで起きていて、様々な不定愁訴を呈する人が多く、"夜更かし症候群"が社会問題化している。

将来、電気の明るさを規制するか、ピロカルピン点眼でもしなければ夜更かしを防げない時代が来るかも知れない。

追記：最近のデジタルカメラは、二重フラッシュにより縮瞳させて赤目を防止している

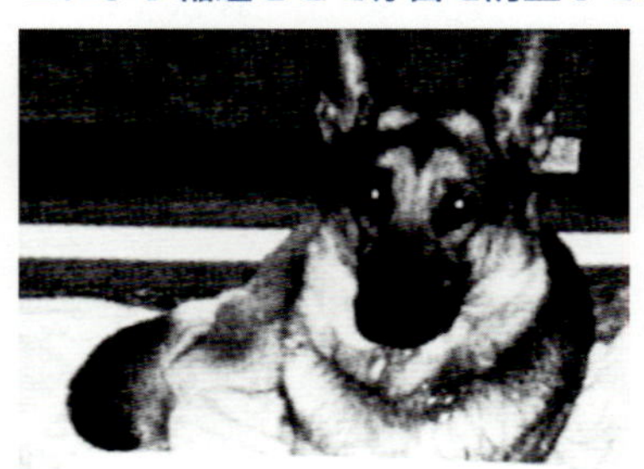

ホト・スクリーナーによる屈折検査

イヌの眼8　随筆　犬の眼（その5）

山梨県眼科医会報　1997年　秋季号
犬の眼（その５）に掲載

犬の眼随筆シリーズを書いていると、それなりに質問や情報の提供がある。最近、某コンタクト・メーカーから犬用眼内レンズの情報を頂いた。それによると、犬用眼内レンズは直径7.5mm（全長16mm）と7.0mm（全長15mm）の２種類で、レンズ・パワーは +40Dに統一されており、値段は７万円（納入価２万円前後）で、白内障手術料込みだと30万円前後とのことである。眼内レンズが +40Dだとレンズの厚みが大きく、ヒト用のレンズ摂子が使用できない。

この犬の眼随筆シリーズ（その１）で紹介したように、我が愛犬の眼内レンズ・パワーは +30Dが予想され、+40Dにするとかなりの近視になる。今流に批判すれば術後のquality of lifeが気にかかる。ただ眼内レンズを入れれば良いのではなく、個々の犬眼の屈折力と視力データーが欲しいところである。

他覚的視力検査法の一つにPL（preferential looking）法が保険で認められている。PL法は視力検査のできない乳幼児や精神遅滞者に対して、左右の縞指標を提示し、目の動きをモニターで観察して視力を推定する装置である。本装置の欠点として、乳幼児は片眼遮蔽を嫌がること、同名半盲症例には不適切なこと、それにも増して検査に時間と根気を要する割には不正確なこと、装置も高価で保険点数が安いこと、などが挙げられる。こうした欠点を有する装置であるから無駄とは思いつつも我が愛犬に対してPL法を試みた（写真）。予想通り犬も片眼遮蔽を嫌がった。また、縞指標に対して全く興味を示さなかった。

我が愛犬は単細胞と思えるほど軟式野球ボールが好きで、何時でも野球ボールをくわえて遊んでいる。そこで、PL法の縞指標に変えて大きさの異なるボールを提示したらどうかと考えた。まず、コンピュータのモニター上に野球ボールを提示してみたが、我が愛犬は全く興味を示さなかった。

人間はひとたび野球ボールを認識すれば、写真上でも映像上でも汚れていても野球ボールと認識できるが、犬はその認識能力が極めて弱いと推定する。人間はテレビのグルメ番組で涎をだしたり、お腹を鳴らすが、犬はグルメ番組を見ても反応しない。

他覚的視力検査法としての視誘発電位（VECP）は後頭葉視中枢までの異常を検出するが、PL法はさらに上位中枢との連合が関与するため心理物理学的要素が混入し検査対象が限られてしまう。我が愛犬の眼をジーっと見ながら、「お前はどれだけ見えて、どれだけ解っているのか？」と問いかけざるを得ない。

追記：医学は進歩するもので、今では fMRI (functional magnetic resonance imaging) で犬の視力を検査できるかもしれない。しかし、犬は網膜視細胞桿体の動体視力が優位なので、ヒトの視力とは少々意味が異なることも考えねばならない。

PL法による視力検査

イヌの眼9　随筆　犬の眼（その6）

山梨県眼科医会報　1998年　秋季号
犬の眼（その6）に掲載

犬の眼の随筆も回を重ねると、思いもよらぬところから反響がある。獣医さんから犬の白内障手術について引き合いがあったり、医療機械屋さんから犬用眼内手術器具の紹介があったりする。

また、過日、某プロパーが犬用眼内レンズを持ってきてくれた。一個数万円の未使用レンズを開封するのは勿体ない気もしたが、好奇心を抑えきれず開封してみた。この眼内レンズはフランス製で説明書は英語、フランス語、ドイツ語、スペイン語で書かれてあり、「開封したら勝手に消毒して再使用するな」の警告が眼に入った。さらに、説明書には眼内レンズ手術の合併症として、角膜混濁、瞳孔ブロック、虹彩萎縮、虹彩炎、緑内障、不同視、硝子体脱出、全眼球炎など18項目が羅列されており、その中でもCystoid macular edema（CME）も記載されていた。犬は夜行性なので黄斑がなくCMEが起こらないはずであるが、おそらく人間の眼内レンズの合併症をそのまま転記したものと思われる。

「グレア（glare）とは時間的空間的に不適切な輝度分布、輝度範囲または極端な対比などによって視覚の不快感または機能障害をきたす現象」と定義されている。簡単にいえば順応光よりさらに強い光が眼内に入り不快感を示す現象で、眼内レンズの位置不正、眼内レンズのpositioning hole、YAG後嚢切開時のレンズpit、瞳孔径より小さい眼内レンズ、などが原因となる。

この犬用の眼内レンズは、パワー+41.0D、光学部直径6mm、ループ間距離15mmのワンピース・レンズで、パワーが強すぎるのもさることながら、光学部が小さいのが気になる。

我が愛犬のシェパードは、角膜径18mm、室内瞳孔径7mmであり、この犬用眼内レンズでは光学部分が小さ過ぎると思われる。犬は夜行性で暗がりでは瞳孔径が極大散瞳し、僅かな光でも、Tapetum（脈絡膜輝板）で増幅して感じるとされている。

瞳孔径より小さな眼内レンズではグレア現象が起こること必至である。

しかし、この説明書の合併症の項目にはグレア現象が記載されていない。

シェパードに限らず血統書付きの犬は、近親交配による人工産生動物で、緑内障や白内障になりやすい。我が愛犬の眼をジーット見ながら「もう少し犬用眼内レンズの症例が増えて、恐ろしき合併症対策が出来るまで、まだ白内障になるな！」と優しく語りかけざるを得ない。

そして無論、獣医さんや医療機械屋さんに頼まれても、現在の犬用眼内レンズを使用するつもりは全くない。

追記：犬には中心窩はないが、視神経乳頭下方（腹側）に中心窩野が存在する。**（次頁参照）**

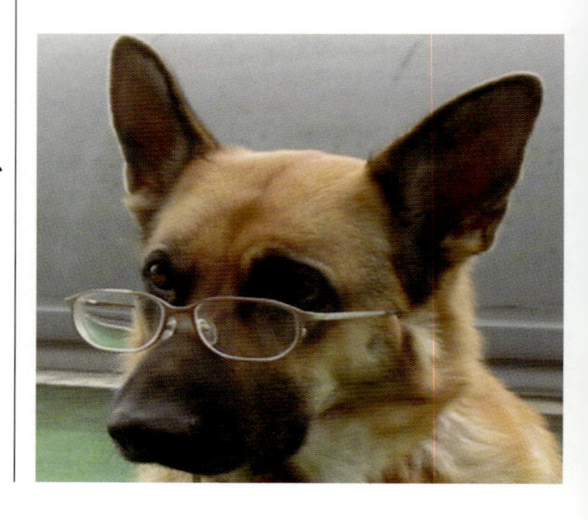

イヌの眼10　イヌの眼底

①イヌの眼底には黄斑部（中心窩）が存在しないが、腹側領域に光感度の高い中心窩野が存在する。中心窩野は黄斑部のように眼底写真上では描出出来ないが、機能的に感度が良好な領域である。

②網膜の動脈系は網膜中心動脈と毛様網膜動脈からなる。毛様網膜動脈は人でも10%程度みられる。

③網膜細動脈の分岐は少なく、ヒトに見られる、いわゆる直角分岐やＹ字分岐は見られない。

④視神経乳頭は眼底後極の腹側（下方）にみられる。

⑤静脈は動脈に比して太く、動脈径の２倍以上あり、ヒトの眼底で云えば、高血圧眼底の様相を呈している。

⑥イヌの眼底はネコの眼底に類似しているが、輝板の存在する領域はネコの方が広い。

輝板（tapetum タペタム）

多くの動物には脈絡膜中口径血管層の背側から鼻側にかけ、輝板が存在する。硝子体側から網膜視細胞を刺激した光は輝板で反射され、再度網膜視細胞を刺激し、わずかな光を有効に利用するシステムと考えられている。輝板には二種類存在する。

１）**線維（光沢）輝板**：規則正しく並んだコラーゲン線維よりなり、ウマ、ウシ、ヤギなどの草食動物にみられる。

２）**細胞輝板**：グアニンの反射結晶を含んだ多面細胞と暈色細胞よりなり、イヌ、ネコなどの肉食動物にみられる。

イヌの輝板は15層の細胞が層状をなしている。（ネコの輝板は35細胞層よりなる。ブタには輝板は存在しない）輝板は主として夜行性動物にみられる。

ヒトの色覚

視物質は、オプシンと呼ばれる視物質タンパク質とビタミンＡ誘導体の複合体である。
視物質タンパク質として、
杆体にロドプシン、
錐体の青錐体に青オプシン
　　　緑錐体に緑オプシン
　　　赤錐体に赤オプシン
の４種類が存在する。

この三色視物質が神経節細胞で色のマッピングがなされ、後頭葉に色覚情報として伝達される。すなわち、ヒトは三色型の色覚を有する。

イヌの色覚

イヌには黄斑部や中心窩がなく、ヒトのような錐体が存在しないが、二色型とされているので、ある程度の色弁別は可能である。しかし、ヒトとイヌの視細胞の配列が異なるので、二色型色覚といってもヒトの二色型色覚異常者の色弁別とは全く異なる、と考えられている。イヌが色をどのように感じているかは不明である。

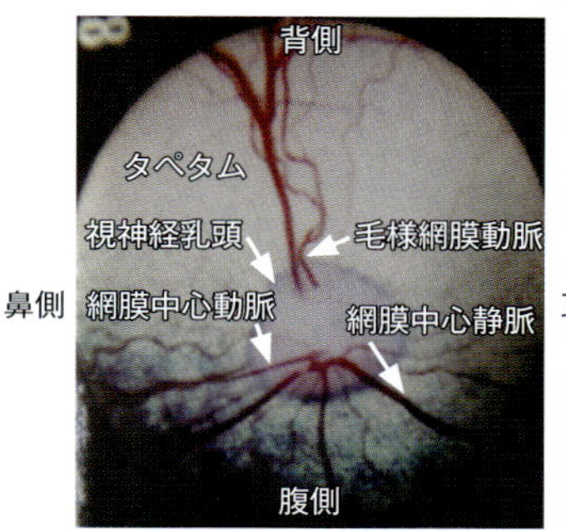

愛犬アッシュ（ラブラドール２歳メス）の左眼底写真

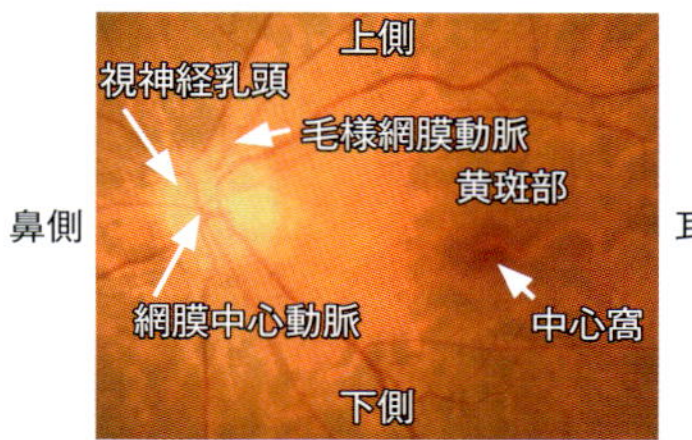

ヒトの正常眼底（左眼）との比較のために
イヌの眼底とヒトの眼底の大きな違いは犬にはタペタムがあるが、黄斑並びに中心窩がないことである。サルやイヌの眼底には毛様網膜動脈が存在するが、ヒトは10%程度にしか存在しない。
なお、イヌやヒトの眼底は、個体により血管走行が異なり、個体識別にも利用が可能である。

野生動物の家畜化

家畜は、乳、卵、肉、毛、毛皮、労働、などの生産を目的に動物を利用したり、ペットとして飼いならされた動物をいう。鳥類の場合は家禽（かきん）と呼ぶ。

広義にはハチやカイコなどの益虫も含まれるが、ワニやヘビ、熱帯魚などヒトの飼育欲が拡大しつつある。家畜化の中には、飼育環境を出来るだけ野生環境に近づける場合と、野生動物そのものをヒトの環境に慣らす方法がある。

中には、交配や遺伝子操作で本来の野生動物とは異なる動物を人工的に作り出すことも行われ、極端に足を短かくしたり、大きくならないようにしたり、水泡眼キンギョの様に商業ベースの家畜化も行われている。

ペットの飼育はヒトとしての責任が問われる部分もある。

大暑は二十四節気の第12節。太陽の黄経が120度のときで、７月23日頃の極暑の時期（季語）

犬つれて大暑の朝にかげ法師

ペットから感染する病気

①**猫ひっかき病**：猫にひっかかれたり、咬まれたりすることにより感染する。猫ノミが保有している細菌（Bartonella henselae）によるとされている。傷口から病原体が進入し、赤紫色の丘疹や嚢胞ができる。数日から数週間後に傷口近くのリンパ節の腫脹がみられ、痛みを伴う。頭痛、けん怠感、発熱が見られる。Bartonella henselae血清抗体価で確定診断される。

②**狂犬病**：感染した犬、猫、アライグマ、キツネ、コウモリなどに咬まれ、唾液中のウイルスに感染する。日本では近年発生していないが、アジア、アメリカ、ヨーロッパなどで発生している。初期はかぜに似た症状で、不安感、恐水症、興奮、麻痺などの神経症状、呼吸麻痺が見られる。人は平均1～3ヶ月の潜伏期間の後に発症し、ほぼ100%死亡する。

③**Q熱**：感染した動物の尿、糞などに含まれる病原体リケッチャを吸い込んで感染する。また、無殺菌の牛乳を飲んだり、感染動物の生肉を食べて感染する。軽度の呼吸器症状で治ることも多いが、急性型ではインフルエンザに似た症状で、悪寒を伴う急激な発熱（38～40度）、頭痛、筋肉痛、全身けん怠感などがある。

④**オウム病**：鳥（セキセイインコ、オウム、ハトなど）の糞に含まれる病原体（クラミジア・シッタシイ）を吸引し、感染する。突然の発熱で始まり、咳と痰を伴う。全身けん怠感、食欲不振、筋肉痛などインフルエンザのような症状を引き起こす。鳥類以外の小動物から感染することもある。

⑤**トキソプラズマ症**：動物の生肉を食べたり、猫や犬の糞から感染する　トキソプラズマ（Toxoplasma gondii）原虫の感染症である。発熱、リンパ節の腫れ、先天性トキソプラズマ症（妊娠初期に感染すると流産や奇形児、水頭症の報告がある）、また、ブドウ膜炎で視力障害を来すこともある。

⑥**トキソカラ症（イヌ・ネコ蛔虫症）**：イヌ・ネコの糞便から感染。卵が体内に入ってから数週間で発症。発熱、せきや喘鳴、肝臓の腫大が典型的な症状である。発疹や脾臓の腫大もみられ、肺炎が繰り返し起こることもある。幼虫が眼に侵入すると、眼底に炎症が起こり、視力が損なわれることがある。

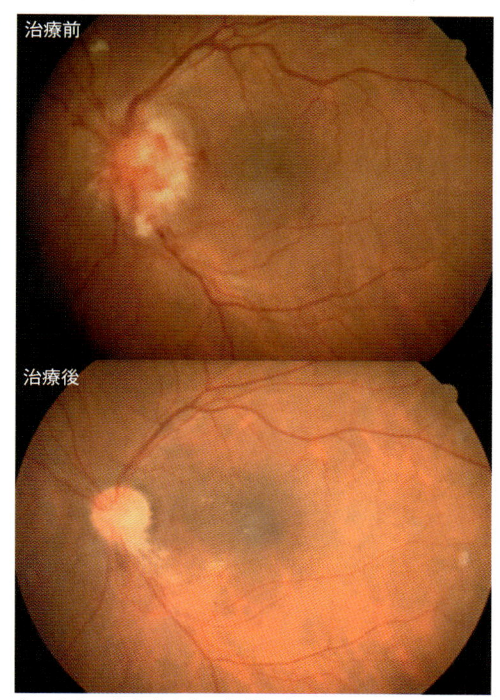

ネコのひっかき病みよる視神経炎
慈恵医大 敷島敬悟教授提供

ペットに触れたら手を洗いましょう。ペットに口うつしの餌やりやキスをしない！

日本の様に狂犬病の予防接種が義務付けられていない国もあり、外国の犬や猫には注意を要する。

マラリアやデング熱、ジカ熱、西ナイル熱の様に熱帯や亜熱帯の疾患も、温暖化により日本で感染する可能性も想定されている。

実験動物の眼 1　実験動物

ヘルシンキ宣言

第18回世界医師会総会（1964年）で「人体実験に関する倫理規範」がヘルシンキ宣言として示された。そのため、医学分野では実験動物による研究が主となっている。しかし、動物愛護の立場から、動物実験や動物園・サーカス・闘牛・ロデオなどの見世物、畜産動物などに対する厳しい意見がでた。その後、ヘルシンキ宣言は何度か修正・追加され、2000年にはヒトゲノム計画に関してもエディンバラでの総会で改定された。

慰霊祭

医学は多くの実験動物の犠牲の上に進歩してきた。また、全ての医師は解剖学の授業で篤志家による献体のお世話になったはずである。さらに、薬石効なく逝去された患者さんの病理解剖も医学の進歩に大きく貢献してきた。こうした意味を含めて医学部のある大学では毎年「慰霊祭」を行い、御霊に感謝の意と冥福をお祈りしている。動物愛護の面からも、動物実験は必要最小限にすべきであり、残虐な実験や苦痛を与える実験は禁じられており、飼育環境や屠殺方法にも配慮される。

実験動物

①実験動物は試験・研究、教育、生物学的製剤の製造、その他、学問上の使用のため合目的に繁殖・生産した動物を指す。

②実験動物種としてマウス、ラット、ハムスター、モルモット、ウサギ、イヌ、ネコ、ブタ、ヤギ、サルなど、研究目的により選別される。

③実験動物はある程度遺伝学的な統御がされており、均質な遺伝的要件を備えていることから、動物実験には再現性や精度が担保される必要がある。

④実験動物は飼育や管理が楽で、おとなしく、扱いやすい動物で購入コストが安いのも条件の一つである。

眼科の実験動物

眼科の研究で使用頻度の高い実験動物は、

①**霊長類**（アカゲザル・ニホンザル・カニクイザル）：視機能、網膜、視神経、薬剤開発などヒトの眼に類似した動物として実験に用いられる。しかし、最近は動物愛護の観点からも、iPS 細胞による創薬が主となっている。

②**家兎**（有色家兎・白色家兎）：瞳孔反応、血液循環、感染症などの研究に幅広く用いられる。特に有色家兎は眼底写真も撮りやすく多くの眼科の研究に貢献している。

③**ネズミ**（ハツカネズミ・ラット・ヌードマウス・ノックアウトマウス）：大量に実験データーを得る必要のある実験では有用だが、ネズミの寿命は短いので長期観察には向いていない。

④**ブタ**：食肉用に屠殺されたブタ眼は白内障手術のウエットラボ（練習用）として利用されている。

⑤**犬**：犬には様々な先天性の眼底疾患が存在する。例えば、コリー眼症（脈絡膜形成不全）、ラブラドール網膜形成不全症、ミニチュアプードル進行性網膜委縮症などは先天性網脈絡膜疾患の基礎研究に利用されている。

最近は尻尾のないマウスが多い

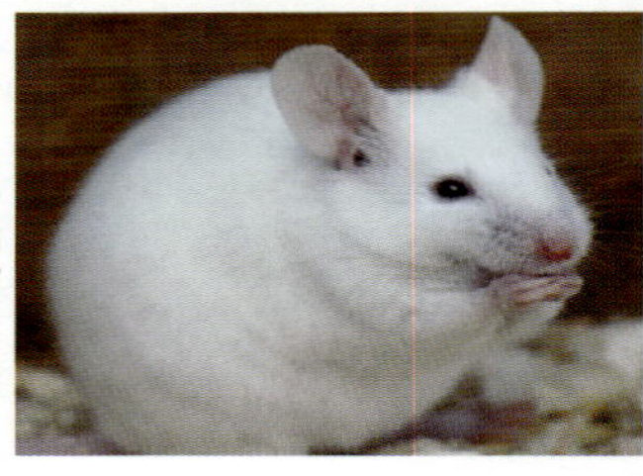

実験用マウスはハツカネズミの飼養変種で、ゲノムプロジェクトによって全ゲノム配列が解読されている。

実験動物の眼2　マウス

実験動物のマウスはハツカネズミと同じものとされているが、小型の家鼠もマウスである。妊娠期間が20日程度で、２～３カ月で成熟するので、実験動物としては使いやすい。実験用マウスは、野生のハツカネズミに比べてかなり大型で、アルビノが一般的だが、さまざまな毛色の系統も存在する。特殊なものとして、ヌードマウスやノックアウトマウスがある。

マウスの眼

①マウスのような小動物の眼は小さく、眼底写真や眼圧検査などは容易ではない。
②マウスの眼底は、視神経乳頭周囲から眼内に入り、放射状に周辺へ伸びる数本の毛様網膜動脈が特徴的である
③マウスの眼は、発生学や遺伝学、動脈硬化の実験、視覚誘発脳波や視神経の実験、実験的ぶどう膜炎の研究や薬剤開発、などに用いられる。そのため、マウスの眼は、中枢視覚路を含め充分解明されている。
④眼底には黄斑は存在しない。
⑤桿体優位の夜行性である。
⑥雄マウスの涙液中にはESP1という性フェロモンが含まれている。ESP1は、雌マウスに交尾を促し、雄マウス自らが他の雄マウスに対し攻撃的になる作用がある。（Newton 2016. 7月号　東原和成・菊水健史による）

ヌードマウス（nude mouse）

胸腺機能の低下のために免疫系が阻害されている突然変異のマウスで、体毛が無いためヌードマウスと名づけられた。拒絶反応がないので眼腫瘍やぶどう膜炎など免疫系の研究に用いられる。

ノックアウトマウス（knockout mouse）

遺伝子ノックアウト技法によって１個以上の遺伝子が無効化された遺伝子組み換えマウスである。塩基配列が解明されているが、機能が不明な遺伝子の研究に、ノックアウトマウスは重要である。

ノネズミ
ノネズミ：アカネズミやヒメネズミの総称。夜行性で雑食性である。
イエネズミ：ドブネズミ、クマネズミ、ハツカネズミの総称

ヌードマウス

CuZn－SOD欠損マウス

ドルーゼン形成マウスで、加齢黄斑変性発生モデルとして期待されている。その他、老化・寿命・遺伝子・動脈硬化・白内障などに特徴のあるモデルマウスが開発され、研究に利用されている。

マウスとラット

ネズミは、哺乳類ネズミ目の総称である。ハツカネズミやドブネズミなど、1000種以上が含まれる。ハツカネズミなどの小型ネズミをマウスと呼び、ドブネズミを改良して実験動物にしたのがラットである。それらのうち白色のものはアルビノ（白子）で、実験や愛玩に用いられている。

実験動物の眼 3　ラットの視器 MRI

核磁気共鳴画像法（magnetic resonance imaging, MRI）はヒトの軟部組織の画像診断に大きな貢献をしてきたが、ラットのような小動物に対しては分解能から限界もあった。しかし、最近ではラットの視神経をも分析できる実験用のMRIも開発され、今後の動物実験に大きな道を開いた。

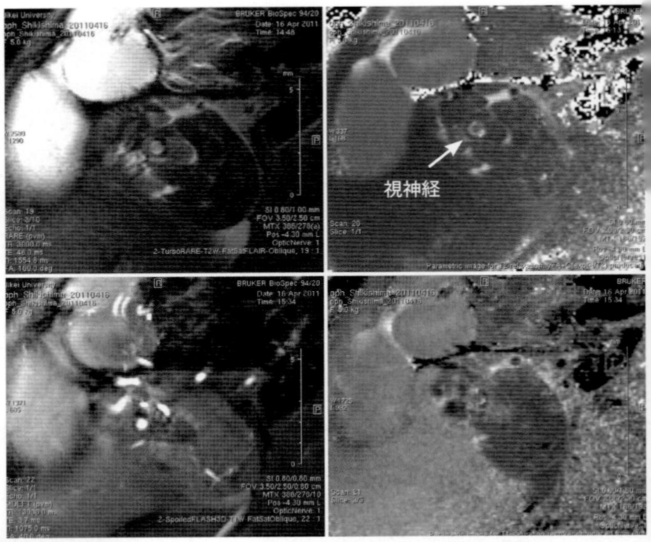

ラットの視神経横断面MRI 画像
小動物用 9 テスラ MRI 装置による

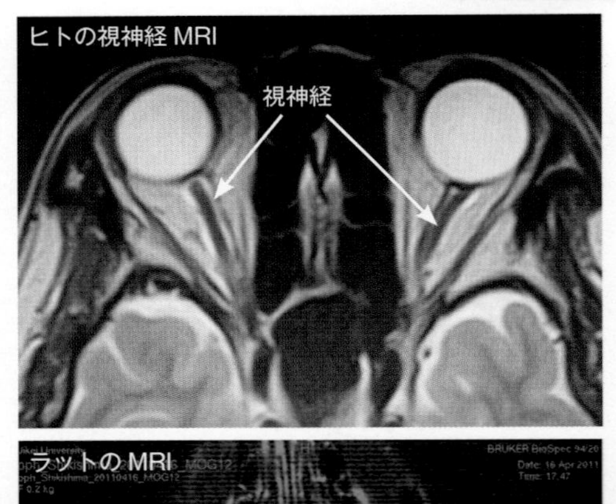

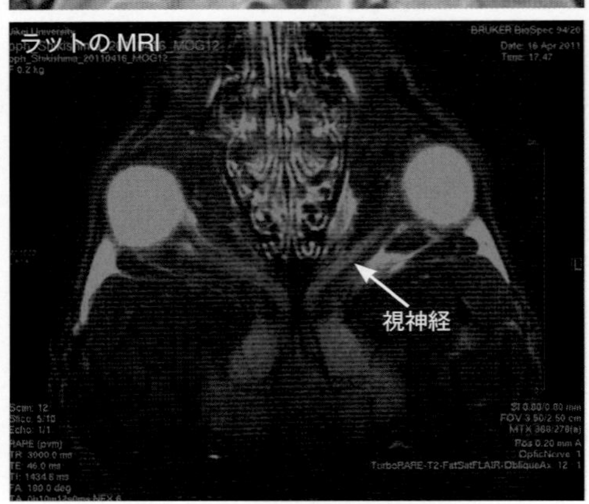

ラットのMRI画像は吉田正樹、敷島敬吾による

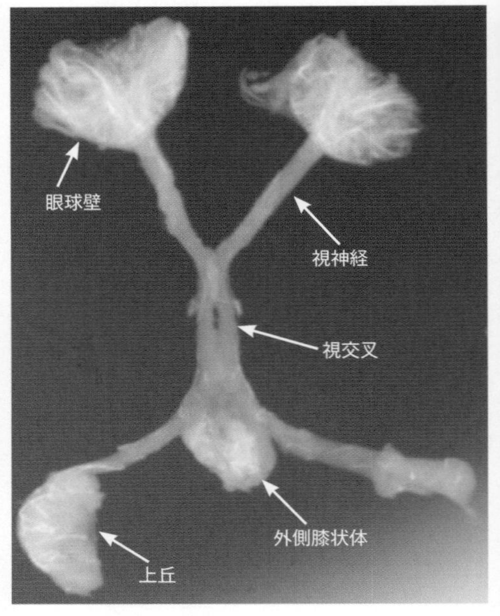

ラットの摘出伸展標本の軟X線造影画像。MRIの進歩は摘出標本実験から生体画像による実験を可能にした。

ブタの眼 1

ブタは、哺乳綱ウシ目（偶蹄目）イノシシ科の動物で、イノシシを家畜化したものである。

両眼で正面視が可能である。鼻先で餌を探すので、ある程度の近視と思われる。

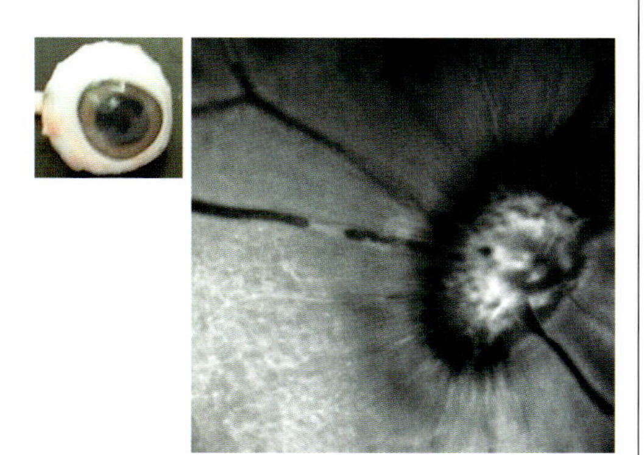

食肉用に屠殺されたブタの摘出眼の眼底
網膜中心動脈でなく、毛様網膜動脈が優位である。

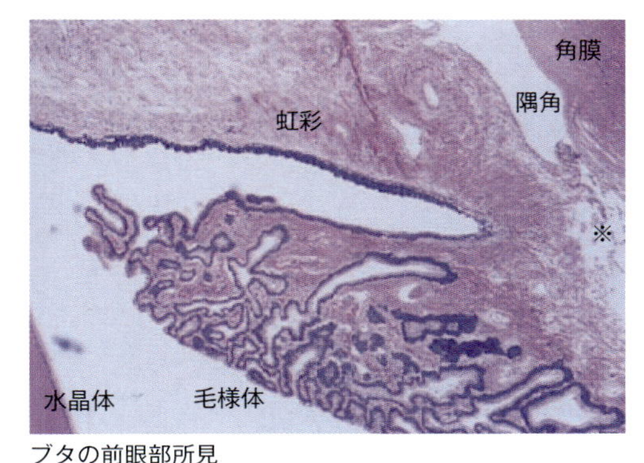

ブタの前眼部所見
※印：強膜-ぶどう膜流出路

ブタの眼

①ブタ眼の視軸は35°、両眼の視軸角は70°であり、正面視で両眼視が可能である。

②シュレーム管は存在しないが、強膜-ぶどう膜流出路が発達している。

③昼行性で、タペタムは存在しない。

④網膜血流は主として毛様網膜動脈から受ける。

⑤ブタの眼球は前後方向に扁平で、視神経が後極の腹側（下側）に位置する。

⑥視神経篩板を有する。

⑦ブタは軽い近視と思われる。

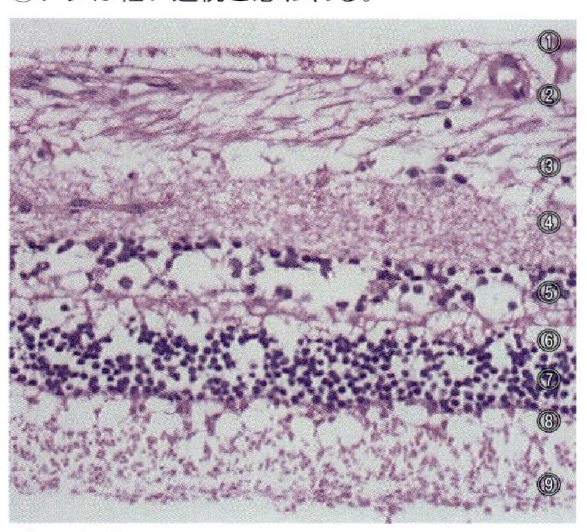

ブタの網膜
①内境界膜　②神経線維層　③神経節細胞層
④内網状層　⑤内顆粒層　⑥外網状層　⑦外顆粒層
⑧視細胞層　⑨視細胞外節

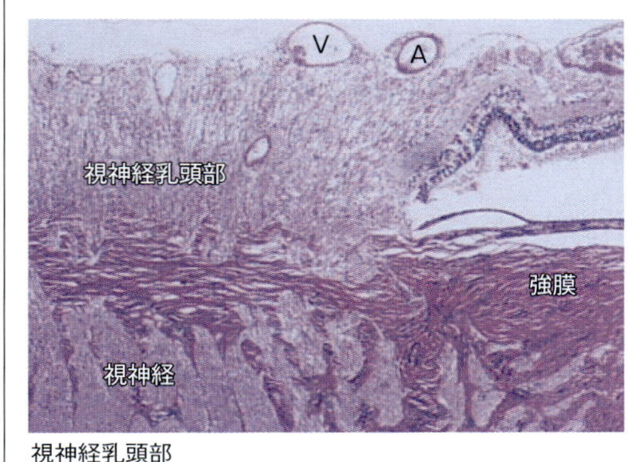

視神経乳頭部
A：毛様網膜動脈　V：静脈

ブタの眼2　水晶体

眼科医の多くはブタの眼を“トン眼”と呼び、白内障手術の練習（ウエットラボ）に用いてきた。白内障手術は顕微鏡下手術であり、その手技習得にはウエットラボが不可欠である。ブタの眼の大きさがヒトの眼の大きさに近いこと、ブタは精肉消費が多く、容易に入手しやすいこと、などの理由から、ブタの眼が白内障手術の練習に用いられる。

しかし、ブタの摘出眼とヒトの眼は微妙に違いがあり、ブタの摘出眼によるウエットラボだけで、ヒトの白内障手術が出来るわけでないのは当然である。

ブタの摘出眼によるウエットラボと人眼の白内障手術との違いに対する注意点

①ブタの摘出眼球では、出血もせず、痛がりもせず、失敗も容認され、術者のストレスも少ない、
②ブタ眼の水晶体厚は人眼の2倍近い、
③ブタ眼は生後6～7か月若齢のため、水晶体の加齢変化（水晶体核）がない。

計測値 mm	ブタの摘出眼	ヒト参考値
眼球縦径	21.50～22.00	
眼球横径	2250～23.50	
眼球前後径	19.90～20.60	23.83～24.37
角膜縦径	11.50～12.50	
角膜横罫	14.29～14.50	11.0～12.0
瞳孔縦径	7.60～8.70	
瞳孔横径	9.50～10.50	
水晶体縦径	9.35	9
水晶体横径	9.64	9
水晶体厚み	7.8	4

精肉用のブタ眼（年齢生後6か月）の眼球計測値（6頭）
ブタの眼球はヒトより若干小さめであるが、白内障手術の練習用には適している大きさである。
（注：上記の瞳孔径は死後の瞳孔径である）

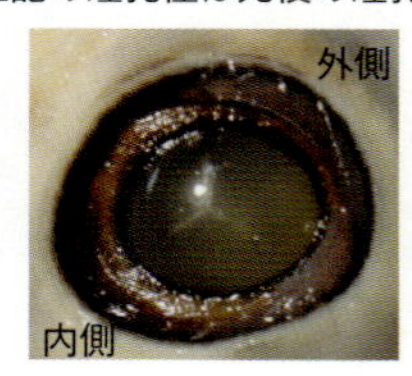

ブタの摘出眼球
（角膜を一部切除後）
角膜は正円形ではない。

④ブタ眼の後嚢は、線維が太く、人眼より強い、
⑤ブタ眼の角膜は厚い、
⑥ブタ眼の前・後嚢は皮質と分離しにくい、
などの微妙な違いもある。

精肉用のブタは、軟らかい肉が好まれ、生後6～7か月で屠殺される。ブタはヒトの美食の犠牲動物である。

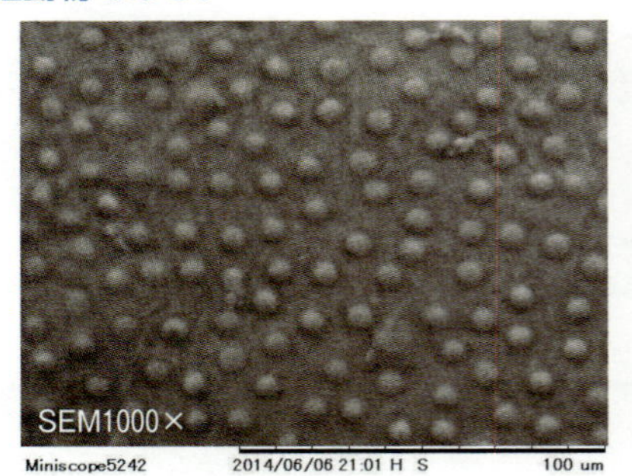

30男子の水晶体前嚢細胞の核

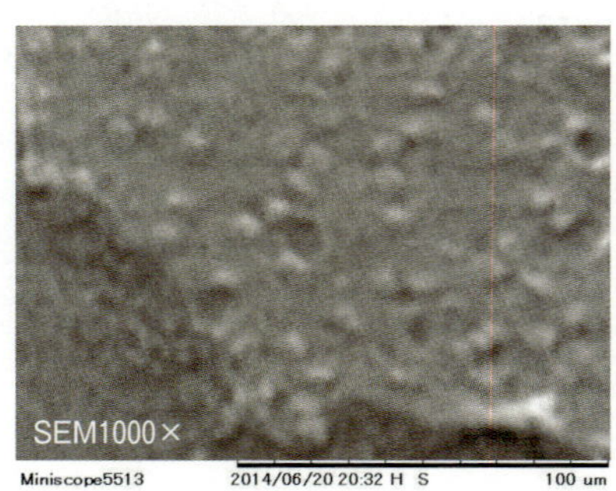

ブタの水晶体前嚢細胞の核。前嚢と皮質の分離が悪く前嚢細胞の核は不鮮明である。

ブタの水晶体後嚢線維は太く丈夫である。

クマの眼 1

陸生変温動物の冬眠

ヘビ、カエル、カメ、昆虫など変温動物は、体温が外囲温度に並行して低下すると、摂食や運動を中止して代謝活動を著しく低下させ、冬眠する。

恒温動物の冬眠

コウモリ、リスなどの小型の恒温動物も冬眠を行う。小型の動物では、体重に対する表面積の割合が大きいため、体温を維持するために大量のエネルギーを必要とする。食料の乏しい冬季ではこれを維持するだけの栄養を摂ることが出来ず、小型恒温動物は冬眠せざるを得なくなる。

大型動物であるクマは、冬ごもりを行うが、これは真の冬眠ではなく、むしろ睡眠に近い状態であり、体温の低下も数℃以内で、わずかな刺激で目覚める。

クマの眼

①クマの眼軸は体の正中線に対して30度外側にあり、両眼の眼軸角は60度で、外側優位に位置している。

②両眼の視野が重なる領域は狭く、両眼視機能はない。

③クマは視野も視力もあまり良くないが、動くものには鋭敏に反応し、動体視力が良い。

④「森でクマに出会ったら死んだまねをすると安全」と言われるのは、クマは動かないものには気づきにくく、動くものにはよく反応するためであるが、クマの嗅覚は鋭いので死んだまねをしても危険である。

⑤平成22年の夏は異常猛暑で、秋に木の実が少なく、里に下りてきたクマによる被害が多発した。「クマに遭遇したら、クマの眼を見ながら後ずさりで逃げろ」と報道されていたが、クマは、視力が悪いが、動くものには敏感に反応するからである。

ホッキョクグマ

ヒグマ
日本に生息する陸棲哺乳類で最大の種で、成獣では体重300～500kgにおよぶ。

クマの眼２　パンダの眼

ジャイアントパンダは中国で進化し、現在では中国のごく限られた地域にわずかな頭数が残存する。竹食を中心とした草食傾向が極めて高い雑食性の大型哺乳類である。白と黒にはっきりと分かれた体毛が際立った特徴であり、オカピ、コビトカバとともに「世界三大珍獣」とされている。以前から知られていたレッサーパンダに対して、ジャイアントパンダと区別されているが、２種のパンダにはいくつかの共通点があり、中でも、ヒトの親指と同じ役目を果たすよう進化した手根骨「第６の指」の存在である。DNAや系統学的解析により、ジャイアントパンダはクマ科、レッサーパンダはレッサーパンダ科に分類される。

レッサーパンダ

パンダの眼

①パンダが可愛いのは眼の周りが黒く、一見、眼そのものが判別しにくいからと思われる。

②眼の周りの黒い模様が、一見、タレメに見える。しかし、パンダの眼瞼は吊り上っている。

③瞳孔括約筋の一部が虹彩の上下方向に伸びているため、瞳孔は縦長楕円である。

④パンダの視力や視野は良くないが、白と黒の体色が仲間同士の識別に役立っている。

ジャイアントパンダ

野生動物との共生

ホッキョクグマはオスの成獣で体長2.5～3.0mで体重250～600kg、メスは一回り小さく体長1.8～2.5mで体重100～300kgほどになる。

全身が白い体毛に覆われ、白熊とも呼ばれる。多くの哺乳類の体毛は光が透過しないのに対し、ホッキョクグマの体毛は光が透過し、内部が空洞になった特殊な構造のために、散乱光によって輝いて見える。透明の体毛は陽光の通過を妨げず、陽光は皮膚にまで届き、皮膚を暖め、熱は体毛に保護され、容易に失われることはない。また、体毛内の空洞も蓄熱の役割を果たすという巧みな保温機構を有する。視力はあまり良くない。

高速道路が出来て山梨は東京に近くなった。しかし、トンネルの上は小仏峠、クマが出るのは昔と変わらない。甲州街道の県境には今も東京府と神奈川縣の境界碑が建っている。

ツキノワグマは日本各地に生息し、危険生物として猟銃の標的にされ、餌の少ない山奥で生きるためには大変である。動物園のツキノワグマは三食昼寝付き、どちらが幸せであろうか？
拡張する大都会東京の境界に棲むクマとの共生が長く続くことを祈らざるを得ない。

ツキノワグマ
日本各地に生息する夜行性の雑食生物で、体重は300Kg 以下とヒグマに比べて小さい。

熊出る峠を越へれば東京都

NHK俳句　佳作　兼題「熊」

平成22年 3 月号

有柄眼

カニやエビ、アミなどの甲殻類やハエや深海生物の一部には長い有柄の先端に1対の眼を有するものがある。これを有柄眼（stalk-eye）という。

①トビメバエ（Diopsidae）科のハエは有柄眼をもち、長いものでは体長より長い有柄をもつものもいる。

②トビメバエのオスはメスよりはるかに長い有柄である。

③トビメバエのメスは長い有柄眼をもつオスを好む。

④有柄眼をもつハエの遺伝的多様性は条件依存的に信号伝達する。

⑤長い柄は視覚情報、特に、広い視野を得るためには有利である。

⑥長い柄の先端にある眼で得た視覚情報をどのように定位するかは不明である。

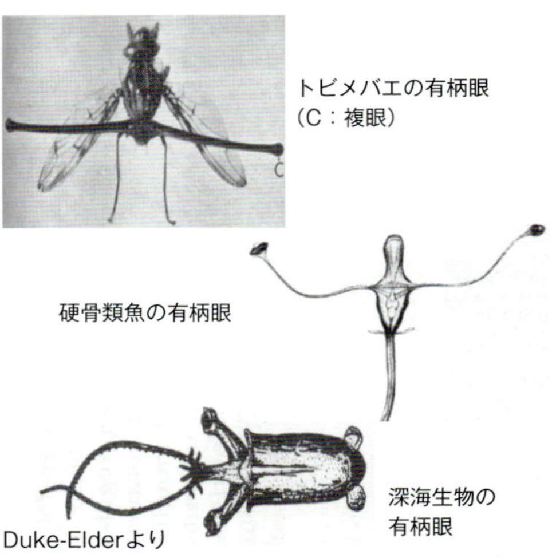

トビメバエの有柄眼
（C：複眼）

硬骨類魚の有柄眼

深海生物の
有柄眼

Duke-Elderより

チコガニの有柄眼

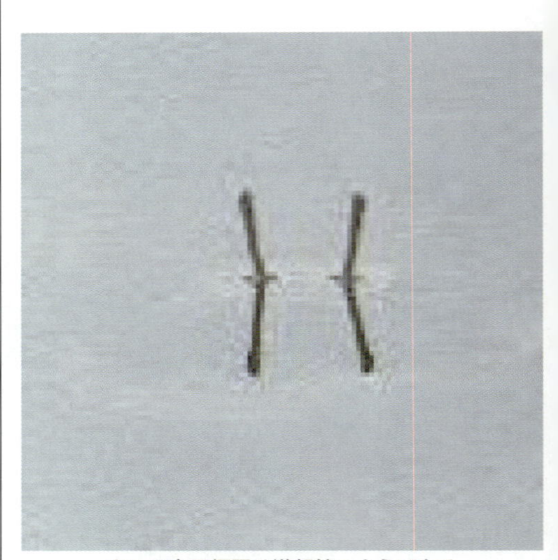

カニの有平柄眼は潜望鏡のようである

有柄眼を持つハエ
柄の先端に複眼がある。

複眼 1

複眼は節足動物の昆虫類と甲殻類にみられる。複眼は複数の個眼が集まってできた眼で、それぞれの個眼は1個のレンズと複数の視細胞を有する。

昆虫は、節足動物門汎甲殻類六脚亜門昆虫綱の総称で、昆虫の特徴は

1）卵生で、頭・胸部・腹部に分かれ、二対の羽根と触覚を有し、足は6本ある。

2）1対の複眼を有し、他に数個の単眼を有するものもある。

3）昆虫は紫外線を認識する能力を持っており、紫外線の多い電灯に集まるが、紫外線の少ないLEDには集まりにくい。

4）光の波長感度特性から、夜行性昆虫か否かが決まると思われる。

甲殻類は、節足動物甲殻亜門に属する動物の総称で、エビ、カニ、オキアミ、フジツボ、ミジンコなどを含む非常に大きなグループで、眼は複眼である。

カブトガニは、生きた化石と言われる節足動物で、甲殻類でなく、カニよりクモやサソリに近く、三葉虫にも似ているが、複眼である。

複眼（compound eyes）

①複眼は、個々が独立した**連立像眼**と、光学的に統合されている**重複像眼**に分類され、それらはさらに少しずつタイプが異なっている。動物により、視器として未熟なものもあり、発達の程度が様々である。

②連立像眼は、個眼がそれぞれが独立した光受容器で、それぞれに数個の視細胞が存在し、視機能としてはグループ統合され機能する。

③重複像眼は、いくつかの個眼のグループが視覚情報をモザイク的に感知して、鋭敏に認識する。

④イエバエで約2000、ホタル2500、トンボ類で約2万8000個の個眼が集合して複眼を構成する。多い方が動体視力は良いが光感受性は低下する。

⑤複眼の解像力は、ミツバチでヒトの100分の1、ショウジョウバエで1000分の1とされている。

⑥一般に、複眼では動くものを察知しやすいが、視力は悪い。

⑦複眼は光の短波長側に感受性が高く、紫外線部分も感じ取る。

⑧ミツバチは偏光の方向を認識する働きがある。

⑨複眼の周囲にある毛には光の方向を認識する役割がある。

⑩複眼を構成する光受容器（個眼）の構造は、昆虫や甲殻類の種類により様々である。例えば、

A）レンズが屈折率の異なった円柱レンズで、焦点合わせをするもの：蛾など

B）個眼の側面が鏡のような反射板で、焦点合わせをするもの：ロブスターなど

C）隣接する個眼の光刺激が混入して、焦点合わせをするもの：ツチボタルなど

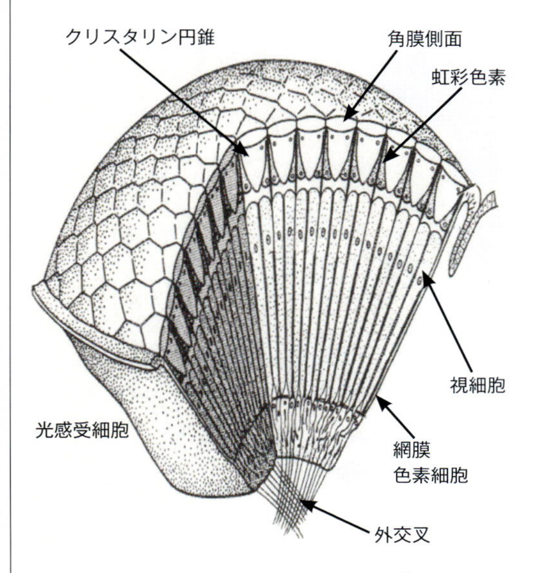

複眼の割面：Duke-Elderより改変

複眼 2　正六角形（ハニカム構造）

正六角形（ハニカム構造）の意義

①ハニカム構造はミクロからマクロの世界において、自然の織りなした安定構造である。
②複眼の個眼、ヒトの角膜内皮細胞、蜂の巣、ハムシの卵表面、ベンゼン環など自然界には正六角形が多い。
③正六角形は形態的に強度が保持しやすい。
④光の収束から考えれば角膜は球状（円形）が望ましい。（正三角形や正方形だと乱視や収差が大きくなる）
⑤複眼の個眼が球状だと個眼間に隙間が生じ集光率が悪くなる。

カマキリの複眼の個眼
多くの複眼の個眼は正六角形である

蜂の巣も正六角形が多い

以上の理由から複眼の個眼は正六角形が多
視機能の良い複眼ほど正六角形である。視機
の未熟な昆虫の個眼は正六角形でなく、球状
ある。

茄子の葉に産み付けられたハムシの卵表面も正六角形

ヒト33歳女性の角膜内皮細胞
ヒトの角膜内皮細胞はポンプ作用とバリア機能がある。角膜内皮細胞間がしっかり密着していないと角膜を透明に維持できない。そのため角膜内皮細胞は正六角形である。高齢と共に正六角形が崩れ、細胞は大きくなる。

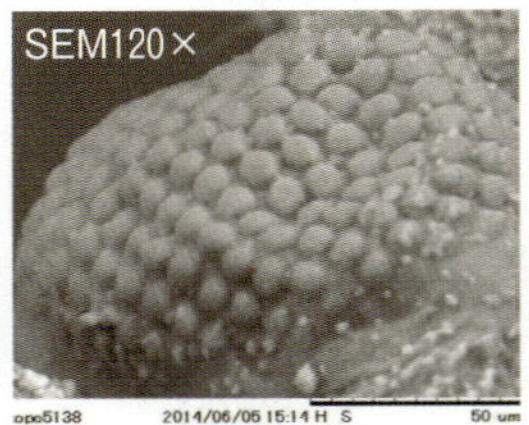

杏の木に寄生したアブラムシの複眼。個眼は正六角形でなく、個眼間に光学的に無駄なスペースが生じている。

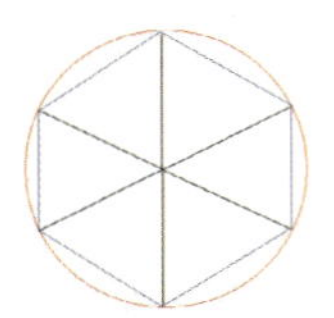

正多角形の基本は正三角形である。そして、正方形、正五角形、正六角形となり、円形は正無限大形に相当する。

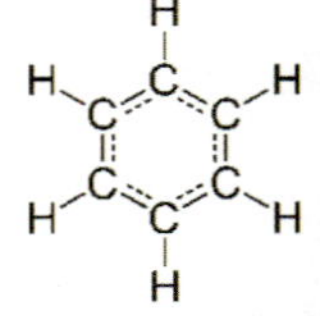

分子レベルのベンゼン環も六角形で安定している。

ハチ類の眼1　スズメバチの眼

スズメバチは、ハチ目スズメバチ科に属する昆虫で、ハチの中でも比較的大型の種が多く、性格は獰猛である。世界で24種、日本に7種が生息している。軒下に球状の巣をつくるのが、キイロスズメバチ、山林の地中に巣をつくるのがオオスズメバチである。

オオスズメバチの体長は、働き蜂（雌）が25〜40mm、女王蜂は40〜45mm、雄は30〜40mm程度と大きい。

スズメバチの生態

スズメバチの女王蜂は秋に雄と交尾をし、精子を腹部の受精嚢に保存して、土の中や朽ちた木の中で越冬する。女王蜂以外は越冬できず、死滅する。

春になると女王蜂は、巣作りをし、受精卵で産卵し、幼虫から働き蜂を育てる。働き蜂が沢山育ったら、女王蜂は産卵に専念する。1匹の女王蜂は1000個程度、産卵する。受精卵で生まれる働き蜂は全てが雌である。受精卵から生じる幼虫のうち、栄養の良いのが、将来の女王蜂候補になる。

女王蜂は、秋になり、受精嚢の精子が無くなると、無精卵を産む。無精卵からは雄が誕生する。雄は巣を出て、他の巣の女王蜂候補と交尾し、越冬する。

雌のみが毒針を有し、針の先端は釣り針のような「かえし」があり、一度刺さったら抜けず、引っ張るとハチの内臓ごと針が敵の体内に残され、ハチは死んでしまう。

スズメバチの眼

①一対の大きな複眼と3個の単眼を有する。単眼には虹彩は存在しない。

②複眼を構成する個眼は100前後と少ない。

③従って、視力は良好でないが、昼は活発な行動をとり昼行性である。

④色覚はなく、白黒濃淡で視覚情報を得ている。

⑤黒に対しては攻撃的になる習性がある。

⑥300〜400nmの紫外線も認識する。特に、365nmの紫外線に集まる習性がある。

ハチ刺され

2回目以降刺されたときは60%の確率で、アナフィラキシーショックになり、死の危険性もある。刺されて1〜2時間が最も危険である。救急外来を受診すべきで、常時、緊急用に携帯用ボスミン注射（エピペン）を用意するか、ハチ毒（Pharmalgen）による減感作療法を受けておくと良い。

上はキイロスズメバチ、下はオオスズメバチ

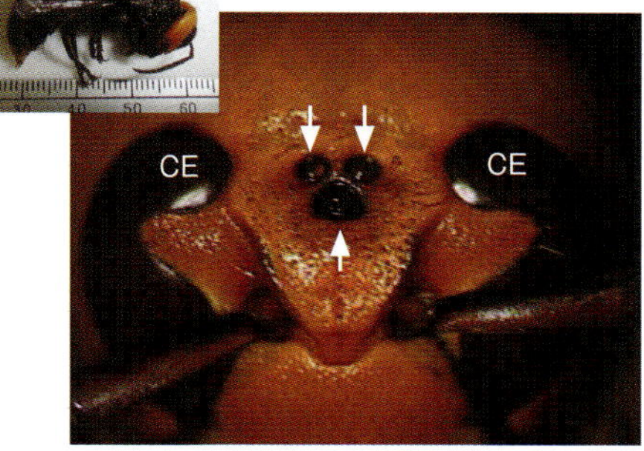

オオスズメバチの頭部1対の大きな複眼（CE）の間に小さな3個の単眼（矢印）が見られる。単眼には虹彩がない。

天井裏のキイロスズメバチの巣

キイロスズメバチの巣の内部

徳利型したコガタスズメバチの巣

ハチ類の眼２　コマルハナバチの眼

ハナバチは、ハチ目の昆虫のうち、幼虫の餌として、花粉や蜜を蓄えるものの総称である。代表的なものは、ミツバチ、クマハナバチ、マルハナバチなどがある。

コマルハナバチの働き蜂の体長は12～26mmと大きく、周囲を飛び回られると恐怖を感じる。働き蜂は４月～６月に出現し、野ぶどうなどを好む。

複眼（CE）、矢印は単眼。触覚を切除してある。

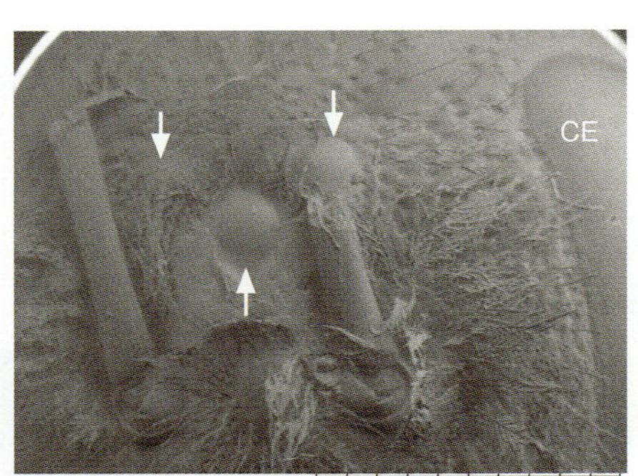

SEM40×
複眼（CE）、矢印は単眼。触覚を切除してある。

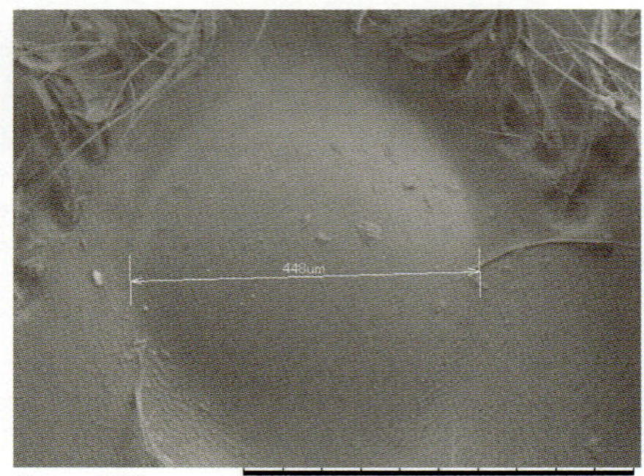

SEM200×　中央単眼の直径448μm

コマルハナバチの眼

①一対の複眼に３個の単眼が認められる。

②真ん中の単眼は他よりやや大きい。単眼の機能の役割は明暗に関係しているとの説もある。

③複眼はクチクラ層で覆われており、SEMで綺麗に描出できない。

④コマルハナバチに限らず、ハチは300～400nmの紫外線を認識可能である。300nmより短波長の紫外線はハチにとっても有害であり、活用することが出来ない。

⑤ヒトには同色に見える花でも、ハチは花から反射される紫外線を波長ごとに分別する。

⑥ハチは形体認識より光の波長分析が主である

⑦ハチはヒトに見えない紫外線を色としてではなく、周波数差として感じている。

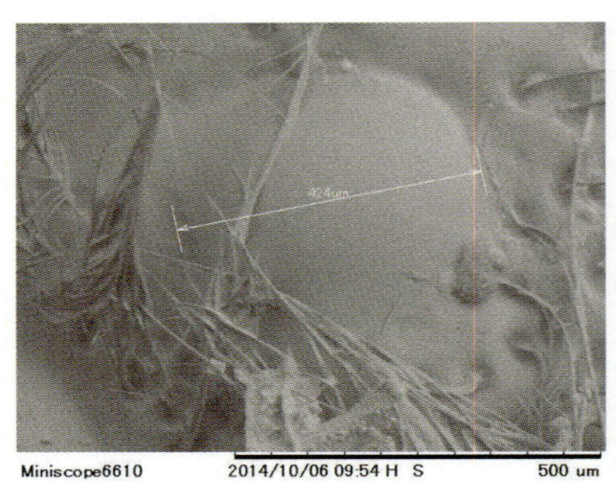

SEM200×　左側単眼の直径424μm

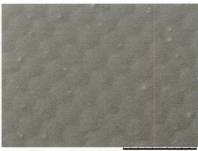

SEM600×
複眼はクチクラ層に覆われて、SEMでは綺麗な描出が出来ない。

ハチ類の眼3　ハチの幼虫の眼

足長蜂の幼虫、いわゆる「蜂の子」である。軽く炒って食べると美味である。体長は2cm前後である。

ハチの幼虫（蜂の子）

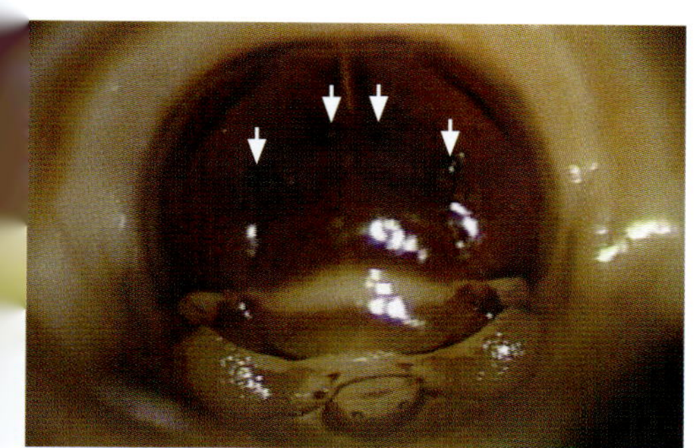

実態顕微鏡中等度拡大写真（頭部正面像）
下方外側と上方内側に2対の単眼を認める（矢印）。

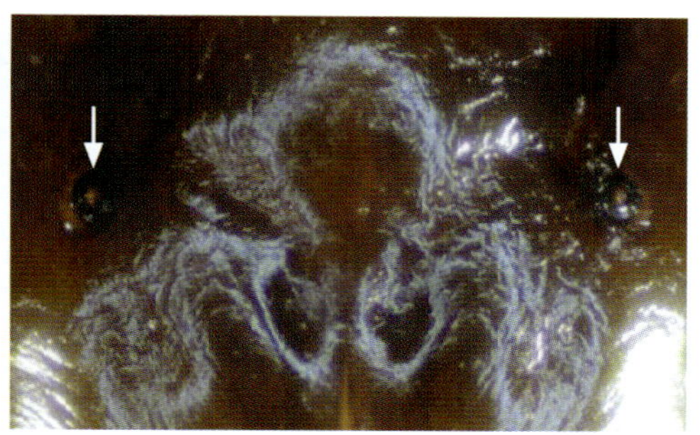

実態顕微鏡強拡大写真（外側の単眼）
眼には黒い色素と瞳孔様の白い反射が見える（矢印）。

ハチの幼虫の眼

①複眼はまだ観察されない。

②2対の単眼が観察される（矢印）。内側の単眼は小さく判りにくいが、外側の単眼は明瞭である。

③幼虫の単眼の位置や配列は成虫の単眼と異なっており、幼虫の単眼がそのまま成虫の単眼になるわけではない。

④単眼を強拡大すると、色素や角膜が観察される。外見上はホタテガイの単眼に類似している（後述）。

⑤単眼に強い光を当てると、光から逃避行動をする。

⑥ハチの幼虫は巣の中で過ごし、視覚を活用する必要もないが、強い光に逃避行動とるので、明暗の判別程度と思われる。

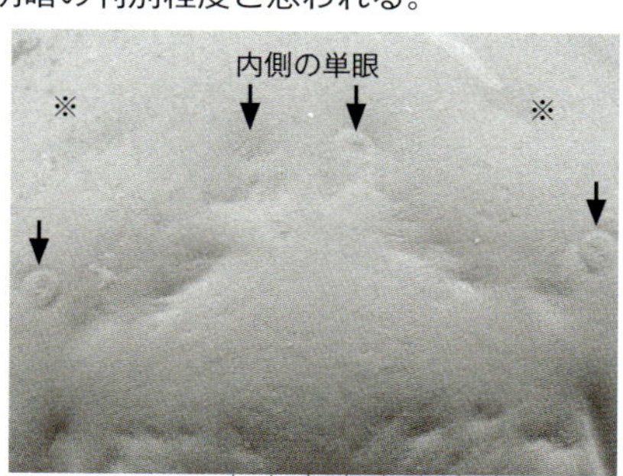

SEM60×
4対の単眼のうち内側の単眼は不明瞭である。
※は将来複眼になると予想される位置

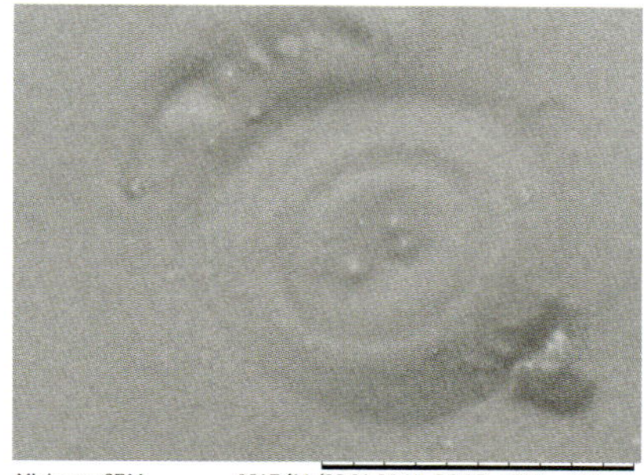

SEM800×　右側の外側単眼

ハチ類の眼４　クロオオアリ（１）

アリは、昆虫綱・ハチ目・スズメバチ上科・アリ科に属する昆虫で、世界で１万種以上、日本で280種以上が知られているが、分類学上、アリとハチは極似している。日常、我々が遭遇するのはクロオオアリ、ヤマアリである。

アリの眼

①ヤマアリは一対の複眼と三個の単眼を有する。クロオオアリは一対の複眼のみで、単眼は無い。ただし、同じ種のアリでも女王アリや働きアリのように分担により単眼の有無に差があるかは不明である。

②アリは視覚より嗅覚が優位で、仲間同士の情報は主として嗅覚で行なっている。

③昼でも真っ暗な巣内で活動し、行動は昼行性だが、視覚は夜行性である。

④アリの複眼を写真撮影すると、眼の一部が白く反射する。これは複眼の表層に輝板と同様な働きを有し、僅かな光でも反射させて視覚情報を得ているか、捕食者を威嚇する作用があると考えられる。

⑤角膜は253nm の紫外線を通過して、輝板で蛍光を発生させ、視覚情報としている。

⑥アリはいろいろな化学物質を化学信号として識別する触角が発達している。

⑦仲間同士の情報交換や物の識別には視覚は殆ど利用されていない。

体長６mm のクロオオアリ

クロオオアリは一対の複眼のみで、単眼は無い。複眼の一部が光りに反射する（矢印）

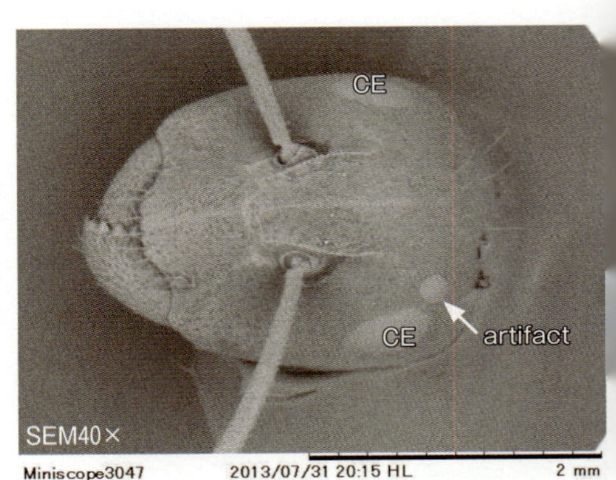

クロオオアリの頭頂部に単眼は無い。（CE：複眼）

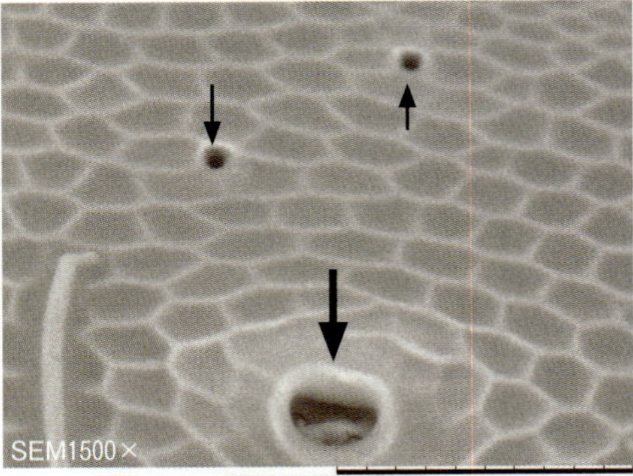

クロオオアリの頭頂部に単眼は無いが、２個の小孔と１個の大孔がある。これらは匂い物質の分泌と嗅覚に関係すると思われる。

ハチ類の眼 5　クロオオアリ（2）

クロオオアリはハチ目・アリ科・ヤマアリ亜科・オオアリ属に分類され、体長 1 cm前後の比較的大型のアリである。アリは社会性昆虫で、同一種でも社会性集団の階層により形態も微妙に異なると思われる。

クロオオアリの眼

①クロオオアリは 1 対の複眼を有するが、単眼は存在しない。頭頂部には触毛がある。

②行動は昼行性だが眼は夜行性である。

③触覚が発達していて、視覚はあまり利用されていない。

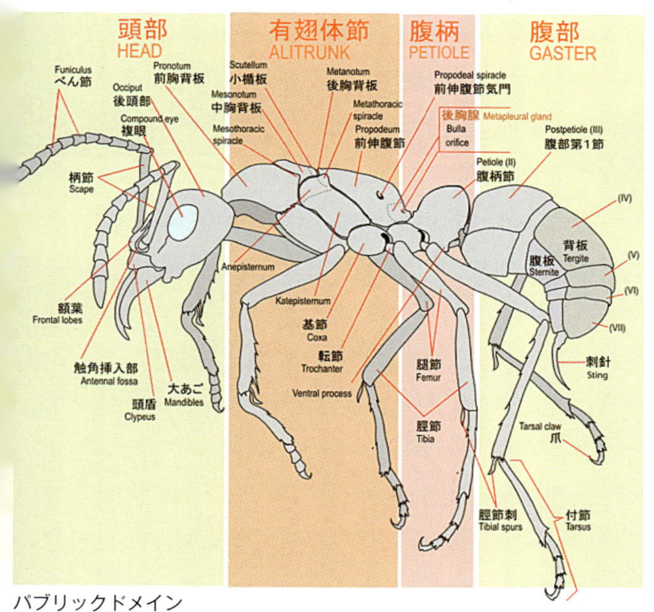

パブリックドメイン

クロオオアリ

社会性昆虫

社会性昆虫とは、ハチやシロアリのように、集団を作り、その中に女王や働き蟻（蜂）のような階層を形成する昆虫。この集団は実際には家族集団であり、内容的には人間の社会集団とは大きく異なる。

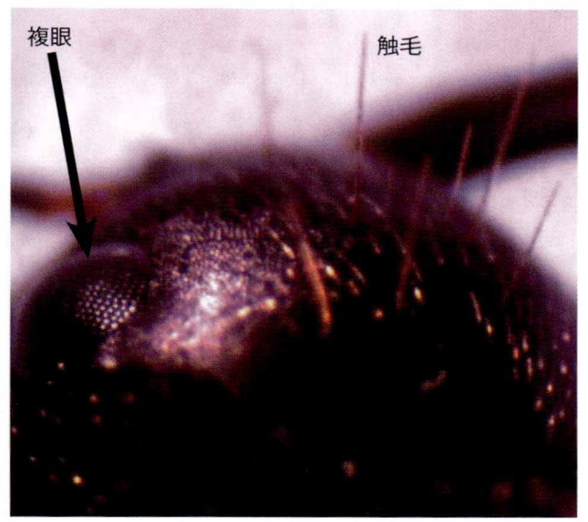

頭頂部に単眼はなく、触毛がある

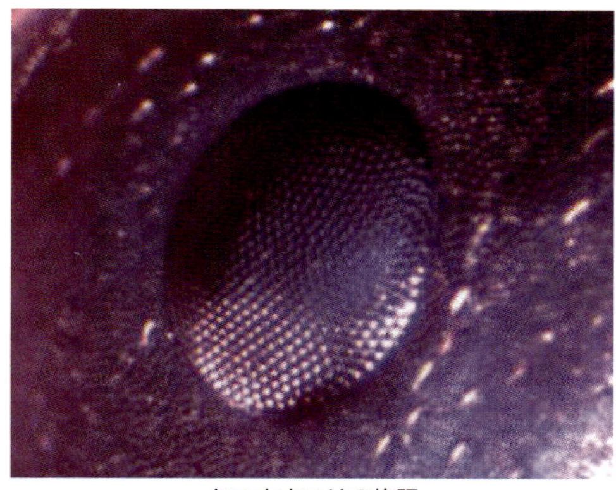

クロオオアリの複眼

ハチ類の眼6　ヤマアリ　SEM所見

ヤマアリの眼

①ヤマアリは一対の複眼と3個の単眼を有する。

②複眼の個眼は整然と並んでいるようだが、部分的な乱れを認める。それは個眼がグループで視覚情報を獲得しているためと思われる。

③複眼の長径443μm、単眼の長径35.8μm、個眼の長径18μmであった。

④個眼は五角形や六角形などさまざまの形をしていた。

⑤単眼の視軸はそれぞれ別な方向を向いているが、視機能や役割については不明である。

⑥複眼の個眼間に微毛が認められるが、その働きは不明である。

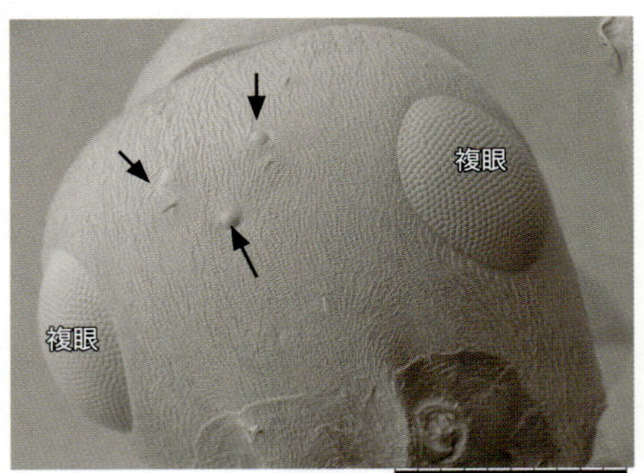

Miniscope0434　2012/12/29 09:57 F T　500 um

SEM180×凹凸強調画像
矢印は単眼

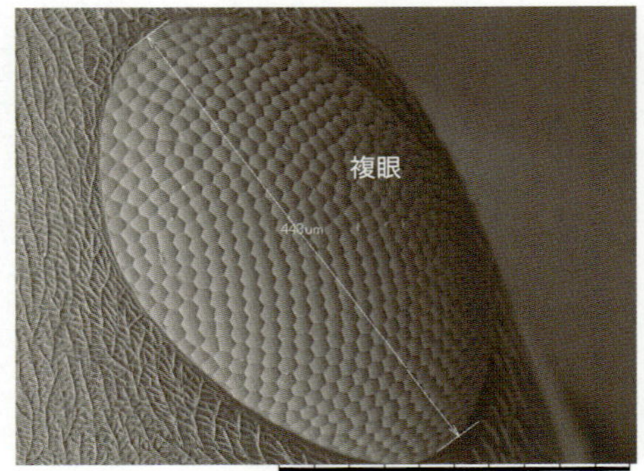

Miniscope0425　2012/12/29 09:40 F S　300 um

SEM300×影2強調画像
個眼の配列が微妙である

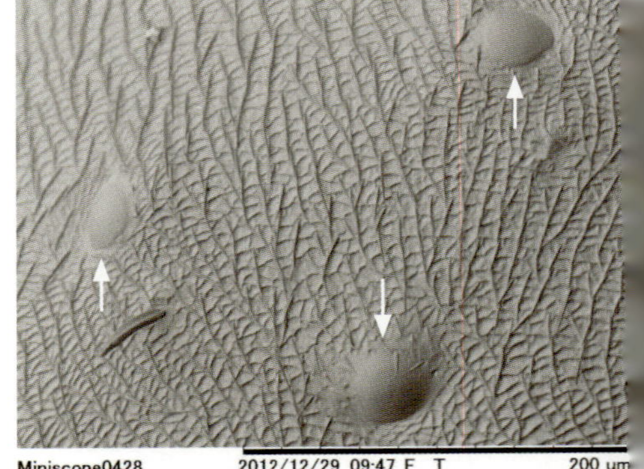

Miniscope0428　2012/12/29 09:47 F T　200 um

SEM500×
矢印は単眼（単眼の視軸は別々の方向を向く）

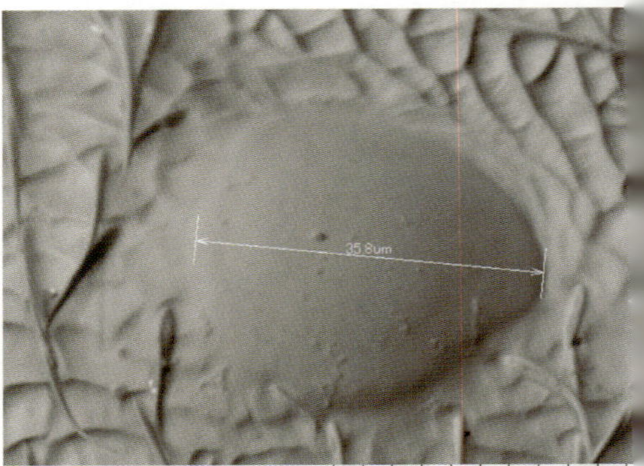

Miniscope0430　2012/12/29 09:49 F T　30 um

単眼の長径35.8μm

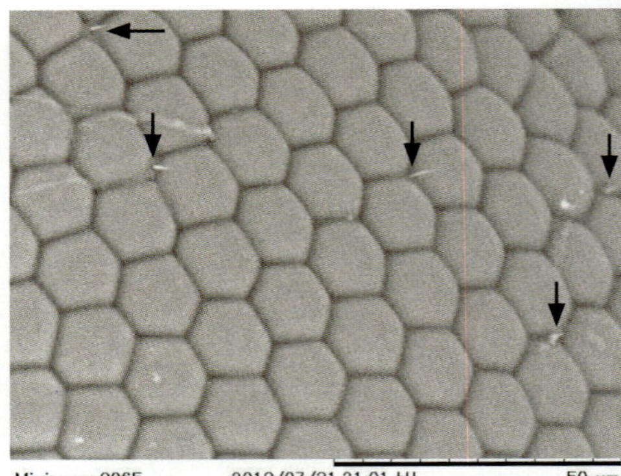

Miniscope3065　2013/07/31 21:01 HL　50 um

SEM1500×
複眼の個眼間に微毛がみられる（矢印）

ハチ類の眼７　クロアリの羽アリ

①一般のアリは，ハチと同様に社会性昆虫で、雄・雌・働きアリの三つの形態がある。
②若いアリの雄と雌には羽があるので，羽アリとよばれている。
③羽アリは雌が大きく、雄が小さい。産卵行動をとる。
④我々がよく目にするアリは働きアリで、雌であるが産卵しない。
⑤働きアリのなかで，体と頭がとくに大きいものが兵アリである。
⑥羽アリは春から夏にかけて，家のあかりなどにあつまってくる。

クロアリの羽アリ

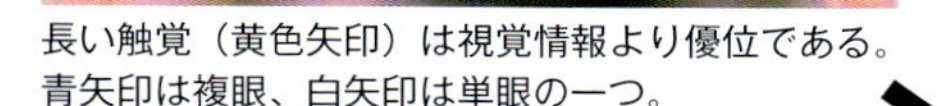

長い触覚（黄色矢印）は視覚情報より優位である。
青矢印は複眼、白矢印は単眼の一つ。

クロアリの羽アリの眼

①一対の複眼と３個の単眼を有する。
②複眼は頭部に比して、あまり大きくない。
③３個の単眼の大きさは同じである。
④真中の単眼は上方を、左右の単眼は外方を向いている。
⑤単眼は形態的にも視機能は良くない。
⑥光に反応し、走光性がある。
⑦視覚より触覚が優位である。

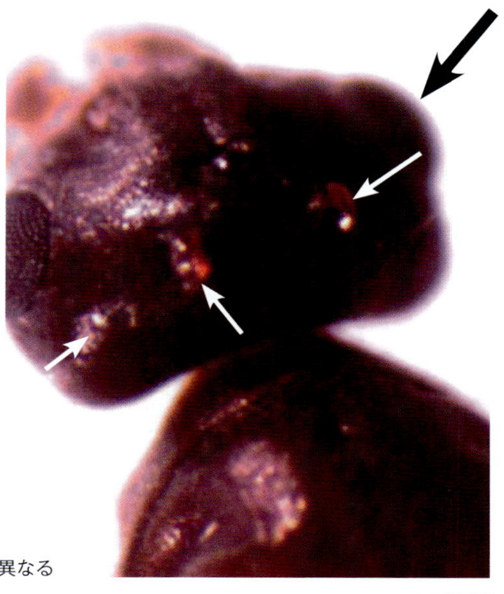

右図は上方から見た羽アリの頭部
大矢印は複眼、小矢印は単眼、それぞれの視軸が異なる

ハチ類の眼8　アカアリの眼

アカアリは体色が赤褐色または黄褐色のアリの俗称で、アズマオオズアカアリ、エゾアカヤマアリ、ツノアカヤマアリをさすことが多い。日本でよく見るのは体長2mm前後の小型のアカアリである。

アカアリの眼

①アカアリは体長約3mmと小さいが、1対の複眼と3個の単眼を有する。

②個眼の長径は16.1μm、単眼の長径は25.1μmである。単眼の長径が個眼の約1.6倍足らずで、単眼は視器としては極めて貧弱である。

③体全体が微毛に覆われており、視覚より、触覚が優位と考えられる。

SEM1800×　複眼の個眼の長径は約16.1μm

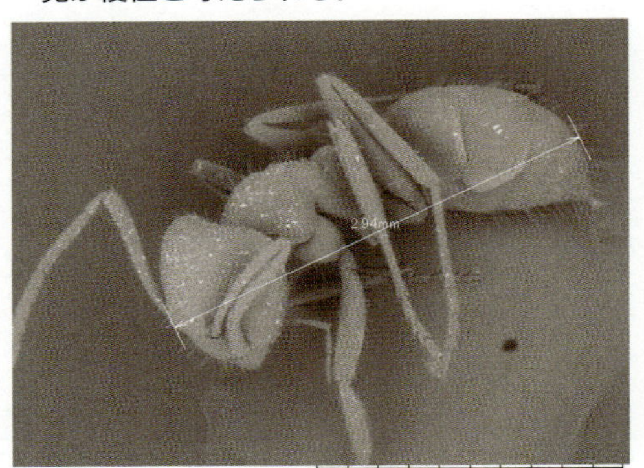

SEM40×　体長2.94mm

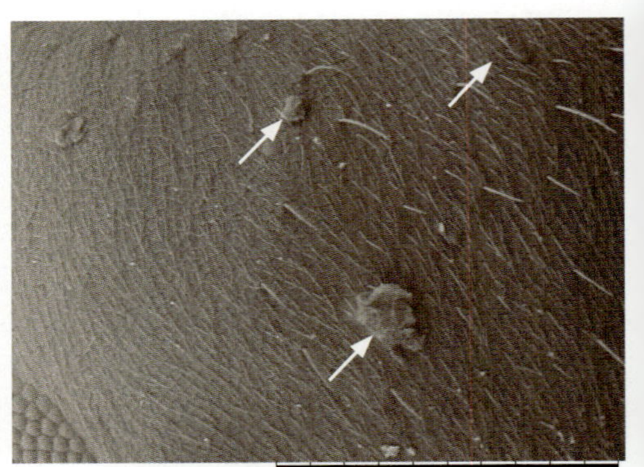

SEM300×　単眼3個を認める（矢印）

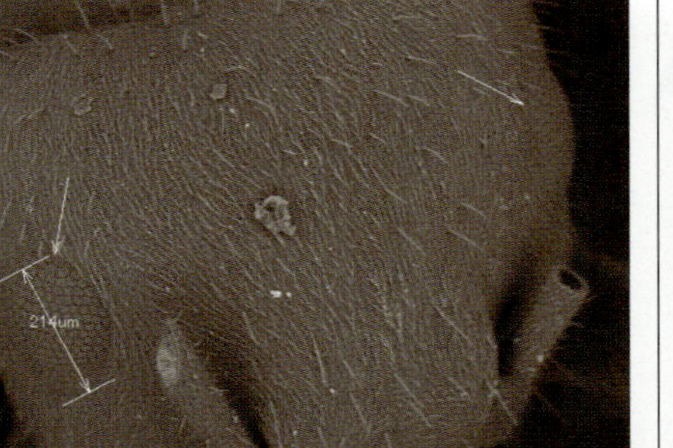

SEM150×　一対の複眼（矢印）。
複眼の長径は21μm～40μmと個体差がある。

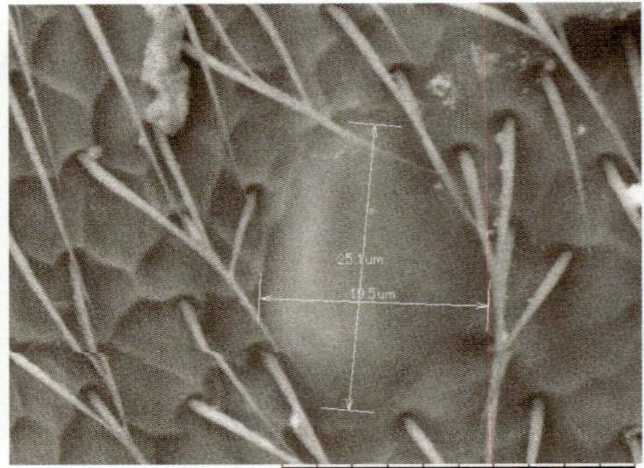

SEM3000×　単眼の長径25.1μm、短径19.5μm
アカアリは体中が微毛に覆われている。

セミ（蝉）の眼 1

セミは、カメムシ目（半翅目）・頚吻亜目・セミ上科に分類される昆虫の総称で、約3000種存在する。卵→幼虫→成虫と変態する。幼虫として地下生活は3－17年間（アブラゼミは6年間）、成虫は1－4週間と言われる。

セミの眼

①セミは1対の複眼と3個の単眼を持つ。
②単眼は複眼の間に位置し、赤く輝いている。
③複眼は球状で、その半分以上が露出しており、個眼は角膜を共有している。
④セミの抜け殻にも複眼の角膜が存在することから、複眼の角膜は体表の一部から各個眼の角膜が形成されたと考えられる。
⑤複眼の奥には、20数個の視神経孔と思われる孔が観られ、数十個の個眼がひとつのグループとなり、視神経束を形成し、視神経孔を通過する。
⑥複眼は形態視、単眼は明暗視に関与すると言われている。
⑦視覚情報の習得が未熟なので、形態視はあまり高度でない。
⑧幼虫は地中で3－17年間過ごすが、若い幼虫は全身が白く、目も発達しておらず、終齢幼虫になると体が褐色になり、大きな白い複眼が形成されている。羽化直前の幼虫は皮下に成虫の体が形成され複眼が成虫と同じ色になる。この頃には地表近くに出てきて地上の様子を窺い、羽化する場所を探す。
⑨単眼の赤い色素はカロチノイド色素で、ヒトの黄斑色素に相当する。

1対の複眼（CE）と3個の単眼（赤点）

ミンミンゼミ

セミの抜け殻にも角膜が残されており、体表の一部として角膜が形成されている

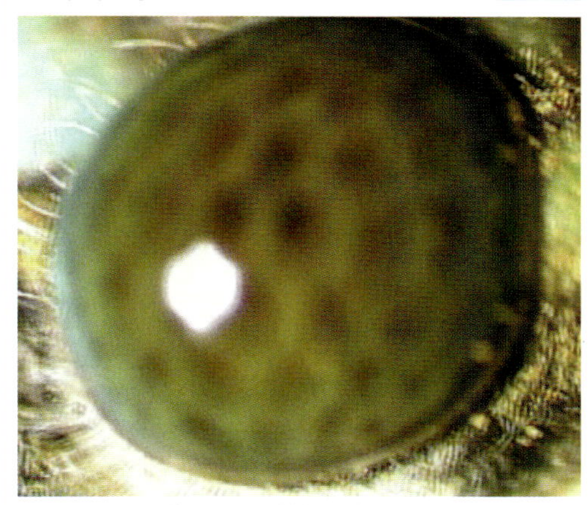
複眼には20数個の孔がある

単眼の赤い色素はカルチノイド

セミ(蝉)の眼２　アブラゼミの眼（１） 組織

アブラゼミ正面

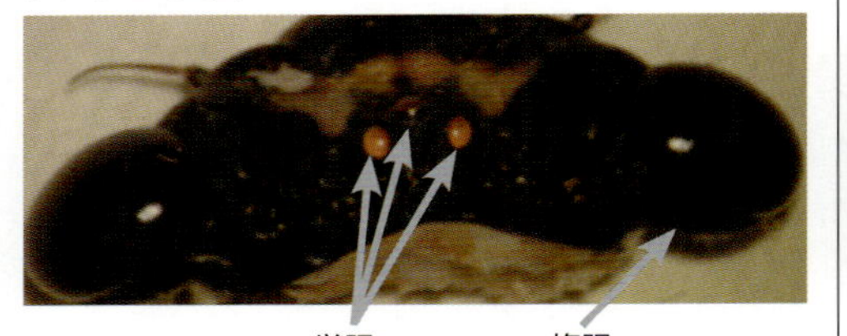

単眼　複眼

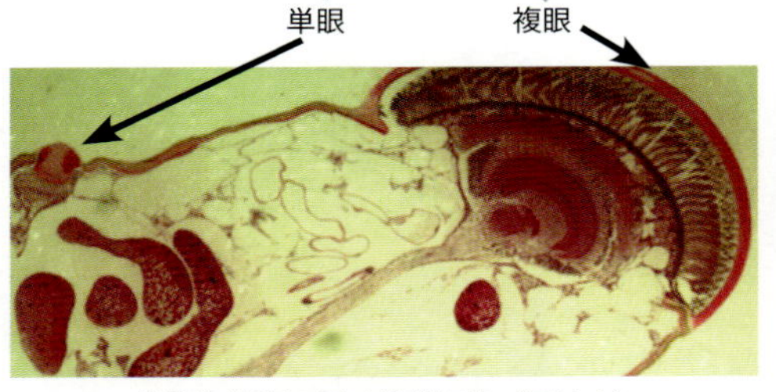

単眼と複眼の同時組織切片（弱拡大）

単眼の中拡大

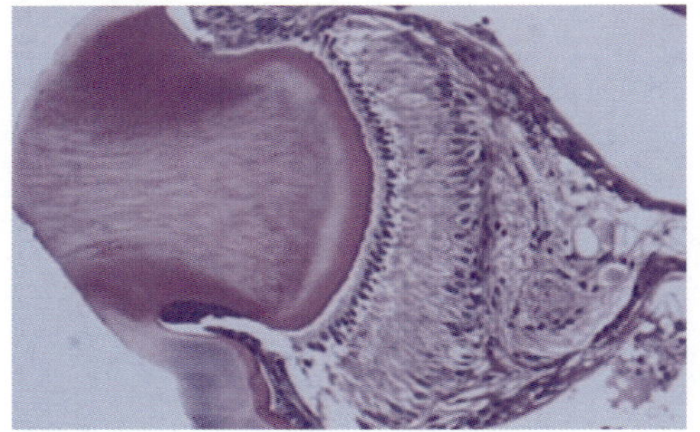

角膜と水晶体が一体化しており、水晶体直後に網膜が接している

単眼の強拡大

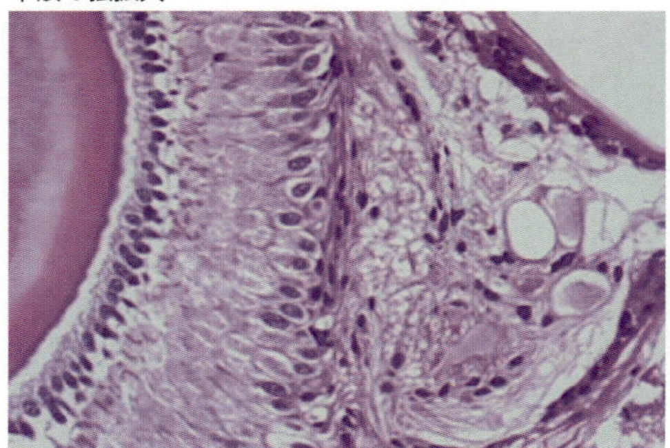

網膜の細胞構造は単純である

アブラゼミ側面

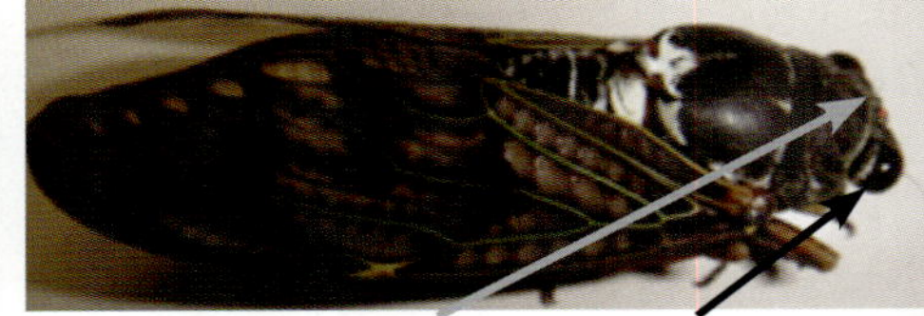

単眼（３個）　複眼（２個）

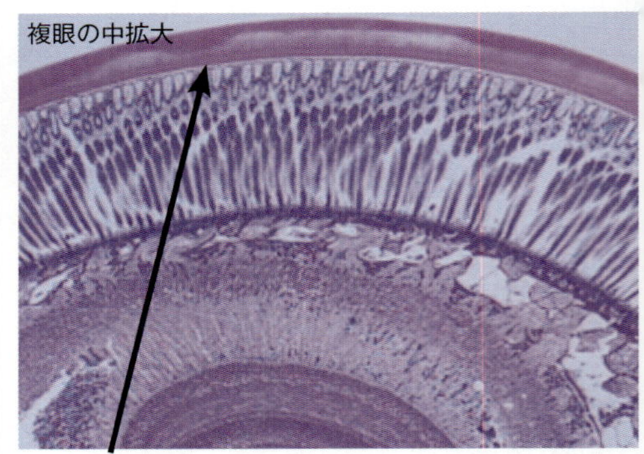

角膜レンズ　クリスタリン レンズ

複眼の強拡大

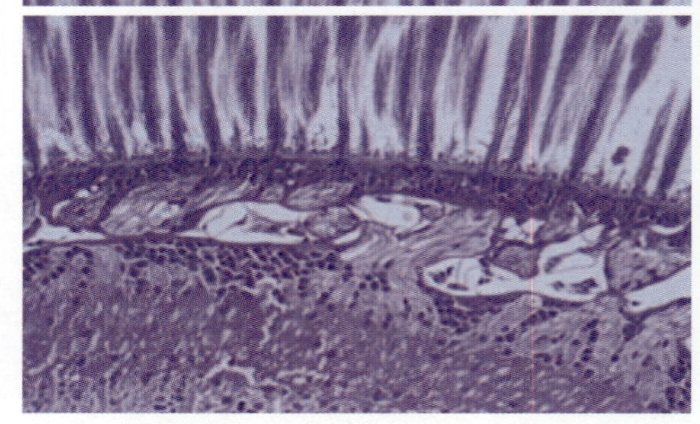

セミの複眼は大きく、個眼数が少ない。個眼のレンズはそれぞれ屈折が異なる多焦点レンズになっており集合複眼である。

セミ(蝉)の眼3　アブラゼミの眼（2）SEM所見

アブラゼミの眼　SEM所見

①3個の単眼のうち中央の単眼が一番大きく、それぞれの単眼の視軸は異なる方向を向いている。
②単眼がそれぞれ異なる方向を向いていることは、明暗以外の視機能を有していると予想される。
③中央単眼の長径754μm、外側単眼の長径575μm、複眼の長径3.06mm、個眼の長径48μmであった。
④複眼の個眼は角膜が透明なクチクラ層に覆われているため、表層を表現する走査電顕（SEM）では個眼が明瞭に描出できない。
⑤複眼の個眼の配列は部位により異なり、複眼はモザイク状に個眼がグループで視覚情報を獲得していると思われる。

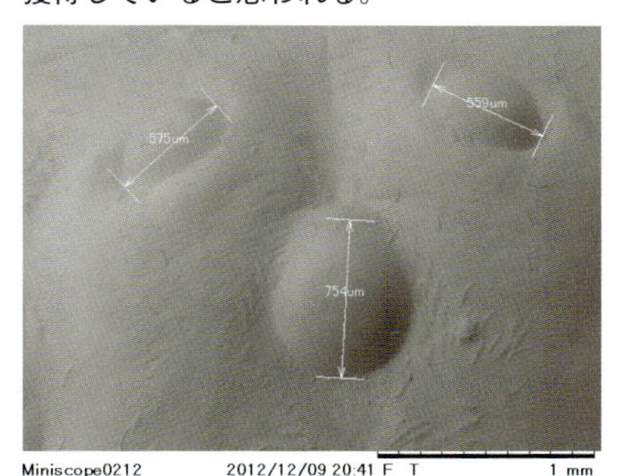

SEM60×凹凸強調画像　三個の単眼の長径

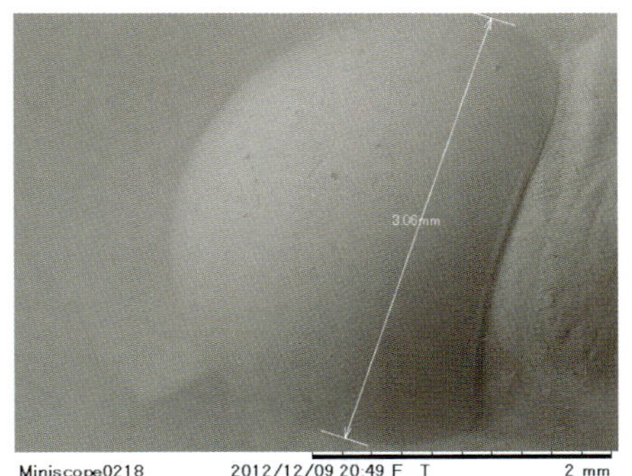

SEM40×凹凸強調画像　右複眼長径

SEM250×凹凸強調画像
個眼の配列が部位により異なる

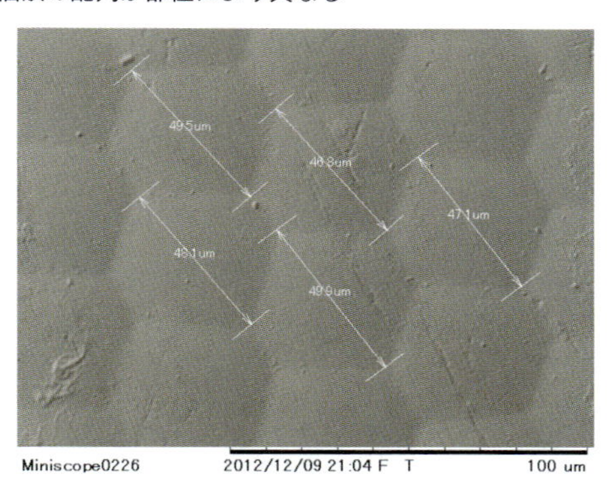

SEM1000×凹凸強調画像　複眼の個眼長径

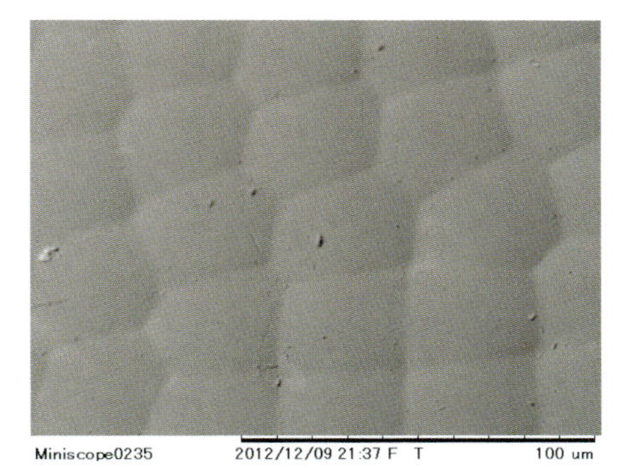

SEM300×凹凸強調画像
各個眼は透明なクチクラ層で角膜が覆われており、SEMでの個眼の描出はむずかしい。部位により個眼の形も異なる。
（注：クチクラ層とは、昆虫などの動物や植物の表皮の外側を覆う透明な膜）

セミ（蝉）の眼４　セミガラの眼

終齢幼虫のセミガラは、成虫の形態を細かな部分まで反映している。

セミガラの眼

①セミガラの眼は複眼であるが、クチクラ層の共通角膜のため個眼の形状は表現されていない。

②セミガラの単眼はSEM上で確認できなかった。

③セミの終齢幼虫は土中から地上に出てくる時期であるが、視機能は未完成であると思われる。

アブラゼミの抜け殻

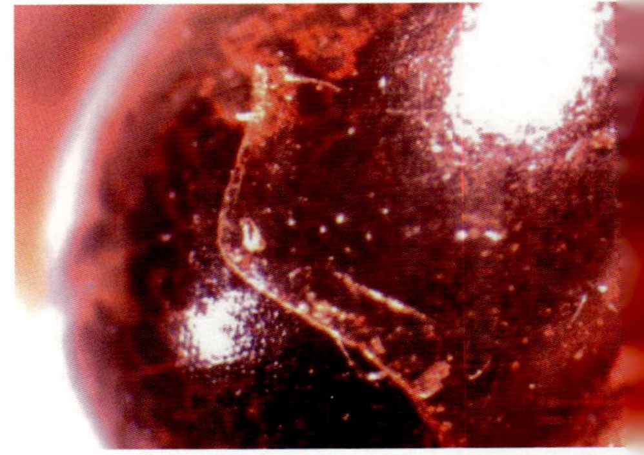

実体顕微鏡写真　セミガラの複眼部

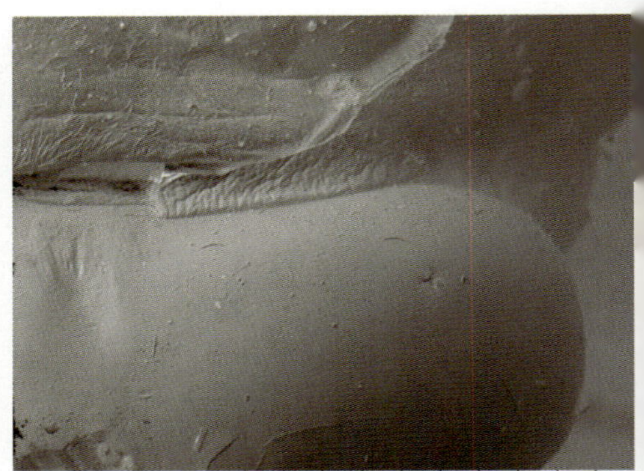

SEM40×標準画像　左眼

Miniscope0010 2012/11/22 20:28 F S 2 mm

SEM40×標準画像　右眼

セミ(蝉)の眼5　つかの間で見たもの

セミの生活環（アブラゼミの場合）

①交尾を終えた雌ゼミは、雑木林の枯れ枝や葉の裏、果樹、板塀、木製電柱などに産卵する。卵は長さ2.2mm、太さ0.5mmのバナナ状である。

②約１年後に、胚子の発生が終わると、小さな蛾の幼虫に似た前幼虫が卵殻から脱出する。

③幼虫は地上に降り、５年の間に５回（５齢）の脱皮を繰り返す。

④１齢（約1.86mm）、２齢（約2.3mm）、３齢（4.6mm）４齢（12mm）、５齢（30mm）

⑤幼虫は冬眠せず、土中に垂直の坑道を掘り、移動している。

⑥終齢幼虫は体が褐色で、硬くなる。

セミの視覚

①少なくとも、２齢幼虫には眼点も存在しない。

②終齢幼虫に光を与えると逃避する。

③終齢幼虫が脱皮するときには視器は完成されている。(以上は奥沢康正による)

④視覚の形態覚は中枢における学習が必要であり、地上生活の短いセミは形態覚を確立でいない。セミの視覚は動くものに対する逃避行動に利用されている、と考えられる。

写真◎松井孝道

セミは、幼虫として地中で３～17年間過ごし、地上に出て羽化し成虫となって２～数週間で死に至る。しかも、地中や地上では天敵に捕食される場合も少なくない。また、命尽きる前に地面に落ちて、全身でバタつき、この世に別れを告げている姿は何ともけなげである。セミは人生の儚さを象徴する昆虫である。

短い地上生活で、セミの複眼は何を見たのであろうか？

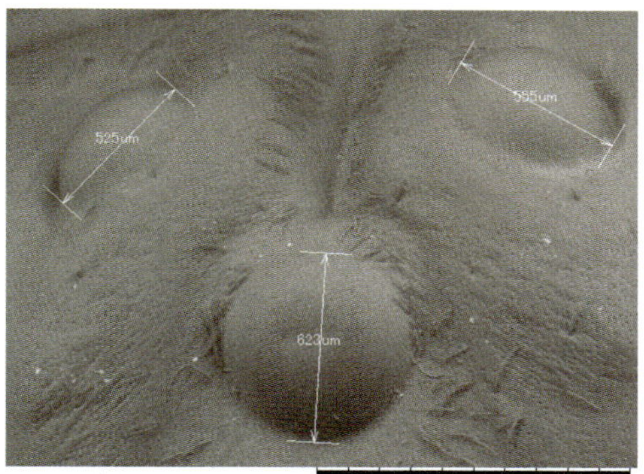

SEM80×
セミの単眼中央単眼の長径623μm、両側単眼長径は幾分小さい。視軸は別々な方向を向いている。

SEM90×
複眼の個眼は角膜が共通クチクラ層で覆われており、SEMでは個眼を綺麗に描出できない。

セミ（蝉）の眼６　冬虫夏草

冬虫夏草

①ある種の菌類が蛾やセミなどの幼虫に寄生し、生育したものを冬虫夏草と言う。

②地中生活の長いセミの幼虫は菌類に感染しやすいために生じると考えられている。

③「冬虫夏草」の名称は、チベットで、この菌が冬は虫の姿で、夏は草になる、と考えられていたことから名付けられた。

④虫の身体（魂）から生える草として、「神秘的な薬草」として希少価値もあった。

⑤最近は高価な冬虫夏草も、人工栽培が出来るようになったとのことである。

共生か感染か

①真菌はどこにも存在し、条件によりどこにでも発芽する。右上段の写真はミニトマトに発芽した真菌。

②セミの羽根の裏にも真菌が常在している。（右中段の走査電顕写真）

③セミの幼虫と真菌の関係は単なる感染ではなく、何らかの**共生関係**にあると考える。

共生関係

相利共生：双方が互いに利益を得る
片利共生：片方のみが利益を得る
片害共生：片方のみが害を被る
寄　　生：片方が利益を得、相手が害を被る

奥沢康正著「冬虫夏草の文化史」
ISSBN978-4-9906553-0-3

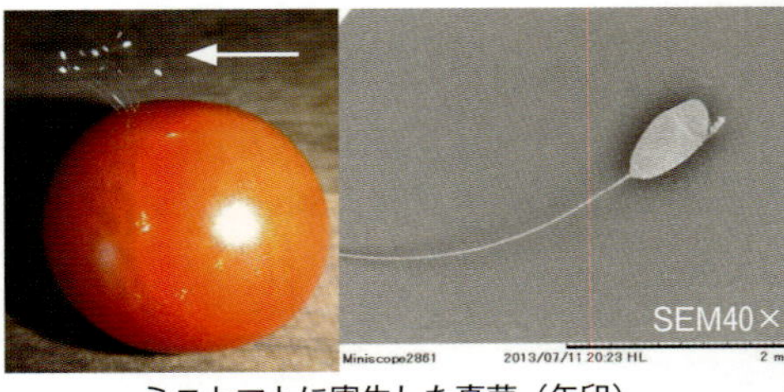

ミニトマトに寄生した真菌（矢印）。

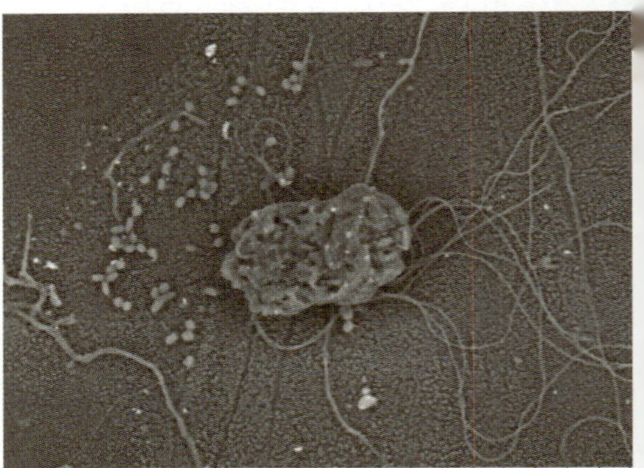

SEM800×　セミの羽根の裏側に真菌が常在している。

蝉落ちて残る力で別れつげ

蝉は儚さを象徴する昆虫である。地中で冬虫夏草になる危険を乗り越え、短い成虫の生活を終る際、路傍でバタバタする姿は実にケナゲである。しかし、我々ヒトの人生もセミと大差がないのかも知れない。

トンボの眼1　ギンヤンマ

トンボは昆虫の代表で、世界中には4870種、日本には200種存在する。飛行速度はギンヤンマで9m/sec相当とされる。

トンボの眼

①頭部を覆うほどの大きな一対の複眼（CE）と、3個の単眼（矢印）があり、正中位の背単眼は、両側の側単眼より大きい。

②複眼は1万から2万8000の個眼から構成されている。

③個眼は全て同じ大きさではなく、1～2箇所周囲より大きい箇所がある。個眼は大きいほど、倍率も解像度も良くなる。

④倍率や解像度の良い領域は「照準器」と言われ、照準器の情報を基に周囲の個眼が視覚情報を追いかける。

⑤個眼は幾つかが集まって、モザイク状に視覚情報を得ている。

⑥単眼は背単眼と側単眼よりなり、明所は側単眼、暗所は背単眼が働くらしい。

⑦視野は270度で、動体視力は極めて良い。

⑧眼瞼も瞳孔も無いが、乾燥と日差しには強い。

⑨色覚は、トンボの種類により異なり、アキアカネは4色型、ヤンマは2色型である。

⑩トンボの大きな複眼には3タイプある。
タイプ1＝左右の複眼が一体になっているもの。
タイプ2＝左右の複眼が分かれているもの。
タイプ3＝左右の複眼が接触しているもの。
それぞれのタイプで視覚情報処理が異なるらしい。

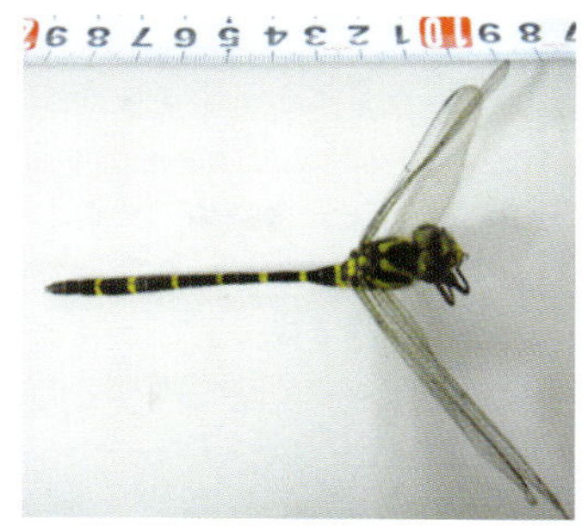

ギンヤンマ

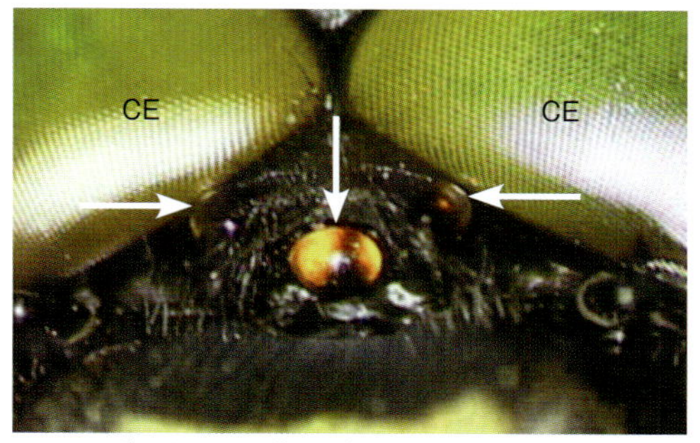

ギンヤンマの複眼（CE）と単眼（矢印）

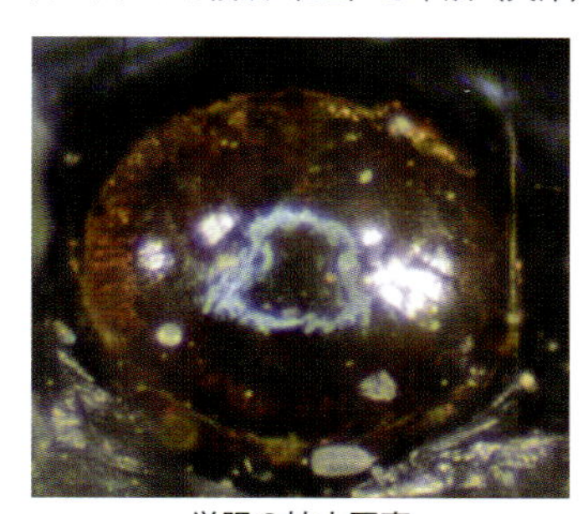

単眼の拡大写真

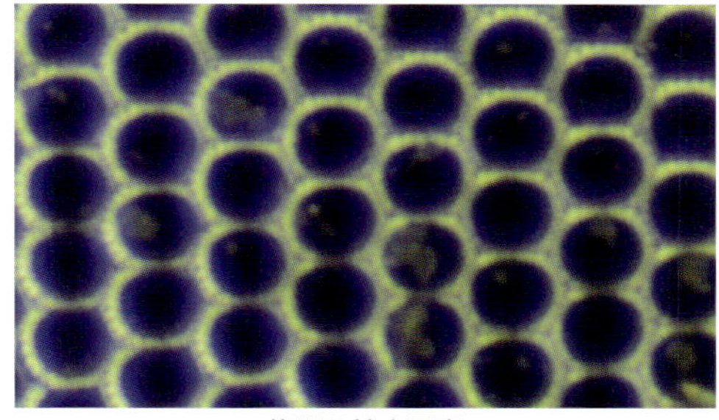

複眼の拡大写真

トンボの眼 2　赤トンボ

赤とんぼには多くの種があるが、一般に赤とんぼというとアキアカネをさす。

赤とんぼの眼

①頭部の大部分を占める大きな一対の複眼と3個の単眼を有する。単眼は複眼間に埋もれるように存在する。

②複眼は大きく、全方向からの情報が得られ、視野は広い。

③正中位の単眼は大きく、直径570μm（大単眼）、両側の単眼は小さく、直径300μm（小単眼）であった。

④個眼は正六角形で、複眼の視機能は良い。

⑤複眼は動くものに、単眼は明暗に反応すると考えられる。子どもがトンボを捕獲する際、正面から指を回すのはトンボの視覚を単眼に集中させる効果があると推察する。

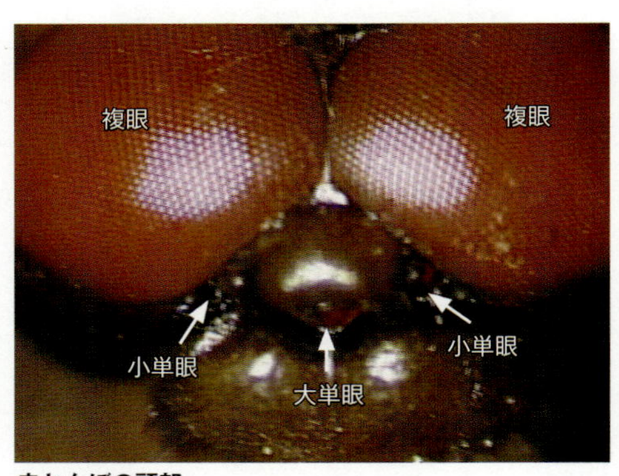

赤とんぼの頭部
一対の複眼と3個の単眼を（矢印）認める。左右の複眼は接しており、単眼は複眼間に埋もれるように存在する。

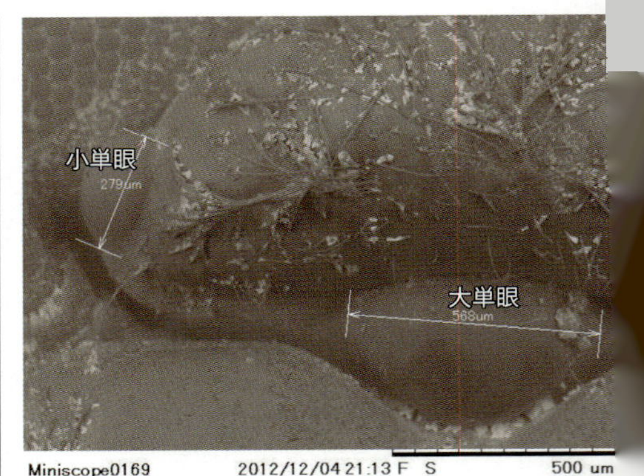

SEM120×影1強調
正中位にある単眼は大きく直径568μm、外側の単眼は直径279μmと小さい。

SEM200×影1強調画像

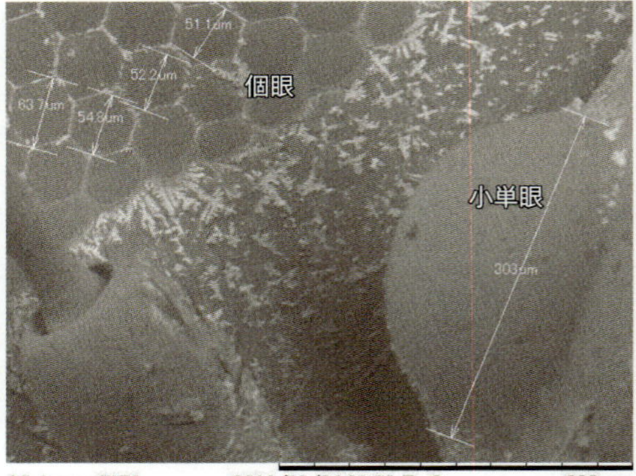

SEM300×影1強調

トンボの眼 3　糸トンボ（1）

糸トンボはイトトンボ科、モノサシトンボ科、青糸トンボ科など種類が多い。

糸トンボの頭部　大矢印：複眼　小矢印：単眼

糸トンボの単眼（矢印）

糸トンボの眼

①視野の広い一対の大きな複眼が存在する
②頭部正中に小さな 3 個の単眼がある
③ 3 個の単眼は、それぞれ別方向の視軸である
④複眼の構成は立派であるが、単眼の構成は貧弱で視機能としてはあまり期待できない。

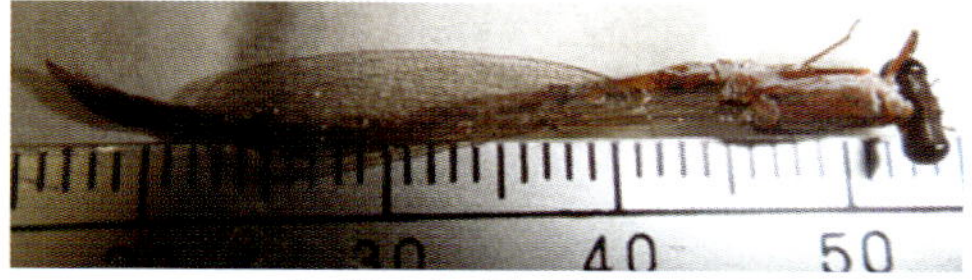

キイトトンボと思われる

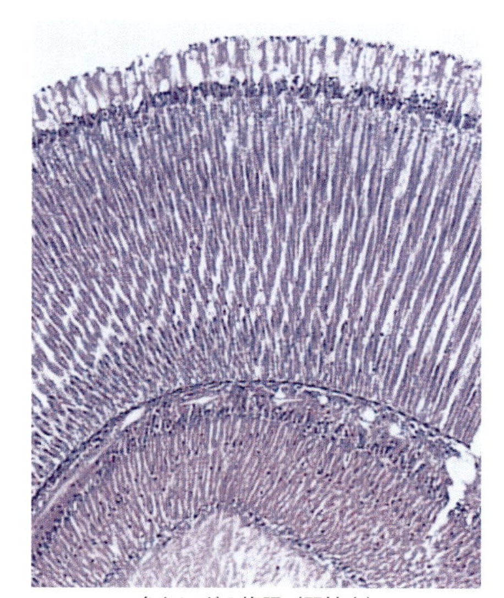

糸トンボの複眼（弱拡大）

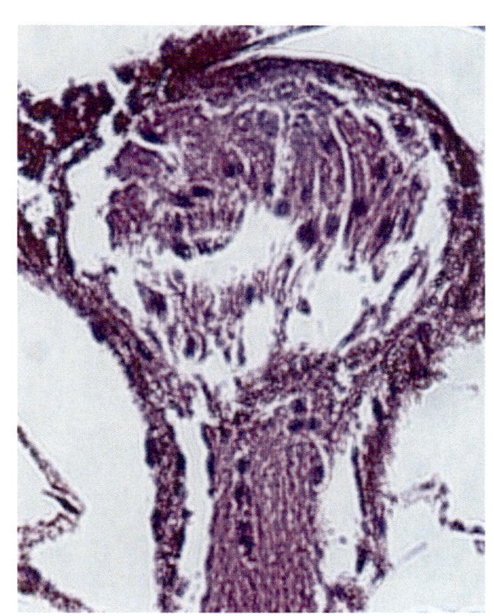

糸トンボの単眼（強拡大）

トンボの眼4　糸トンボ（2）SEM画像

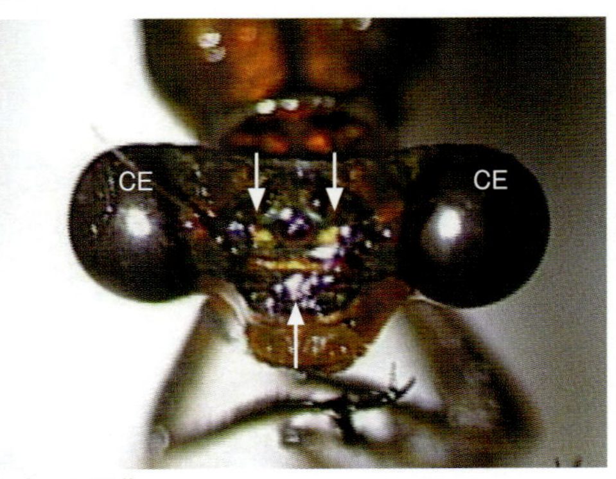

頭部の正面像
複眼（CE）は半球以上が突出しており、視野は広い。
矢印は単眼

糸トンボの眼

①一対の複眼と三個の単眼を有する。中央単眼の横径は319μmであった。

②複眼は半球以上に突出しており、前・後・側方の広い視野領域を担当している。

③複眼の個眼は正六角形で、個眼間の無駄な空間がなく、光学的には優れている形態である。

④三つの単眼は視力は良くないが、それぞれ眼軸方向が異なり、正面近方領域の明暗の識別をしていると思われる。

⑤それぞれの単眼は密着しており、視神経を共有しているものと思われる。

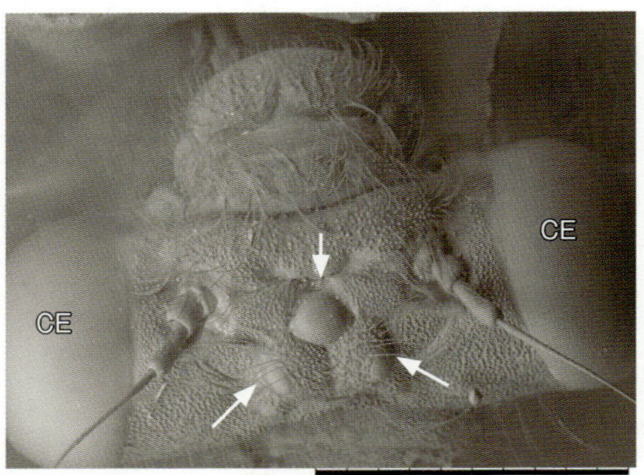

SEM40×　頭部の背面像矢印は単眼

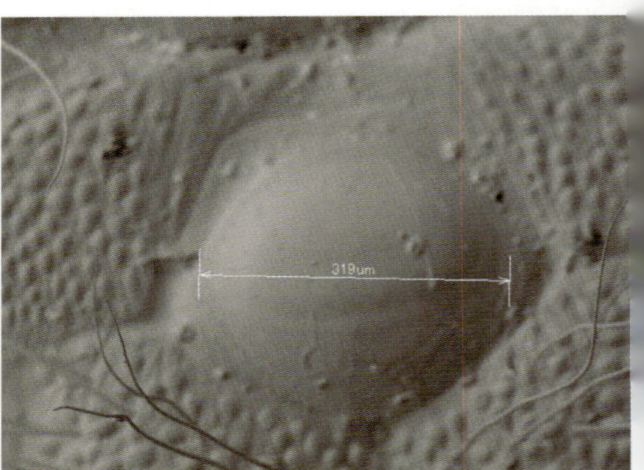

SEM250×凹凸強調画像　中央単眼の横径

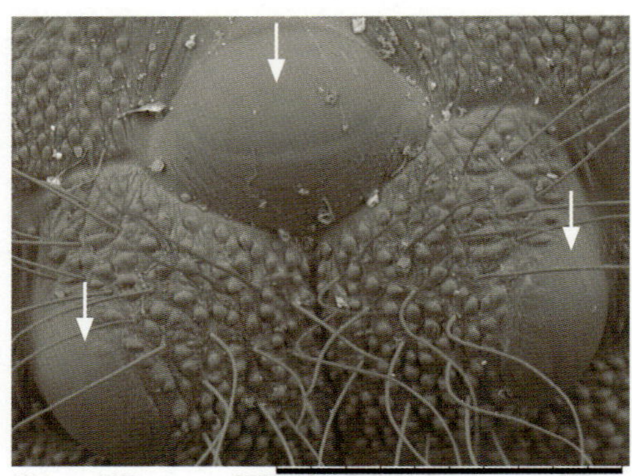

SEM180×影1強調画像　矢印は単眼

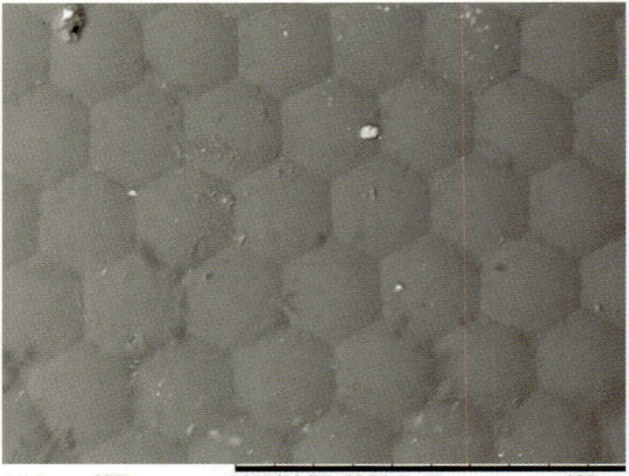

SEM600×凹凸強調画像　複眼の個眼

トンボの眼５　ヤゴ

ヤゴはトンボの幼虫で、肉食性の水中昆虫である。

ヤゴの眼

①クチクラ層に覆われた複眼を認めるが、まだ単眼の形成はない。

②個眼は正六角形で、水中生活でも視覚が活用されていると考えられる。

上写真は赤とんぼのヤゴと思われる

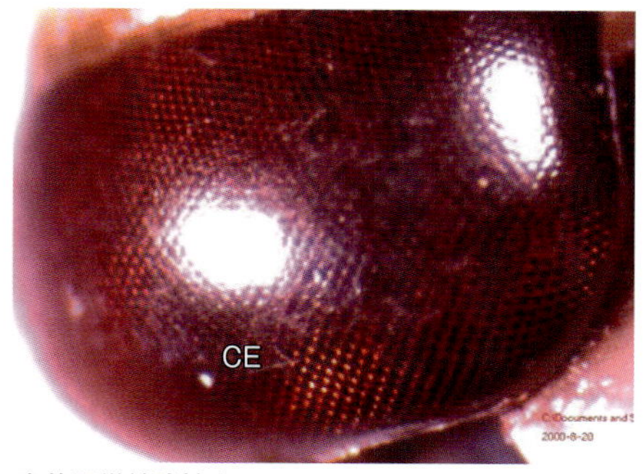

実体顕微鏡強拡大
複眼（CE）歯クチクラ層に覆われている。

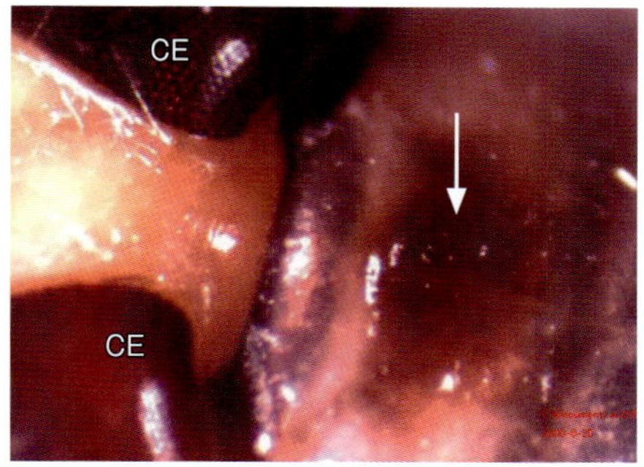

将来、単眼の出現する場所（矢印）

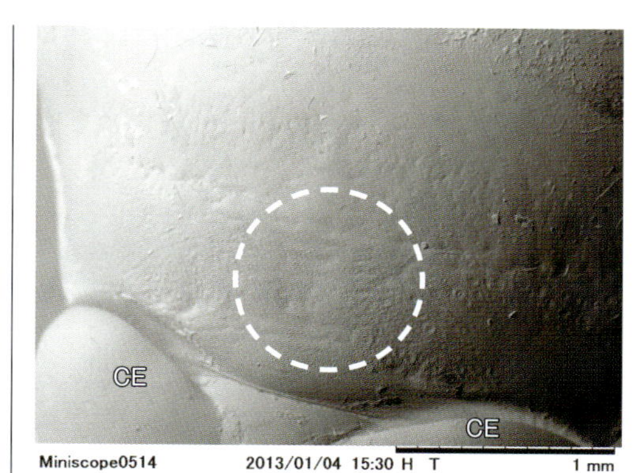

SEM60×凹凸強調画像
SEM 上では単眼は確認できない。
単眼が形成される部位（点円）

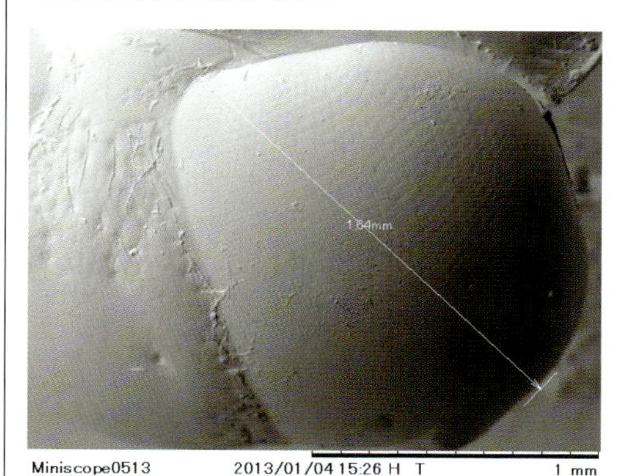

SEM80×凹凸強調画像　複眼の弱拡大

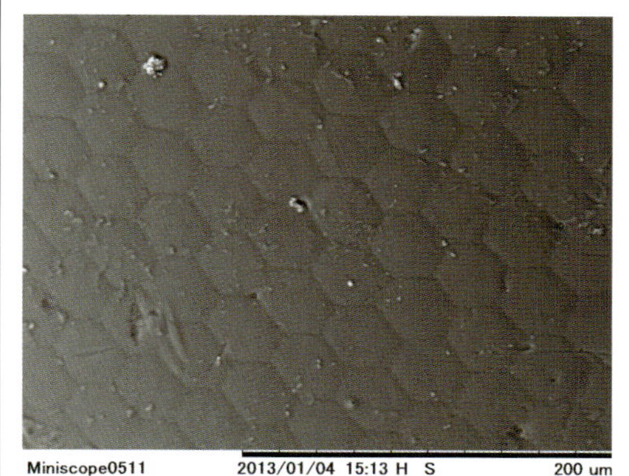

SEM500×影２強調画像　複眼の強拡大

カマキリ（蟷螂）の眼 1

1）カマキリは昆虫綱カマキリ目に分類され、世界で2000種類前後いる。
2）以前はゴキブリ・キリギリス・バッタの仲間とされていた。
3）蟷螂拳（とうろうけん）「Mantis Boxing」はカマキリの姿からの命名である。
4）メスは身長でオスの 2 倍、体重で 4 倍である。
5）交尾中に、メスはオスを食べることもある。
6）日本ではオオカマキリ、コカマキリ、チョウセンカマキリ、ウスバカマキリなど 9 種が生息する。
7）カマキリの体内には線虫であるハリガネムシが寄生していることが多い。

オオカマキリ

複眼に黒い偽瞳孔がみられる。
偽瞳孔の形成については正確には不明である

カマキリの体長はオスよりメスの方が大きい。
オオカマキリのオス68～95mm、メス75～110mm、コカマキリのオス36～55mm、メス46～63mm で、交尾後メスがオスを食べてしまうことがある。

オオカマキリの眼

①一対の大きな複眼と 3 個の単眼を有する。
②複眼は脳より大きいが、視力は良くない。視野は広い。
③三個の単眼には色素が少なく、視機能としては貧弱と思われる。その詳細については不明である。
④眼球運動はほとんど無く、頭を動かして、全方向の視野を獲得している。
⑤カマキリの複眼には黒い点（偽瞳孔）が存在する。偽瞳孔は光の反射と吸収の関係で、見る方向で移動する。偽瞳孔は筒状の個眼の場合、正面で奥の方まで見通せる。個眼からは光の反射がないので黒く見える。
⑥偽瞳孔はカマキリ以外にも、多くの複眼に見られ、捕食者や外敵を威嚇する働きもあるらしい。
⑦カマキリは周囲の色に合わせて擬態するが、その際、単眼の色も変わる。
⑧周囲の色に合わせて擬態することは、カマキリが色弁別能を有することを意味する。

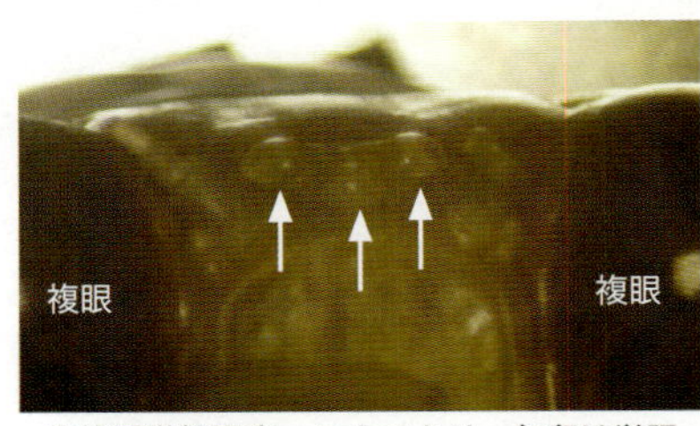

実体顕微鏡写真　コカマキリ　矢印は単眼

実体顕微鏡強拡大による 3 個の単眼
単眼には色素が少なく視機能は貧弱と思われる

カマキリ（蟷螂）の眼２　組織

オオカマキリの眼

①三つの単眼同士は視神経を共有している。
②単眼の視軸はそれぞれが異なり、各単眼の視野範囲を異にしている。
③単眼はクチクラ層がレンズ状に厚くなっている。
④単眼に虹彩がなく、レンズ直後に視細胞が位置する。
⑤複眼の個眼もクチクラ層で角膜を共有しているが、それぞれ独立した連立像眼である。

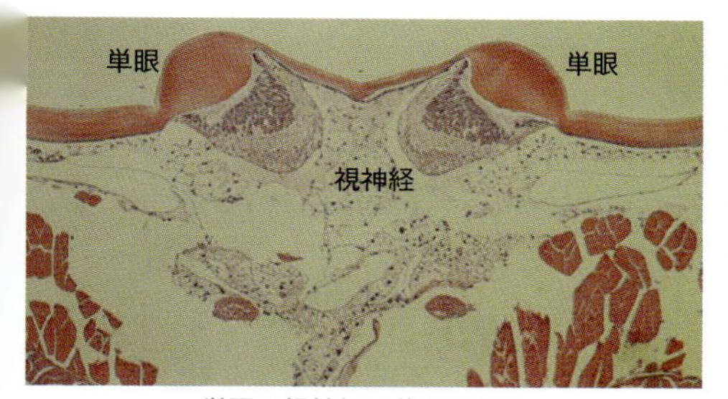

単眼の視神経は共通である

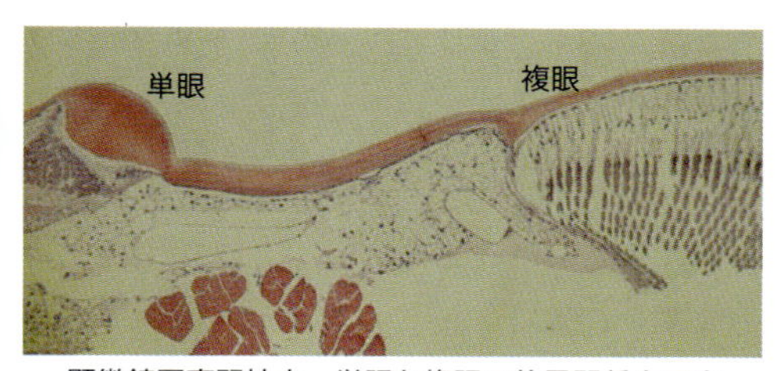

顕微鏡写真弱拡大　単眼と複眼の位置関係を示す

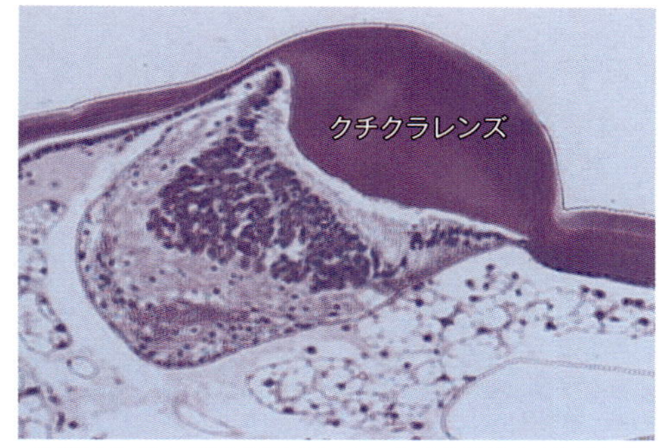

角膜はクチクラ層が厚くなり、クチクラレンズである

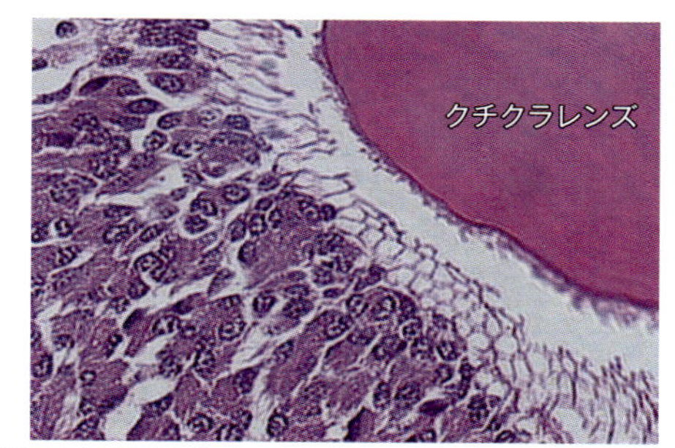

単眼には虹彩がなく、レンズの後部に視細胞がみられる

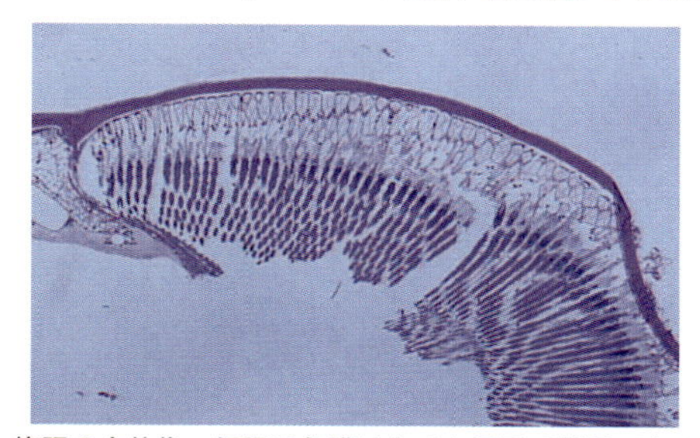
複眼の全体像　個眼の角膜はクチクラ層で共通である

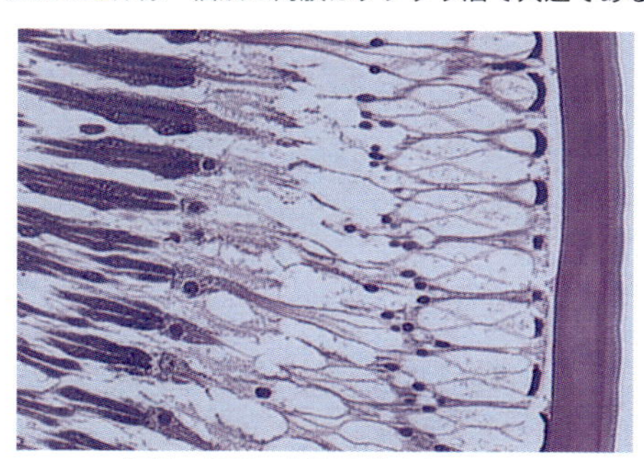
複眼の個眼　個眼は独立している

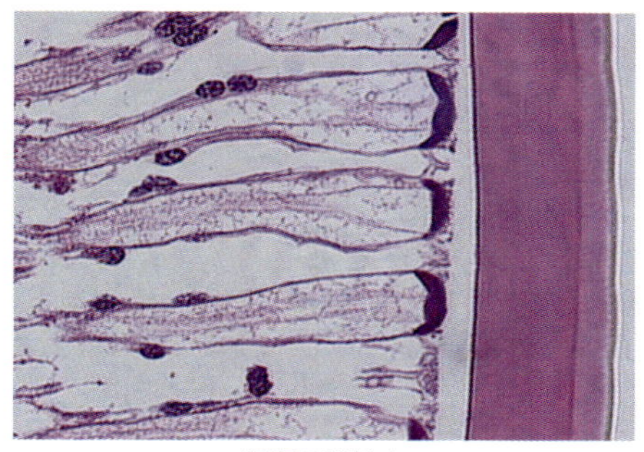
個眼の強拡大

カマキリ（蟷螂）の眼3　眼の大きさ

コカマキリの眼

①計測したカマキリの体長45mm
②複眼の長径2.06mm
③個眼の長径57.9μm
④個眼の角膜面積2172μm^2
⑤中央単眼の長径486μm
⑥左右の単眼の長径370μm
⑦複眼はクチクラ層で覆われているので、SEMで個眼が明瞭に判別できない。

（眼の大きさは種や個体の大きさにより異なることを留意）

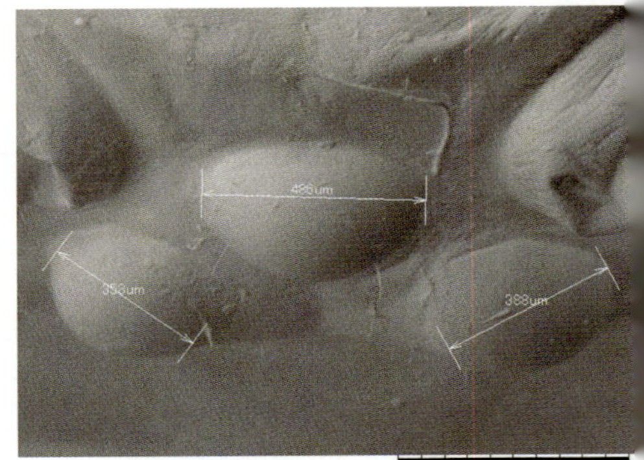

SEM120×凹凸強調画像
個眼の長径（中央486μm、左右が370μm）

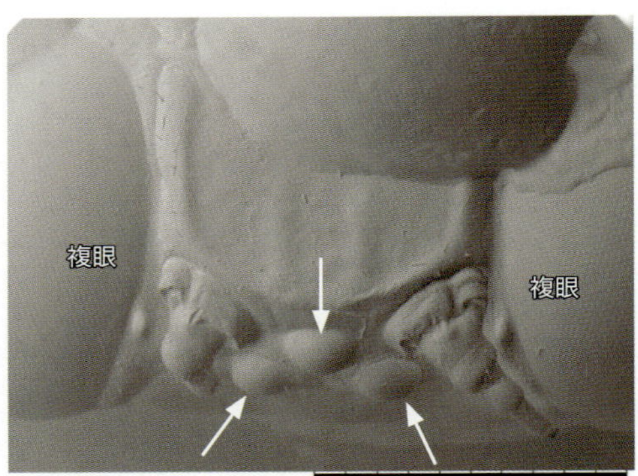

SEM40×凹凸強調画像（矢印は単眼）

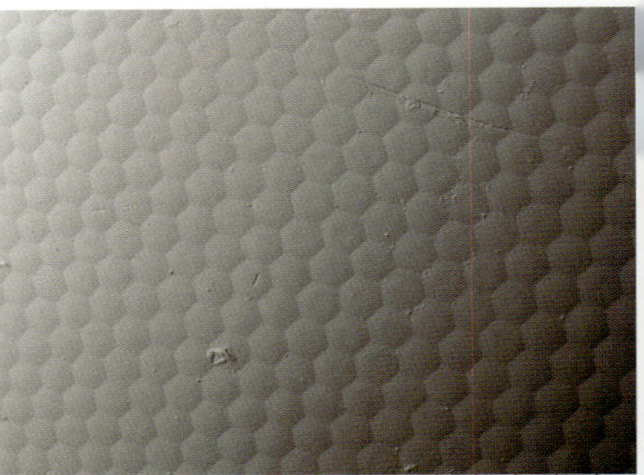

SEM200×凹凸強調画像
複眼の個眼は整然とならんでいる

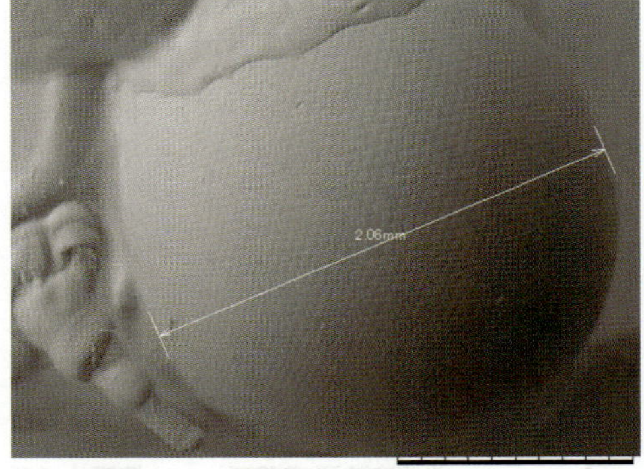

SEM60×凹凸強調画像
複眼の長径（2.06mm）

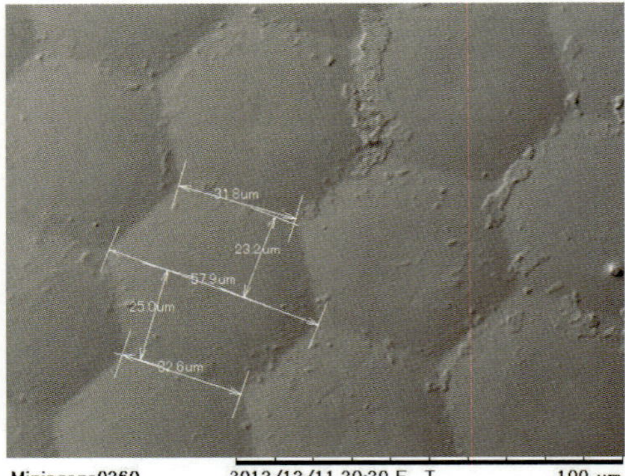

SEM1000×凹凸強調画像　個眼の計測

チョウ類の眼１　ガ（蛾）の成虫の眼（１）

蛾は、節足動物門・昆虫綱・チョウ目に分類される。

蛾と蝶の区別は厳密には出来ないが、一般的傾向として、

①蝶は昼行性、蛾は夜行性である

②蝶の触角はこん棒状、蛾は先がとがっている

③蝶は羽をたたんで休む、蛾は広げて休む

④蛾は胴体が太い

ガの眼

体長10mm程度の小さい蛾でも

1）複眼であること。

2）背側、腹側、正面、横のどの方向から見ても複眼の中心に黒点がある。この黒点は一種の偽瞳孔で、パラボナアンテナと逆に、眼の中心に各個眼の視細胞からの視覚情報が集積する、と考えられる。

3）偽瞳孔の大きさは種によって異なる。

4）そのために、蛾はあらゆる方向に飛びまわれる。

5）個眼のレンズの一部は円柱レンズで、レンズの中心部と周辺部の屈折率が異なることによって、光受容面に焦点を結ばせている。

6）蛾は可視領域が紫外線側にあり、微妙な光波長を識別している。

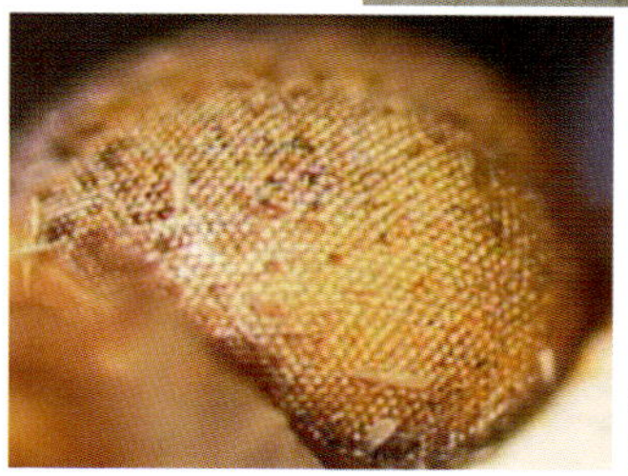

複眼には多くの個眼が観察される

ガの複眼は、あらゆる方向から見ても中心に偽瞳孔が観察され、全ての個眼の情報がこの黒点に集積する

背側から見ても

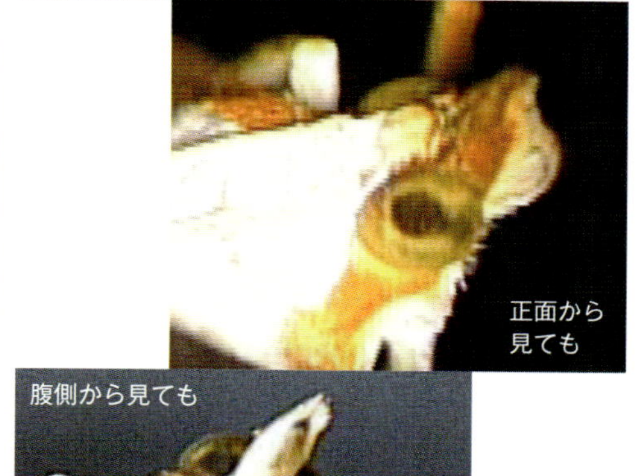

正面から見ても

腹側から見ても

横から見ても

チョウ類の眼 2　ガ(蛾)の成虫の眼（2）SEM 画像

ルリモンクチバの SEM 画像

①一対の複眼を認める。
②複眼域以外は毛に覆われていて、単眼は観測されない。
③複眼はほぼ半球状に突出していて視野域は広い。
④個眼は整然と配列しており、形体的にはモザイク状のグループ視機能を認めない。
⑤個眼はほぼ正六角形で、六角形の対角線は 20.7μm である。
⑥個眼角膜面積は約300μm^2であった。
⑦ガは形体視より、あらゆる方向からの様々な波長の光に反応する夜行性の眼を有すると考えられる。
⑧ルリモンクチバは周囲の環境に合わせて色や姿を変える（擬態する）ので、周囲の状況を視覚である程度把握しているものと考える。

ルリモンクチバ
体長23mm 前後で、4 月から 9 月にかけて、日本中で見られる一般的なガである。写真はホルマリン固定後の写真

ルリモンクチバの幼虫

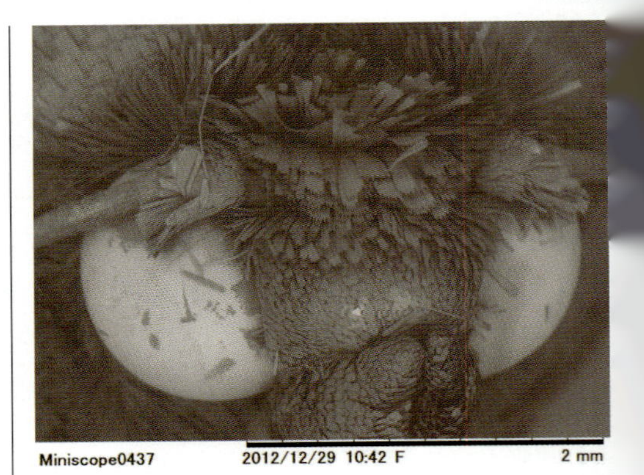

SEM50×標準画像
一対の複眼、単眼は見当たらない

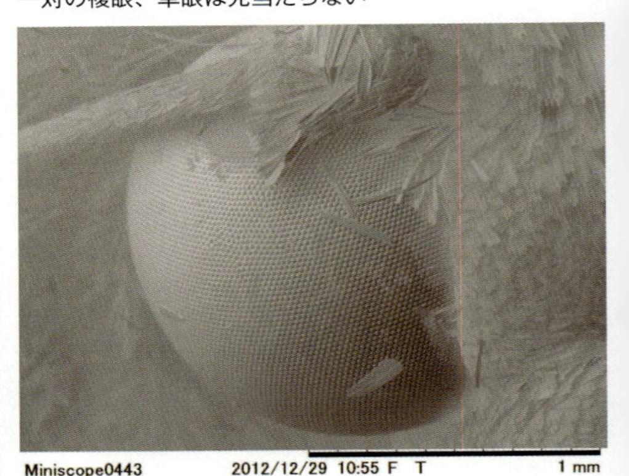

SEM80×凹凸強調画像
球状の複眼には個眼が整然と配列している

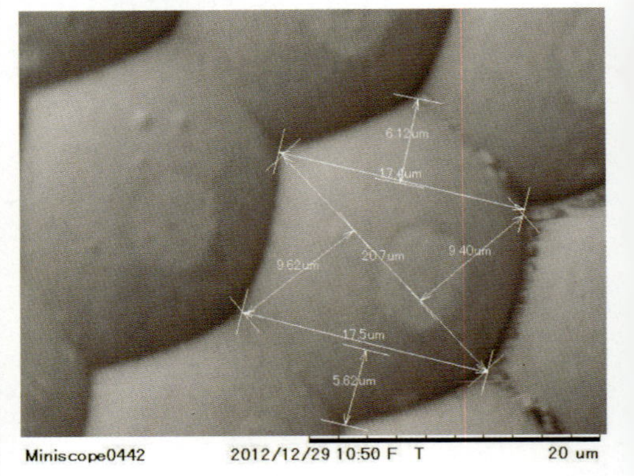

SEM4000×凹凸強調画像
個眼はほぼ正六角形である

チョウ類の眼 3　ガ（蛾）の幼虫の眼

毛虫やいも虫、ミノムシは蝶や蛾の幼虫である。名前は不明だが、イモムシとミノムシの眼を観察した。

イモムシ（下写真）

①頭部はヘルメットのアイフードのような半透明の庇状のもので覆われていた（※印）。
②頭部の大半を占める複眼の原器らしき形態（大矢印）が見られ、3 対の単眼も観察される（小矢印）。
③ 3 対の単眼は日齢と共に退化すると考えられる。
④蛾の幼虫は単眼優位で、複眼は未発達である。単眼は光受容器として光に反応する細胞が存在し、強い光に反応する。

ミノムシ（右写真）

① 1 mm 程度のミノムシの中の幼虫を観察すると、3 対の単眼が確認された。
②複眼はまだ観察されていない。

ガの幼虫（イモムシ）

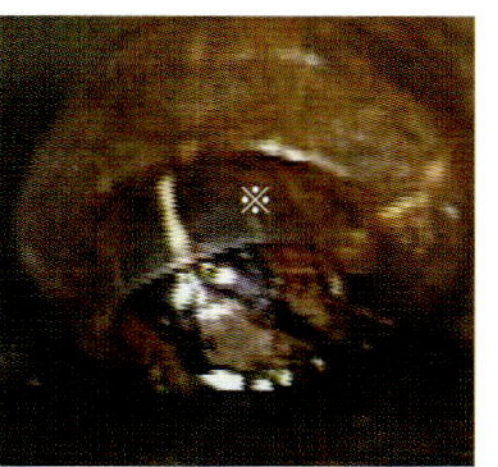

頭部を覆う半透明の庇（※印）

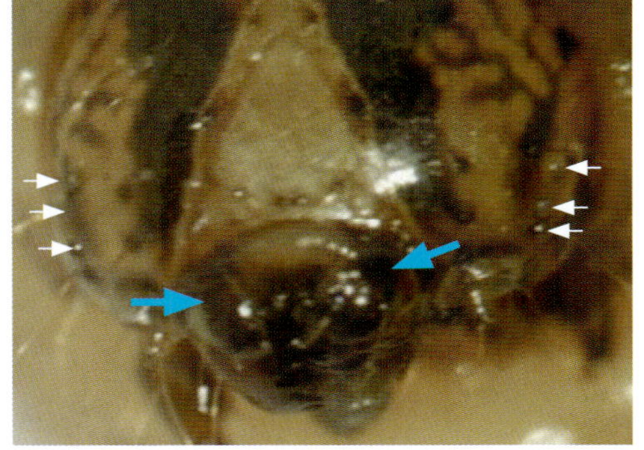

イモムシの前頭部
未発達な複眼（大矢印）と前側頭部に 3 対の単眼（小矢印）

ガ（蛾）の幼虫の眼

1．ガは複眼で単眼を有さないものが一般的である。しかし、ガの幼虫は 3 対の単眼を有し、複眼は未成熟である。
2．幼虫から蛹になる間に、眼発生の遺伝子が働き、単眼が消失し、複眼が形成される。
3．単眼と複眼の位置関係から、単眼が複眼になるわけでない。
4．幼虫と成虫の生活環境から、単眼は昼行性で、複眼は夜行性と思われる。

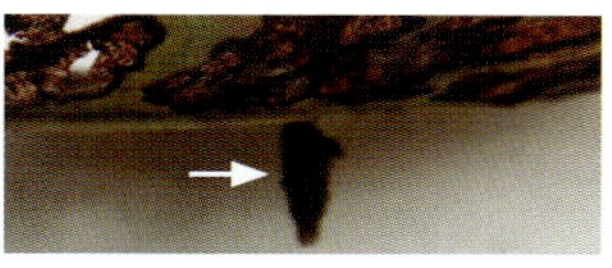

ミノムシ
写真はブルーベリーの害虫であるガのミノムシ（矢印）。長さ10mm 程度

ミノムシの中の幼虫で、まだ蛹になっていない

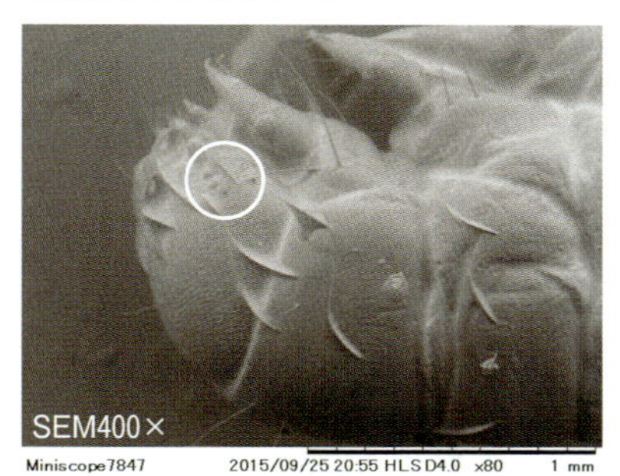

頭部右側に 3 個の単眼が認められる（○の中）

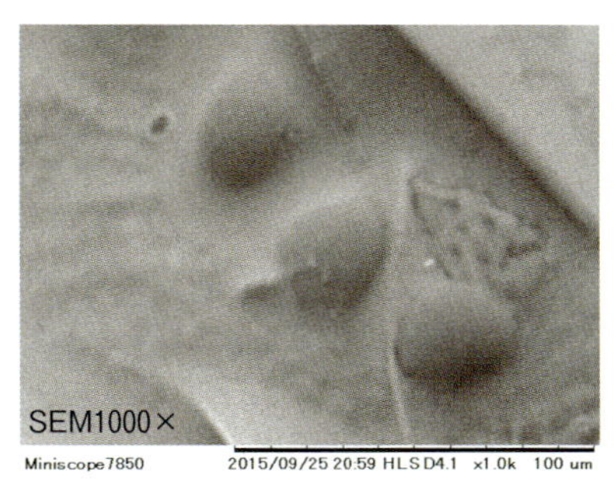

ミノムシも幼虫時は複眼ではなく単眼である。3 対の単眼が見られる。単眼の長径は40 μm 弱である。

チョウ類の眼４　エビガラスズメの幼虫の眼

朝顔に寄生する蛾の代表として、エビガラスズメがある。蛾と蝶は近縁なので、蛾と蝶の幼虫の眼も類似していると思われていた。しかし、蛾の種類によって眼は異なるので、蝶の眼も蛾とは異なっている。エビガラスズメの幼虫の頭部側面には一見、眼のような茶色の楕円形の褐色斑が存在するが、これは視器ではない（※）。エビガラスズメには褐色型と緑色型がある。

体長10cm近いエビガラスズメ（緑色型）の幼虫

側面
※は眼ではない。CEは複眼、矢印は単眼。

エビガラスズメの幼虫の眼

①一対の複眼（CE）は未完成である。
②単眼は複眼の下内側に５対存在する。(矢印)
③５対の単眼のうち３対は発達しているが、２対は未発達である。
④複眼はまだ視器としては機能がない。
⑤単眼に強い光を当てると逃げようとするので、少なくとも明暗は判別可能である。

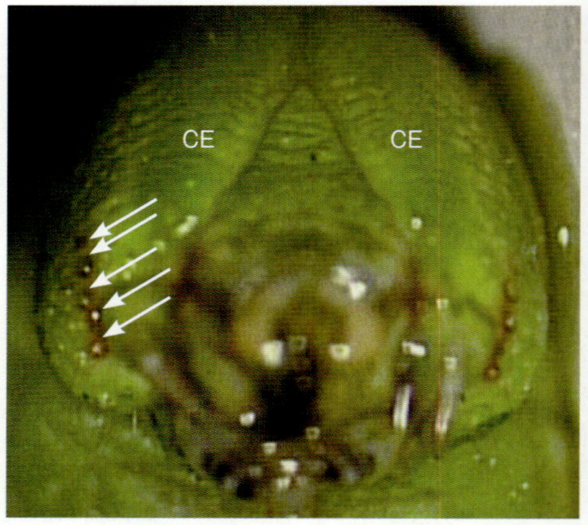

正面

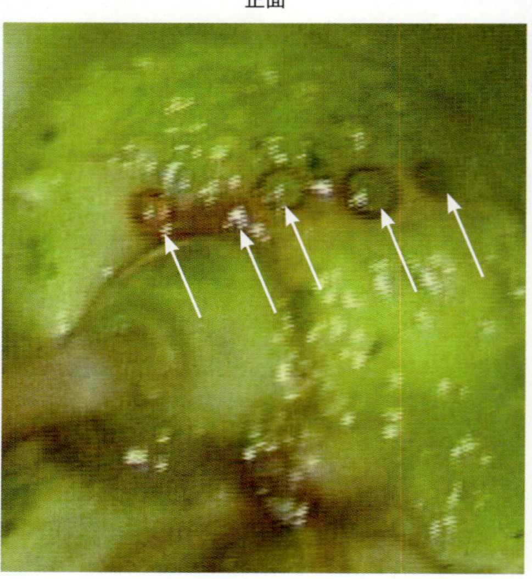

拡大

チョウ類の眼5　エビガラスズメの眼

エビガラスズメは節足動物門・昆虫綱・チョウ目に分類される昆虫のうち、スズメガ科に属し、朝顔の害虫である。

エビガラスズメの眼

①一対の複眼のみになる。
②幼虫時に未発達であった複眼は立派に完成している。
③エビガラスズメは幼虫時には単眼を用い、成虫時には複眼を用いている。
④エビガラスズメの複眼にも明るい偽瞳孔が見られる。
⑤蛾が成虫になると毛布のような体毛に覆われるため、幼虫時代に存在した5対の単眼は体毛に覆われてしまい、観察できない。
⑥一般に蛾や昆虫は走光性を有するが、LED光には反応しないものが多い。

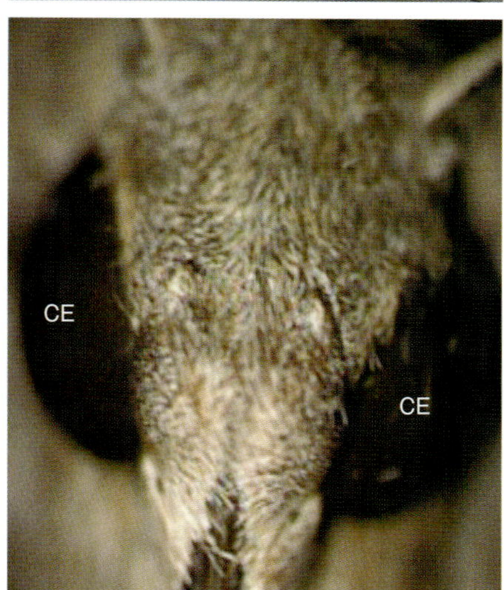

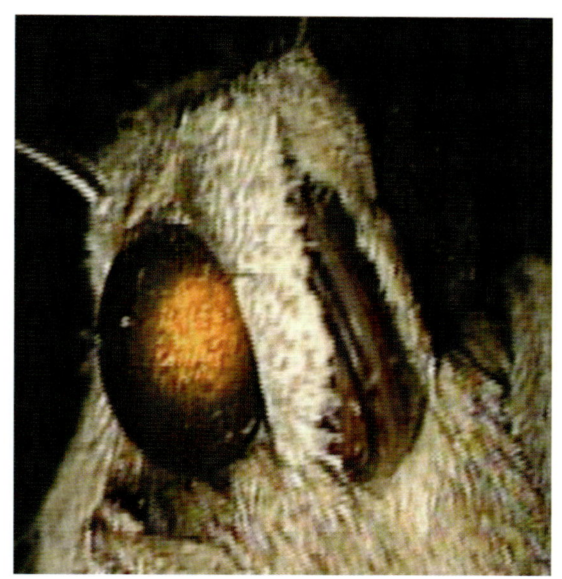

複眼には偽瞳孔が見られる

チョウ類の眼６　クロモンシタバの眼

ガ（蛾）の眼

①一対の複眼を有するが、単眼は確認できない。
②個眼の角膜が正六角形で、視器として、光学的に効率が良い。
③個眼の角膜は独立しており、クチクラで覆われていないので SEM で綺麗に記録できる。
④夜行性で走光性を示す。

クロモンシタバと思われる

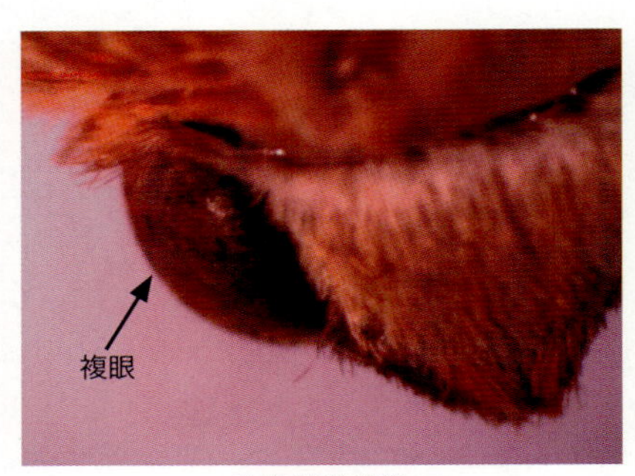

実体顕微鏡像

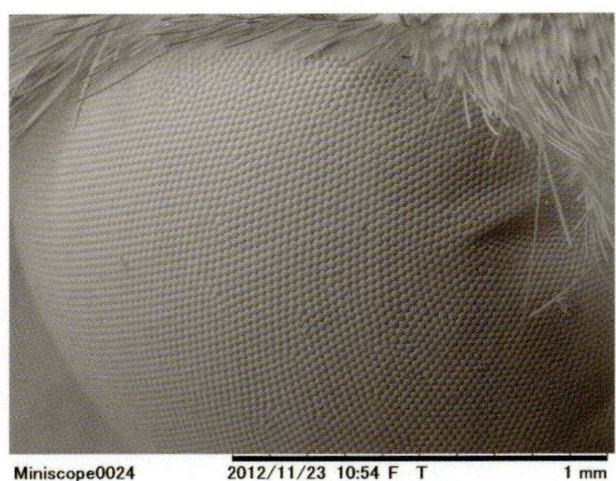
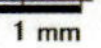

SEM100×凹凸強調画像　複眼

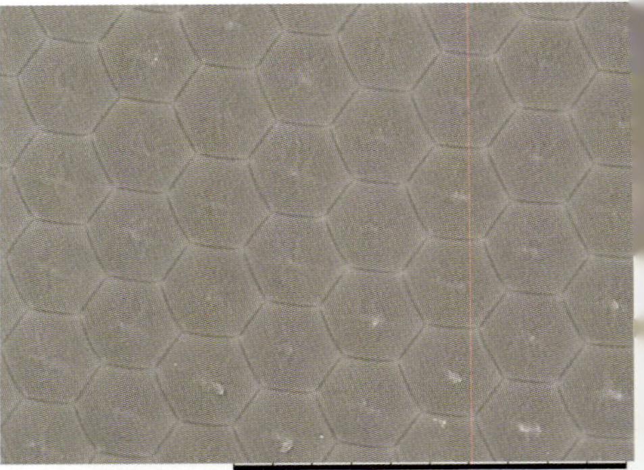

SEM250×標準画像　複眼の個眼

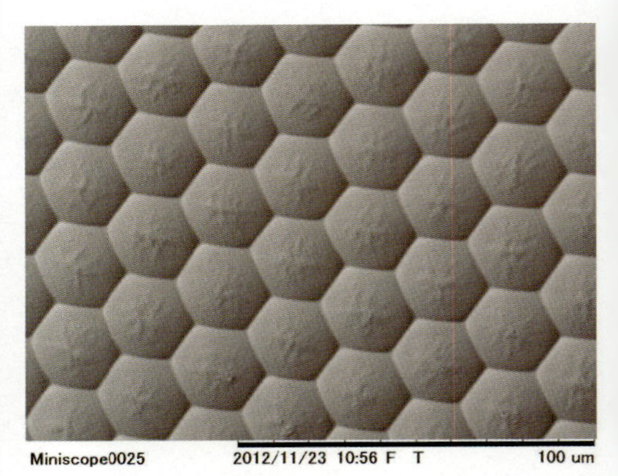

SEM250×凹凸強調画像　複眼の個眼

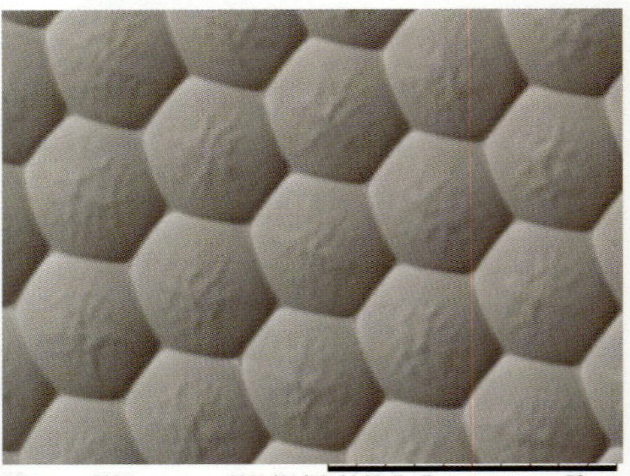

SEM1000×凹凸強調画像　複眼の個眼
個眼は角膜が独立しており、正六角形を示す。個眼の表面にクチクラ層が存在しないため、SEM 写真は綺麗である。

チョウ類の眼7　ミカドアゲハの眼

アゲハチョウは昆虫綱鱗翅目アゲハチョウ科の総称。世界で550種類近く生存するとされており、日本では15種類が生息する。右写真のキアゲハもアゲハチョウの一種である。

アゲハチョウの眼

①アゲハチョウは１対の複眼（CE）と３対の単眼（矢印）を有する。

②アゲハチョウの複眼は、頭部に比較して極めて大きく、約15000から18000の個眼が存在する。

③アゲハチョウの幼虫は複眼が未発達で、３対の単眼で光を感じているが、成虫になると複眼が発達し、単眼はほとんど使用されない。

『日高敏隆選集Ⅰ　チョウはなぜ飛ぶか』日高敏隆著　武田ランダムハウスジャパン　ISBN9784270002896　定価2,000円＋税は必読の書である。

キアゲハ

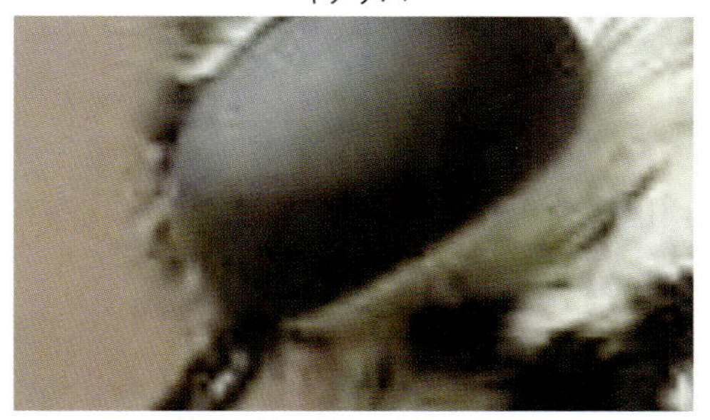

複眼には15000～18000の個眼

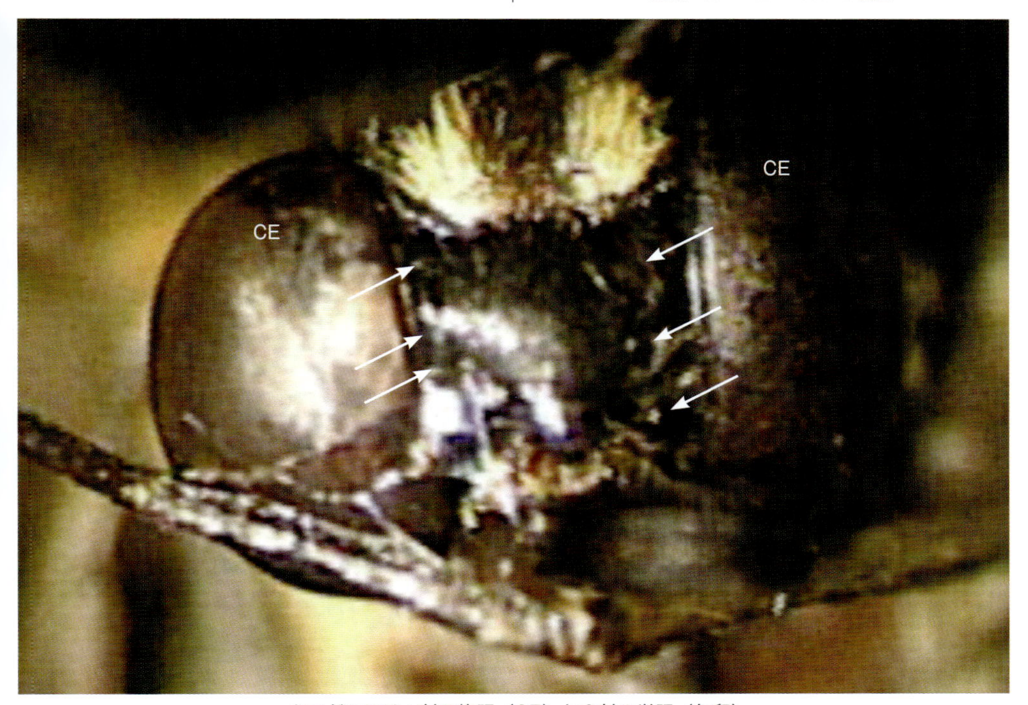

キアゲハには１対の複眼（CE）と３対の単眼（矢印）

チョウ類の眼 8　クロアゲハの眼　SEM 画像

クロアゲハ

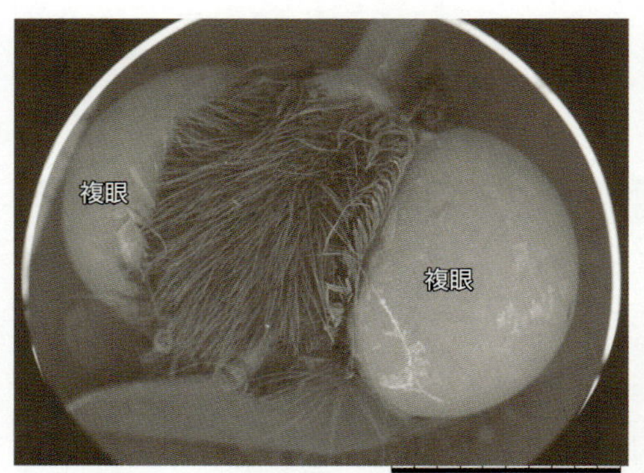

SEM30×標準画像

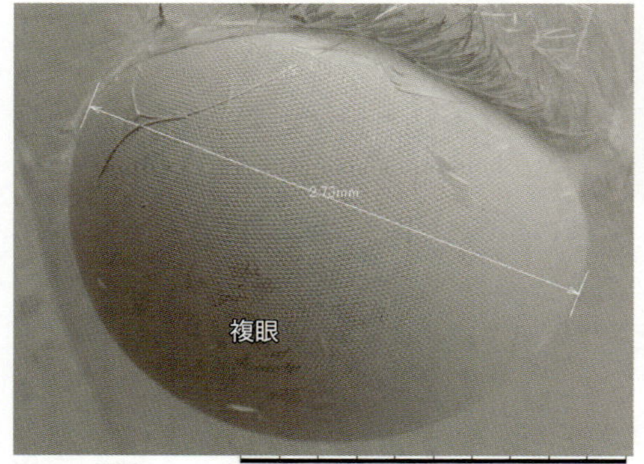

SEM50×凹凸強調画像

クロアゲハの眼

①一対の大きな複眼を有する。単眼は認めない

②複眼は赤道部以上に露出しており、視野が広い。

③昼行性である。

④複眼の長径は2.73mm

⑤個眼は六角形で、長対角線は29.9μm

⑥個眼の面積は約478μm

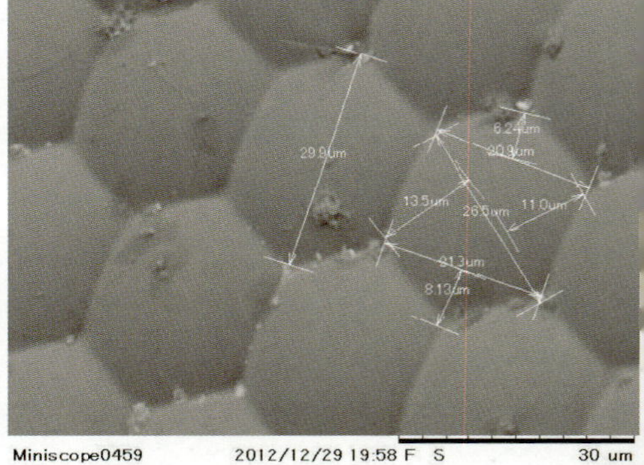

SEM200×影 1 強調画像　個眼の計測

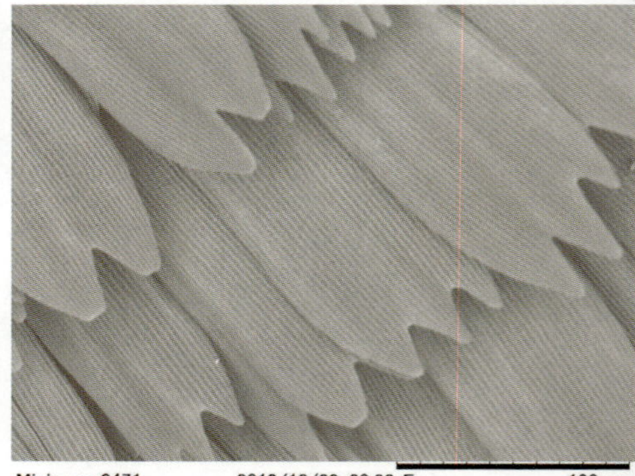

SEM600×凹凸強調画像　チョウの羽根

鱗翅目

チョウ類（目）は別名鱗翅目とも言われ、羽根が魚の鱗のような構造になっている。これは流体力学的に空気抵抗を有効にとらえる構造と思われる。

チョウ類の眼９　クリミガの幼虫の眼

クリミガの幼虫の眼

①１齢幼虫には眼がない。
②終齢幼虫には６対の単眼を認める。
③成虫（ハムシ）は複眼である。
④蛹から成虫になる間に、何らかの遺伝子により単眼から複眼へ変化するものと思われる。
⑤終齢虫に光を与えると、逃避行動を示す。
⑥終齢虫の視覚は光覚弁程度と思われる。

ハムシ（葉虫・羽虫）
ハムシは甲虫目ハムシ科の昆虫の総称で、日本に約780種が知られている。多くは木の葉を食する害虫で、体長は４～６mm程度である。食する木により命名されることが多い。左はクリの木で見つけたクリハムシ

クリミガは栗の害虫である。
成虫（ハムシ）は昆虫で１対の複眼がある。

１齢の幼虫には眼はない。
下のメモリは１mm。

終齢の幼虫には複数対の単眼がみられる。
下のメモリは１mm。

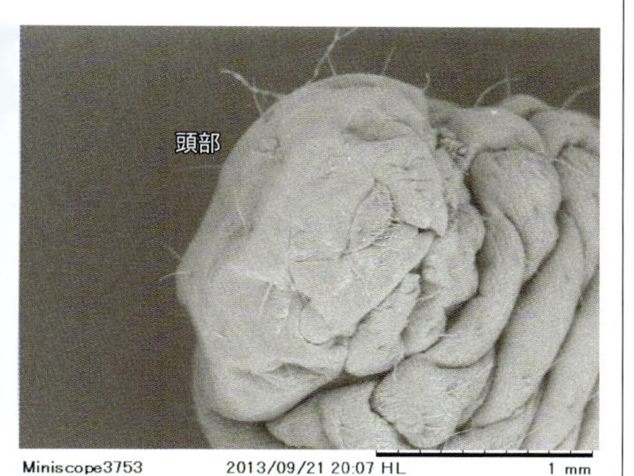

SEM40×　１齢幼虫

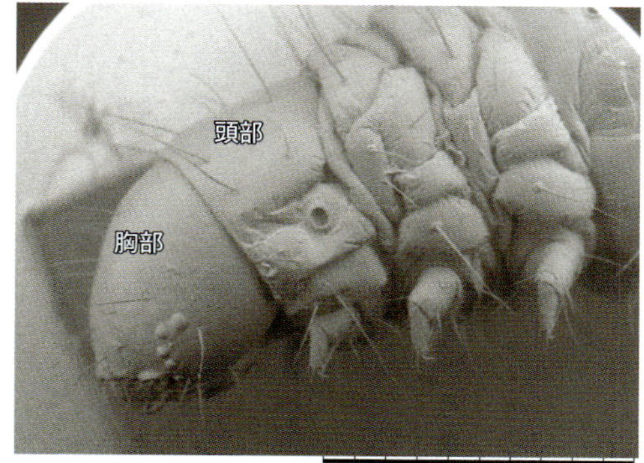

SEM40×　終齢幼虫

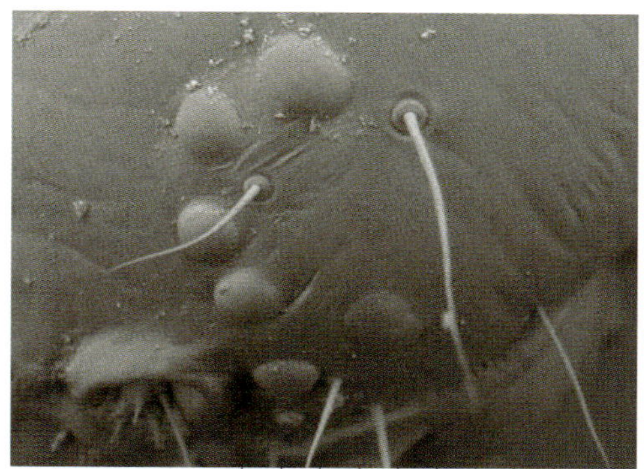

SEM40×　終齢幼虫、複数の単眼を認める。

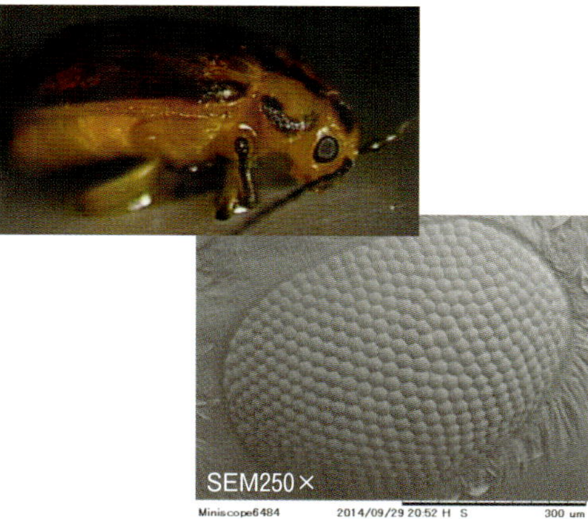

サンゴジュハムシとその複眼

チョウ類の眼10　アオムシとモンシロチョウの眼

アオムシは、チョウ目の幼虫で、青でなく緑色である。アオムシの緑は緑の葉っぱのクロロフィルに由来するものではなく、赤橙色系のカロチノイド、青緑色系のピリン、黄褐色系のオモクローム、黒色系のメラニンといった色素由来によるものである。アオムシの眼が複眼でなく黒い５対の単眼で、成虫のモンシロチョウになると、単眼が消失して複眼になり、その複眼は緑色である。幼虫から成虫になる時期に遺伝子の切り替えが起きていると考える。

アオムシ

アオムシの頭部左側　弧状に並んだ黒い単眼（矢印）

SEM40×
アオムシの頭部（撮影のために上向きである）

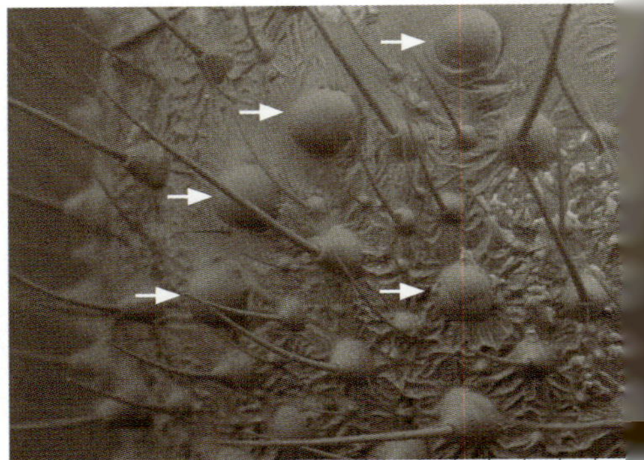

SEM180×
アオムシには複眼がなく、５対の単眼がみられる。上写真で半球状で体毛の生えていないものが単眼である（矢印）。

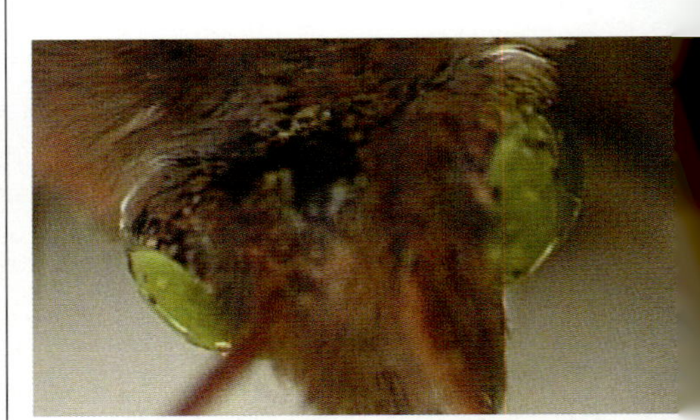

モンシロチョウの頭部正面像。１対の緑色の複眼。
この緑もクロロフィル由来ではない。

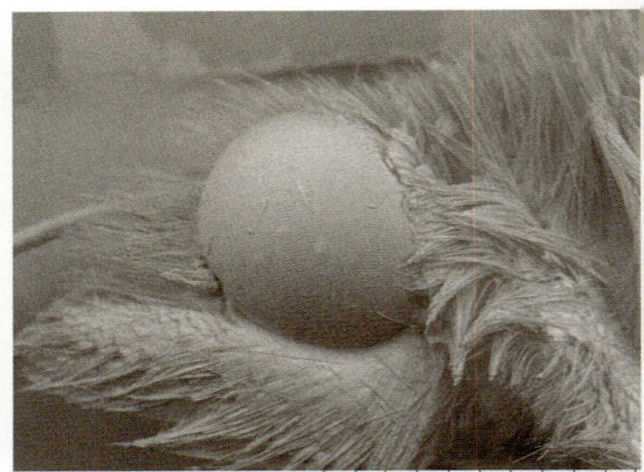

SEM40×
モンシロチョウの複眼。単眼は見当たらない。

アメリカシロヒトリの幼虫の単眼

アメリカシロヒトリは本州、四国、九州に分布し、北アメリカ原産の帰化種である。第二次世界大戦後、アメリカ軍の軍需物資に付いて渡来したとされる。1945年に東京で発見されたのを最初に、日本中に分布を広げた。

アメリカシロヒトリの眼　単眼について

①アメリカシロヒトリの成虫は昆虫なので、基本的には一対の複眼が主である。
②幼虫では将来、複眼になると予想される位置に単眼が多数みられる。
③単眼の数は、大小13対以上確認された。（矢印）
④幼虫の段階では複眼の個眼を確認できない。
⑤幼虫の単眼と成虫の複眼との関係については不明である。
⑥幼虫の単眼を強い光で観察すると、光を避ける動きをすることから単眼は明暗の識別をしていると思われる。

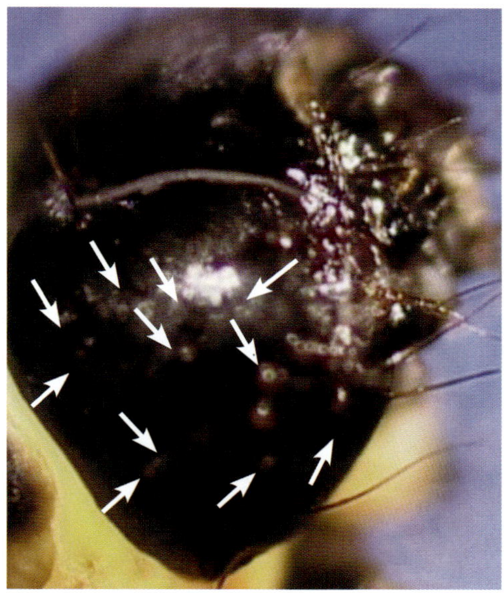

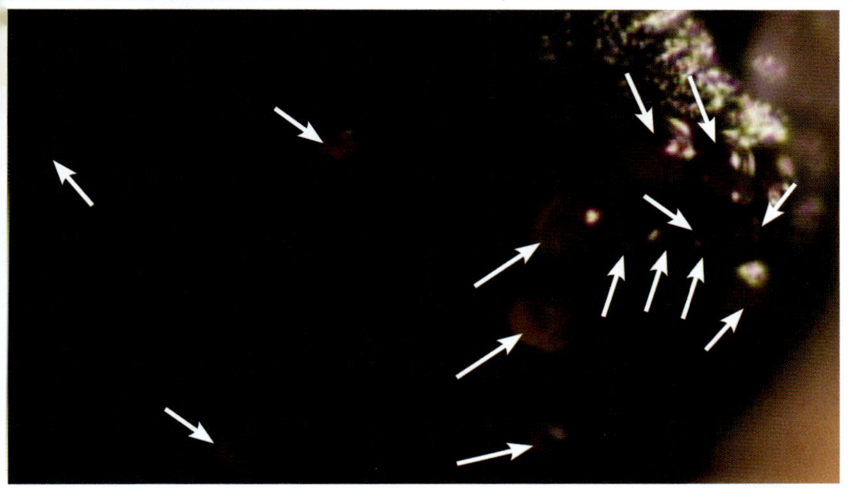

テントウムシの眼 1

テントウムシ（天道虫）はコウチュウ目・テントウムシ科に分類される昆虫の総称。一般に、テントウムシは鮮やかな赤色の小型（体長は6～7 mm）の甲虫で、太陽に向かって飛んで行くことから、天道虫とも呼ぶ。英語ではLadybirdというが、何故、“夫人の鳥”と表現するのかは不明。テントウムシはアブラムシ、カイガラムシ、ウドンコ病菌などを食べる益虫である。背中の斑点の大きさや数は様々である。同じ仲間で害虫も存在する。

テントウムシを強く刺激すると死んだふりをし、関節部から異臭のある黄色い液を分泌する。

テントウムシ

眼の周囲には反射板 A・B・C が存在する（矢印）

テントウムシの眼

①一対の複眼を有し、単眼はない。

②テントウムシは捕まえると死んだふりをするが、強い光に反応して動き出す。

③上方および前方のみならず、下方（地面方向）も視覚の範囲が広い。

④眼球の周りに大小四つの白い反射板（A・B・C）が存在し、輝板の働きをしている。

⑤一番大きい反射板（A）は角度を微妙に変え反射光を調節している。

⑥ある一定の波長の光に強く反応すると思われる。

⑦一般に昆虫は、眼で対象物の全体像を認識するのでなく、色、濃淡、線、形態などに対して刺激として反応する。テントウムシは線の刺激や光刺激に反応する。

⑧複眼の個眼の長径は約180 μm であった。

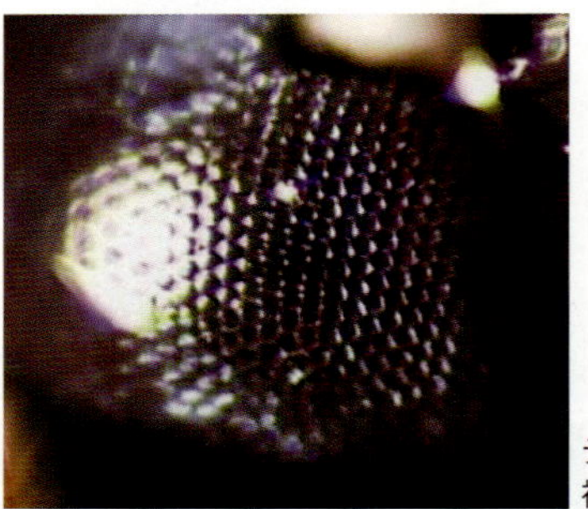

テントウムシの複眼

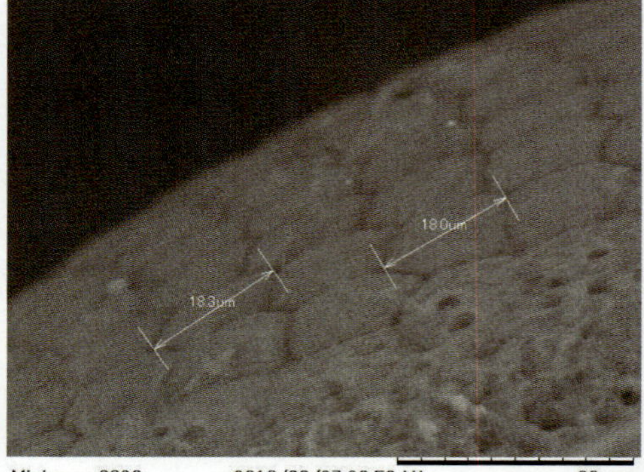

SEM2000×　テントウムシの複眼

テントウムシの眼2　キイロテントウムシの眼

体長約５mm、胸部は白地に２つの黒い斑点があるが、翅は和名どおり黄色一色である。ウドンコ病菌などを食べる益虫である。

翅には点がなく綺麗な黄色である。胸部に１対の黒点がある。頭部の黒点が複眼である。地面の１メモリは0.5mm

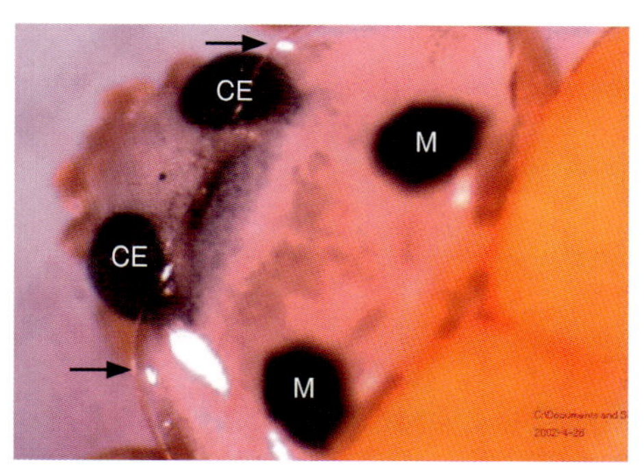

CE（複眼）、M（斑点）、矢印（胸部のクチクラ層縁）

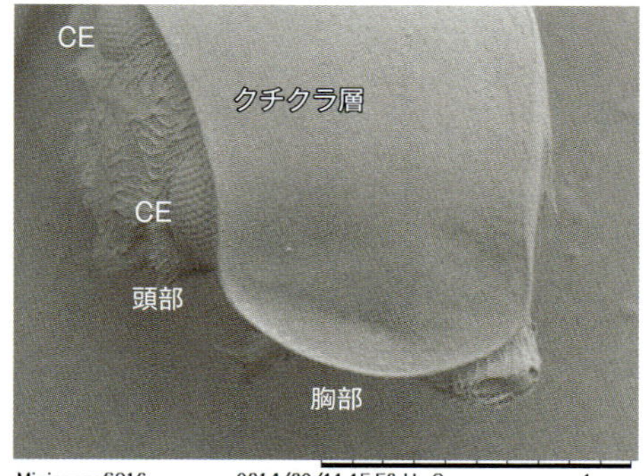

SEM80×　キイロテントウムシの頭部と胸部
CE（複眼）、SEMで斑点（M）が体表にないことが解る

キイロテントウムシの眼

①キイロテントウムシは腹部の羽根の部位には斑点が存在しない。胸部に１対の斑点がみられる。頭部には胸部の斑点と同じ大きさの１対の複眼がみられる。従って、眼が４個あるように見える。

②複眼の約１/４は胸部表面を覆う透明なクチクラ層に庇の様に覆われている。

③複眼の個眼は正六角形でなく、球状に近い。

④複眼の長径は約378μm、個眼の直径は約26.6μm

⑤単眼は認められない。

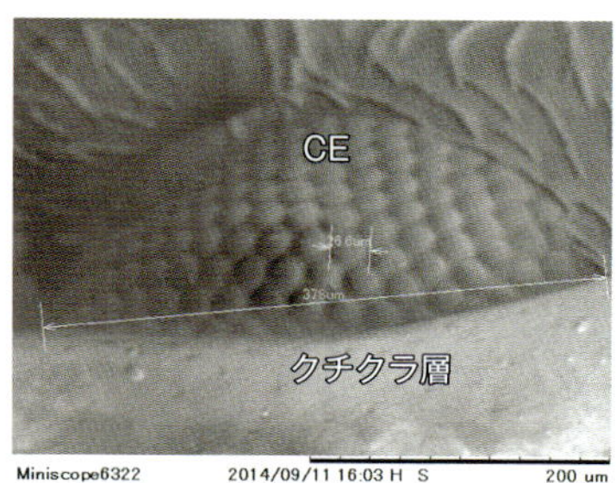

SEM400×　複眼の計測
肉眼的には透明なクチクラ層の下にある黒い斑点や複眼が丸く観察されるが、表面構造を観察するSEMでは斑点は観察されず、複眼もクチクラ層のない部分のみ撮影される。

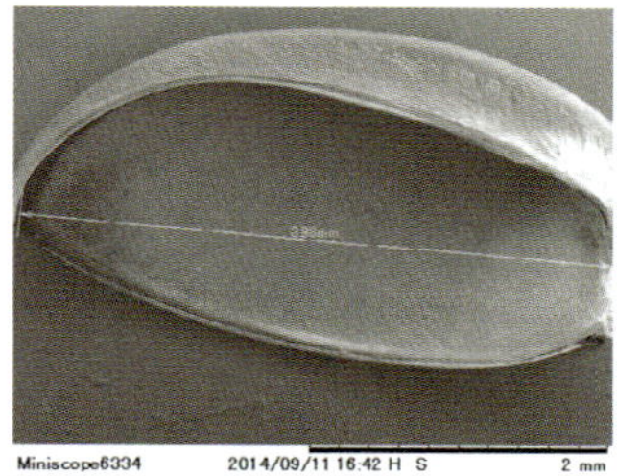

SEM400×
キイロテントウムシの硬翅

キイロテントウムシの翅

キイロテントウムシは昆虫で甲虫に属するため、硬翅と軟翅の双翅である。硬翅はクチクラ組織で碗形をしており、その中に大きな軟翅が折りたたまれている。硬翅は軟翅の格納庫に相当する。

テントウムシの眼３　テントウムシダマシの眼

「テントウムシダマシ」とは俗称で、テントウムシ科に属するニジュウヤホシテントウとオオニジュウヤホシテントウのことを指す。テントウムシはアブラムシなどの害虫を食べてくれる益虫だがテントウムシダマシは肉食ではなく草食で、ナス科の植物を好んで食べる害虫である。背中の斑点は28個ある。

テントウムシダマシ

テントウムシダマシの眼

①一対の複眼を有する。単眼はない。
②テントウムシにある反射板はない。
③複眼の長径は約426μm である。
④個眼は六角形で、長径は20μm である。
⑤個眼の面積は約239μm²である。
⑥食性からテントウムシより視機能は悪いと考える。

背部の文様は透明なクチクラ層の下にあるため、SEM では描出できない。

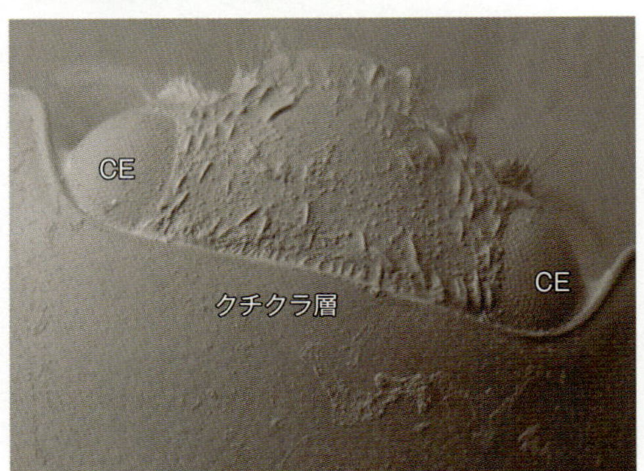

SEM80×凹凸強調画像　複眼（CE）

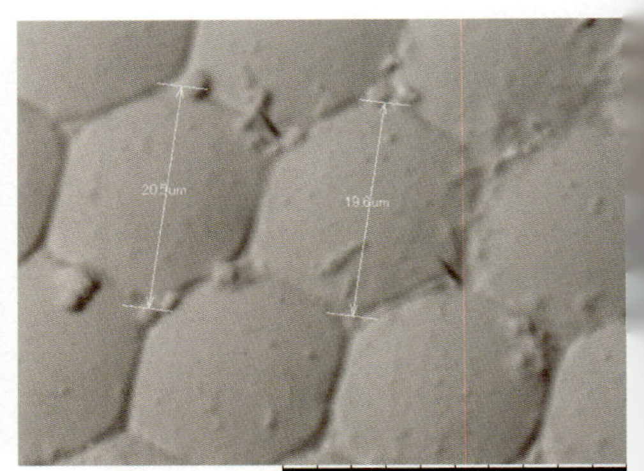

SEM3000×凹凸強調画像　個眼の長径

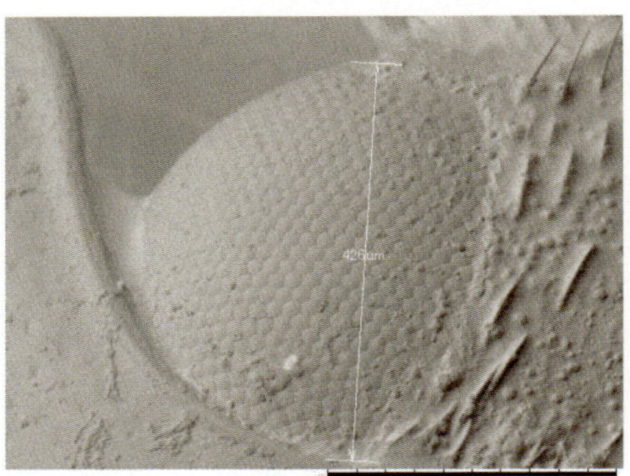

SEM250×凹凸強調画像

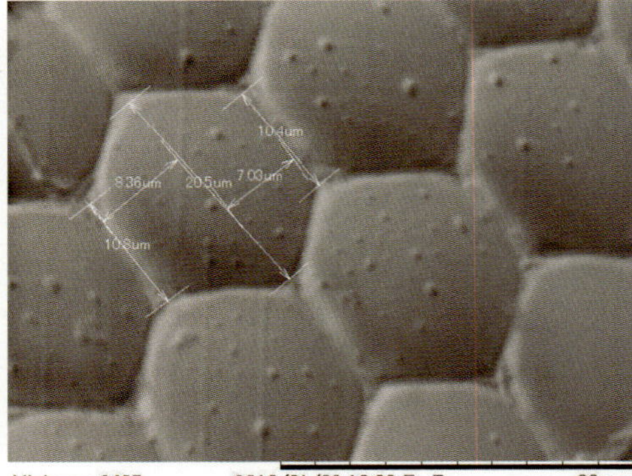

SEM3000×凹凸強調画像　個眼の計測

ハエ類の眼１　ハエの眼

昆虫綱ハエ目（類）には、ハエやアブが分類されている。日本だけでも60科、3000種が存在する。１対の複眼と３個の単眼を有するのが特徴である。

ハエの眼

①ハエの複眼は種によってさまざまであるが、左右が合体しているものが多い。その場合、視神経は左・右合体している。
②ハエの複眼は数千個～２万個の個眼を有し、色や形や動きを認識する。
③視覚情報処理速度が人間よりも数倍速い。
④ハエの識別可能フリッカー値は140Hz との報告あり。（ヒトは30～40Hz：ハチは200～300Hz）このフリッカー値が高いほど動体視力が良く、ハエ叩きの動きがスローモーションに見え、避けることが、可能になる。
⑤数個の個眼がグループとなり、対象物をモザイクとしてとらえる。
⑥ハエの単眼は光の方向や光量の情報を得る。単眼を覆うと昼間でも夜間と同じように活動しなくなる。
⑦３個の単眼はハエの種によって位置が異なる。

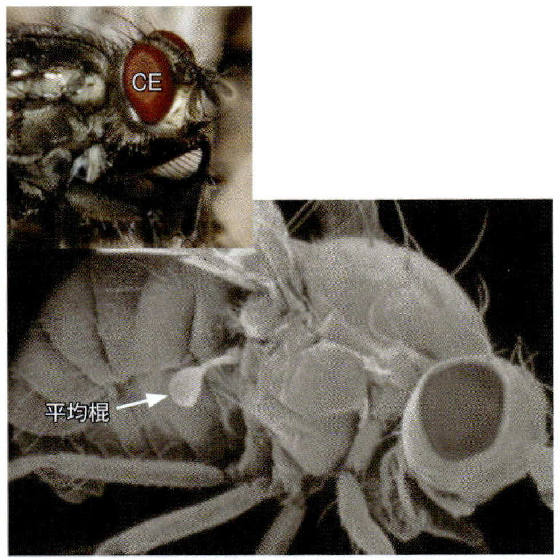

ハエは飛行中、この平均棍が前翅と同じ振動数で上下に振子のように振動し、回転運動を制御する。

ハエの平均棍

①ハエには平均棍と言うセンサーがある。
②平均棍はジャイロスコープのような働きをし、空中での回転運動を制御している。
③平均棍は胸部と腹部の間に埋め込まれている後翅の変化したものとされている。
④平均棍の根元には11個の制御筋が存在し、少なくとも２個の制御筋が視覚系から情報を受け取っている。
⑤ただし、平均棍への視覚情報が二つの感覚軸に対してどのように影響しているかについては解明途上である。
⑥少なくとも、視覚情報だけではハエの激しい飛び回りは制御できない。（nature 知の創造より引用）

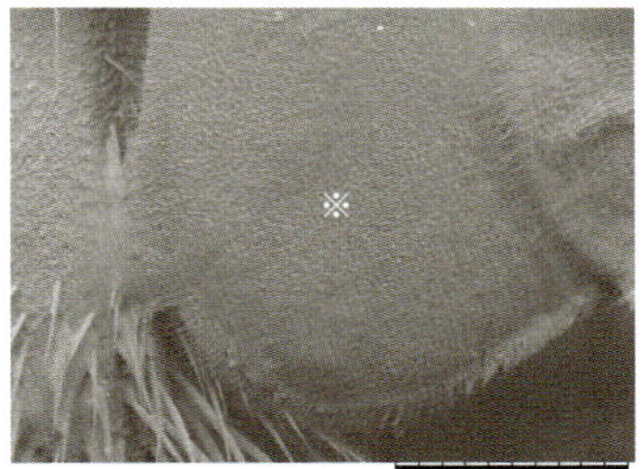

SEM120×
※平均棍は後翅の変化したもの

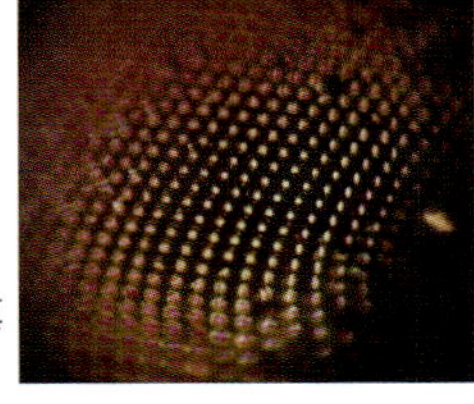

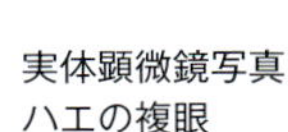
実体顕微鏡写真
ハエの複眼

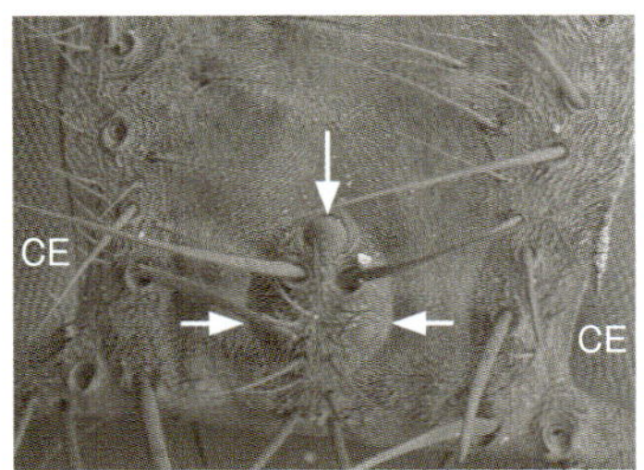

SEM120×　３個の単眼（矢印）　複眼間にみられる

ハエ類の眼2　アブの眼（1）（有単眼）

アブは双翅目に属し、蚊・ハエの仲間であるが、ヒトや家畜を刺す。一般的に不快虫として煙たがれる虫である。吸血行為により、人間や家畜に害を与えることがある一方、果樹の受粉や害虫捕食等の益もある。（写真1）アブと言っても多種にわたり、害と益のあるものがおり、有単眼のものと無単眼のものがいる。

有単眼アブの眼

①アブは昆虫なので1対の複眼（CE）を有するが、三つの単眼（矢印）も有する。
②三つの単眼は二つの複眼の中間の正中線上にある（写真2の点線サークル内）。
③アブの単眼には虹彩が認められない。
④単眼の角膜曲率半径は小さい。
⑤水晶体は確認できなかったが、角膜曲率が小さいので、水晶体は不要の可能性がある。
⑥ハエにも同様な単眼が見られる。
⑦アブの単眼の役割は定かでないが、複眼が主として形体視、単眼が明暗視をしているとの説もある。

体長2cmのアブ

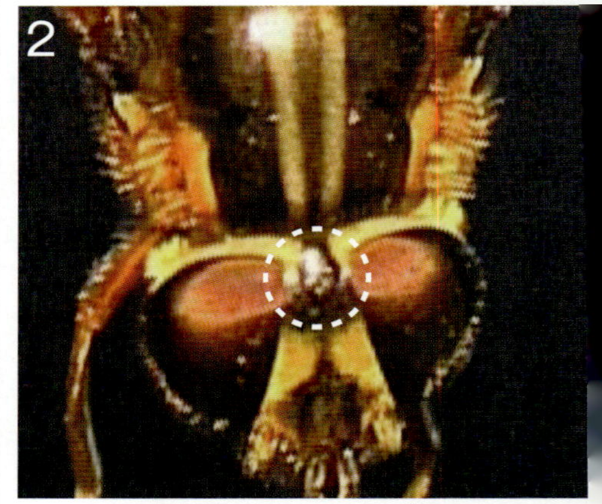

点線サークル内に三つの単眼

三つの単眼は正三角形に位置している

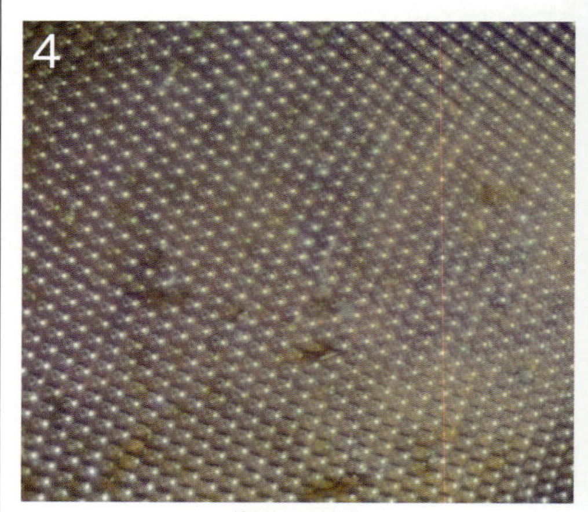

複眼の強拡大

ハエ類の眼３　アブの眼（２）（無単眼）

頭部は左右の複眼で占められている

中隔組織を隔てて左右の複眼は接している

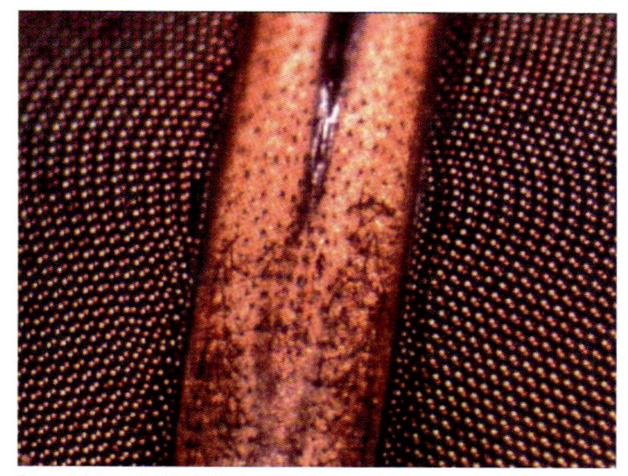

個眼が中隔組織を挟んで、完璧な左右対称を呈するのには、視機能に何らかの意味があると思われる

複眼の拡大

無単眼アブの眼

①無単眼のアブは有単眼のアブより複眼が大きい傾向にある。

②左右の複眼の個眼が中隔組織を挟んで対称に並んでいるのは、視覚情報の処理に有利なためと思われる。

ハエ類の眼４　オオクロイエバエの眼

オオクロイエバエの眼

①一対の複眼と頭頂部中央に３個の単眼を認める。
②体長約14mm
③複眼の長径は1.10mm
④個眼の長径31.5μm
⑤個眼の角膜面積564.5μm^2
⑥中央単眼の長径96.9μm
⑦複眼は半球状で視野は広い。単眼は明暗程度の視機能と思われる。

実体顕微鏡写真

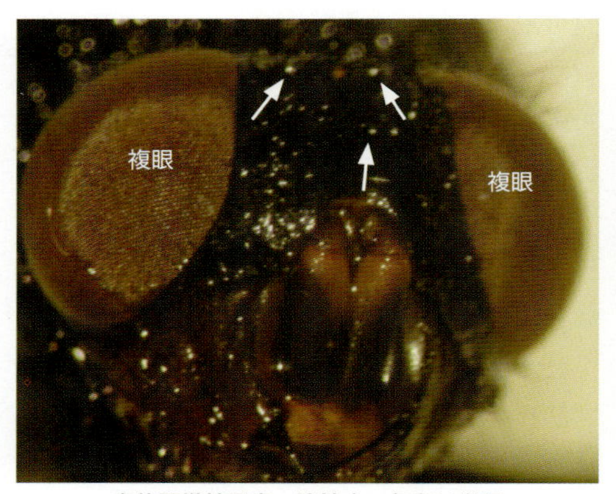

実体顕微鏡写真　強拡大　矢印は単眼

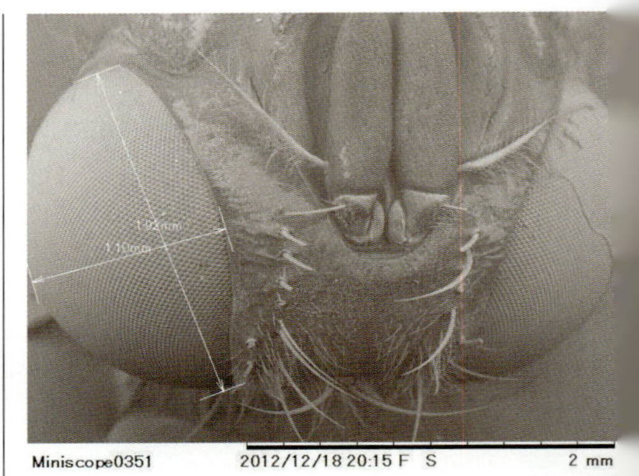

SEM50×影１強調画像

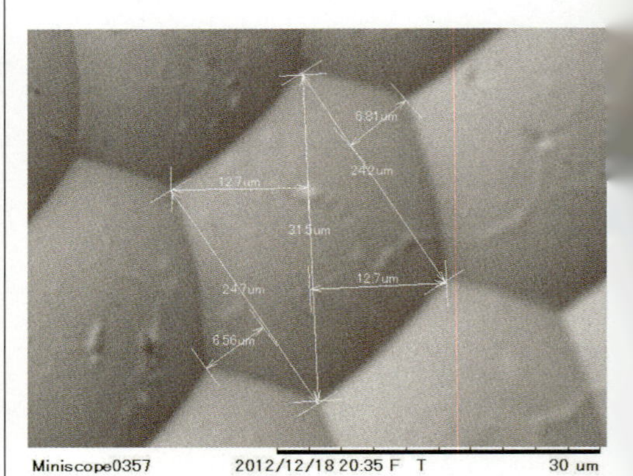

SEM3000×凹凸強調画像

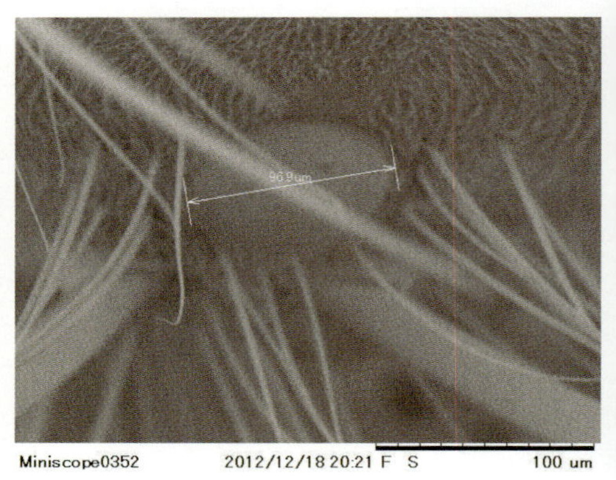

SEM600×影１強調画像　背側の中央単眼

ハエ類の眼５　ベッコウイエバエの眼

ベッコウイエバエの眼

①一対の複眼と３個の単眼（矢印）を有する。
②複眼の長径は1.42mm
③中央単眼の直径163μm
④外側単眼の直径111～126μm
⑤個眼の長径27.1～34.7μm
⑥体長に比して、複眼は大きく視覚優位で、単眼は明暗程度の働きと思われる。

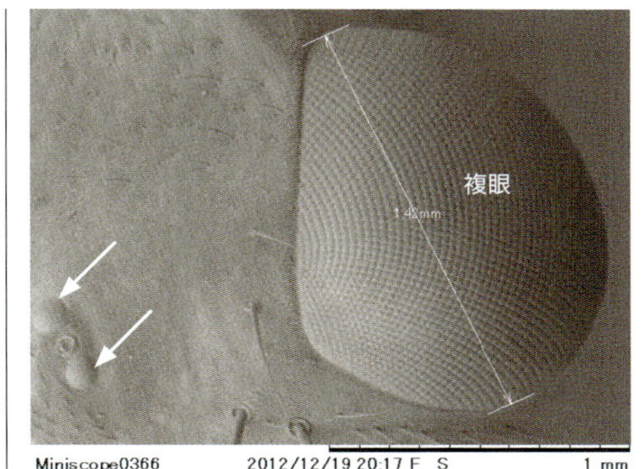

SEM100×影２強調画像

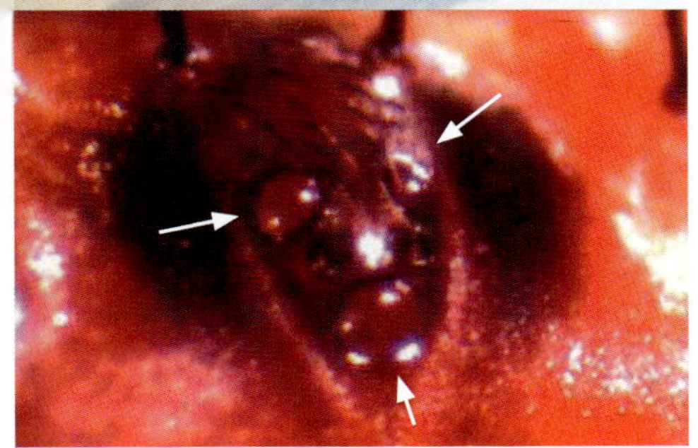
実体顕微鏡写真　強拡大

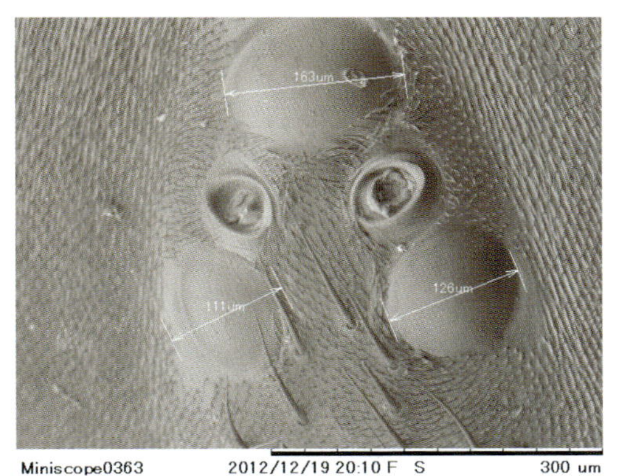

SEM300×影２強調画像　単眼の長径

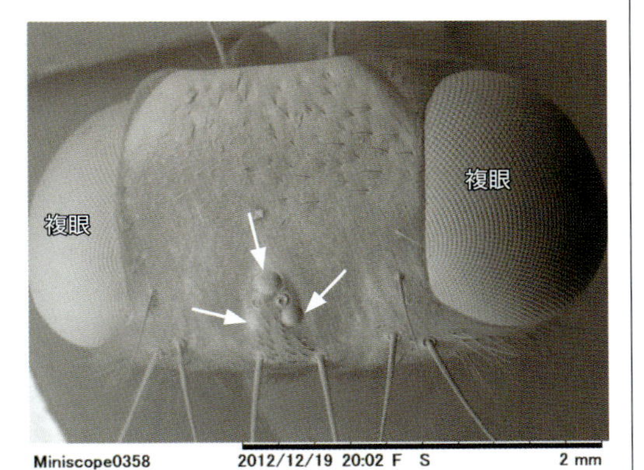

SEM50×影２強調画像

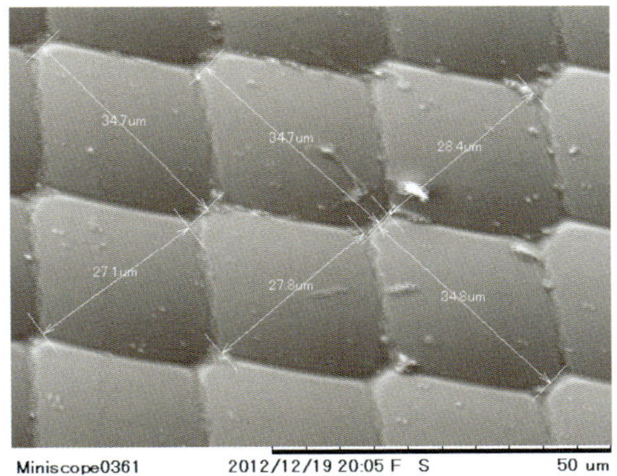

SEM3000×標準画像　個眼の計測

ハエ類の眼６　ショウジョウバエの眼（１）

ショウジョウバエはハエ目・ショウジョウバエ科に属するハエの総称で、一般にはコバエとも呼ばれている。ショウジョウバエは、英語で *Drosophila* と書き「湿気を好む」意味のギリシャ語から表記されたらしい。ショウジョウ（猩々）は仏教古典書や中国古典書、能などにも登場する架空の動物である。この小さなハエをなぜショウジョウバエと呼ぶのかは諸説があるが、眼を含めた頭部が赤く、酒に酔った猩々のように煩わしく付きまとうからと言うこじ付け説もある。台所の生ごみの周りでよく見かけるコバエで、オスは背部の縞模様が明瞭で、メスは尾部が黒い。

遺伝子

1．真核生物：動物、植物、細菌、原生動物など、身体を構成する細胞に核を有する生物

2．原核生物：細胞核を持たない、真正細菌（バクテリア）と古細菌など真核生物以外の生物

1）細胞の核内にある染色体は、遺伝情報としてDNAが二重らせん構造に配列されている。遺伝子は生物の遺伝情報を担う因子で、全ての生物でDNAを媒体として、その塩基配列がコード化されている。

2）真核生物の場合、配偶子を形成する際の減数分裂と細胞増殖する際の有糸分裂（体細胞分裂）がある。減数分裂は配偶子形成において遺伝的な多様化を生じさせ、環境変化への対応や進化に貢献していると考えられている。例えば２組４本の染色体を持つ生物では、2^2＝４通りの組み合わせをもった配偶子が作られ、ここから得られる次世代は4^2＝16通りである。ヒトの場合では23組の相同染色体、計46本の染色体を持つため、2^{23}＝8,388,608通りの配偶子、$8,388,608^2$＝70,368,744,177,664通りの次世代が生じる可能性をもっている。

3）全ての生物は単細胞の共通先祖に由来している。ヒトを含めて大半の動物は、体を構成するに際して共通の遺伝子セットによって、眼や頭、尾や肢などの器官をコントロールされている。この遺伝子セットにある変異が生じると共通の異常が生じる。

4）遺伝子セットをコントロールする遺伝子をマスター調節遺伝子と云う。すなわち、マスター調節遺伝子は特定の器官に関与する多数の遺伝子を調節する。こうしたマスター調節遺伝子が多数見つかっている。

5）マスター調節遺伝子の一つであるPAX6遺伝子が欠損したハエには眼が欠損する。

ショウジョウバエの遺伝学的貢献

ショウジョウバエは、複眼の色や形、大きさ、部位などの変化による遺伝の研究に利用されてきた。

ショウジョウバエが利用し易いのは、

①１匹が約80個の卵を産むので継代しやすい。

②卵は約220時間で成虫になり早く結果が出やすい。

③交配や突然変異により多くの種類が人為的に作りやすい。

④ショウジョウバエの赤い眼は虹彩色素量に関係し検討対象にしやすい。

⑤ショウジョウバエのDNA配列については研究が進んでいる。

⑥遺伝子PAX6が眼の発生に重要な働きをしている。

⑦多施設でショウジョウバエによる遺伝子組み換えの研究がされている。

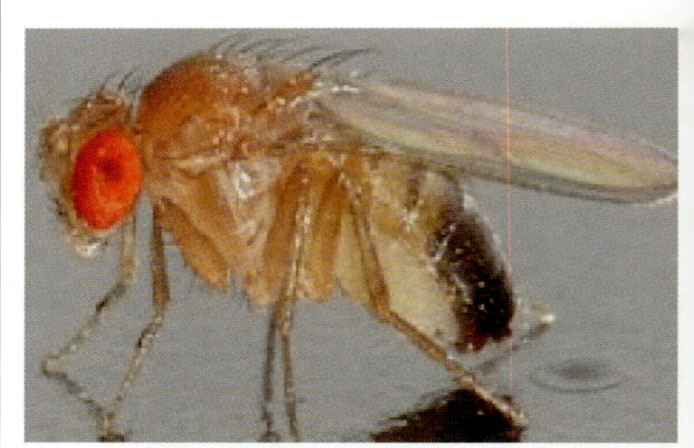

人工的に眼の色が強調されたショウジョウバエのメス（尾部が黒い）

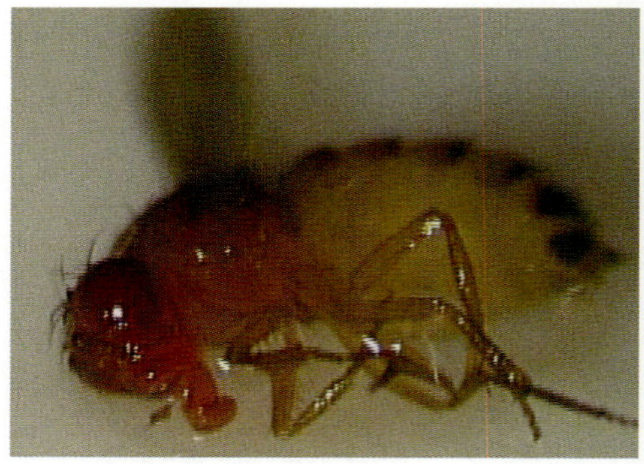

生ごみに飛来したショウジョウバエのオス（背部の縞模様が明瞭）

ハエ類の眼７　ショウジョウバエの眼（２）SEM画像

ショウジョウバエのSEM画像

①今回測定したショウジョウバエは雄で、体長2.93mmで、一対の複眼と３個の単眼を認めた。
②複眼の長径は549μm、個眼の長径は16.2μmであった。
③３個の単眼は、別々の方向に視軸に向け、その長径は38.5～43.7μmであった。
④複眼の個眼間には多数の触毛が生えており、その長さは約11.4μであった。
⑤この触毛は複眼の保護作用、光の方向察知作用、たまたま眼の発生部位に触毛が存在していただけ、などの説がある。

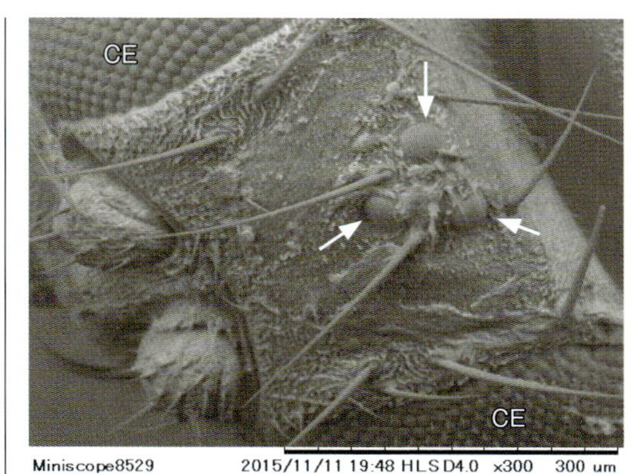

SEM250×　複眼（CE）間に３個の単眼を認める（矢印）

SEM40×　雄のショウジョウバエ

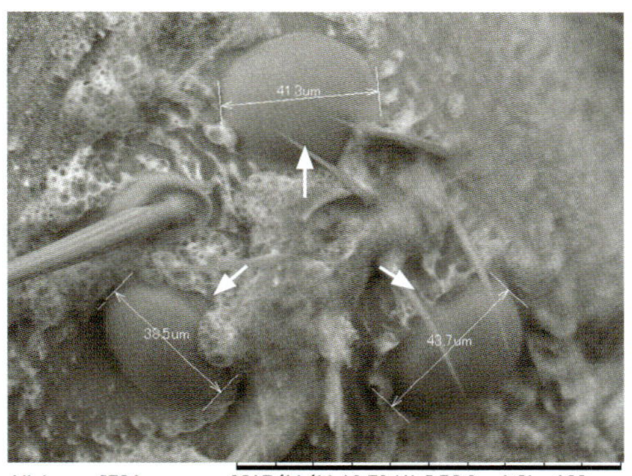

SEM1000×　３個の単眼（矢印）の視軸は異なる

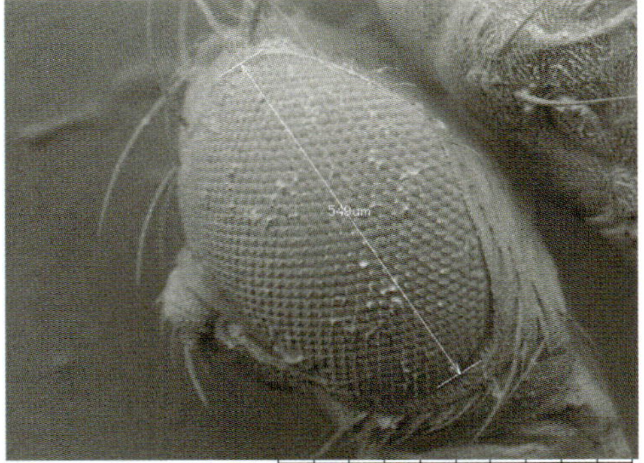

SEM180×　複眼

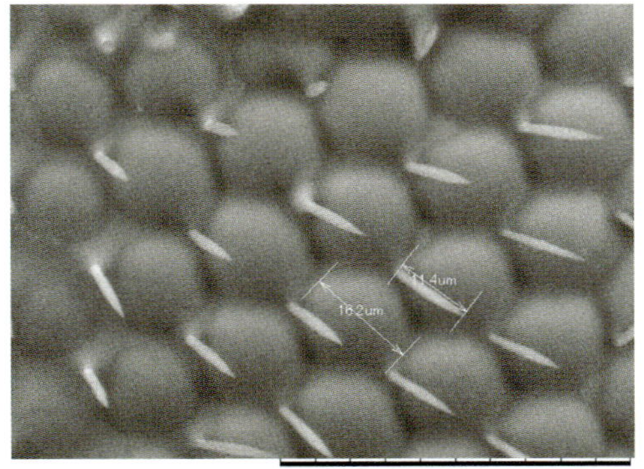

SEM1800×　複眼の個眼間には触毛が認められる

ハエ類の眼8　眼の遺伝子

相同性と相似性

相同性：

鳥の翼と人の腕は同じ前肢から発生した。このように発生学的に生物の有する構造が共通の原器から生じた場合相同性という。昆虫・両生類・爬虫類・魚類・鳥類・哺乳類は多くの生物が類似した機能を持つ脳・感覚器・内臓・肢体を有する。これらの形成に関与する遺伝子の多くが種の間で高度に保存されているためである。

相似性：

昆虫の羽は鰓起源、鳥の羽は前肢から生じる。このように発生学的に全く別の原器から生じたのに類似している物を相似性という。

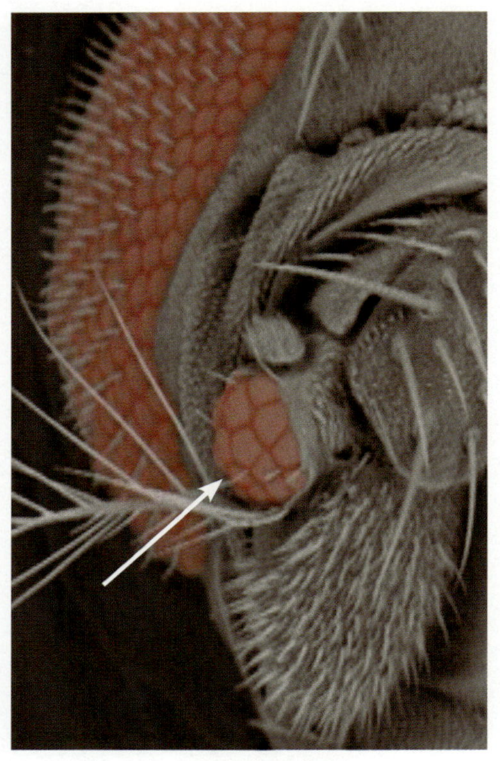

ショウジョウバエの異所性複眼（矢印）
写真は丹羽尚・広海 健氏の許可済使用

ホメオチック遺伝子とマスターキー遺伝子

生物のそれぞれの器官を形成コントロールする遺伝子をマスターキー遺伝子という。それぞれのマスターキー遺伝子をコントロールしているのがホメオチック遺伝子（HOX遺伝子）である。それぞれのマスターキー遺伝子は下位の関連遺伝子のネットワークを制御している。

眼のマスターキー遺伝子

11番染色体上のPax6遺伝子は眼の形態形成に必要なマスターキー遺伝子で、全ての三胚葉動物に存在することが確認されている。

また、Pax6遺伝子のショウジョウバエでの相同遺伝子としてeyeless遺伝子があり、その上位遺伝子にtwin of eyeless遺伝子が存在する。

①突然変異遺伝子eyelessをもつショウジョウバエは眼がない。しかし、ホモ結合eyelessショウジョウバエを交配し続けると、他の遺伝子が眼を作る。その眼は正常な眼と相同である。

②マウスのPAX 6 がショウジョウバエの歩脚に異所性眼を誘導する。

③マウスやメダカのPAX 6 相同遺伝子が異所性に眼の原器を発現させる。

④PAX 6 遺伝子変異が先天無虹彩症の発生に関与している。

⑤多くのマスターキー遺伝子はヒトのDNAにも存在する。

⑥eyelessに反応して眼の分化が誘導出来るのは，本来「感覚器官をつくる領域に限られる(写真の矢印は異所性複眼で、本来「耳」になる領域である)。多様な感覚器官が原始感覚器官から進化してきた過程を示唆すると同時に上位遺伝子の存在を示唆する。

⑦これら動物の共通祖先に、基本的な遺伝子キットが生じたのはカンブリア紀の古生物以降とされている。

ハエ類の眼９　アメリカミズアブの眼

アメリカミズアブの眼

①一対の複眼と３個の単眼を有する。

②中央単眼の長径は140μm、両側単眼の長径は115μmであった。

③個眼は四角形や六角形など不揃いで、個眼の長径は約28μmであった。

④個眼間には、約13μm長の触毛がみられた（矢印）。この触毛の存在意義として、

1）単に複眼にとって邪魔なもの
2）触覚として個眼を守るもの
3）個眼の汚れを防止するもの
4）眼のマスターキー遺伝子Pax6は眼の発現部位もコントロールしているが、たまたまその部位に体毛が存在していたために生じたもの

などの意見もあるが、実際のところ不明である。

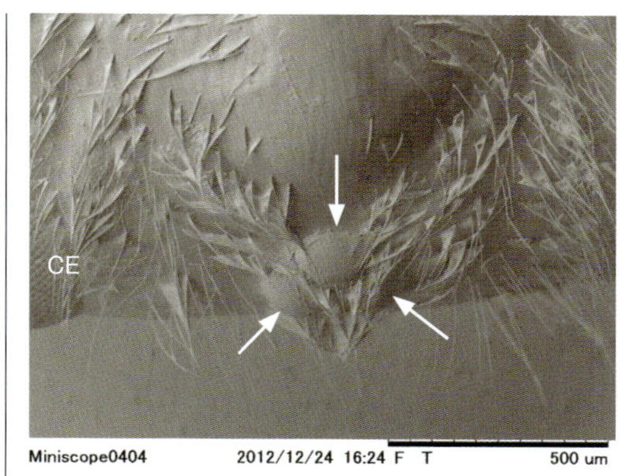

SEM120×凹凸強調画像　矢印は単眼

体長15～18mm、日本全土のごみ溜めに５月～９月にみられる。写真は右翅が折れている。

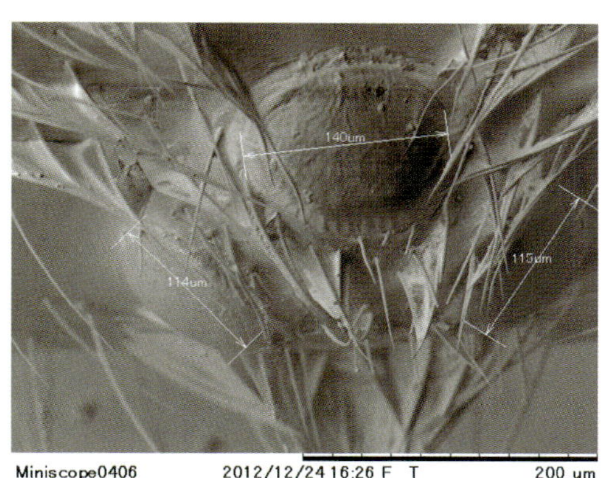

SEM400×凹凸強調画像　単眼の長径

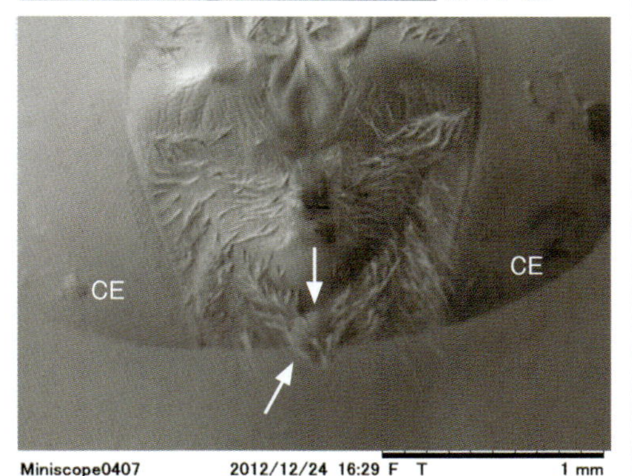

SEM60×凹凸強調画像　複眼（CE）と単眼（↑）

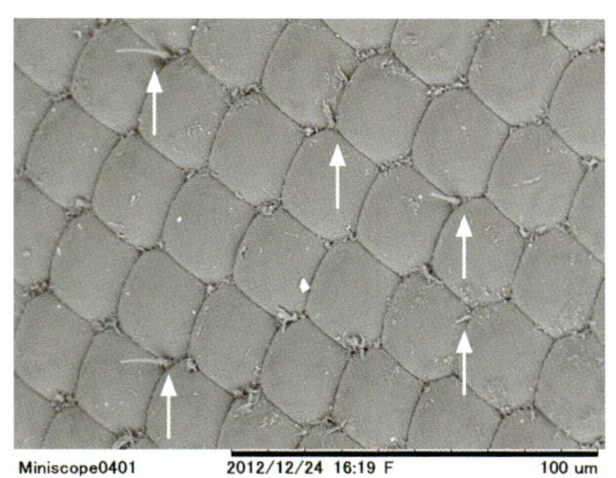

SEM1000×標準画像　複眼の間に触毛を認める（矢印）

ハエ類の眼10　ホソヒラタアブの眼

ホソヒラタアブの眼

①大きな一対の複眼の間に、３個の単眼がみられる。単眼の視軸はそれぞれ別方向を向いている。

②複眼は頭部の大部分を占め、複眼の長径は約２mm、個眼の長径は31μm、であった。

③中央単眼の長径は約90μm、両側単眼の長径は約79μmであった。

④ホソヒラタアブは昼行性で、複眼が形態覚に関与し、３個の単眼による明暗の判別で昼夜のコントロールをしている、という説もある。

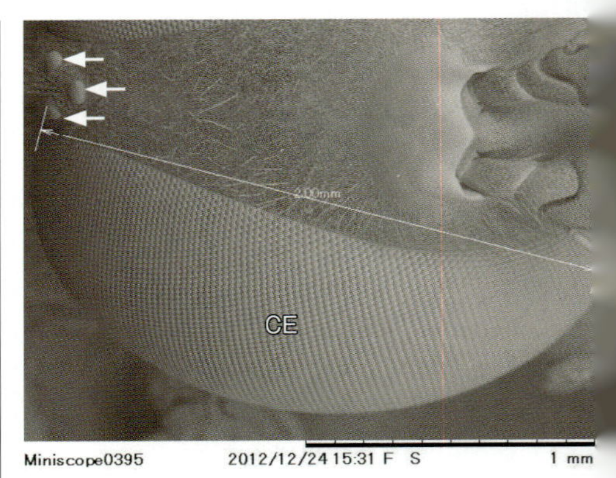

SEM80×凹凸強調画像
複眼計測　CE：複眼　矢印：単眼

体長は約11mm、日本各地で５月～９月にみられる

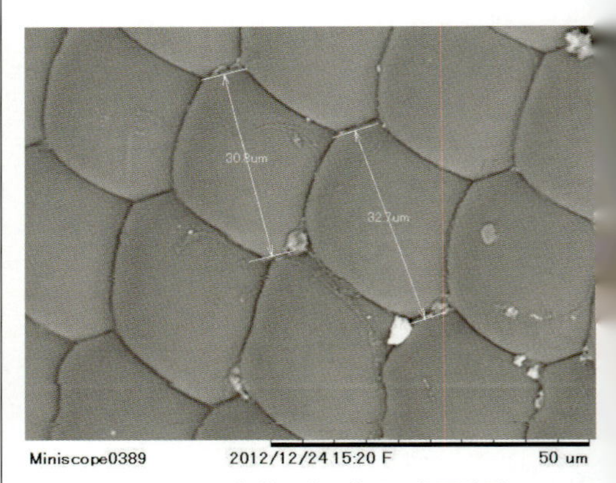

SEM1800×標準画像　複眼の個眼計測

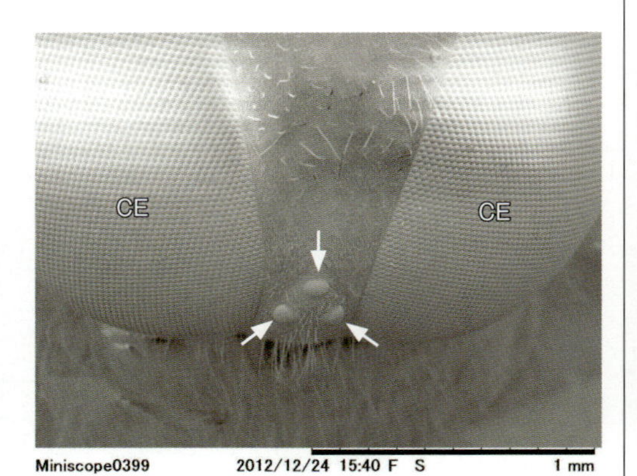

SEM80×凹凸強調画像　CE：複眼　矢印：単眼

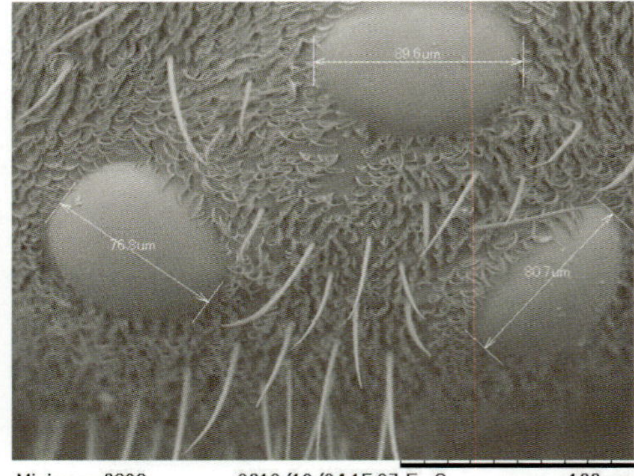

SEM600×影１強調画像　単眼の長径計測

ハエ類の眼11　ウジ虫の眼

ウジ虫（maggot）は、ハエの幼虫である。

一般に、ハエは卵生で、１齢で孵化し、３齢が終齢である。一部のハエは雌体内で胚が発育し、直接幼虫を産み付ける卵胎生もある。尾部に気門があり、水中では気門を水面に出して呼吸する。

ウジ虫の眼

①ハエの種類は多く、その幼虫であるウジ虫には眼を有するものと、有さないものがある。

②イエバエの第１齢幼虫の頭部には１対の単眼と、将来、成虫時に複眼となる部位の膨隆を認める。

③ウジ虫の単眼は明暗程度の視力と考えられている。

全身　撮影倍率×40
イエバエは卵胎生で、第１齢幼虫の体長は約3.5mm で、10前後の体節を有する。

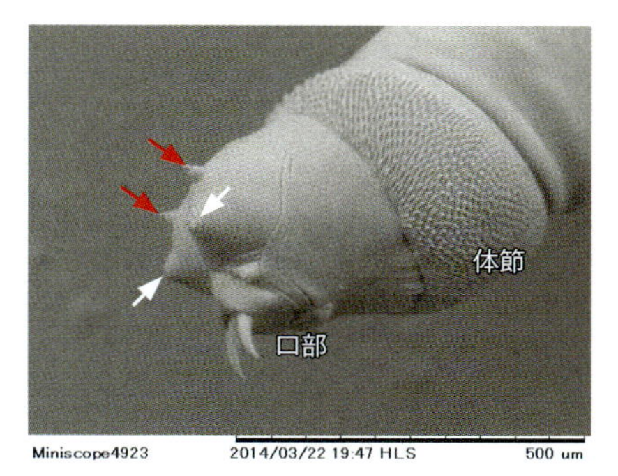

頭部側面像　撮影倍率×200
口部には２本の牙歯があり、頭部には２種類の感覚器と思われる構造が確認できる。赤矢印は単眼、白矢印は将来成虫時に複眼になる部位である。

蠕動運動

①蠕動運動は筋肉の伝播性収縮によるもので、ウジ虫やミミズ、腸管の動きなどが蠕動運動の代表とされている。

②ウジ虫の体節には多数の肢突起が存在し、ミミズや腸管の蠕動運動とは明らかに異なる。

③ウジ虫も蠕動運動で動くが、肢突起で方向性を確保している。

マゴットセラピー（ウジ虫療法）

ウジ虫は腐敗した組織を餌にするが、正常な組織は食べない。抗生物質が無かった第二次世界大戦以前は戦傷の腐敗部分をウジ虫に食べさせる治療法もあった。

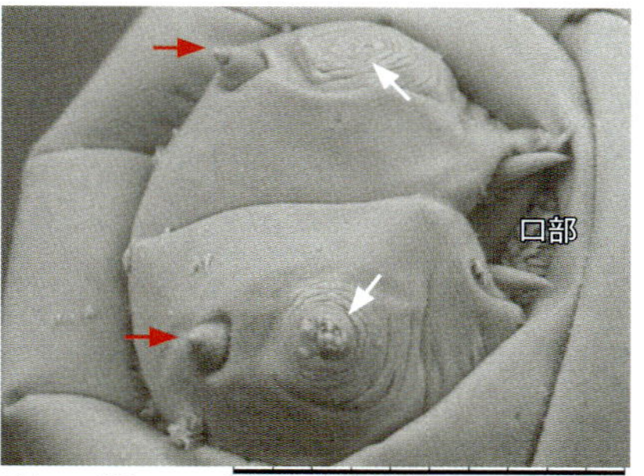

頭部正面像（横向き）撮影　倍率×500
一対の単眼（赤矢印）と複眼部の膨隆（白矢印）を認める。

撮影倍率×1000
ウジ虫の体節には多数の肢突起があり、蠕動運動で移動する際、この肢突起が方向をコントロールしている。

野生動物の高齢化問題

日本における最も深刻な問題は少子高齢化である。

①少子化による生産人口の減少と高齢化による非生産人口の急増が年金や社会福祉財源を脅かしている。

②高齢化は医療財源を圧迫している。

③農業、漁業など一次産業の労働力不足、特に、耕作放棄地が急増している。

④独居老人や孤独死の増加も社会問題になっている。

野生動物の社会では

①食物連鎖により極端な種間の個体数の増減が少ない。

②爆発的な高齢化や、深刻な少子化が起こらない。起これば種の絶滅に繋がる。

③動物の生態系に影響を与える最も危険な存在はヒトである。

④動物界は弱肉強食の社会であるが、世代互助型社会でもある。

世代互助型社会

①東京都では1世帯当たりの家族数が二人以下になった。「子ども手当」を出しても少子化は防げない。子どもは「宝」であるが、厳しく、優しく、質素に、ハングリーに育てるべきである。

②親は子育ての苦労に幸を感じ、子は年老いた親を支えて人生の充実を感じる世代互助型の社会にすべきと思う。

人手なくアメリカシロヒ果樹襲う

農家の後継者不足は深刻である。「農業では食えぬ」と子ども達は親を捨てた。親達は「子どもに自分の苦労を継がせたくない。子どもに面倒をみて貰いたくない」と頑張った。しかし、高齢者では農業を維持できず、耕作放棄地が増えた。田畑は荒れ、雑草が、猿が、猪が、アメリカシロヒトリが、攻めてきた。

カ（蚊）の眼１　アカイエカ

カ（蚊）は、ハエ目（双翅目）・糸角亜目・カ科に属する昆虫で、ハマダラカ属、イエカ属、ヤブカ属、ナガハシカ属など35属、約2,500種存在する。ヒトや動物から吸血し、種によっては、日本脳炎、マラリア、デング熱、ジカ熱、西ナイル熱などの病原体微生物を媒介する病害虫である。吸血するのはメスである。300～600Hzの耳障りの羽音を出す。蚊の唾液には抗血小板作用があり、蚊の体内で血液は凝固しない。

アカイエカの眼

①アカイエカの頭部は大きな複眼で覆われている。
②個眼は六角形でなく、球状である。
③個眼の直径は、約20μmである。
④夜行性で、視野は広いが視力は光覚弁程度で良くない。
⑤アカイエカは視覚より、嗅覚や聴覚、触覚などが優位である。
⑥炭酸ガスの濃い場所、温度の高い場所（人）、暗い場所を好む。

アカイエカの実体顕微鏡写真
（背景：正方形の１辺は0.05mm）

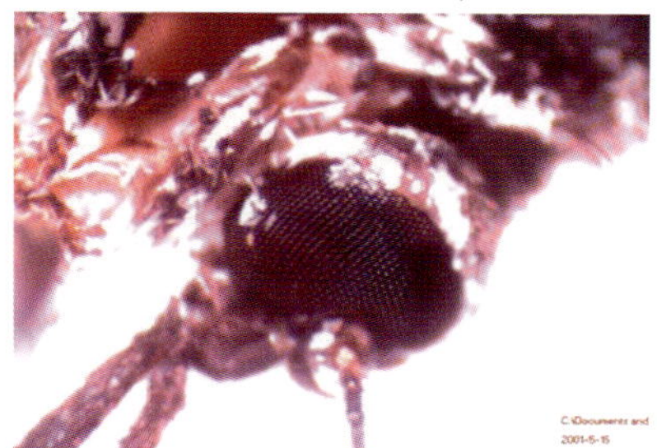

アカイエカの頭部：頭部の殆どが複眼で占められている。

SEM150×　複眼は頭部全体を覆っている

SEM1000×　複眼の個眼は球形である。（窪みは artifact）

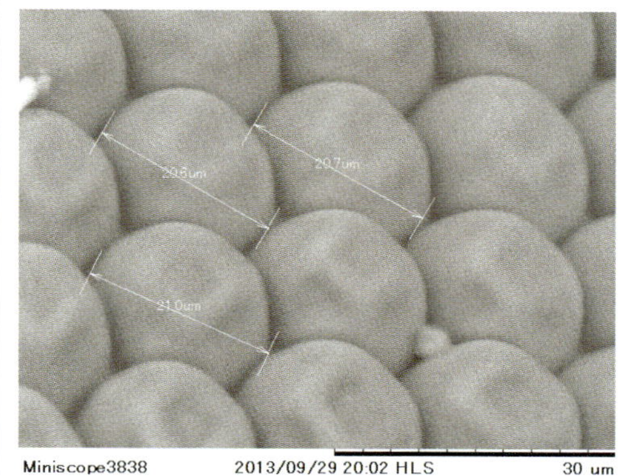

SEM2500×　個眼は走査電顕の陰圧で凹んでいる。

カ（蚊）の眼 2　アカイエカの感覚器

蚊には多くの感覚器が存在する

カ（蚊）の感覚器

①蚊は視覚より触覚、嗅覚、聴覚、温角などが発達している。全身に触毛や感覚ピットが存在する。

②特に、ヒトの炭酸ガスやアンモニア、温度に対する鋭敏な感覚器を備えている。

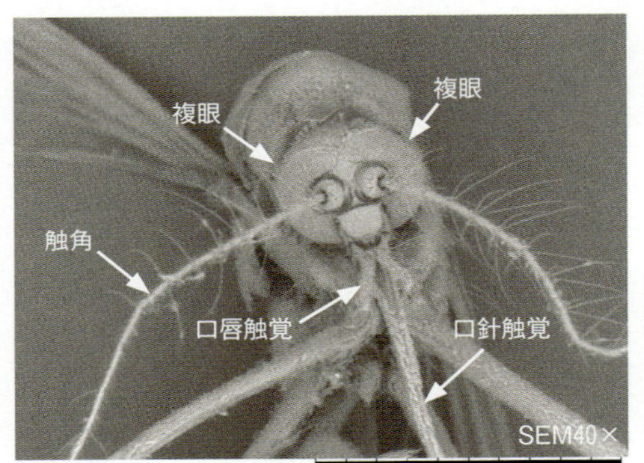

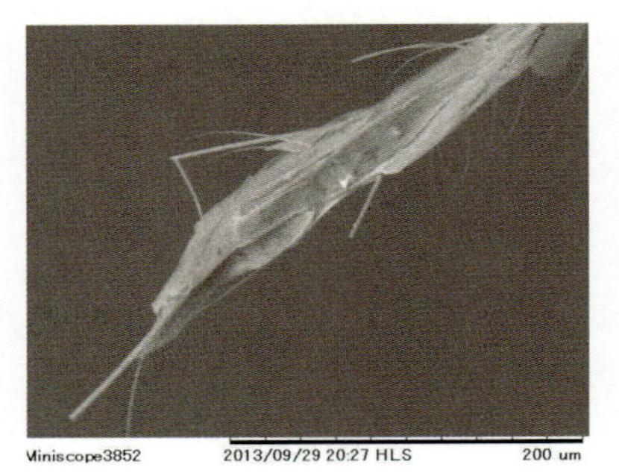

SEM500×　触角の先端

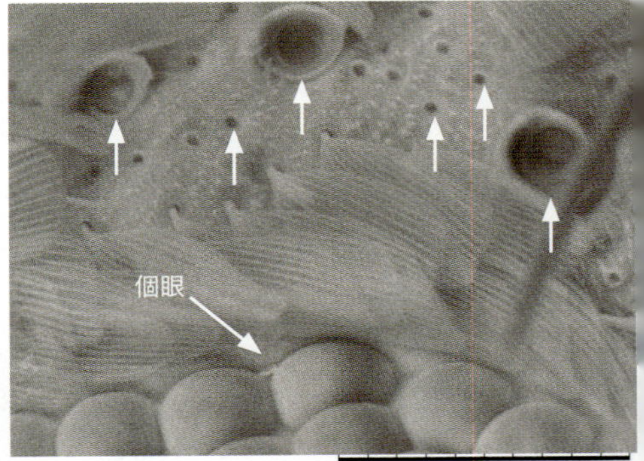

SEM1500×　聴覚・嗅覚ピット（矢印）

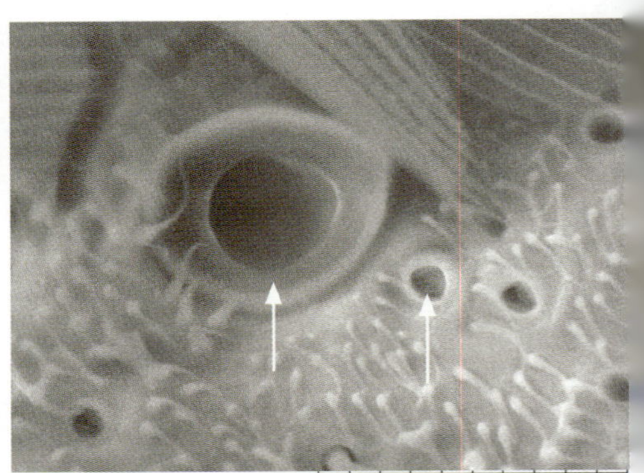

SEM400×　各種感覚ピット（矢印）

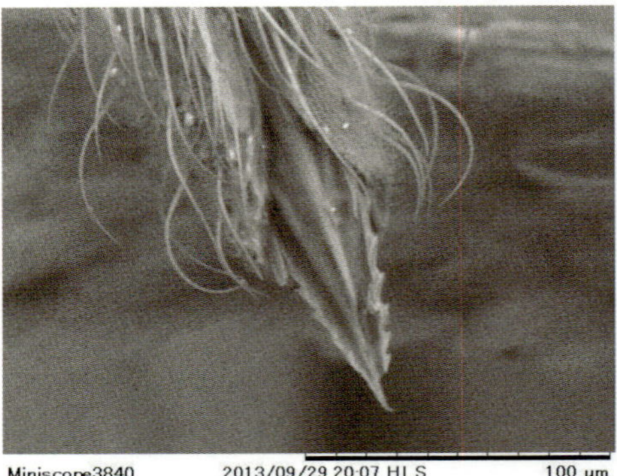

SEM800×　口針触角の先端

カ（蚊）の眼3　ヒトスジシマカ

デング熱はネッタイシマカやヒトスジシマカによるウイルスの感染症である。ネッタイシマカは日本にはほとんどいないが、ヒトスジシマカは本州から沖縄にかけて広く生息し、特に都市部に多い。平成26年８月～９月にかけて、代々木公園や新宿中央公園でヒトスジシマカによるデング熱患者が多数発生した。温暖化により、マラリアやデング熱が日本でも流行する危険性は以前から予想されていたが、想定外の都心での集団発生にパニック寸前にまで人々を震撼させた。

蚊の媒介による感染症

デング熱：ネッタイシマカやヒトスジシマカによるウイルスの感染症

①デングウイルスが感染しておこる急性の熱性感染症で、発熱、頭痛、筋肉痛や皮膚の発疹などを示す。

②ヒトスジシマカに刺されて、２～15日（多くは３～７日）で発症する。

③発症後数日で末梢血の血小板減少、白血球減少がみられ、血液からの病原体の検出、PCR 法による病原体遺伝子の検出、ELISA 法による病原体タンパク NS1の検出、IgM 抗体の検出、中和試験による抗体の検出などで、確定診断する。

マラリア：ハマダラカによるマラリア原虫の感染症

ジカ熱：蚊を媒体とするウイルス疾患。妊婦が感染すると小頭症が生じる。

日本脳炎：コガタアカイエカのウイルス感染症

ウエストナイル脳炎：イエカやヤブカによるウイルス感染症

ヒトスジシマカは、上の写真の様に頭部と胸部の背側に一本の白いスジがあり、腹部は４～５本の縞模様が特徴である。

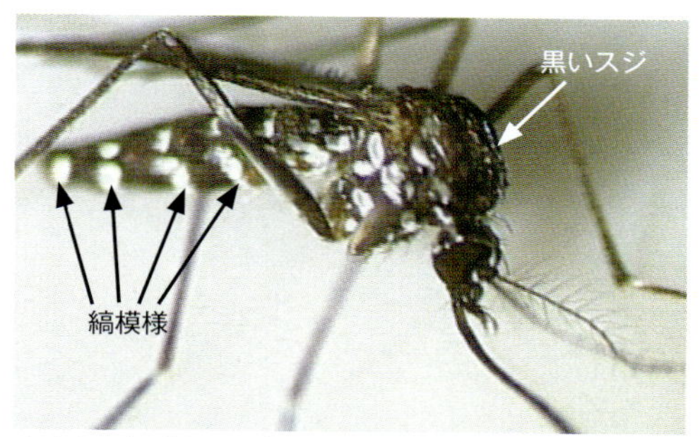

オオクロヤブカは頭部・胸部のスジが黒い（矢印）。ヒトスジシマカに似ているが、デング熱は媒介しない。

SEM ×200　ヒトスジシマカの頭部
頭部の前半分が複眼で覆われている

カ（蚊）の眼４　ボウフラの眼

ボウフラは蚊の幼虫で、棒を振るような泳ぎをすることからボウフラといわれている。蚊の種類によりボウフラの形態も異なる。ボウフラは夏の生活環境（水たまり）のどこにでも生息している。成虫の蚊（モスキート）は弱さの代名詞であるが、ボウフラは強く、10％ホルマリン液中でも、10分は死滅しない。

デング熱を媒介するヒトスジシマカは腹部に５筋の白い縞があり、頭部と胸部の背側に白い筋（矢印）が１本ある。

蚊の種類によりボウフラも微妙な違いがある

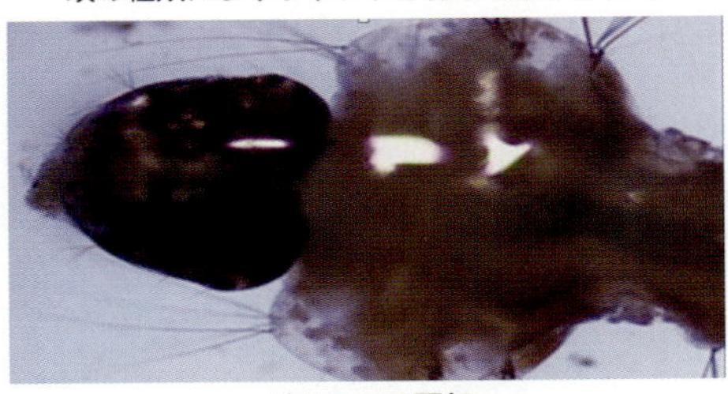

ボウフラの頭部

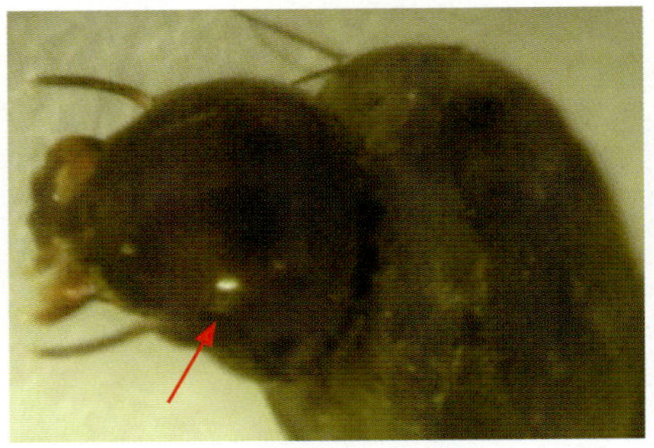

このボウフラには単眼様の反射を認める（矢印）

ボウフラの眼

①ボウフラの眼は蚊の種類や成長過程で形態が異なっている、と考えられる。
②単眼と思われる反射点を認めるものもいる。
③ボウフラは明暗の判別は出来る。
④蚊は昆虫で複眼を有するが、ボウフラの段階ではまだ完成された複眼はない。
⑤多くの触毛が感覚器となっている

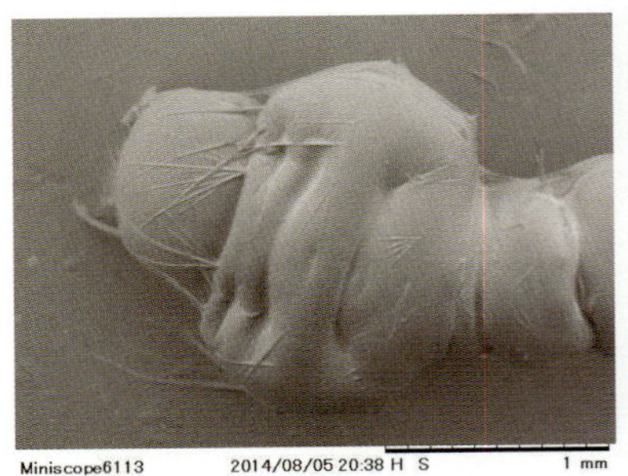

SEM60×　ボウフラの頭部

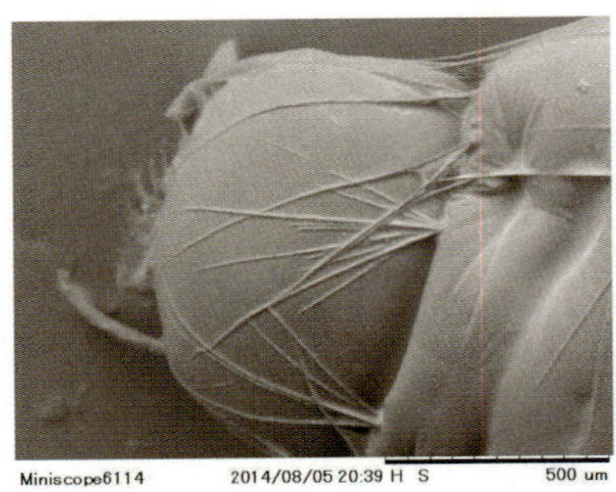

SEM120×　ボウフラの頭部　眼は確認されない

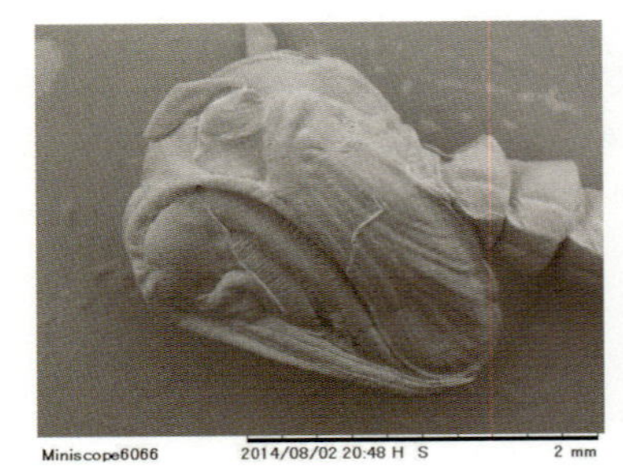

SEM40×　ボウフラの頭部
蚊の種類による差か成長過程による差かは不明である。

カ（蚊）の眼5　ユスリカ（揺蚊）の眼

ユスリカはハエ目（双翅目）に属する昆虫の総称で、日本では1000種以上存在する。幼虫は水生である。成虫は蚊によく似た大きさや姿をしているが、刺すことはない。大量発生すると水面に蚊柱を形成する。複眼を有するが非常に脆弱で、走査電子顕微鏡の陰圧で画像は変形してしまう（artifact）。

ユスリカの眼

①頭部に大きな一対の複眼をもつ。
②個眼数は多くない。
③個眼は正六角形でなく個眼間に隙間があり、視器としては貧弱である。
④夜行性であるが視覚よりも嗅覚により、ヒトの出す炭酸ガスに嗅覚が反応している。

実体顕微鏡像

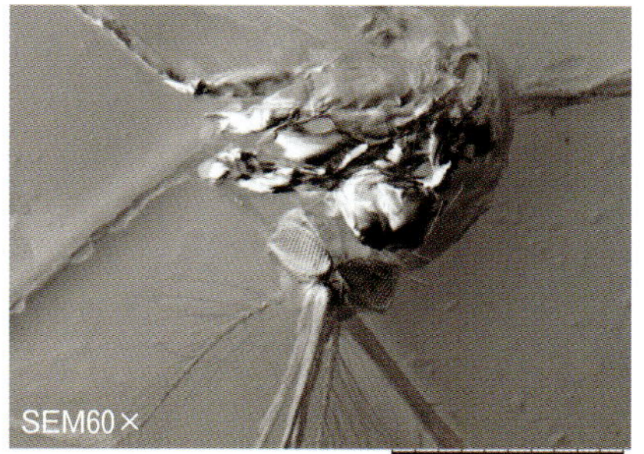

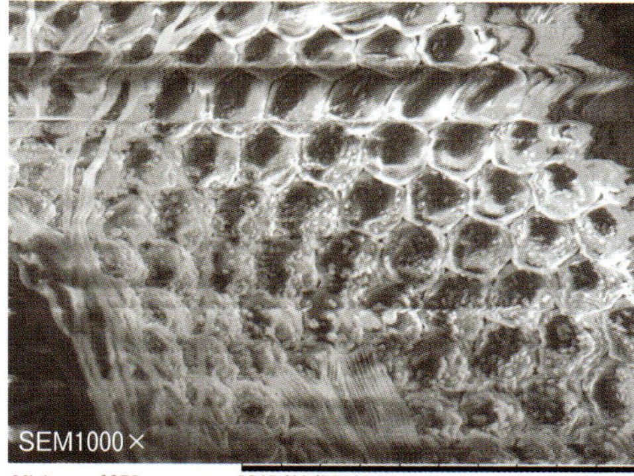

ブユの眼　アシマダラブユ

ブユ（蚋）は、双翅目、カ亜目ブユ科に属する昆虫で、ヒトや哺乳類から吸血する有害虫である。ブヨまたはブトとも呼ばれる。日本では50種以上確認されているが、主として、アシマダラブユやキアシオオブユが多い。

アシマダラブユ　実体顕微鏡写真

SEM50×　撮影のため脚は除去してある。

ブユの眼

①ブユは長径約480μmの複眼を1対有する。

②個眼は正六角形でなく、球形で、その直径は約15μmであった。

③個眼間の隙間には長さ13μm程度の触毛が存在する。この触毛の意味は不明である。

④ブユは黒や眼の周りなどの暗い色に寄ってくるが、黄色やオレンジなどの明るい色には寄ってこない。これは、ブユが明暗に反応し、暗い方を好むためと思われる。

⑤しかし、ブユは蚊と同様に視覚以外にヒトの出す炭酸ガスやアンモニアなどにも反応していると思われる。

SEM300×　複眼の長径は約480μm

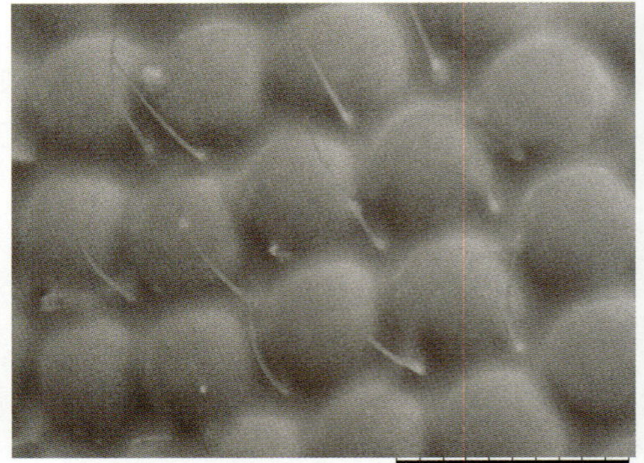

SEM2000×
個眼は球状で、個眼間に触毛が認められる

バッタ類の眼1　マダラカマドウマ

昆虫綱バッタ目（類）にはマダラカマドウマ、スズムシ、キリギリス、コオロギ、マツムシ、その他、多くのバッタが含まれる。

カマドウマ（竈馬）はバッタ目・カマドウマ科に属し、便所コオロギなどとも呼ばれ、雑食性で害虫ではないが、忌み嫌われる昆虫である。触角が良く発達している。

羽根がない代わりに、大きな後脚で飛ぶ（右写真は後脚がとれている）、跳躍力は抜群である。羽根がないためコオロギやキリギリスのように音を出さず、鼓膜も無い。

後脚のとれたマダラカマドウマ

カマドウマの眼

①一対の複眼と数個の単眼が見られる（矢印）
②暗所を好み、夜行性である。
③灯火にも引き寄せられたりする。
④光を避けることをしない。
⑤光の波長感度域は紫外から赤外と広いと思われる。

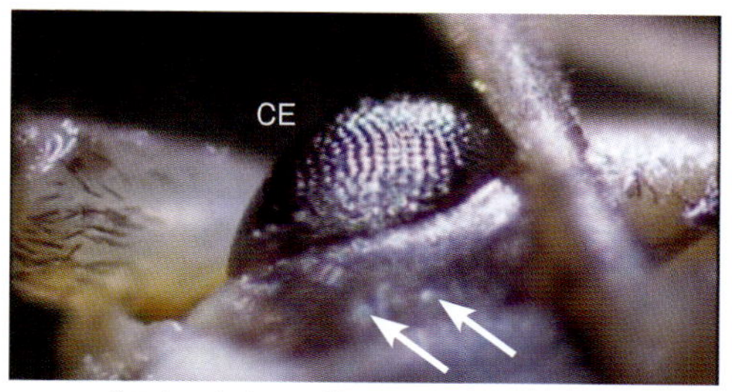

マダラカマドウマの複眼（CE）と単眼（矢印）

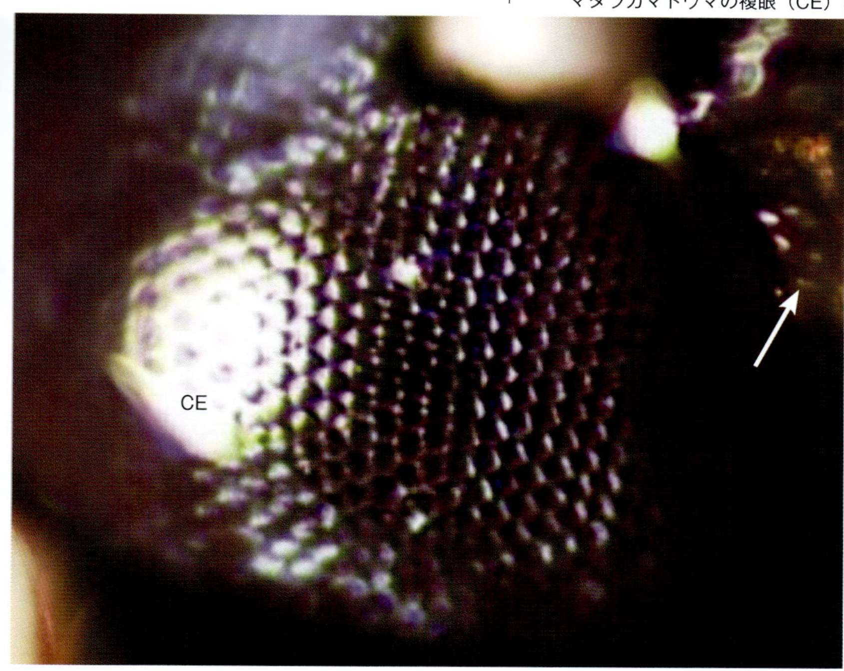

マダラカマドウマの複眼（CE）と単眼（矢印）

バッタ類の眼2　スズムシ

スズムシは動物界、節足動物門、昆虫綱、バッタ目、キリギリス亜目、コオロギ科、に属する。前肢脛節の根元近くに白色楕円の鼓膜がある。食性は雑食で、草の根や身近の動物質のものを食べる。飼育には、なす、キュウリ、かぼちゃ、鰹節などが良い。平安時代の『古今集』には「松虫」と言われ、ヒトを待つ虫と解されていた。

スズムシ

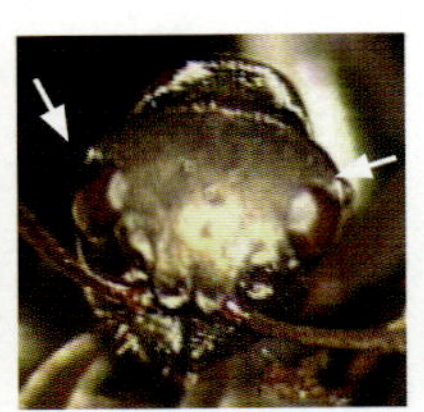

スズムシの正面像
（矢印は複眼）

スズムシの頭部拡大写真（矢印は複眼）

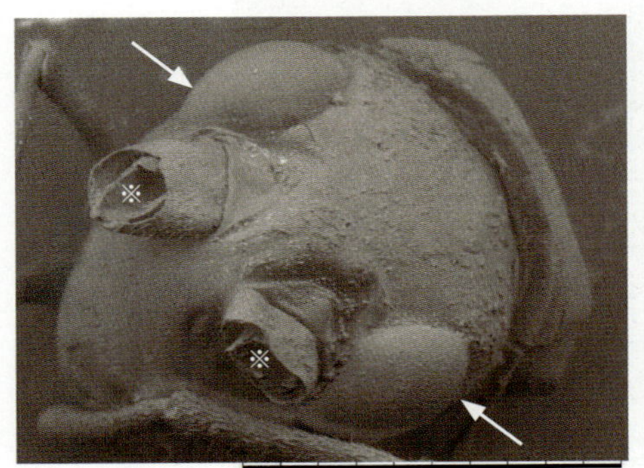

SEM50×　スズムシの頭部（矢印は複眼）単眼は認めない。撮影のため、頭部の触覚は切断してある（※）

スズムシの眼

①スズムシは昆虫なので、１対の複眼（矢印）を有するが、単眼は認められない。

②複眼の長径は、約960 μｍであった。複眼の個眼は重複像眼と思われる。

③夜行性であるが、昼間でも薄暗いところでは活動する。視機能は良くない。

④発達した触枝や、前肢脛節の根元ある大きな鼓膜の聴覚が視覚を補っている。

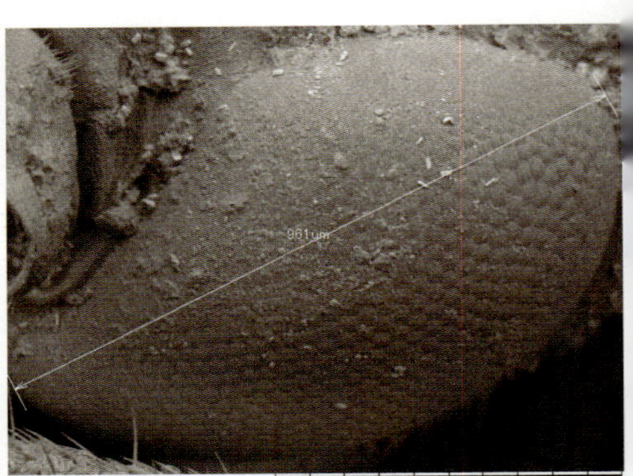

SEM180×　スズムシの複眼

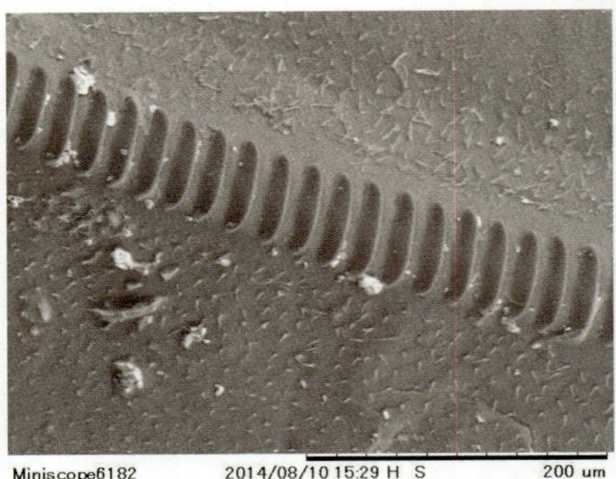

SEM400×　スズムシの羽根の葉脈の一部
スズムシは「前ばね」をこすって音をだすが、羽根の葉脈の一部がヤスリの様になっている。

バッタ類の眼3　キリギリス

キリギリスはバッタ目、キリギリス属に分類される昆虫で、葉の上で生活するように分化し、縦に平たい頭部上方に眼が位置する。

キリギリスの眼

①透明なクチクラ層に覆われた一対の大きな複眼を有し、単眼は認めない。
②キリギリスの複眼には偽瞳孔がみられる。
③複眼の個眼は長径が約36.6μmである。
④個眼は正六角形でなく、個眼間に隙間が存在する。

キリギリスは複眼だが偽瞳孔を認める。キリギリスは前肢の脛節に、聴覚器（鼓膜）を有する（※）。

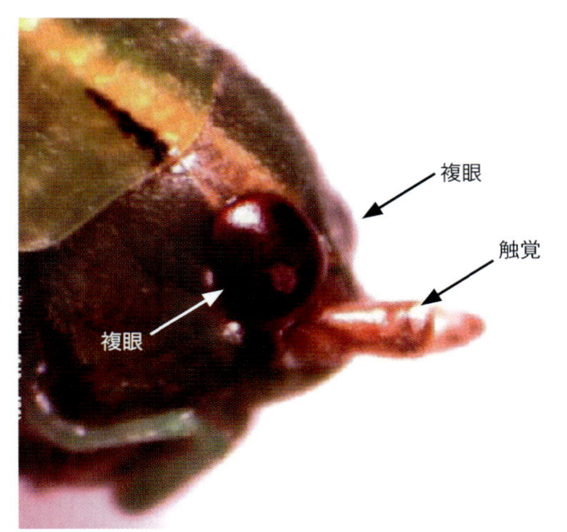

実体顕微鏡写真弱拡大
（撮影のため触覚は切除してある）

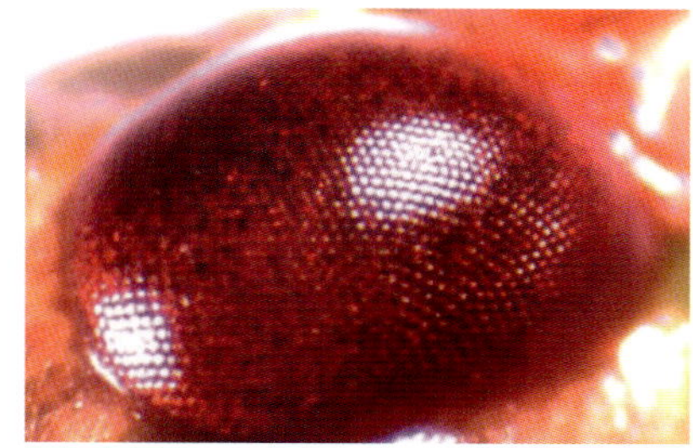

実体顕微鏡写真　強拡大

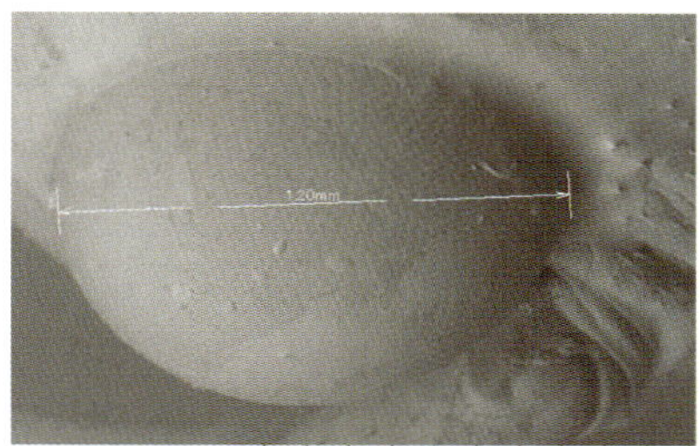

SEM100×影2強調画像

SEM1000×凹凸強調画像

SEM3000×標準画像

バッタ類の眼4　コオロギ

コオロギ（蟋蟀、蛬、蛩、蜻）は、昆虫綱バッタ目、キリギリス亜目、コオロギ科の総称で、エンマコオロギ、ミカドコオロギ、オカメコオロギなど種類も多い。多くは薄暗い茂みの地面で生活している。触角は糸状で長い。コオロギの鼓膜はクチクラからなり、聴覚は発達している。羽をすりあわせて鳴く。

エンマコオロギ

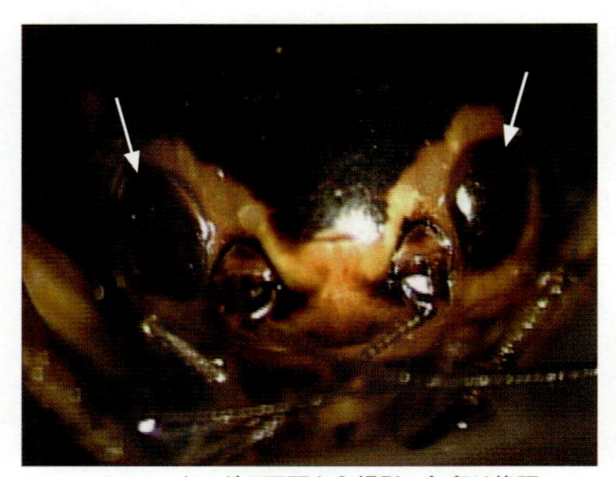

エンマコオロギの正面から撮影。矢印は複眼

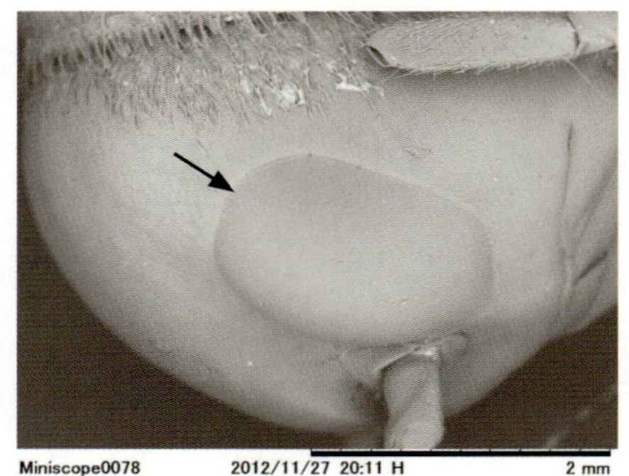

SEM40×標準画像　矢印は複眼

コオロギの眼

①一対の複眼で、単眼は観察されない。

②複眼はソラマメ型をしている。

③複眼の個眼の角膜は透明なクチクラ層で覆われているため、表面構造を観察する走査電子顕微鏡では綺麗な個眼が撮影できない。

④夜行性で、視力は良くないが、光には敏感に反応し、視野は広い。

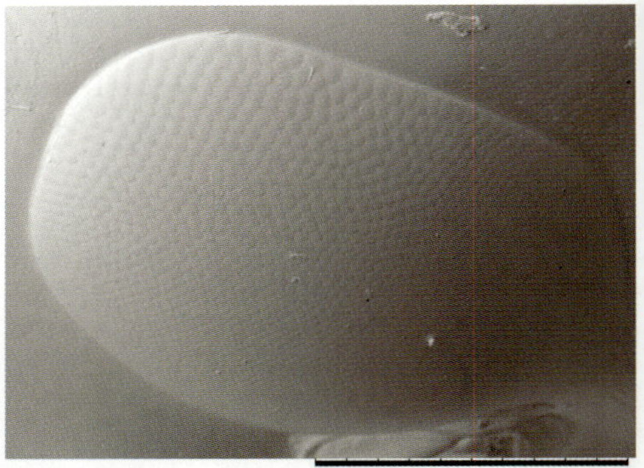

SEM120×　コオロギの複眼全景

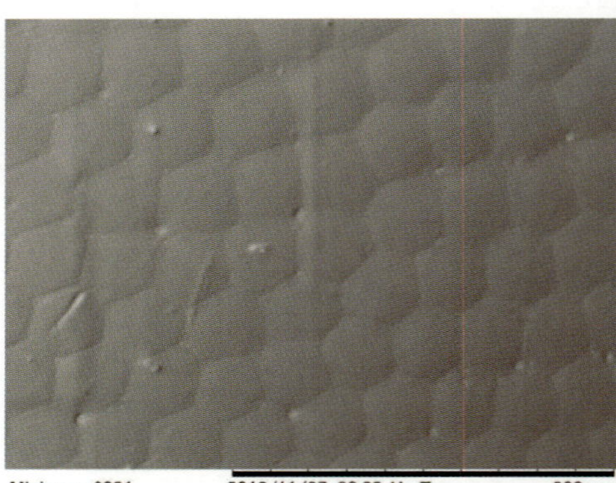

SEM500×標準画像
各個眼の角膜がクチクラで共通である

バッタ類の眼5　マツムシ

マツムシはバッタ目コオロギ科の昆虫で、乾燥気味の日当たりの良い草地の葉の上で生息する。鳴き音は「チンチロリン」と表現される。雄は発音器のある幅広い翅をすりあわせて鳴く。

マツムシの眼

①一対の複眼を認めるが、単眼は観察されない。
②複眼の長径は、約500μmである。
③個眼は不正六角形で、個眼間には隙間がみられ、光学的には緻密でない。
④複眼に数本の毛が認められる。毛の長さは約13μm前後で、個眼と個眼の間から出ており、その働きについては不明である。
⑤夜行性で、光の方向や明暗の判別程度の視機能と思われる。

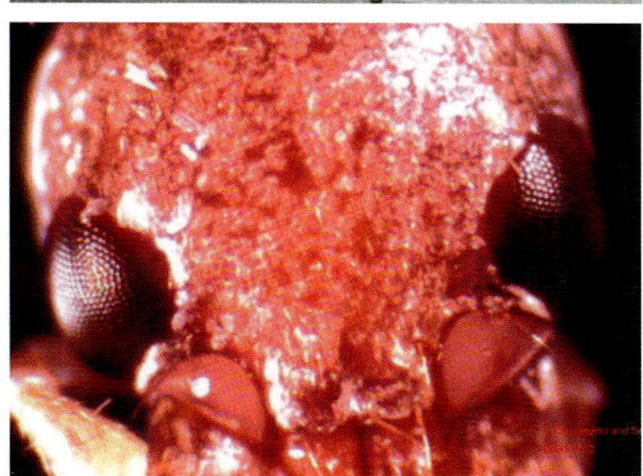

実体顕微鏡写真、背側より撮影

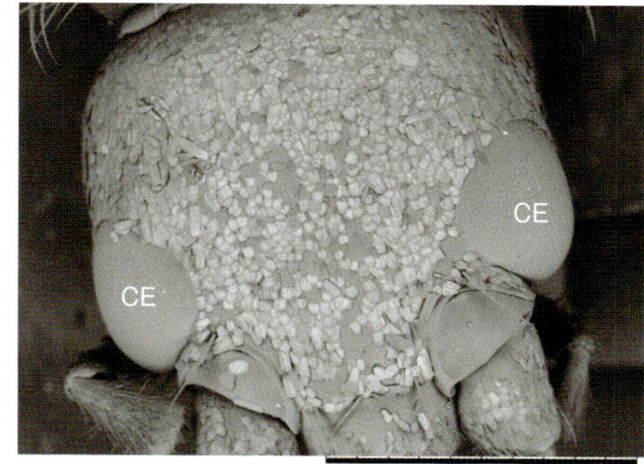

SEM80×標準　周囲に単眼らしきものは認めない。

SEM100×凹凸画像　複眼の長径計測

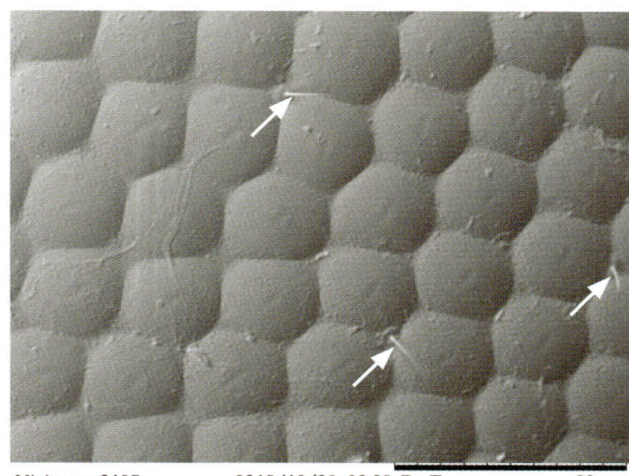

SEM1200×凹凸画像　矢印は毛

バッタ類の眼 6　アカハネオンブバッタ

成虫の体長はオス25mm、メス42mm 前後で、メスの方が大きく、体つきもずんぐりしている。

頭部は前方に尖り、先端付近に触角と複眼を認める。体の断面は三角形に近く、複眼・前胸部・後脚腿節にかけての白い線で背面と腹面が分かれる。

アカハネオンブバッタの眼

①一対の複眼と一対の単眼を有し、複眼と単眼は近接している。
②複眼は大きく頭部から突き出ているため、視野は広いと思われる。
③単眼は複眼の前下方にあるので、ごく近方の視界に関与しているものと推察する。
④個眼は正六角形で規則正しく配列し、バッタ類の中では視力が良い方と思われる。

アカハネオンブバッタ

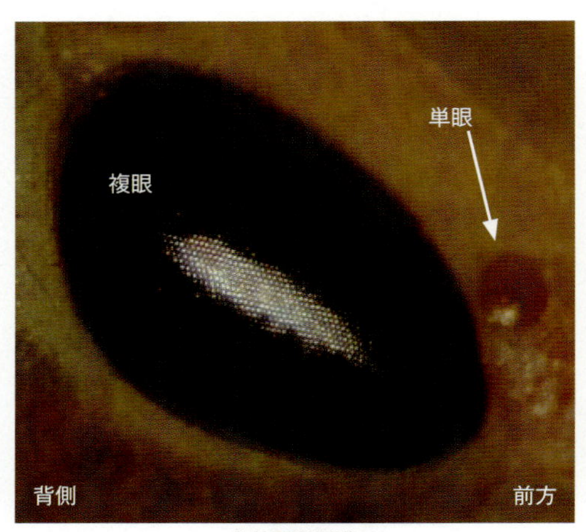

実体顕微鏡像

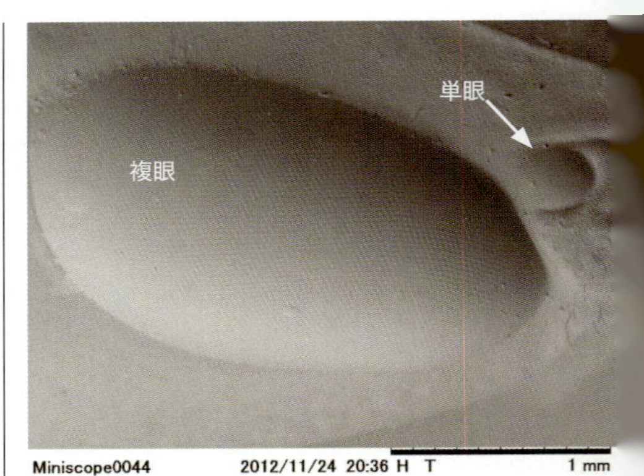

SEM40×凹凸強調画像

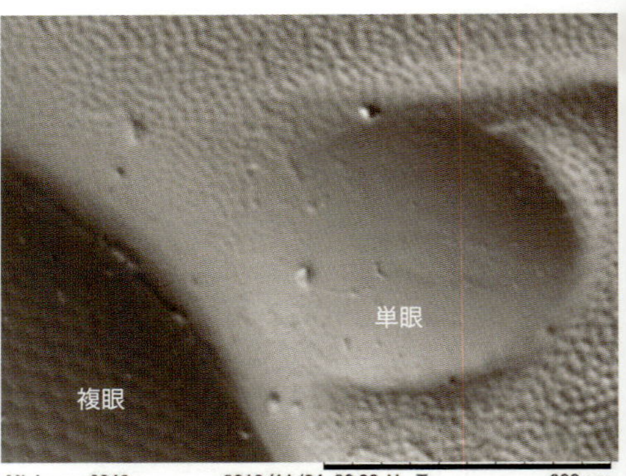

SEM250×凹凸強調画像

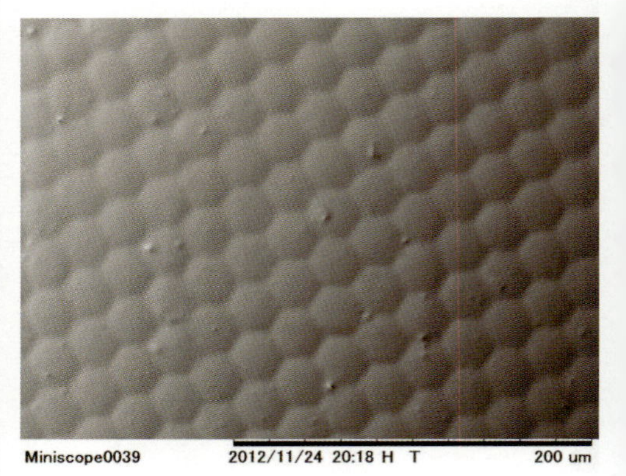

SEM500×凹凸強調画像

バッタ類の眼7　ショウリョウバッタモドキ

ショウリョウバッタモドキの眼

①一対の複眼と一対の単眼を有する。アカハネオンブバッタの眼に類似するが、複眼は幾分長楕円で、単眼は複眼に接している。

②複眼の長径1.42mm
個眼の長径27.5μm
単眼径160μm

③単眼は複眼の前方に接して存在し、長径が個眼6個程度で、形体的にも単眼の視機能は貧弱と思われる。

④視覚は主として複眼が関与しており、単眼の視機能は明暗程度で、複眼の死角を補っているものと想像する。

ショウリョウバッタモドキと思われる

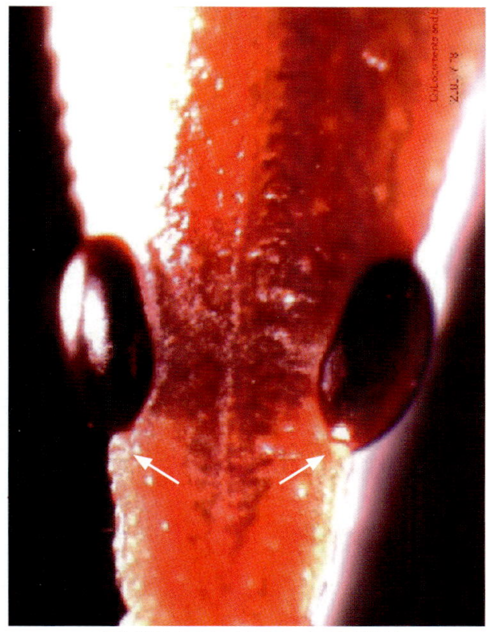
実体顕微鏡の拡大写真。矢印は単眼

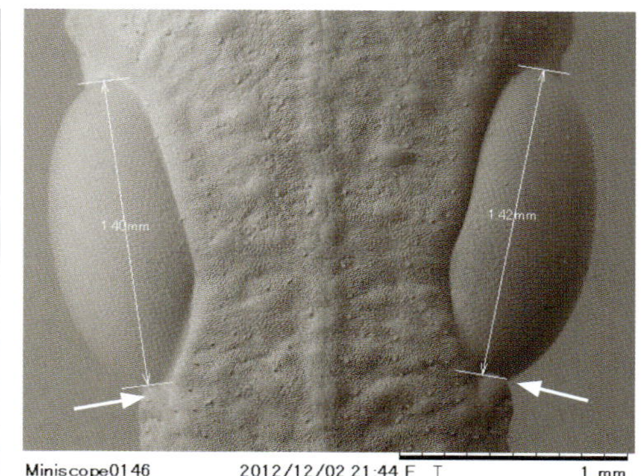

SEM60×凹凸強調（背側より）　矢印は単眼

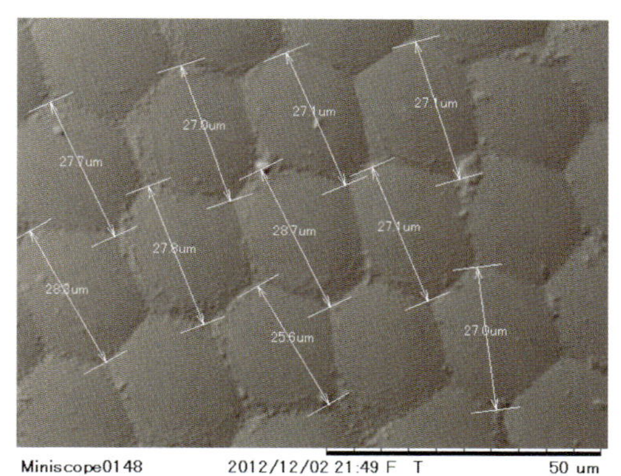

SEM1500×凹凸強調　個眼の長径

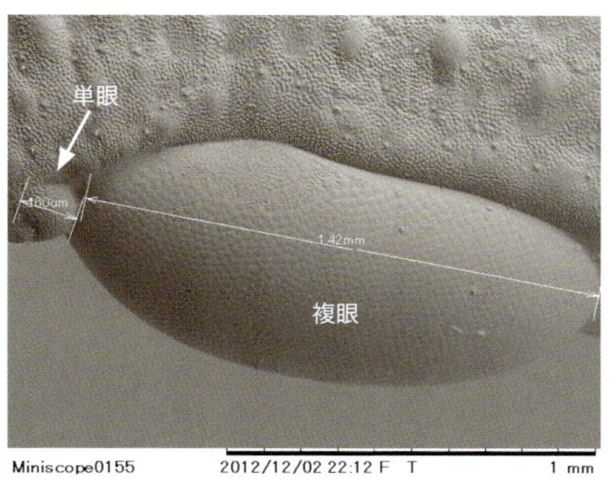

SEM1000×凹凸強調　複眼と単眼の長径

アメンボの眼 1

アメンボは、カメムシ目（半翅目）に分類され、長い脚を持つ水上生活昆虫の総称である。雨上がりの水たまりにもみられ、空中を舞ってくると考えられている。口針で小動物を刺して栄養を得るが、ヒトは刺さない。

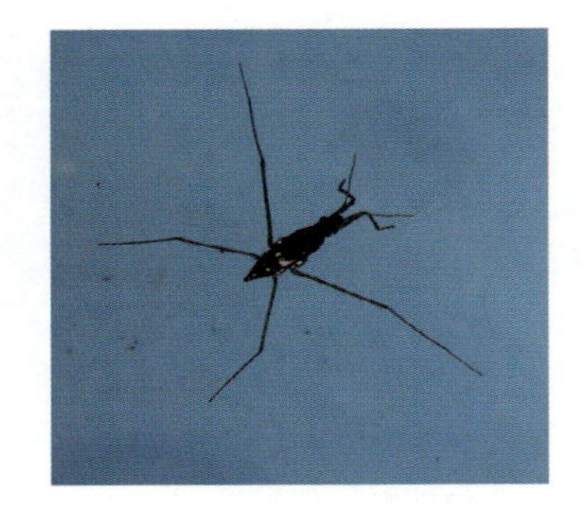

アメンボという名の由来

①アメンボがカメムシ目で、臭腺を有し、捕えると飴のような甘い臭いを放つため。

②アメンボは雨上がりの水たまりにどこからともなく現れるため。

アメンボが水面を移動できる理由

①体重が極めて軽い。

②体の比重が水より小さい。

③体表に疎水性の物質が存在する。

④ 6 本の足先の細い毛は水面上で方向転換するときに用いる。

⑤死んだアメンボは水に沈まないが、**石鹸水や洗剤などの界面活性剤により、表面張力の低下し、虫体表皮が親水性になり、水没する。（虫体をホルマリン固定するとき液面に浮いてしまうので、ホルマリンに界面活性剤を添加すると良い）**

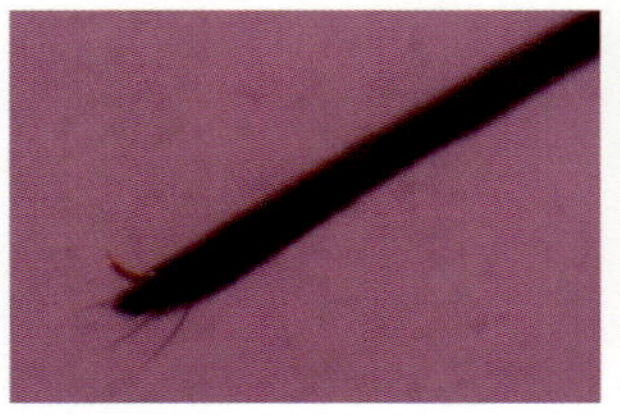

アメンボの脚先端
脚の先端には 1 本の爪があり、細い脚は多くの微毛に覆われており、水面での表面張力を高め、方向転換をする際に利用されている。

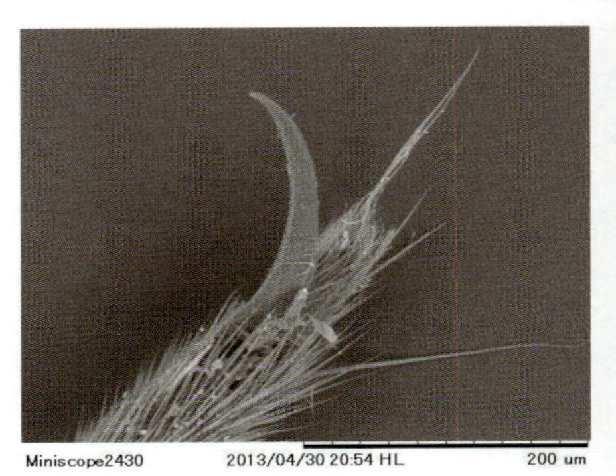

SEM400× 足の先端

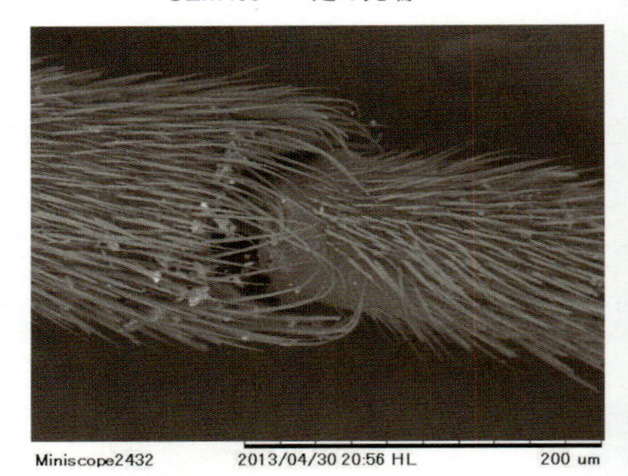

SEM500× 下肢関節部

アメンボの眼

①大きな一対の複眼が頭部側面に突き出しており視野は広い。

②上方（背側）の動きに対して敏感である。

③個眼数は少なく、視力は良くない。

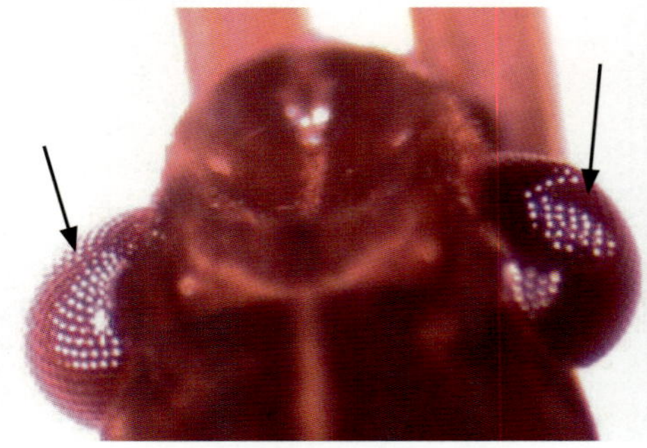

上方から観察される複眼（矢印）

アメンボの眼2　組織

アメンボの複眼

①個眼数は多くなく、視機能は良くない。
②個眼の角膜は光学的にも独立した連立像眼である。
③恐らく、個眼同士がグループを形成し、モザイク状に視覚情報を得ているものと思われる。
④視力より、動体視力が重視されている。
⑤アメンボは少ない個眼を水中（下方）と空中（上方）の視覚情報のみに利用している。

アメンボの視線

ショウジョウバエの各個眼は放線状に並び、複眼をドームに例えればどんな方向からの視覚情報も処理できるような配列である。

アメンボの個眼は、水平線を境に上部と下部に配列の勾配が存在する。つまり、空や水中の敵を察知するような複眼で、水面の視覚情報を犠牲にし、上下の視線を重視している。

嘉糠洋陸（アメンボ：the mosquito's eyeより）

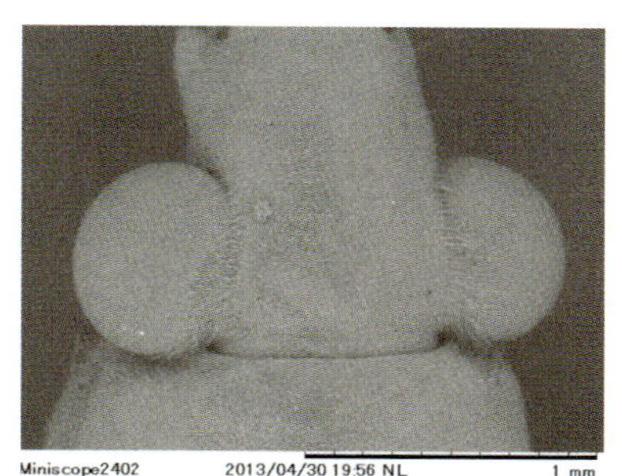

アメンボの複眼（上方より）SEM30×

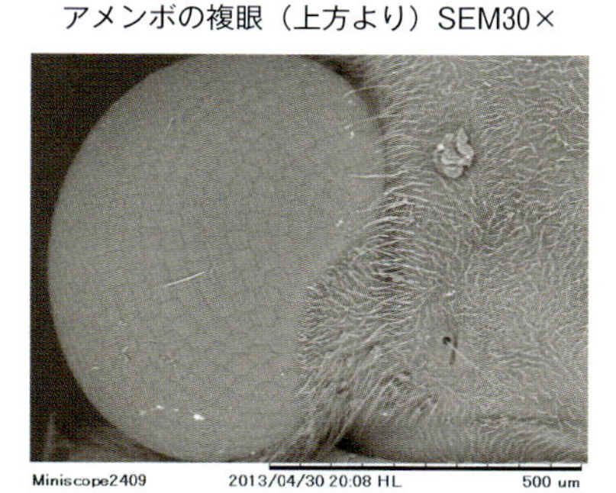

SEM180×　アメンボの複眼

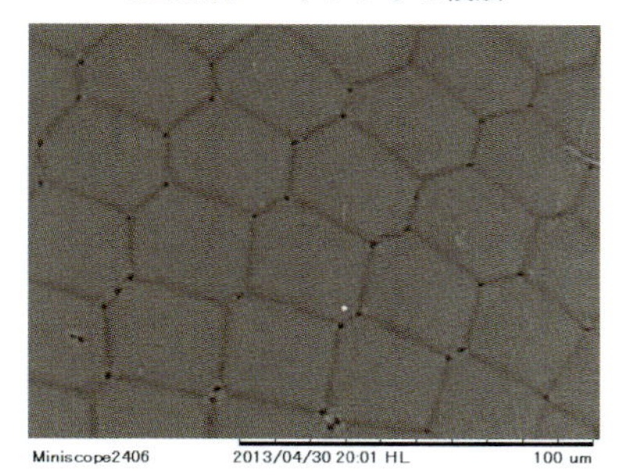

SEM500×　複眼の個眼

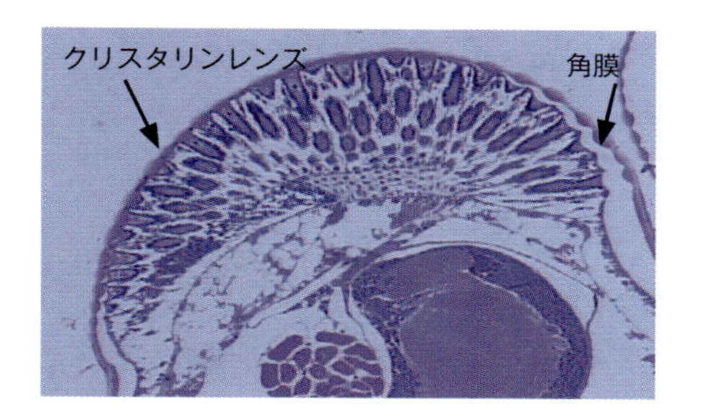

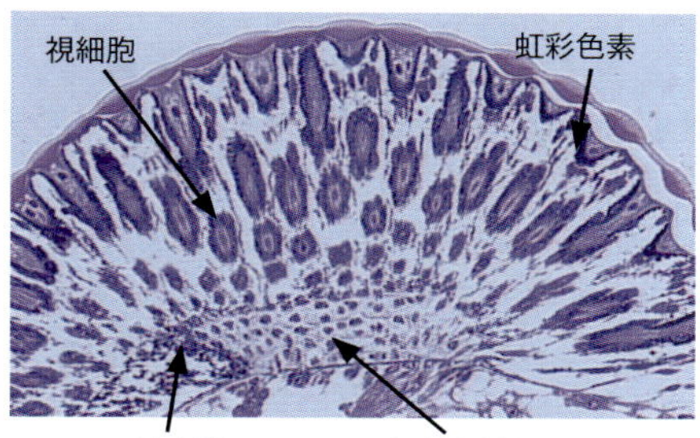

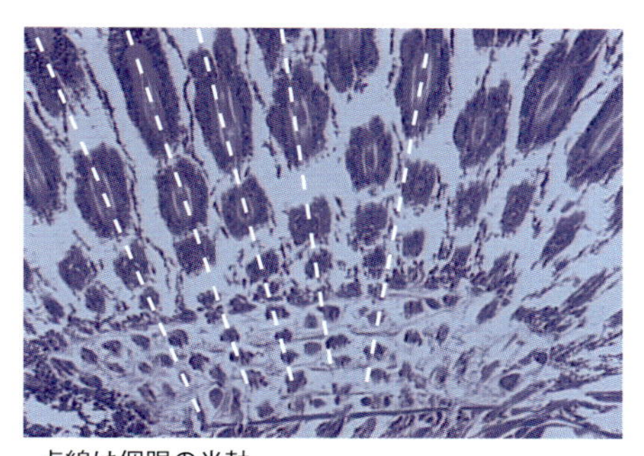

点線は個眼の光軸。
各個眼は独立し、連立像眼である

クワガタの眼

クワガタムシは、コウチュウ目・クワガタムシ科に属する「大きな顎」を持つ昆虫で、世界では約1500種類が知られていて、最大の種類は体長120mm近くに達する。クワガタムシは、卵→幼虫→蛹→成虫という一生をおくる。

クワガタの眼

クワガタにも多くの種類があるので眼の特長もさまざまであるが、

①クワガタは昆虫なので一対の複眼を有する。
②個眼の角膜は個別ではなく、大きな球状のクチクラ角膜を各個眼が共有している。
③個眼を区別できず、偽瞳孔もあるため、一見単眼のようにみえる。クワガタの種類によっては個眼が区別出来るものもある。
④角膜も硬く、浅い眼窩から眼がほとんど飛び出している。
⑤飛び出した眼球を支えるように、眼窩壁岬（矢印）が眼球を支えている。
⑥飛び出した眼球は、眼窩壁岬により上下に分けられており、上方が下方より視野が広い。
⑦角膜が球状のために個眼は全方向に視野を得ることが出来る。
⑧目の前の動く物体を全て攻撃対象とみなしてしまうことがよくあり、動体視力は発達しているが、静止物体の判別は弱い。多くは夜行性である。
⑨人為的交配操作により、眼の色は、黒、茶、白、赤など多様である。

複眼に見えない複眼

クワガタの眼は複眼であるが、クチクラ角膜のため個眼が見えず単眼に見える。しかし、単眼であれば、球状の眼球で全方向を見ることは出来ない。それぞれの個眼からの情報が中心の黒く見える部位へ集積される。一見、単眼のように中心に瞳孔が存在するように見えるが、中心の黒い部分は瞳孔ではなく、偽瞳孔である。チリークワガタやマダラクワガタは個眼がそれぞれの角膜を有し、個眼をはっきり識別できる

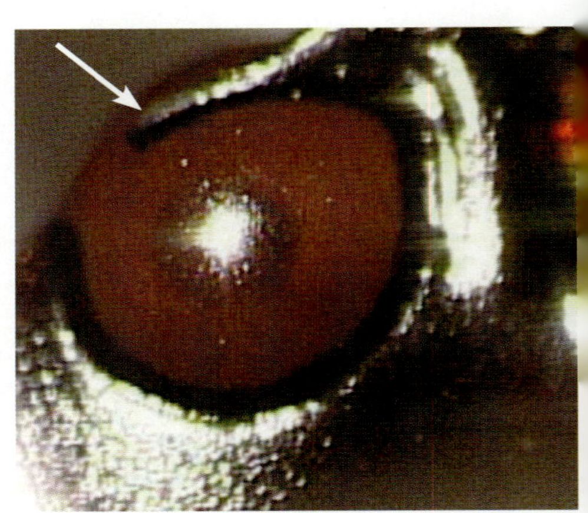

下から見た眼球

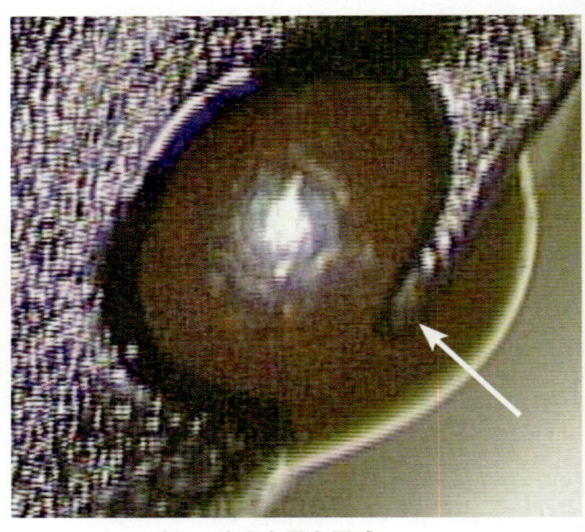

上から見た眼球
偽瞳孔は、上下どちらからも観察される

カブトムシの眼

カブトムシは、コウチュウ目（鞘翅目）・コガネムシ科の昆虫で、約1000種類が存在する。

カブトムシの眼

①カブトムシは一対の複眼を有する。
②クワガタと同様に個眼の角膜は分かれていない。
③眼球の大半は硬い甲羅に埋まり、視野は狭い。
④視覚は明暗程度で、夜行性で嗅覚の方が発達している。

⑤偽瞳孔も見られる。
⑥複眼のメラニン色素を欠く、白い眼の突然変異の報告がある。

http://repo.lib.yamagata-u.ac.jp/handle/123456789/2843

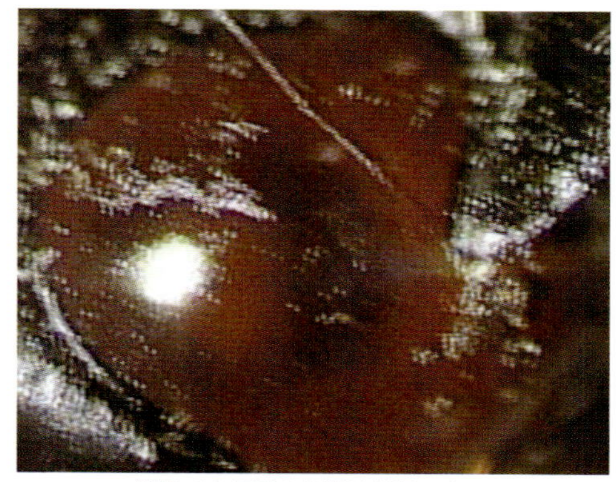

複眼でも個眼の角膜は共通である

カブトムシの眼は硬い周囲組織に護られている

カメムシの眼 1

カメムシは、カメムシ目（半翅目）・カメムシ亜目（異翅亜目）に属する昆虫のうち、カメムシ科など陸生昆虫の総称である。カメムシは外敵の刺激で悪臭を放ち、「クサムシ」や「屁こき虫」という俗称がある。この悪臭は、胸部第三節である後胸の腹面にある臭腺から分泌される。 刺激成分「トランス-2-ヘキセナール $(CH_3-(CH_2)_2-CH=CH-CHO)$ などのアルデヒド類」とされている。カメムシの種類によっては、良い匂いを出すものもいる。カメムシ目の主な特徴は針状の口（口針）を持っていることである。

ツノアオカメムシ

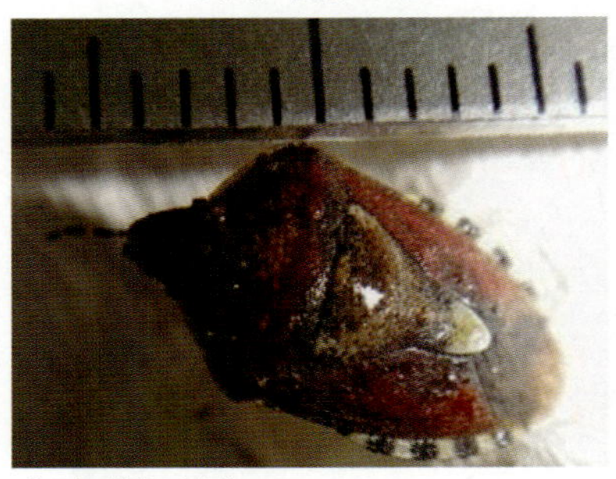

ブチヒゲカメムシ
カメムシの体長は約1.0cm である。

アオクチブトカメムシ

カメムシの眼

①カメムシは一対の複眼と一対の単眼を有する

②複眼は体軸正中線のほぼ90°を向き、外側と上下方向の視覚情報を得ている。複眼には偽瞳孔を認める。

③単眼は赤い色素を有し、前方を向き、複眼の死角を補っている。単眼には虹彩がない。

④複眼の長径は490μm、単眼の長径は200μm と単眼が比較的大きい。

⑤カメムシには種類が多く、複眼のみで、単眼のないものも存在する（カスミカメムシなど）。

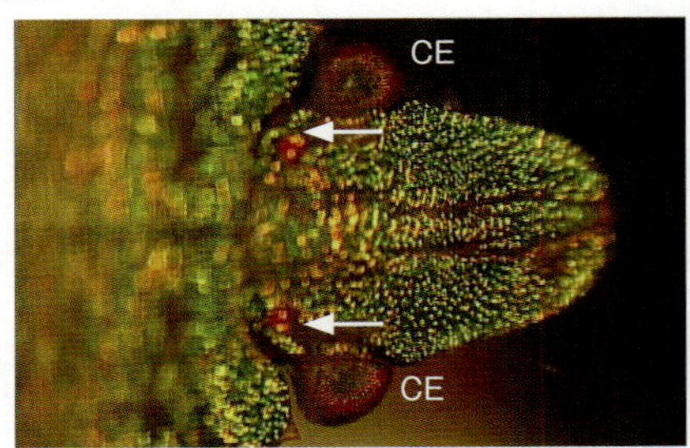

頭部上方から

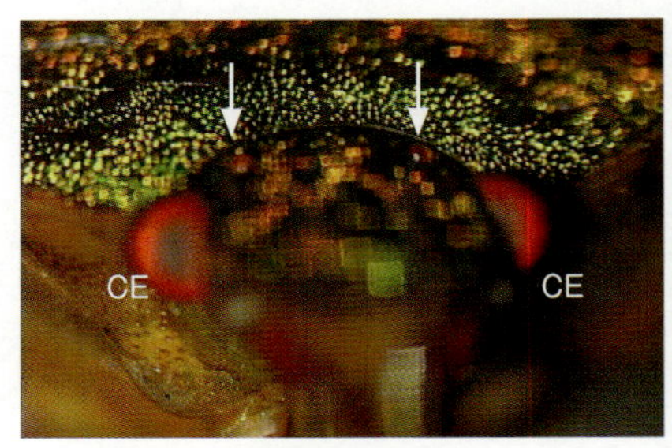

頭部前方から

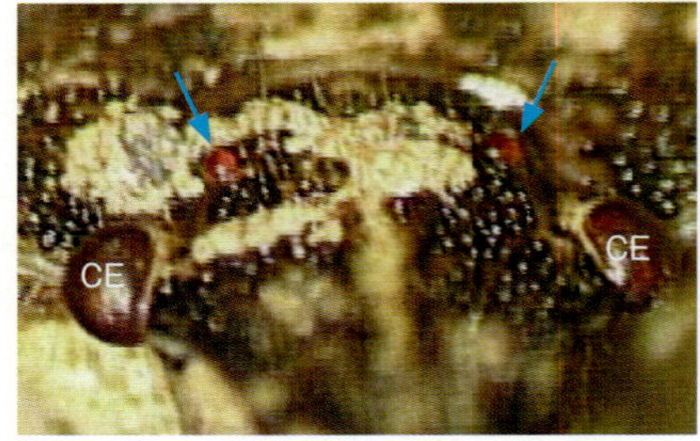

カメムシの眼　CE：複眼　矢印：単眼

カメムシの眼２　拡大写真

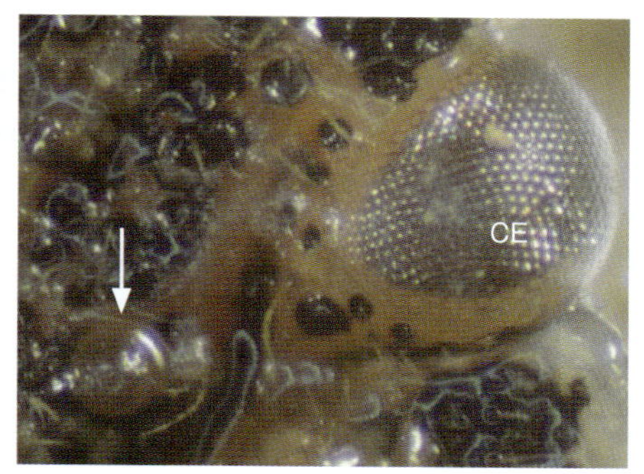

カメムシの単眼と複眼の強拡大
複眼（CE）と単眼（矢印）

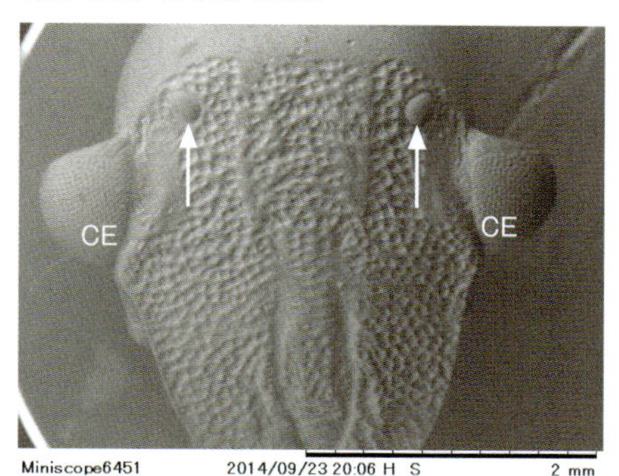

SEM40×　複眼と単眼

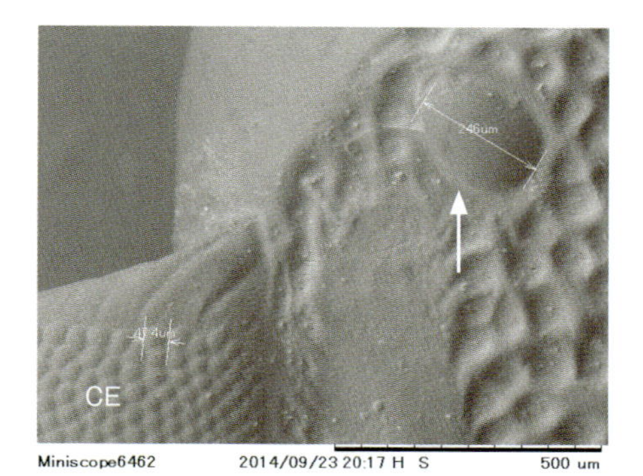

SEM50×　複眼の個眼と単眼の長径計測

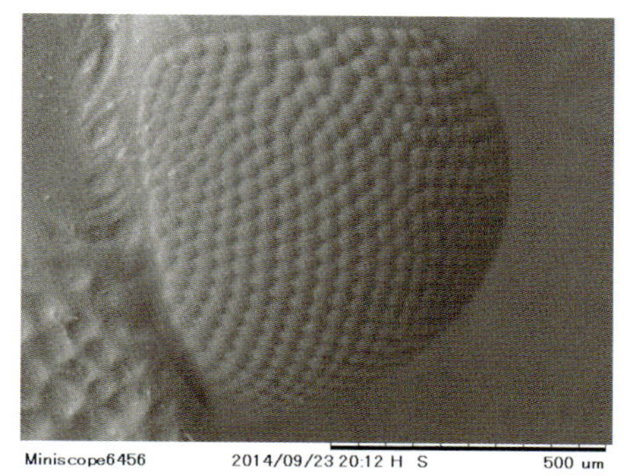

SEM150×　複眼は半球状に突き出て、視野は広い

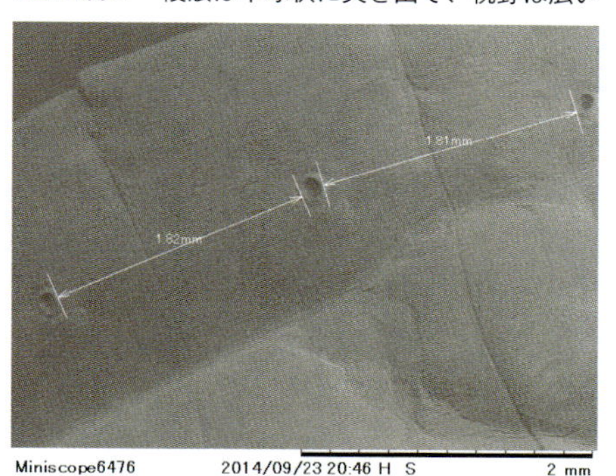

SEM40×　腹部の外側に臭腺分泌孔が５対存在する

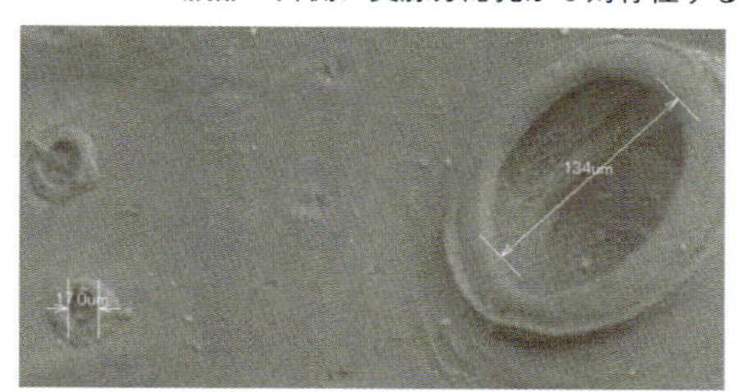

SEM400×　この臭腺分泌孔から臭気を出す。
臭腺分泌孔以外にも多くのピットがある。

シャーガス病

中南米に生息するカメムシの仲間「サシガメ」が、ヒトの血を吸う際、原虫が人体に入り発症する。10～20年間は無症状で推移し、心臓が徐々に肥大し、心臓破裂で死亡する。日本にはサシガメは生息していないが、母子感染や輸血、臓器移植による感染の可能性もある。

アブラムシの眼

アブラムシはカメムシ目のアブラムシ上科に属する昆虫の総称で、アリマキとも呼ぶ。木の上で移動せず、木に口針を突き刺し樹液を吸って集団で生活する。アリと共生し、分泌物を与えるかわりに天敵から守ってもらう。

アブラムシの眼

①昆虫なので、一対の複眼を有する

②眼にカルチノイド色素を有し、赤く見える。

③複眼の長径は113μｍで、個眼は大小さまざまで100個程度存在する。

④個眼の角膜は六角形でなく球状で、個々の個眼が独立した連立像眼である。

⑤複眼の後方には数個の個眼が突起状に飛び出している、突出個眼を認める（写真矢印）。この突出個眼の作用については不明である。

⑥アブラムシの視機能は個眼数の少ない連立像眼であることから、視機能は貧弱で、明暗や影の動きを認識する程度と考える。

杏の木に密生したアブラムシ
カルチノイド色素を有すると思われる赤い眼が美しい。

体長1.88mmと小さく、１対の複眼以外に単眼は認められない。

ジョンストン器

アブラムシやハエ、一部のカの触覚の付け根にジョンストン器と呼ばれる特定の周波数の振動を感知する感覚器がある。

複眼の後方に突出個眼を認める（矢印）。

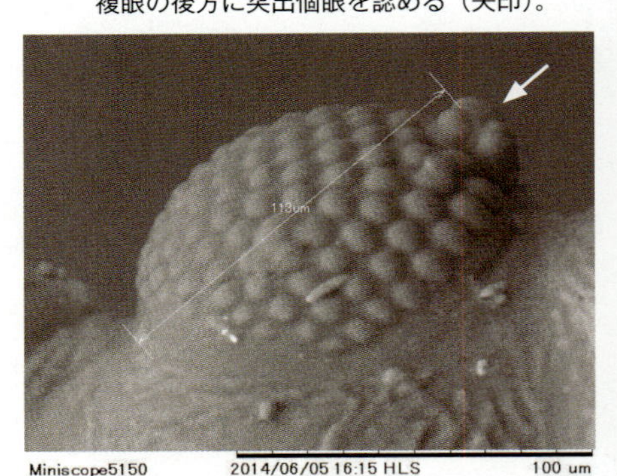

複眼の長径は約112μｍで、個眼数も100前後と少ない。

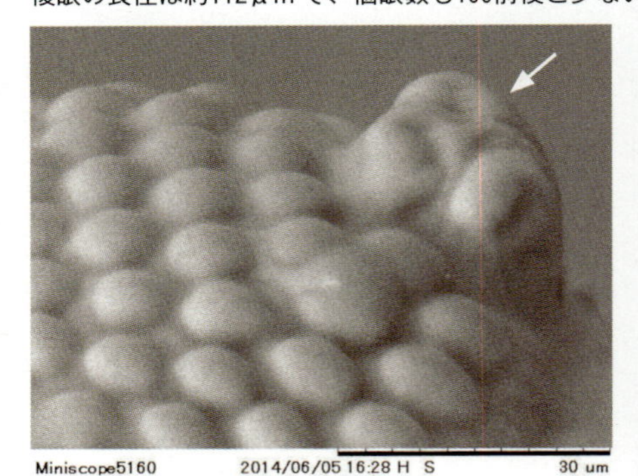

複眼の後方には数個の個眼が集合した突出個眼を認める（矢印）。

ユキムシの眼

ユキムシは昆虫綱カメムシ目アブラムシ上科のうち、白腺物質を分泌する虫の総称で、腰部から腹部にかけて白い綿のような物質に包まれており、曇天の今にも雪の降りそうな寒い時期に飛ぶのでユキムシとかワタムシと呼ばれている。羽根が貧弱で、綿様物質があるので飛ぶ力は弱い。目立つ白い綿は保温のために存在するのかは不明である。

胸部と頭部が綿様物質で包まれている。

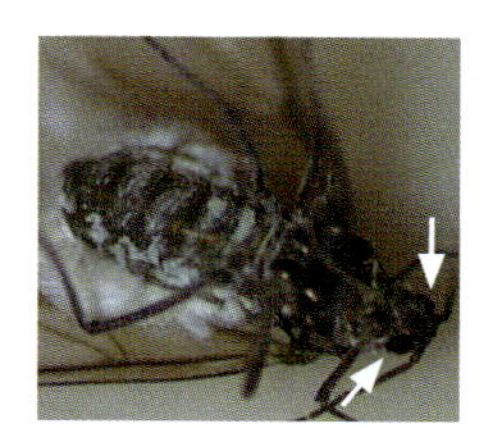

腹側の写真、複眼は腹側も視野範囲である。（矢印）

ユキムシの眼

①一対の複眼と一対の単眼を有する。
②複眼は半球状で上下方向の視野は広い。
③単眼は背側にあり、複眼と接している。
④複眼の個眼は球状で個数も少ない。複眼の後方端に際立って大きい個眼（大個眼）が3個見られた。この大個眼の働きは不明である。
⑤複眼の長径は約200 μm、単眼の長径は約70 μm、個眼の長径は約12 μm だが、際立って大きい個眼の長径は約22 μm であった。
⑥視機能はあまり良くないと考える。

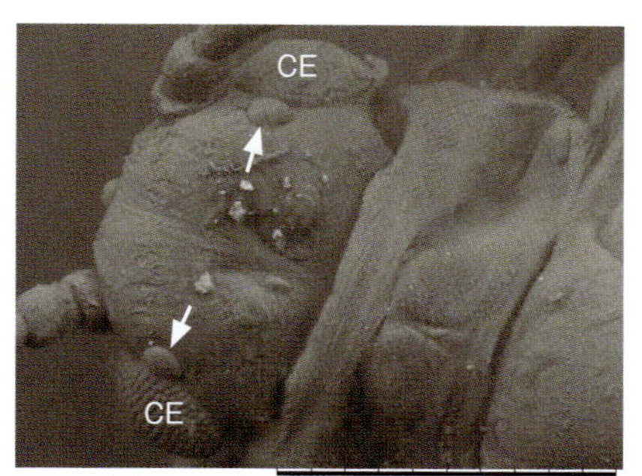

SEM180×
背側から見たところ、矢印は単眼、CE は複眼

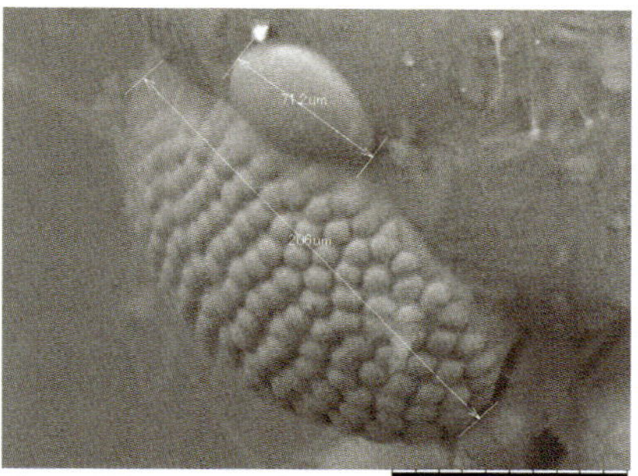

SEM600×
複眼の長径206 μm、単眼の長径71.2 μm

SEM180×
腹側から見たところ、右眼の凹みは陰圧による artifact

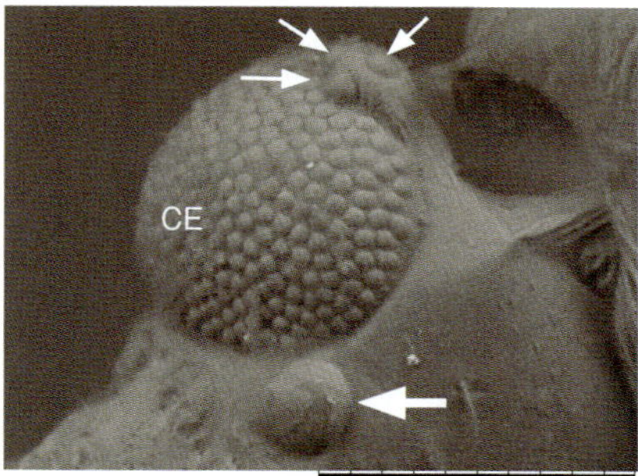

複眼の後方端には個眼が際立って大きいものが3個ある（大個眼：小矢印）。大矢印は単眼。

ゴキブリの眼

ゴキブリは節足動物、昆虫綱、ゴキブリ目に属し、系統的にはシロアリに近い。全世界に約4,000種、うち日本には約50種いる。出現したのは約３億年前の古生代石炭紀で、「生きている化石」とも云われる。ゴキブリは雑食で御器をかぶる（かじる）ことから「御器被り」と呼ばれるようになり、明治時代までは「ごきかぶり」だったが、「か」の字が抜け、「ゴキブリ」とい云われるようになった。「不衛生」で忌み嫌われている。ゴキブリは体内に共生する微生物により、蛋白質などのアミノ酸や窒素に乏しい食環境でも生存適応が可能である。チャバネゴキブリは繁殖力が強く、１匹が１年後には１万から10万に増えると言われている。

チャバネゴキブリメス（左）、オス（右）

触角の間に反射板（※）

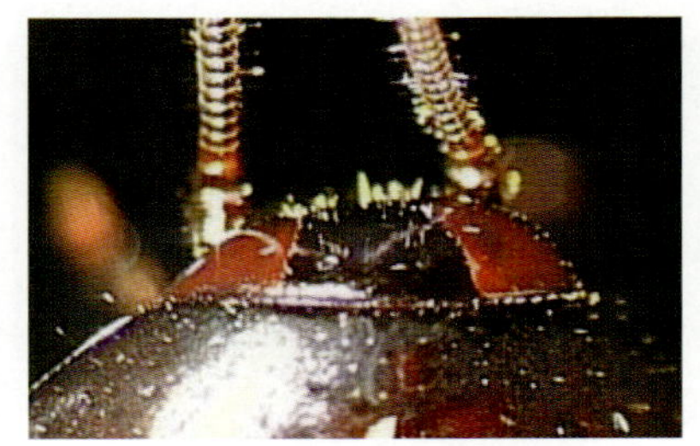

頭部を上から撮影：大矢印は複眼

ゴキブリの眼

①一対の大きな複眼と未発達の単眼二対を認める。
②単眼の長径は446～426μｍであった。
③複眼は透明なクチクラ層で覆われていて、SEM で個眼が判別しにくい。
④夜行性で視力はあまり良くない。
⑤単眼は視器としての働きは殆どない。
⑥色覚は２色型である。
⑦視覚より触覚が著しく発達している。
⑧触角の内側に一対の反射板（＊）を有し、僅かな光でも利用できる。

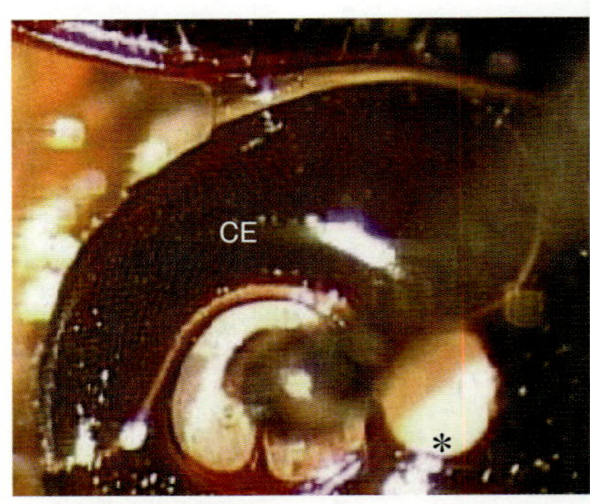

頭部を前方から撮影
大きな複眼（CE）に接して触角の付け根に反射板（※）がある。

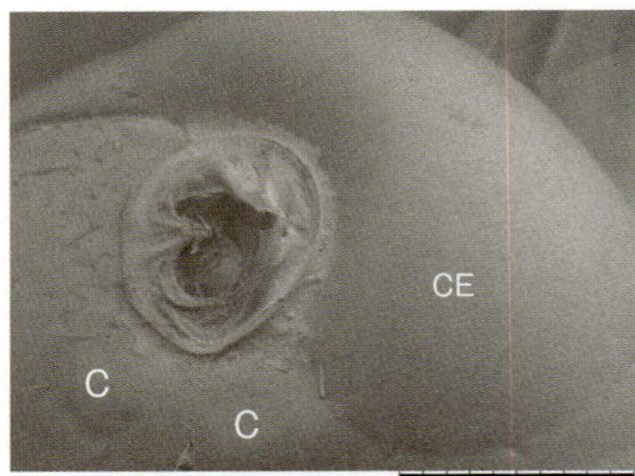

SEM60×　触角を切除した写真
２対の単眼（C）と１対の複眼（CE）を有する。複眼の角膜は共通で、SEM では各個眼が判別しにくい。

シロアリの眼

シロアリは昆虫綱ゴキブリ目シロアリ科に属し、アリよりもゴキブリに近い、社会性昆虫である。セルロース分解酵素を有し、木材を食い荒らす害虫である。

シロアリの眼

①一般に、シロアリには眼がないと考えられている。

②しかし、頭部前方に一対の膨隆部があり、そこに個眼様の所見を認める。複眼の退化部か否かは不明である。

③少なくとも単眼は確認されない。

④シロアリの羽アリは灯火に集まるので、光受容器を有すると思われる。

④シロアリは社会性昆虫であり、女王シロアリ、羽シロアリの視器については不明である。

⑤体部や頭部に約75μm 前後の触毛が多数生えており、触覚や嗅覚が発達しているものと考える。

実体顕微鏡像（10%ホルマリン固定後）

SEM40×標準画像

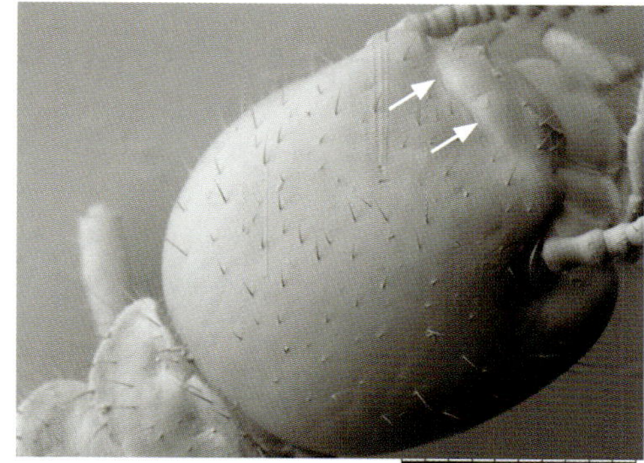

SEM120×凹凸強調画像（右上方から撮影）
頭部前方に一対の膨隆部を認める（矢印）

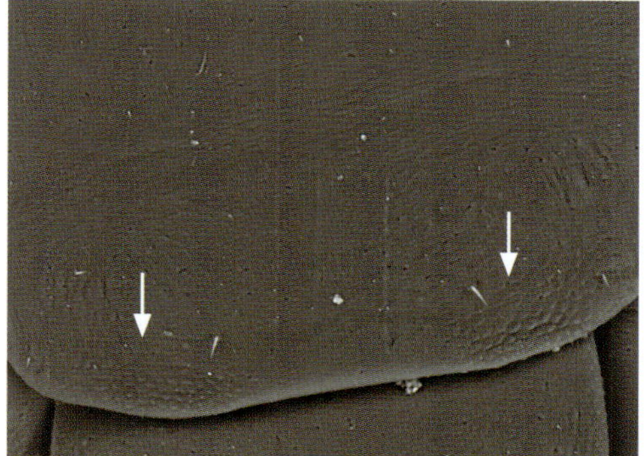

SEM400×標準画像（正面から撮影）
境界不鮮明な複眼様所見を認める（矢印）

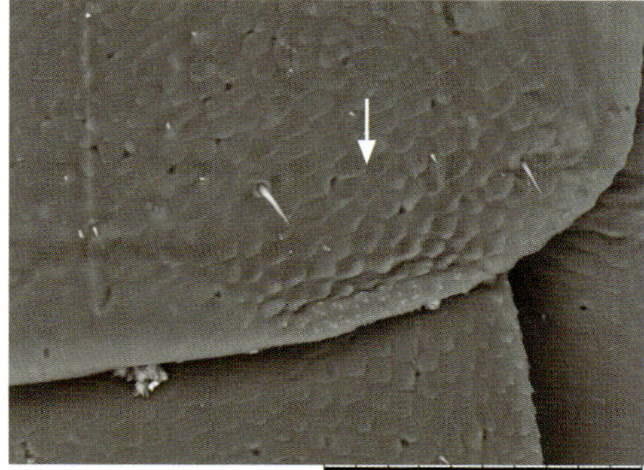

SEM800×標準画像
強拡大で複眼の個眼様所見を確認できる（矢印）

ムカデの眼 1

ムカデ（百足）は多足亜門ムカデ綱に属する節足動物の総称。脚の数が多く、運動性に富む捕食性の虫である。歩肢の数は種類により異なるが、27対から37対、41対、47対などを示し、多い種は100対を越し173対までである。捕食性で、噛まれると赤くはれる。

触角の外側（矢印の位置）に 4 対の単眼がある。

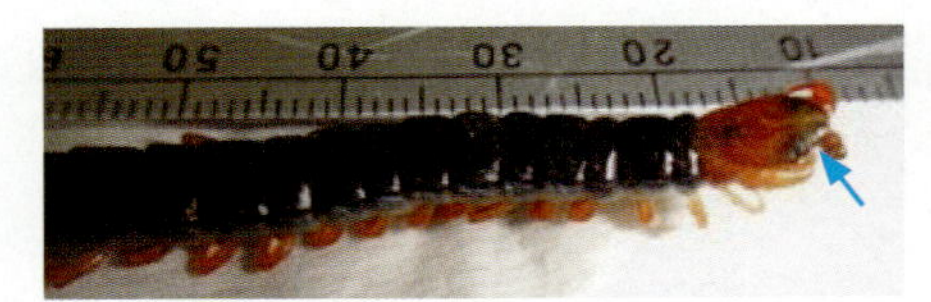

頭部の触角は切断してある（矢印）

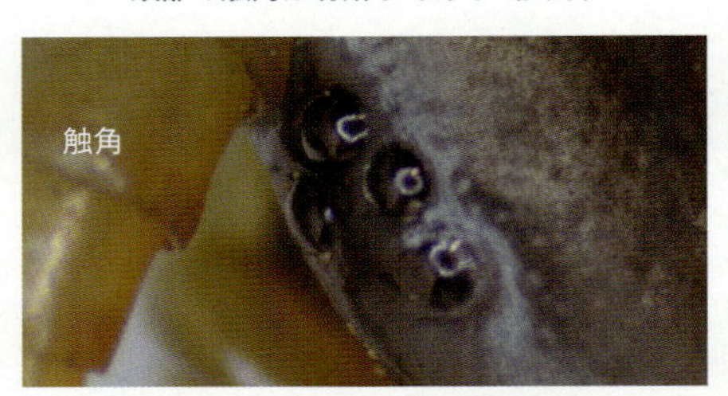

ムカデの触角の外側に 4 対の単眼を認める

ムカデには片側 4 個、合計 8 個の単眼がある

ムカデの眼

①頭部触角の外側に 4 対、合計 8 個の単眼が見られる。

②単眼の配列はムカデの種類により異なる。

③単眼は長い触角の陰にあり、視機能より触覚優位と考える。しかし、片側 4 個の単眼がそれぞれ向きを異にしていることから、それぞれの単眼がそれぞれの視野を重複しないように見ているものと思われる。ゴキブリなどを捕食するために、暗所で動くものに対して反応出来る視機能と思われる。

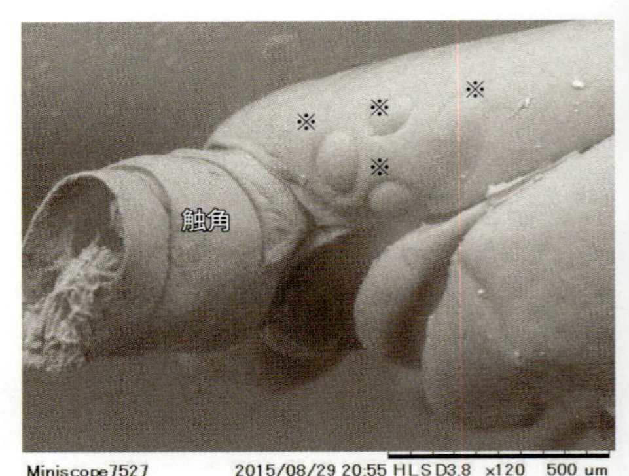

SEM120×　左上写真の矢印部位の SEM 画像
※は単眼

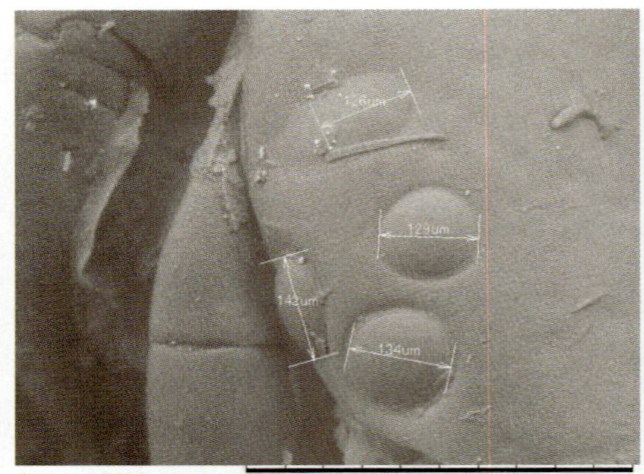

SEM200×　単眼は向きも大きさも異なる
単眼の長径120～142 μm

ムカデの眼２　組織

ムカデの眼

①角膜と水晶体は一体化したクチクラレンズで、前房や虹彩はなく、焦点距離は短い。
②眼瞼や外眼筋はなく、８個の眼球はそれぞれ別の方向を向いている（それぞれ単眼の眼軸方向が異なる）。
③水晶体は上皮細胞が観察されず、線維状の層構造を呈している。
④硝子体スペースは狭い
⑤網膜は細胞の分化が未熟である。
⑥隣接する単眼は視神経が混合し、共通である。
⑦各単眼の視機能はよくないが、多数眼による動体視力は良いと考えられる。

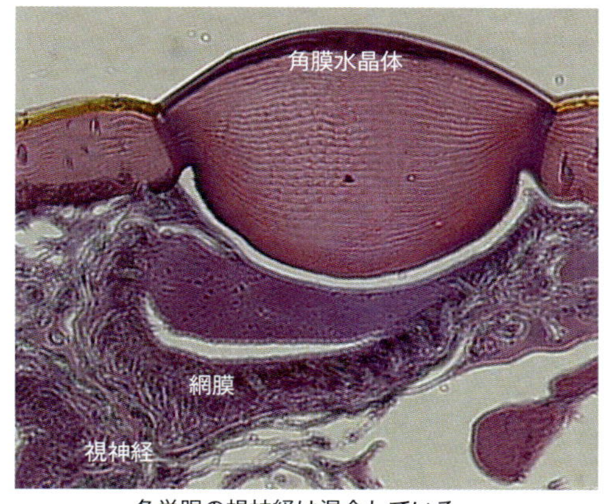

各単眼の視神経は混合している。

一個に見えるが四個の単眼が並んでいる（矢印）

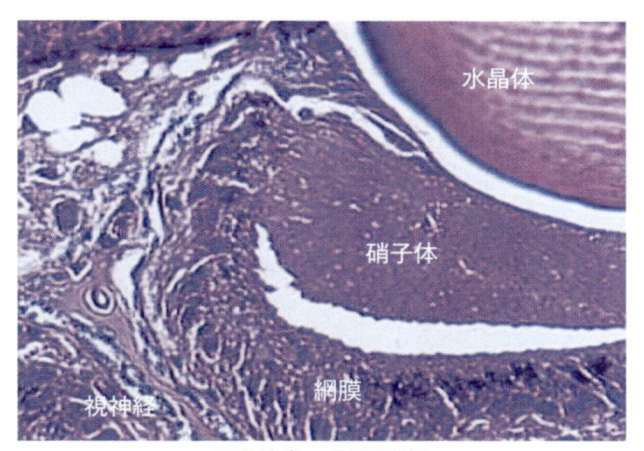

HE 染色　眼球後部

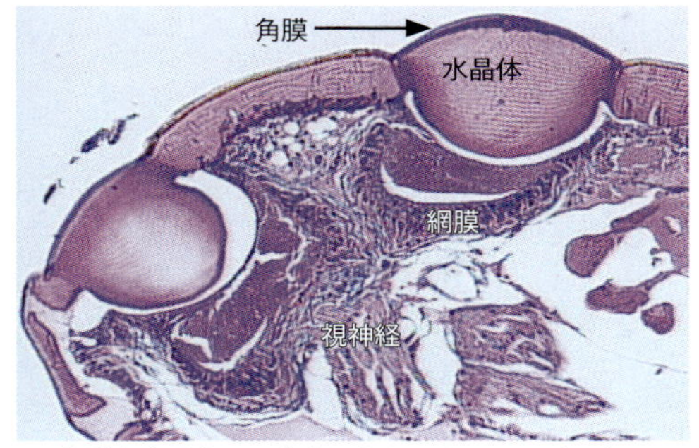

角膜と水晶体は一体化したクチクラレンズである

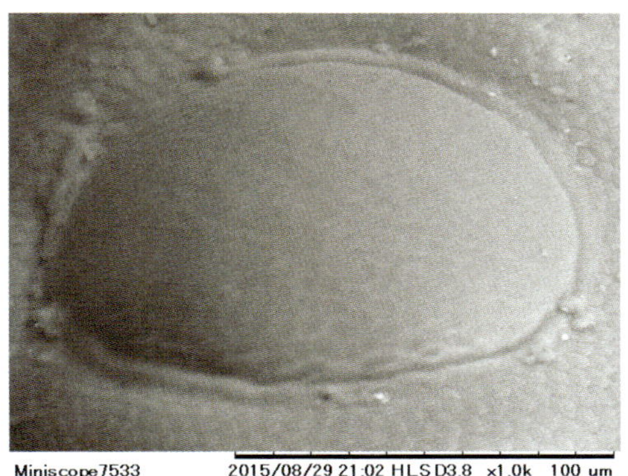

SEM1000×　単眼角膜表層の SEM 画像

ゲジの眼

ゲジ（蚰蜒）は、節足動物唇脚綱（ムカデ類）ゲジ目に属し、一般的にゲジゲジと呼ばれ、忌み嫌われる嫌悪虫であるが、ムカデのように咬むこともなく、ゴキブリや不衛生害虫を食するので、益虫である。

ゲジの眼

①ゲジは一対の複眼を有する。

②ゲジは分類上、複眼を有する甲殻類や昆虫でなく、節足動物のムカデ類に属するので、単眼のはずであるが、実際は複眼である。

③そのため、ゲジの眼を偽複眼と呼ぶ場合もあるが、個眼が正六角形で完成度の高い複眼である。

④ゲジの移動速度は極めて速く、触覚と視覚が良好と推測する。複眼としては個眼数が少ないが、個眼そのものの機能が優れていると考える。

⑤視野は広く、特に、背側を警戒するのに有利な形態をしている。

胴は外見上は８節に見えるが、実際は16節で、足肢は15対である。触覚を用いて、移動速度は極めて速い。

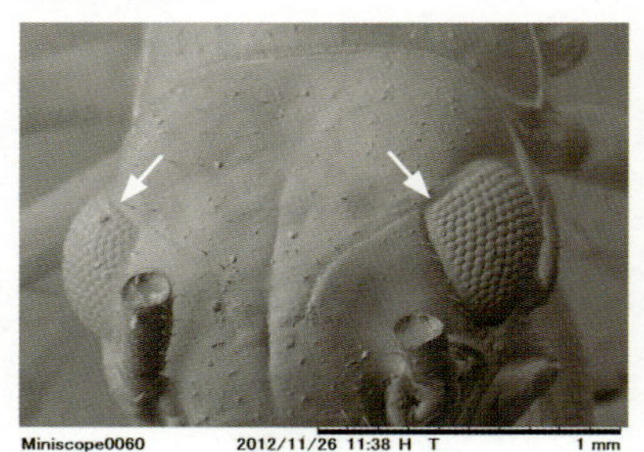

SEM80×凹凸強調画像
ゲジは昆虫ではなく、ムカデ類で単眼のはずであるが立派な複眼が認められる（矢印）。

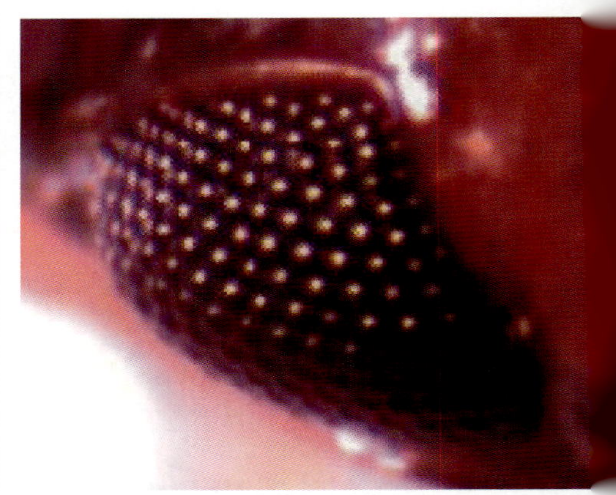

実体顕微鏡の強拡大

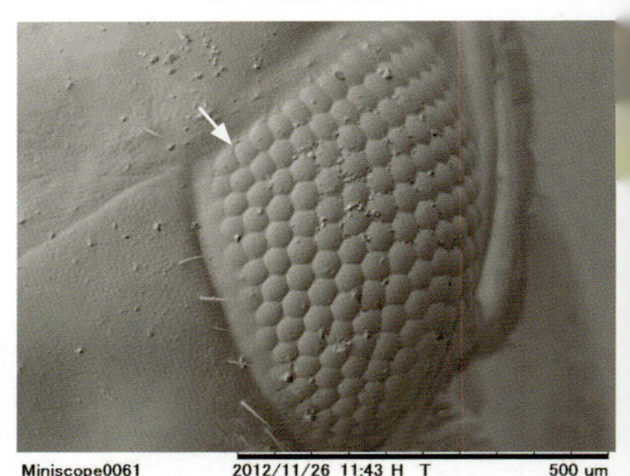

SEM200×凹凸強調画像　矢印は複眼

ゲジの複眼は、個眼数は多くないが、個眼が正六角形で複眼としては完成度が高い。はやい速度で移動しながら触覚と視覚で獲物を探す。

ダンゴムシの眼

ダンゴムシ（団子虫）とは、ワラジムシ目（等脚目）の陸生動物で、刺激を受けると丸くなるのでダンゴムシと称される。発生学的には陸生甲殻類に近い。頭部には１対の触角が見られ、胸部には７対の歩脚があり、腹部は６節からなる。ダンゴムシは海岸と陸地に棲むものでは習性が異なるとされている。

ダンゴムシの眼

①発生学的には陸生甲殻類に近いので、一対の複眼を有する。
②複眼の個眼数は少なく、20数個である。
③個眼は大小不揃いである。
④個眼の直径は60～70μmで、個眼としては大きい。
④個眼数が少ないので、視機能は悪いが、各個眼は大きく、単眼に近く、「偽単眼」ともいえる。複眼としては未発達の形態である。
⑤ダンゴムシの視機能は悪く、明暗程度の識別能力と思われる。
⑥ダンゴムシは視覚より触覚が優位である。
⑦危険を感じて丸くなり、足肢と共に触覚も隠すので、その際、視覚が有用と思われる。

行動の記憶

①ダンゴムシには、進行中に壁にぶつかると左右交互に曲がっていく、「交替性転向反応」を示す。
②この行動は直線距離が４cm以内のとき保持され、それ以上では交替性転向反応を示さない。
③これは視覚ではなく触覚の情報記憶である。

丸くなると触覚は隠れるので視覚が頼りになる。
矢印は眼の位置を示す。

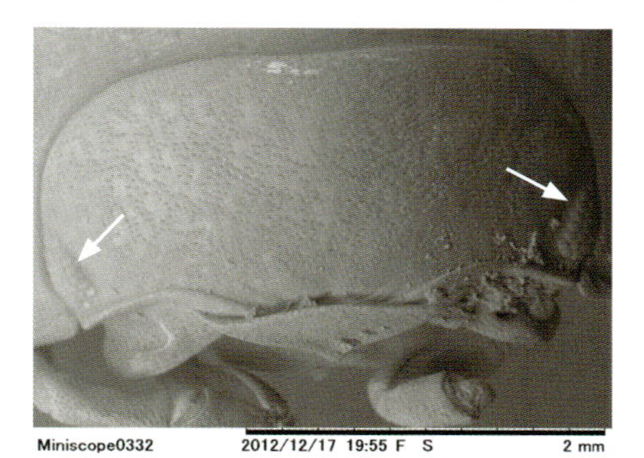

SEM50×影強調画像　矢印は複眼

実体顕微鏡写真　不揃いな個眼で未発達な複眼

SEM300×影強調画像
複眼の形態をなしているが個眼数が20個前後で、正六角形でなく、大小不揃いである。

クモ（蜘蛛）の眼1　単眼8個

クモは、節足動物門鋏角亜門クモ綱クモ目に属する動物の総称で、昆虫ではない。日本には、57科・約1,600種が生息しているとされている。

クモの眼

①クモは複眼でなく、8個の単眼を有する。

②8個の単眼の並び方で、クモの種類を分類できる。

③角膜と水晶体が一体化した、クチクラレンズで、虹彩は存在しない。

③単眼は原始的であるが、周囲の動く物を察知する。

④クモの視力はかなり悪い。複数の単眼は重複せず全方向の動く物を認識する。

⑤前面の大眼は、対象物の形、色、距離を認識できる。

⑥飛びグモの前列の大きい2眼は筋肉を有して、眼球運動により視野を広くしている。

⑦それぞれの単眼はそれぞれの担当視野域を有し、周囲全域をカバーしている。

⑧側眼には網膜の裏側に輝板を有するものもある。

⑨視覚が悪いが、触毛、聴毛、細隙器官、琴状器官などにより、微妙な振動を感知する。特に300～700Hz の振動に鋭敏に反応する。

	クモ綱	昆虫綱
種類	約4万種	80万種
身体	頭胸部・腹部	頭部・胸部・腹部
触覚	なし	1対
羽根	なし	4枚
脚	4対	3対
眼	8個の単眼	1対の複眼・3単眼
生殖器	腹の前方	腹の後端
化石	古生代	中生代
その他	糸を排出	

クモ綱と昆虫綱の比較

※クモの種類によっては単眼数は0、2、4、6個の場合もある。単眼を有さない昆虫もいる。

ジョロウグモのメス

冬の台所で見つけた体長2cmの小さなクモ

生垣のクモの巣

クモの巣はタンパク質で出来ている。ある種のクモは壊れた巣を修理したり、汚れや巣を食べて再利用する。

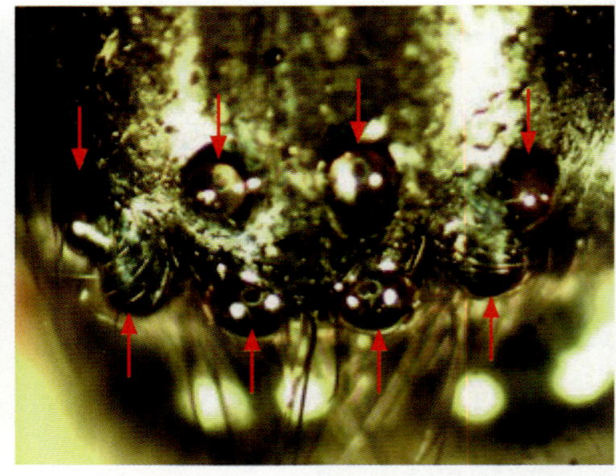

そんな小さなクモでも、単眼が8個見られる。単眼の並び方から、ハウス・スパイダーと思われる。

クモ（蜘蛛）の眼 2　組織

①クモの各単眼はそれぞれ眼軸方向が異なり、各単眼の視野は広いと予想される（白矢印）。
②節足動物として、昆虫類、甲殻類、ムカデ類、クモ類が存在するが、ムカデ類もクモ類も複眼は存在せず、単眼が 8 個ある。
③組織学的にもクモ類とムカデ類の単眼は類似している。
④体長と眼球径から判断すると、クモ類の方がムカデ類の単眼より大きく視機能は勝っている。
⑤同じ節足動物でも昆虫類や甲殻類は複眼を有し、単眼数は少ない。視機能としては単眼の方が複眼より良い場合が多い。
⑥大きな角膜は水晶体と癒合しており、角膜水晶体を形成している。

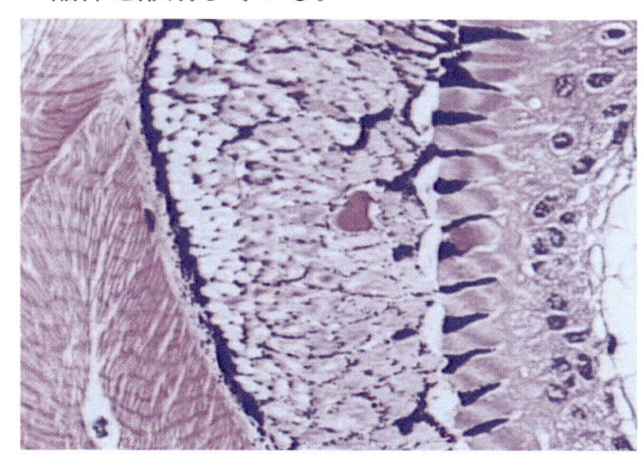
単眼の後眼部（強拡大）

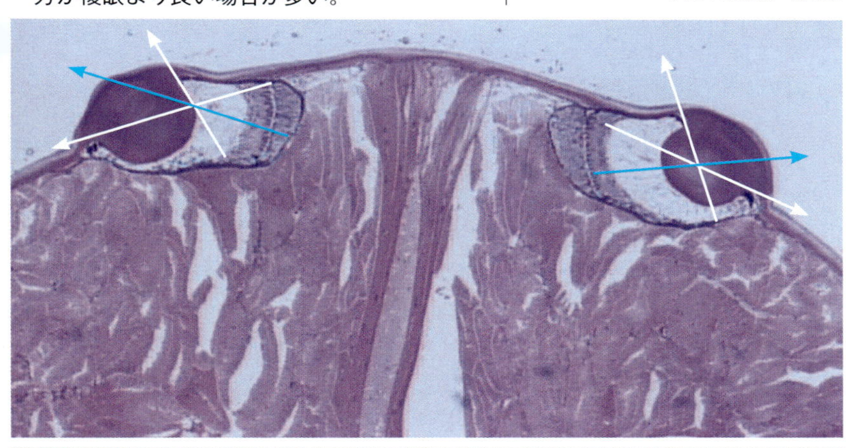
白矢印は網膜に対応可能な領域、その範囲であれば視覚情報が得られる（青矢印）

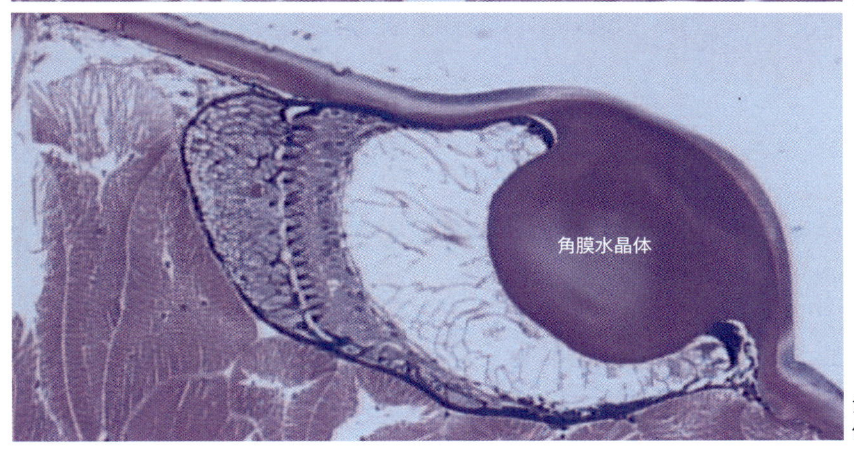

角膜と水晶体は一体化している

クモ（蜘蛛）の眼3　ミクロの眼

ミクロの眼

1．体長1.6mm の小さなハウス・スパイダーにも大眼が２対、小眼が２対、合計４対、８個の単眼が認められる。
2．クモの８個の眼は、対になっており、眼の位置は種類により並び方が異なる。
3．それぞれの眼がどのように機能しているかは不明である。
4．この体長1.6mm のハウス・スパイダーの単眼角膜長径は45～50μm であった。
5．一般にミクロレベルの眼球は、角膜の曲率半径も小さく、水晶体も球状で、像の拡大率も小さい。
6．このクモの単眼は角膜長径がミクロレベルなので、視細胞数も少なく、分解能が悪く、明暗の識別程度の視機能と思われる。
7．成人の眼球径は2.4cm である、体長1.6mm のクモの眼も体長比で比較すると、決して小さくはない。
8．クモの種類により単眼の配列が異なるのはそれぞれの種が生存する上で、明暗の変化を有利に利用するための配列をしているものと考える。
9．クモには新種が多く、洞窟に住むシドニージョウゴグモは体長1.5mm で、眼球が存在しない。

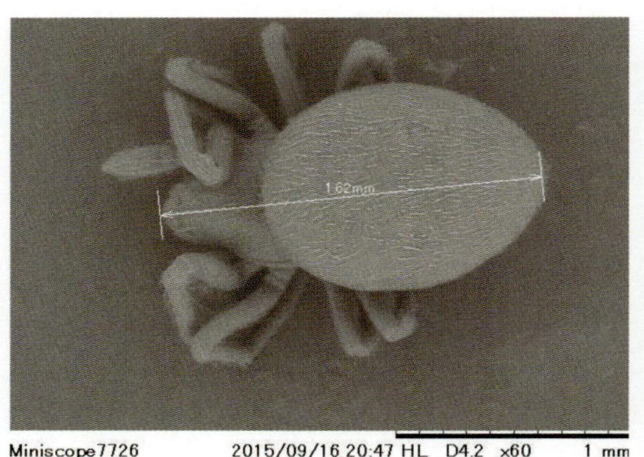

SEM60×
体長1.6mm の小さなハウス・スパイダー

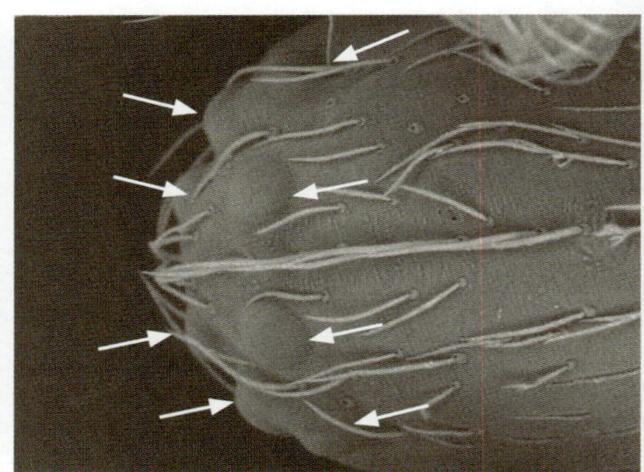

SEM400×
左写真の小さなクモにも長径45～50μm の小さな単眼が８個存在する（矢印）。写真は背側より撮影

クモの眼の配列による分類

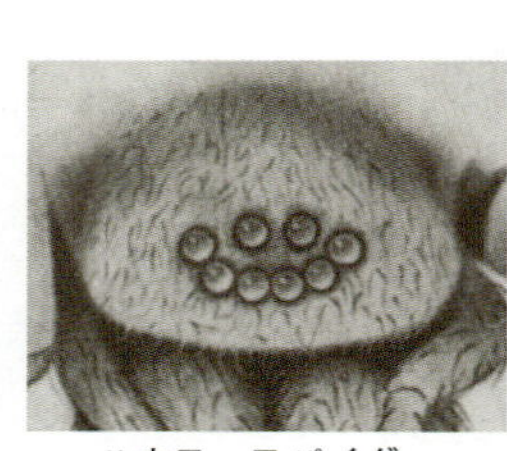

ハウス・スパイダー

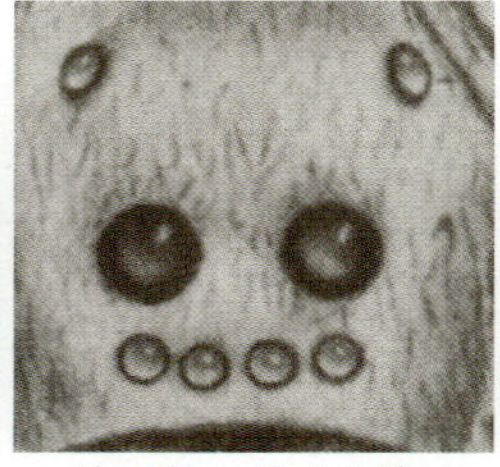

ガーデン・スパイダー

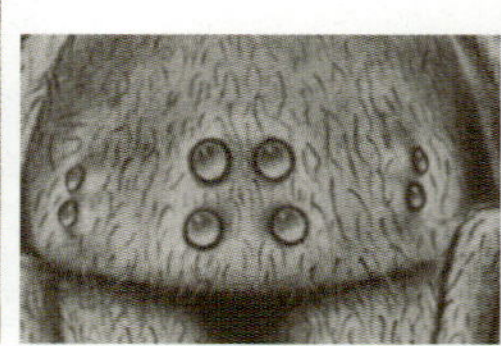

ウオルフ・スパイダー

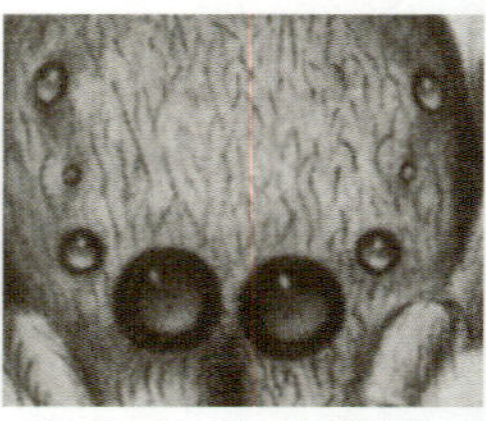

ジャンピング・スパイダー

クモの種類により８個の眼の位置は様々である（正面視）　Duke-Elder より引用

クモ（蜘蛛）の眼4　トタテグモ

トタテグモは原始的な大型のクモで、地面にトンネル状の巣をつくり、入り口に扉をつけ、扉の陰から巣の傍を通る獲物を待ち受け、捕獲する習性がある。

トタテグモの眼

①単眼の並びはハウス・スパイダー型である
②各単眼の光軸方向は異なり、それぞれに視野の守備範囲がある。
③各単眼の大きさや配列は微妙に異なる。
④各単眼のうち最大径は518μm、最少径は362μmであった。
⑤視覚より触覚有意と思われるが、獲物の捕獲時には視機能も利用している。

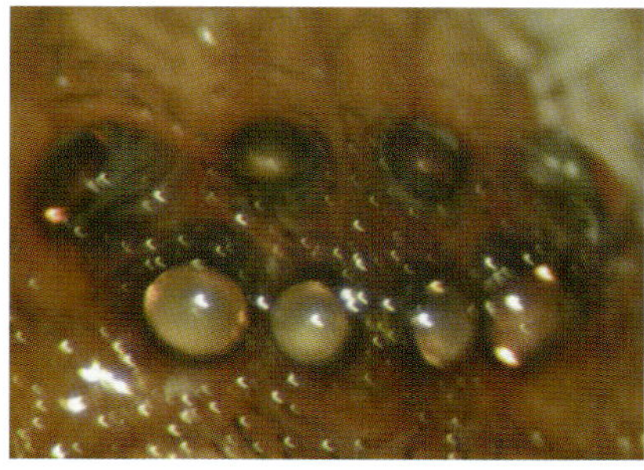

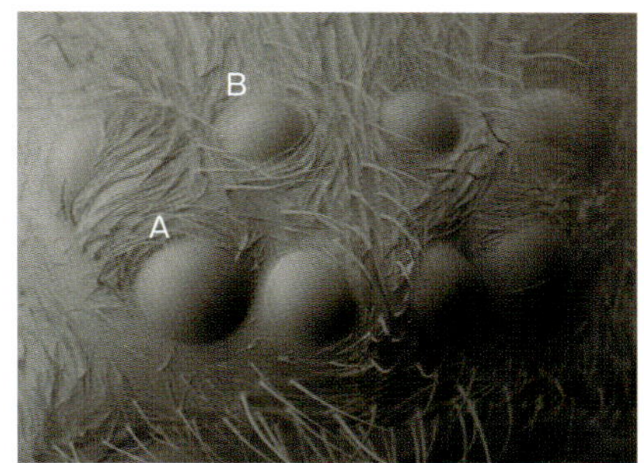

SEM60×
8個の単眼の視軸は別々の方向を向いている。
A：最大単眼、B：最小単眼

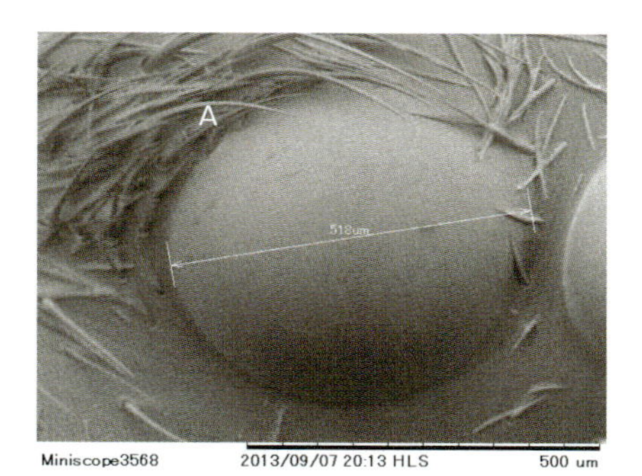

SEM200×最大単眼

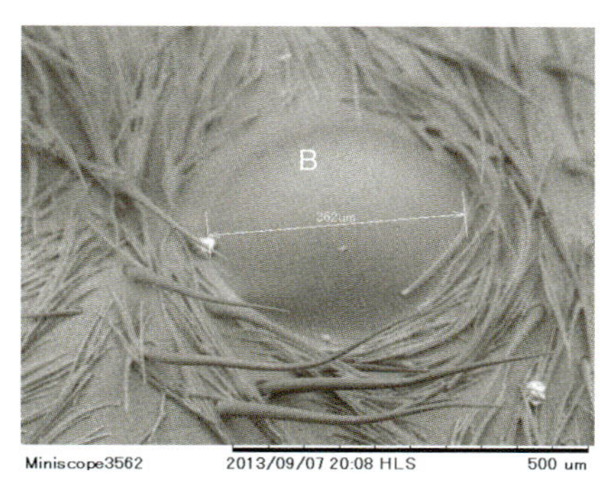

SEM200×最小単眼

SEM40×尾部
クモの尾部には生殖器・排泄器・出糸管が存在する。

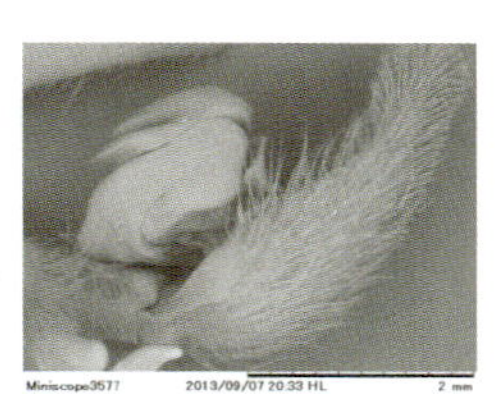

SEM40×触覚
クモの触覚は脚のように太く、触覚にも関節がある。

クモ（蜘蛛）の眼５　単眼６個の謎

一般に、大部分のクモは８個の単眼を有するが、種類によっては、単眼が退化して無いもの、２個のもの、４個のもの、６個のものがあるとの報告がある。

洞窟の暗黒の世界に生息するクモは眼が退化して、単眼がないのは理解できるが、単眼数が２～８個になる違いについては不明である。

ナガコガネグモのメスは20～25mmと大型で、腹部に黄色と黒の縞模様がみられる、水田や河原でよく見かけるクモである。このナガコガネグモは単眼６個とされている。実際に、実体顕微鏡下では下写真のように、①～⑥の６個の単眼が見られる。しかし、走査電子顕微鏡で見ると①と④は双子の単眼である。

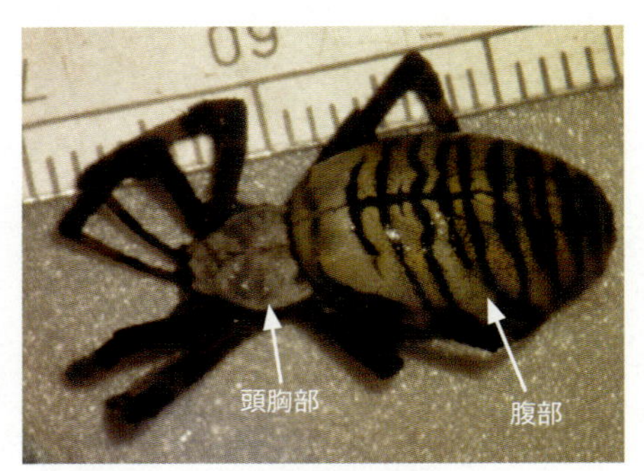

ナガコガネグモのメス。上方から撮影
クモは腹部が大きく、頭胸部は小さいのが特徴である。

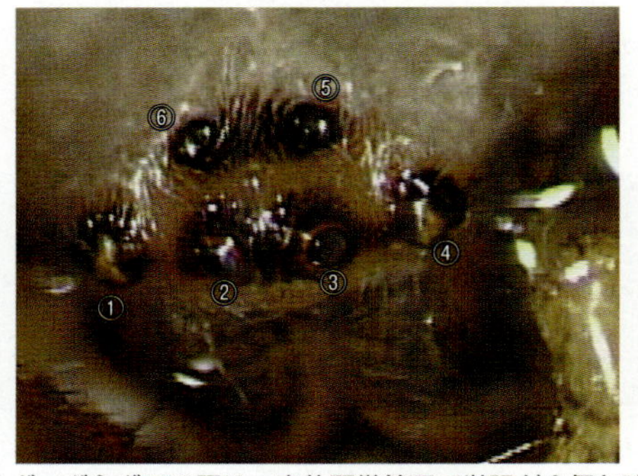

ナガコガネグモの眼は、実体顕微鏡下で単眼が６個と確認できる。仮に６個に番号を付ける。正面から撮影

単眼６個の謎

1. ナガコガネグモは単眼６個と考えられていたが、下外側の２眼が双子単眼で、実質、単眼８個であった。
2. 単眼２個、単眼４個、単眼６個の場合も、同様な機序で、基本的にはクモは単眼８個と考える。

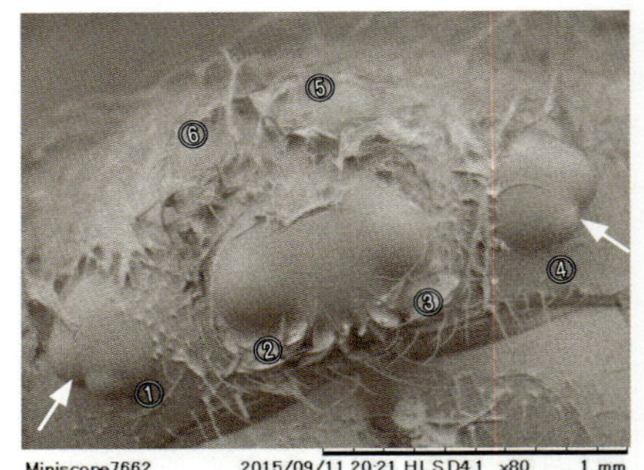

SEM80×　①と④はくびれ（矢印）が見られる。

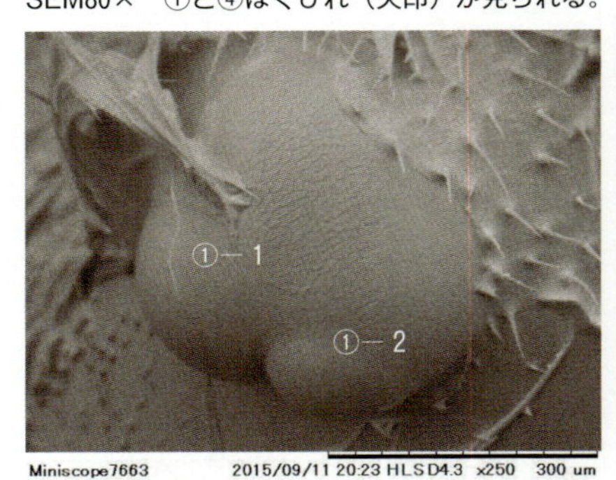

SEM250×　①単眼は①－１と①－２の双子単眼である。

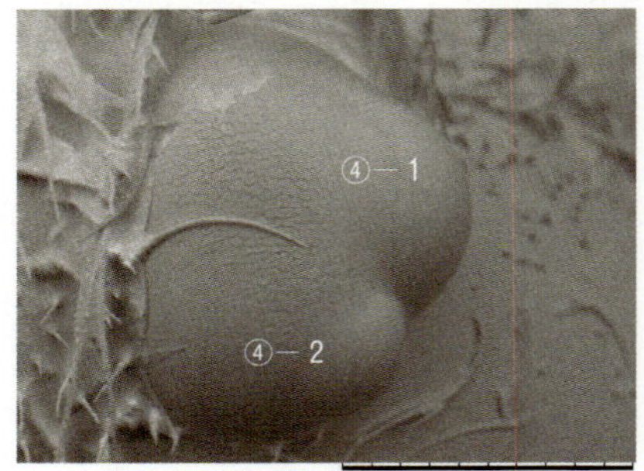

SEM250×　④単眼は④－１と④－２の双子単眼である。

クモ（蜘蛛）の眼6　イエグモの組織

クモの眼

①クモの眼は筒状に長く、いわゆる管状眼である。

②角膜と水晶体が一体化した表皮構成細胞由来のクチクラレンズで、レンズ系の明るさを示すｆ値は地球上の生物の中で、最も小さいとされている。

③強膜に相当する眼球壁は薄く、周囲に外眼筋が付着している。外眼筋は眼球運動に関与するより、眼軸長を変化させて屈折調節に関与していると考えられる。

④管状底には網膜があり、中心窩も存在する。

こうした眼の構造から類推するに、僅かな光でも反応し、望遠鏡に類似して視力には有利だが視野が狭いと考えられる。その欠点を補うために８個の多数単眼になったと考えられる。ただし、全てのクモの８個の単眼が全て同じ構造か否かは不明である。

ｆ値について

ｆ値はレンズの焦点距離を有効口径で割った値でレンズの明るさを示す指標である。ｆ値が小さいほどレンズは明るい。最近のカメラはデジタルカメラで、ｆ値よりも画素数がカメラの優劣を決めているが、ｆ値も重要な要素である。アナログカメラではｆ値がカメラの優劣を決めていた。

$$f値 = \frac{焦点距離}{レンズの有効径}$$

ヒトの眼は、角膜は40D、水晶体は20Dで、合計60Dの屈折力である。その焦点距離は約16.7mmになる。瞳孔径は７mm～１mmであるが、視力1.0から考えて、50mmレンズでｆ値１に相当すると考えられている。

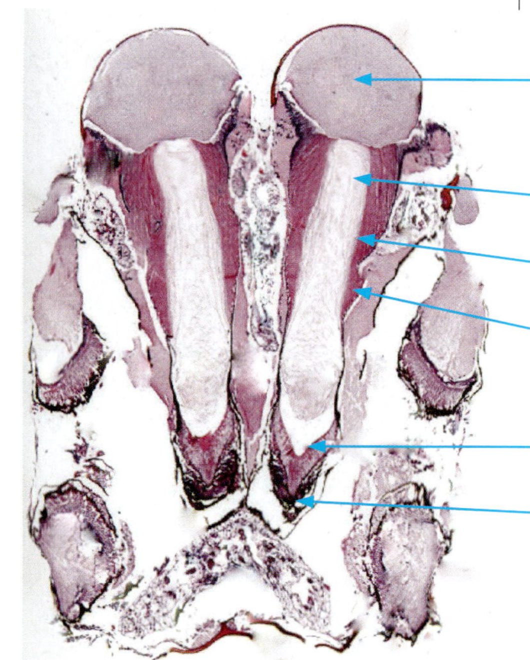

イエグモの頭部の組織所見（HE 染色）

角膜・水晶体
角膜と水晶値は一体となったクチクラレンズで、ｆ値は小さく明るいレンズである。
虹彩は存在しない。

硝子体
眼球は管状眼で硝子体腔は長い。

強膜
眼球壁は薄く伸縮性がある。

外眼筋
外眼筋は眼球壁を取り囲み、管状の眼軸長を調節し、屈折調節の作用を有する。眼球運動への関与は少ない。

網膜
管状底に網膜があり、中心窩も存在する。

脈絡膜
網膜下には乏しいながら脈絡膜が存在する。

クモ（蜘蛛）の眼7　奥行認識

ハエトリグモ（jumping spider）は、ハエ類を含む小型の虫を主食とする益虫で、捕獲用の網を張らず、歩き回りながらハンティングをする徘徊性のクモである。ハエトリグモにも多くの種類がある。

奥行の認識

（カルフォルニア大の Walter Metzner）

1．奥行の認識は、三次元の外界情報を二次元の受容器細胞に投影し、そこから三次元像として脳で再構築する。
2．受容器細胞として、光受容器（眼）、聴受容器（耳）、機械刺激（魚類や両生類の側線器）、電気受容器（ある種の魚）などがある。
3．これらの受容器によって得られる三次元像の勾配（像のぼやけ率）と最大強度との比から奥行が算出されると考えられる。
4．特殊な魚類では、発電機で身体周囲に磁場を発生させ、物体の形状や距離により放電による磁場の変化を電気像として捉える。
5．多くの動物では光受容器が奥行認識をしているが、個々の詳細な機序については推測部分が多かった。

ハエトリグモが獲物を狙う奥行目測

（大阪市立大の寺北明久教授ら）

①ハエトリグモは他のクモに比べて比較的視力が良好である。
②前面中央にある2個の「主眼」には可視光を認識する部分が、レンズに近い方と奥の二層になっている。
③この二層はいずれも緑色の光を認識するタンパク質が存在する。
④対象物が片方の層でピントが合っている場合、他方の層はピントがずれ、ピント勾配が生じる。
⑤ハエトリグモが緑と赤の光による波長差で餌までの目測に差があるかを調べた。
⑥ハエトリグモはピントの勾配の程度（像のぼけ率）から奥行を認識していることが確認された。

これからの興味

1）２個の大きな「主眼」で奥行き感を認識しているとしたら、他の６個の小眼はどんな役割をしているのであろうか？
2）従来は主眼で形体視、小眼で明暗の判別・周辺視野の判別・光波長の認識、などが行われていると推測されていた。
3）１個の主眼によるピントずれで、奥行き感を判別しているとしたら、２個の主眼は互いにどのような関係があるのであろうか？
4）また、このピントずれによる奥行の計測は脳のどこで情報処理されているのであろうか？
5）物理的にピントのずれを利用した奥行計測は今後様々な機器の開発を可能にするであろう。

ジャンピング・スパイダーは前面中央にある２個の「主眼」が大きい
Duke-Elderより

クモの糸

1．クモの糸は、クモの体内では液状の蛋白質として貯蔵されている。体外に放出される前に「出糸管」で、中性から弱酸性になると糸状に変化する。（Newton:2010年９月号）

2．出糸管は複数対存在するため、糸の太さは様々であり、さらに、それらが数本に束ねられている。

3．コガネグモの１匹から約24メートルの糸が取れる。その糸をより合わせると、柔軟で強靭になり、同じ太さの鋼鉄の５倍の強さになる。遺伝子組み換えにより、人工的に作る試みもある。（クモは餌が昆虫で、満腹時には巣を張らず、空腹時には共食いするので、蚕の様に養殖はできない）

4．クモの巣は縦糸、横糸、枠糸、繋留糸、牽引糸などで構成されている。横糸には粘着球が存在し、獲物に絡みつくようになっている。

5．クモは、巣が汚れたり壊れた場合、巣を食べて、再度、新しく巣を張る場合もある。

6．クモ自身が何故クモの糸に絡みつかないのかは、諸説があるが正確には不明である。

クモの糸には、①周囲の枠糸、②放射状の縦糸、③円形につなぐ横糸、④歩くときの繋留糸、⑤脱皮の足場糸、⑥牽引糸⑦卵のうを作る糸など、太さも成分もさまざまである。

NHK俳句　佳作
兼題「蜘蛛」

巣を張って
獲を待つ蜘蛛に頭下げ

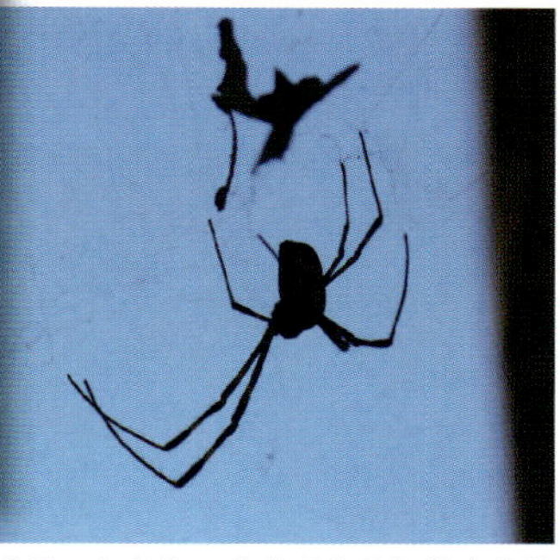

クモは嫌われ者である。しかし、生きるために巣を作り、ただひたすらに獲物を待つ姿はけなげである。巣を壊さないように頭を低くして巣の下を通ろう。（上の俳句）

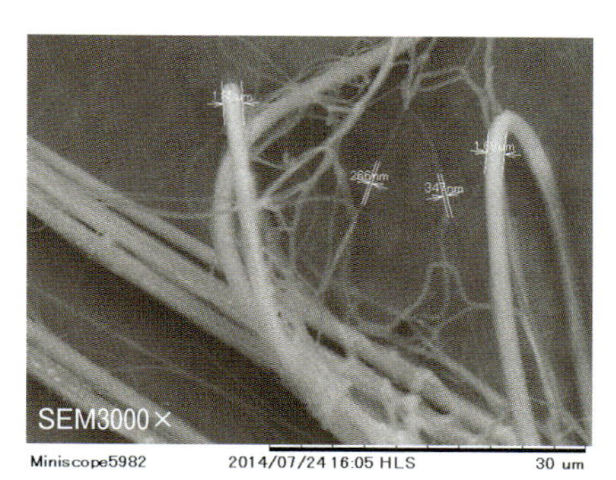

クモの糸

クモの糸は蚕の糸より細く、直径250nm～５μm程度と、太さも様々である。所々に粘着球が付着している。（実は蚕の糸もクモの糸と同じように細いが多くの線維が束ねられている）

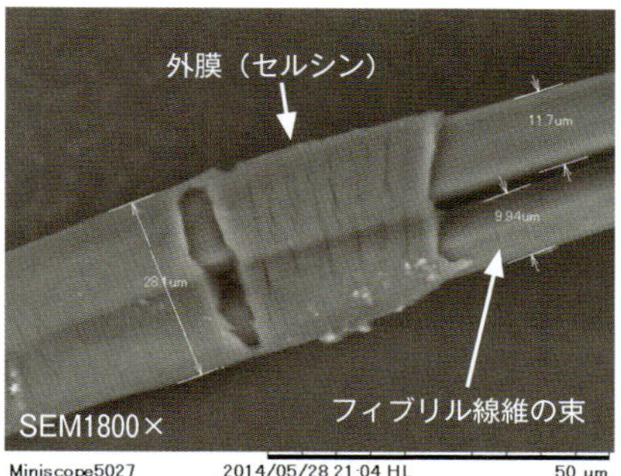

蚕の糸

蚕の糸は電線コードの様に２本の糸が外膜に包まれている。糸は直径９～12μm程度で、直径250nm程度のフィブリル線維の束で形成されている。外膜ならびにフィブリル周囲はセリシンという蛋白質で接着されている。

サソリの眼

サソリ（蝎）は、節足動物門鋏角亜門クモ綱サソリ目に属する動物の総称である。４億３千万年以上前から存在したとされ、現存する陸上節足動物としては世界最古の動物である。形態はザリガニに似ているが、分類上はクモに近いので、複眼ではなく、単眼である。昆虫とは異なり、歩脚は４対で、頭胸部と腹部に分れ、腹部は前腹部と後腹部に分かれる。

頭胸部の中央に一対の中央単眼と、両側に３対の側単眼の、計８個の単眼を有する。

サソリは、ブラックライトを当てると、全身が緑色に光るが、特に、眼は強く光る。この光は、抗酸化作用を有するβ-カルボリン化合物によるとされる。

サソリの眼

①頭胸部の中央に１対、両側に３対、合計８個の単眼を有する。それぞれの単眼の視軸は異なる方向を向いている。

②夜行性の視覚である。

③サソリの眼は、クモの眼に近いと云われているが、単眼の配列はムカデやヤスデの眼にも似ている。

④眼は約490nm の励起光で、約510nm の強い自発蛍光を発する。

サソリ（シナイデザートスコーピオン）　ラオス国産
大○印の部位に単眼が２個存在する。小○印の部位に単眼が３個存在する。

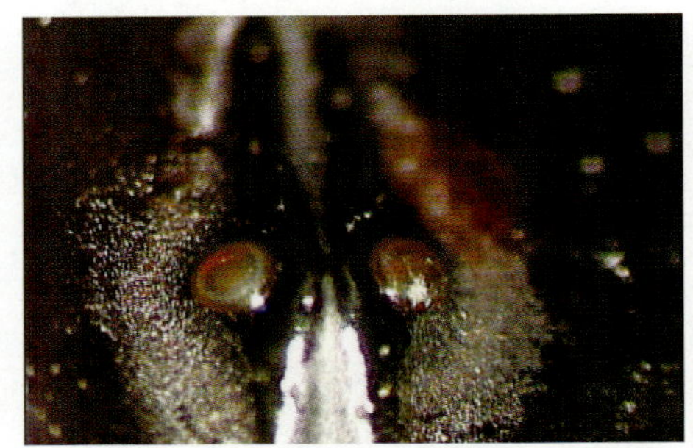

頭胸部の中央（右上写真の大○印の部位）に、１対の単眼を認める

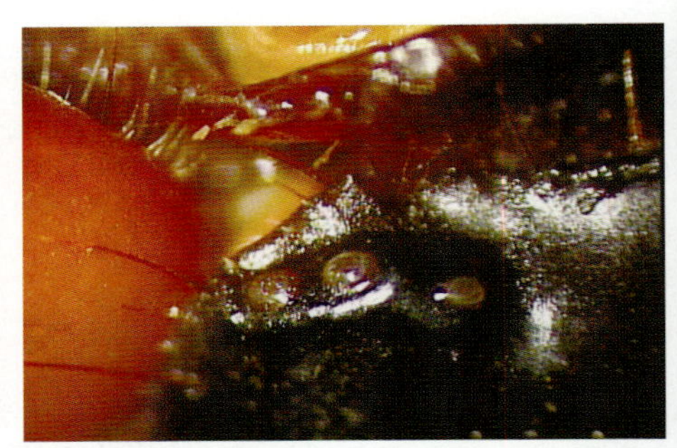

頭胸部右側に（上写真の小○印の部位に）、３個の単眼を認める。

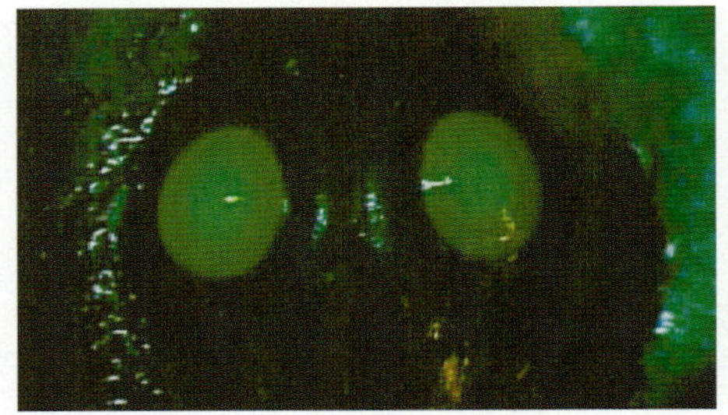

約490nm の励起光で、約510nm の強い自発蛍光を発する頭胸部中央の１対の単眼

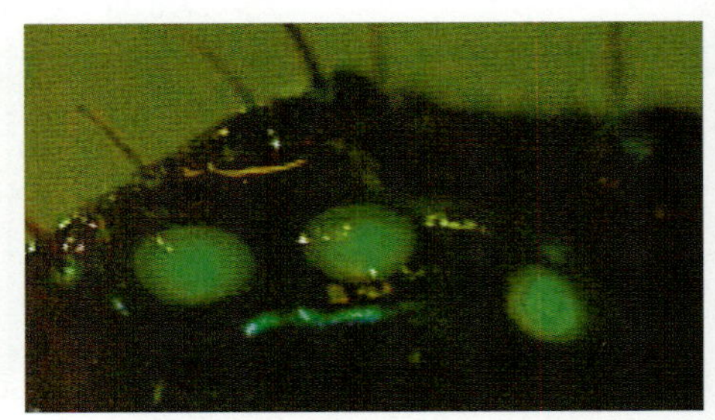

約490nm の励起光で、約510nm の強い自発蛍光を発する頭胸部右側の３単眼

ダニの眼１　ヒョウヒダニの眼

ダニは、節足動物門鋏角亜門クモ綱ダニ目に属する動物である。世界で約２万種といわれている。体は頭胸部と腹部に分かれ、頭胸部には４対の歩脚と１対の触肢、口部には鋏角がある。

ダニの種類

その主なものとして

①マダニ：ササや藪に寄生
②ヒョウヒダニ：カーペットに寄生
③イエダニ：ネズミに寄生
④ツメダニ：屋内にいてヒトを刺す
⑤ササラダニ：土壌中に寄生
⑥トリサシダニ：鳥類に寄生
⑦ケナガコナダニ：穀物に寄生

ヒョウヒダニ

ヒョウヒダニは体長0.3～0.5mm、室内のほこりの中に含まれ、ヒトのフケ等を食べている。寝具やカーペットなど埃がたまりやすい場所に発生しやすい。

ダニの糞や死ダニの破片がアレルゲンとなり、気管支喘息やアレルギー性鼻炎を引き起こす。

ヒョウヒダニの眼

①一般に、ダニには眼が存在しないが種類により単眼らしきものを有する場合もある。（矢印）
②走査電子顕微鏡写真で体長0.3mmから写真計測すると、単眼らしきものは約３μm径で、視器としてもその機能は低い。
③ダニが小さな眼で何を見ているかは不明であるが、ダニは光を嫌うので、特定の波長光を感知しているものと思われる。

ヒョウヒダニの走査電顕写真
中国大連の某寝具メーカーの展示資料より

ダニの眼 2　マダニ

マダニは、節足動物門鋏角亜門クモ綱ダニ目に属する。

マダニは山野の笹影におり、嗅覚が発達していて、動物の発する酪酸の匂いに反応して、動物に飛び移り吸血する。吸血によって体は大きく膨れあがる。マダニはさまざまな菌を媒介し、リケッチアによる日本紅斑熱や発疹チフス、ツツガムシ病などの危険な病気への感染を引き起こす。

体長２～７mm、体前端に口器と触肢をもつ。鋸状の口下片が口器中央に突出し、長期間にわたる吸血が可能である。脚は４対で体腹面の前半にある（幼虫の脚は３対）。一度咬着すると１週間から１か月以上も吸血を続ける場合もある。満腹すると地上に落ちて脱皮する。

ダニの眼

①ダニは昆虫でなく、クモ綱だがクモの眼とも全く異なる。

②ダニの中には眼がない種類もある。それらも背側表面に光を感知する光感受域が存在する。

③種類によっては極めて原始的な単眼が背側肩部に存在するものもいる。

眼瞼に食い込んだ成虫の摘出

幾つかの方法が眼科成書に紹介されているが口器と触肢を千切ることなく虫体をそっくり摘出するのは比較的難しい。

①虫体の体部を引っ張ると頭部が皮膚内に残る

②虫体を強く圧迫すると体液が皮膚内に注入される。

③虫体の周囲を麻酔して、手術用顕微鏡下で虫体口器の周囲皮膚を切開し、皮膚組織と共に摘出する。

④創口部に虫体の一部が残っていないことを確認し、必要に応じて縫合する。

⑥念のために抗生剤を投与して、後日の感染症対策をとる。

マダニトリの最新情報

① O'Tom Tick Twister®（フランス製）
頭部と体部の間に装置を挿入し回転する

②細いピンセット等で頭部を360度回転する

重症熱性血小板減少症候群（SFTS）

新種の SFTS ウイルスを保有しているマダニにかまれると、発熱、下痢、嘔吐、血小板減少により死亡することもある。

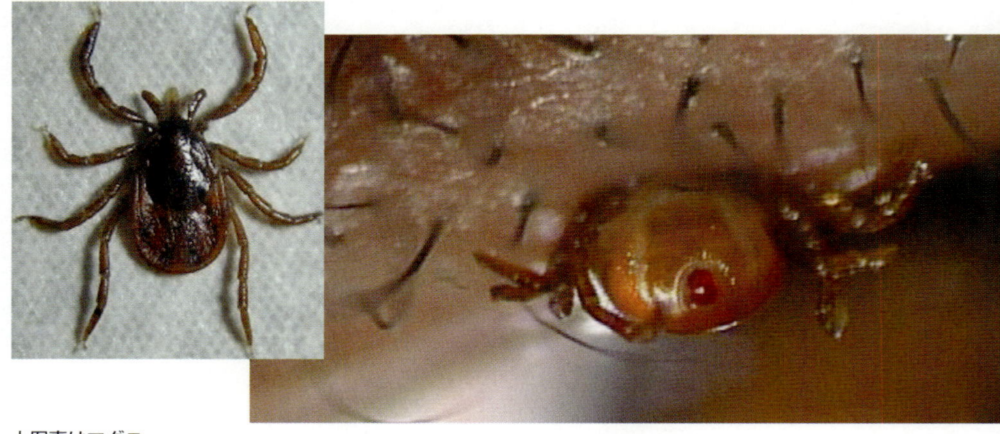

上写真はマダニ
右写真は眼瞼に食い込んだマダニ
マダニは吸血により体部が大きく膨らみ、頭部（口器）は皮膚の中に食い込んでいる。
強引に引っ張ると頭部（口器）が皮膚の中に残される。

ダニの眼 3　ケナガコナダニ

ケナガコナダニは25～28度、湿度75％以上の高温多湿の時期に多く発生する。人体には無害で、パン粉、小麦粉、米、七味唐辛子、味噌、などの食物に発生する。

ケナガコナダニ

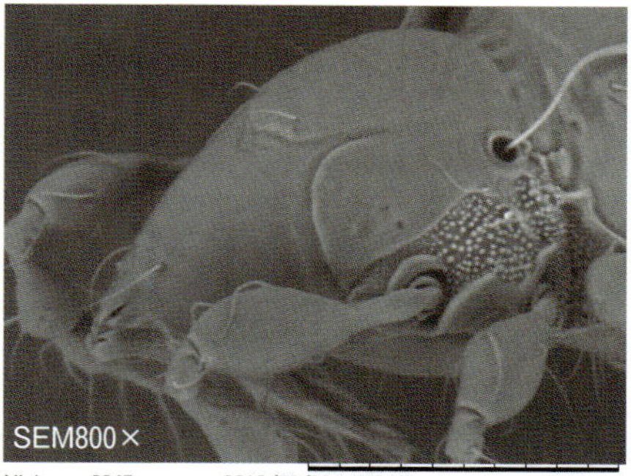

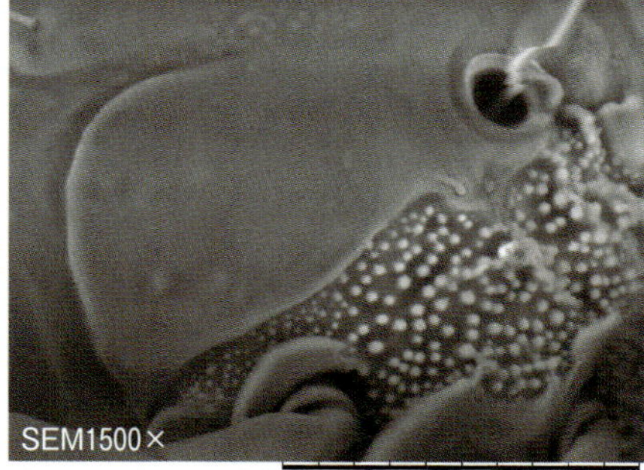

ケナガコナダニには眼がないが、多くの触毛と不明の感覚器が存在する。

ケナガコナダニの眼

①ケナガコナダニには眼はない。

②光覚を認識する器官はあると思われるが、不明である。

③頭部側面の多数の小白点の働きは不明である。

④湿度や温度、化学物質を感知する器官があると思われる。

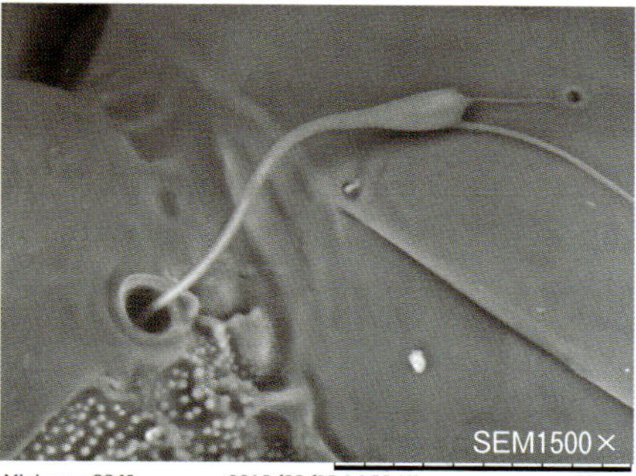

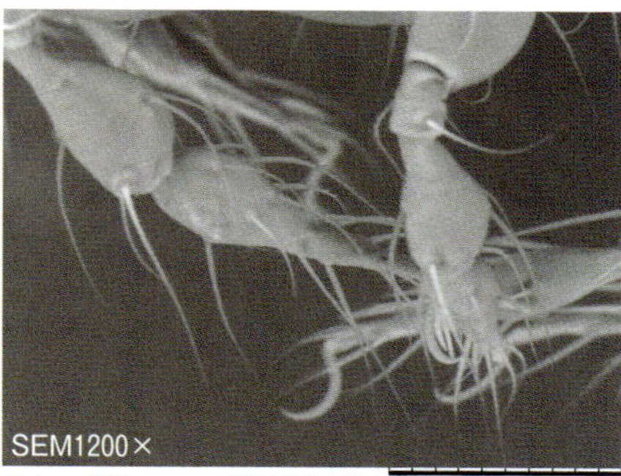

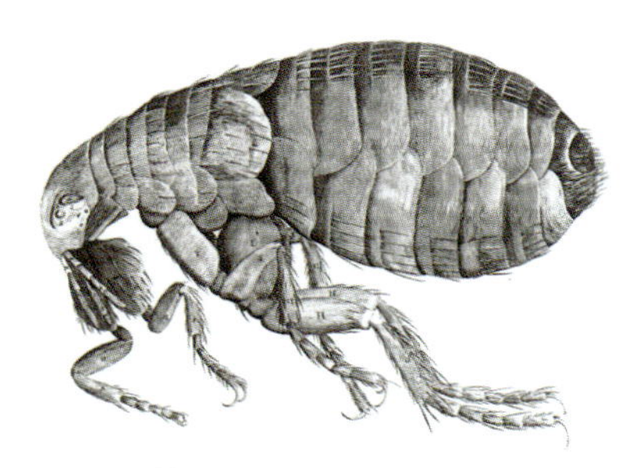

100×ノミ　形態的にはケナガコナダニはノミに似ているが、蚤は昆虫に属する

ダニの眼４　コナヒョウダニ

コナヒョウダニはカブトムシやクワガタに寄生する、人体に無害なダニである。

Miniscope3354　2013/08/29 13:51 NLT　500 um

SEM200×　背側全景　体長579μm

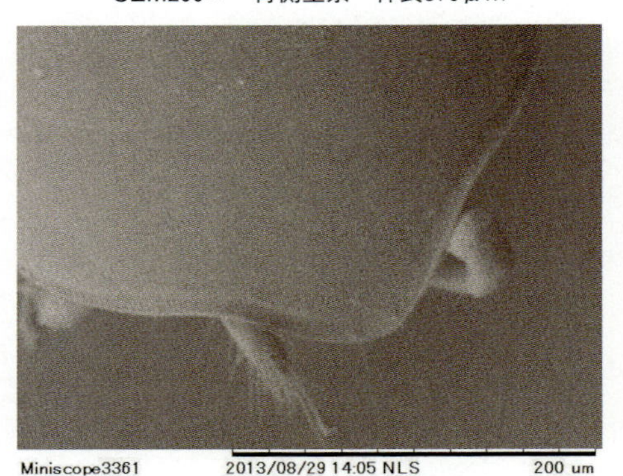

SEM500×　頭側に眼がない

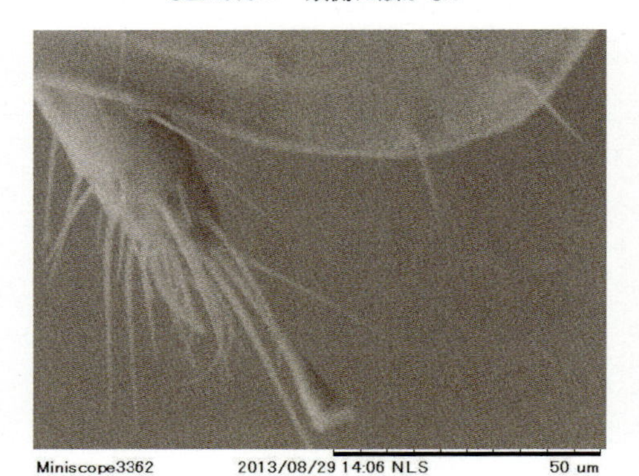

SEM1500×　前肢

コナヒョウダニの眼

①コナヒョウダニには眼はない。

②触覚や嗅覚が優位と考える。

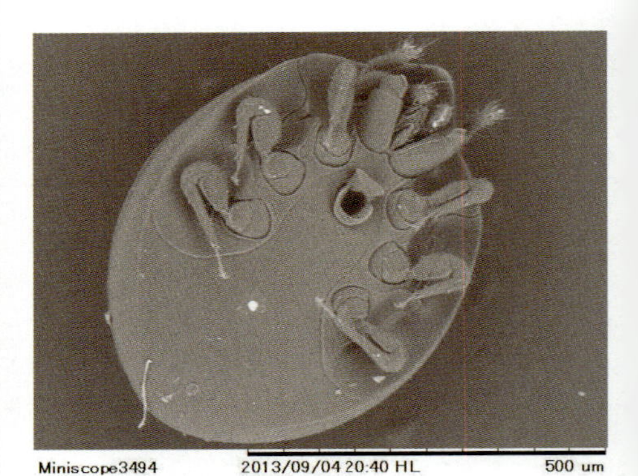

SEM200×　腹側全景

SEM600×　前肢

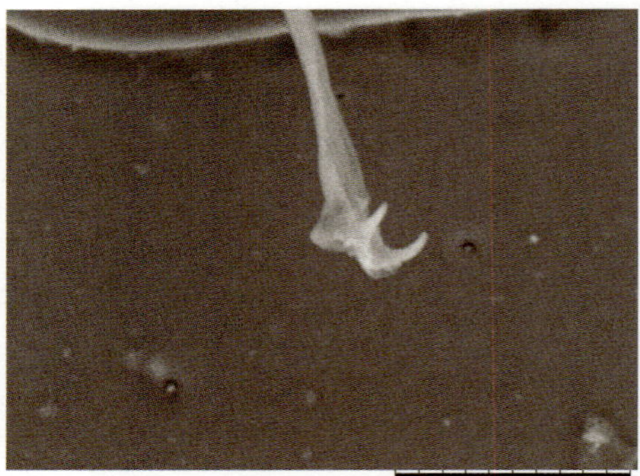

SEM2000×　肢の先端は鋭い爪様構造に

シラミの眼　毛ジラミの眼

シラミ（虱）は、昆虫綱咀顎目シラミ亜目の総称の動物である。現在世界中で約1000種が知られ、多くの未知種があると考えられている。多くのシラミはヒトに無害であるが、ヒトに感染する種もあり、不潔不快害虫として忌み嫌われている。口器は３本の鋭い吻針となり、それを宿主の皮膚に突き刺して吸血する。使用しないときは口器は頭の中にひきこまれる。

シラミの分類

シラミは種類が多く、まだ正確な分類がなされていないが、ヒトに寄生するシラミは主として

①頭ジラミ：５～10歳の少女に多く、特に幼稚園や小学校の集団生活では現在でも時々集団発生が見られる。乳幼児に多いのは乳幼児の頭部の汗腺が頭ジラミにとって快適環境なのであろう。プールやタオルの共有などの接触で感染する。黒人にはまれである。

②衣ジラミ：衣類や寝具から感染し、発疹チフスの媒体となる。吸血によって起こる皮膚症状は、強いかゆみ、引っ掻き傷による湿疹様症状、リンパ節の腫脹、湿潤とかさぶたによる悪臭が特徴である。衣ジラミは人体から離れると24時間以内に死滅する。衣ジラミの遺伝子研究から、人は約７万年前から衣服の着用が始ったとする報告がある。

③毛ジラミ：汗腺の一種であるアポクリン腺領域を好み、性的接触で陰毛に感染する。成虫の大きさは１mm～２mmで肉眼的には、陰毛の毛根にしがみついている時は「シミ」に、陰毛を移動中には「フケ」にしか見えないため、発見には苦労する。陰毛部の異常な痒みと、吸血時に出血して下着に血痕が付着する。

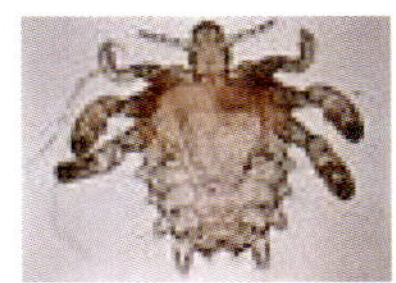

毛ジラミ

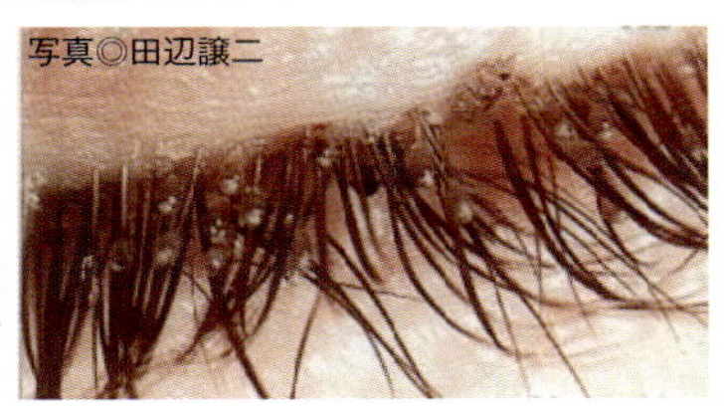

少女の睫毛に感染した頭ジラミ

シラミの眼

①シラミは翅が無いが。昆虫に属するので、一対の複眼を有するが、退化傾向の種もある。

②複眼以外に単眼を有するかは不明である。

③シラミの動きは遅く、視覚より皮膚分泌物や汗腺に反応する感覚器が存在する。

DDT（Dichloro Diphenyl Trichloroethane）

わが国でも1949年以前は、学童のほぼ100％がシラミに感染していた。戦後、学童たちはシラミ駆除対策として、進駐軍から提供された殺虫剤（DDT）を、頭が真っ白になるまで振りかけられた。

DDTはシラミの駆除によるチフスの撲滅、蚊の駆除によるデング熱やマラリアの撲滅などが期待され、大量に生産、大量に散布が行われた。その結果DDTによる野生生物への影響が出ていることや、魚や鳥にDDTが蓄積されていることでDDTによる有害病原虫の根絶が不可能であることが判り、食物連鎖による生体濃縮も問題になり、DDTの使用が中止された。

有害病原虫であっても、ヒトが生態系を変化させることの脆さと難しさを教訓として残した。

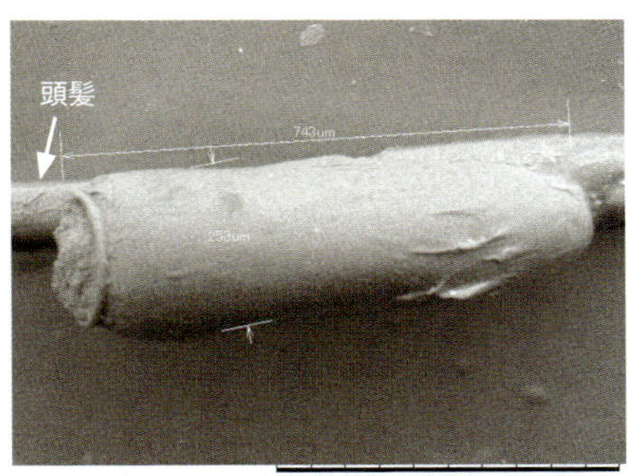

SEM180×頭シラミの卵（矢印は頭髪）

エビ（海老）の眼 1

エビは、節足動物門・甲殻亜門・軟甲綱・十脚目に分類され、非常に種類が多い。エビは腰部が曲がり、髭のような触手器官があることから「海老」と漢字で書く。

最近は、老人を高齢者、老人性白内障を加齢白内障と呼び、「老」は差別用語になっているが、エビの場合は、差別どころか、子どものエビでも「海老」と書く。

エビの眼

①眼は一般に随意性の眼球突出が可能である。
②外眼筋が発達していて左右全方向に眼球を動かすことができる。
③エビの眼は動物学上、種の分類に重要とされる。
④エビの眼は複眼で角膜は集合し、球状で偽瞳孔が見られる。
⑤触覚が発達しており、視機能はあまり良くない。
⑥エビもカニの眼に類似している。
⑦エビの色覚は 2 色型とされている。
⑧エビの光感受性色素のロドプシンは500nmに吸収特性がある。
⑨エビは一般に夜行性である。

エビの複眼には偽瞳孔が見られる

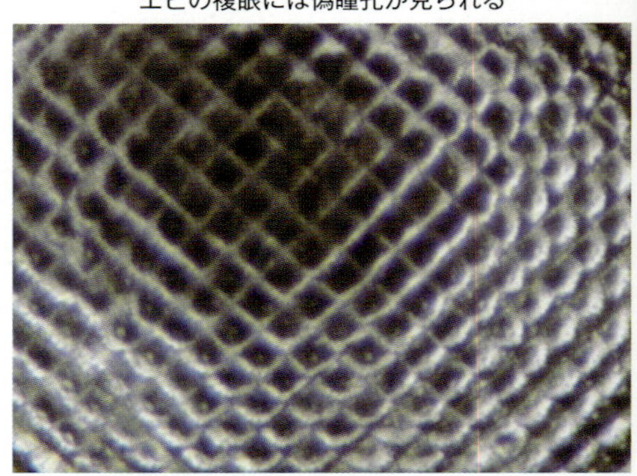

エビの複眼の角膜拡大写真（60×）
球状の複眼であるが、個眼の角膜は正方形の配列をしている。

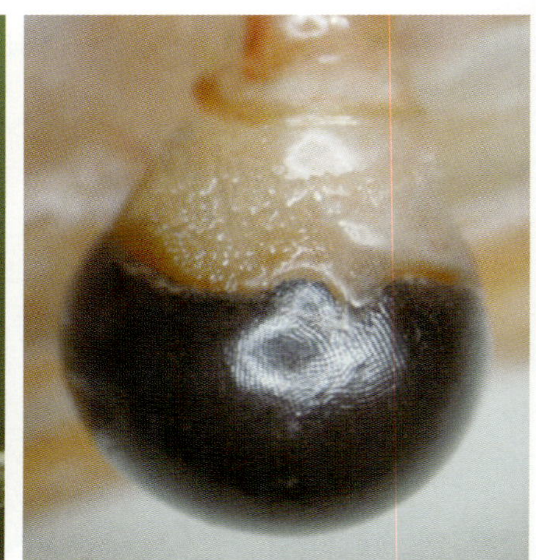

エビの随意性眼球突出

エビ（海老）の眼 2　組織（HE染色）

エビの眼組織

①各個眼の角膜上皮は共有している。
②角膜と水晶体の境界はなく、表層は個眼が区別されるが、深部のクリスタリン域は個眼間の境が不明瞭になる。
③クリスタリン層に引き続き視細胞層があり、外節先端が色素上皮に囲まれている。
④色素上皮の後部には神経線維が個眼間の境界なく、まとまって走行している。
⑤エビの複眼の特徴は、視細胞層と色素上皮層が厚い角膜―水晶体層に守られている。神経線維はヒトと異なり、色素上皮を突き抜けて順行性に中枢へ繋がっている。
⑥エビの複眼は重複像眼で、隣接する個眼の光刺激が混入して、焦点合わせをしている。

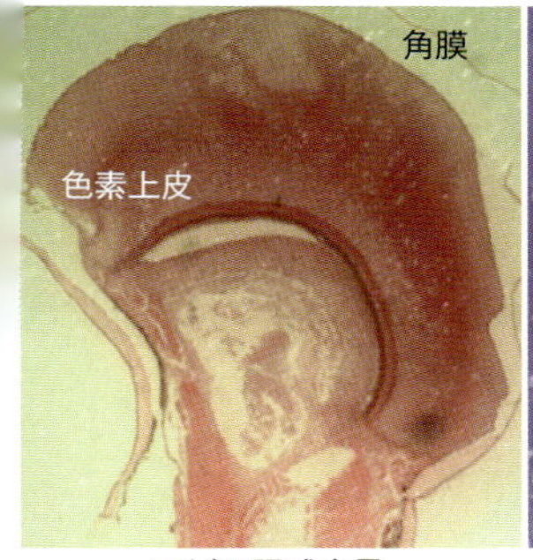

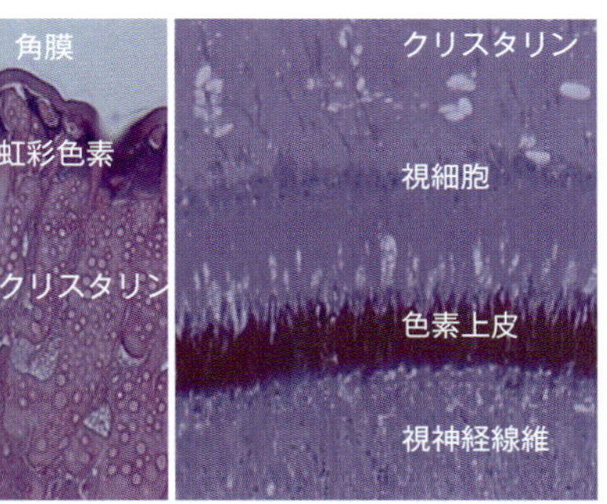

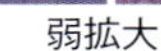

エビの眼球全景
視細胞中等度拡大

弱拡大

角膜強拡大

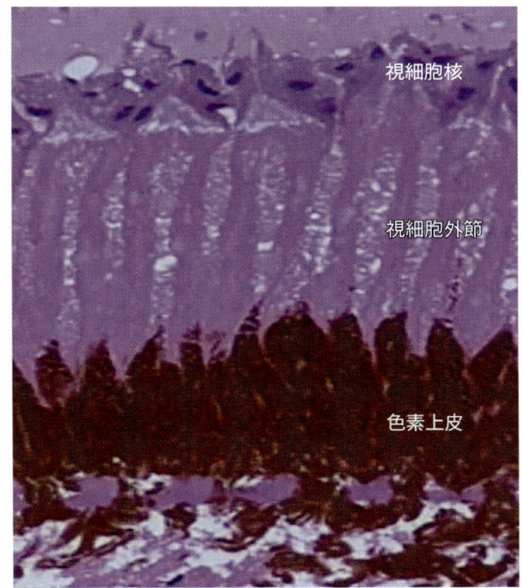

視細胞強拡大

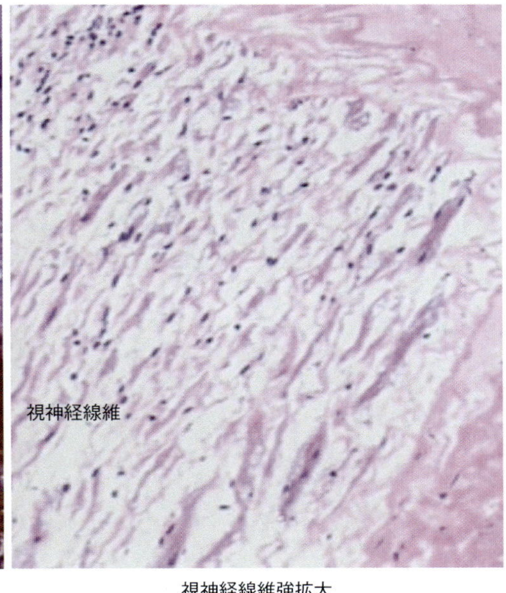

視神経線維強拡大

カニ（蟹）の眼 1

カニの眼

①カニはエビと同様に一対の複眼を有し、単眼は確認されない。

②カニの複眼は、飛び出しており、危険を察知すると引っ込める。

③その複眼は、左右別々に、上下左右に動く。

④一般に、「カニ眼」というと、眼球が飛び出しているイメージがあり、カニメ眼鏡、カニメ自動車など愛称に用いられる。星のカニ座に眼があるといわれても、天文通でないと分からない。

⑤カニの色覚は、種により異なり、２色型と１色型がある。

写真◎松井孝道

カニの潜望鏡

チコガニ

カニ目眼鏡

手術用顕微鏡のなかった時代は、新米眼科医にとってカニ目眼鏡をかけて手術する先輩医師がカッコ良く見えた。

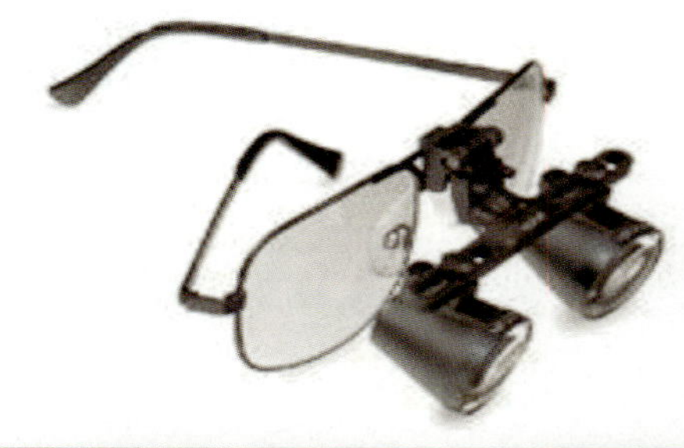

オースチンヒーレー　スプライト　MK 1
カニ眼自動車

カニ（蟹）の眼２　ズワイガニの眼

ズワイガニはタラバガニ同様に日本近海で獲れる大型のカニで、ズワイは細い木の枝を意味する古語、タラバは北海の鱈の取れる場所を意味している。ズワイガニは地域ブランド名の「松葉ガニ」で有名である。生息域は水深200～600mほどの深海で、水温は０～３度程度の水域を好む。

ズワイガニ　矢印は複眼

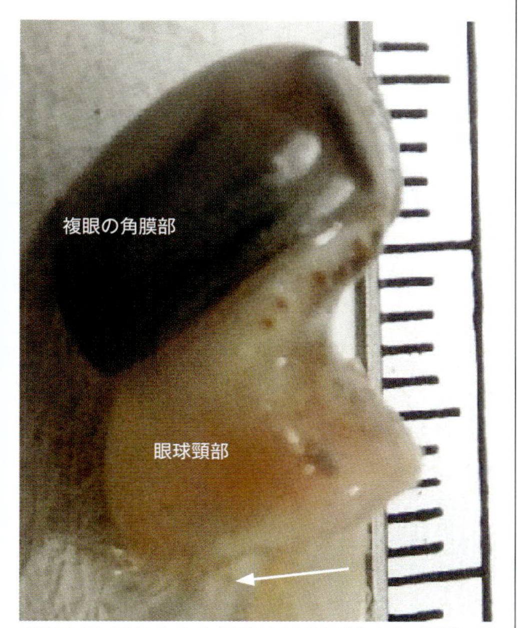

複眼の角膜部は大きく、眼球には頸部が存在し、頸部には眼球を出したり引っ込めたりする筋が存在する（矢印）。

ズワイガニの眼

①一対の複眼を有する。
②角膜は複眼の大半を占め、眼球には頸部が存在する。
③眼球頸部には、眼球を突出させたり引っ込めたりする筋が存在する。
④個眼は整然と配列されている。
⑤個眼の六角形の長径は約100μm、個眼の角膜面積は約0.0033mm²であった。
⑥個眼の角膜は透明なクチクラ層で覆われている。
⑦光の少ない深海生息なので、視機能は明暗識別程度と思われる。
⑧視覚より嗅覚が優位と思われる。

SEM100×凹凸強調画像

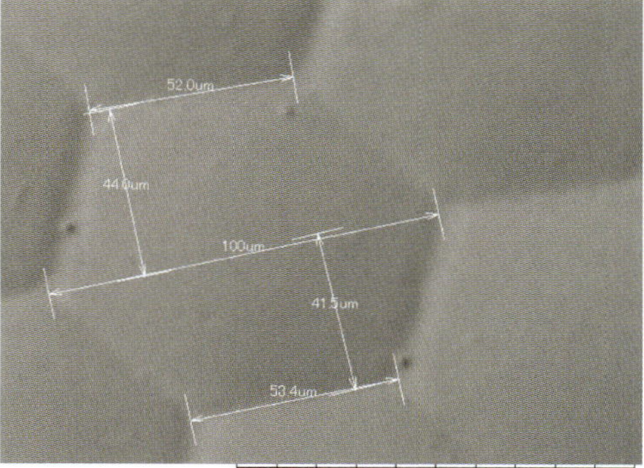

SEM1000×凹凸強調画像

ホタテガイの眼 1

ホタテガイは二枚貝綱翼形亜綱イタヤガイ科属に分類される軟体動物の一種である。先カンブリア紀に、最初に眼を保有した生物は二枚貝との報告もあり、現存する二枚貝も複数の眼を持つ。

二枚貝の代表のホタテガイ

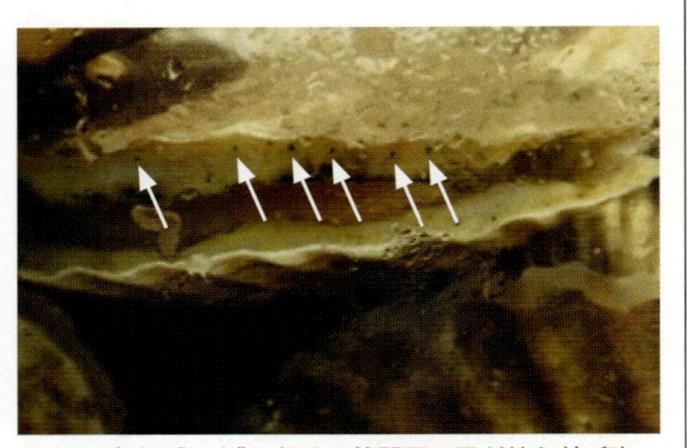

ホタテガイの"ひも"の部分に等間隔で眼が並ぶ(矢印)。

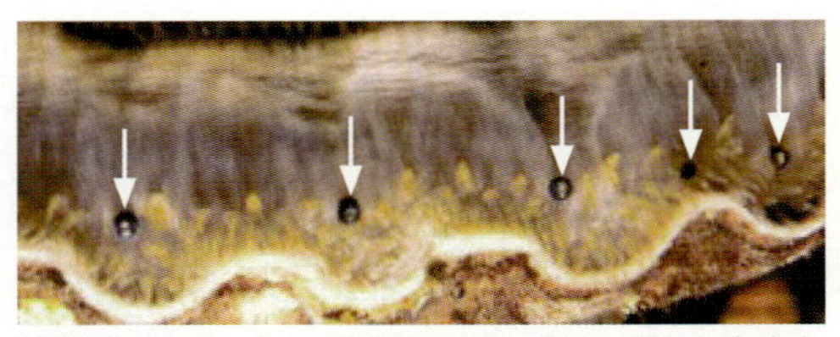

等間隔で並び、中心が角膜反射様に光る、周囲に色素をもつ単眼が確認される(矢印)。

ホタテガイの眼

①外套膜の縁に、ほぼ等間隔に並んだ60個～100個の小黒点状の単眼がある。

②眼の周囲には沢山の触手があり、触手の陰から周囲をうかがっている。

③それぞれの単眼は黒い色素に囲まれた角膜ー水晶体(クチクラレンズ)が存在する。

④単眼の視軸は微妙に異なっており、複数眼で広い視野を維持している。

⑤角膜ー水晶体は一種の広角レンズの役割を果たし、1個の目で100度まで見える。

⑥視力は良くなく、明暗の変化を察知するものと考えられる。

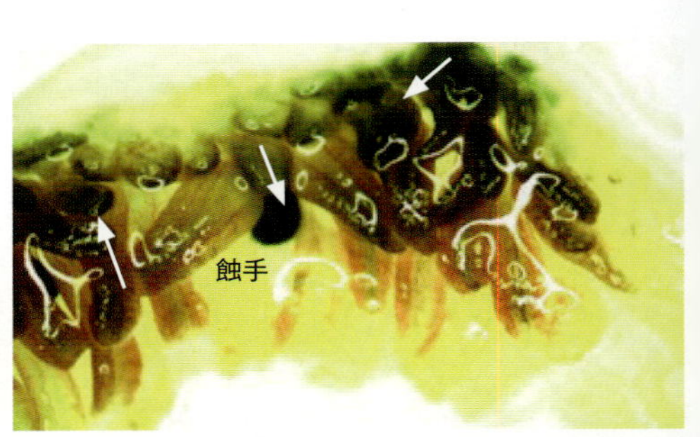

ホタテガイは眼の周囲に多数の蝕手があり、その蝕手の影に黒い色素を持つ眼が存在する。ホタテガイが死ぬと蝕手の陰に隠れて眼が目立たなくなる。生きているとき、蝕手の影から周囲を窺っているので眼が目立つ。

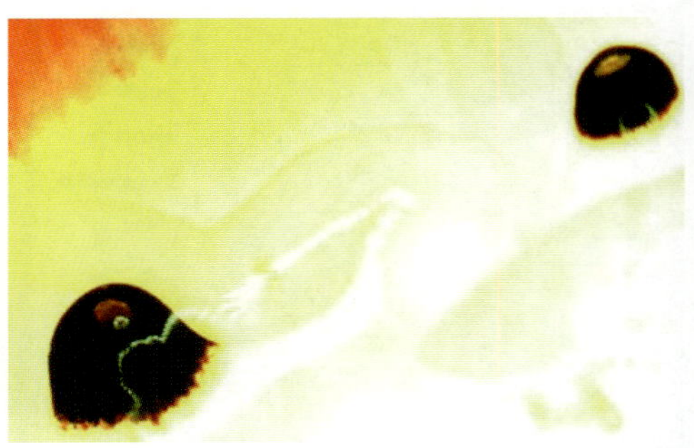

ホタテガイの単眼　角膜ー水晶体の光軸方向はそれぞれ微妙に異なる。多数の眼が連動して広い視野を確保している。

ホタテガイの眼２　SEM 画像

ホタテガイの眼
SEM 画像
①眼球径は同一個体でも大小差が存在する。
②眼球径：520μm～480μm
③強膜孔径：272μm～118μm
④角膜ー水晶体径：80μm～90μm

ホタテガイは角膜と水晶体が一体化している。強膜孔と水晶体の間には、ヒトのチン小帯に相当する水晶体支持組織がある。この部分は毛様体色素上皮由来のためか、黒い色素を認める。ホタテガイの眼を肉眼で見ると黒い色素がリング状に見えるのは、虹彩ではなく水晶体支持組織の色素である。

この水晶体支持組織は薄いので、眼球周囲組織の伸縮により、水晶体を前後に動かし、調節に関与しているものと推察する。ホタテガイの眼は60～100個と多いので、個々の眼の調節が中枢性に行われるのでなく、個別に働いているものと考える。

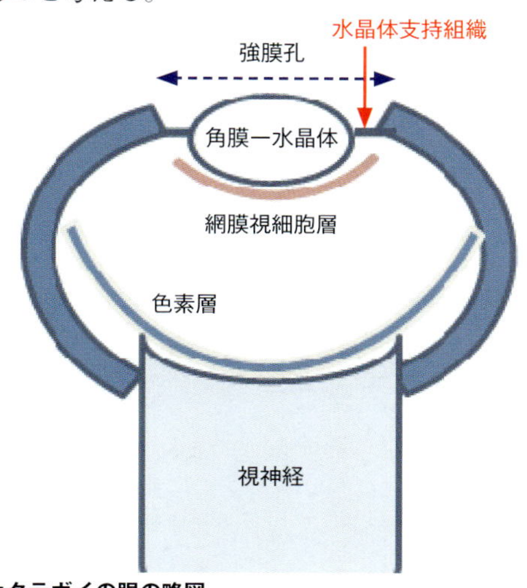

ホタテガイの眼の略図
角膜と水晶体が一体化したクチクラレンズである。
角膜ー水晶体支持組織は薄く、角膜ー水晶体を前後に移動し、調節に関与している可能性がある。
現存する生物で最も早く視器を獲得したとされる生物は二枚貝である。二枚貝であるホタテガイの眼に原始的な調節機構があったとすれば、驚きである。

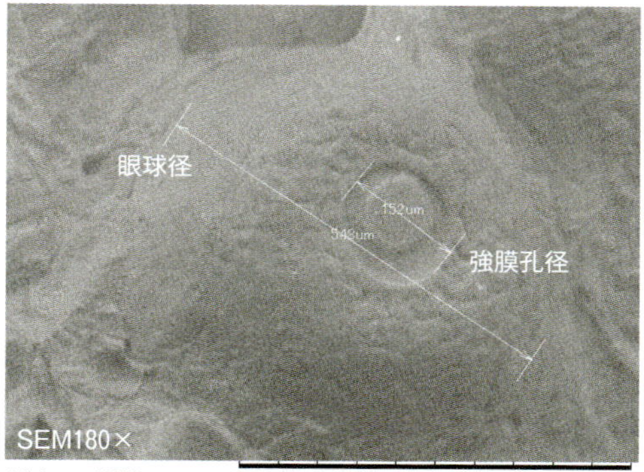

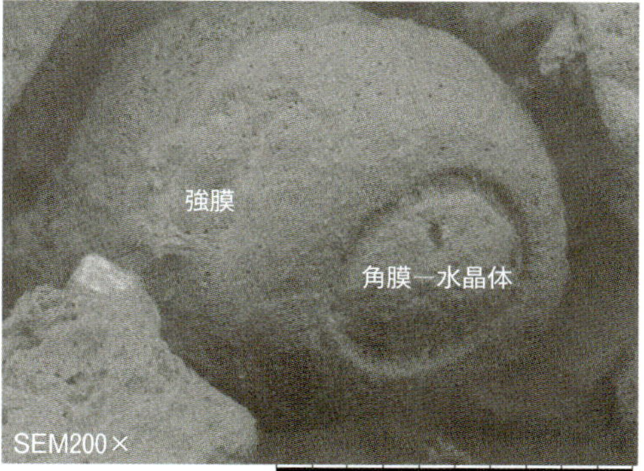

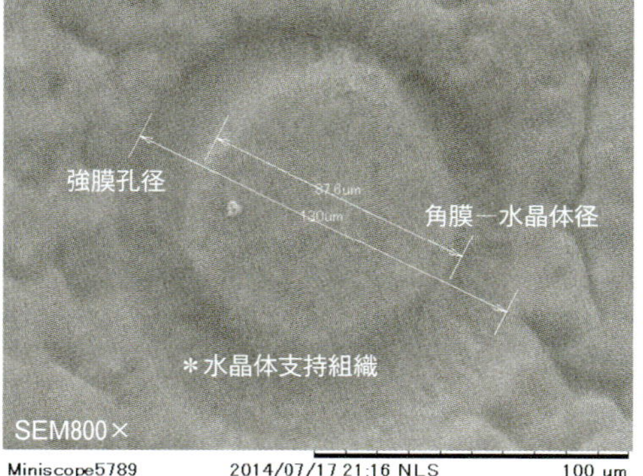

ホタテガイの眼3　組織

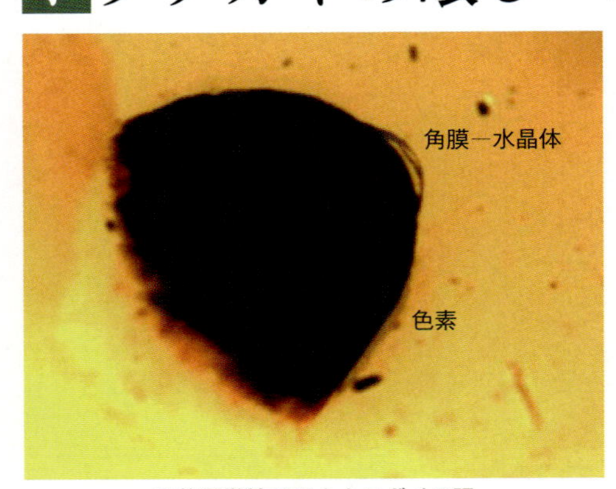

実体顕微鏡でのホタテガイの眼

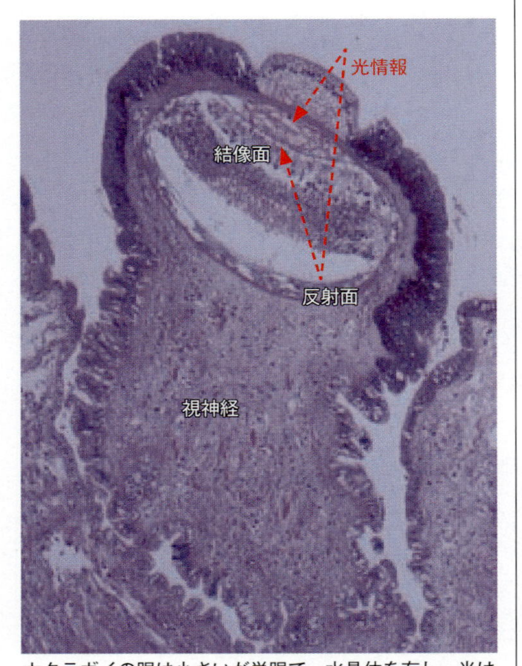

ホタテガイの眼は小さいが単眼で、水晶体を有し、光は透明な網膜を通過し、網膜後方にあるグアニンを含む色素層で反射して網膜に結像する。網膜での視覚情報は情報処理されず、明暗の変化のみに反応する。

ホタテガイの眼の組織

①角膜と水晶体は合致しており、前房は存在しない。その表層は一層の細胞からなり、曲率半径は小さく、屈折力は強い。

②水晶体そのものの屈折力は強くない。

③水晶体部後面は色素に富む光の結像面となっており、その面と視細胞は接触している。

④光情報は水晶体後面の結像面で直接結像した光と透明網膜を通過し色素層で反射し、水晶体後面で再度結像する二系統が存在する。反射面にグアニンが存在し、鏡のように反射する。

⑤視細胞は約5000個存在し、神経節細胞に直接連絡し、視神経乳頭を形成せず、眼球後方で神経線維束を形成するので、盲点はない。

⑥色覚は１色型で、色の区別は出来ない。

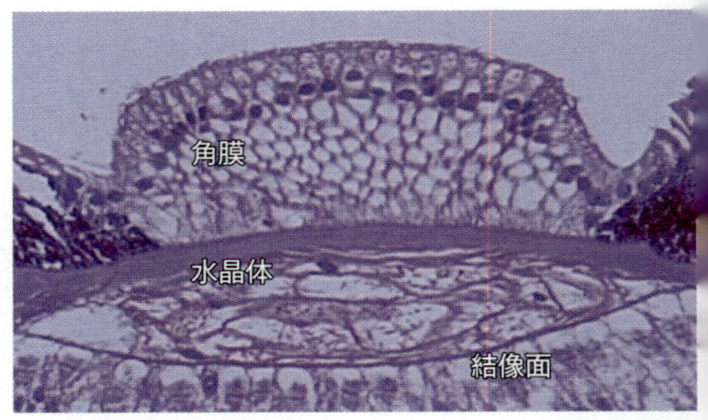

HE 染色角膜一水晶体が一体化したクチクラレンズ

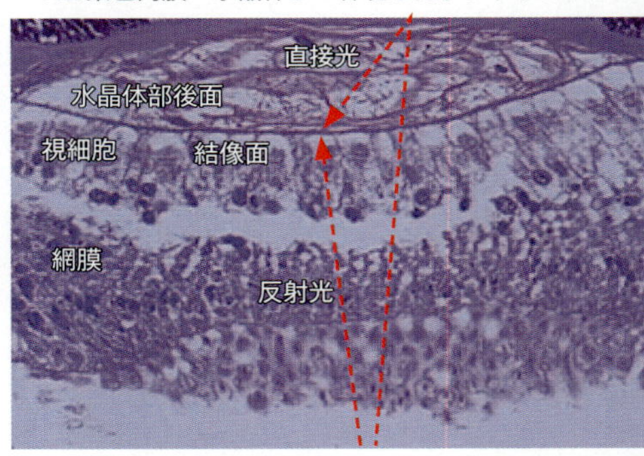

水晶体部後面と網膜視細胞は接しており結像面となっている。結像面には直接光と反射光が結像する。
網膜は視細胞層と神経節細胞層の二層からなり、約5000個の視細胞が存在する。

光受容器の進化

ヒトの眼は、瞳孔によるピンホール眼であり、網膜色素上皮に反射される陥凹鏡眼であり、角膜と水晶体による集光する角膜集光眼ならびにレンズ集光眼である。また、レンズは球状でなく調節機能を備えている。さらに、脳における視覚情報処理能力も発達している。

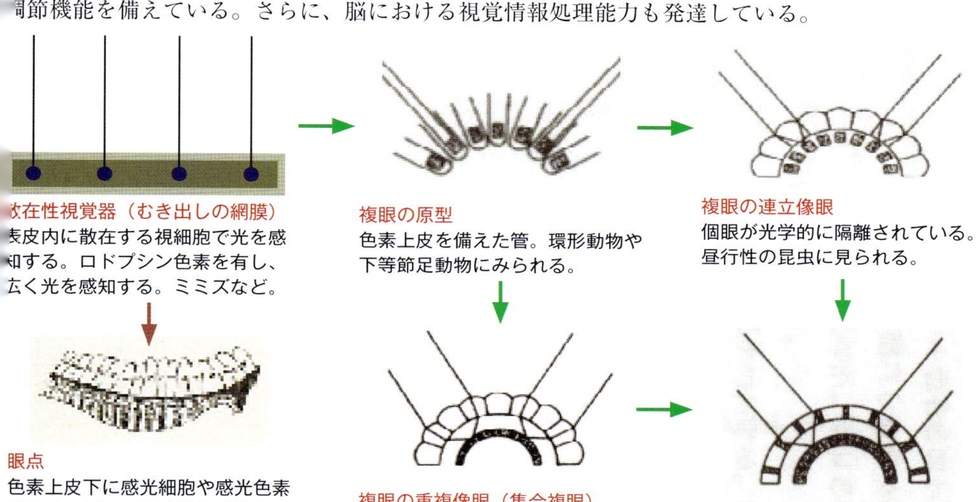

散在性視覚器（むき出しの網膜）
表皮内に散在する視細胞で光を感知する。ロドプシン色素を有し、広く光を感知する。ミミズなど。

複眼の原型
色素上皮を備えた管。環形動物や下等節足動物にみられる。

複眼の連立像眼
個眼が光学的に隔離されている。昼行性の昆虫に見られる。

眼点
色素上皮下に感光細胞や感光色素がある、極めて原始的な光覚器。感度は良いが解像度は悪い。ミドリムシ、クラゲ、プラナリアなど。

複眼の重複像眼（集合複眼）
数個の個眼がまとまり、モザイク様に感知し、屈折型の調節を行う。夜行性の昆虫にみられる。

複眼の重複像眼（完全複眼）
回析型の調節を行う。海老やザリガニに認める。

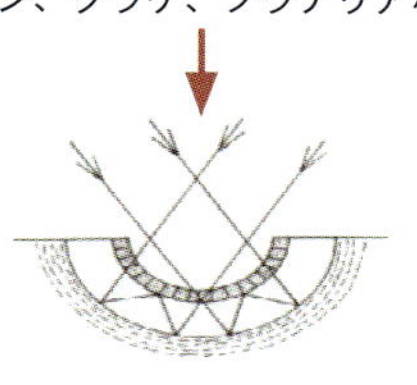

陥凹鏡眼（杯状眼・反射鏡眼）
小さい眼で、反射させて感受する。光の方向が解る。ヨメガカサなど。

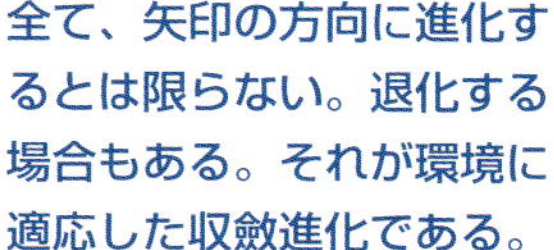
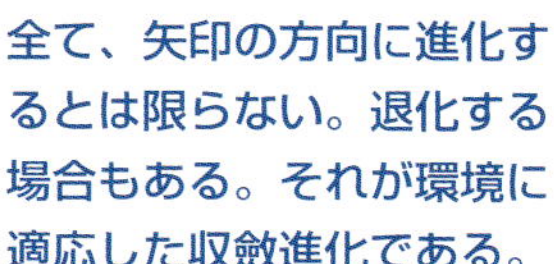

全て、矢印の方向に進化するとは限らない。退化する場合もある。それが環境に適応した収斂進化である。

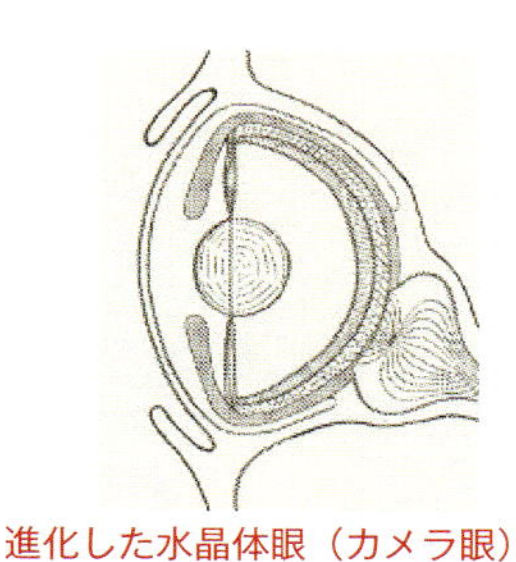

進化した水晶体眼（カメラ眼）

ピンホール眼（窩状眼）
ピンホール効果で集光する。形体が解る。オウムガイなど。

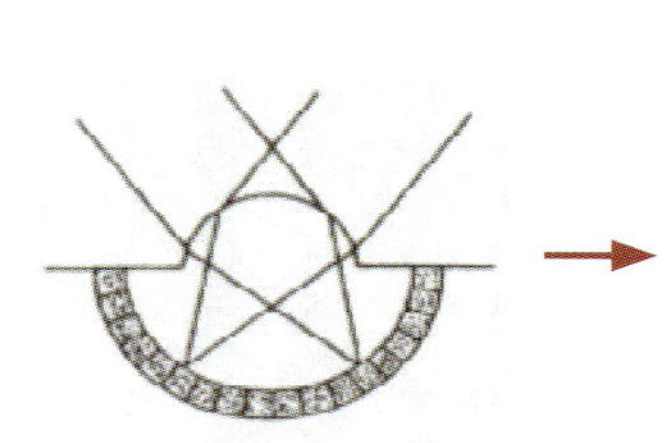

角膜集光眼
陸上脊椎動物昆虫の幼虫の単眼など。

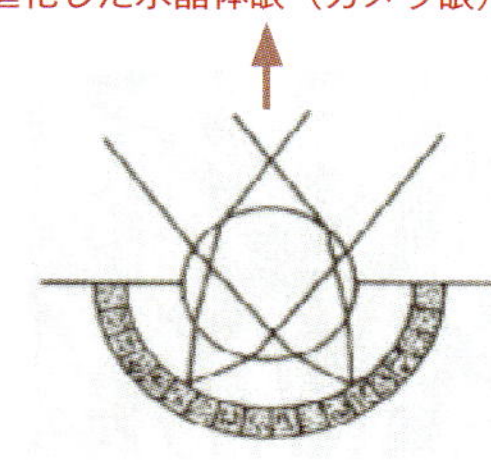

レンズ集光眼
レンズ集光眼は解像度が向上するが、微弱な光に対する感度は低下する。魚類、ホタテガイ、イカなど。

（図は鈴木光太郎「動物は世界をどう見るか」より一部改変引用）

眼のないエビの視器

フクレツノナシオハラエビの視覚器

①海洋開発研究機構は1998年にマリアナ海溝で生物の採集調査を行い、水深約11000mの部位でカイコウオオソコエビという眼のないエビを捕獲した。これは暗黒の深海で目が退化したと考えられている。

②同様に、盲目のフクレツノナシオハラエビは背中に一対のフラップがついている。

③このフラップには、一般のエビが有する眼の光受容細胞があり、ヒトのロドプシン類似の色素が存在する。

④このフラップは形態的には網膜と全く異なるが、網膜構成細胞が存在し、「むき出しの網膜」と呼ばれる。

⑤暗黒の世界、深海熱水孔の近くに生息するフクレツノナシオハラエビの「むき出しの網膜」は波長490nmの緑に近い光を吸収するロドプシンを有する。これは熱水孔の高温フィラメントから緑色領域の波長光が出ているためと考えられている。

退化と進化

1）生物学的に、退化は生物の個体発生または系統発生において、特定の器官や組織が次第に縮小、単純化、または消失することをいう。進化は特定の器官や組織が次第に肥大、複雑化、または機能的になることを意味するが、その集団の経代に伴い伝達してゆく性質の累積的変化を意味し、必ずしも進歩を意味しない。

2）深海に棲むガラパゴスユノハナガニの成体には本来眼のあるべき頭部に「むき出しの網膜」が存在する。
しかし、その幼生には完璧の複眼が存在する。幼生は太陽光の届く範囲に棲んでおり成体になると太陽光の届かない深海に棲むため、幼生の立派な複眼が、成体では「むき出しの網膜」になる。これは幼生の複眼は退化したが、成体の視機能は進歩している、ともいえる。

3）フクレツノナシオハラエビの場合、幼生に眼があるかは確認されていない。しかし、成体では頭部に眼が認められず、背中に「むき出しの網膜」が存在する。「むき出しの網膜」はレンズや角膜、虹彩がないので解像度（分解能）は低いが、逆に、光子を検出する面が広くなり、感度は高くなる。光が殆どない深海で、遠く水面上から来る微量な光を識別するために、レンズや角膜虹彩を捨て、背中に「むき出しの網膜」を配したのは進化といえる。

（注：カイコウオオソコエビやフクレツノナシオハラエビの写真はインターネットの「展示物紹介―千葉県立博物館」で見ることができる）

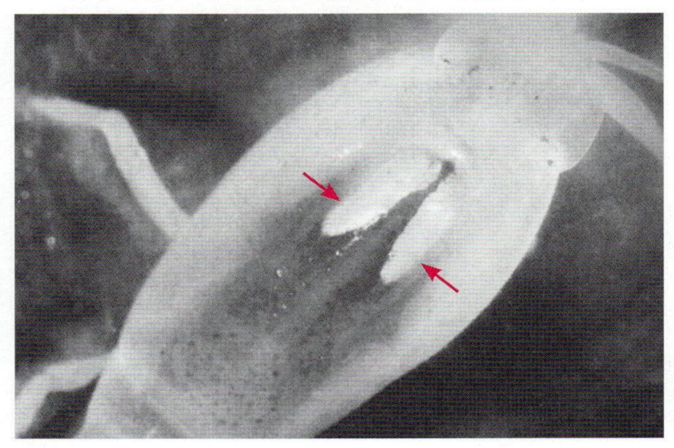

フクレツノナシオハラエビの頭背部背中に一対のフラップ「むき出しの網膜」（矢印）が認められる。
写真：ニック・レーン：生命の跳躍より

ミドリムシの眼

ミドリムシとは、ミドリムシ植物門 ミドリムシ綱 ミドリムシ目に属する鞭毛虫の一種で、鞭毛運動をする動物的性質をもちながら、同時に植物として葉緑体を持ち光合成を行う。ミドリムシの体長は0.1mm以下で、春から夏にかけて水田では頻繁に発生し、動物と植物の区別が難しい単細胞生物である。

ミドリムシ

1. 細胞は紡錘形が多いが変形する。
2. 細胞の外皮の硬さは種によって異なり、さかんに変形運動を行うものや、ほとんど変形運動を行わないものまで、様々である。
3. 葉緑体の形や数は種により異なる。
4. 鞭毛で遊泳するが、遊泳速度は遅い。
5. 細胞内にパラミロン体という多糖類（β1、3―グルカン）が粒状、円盤状、環状などの形で存在する。数や形は種によって異なる。
6. 細胞は群体を形成せず、常に単独で存在する。
7. 種類は多く、大きさも顕微鏡下で見えるものから、0.11mm程度のまで様々である。
8. 水田や汚染された水域に多くみられ、時には大発生して水の色を変える。

ミドリムシの眼

①ミドリムシは鞭毛の付け根に、「ユーグレナ」という名の真っ赤な眼点が1個存在する。ユーグレナEuglenaとは、ラテン語で「真に美しい」という意味らしい。

②この眼点に隣接した鞭毛基部の膨隆部をparaflagellar bodyという感光点があり、そこに光活性化アデニル酸シクラーゼ（PAC）という感光物質が存在する。PACは光を感知するとcAMPを作る。

③赤い眼点は、$C_{40}H_{56}$の基本構造を有するカロテノイド色素で、特定方向からの光線の進入を遮り、感光点の光認識に方向性を持たせるといわれている。

④ルテインは分子式$C_{40}H_{56}O_2$で、ジヒドロキシ―αカロテンに相当する。また、狭義にはキサントフィルと称する。キサントフィルはヒトの黄斑色素である。

⑤緑藻類“クラミノモナス”はチャネルロドプシン－2といわれる光感受性物質を有する。

アフリカ睡眠病

ミドリムシは、古くは原生動物門鞭毛虫綱の植物鞭毛虫などとして扱われた。系統的にはツェツェバエが媒体する「アフリカ眠り病」の病原虫であるトリパノソーマを含むキネトプラスト類と姉妹群である事が明らかとなっており、近年では両者をまとめたユーグレノゾア門と提唱されるようになった。

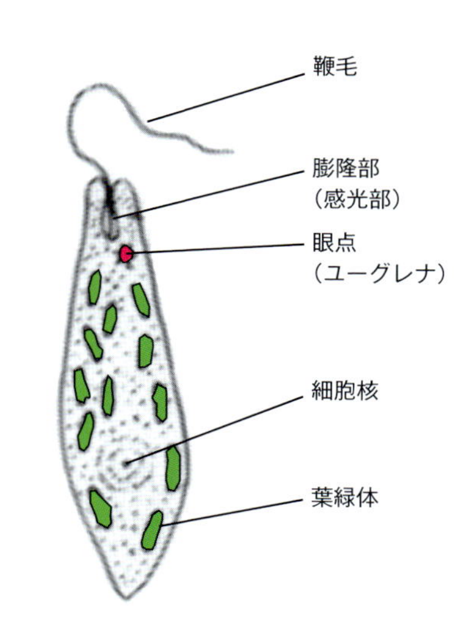

ミドリムシ
ミドリムシは赤い色素を有する眼点を持っており、明暗視覚を感じている。

ミドリムシは栄養素が豊富で、飲料や食物として製品化されているが、ミドリムシから抽出したオイルをバイオ燃料とする報告もある。『JAFMate』2012年7月号48頁より

動物の生存権

日本国憲法では、第25条１項で「すべて国民は、健康で文化的な最低限度の生活を営む権利を有する」とヒトの生存権を保障している。

動物の生存権はヒトに委ねられている。それはヒトが自然を守り、命あるものを慈しむことにより生じる。

沼や田に育つ代表的な植物が萍である。萍は田圃の水面を覆い尽くすが、秋には枯れて消えてしまう。しかし、冬芽が土の中でしっかり越冬し、多年性植物として継代されていく。自然の中に同化し、目立たない生き方も魅力的である。萍の下で命を育む多くの生物の声も静寂の中にある。声高らかに自己主張するものだけに生存権があるわけではない。

萍（うきくさ）や命（めい）あるものの声も無し

ヒトデの眼 1

ヒトデは棘皮動物門、星形動物亜門に分類され、ウニやナマコの仲間である。

ヒトデの眼

①ヒトデは５本の腕の先端に赤い眼点が１個、即ち、５個の「ユーグレナ」が存在する。赤いのはカルチノイド色素と考えられる。

②これらの眼点の視機能は明暗程度の能力と考えられている。

③５個の眼点を全部隠しても、まだ光に反応するので他に光感受性組織が存在すると思われる。

④ヒトデにはホタテガイと同様に、触手の影に黒い色素を有する点が多数見られるが、これらが視覚器であるか否かは不明である。

⑤上の写真と異なるが、クモヒトデの水晶体は方解石（炭酸カルシウム）よりできている。（260頁参照）

背側

腹側

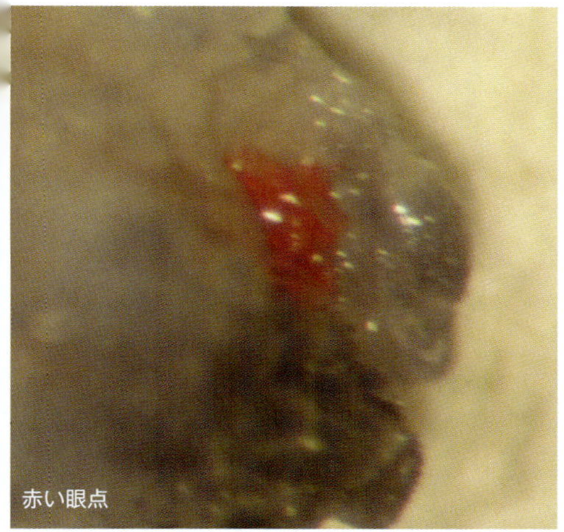
赤い眼点

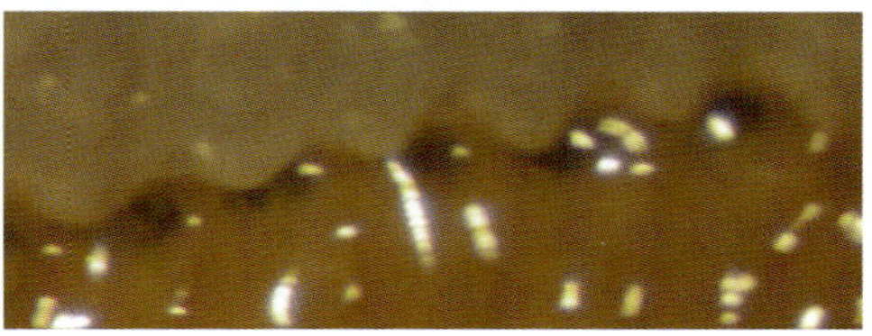
触手の影に黒点を認めるがホタテガイの眼のように、明らかな眼の形態をなしていない。これらに光感受性があるか否かは不明である

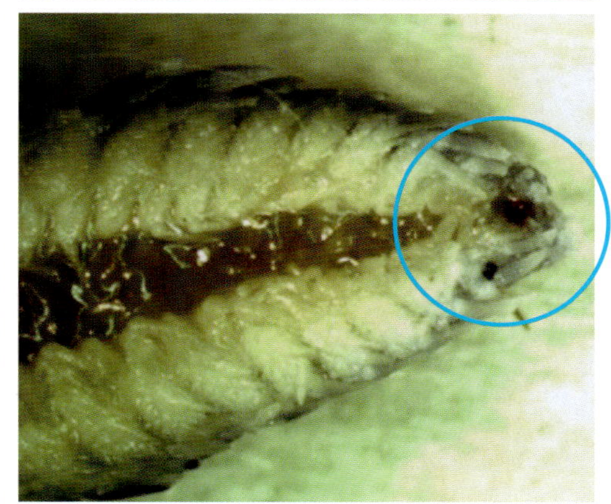
腕の先端の円の中に眼点がある

ヒトデの眼 2　SEM 画像

SEM40×　ヒトデの腕の先端部足肢も認める（矢印）

ヒトデの走査電顕所見

①ヒトデは 5 本の腕の先端部に眼点を確認できる。

②眼点壁は石灰化組織で構成されており、脱灰により眼点の境界が判らなくなる。

③眼点の長径は668 μ m 程度であった。

④ヒトデの口器は 5 本の腕の中心にある。

⑤ヒトデの体はサンゴの様に石灰化組織に覆われている。

⑥ヒトデの腕には、輪状筋を有する数本対の足肢がある。

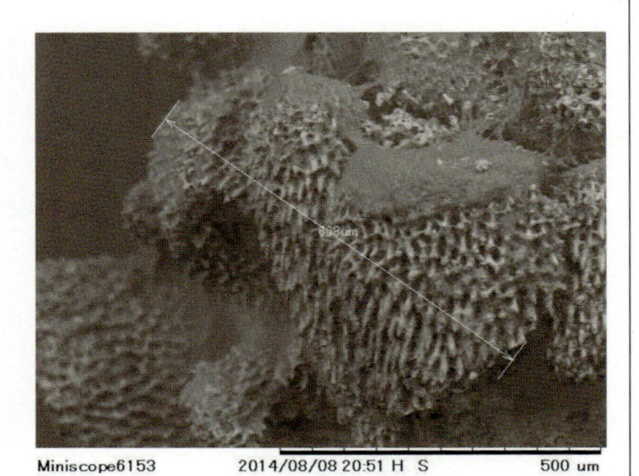

SEM180×　肉眼的に眼点と思われる部分の長径は668 μ m

SEM40×　脱灰標本脱灰すると眼点は判らなくなる

SEM80×　ヒトデの体は石灰化組織に覆われている

SEM300×　脱灰標本足肢に直結する輪状筋を認める

ヒトデの眼3　組織

ヒトデの眼

①ヒトデは5本の触手先端に各1個、合計5個の眼点を有する。

②眼点には水晶体はなく、色素に覆われた、胞状組織を認め、網膜細胞成分は疎である。

③胞状組織内には視細胞と神経線維が存在する。

④胞状組織を取り囲む、カルチノイド色素が光情報を増幅しているものと思われる。

⑤しかし、構造的には明暗の識別程度の視機能と思われ、裏側に口器が存在することから、捕食行動は視覚に依存していないと考えられる。

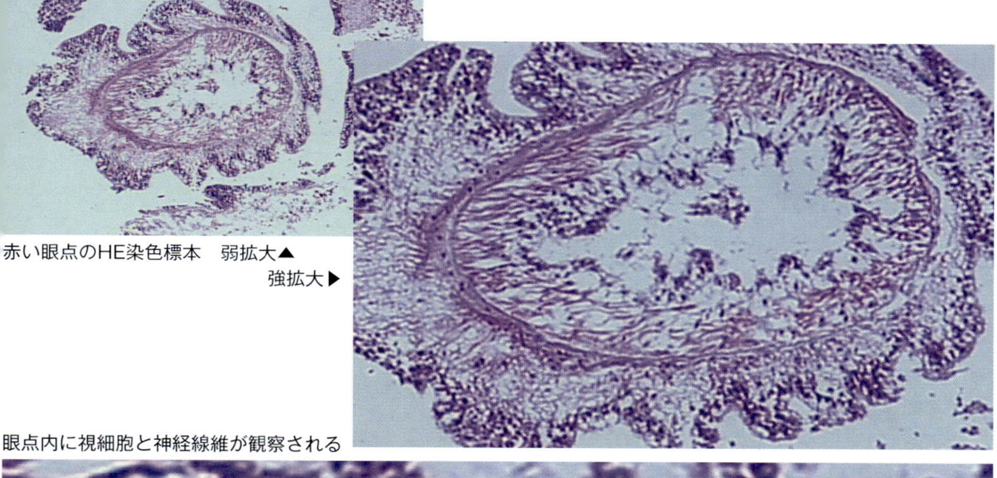

赤い眼点のHE染色標本　弱拡大▲
強拡大▶

眼点内に視細胞と神経線維が観察される

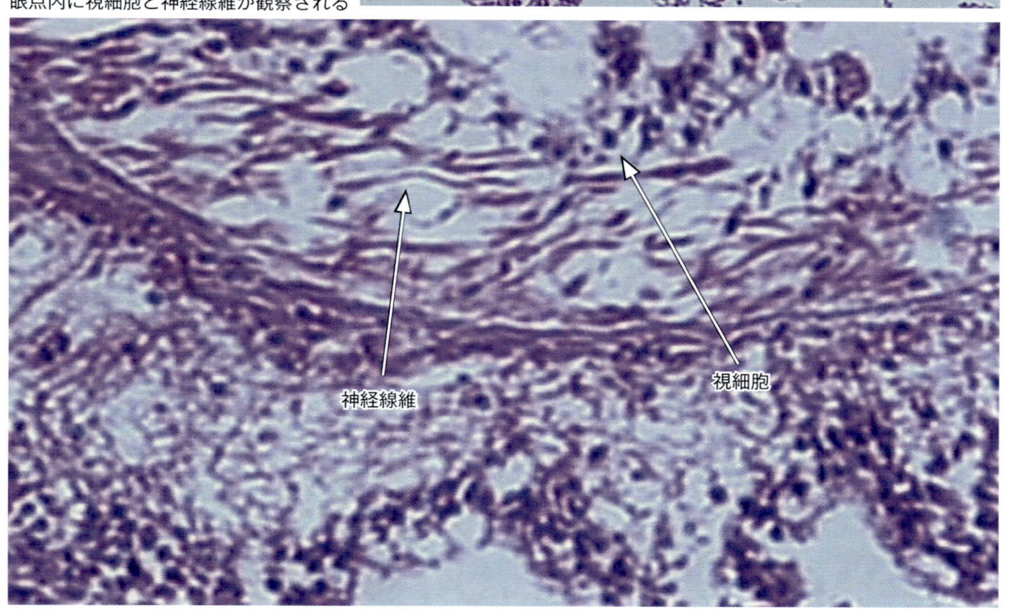

ヒトデの眼4　クモヒトデの眼

クモヒトデは、クモヒトデ綱に属する棘皮動物の総称で、ヒトデと近縁な関係にある。すべてのクモヒトデは方解石（炭酸カルシウム）の骨格を有する。一般にクモヒトデ類は、視覚器を持たない。しかし、オフィオコマ・ウエンティティという種は視覚器を有することが確認された。

クモヒトデ（オフィオコマ・ウエンティティ）の眼

①クモヒトデの腕の部分を走査電顕で観察すると、右下図の様な方解石の突起が並んでいる。この部位に光感受性があることが発見された。

②この方解石の突起がレンズとしての機能している。

③このレンズの下に光受容細胞が存在することが証明された。

④多数の突起を有する方解石のレンズであるが、複眼ではなく、単眼である。

⑤水晶体の表面に多数の突起を有するのは、LED電球の粒に似ている。これは、近方の物体を拡大視できるが、コントラスト感度が悪く、光学的には有利でない。

⑥レンティキュラレンズの構造ならば、単眼立体視が可能になる。

⑦オフィオコマ・ウエンティティには脳と思える中枢器官は存在しないのに、機能する眼が存在する。視覚中枢もなく、視覚器としては極めて原始的な眼で、どのように視覚情報を処理しているのかは不明である。

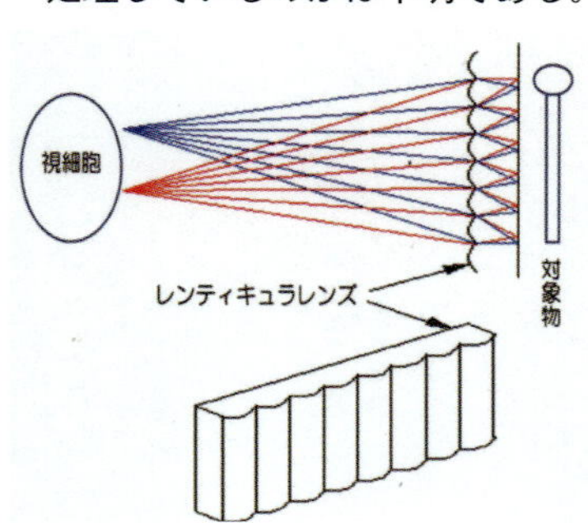

レンティキュラレンズはコントラストが低下するが単眼立体視が可能である。

オフィオコマ・ウエンティティ
ja.wikipedia.org/wiki より

オフィオコマ・ウエンティティの水晶体の走査電顕
ニック・レーン「生命の跳躍」より

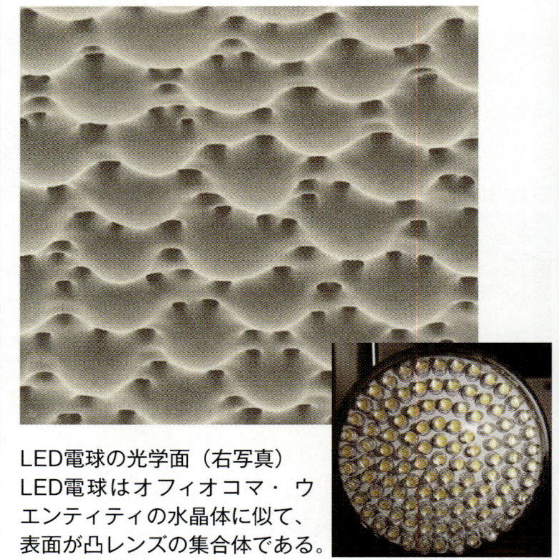

LED電球の光学面（右写真）
LED電球はオフィオコマ・ウエンティティの水晶体に似て、表面が凸レンズの集合体である。

生物が方解石を形成する

1）ウニの棘も方解石で出来ている。
2）サンヨウチュウは 水晶体が方解石で出来ているが、複眼である。(27頁参照)
3）ある種のタンパク質は高濃度の炭酸カルシウム液の中で、方解石を析出する。
4）軟体動物の殻から単離した酸性タンパク質から方解石が形成できる。

眼状紋（eye spot　目玉模様）

眼状紋は、ほぼ同心円状の模様で、黒ないし褐色と白など薄い色の部分が交互になっていて、脊椎動物の目を思わせ、左右対称の図形をいう。

眼状紋の意味

①多くの動物にとって、眼状紋は威圧感を感じるらしい。

②大きい眼の擬態として、自分の体形を大きく見せ、捕食者を威嚇する。

③形態視覚より濃淡の判別には有利な図案である。

④眼は動物にとって大切な場所であり、眼状紋を敵の攻撃の的にさせて、急所を護る。

⑤蝶に目玉模様が多いのは捕食者の鳥に一瞬、ヘビの眼と錯覚させる。

⑥チョウチョウウオやカンムリベラのように背びれや尾びれに眼状紋をもつ魚も多い。

⑦魚の尾に目玉模様があるのは、捕食者に逃げる方向を錯覚させる。

⑧自然界にある目玉模様は目立ちやすく、攻撃の対象であり、危険信号でもある。

メダマチョウ

農家で用いられているカラスよけの目玉模様風船

ヒトの眼は、大きくパッチリしている方が好まれるが、動物の世界では眼が大きいと威圧感がある。

眼の輝き

1．眼科的には眼の輝きに関する研究は少ない。
2．眼の輝きは角膜からの反射光によるものが主であるが、
①高齢者より若い人の眼は輝いて見える。
②瞳孔径の大きい方が輝いて見える。
③近視や乱視の強い人の眼は輝いて見える。特に、円錐角膜は輝いて見える。
④瞼裂が大きく眼球が露出している人の眼は輝いて見える。
⑤内斜視より軽い外斜視の方が輝いて見える。
⑥コントラストの良い虹彩色は輝いて見える。
⑦角膜混濁や白内障のない方が輝いて見える。
⑧ドライアイより流涙症の方が輝いて見える。（海ガメやワニは涙で塩分を調節しているので輝いて見える）
⑨交感神経高揚時の眼は輝いて見える。
3．輝いて見えるカラーコンタクトが存在する。
4．輝板（tapetum）を有する動物の眼は光に反射して輝く。
5．カメラのビューティモード
①被写体の顔を検出して肌を明るくなめらかに撮影する機能
②シミや小ジワの目立たないなめらかな肌に補正する機能
③再生時の編集機能「ビューティーメイク」では、
1）目の大きさを拡大したり
2）コントラストを高めたり
3）人物写真を見た目以上に美しく仕上げる

海ガメは塩分調節のため絶えず涙を出しているため、眼は輝いている

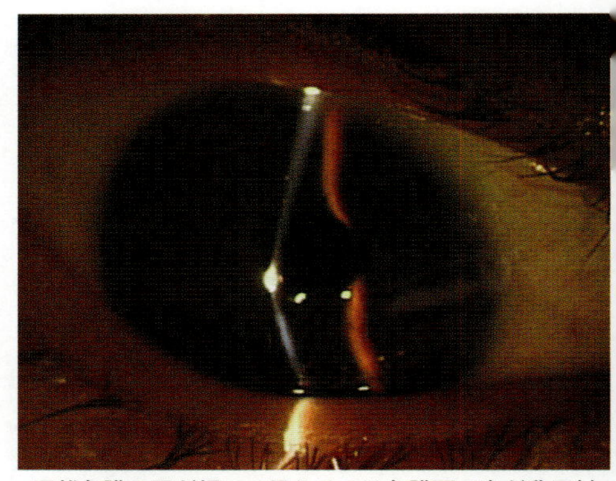

円錐角膜の眼が輝いて見えるのは角膜面で光が乱反射するためと思われる。
円錐角膜に対し、角膜内にリボフラビンを浸透させた後、紫外線照射して角膜膠原線維同士を結合させるコラーゲンクロスリンキング法という治療法が注目されている。

シャイニーアイ　瞳の輝きをアップ。

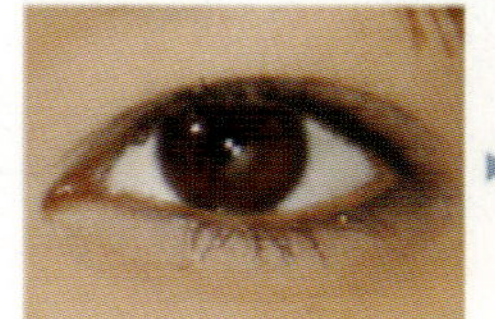

補正前

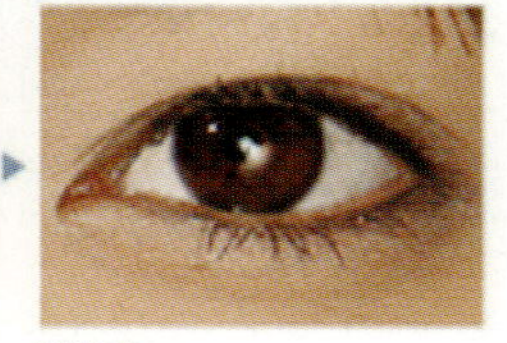

補正後

ドラマチックアイ　目を大きく印象的に。

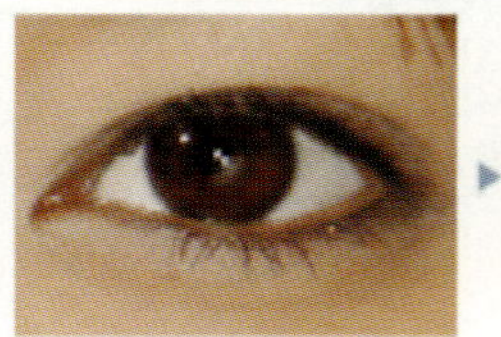

補正前

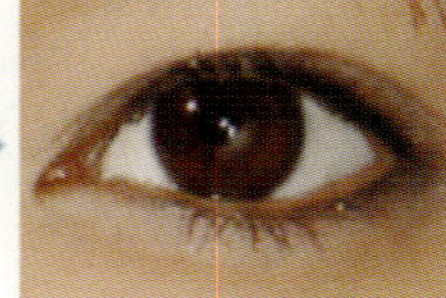

補正後

オリンパス　ウェブサイトより

眼と神経節細胞での情報処理

脊椎動物と無脊椎動物は発生学的に全く別々の進化を遂げてきた。無脊椎動物の眼は昆虫や甲殻類では複眼になり、他はカメラ眼の方向に進化した。全く別々の進化の過程を歩んできたヒトの眼とタコの眼は同じ光学系のカメラ眼で類似しているのが収斂進化である。

しかし、ヒトの眼とタコの眼を比較すると視細胞から神経節細胞における第一次視覚情報処理で大きな差異がある。また、脳の発達から考えて、脳における第二次以降の情報処理の相違はさらに大きい。

脊椎動物代表

ヒト

角膜
神経節細胞
130万個
レンズ
虹彩
16万個／m²
視細胞
錐体細胞が
600万個、
桿体細胞が
1億2千万個
視神経
130万本

ヒトのカメラ眼

①光は透明網膜を通過し、色素上皮前面で像を結び、その視覚情報は網膜水平細胞、双極細胞を経て神経節細胞へ逆行する。

②ヒトの視細胞は錐体と桿体の2種類存在し、錐体には三種類の色素がある。

③神経節細胞の軸索である視神経は視神経乳頭から眼外に出ていく。(マリオットト盲点がある)

④中心窩では1個の視細胞と1個の神経節細胞が対応し、網膜周辺部では数個から数千の視細胞が一個の神経節細胞と対応する。

⑤視細胞から神経節細胞において第一次の視覚情報処理が行われている。

無脊椎動物代表

レンズ
視細胞
色素上皮
視神経

昆虫(複眼の個眼)

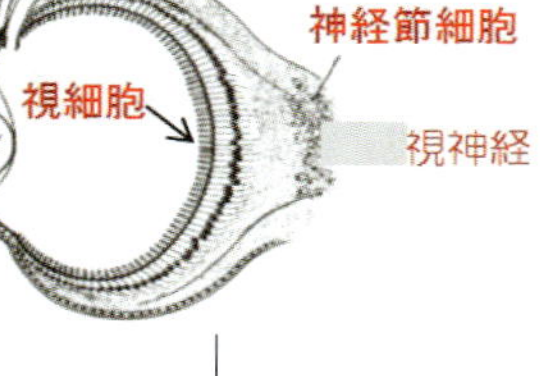

環形動物

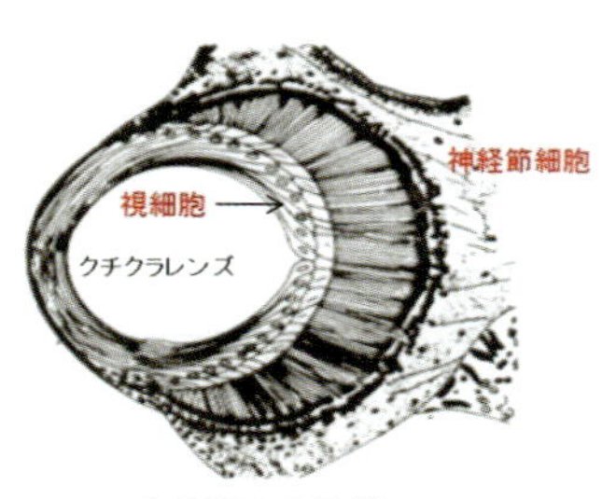

ある種のクラゲ

タコ

神経節細胞
虹彩
レンズ
視神経
視細胞
角膜
7万個／m²

タコのカメラ眼

①光はレンズ側にある視細胞で像を結び、その情報は、ヒトの眼の様に逆行することなく、神経節細胞へ伝達される。

②タコの視細胞は桿体の1種類で、中心窩は存在せず、ヒトのような視機能や色覚はない。

③神経節細胞の軸索である視神経はマリオット盲点を造らず、直接眼外に出る。

④視細胞から神経節細胞において第一次の視覚情報処理が行われるが、視細胞数が少ないので、高度な視覚情報処理ではない。

(図の一部は、シュミット・ニールセンの動物生理学より改変)

寄生虫の眼1　回虫

回虫はヒトや哺乳類の消化管に寄生し、線虫に属する。成虫は20cm前後のピンク色をしている。成虫が小腸内で産卵し、卵は糞便と共に排泄され、成熟卵になり経口感染する。昭和30年代のわが国では、回虫感染率は60%以上であった。最近の日本では、ヒト回虫の感染率は1%未満であるが、後進国では回虫症による腸閉塞は珍しくない。最近のわが国では、無農薬野菜の摂取や外国旅行などで感染する場合もある。

また、ペット・ブームで、本来はヒトに感染しない犬回虫がヒトに感染し、ぶどう膜炎を引き起こす報告が散見される（眼トキソカラ症）。

回虫の眼

①当然ながら回虫には眼は無い。
②頭部に眼点様の色素点を認める。
③回虫の生活環から、成虫はヒトの体内に存在し、眼点は退化している。
④視覚以外の感覚器も失われている。
⑤小腸内の仔虫は盲目的に小腸を食い破り、体腔や血管に入る。

眼トキソカラ症

イヌやネコの回虫の幼虫が人体内に移行して引き起こす疾患を**臓器トキソカラ症**という。眼内に移行したものは眼トキソカラ症である。

①犬や猫に接触した小児や生肉愛好者に多い。
②ぶどう膜炎（虹彩炎・硝子体混濁）を発症する。
③眼底に特有な増殖性瘢痕を形成する。

回虫移行症

ヒト回虫の寄生部位は腸壁で、主として消化器系症状を呈する。しかし、ヒト回虫以外の回虫では消化管以外の部位に移行して様々な症状を引き起こす。肝臓、肺、脳など場所に応じて健康に害を与える。特異な例として眼球に侵入した場合の眼球移行症、中枢神経系に侵入した場合の脳脊髄線虫症と呼ばれる。

口から排出されたヒト回虫

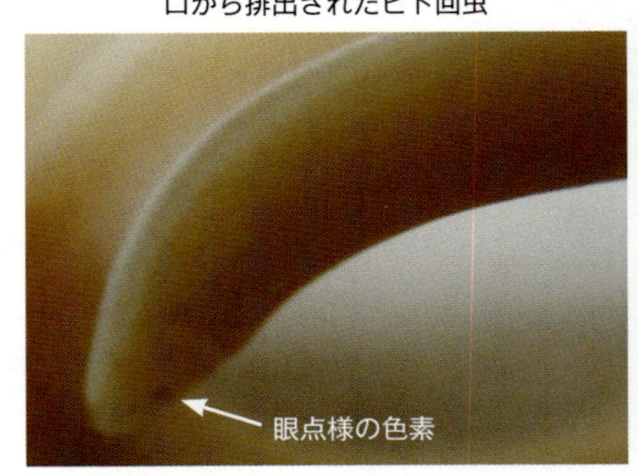

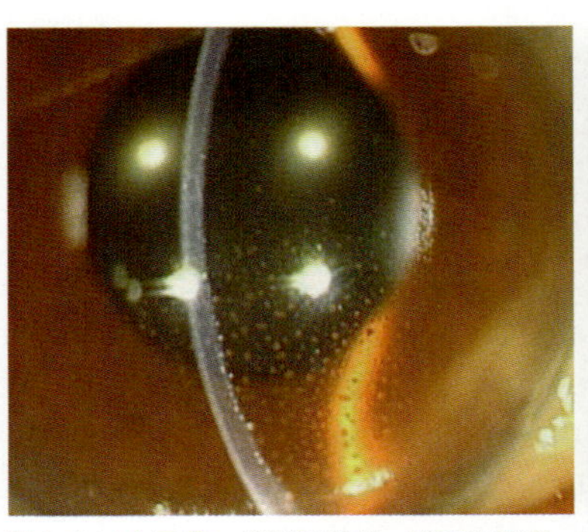

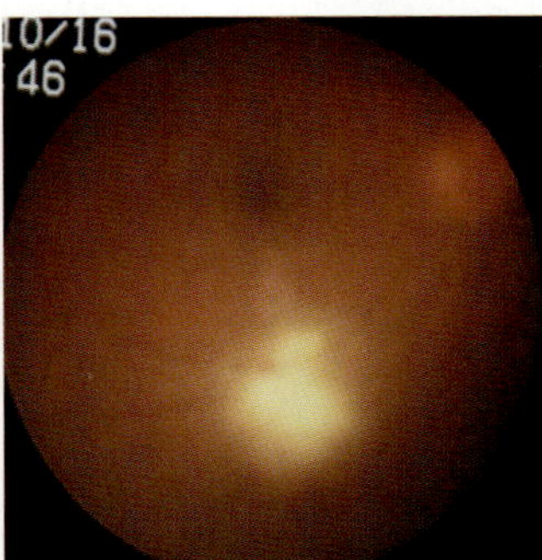

眼トキソカラ症：ぶどう膜炎、硝子体混濁、瘢痕形成　　カラー眼底写真　　蛍光眼底写真

寄生虫の眼2　アニサキス

アニサキス（*Anisakis*）は、線形動物門双腺綱桿線虫亜綱回虫目アニサキス科に属する動物の総称で、魚介類に寄生する寄生虫である。サケ、サバ、アジ、イカ、タラなどからヒトに感染し、ヒトアニサキス症を発生させる。

アニサキスはクジラやイルカなどの海洋の哺乳類が最終宿主で、宿主の腸管に寄生している。産卵された卵は海中に放出され、オキアミや魚介類に捕食され、その体内で感染性を持つ第3期幼虫まで発育する。第3期幼虫は中間宿主である魚類やイカの体内で更に成長する。これらの中間宿主魚類が海洋哺乳類に食べられ成虫になる。アニサキスはヒトの体内で成体になれず、産卵もしない。

刺身による寄生虫被害の多くはこのアニサキスの第3期幼虫（体長は11mm～37mm位）の経口摂取が原因である。日本人は刺身を多く食べるので、年間2,000～3,000症例のアニサキス症が発生する。アニサキスは加熱や冷凍（マイナス20℃以下で24時間）で死滅する。したがって、獲れたての生きのよい生魚ほど感染の危険がある。

ヒトの胃壁から摘出されたアニサキスの第3期幼虫。背景の正方形の1辺は0.5mm

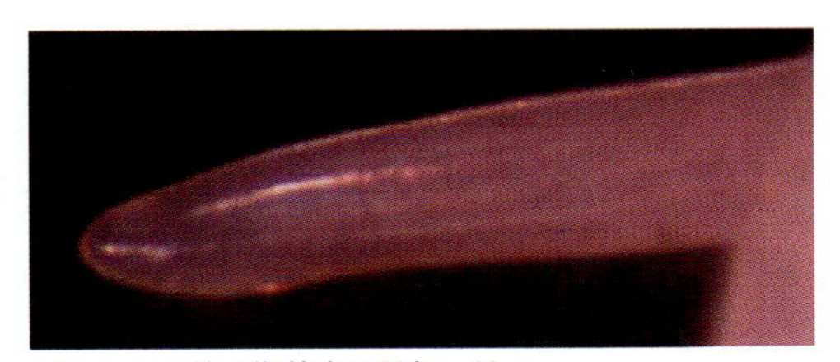
アニサキス第3期幼虫の頭部、60×
視覚器は確認されない。

アニサキス症

1．**胃アニサキス症**は食後数時間のうちに始まる激しい腹痛と嘔吐である。嘔吐に際しての吐瀉物は胃液のみで、下痢を認めないことが食中毒と異なる特徴である。胃痛はアニサキスの虫体が胃壁や腸壁に侵入する際に生ずる。
2．**腸アニサキス症**は腸重積や腸閉塞を起こす。
3．**腸管外アニサキス症**として、膵臓や肝臓に寄生虫性肉芽腫や炎症を引き起こす。

アニサキスの特徴

①体は細長い糸状で触手や付属肢を持たない。
②無色透明で体節構造をもたず、視覚器はない。
③強酸の胃の中で、生存可能であり、胃壁に侵入するのは、盲目的な行動か、何らかの感覚器が誘導しているのかは不明である。
④形態的に身体構造は単純で、口部に相当する位置に吸入針が、尾部に肛門があるのみで、歯もないので、胃壁に吸入針を刺し、胃壁内に侵入するものと考えられる。

1999年、食品衛生法施行規則の改正に伴い、アニサキスによる食中毒が疑われる場合は、24時間以内に保健所に届け出ることが必要である。

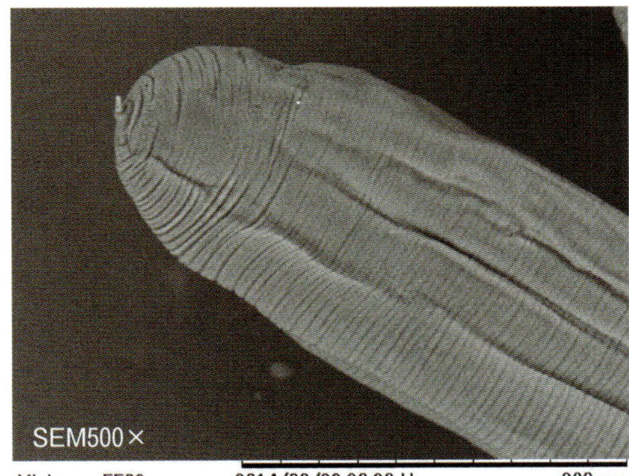

アニサキスには眼は存在しないが、頭部先端には口器の一種である吸入針がみられる。

寄生虫の眼3　日本住血吸虫

日本住血吸虫（Schistosoma japonicum）は、哺乳類の門脈内に寄生する寄生虫の一種である。中間宿主は淡水に生息する宮入貝で、最終宿主はヒト、ネコ、イヌ、ウシなどの哺乳類である。日本住血吸虫がヒトに寄生することにより起る疾患を日本住血吸虫症という。日本の日本住血吸虫症は甲府盆地、九州の筑後川流域、広島県片山地方、静岡県富士川流域などに「地方病」として恐れられた。田んぼの水路をコンクリート化することにより、宮入貝を撲滅して終息した。しかし、中国や東南アジアの一部ではまだ撲滅されていない。

日本住血吸虫症は皮膚からセルカリアが侵入し、掻痒を伴う皮膚炎を起こす。急性症状として感冒様の症状、肝脾腫を認める場合もある。慢性期には虫が腸壁に産卵することから、発熱に加え腹痛、下痢といった消化器症状があらわれる。虫卵は血行性にて様々な部位に運ばれ肉芽腫を形成する。特に肝臓と脳の炎症が問題で、肝硬変、腹水が顕著になり死亡する。

日本住血吸虫の眼：回虫同様に眼包の痕跡は見られるが眼は存在しない。

追記：日本住血吸虫症は日本のごく一部の地方に限局して住民を苦しめた疾患で、全国的には関心が希薄で、撲滅は地方の開業医が頑張った成果である。開業しながら本症と戦った先達に敬意を表し、成虫に眼が無いけれど、敢えて頁に加えさせて頂いた。

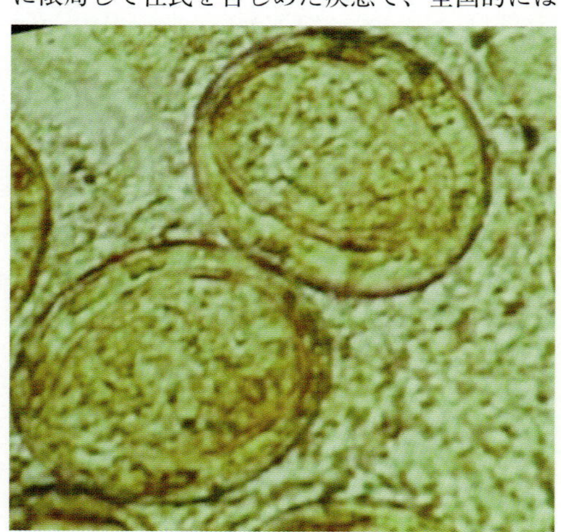

住血吸虫の虫卵

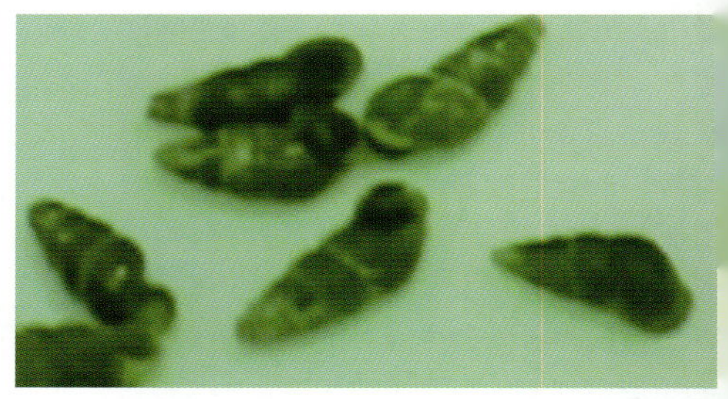

宮入貝は、別名：カタヤマガイとも呼ばれ、日本住血吸虫の中間宿主で、5mm前後の小さい巻貝である。

住血吸虫の成虫
メスとオスはペアリングしている。オスは1.2から2cm、メスは1.5から3cm

害虫と益虫

害虫（獣）と益虫（獣）はヒトと生物との相互作用で決まる利害関係を表すもので、絶対的なものではない。ミツバチはヒトに蜜を提供するが、ヒトを刺す場合もある。

オクラも実を付けるために花粉の交配を蝶に委ねている。その蝶がオクラの葉に多くの卵を産み、その幼虫がオクラの葉を食い尽くす。

桃やスモモは害虫に弱い。害虫防止に農薬を用いると、花粉の交配が行われず、人工授粉の必要がある。

自然の営みの中に、ヒトの都合を挿入すると、不都合も生じる。

「寄生虫、細菌、ウイルス。これらを駆逐する公衆衛生の向上によって、確かに感染症は激減した。しかし、一部の科学者たちは、まるでそれと反比例するように新たな病が増えていることに気付いていた。花粉症、喘息、アレルギー、そして自己免疫疾患」モイセズ・ベラスケス・マノフ著（寄生虫なき病）より

ケムシに食われたオクラの葉を憐れむべきか、けなげに生きる毛虫に心を寄せるべきか

虫食いのオクラ葉あはれ蝶を待つ
オクラ食う華美なる毛虫おぞましき

カタツムリの眼

カタツムリは、陸に棲む巻貝（軟体動物門腹足綱）の総称で、殻のないものを「ナメクジ」、殻のあるものを「カタツムリ」または「デンデンムシ」と呼ぶ。

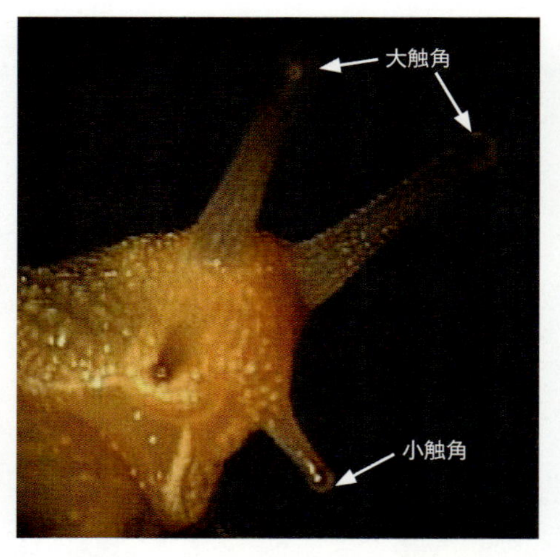

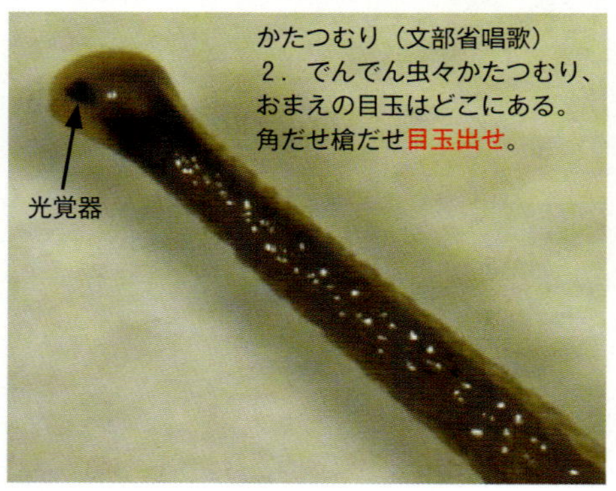

かたつむり（文部省唱歌）
2．でんでん虫々かたつむり、
おまえの目玉はどこにある。
角だせ槍だせ目玉出せ。
光覚器

カタツムリの眼

①触角は大小 2 対あり、大触角の先に光覚器を持つ、一種の有柄眼である。

②小触角の先端にも光覚器らしきものが観察されるが､眼としての機能があるかは不明である

③角膜とレンズは一体で、クチクラである。

④触角は伸び縮みし、あらゆる方向に向けることが出来るので視野は広い。

⑤視力は明暗を感じる程度と思われる。

⑥触角には、視覚だけではなく、蝕覚・嗅覚・振動覚なども存在すると思われる。

文部省唱歌「かたつむり」は、誰の作詞かは不明であるが、角の先端に眼があると判断した作詞家の観察力が素晴らしい。

ナメクジは、カタツムリの仲間で殻が退化しているもの

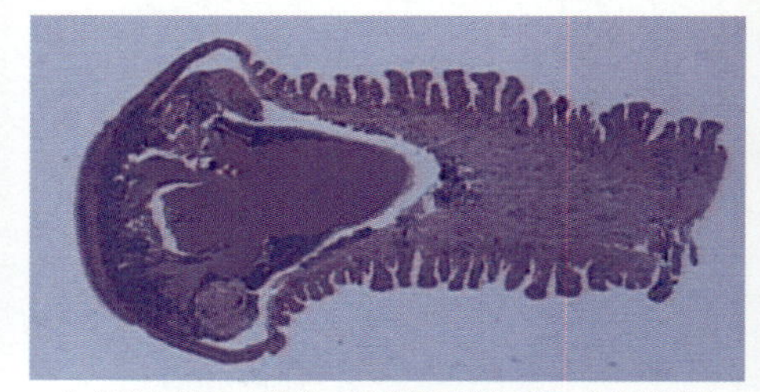

カタツムリの大触覚の先端部組織所見（HE 染色）

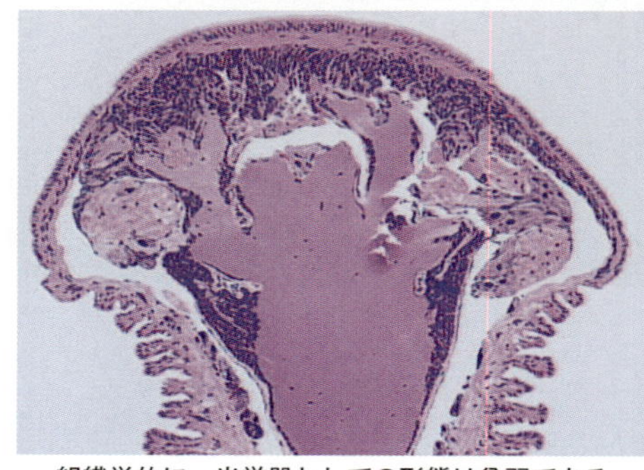

組織学的に、光覚器としての形態は貧弱である

ミミズの眼

ミミズ（蚯蚓）

①環形動物門貧毛綱に属する。
②目も、手足も無く、紐状で、ミミズは“目見えず”から来たとも言われる。
③アコーデオンのように体の節々を伸び縮みして動くと思われていたが、種類によっては多数の足肢突起を有し、体動に関与しているものもある。
④それぞれの節々は隔壁で仕切られており、切断しても、その部分は独立して生き延びる。
⑤乾燥した空気中のミミズは、体内から水が急速に蒸発して死亡する。
⑥ミミズの皮膚は水分の吸収ならびに放出が行われ、陸生動物であるが、淡水動物の性質ももつ。
⑦ミミズの体表面全体は呼吸器官としての働きがある。

ミミズの眼

①ミミズには皮膚内に散在視覚器や眼点を有する種もある。
②散在視覚器は微小な視細胞が表皮内に散在し、光の方向や明暗を感知する。
③散在視覚器はミミズ以外でも軟体動物（ハマグリ）にも見られる。

頭部の拡大写真
体を縮めている状態

頭部の拡大写真
体を伸ばしている状態
肉眼的には体節以外に体毛や手足などの付属器は認められない。

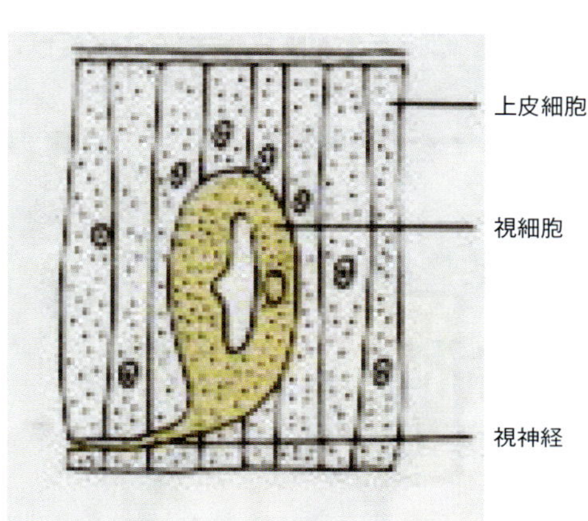

ミミズの表皮内の散在視覚器の想像図

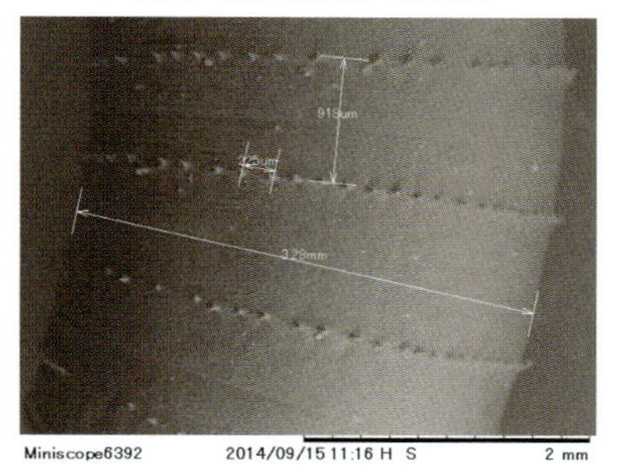

SEM40×　ミミズの体表には多数の足肢突起がみられる

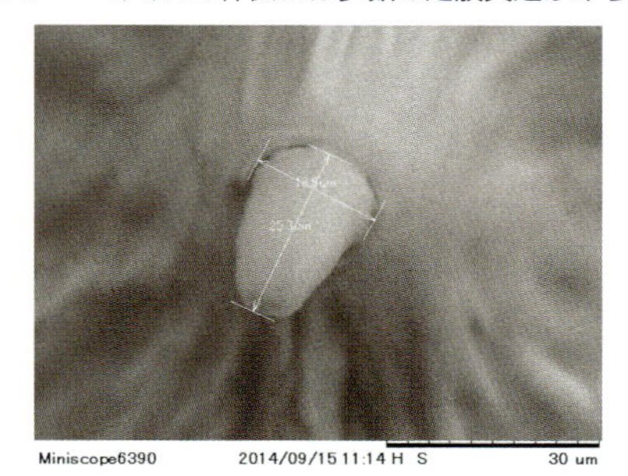

SEM2000×　ミミズの体表の足肢突起強拡大

ミミズの足肢突起

①ミミズには足がなく蠕動運動のみで動くと思われていた。
②ミミズには輪状に多数の足肢突起がみられる。
③足肢突起は滑り止めや方向器として、蠕動運動の補助的な働きをしている、と思われる。

ヒル（蛭）の眼

ヒル(蛭)は、環形動物門ヒル綱に属し、1〜2個の吸盤をもつ。動物の体表に吸い付き血を吸うとして、嫌われ者である。陸生のものや水生のものなど、種類は多いが、一般に湿地帯に多くみられる。ヒルの唾液には、麻酔作用と抗凝固作用があり、麻酔作用のため吸引されてもあまり痛くない。血液抗凝固作用のため、吸血された血は止まりにくい。抗凝固物質はヒルジンと命名されている。膝関節症の炎症に有効とされ、大型の無菌化したヒルに血を吸わせる治療法もある。頭部背面に凹んだ眼点が存在する。

ヒル（蛭）の眼

①ヒルは数個の眼点と思われる感覚器を有する。
②眼点は凹みを有し、メラニン色素が存在する。
③眼点と思われる部分の強拡大では、胞状を呈し、光覚器か否か不明である。
④しかし、ヒルにペンライトを当てると、逃避行動を示すことから、明暗識別の光覚器が存在すると考える。

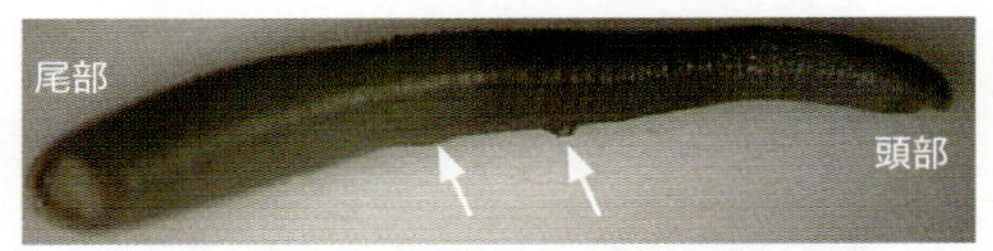

ヒルは体長が3倍くらい伸び縮みする。尾部に吸盤があり、腹面には生殖孔が認められる（矢印）。

頭部背面にメラニン色素を有する眼点がみられる(矢印)。

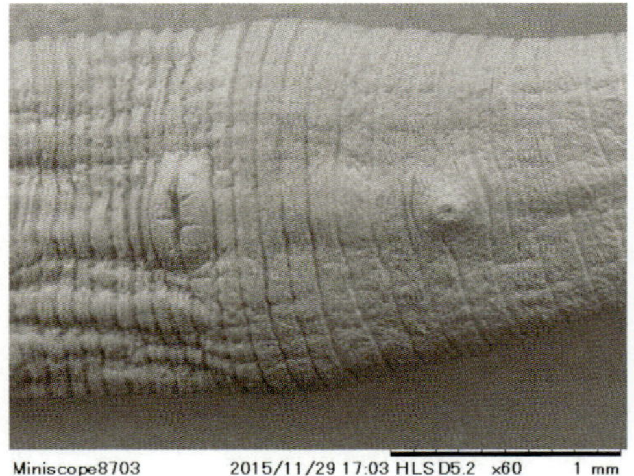

SEM60× 生殖孔は雌雄同体である。

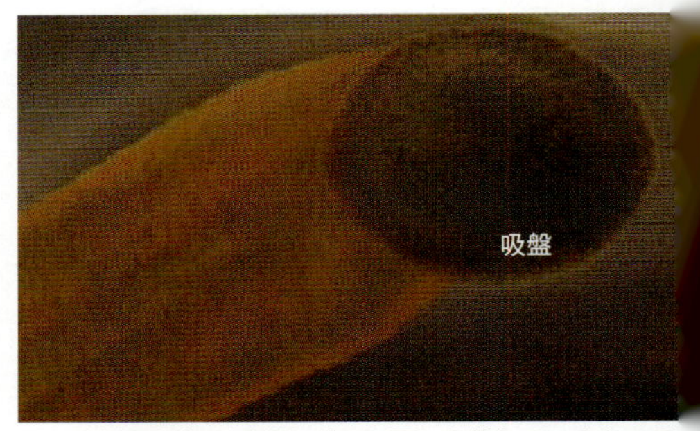

尾部腹側の吸盤：透明なガラス面に吸着しているところ

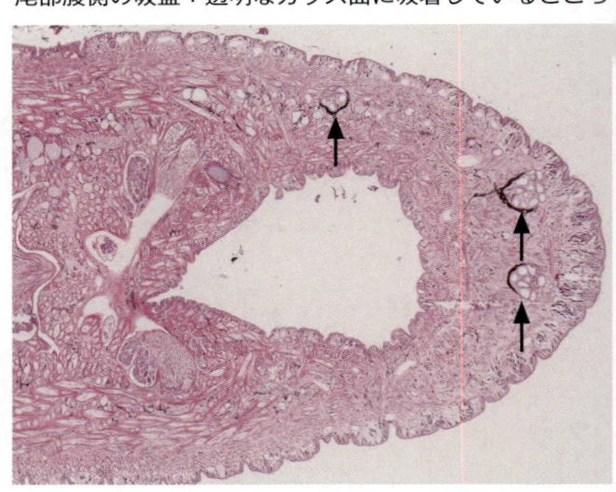
メラニン色素を有する部分（矢印）は光覚器か否か不明である。ヒルの表皮は多数の粘液細胞に覆われている。

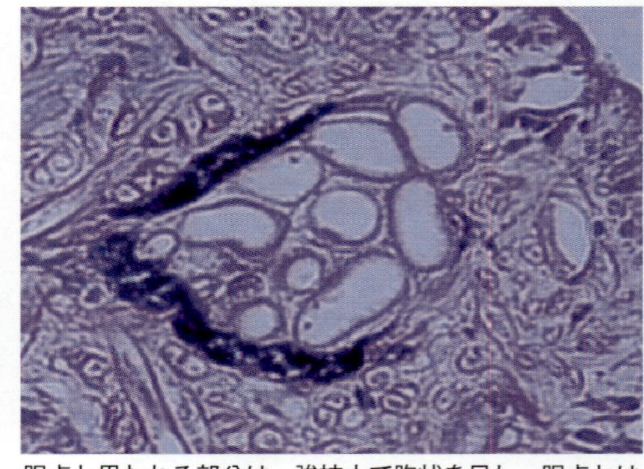
眼点と思われる部分は、強拡大で胞状を呈し、眼点とは断定できない。

イソメの眼 1

イソメはミミズやゴカイ、ヒルなどと同じ環形動物門に属する。日本各地の沿岸には約20種が生息する。イソメは魚の餌として釣りに利用されている。

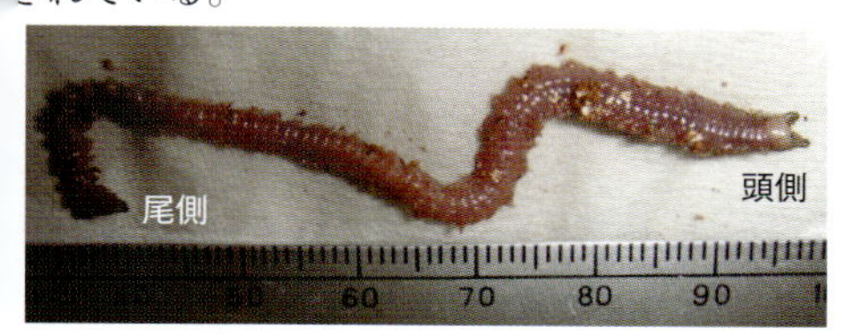

イソメの体は一般に多くの体節からなる。イソメの頭側部には口器、尾側部には肛門が存在する。頭部には1～5本の感触手と1対又は2対の眼点がある。口器の周囲には、触手や副触手が存在する。

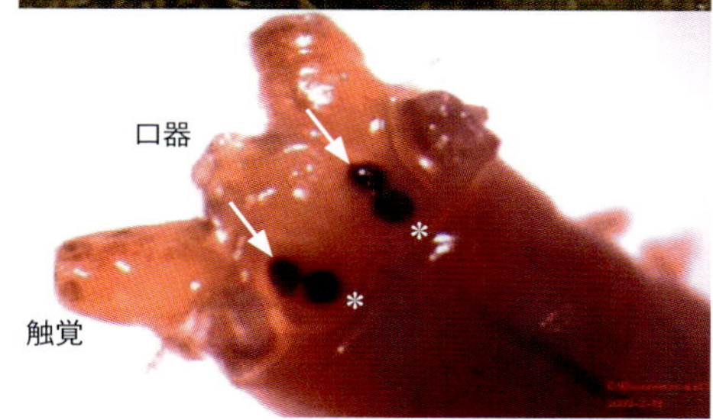

イソメの頭部1対の単眼（矢印）と1対の黒点（＊）

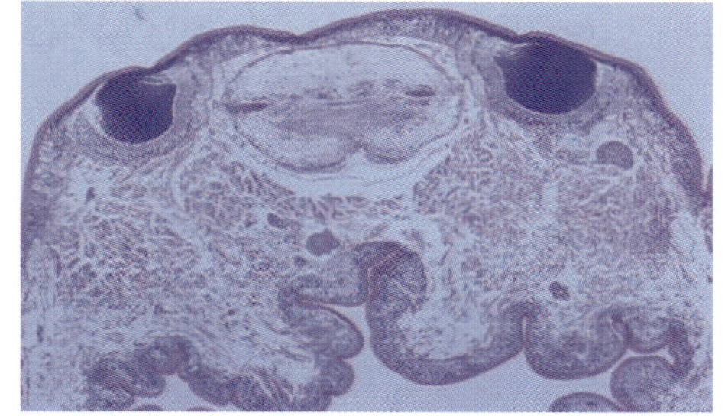

左右の単眼を含む冠状断、弱拡大

イソメの眼

①1対の単眼と1対の黒点を認める。

②単眼の大半は球状のレンズが占める。

③レンズ後面と光受光面が接している。

④視機能としては貧弱で、明暗の識別程度と考える。

⑤一対の黒点が視器の退化したものか否かは不明である。

⑥イソメやゴカイは種類が多く、種による視器の相違については検討していない。

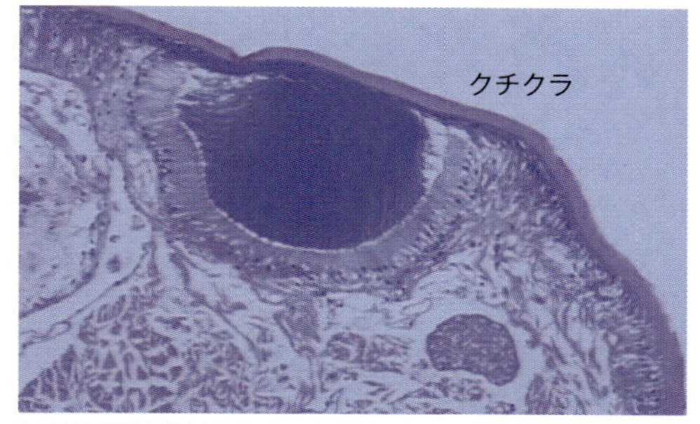

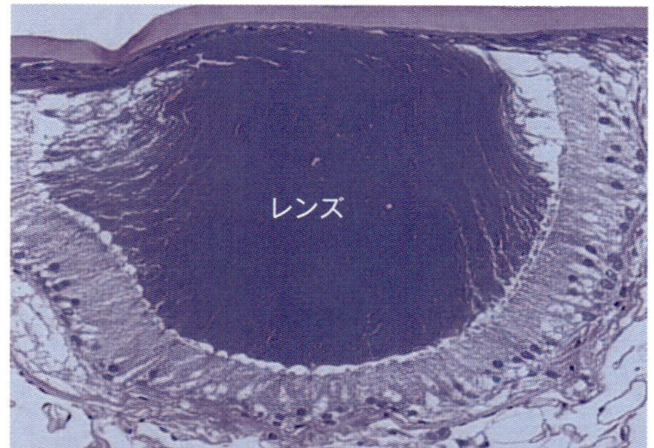

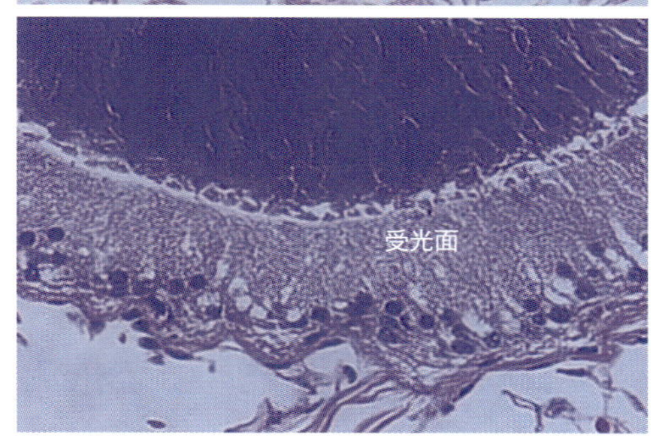

イソメの眼 2　SEM 画像

イソメには種類が多いので、微妙に形態が異なり、眼の退化した種類もあると言われる。今回、調べたイソメは静岡県の釣り道具屋で購入した養殖された釣餌のイソメで分類等については不明である。

イソメの走査電顕による観察

①頭部先端には一対の視器が存在する。

②角膜に相当する部位はクチクラである。

③視機能としては貧弱で、明暗程度の識別と推定する。

④イソメは多数の体節を有する。体節幅は 6 ～ 7 μm で、虫体の外周は輪状筋が、その内側は縦走筋があり、それらの筋が蠕動運動を司っている。

⑤背側正中線の体節間には、ガス交換を行う気孔を認め、体節の伸縮により気孔が開閉する。気孔の直径は約50μm である。

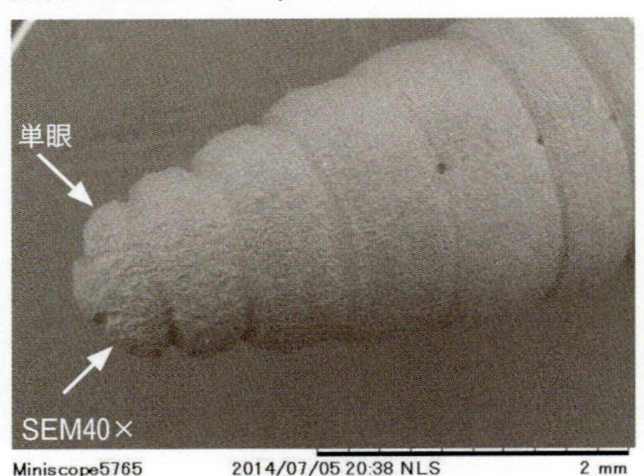

イソメの頭部　1 対の単眼（矢印）を認める。

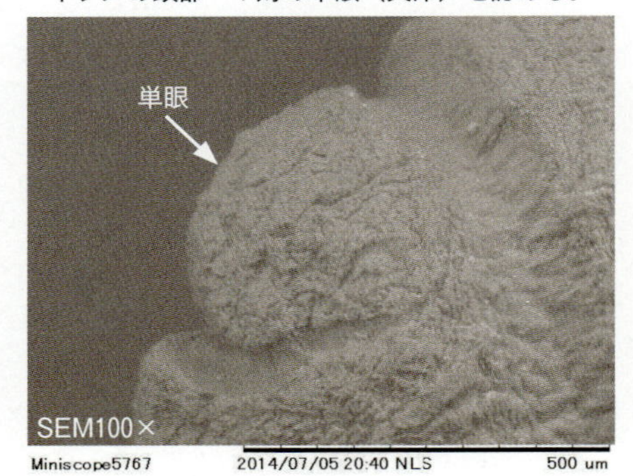

単眼の強拡大　角膜部はクチクラである

⑥両側の体節中央には 2 対の疣足がみられる。触毛というより運動器で、蠕動運動の補助を行っている。

⑦ 1 対の黒点はクチクラ層で覆われ、SEM では描出出来ない。

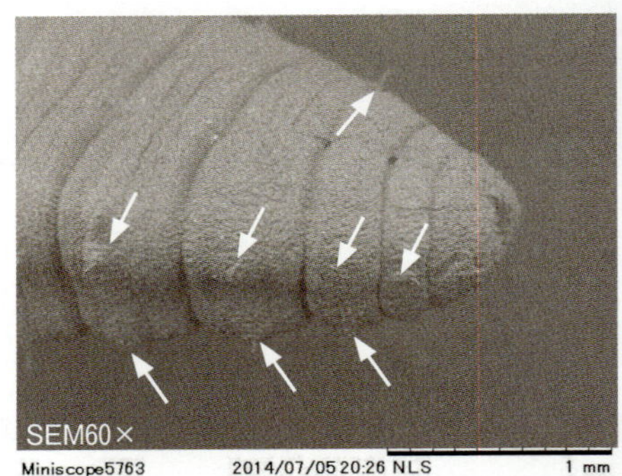

体節の両側に 1 対の疣足を認める。（矢印）

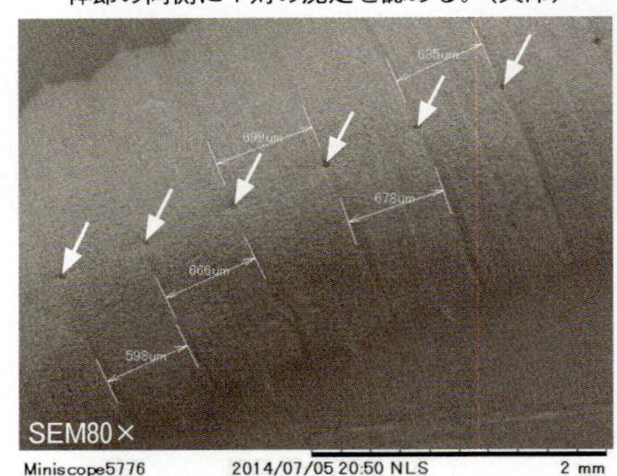

背側正中位の体節間に気孔を認める（矢印）。

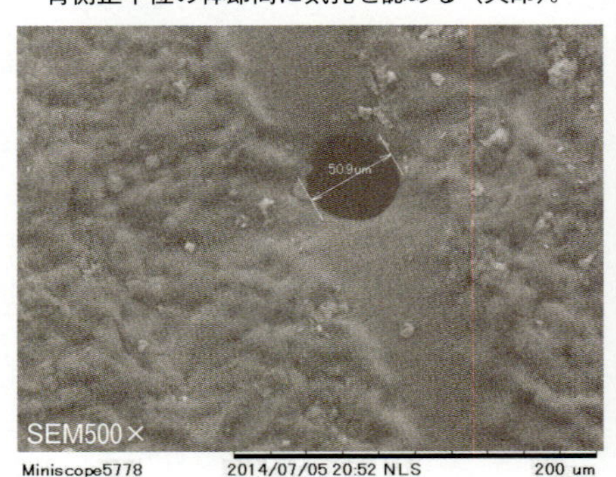

気孔の直径は50μm である。

発光生物の眼

発光生物とは、光を生成し放射する生物で、その光は化学的エネルギーを光エネルギーに変換する化学反応の結果として発生する。発光生物にはヒカリゴケやヒカリモなどのような植物にも多く見られるが、バクテリア、真菌（キノコ類）、昆虫など原生動物から脊椎動物に至るまで、多くの動物種に見られる。生物発光の特徴として、発光生物により発光色が異なって見えるが、発光スペクトルは449～658nmの波長で、**光の強さ、波長の範囲、各波長の量の組み合わせ、発行器の色フィルター**により発光色に差が出るといわれている。

発光生物の発光機序

極端にいえば、全ての物質は特定の光刺激に対して蛍光を発するし、微弱ながら自発蛍光を出すが、ここでいう発光生物は、蛍光や燐光と異なり、自らの発光エネルギーにより発光するものをいう。

①細胞内発光＝細胞内で化学的エネルギーを光エネルギーに変換する（発光イカ、発光キノコ、発光バクテリア、蛍など、ほとんどの発光生物）

②細胞外発光＝発光物質を分泌して光る（発光ミミズ、光ウミウシなど）

③発光生物共存＝自分では発光能力がないが、体内で発光バクテリアを培養、増殖して光る

発光生物は何のために発光するか？

①基本的には個々の生物によって異なり、正確には不明である。

②キノコは夜間に光って、昆虫を呼び寄せる？

③深海魚は暗黒の海を照らす照明として光る？

④蛍やヤリイカ、ハダカイワシは雌雄の合図や生殖の目的で光る？

⑤ただし、蛍は卵や幼虫も光るので、雌雄の合図や生殖の目的だけではない？

⑥チョウチンアンコウは餌の生物をおびき寄せる目的で光る？

⑦ギンオビイカは捕食者から逃げるとき、墨ではなく、発光液を出す。

⑧クラゲや発光エビなどは刺激を与えると光り、外敵を威嚇するために光る？

発光生物の眼

①発光バクテリアや発光キノコのように、眼が無く、自分では自分の発光を見れない生物もいる。

②色覚が１色型で発光色が明暗でしか区別できない生物もいる。

③色覚が２色型や３色型でも、その発光スペクトルからどのように光情報を得ているかは不明である。

④眼の周囲が発光する魚は、発光を照明として利用しているか、眼を際立たせて外敵を威嚇する、との考えもある。

眼周囲が発光する熱帯魚

背側全体が発光する熱帯魚

生物の多様性（Biodiversity）と眼の多様性

地球上に生息する種の総数は1000万種を超えるといわれる。これらの種は環境の影響を受け、突然変異を繰り返して進化してきた。これは、①種の多様性、②遺伝子の多様性、③生態系の多様性、と共に、35億年もの生命の繋がりである。それは「食物連鎖」「環境連鎖」「生物連鎖」などの言葉で理解されている。

今、この地球上で問題なのは、人口の増加に伴う環境破壊が生物の多様性と連鎖を乱していることである。

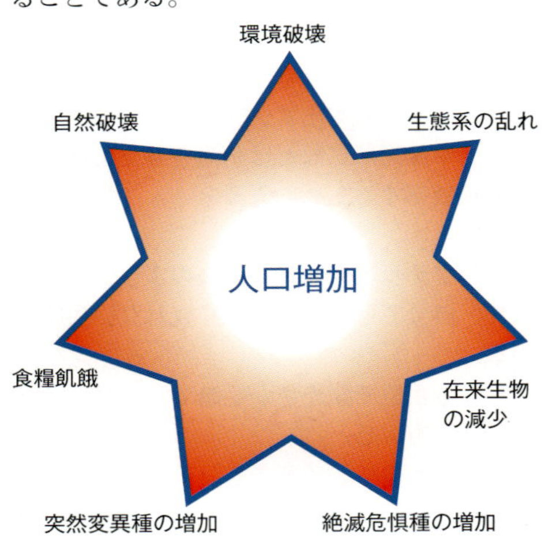

生物の多様性

①ヒトの人口増加が食糧飢餓をよび、自然破壊、環境破壊を導き、生態系に乱れを生じ、在来生物の減少、突然変異の増加、絶滅危惧種の増加へと連鎖する。

②ヒトとして、便利で文化的な生活、「足るを知らぬ生活」を追求すれば、生物の多様性が無視され、生物連鎖が乱れる。

③禁断の実を食べた人類は、飽くることなく地球を変えてきた。そして、今後も変えていくであろう。

④生物の多様性のホットスポットというべき場所がある。東南アジアの熱帯雨林やアマゾン川流域がそれである。いまや、生物の多様性のホットスポットは、地球の陸地の僅か1.4%になってしまった。

⑤100年後、1000年後のヒトは、どんな環境でどんな生活をしているであろうか？

眼の多様性

①視機能は動物の多様性に大きな影響を与えている。

②視機能が良いと、身を守り、生存競争の優位に立つ。

③視機能の不良の場合は他の感覚器が発達するが、生存競争が劣勢になる。

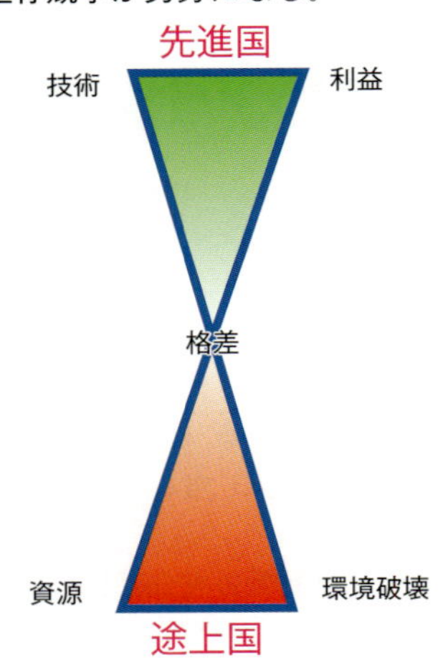

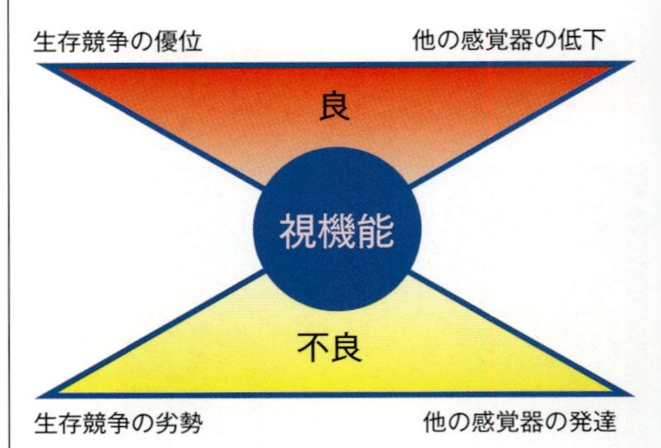

世界180ケ国が参加して、CBD・COP10（生物多様性条約・第10回締約国会議）が平成22年10月18日から29日まで名古屋国際会議場で開催された。しかし、先進・途上国の溝は埋まらなかった。

お面の眼１　伝承面

云承面の眼

①それぞれの民族や地域には伝承面が多数存在する。

②伝承面には素顔では表現できない感情が託されている。

③感情表現を行うために、眼は重要な部分で、怒りや強さを強調するには眼を大きくし、眼球突出気味にし、球結膜を目立たせ、さらに、外斜視にする傾向がある。

④一般に、外斜視が軽度の場合は理知的な顔になり、外斜視が強度の場合は怒さが表現される、といわれている。

⑤こうした伝承面には、それぞれの地域の民話や謂れが残っており、それに付随した神事や踊りも残っている。

⑥なぜか、伝承面には地域や国を越えて眼の表現法に世界共通性がある。

⑦伝承面の眼は表現法が収斂しているともいえる。

世界各地の面

お面の眼２　能面

日本の面は、おたふく（おかめ）面、ひょっとこ面のような大衆面も多いが、能面が代表的である。能面は、能楽や神楽などで用いられ、老人・男・女・鬼・神の５種類に分類される。その特徴は

①役者の芸によってのみ、喜怒哀楽を表現するため、面そのもの感情表現を抑えた独特の眼をしている。

②成年男性役には能面を用いず、素顔（直面：ひためん）で演じるが、顔で感情表現はしない。すなわち、能では、直面≠素顔で、直面に感情を導入しない。

③能は眼による感情導入を極力抑え、役者の演技による感情表現のみを重視している。

④能の芸術（感情）表現では、眼は邪魔ものである。

おきな面

女面

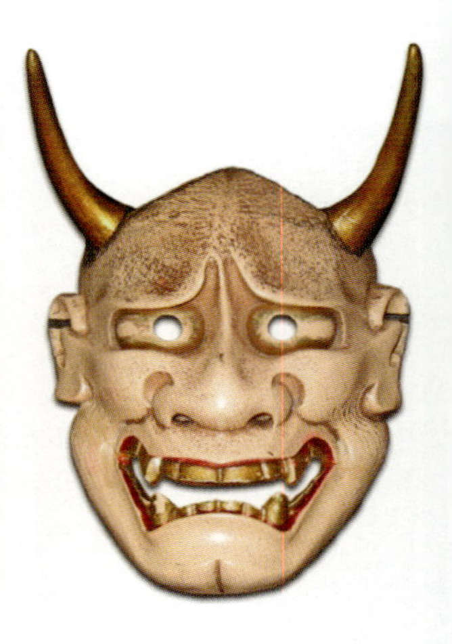

能鬼面も怖いだけではない

天狗面

おたふく面

ひょっとこ面

仏像の眼

仏像の眼

①仏像の多くは半眼瞑想で、眼からの感情移行は少ない。

②興福寺の阿修羅像は、三方向の顔、特に眼の表情が異なり、観る人により、感じ方が異なる。

③仏像の前額に丸い第三の眼がある。これはヒンディー語でビンディーといい、「中心」とか「豊饒」を意味するとの説もある。

④ビンディーには宝石が埋め込まれている場合もあり、人々に輝きをもたらす、第三の眼とも考えられる。

⑤仏像によっては、頭や手掌、指先に眼がある場合もある。これは、仏の自愛の眼が天下万民に注がれていることを意味する。

⑥金剛夜叉明王は眼を5個有する。下の二眼はうそを見抜く眼と言われている。

⑦四国88か所の77番札所、道隆寺の薬師如来は「眼なおし薬師さま」と呼ばれている。盲目の京極左馬造が、道隆寺の薬師如来に祈願し見えるようになった、との逸話がある。

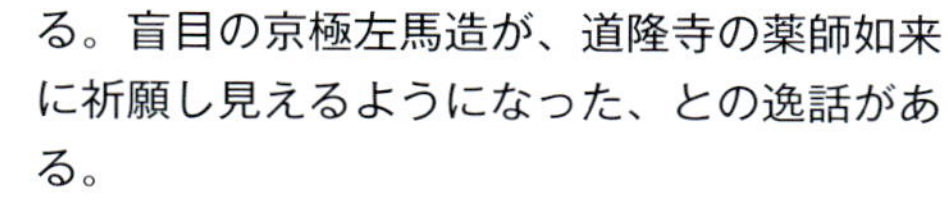

ヒトの眼と仏の眼の違い

①ヒトの眼は欲望という眼鏡を掛けている。

②仏の眼は慈悲の眼、「慈眼（じげん）」と呼ばれている。

③ヒトの眼は能動的であり、仏の眼は受動的である。

④『虫の眼 鳥の眼 仏の眼』自照社出版　渡辺悌爾、他著

空を自由に飛ぶ鳥のような視野の広い眼、小さい虫のように闇の深層に光を見つける眼、そして三世十方を貫く仏眼に目覚めて生きるべし。

興福寺の阿修羅像は三方向の顔の表情が観る人により異なる

半眼の仏像

眼を5つ有する仏像
東寺の金剛夜叉明王

木之本地蔵院（長浜市）
眼病にご利益があるとされている。神の力を借りたい難病もあるが……

仏像の前額にみられる第三の眼（ビンディー）
ビンディーは、既婚で夫が存命中のヒンズー教徒の女性がつけ、仏像の第三の眼と意味合いが少々異なる。

千里眼

千里眼の意味は辞典等によると

①遠隔地の出来事を直感的に感知する能力、または、その能力を持つ者。透視眼、浄天眼、天眼通とも言う。

②仏教における四天王の一人広目天がこの能力を行使できたとされる。

③航海・漁業の守護神である中国道教の女神「媽祖」の家来に「千里眼」と呼ばれる鬼がおり、順風耳と呼ばれる鬼と共に一対で仕えている。

④道教では、千里眼と順風耳の鬼が、全ての人々の行動を御見透視である、と信じられている。

⑤非常に眼の良い人、非常に勘の良い人

千里眼を考える

視力は「識別可能な最少視角の逆数」と定義される。

視力＝1／視角（分）

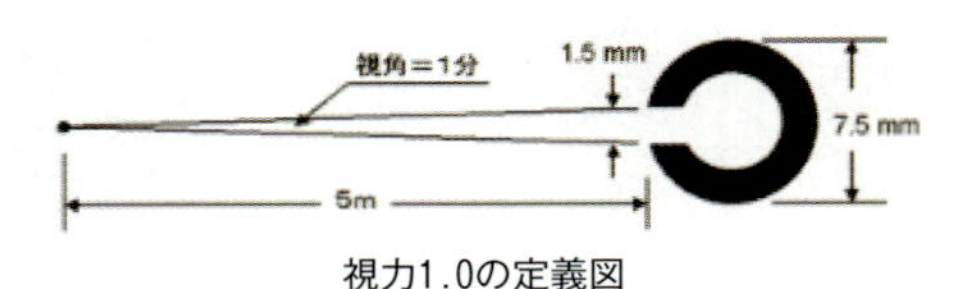

視力1.0の定義図

日本の千里≒3927.273km

＊千里眼の視力＝785454.6に相当する。

＊視力1.0のヒトが、千里（約3,927,273m）先の物体が見るためには、その物体の大きさは少なくとも1178.19m の大きさが必要である。

中国の千里≒500km

人工衛星は低軌道で高度が約300〜1,500kmである。日本の偵察衛星は地球上の1mの物体まで認識できる。

これぞ、千里眼である。

防犯カメラか監視カメラか

「神様は千里眼と順風耳をお持ちだから悪いことをしない」これも立派な抑止力である。

防犯カメラの名のもとに、市民は完全に監視されている。「悪いことをしなければ、監視されても平気！」これも一理ある。しかし、防犯カメラの是非に関する考えは個人差がある。始めはプライバシー保護の観点で多くの市民が防犯カメラ設置に反対したが、防犯カメラにより犯人が逮捕されるたびに、防犯カメラの是認傾向が増加し、現在は監視カメラも市民権を完全に得ている。

しかし、国家間の問題は別である。仮想敵国として高性能な偵察衛星（千里眼）で他国を監視するのは如何なものであろうか？

日本は国土防衛の名のもとに、北朝鮮を偵察衛星の千里眼で監視している。

「情報収集は防衛の基本」であっても、監視される側と監視する側が信頼関係を構築するのは難しい。信頼関係がなければ、紛争も起こり得るし、拉致問題の解決も難しい。

この世に千里眼を有する者はいない。しかし、平素より、あらゆることに興味を抱き、心理を探究することで洞察力を高め、千里眼に近づくことは可能である。

台湾・高雄での千里眼像。千里眼像はあらゆる悪の兆候や悪巧みを聞き分けてる順風耳像と対をなしている。千里眼と順風耳は長崎の崇福寺にもあり、探せば日本各地に多く存在すると思う。西遊記にも登場する。

竜の眼

竜は中国神話の架空生物である。中国では古来神秘的な存在として位置づけられてきた。

竜に九似あり

竜は九種の動物に似ている部分がある。角は鹿、頭はラクダ、胴体はヘビ、腹は蜃（オオハマグリ）、背中の鱗は鯉、爪は鷹、掌は虎、耳は牛、眼は鬼に、それぞれ似ているとされる。しかし、竜は中国の架空生物であり、鬼は日本の架空生物なので、「竜に九似あり」は日本人が竜を表現するときに用いた言葉である。（中国での「鬼」は霊魂の意味に近く、架空生物としての意味はない）

竜の眼≒鬼の眼

鬼の眼にも涙：冷酷な鬼でも時には人情が通じて涙を流すことから、「鬼の眼」は冷酷な眼を意味し、竜の眼も冷酷な眼を意味する。

台湾の高雄の公園で見た竜は「竜に九似あり」ではなかった。

台湾高雄にて

竜眼

ムクロジ科の常緑樹で、東南アジア原産の果実を竜眼という。この果物には薬効や開運に霊効があるとされている。竜眼は生で贅沢な食用とし、また干して薬用とする。漢方生薬としての竜眼は血虚（顔色が悪い、唇に赤みがない、皮膚や髪の乾燥、白髪や抜け毛）に作用し、生理機能を高める補血の食材である。同じムクロジ科のライチに似ているが、ライチと比べ竜眼の実は小さく種が大きいため果肉部は少ない。この果術を何故「竜眼」というのかは不明である。

【竜眼の効能】

動悸、不眠、健忘、めまい、抜け毛、月経過多など。習慣的に食べるとアンチ・エイジング（老化防止作用）効果、などと記載されているが、その効果のほどは不明である。

竜眼の実

台湾土産の龍眼乾の袋より転載

アイコンタクト

アイコンタクト（eye contact）とは、視線と視線をあわせることにより、情報の交換、意思の疎通を図ることをいう。「眼は口ほどに物を言い」と言われるように、昔からアイコンタクトの重要性は知られていた。

赤ちゃんは母親と視線を合わせながら母子共存関係を構築し、自立、参加、貢献という社会認知を醸成する。

サッカー、野球、バレーボールなどでも選手や監督がアイコンタクトにより作戦を確認し合うとされている。

アイコンタクトは非言語コミュニケーションの基本であり、人間同士だけでなく、ヒトと動物のコミュニケーションとしても重要である。心理学的に「視線交錯行動」とも云う。

医療には、問診、視診、触診、聴診で、病気の50％は解るとされており、特に患者さんの眼を見ながら問診するのが大切である。しかし、電子カルテの時代になり、医師が殆ど患者さんの眼を見なくなった、と言われている。

眼による感情表現

「顔が笑っていても、眼が怒っている」こともあるが、眼がどうして、感情表現できるのであろうか？

1．瞳孔は交感神経と副交感神経の支配を受けている。
2．眼瞼には交感神経支配のミューラー筋が存在し、交感神経により、眼瞼裂の動きや眼部の血流がコントロールされている。

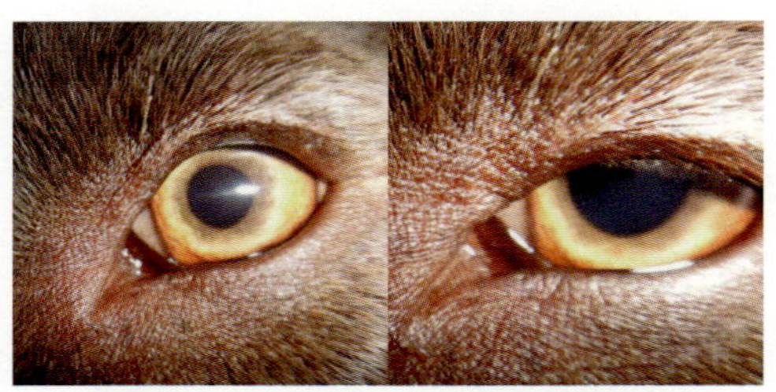

驚いた眼と怒っている眼、犬の眼でも感情が読み取れる。ヒトの感情も眼に表現されることを認識する必要がある。

3．瞳孔、眼瞼裂、涙液分泌量、結膜血管などが、感情とともに微妙に変化する。
4．外眼筋を強く刺激すると、眼-心臓反射により、除脈が生じるが、外眼筋のみならず、眼-自律神経反射が存在すると考えられる。

感情豊かな眼

医師は患者の眼を見ることは基本であるが、単に患者の眼を見るだけでは駄目である。眼科医は必ず患者の眼を見ているが、必ずしもアイコンタクトが成立しているわけでない。視線によって情報の交換、意思の疎通が図られなければ視線が合ってもアイコンタクトは成立していない。

悲しそうな眼、笑っている眼、同情的な眼、安心感を与える眼、心配そうな眼、興味深そうな眼、怒った眼、など意識的な感情導入によりアイコンタクトが成立すると思われる。

医師の仕事

患者は医療には素人であり、不安な眼、猜疑の眼を医師に向けてくる。また、モンスターの眼もある。

医師の仕事は患者の眼を信頼の眼に変え、モンスターの眼をヒトの眼に変えることかもしれない。

極めて難しいことであるが……。

新生児の視力は0.02程度とされている。それは脳の後頭葉視覚１次中枢が、学習されていないためであり、視覚体験を積むことによって、視力が発達し、脳も発達する。そのため、母親とのアイコンタクトは極めて重要である。

動物のコミュニケーション

①動物のコミュニケーションとは、動物個体の行動のうち、現在または将来に他の個体に影響を与える情報を指す。雌雄の愛情交換、親子の情報交換、上下関係の確認、危険情報交換、などのために、仕草や鳴き声などで行われる。

②ヒトは言葉と文字、喜怒哀楽の表現、コンピュータなどの情報伝達装置、などによって高度なコミュニケーションが可能である。

③東日本大震災以降、「元気を貰った」「勇気を貰った」という言葉を頻繁に聴くようになった。これは「元気付けられた」「勇気が出た」というべきであるが、明らかな間違いでもコミュニケーション表現として理解はできる。

④ヒトのコミュニケーションは単なる情報伝達以外に、「相互理解」の意味が重要である。宗教、民族、思想の違いが、戦争や諍いを引き起こす。

カメの首
潜頸亜目のカメは首をＳ字状に折りたたんで引っ込める。

首だけを出して本読む炬燵かな

NHK俳句　佳作　兼題「炬燵」

平成23年２月号

メドゥーサの眼

メドゥーサ

メドゥーサは、ギリシャ神話に登場する女性の怪物で、頭髪は無数の毒蛇で、イノシシの歯を有し、宝石のように輝く目を持ち、見たものを石に変える能力を持つ、とされる。

メドゥーサの眼

古代より、西アジア・地中海地域では「青いガラス玉の眼」は災いや邪悪なものから人々を守ってくれると信じられてきた。ガラスの原料と窯の燃料である薪がとれたエーゲ海地方でこのボンジュック（ガラス玉）は作られた。そこでは守護神メドゥーサへの畏敬の念とあいまってメドゥーサの眼は魔よけのお守りとなっている。

ギリシア神話

①ギリシア神話は古代ギリシアの諸民族に伝わった神話、伝説、伝承、挿話などが累積してできあがった、世界の創生、神々や英雄たちの物語である。

②ギリシア神話にはホメロスの「イリアス」「オデュッセイア」、ヘシオドスの「神統記」など多くの叙事詩が存在する。

③ギリシア神話はローマ神話やキリスト教文明、ヨーロッパ芸術にも影響を与えている。

眼のお守り

メドゥーサの眼の「魔よけ」のお守りに類似して、日本にも金剛夜叉明王の五眼天珠という「お守り」がある。

五眼天珠「不運、災難、不幸」を防ぐお守り

メドゥーサのレリーフトルコ・ディディム遺跡

メドゥーサの眼の「魔よけ」のお守り

眼洗い

知人がインドから眼洗い器をお土産に買ってきてくれた。説明によれば、イギリスがインドを支配していた時代、インドは埃っぽく、イギリス人は眼洗い器で眼を洗う習慣があった。1757年以降に東インド会社のイギリス人がインドで使用した眼洗い器で1494年のイギリス製である。(写真)

そこで、眼洗い器について調べると、「古代の道路は舗装されておらず砂埃が舞い、身体全体が砂まみれ状態になり、帰宅すると衣服の埃りを払い、足や手を洗い、更に、顔を洗うと共に眼も洗う習慣があった。小さな容器（眼洗い器）に水を入れ、それを眼に当て漱ぐ方法である。眼洗い器の眼に当たる部分は水が零れないように独特の形をしており、生活用品のため古いものは殆ど残っていない。眼洗い器は金持ちはそれなりに高価な物を使い、クレオパトラは金の眼洗い器を、王様はマイセン特製の陶器の眼洗い器を用いた」とある。パリの骨董店のショーウインドウに眼洗い器が展示されており、その1個をお土産に頂いた。(写真)

眼洗い考

①最近はトラホーム（クラジミア）や濾胞性結膜炎が激減し、眼洗いの必要性がなくなった。

②医学の進歩に伴い、眼洗いに変わる良い点眼薬が開発された。

③眼洗いは角膜の涙液脂肪層を洗い流すので、必要以外は行うべきでない。

④水泳後や埃の多い職場でも、眼洗いは必要なく、涙に任せるべきである。

⑤酸やアルカリ、農薬などが眼に入ったときは、流水で充分洗浄する。眼洗浄剤は不要である。

⑥眼洗いは、花粉症や充血、コンタクト使用後、結膜炎、眼精疲労には、全く無効である。

⑦現在でも、白内障術前に、術後眼内炎防止の目的で、眼周囲の消毒と眼洗いをする場合があるが、エビデンスは不明である。

眼洗いの名残

日本でも「眼洗い」と言う古い習慣に伴い、眼洗い温泉（渋温泉の六番湯）、眼洗い井戸（高知県延光寺）、眼洗い池(奈良県大澤寺)、などの名が残っており、眼洗い製品がまだ売られている。

眼洗い医者と眼洗浄剤

約30年前までは、治せる眼疾患が少なく、何でもかんでも眼洗いをする眼科医は“眼洗い医者”と嘲笑の対象であった。しかし、眼科学が進歩した現在も、まだ眼洗浄剤が市販されているのも事実である。

インド土産のイギリス製(1494年）の眼洗い器

パリ骨董屋のショーウィンドの眼洗い器（１個75€）

眼科で使われていた洗眼瓶と受水器
洗眼は角膜の涙液脂肪層を破壊するので、百害あって一利なし。必要以外は眼を洗うべきでない。

パリの骨董店で購入したもの

http://ameblo.jp/taka-goltz/

まだ市販されているプラスチック製の眼洗い製品

目薬の木

メグスリノキ

(学名：Acer maximowiczianum)、日本にのみ自生するカエデ科の木で、「千里眼の木」「長者の木」とも言われる。この木の樹皮をお茶にして飲んだり、目を洗うのに使われていた。

メグスリノキは眼病に効くか？

①室町時代にメグスリノキとして、この木を原料に目薬を作り、巨万の財をなした人がおり、目薬の木とか長者の木といわれるようになった。

②メグスリノキの樹液の成分を分析すると、肝障害防護効果が期待されているが、眼に良い根拠はない。

③韓国には「眼に良いお茶」があるが、どんな植物かは不明である。

目薬

①洋の東西を問わず眼科の歴史は浅く、日本における医師養成施設で眼科が独立したのは130年足らずである。

②したがって、一般庶民の間では様々な目薬が伝承されていた。

③ヤギの尿、ウシの尿、牛乳、ヒトの母乳、草木の煎じ物、温泉水などが伝承目薬として知られている。

眼薬の話

①市販点眼薬として、子ども目薬、OA目薬、40歳用目薬、充血用目薬、疲れ目用目薬、などがあり、有効性についての検証が必要であるが、良く売れている。

②保険医薬品として、瞳孔薬、抗菌薬、抗ウイルス薬、抗アレルギー薬、消炎薬、抗緑内障薬、角膜保護薬、その他、などに大別される。特に、抗緑内障薬の進歩は目覚しく、緑内障手術が激減している。しかし、高価な目薬を長期に使い続けるために、保険医療財源を圧迫している。

③ 5 ml点眼瓶の平均滴数は121±16滴で、両眼に 1 日 3 回点眼すると、約20日で無くなるはずであるが、一般に、日本人の医療用点眼薬に関するコンプライアンスは悪い。

韓国や日本では眼に良いお茶が製品化されているが、有効性についての根拠は確立されていない。

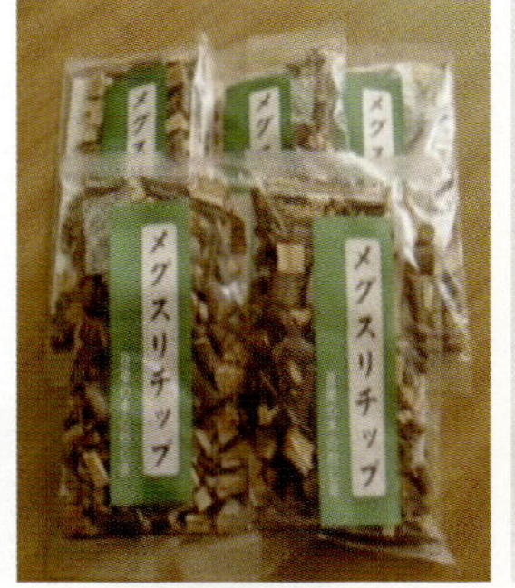

インドの田舎で入手したメグスリ 箱に聖なる牛の絵が書かれてあるが、牛の尿ではないと思う。ヒンズー語を解さないので、詳細は不明である。

眼とレーザー

レーザー（laser）は、人工的に作られた自然界には存在しないコーヒレントな光で、1960年代に発明された。レーザーは、Light Amplification by Stimulated Emission of Radiationから得た合成語である。

レーザー光は媒質の個体や液体、気体から出てくる電磁波（光）を増幅して作るが、媒質の種類により様々な波長のコヒーレント光が取り出せる。

レーザーの種類

1）個体レーザー
ルビーレーザー（694.3nm）、ガラスレーザー（1060μm）、YAGレーザー（1064nm）、ホルミウムレーザー（2100nm）、

2）半導体レーザー
各種半導体レーザー

3）液体レーザー
色素レーザー（波長が連続的に変化できる）

4）気体レーザー
He-Neレーザー（632.8nm）、アルゴンレーザー（488nm青と514.5nm緑）、炭酸ガスレーザー（9.4μmと10.6μm）、エキシマレーザー（元素の組み合わせによりArF（193nm）、KrF（248nm）、XeCl（308nm）、XeF（351nm）

5）その他
フェムトセカンドレーザー（フェムト秒は1/1000兆秒）、白色レーザー（最近、東京大学で発明された。細胞レベルの生体顕微鏡などの医療機器に期待される）

全身的なレーザー利用例

①耳鼻科：花粉症、いびき、無呼吸症候群、鼻炎、鼻中隔湾曲症などの治療
②外科：痔、下肢静脈瘤の治療、レーザーメス
③皮膚科：しみ、そばかす、いぼ、黒子の治療、脱毛
④泌尿器科：前立腺肥大の治療
⑤整形外科：肩こり、頸肩腕神経痛、五十肩、慢性腰痛症、変形性膝関節症、腰椎脊椎管狭窄症、坐骨神経痛、椎間板ヘルニアなど
⑥歯科：歯周病、歯のホワイトニング、口内炎の治療、歯ぐきのメラニン色素除去など

レーザーによる眼障害

レーザー音楽プレーヤー、レーザーポインター、レーザー銃など医療分野に限らず、あらゆる分野でレーザーが利用されている。そのため、レーザーによる眼障害も増加している。レーザー光を直視することにより、眼底の黄斑部（中心窩）に重大な不可逆的な障害が生じる。

眼科におけるレーザー利用例

現代の眼科医療はレーザーの発達とともに進歩し、眼科疾患の多くがレーザーで治せる時代が来つつある。レーザー光は指向性や収束性に優れており、また、発生する光の波長を一定に保つことが出来るので、応用範囲が広大である。反面、標準的眼科医療を行うためには、目覚ましく進歩する高額な検査機器や治療機器を常時導入する必要があり、医療経費の膨張が問題となっている。

検査機器

網膜断層分析装置（HRT）、網膜血流分析装置（HRF）、蛍光眼底・赤外蛍光眼底撮影装置（HRA-2、SLO）、光干渉断層計（OCT）、レーザーフレアーメーター、角膜厚測定装置（パキメータ）、レーザードップラー血流計、レーザースペックル眼底血流計、眼軸長測定装置（IOLマスター）、レーザー縞視力計、など。

治療機器

1）マルチカラーレーザー光凝固装置……糖尿病網膜症・未熟児網膜症・網膜腫瘍・網膜裂孔、網膜細動脈瘤、網膜静脈閉塞症などの治療
2）Nd-YAGレーザー治療装置……後発白内障・硝子体膜などの治療
3）炭酸ガスレーザー装置……眼部周囲の腫瘍・眼瞼手術などに利用、
4）エキシマーレーザー手術装置（LASIK）……屈折矯正手術に利用
5）光線力学療法装置（PDT）……加齢黄斑変性の治療
6）フェムトセカンドレーザー……角膜屈折矯正手術や白内障手術に利用

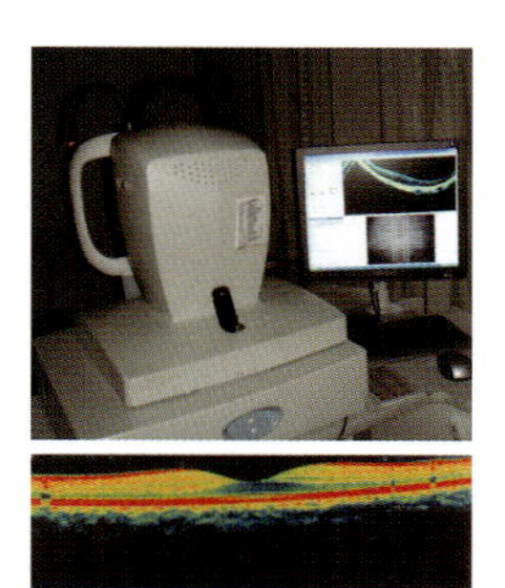

干渉断層計（OCT）によるヒトの網膜黄斑部断層像

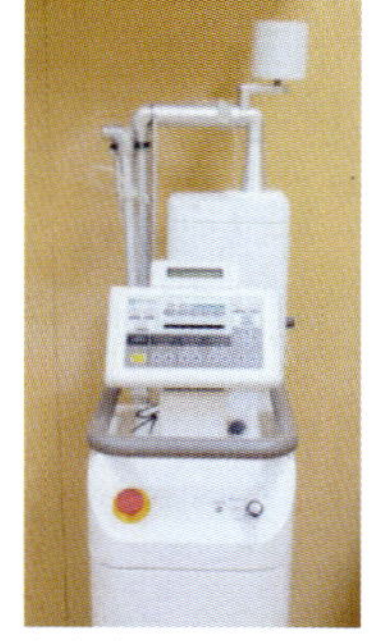

炭酸ガスレーザー装置

医療機器は、高価で、医学の進歩と共にモデルチェンジが早く、消費者保護法で７年間は修理部品が担保されるが、それ以降は難しく、また、保守契約費用も馬鹿にならないが、良質な医療のためには必需品である。
約30年前、埼玉医大の野寄喜美春教授が「将来、眼疾患の80%はレーザーで治せる」と予想されたのが、現実になりつつある。

コウモリの眼１　大コウモリ

脊椎動物亜門哺乳綱コウモリ目に属し、世界中に分布し、およそ970種存在する。コウモリは大コウモリ亜目と小コウモリ亜目に大別されるが、多くは後者の系統である。大コウモリと小コウモリは発生学的には全く別な進化を遂げてきた。

大コウモリの眼

①大コウモリは小コウモリより霊長類に近く、滑空動物のムササビ、モモンガ、マレーヒヨケザルなどに似て、四肢の先端に飛行用皮膜が存在する。

②大コウモリは視覚で情報を得ており、視覚は夜行性である。

③大コウモリは、輝板（Tapetum）を有するものが多く、新生仔は開眼しており、視交叉は霊長類と同様半交叉である。

④視細胞桿体が、672,000～400,000/mm^2存在する。

⑤大コウモリは聴覚による情報収集（反響定位：エコーロケーション）は行わない。（291頁参照）

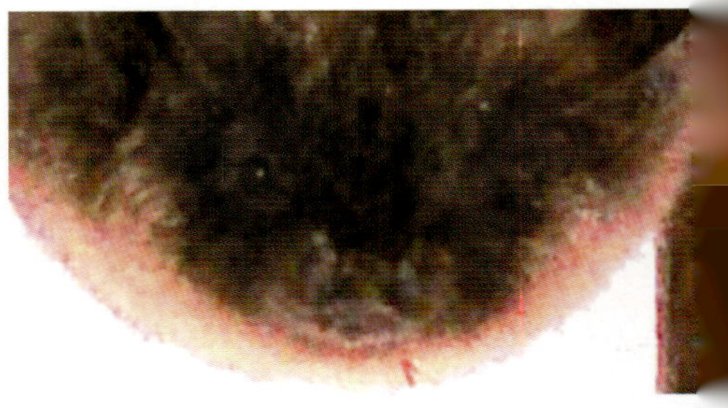

大コウモリは視覚が発達している

写真◎松井孝道

フルーツバット

上野動物園大コウモリ案内板より。大コウモリは耳は小さく、眼は大きい

コウモリの眼２　小コウモリ（１）

小コウモリ

多くの動物は眼で物を見るが、小コウモリのように耳で物を認識する動物がいる。我々は「眼は物を見るもの、耳は音を聞くもの」と信じて疑わないが、小コウモリの立場になれば「耳は物を認知するもので、眼で物を認識するなんて信じられない！」という事になる。

小コウモリの眼

①小コウモリは体長6cm程度で、眼は直径1.5mm足らずと小さい。
②強膜は薄く、軟骨膜は存在しない。
③脈絡膜色素は豊富である。
④水晶体は球状で眼球のほとんどのスペースを占める。
⑤櫛状突起（Pecten）が存在する。
⑥網膜は水晶体に接するように存在するが、貧弱である。
⑦脈絡膜輝板（Tapetum）が存在しない場合が多い。
⑧視交叉は全交叉である。
⑨小コウモリの眼は小さく萎縮しており、明暗弁別程度の視力である。
⑩小コウモリは眼瞼を閉じても、飛行や捕食には影響しない。
⑪小コウモリは超音波を口から間歇的に発し、そのエコーを両耳で捕らえ、形態覚を得るエコーロケーション（反響定位）行っている。
⑫小コウモリの聴覚による形態覚の脳内処理は下頭頂小葉で行われている。

喜歌劇（オペレッタ）「コウモリ」

オペレッタ「コウモリ」はヨハン・シュトラウス２世作曲の喜歌劇。物語り「コウモリ」の原作は、ドイツの劇作家ベネディクトゥス。筋書きは、かつて仮装舞踏会で酔っ払ったあげく、コウモリの格好のまま路上に置いてきぼりにされ散々な目にあった「コウモリ博士」ことファルケが、自分を落としいれた悪友アイゼンシュタインに復讐すべく仕組んだいろいろな「罠」が巻き起こす、どたばたの喜歌劇。

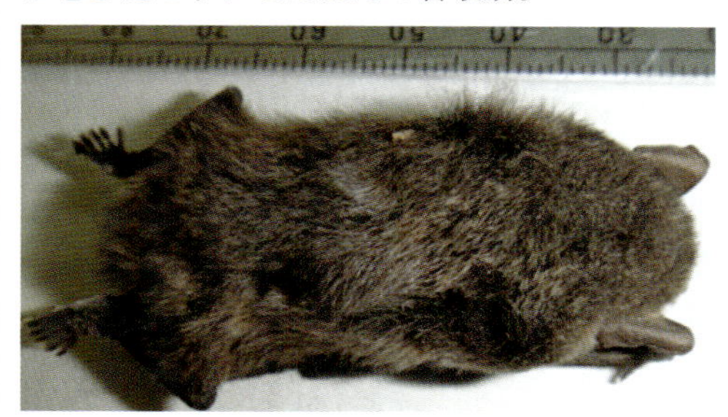

小コウモリ

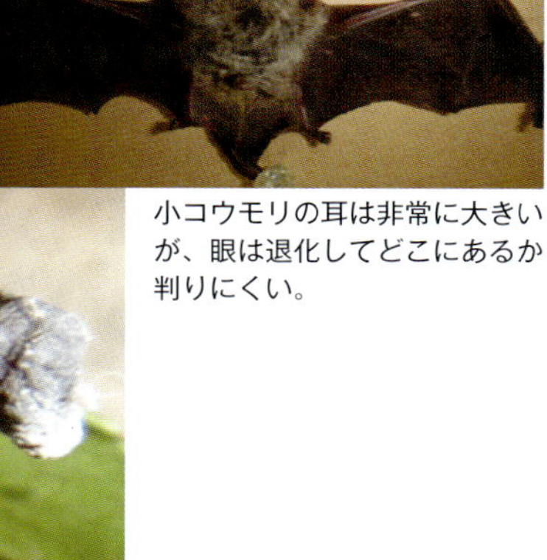

小コウモリの耳は非常に大きいが、眼は退化してどこにあるか判りにくい。

眼がどこにあるか分からない

コウモリの眼３　小コウモリ（２）

日本の空にも夕方になると多くの小コウモリが飛び交う。小コウモリにも多くの種類があり、耳が大きいほどエコーロケーションが発達している。

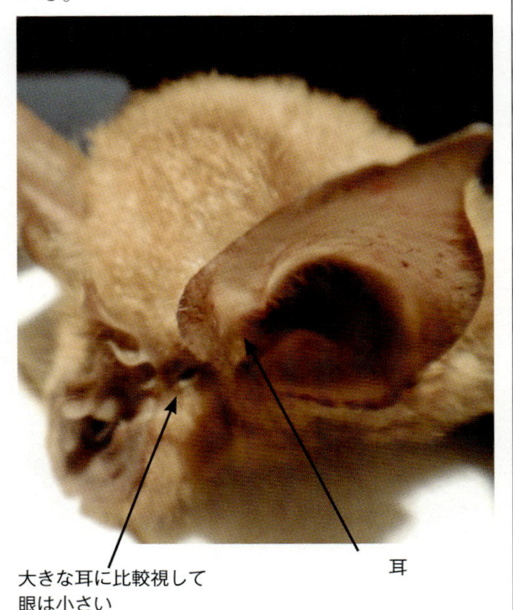

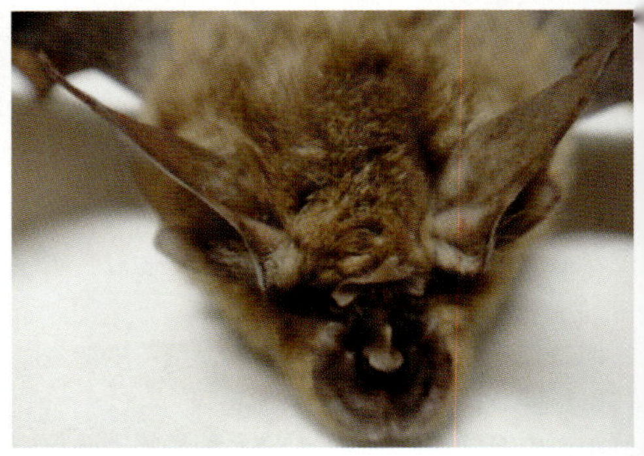

コウモリは口または鼻から超音波を発する。
鼻から超音波を出すコウモリは鼻の周囲が複雑な形をした「鼻葉」というシワで超音波の方向をコントロールする。

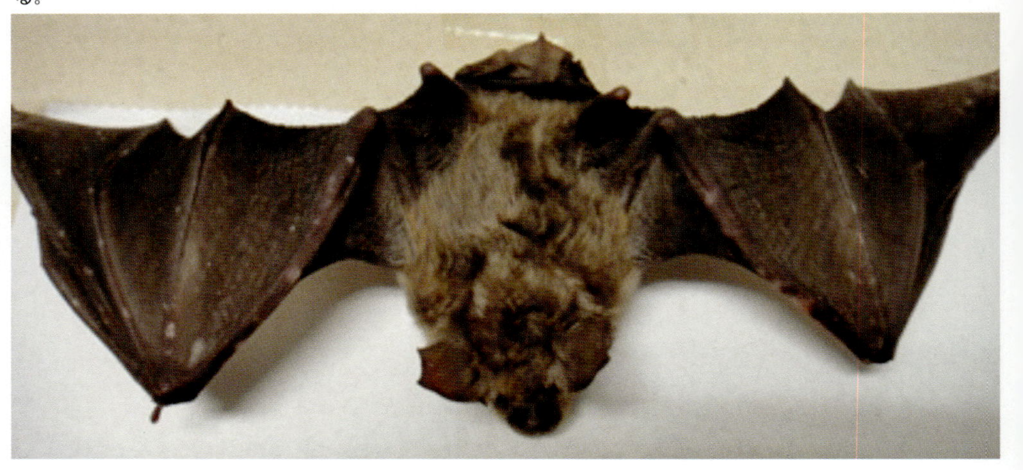

コウモリの眼４　小コウモリ（３）組織

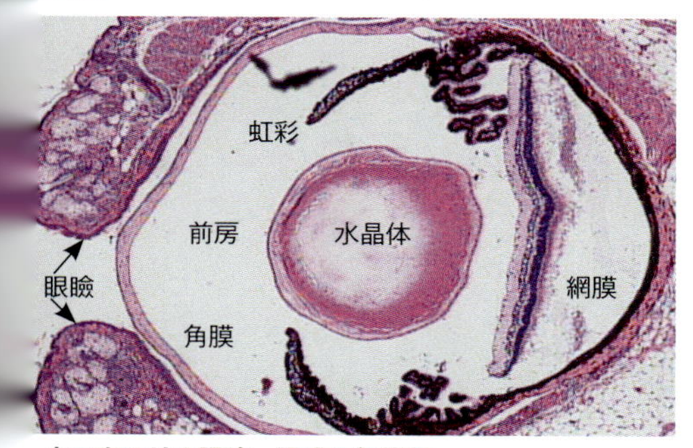

小コウモリの眼瞼・眼球の矢状断
角膜は薄く眼球壁のほぼ半分を占め、大きい（結膜嚢が深い）。
毛様体は貧弱で、櫛状突起が存在する。水晶体は球状で大きい。

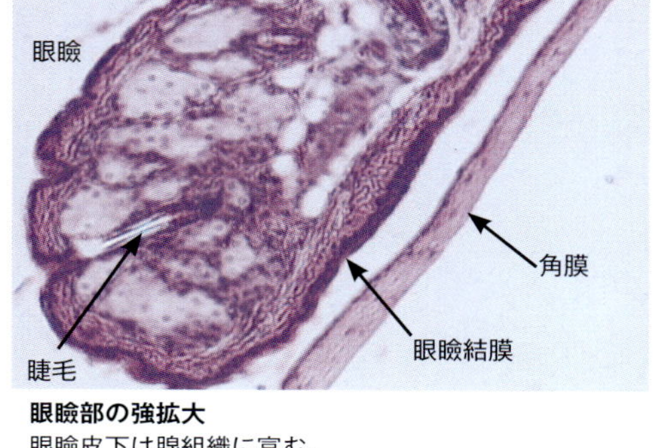

眼瞼部の強拡大
眼瞼皮下は腺組織に富む。
眼瞼には睫毛も存在する。
結膜上皮細胞はクロマチンに富む。

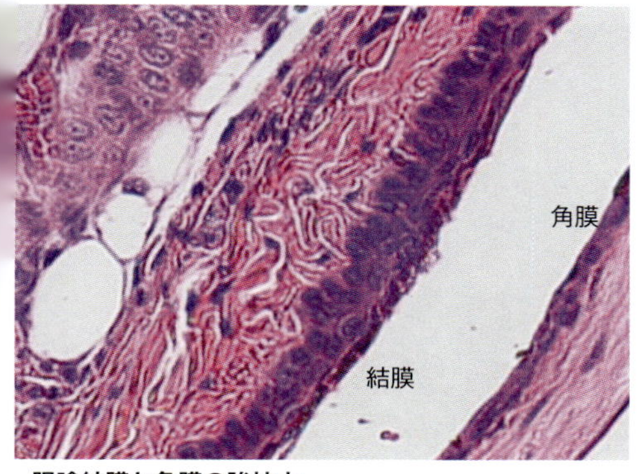

眼瞼結膜と角膜の強拡大
結膜は重層上皮で腺細胞をほとんどない。
角膜は薄く、一層の上皮細胞を認める。

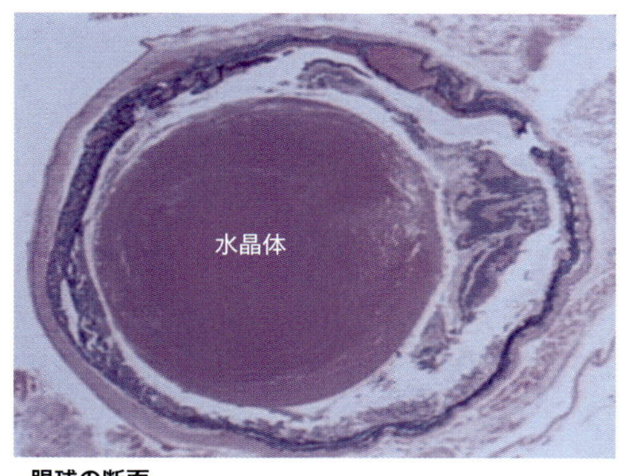

眼球の断面
水晶体は球状で大きい。
強膜は薄く、軟骨膜は存在しない。

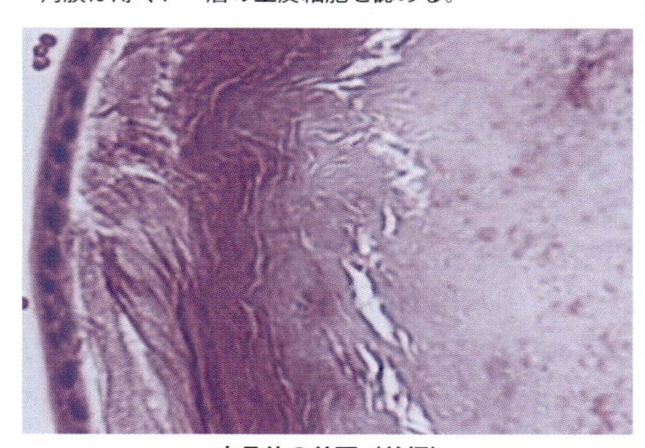

水晶体の前面（前極）

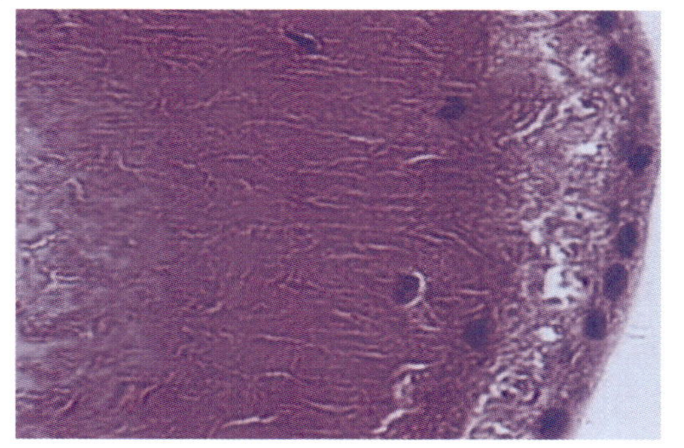

水晶体の後面（後極）

水晶体上皮は水晶体嚢下前周に均等に存在する。前極皮質には細胞成分はほとんどなく、後極皮質には細胞成分を散見する。

コウモリの眼５　小コウモリ（４）組織

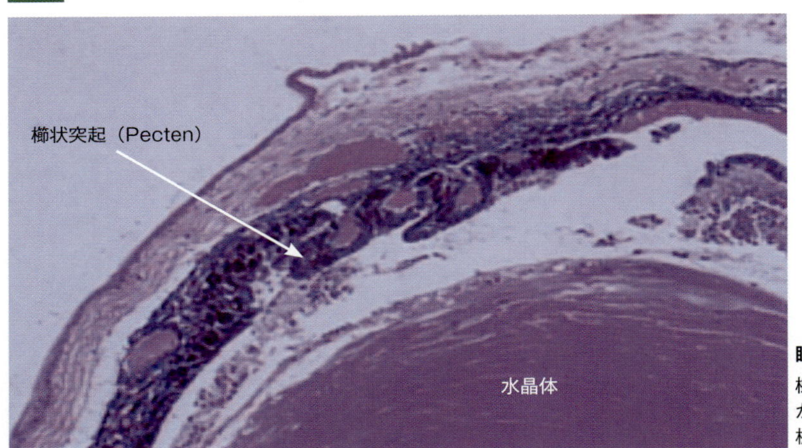

眼球赤道部

櫛状突起（Pecten）が存在するが脈絡膜輝板はない。

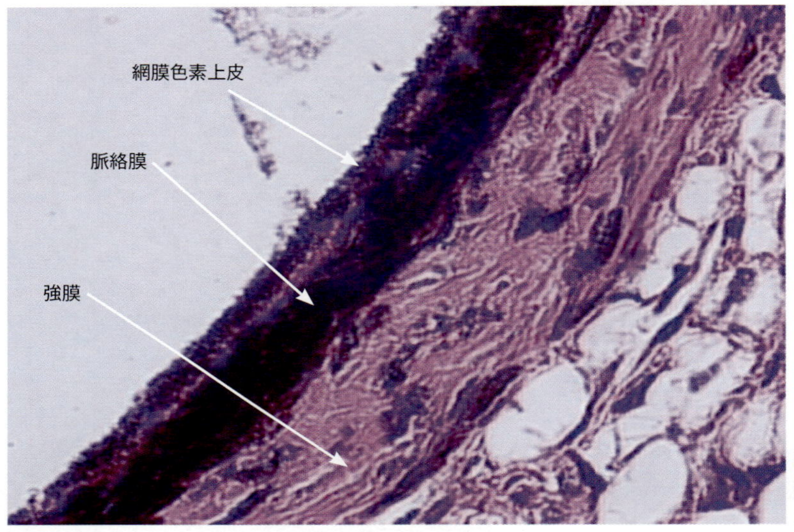

眼球後極

脈絡膜は色素に富むが血管成分が少ない。

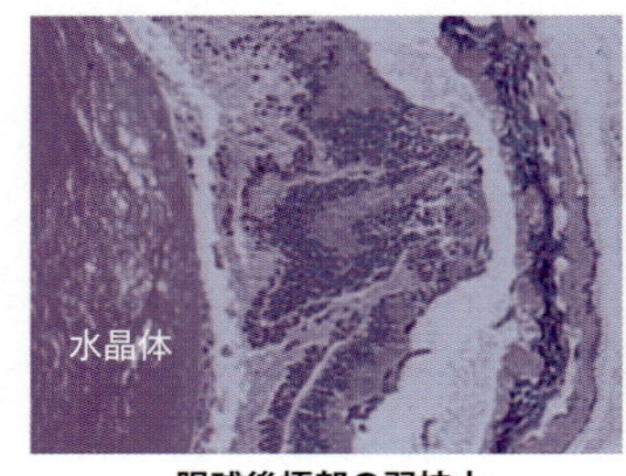

眼球後極部の弱拡大

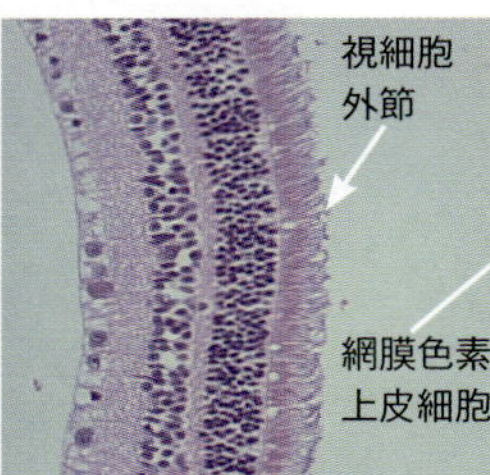
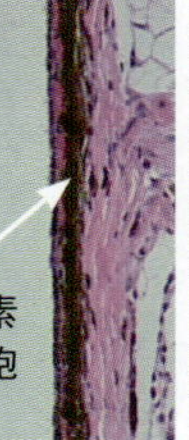

網膜弱拡大

網膜強拡大

網膜は球状水晶体の後極直後に存在し、層構造を呈している。

エコーロケーション（反響定位）

可聴域

ヒトでは通常20Hzから、15,000Hzないし20,000Hz程度の周波数帯を音として感じることができる。

エコーロケーション

エコーロケーションとは、動物が自分が発した音の反響を受信、解析して、周囲の状況を把握することである。エコーロケーションはイルカ、クジラ、コウモリなどで認められる。

コウモリのエコーロケーション

①コウモリは30KHz以上の超音波を１－５msのパルス発信する。

②パルス超音波は声帯から発生させるが、その音が反響音の邪魔になるので、音波を発生すると同時に、耳小骨（つち骨、きぬた骨、あぶみ骨）のうち、あぶみ骨筋の収縮により、あぶみ骨を前庭窓から引き離して、音が蝸牛に伝わらないようにしている。このあぶみ骨筋は、ヒトの場合、突然大きな音がしたとき反射的に収縮して内耳を護る「あぶみ骨反射」に関与している。

③発生する超音波の周波数は、周波数が高いほど物体の分解能は良くなるが、探知距離は短くなる。例えば、100KHzの超音波を声帯から１ms間発生させて、そのエコーにより0.1mmの虫を１mの距離で探知できる。

④側頭葉の一次聴覚野は二次元の構築をなし、情報収集されている。

⑤物体からのエコーは大きな耳を通して、聴神経を経て、側頭葉の一次聴覚野に達し、下頭頂小葉で体性感覚と統合して空間認知を行う。

⑥小コウモリの眼は萎縮退化しているが、明暗や昼夜の判別は視覚で行っていると思われる。

クジラのエコーロケーション

①クジラもエコーロケーションをするが、多くは仲間との情報交換に利用しているらしい。

②クジラは超音波でなく、低周波を発してエコーロケーションする。

③低周波は細かなものは認識できない。クジラの捕食には視覚も働いている。

ハナナガコウモリ

フルーツバット

写真◎松井孝道

モグラの眼 1

日本には 4 属 7 種が棲息する

①モグラは外見上、眼の所在が確認できない。
②眼部の体毛を除去すると、閉瞼した眼の存在がかろうじて確認できる。
③写真のモグラは左眼が確認できたが、右眼の確認が難かしかった。
④モグラは嗅覚が主で、視覚はほとんど利用していないと思われる。
⑤モグラの鼻先のヒゲは鋭敏な触覚受容器で地面の振動を察知する。

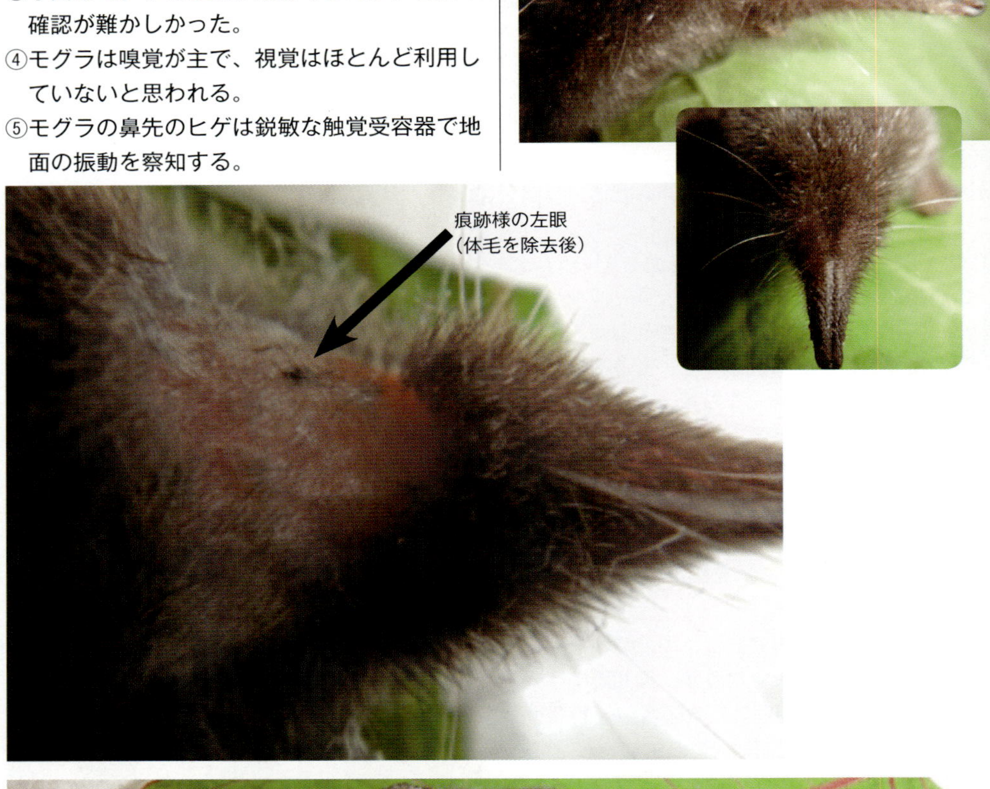

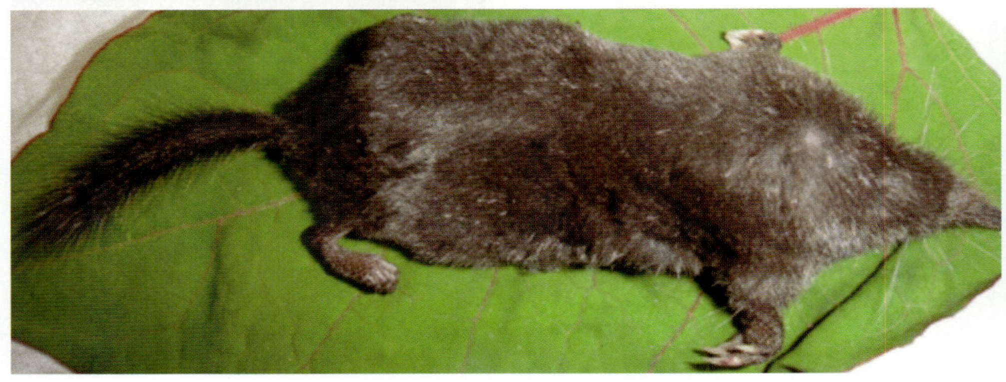

モグラの眼 2　組織

モグラの眼

①眼球は皮膚の中に埋まっている。
②前房は無く、水晶体が眼球の前半を占めている。角膜と水晶体が一体化している。
③結膜嚢は深く、眼球後部まで覆っている。
④水晶体上皮細胞は水晶体嚢の形成が不完全である。
⑤水晶体上皮細胞の核が残存が多く見られる。
⑥水晶体後極部に視細胞が接触している。
⑦硝子体スペースが殆どない。
⑧脈絡膜は貧弱である。
⑨角膜に続く強膜も貧弱で、軟骨膜はない。

モグラの眼の特徴は結膜嚢が深く、閉瞼すると外見上、眼がどこにあるのか分からなくなる。土の中で生活するため、眼に土が入らないような構造である。

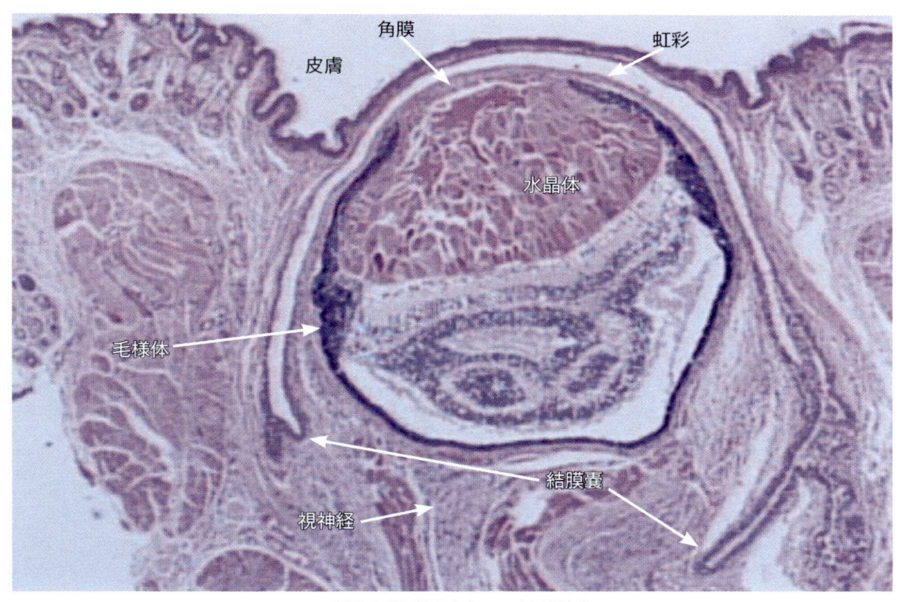

モグラの眼球弱拡大　　ＨＥ染色

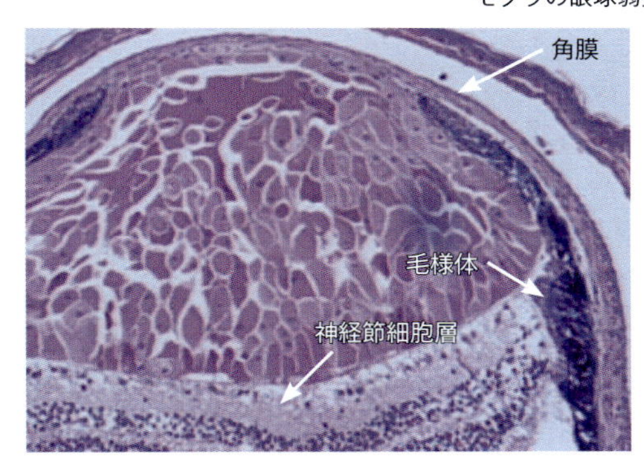

中拡大

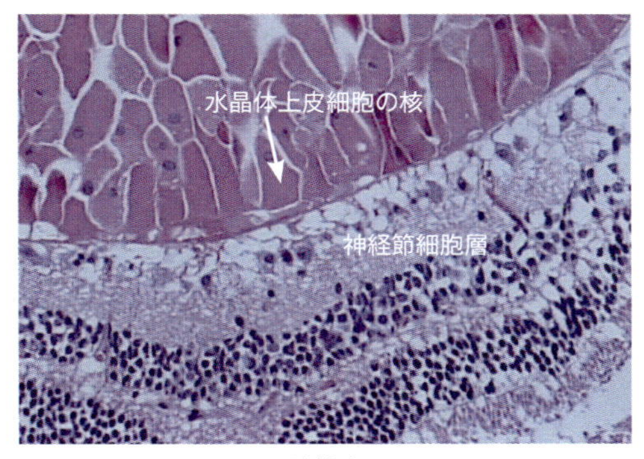

強拡大

クラゲの眼

クラゲは刺胞動物門と有櫛動物門の二つのグループに分けられるが、主として刺胞動物門で、3000種前後が確認されている。約6億年前から棲息環境に合わせて進化し、淡水や海水、浮遊性や非浮遊性など様々である。一般に、体がゼラチン質よりなり、体重の95%が水分である。触手で捕食生活をしている。ヒトを刺す種が多い。

クラゲの視機能

①クラゲは光覚器（眼点）を有する。ハコクラゲは、8個の光覚器をマントの縁に有する。クラゲの種類により、触手の先に光覚器を有するものもある。

②その光覚器は黒い色素に囲まれ受光面が陥凹しているだけのもの（杯状眼）と、レンズを有するもの（レンズ集光眼）などがある。

③光覚器は主として光を感受するが（明暗と光の方向が解る程度）、他に、体液や体位のバランスなどに関与しているらしい。

④ハコクラゲは8個の光覚器はカメラ眼に近く、レンズは皮膚と一体化したクチクラレンズで、網膜が一層の細胞層を隔て接している。この細胞層は調節機能も有する。

⑤クラゲは脳がなく、中枢神経による視覚情報処理がないが、敏捷活発に活動する。

中枢神経系が存在しないが、「それぞれの感覚器の複雑な回路集積」が中枢神経に代わる形態を備えている、と考えられている。

ハコクラゲ（立方クラゲ）は刺胞動物門箱虫綱に属する水生無脊椎動物で、箱型のクラゲである。

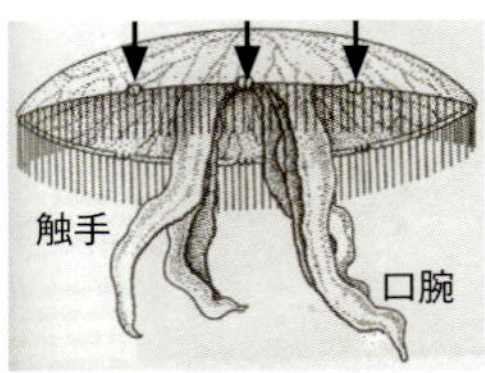

一般のクラゲ
傘の淵には8個の感覚器で光と重力を感じる部位が存在する。（矢印）
図 DUKE―ELDER より

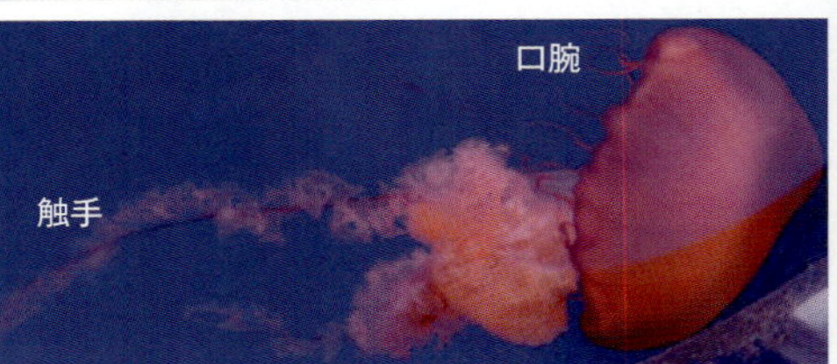

触手と口腕の長さはさまざまである

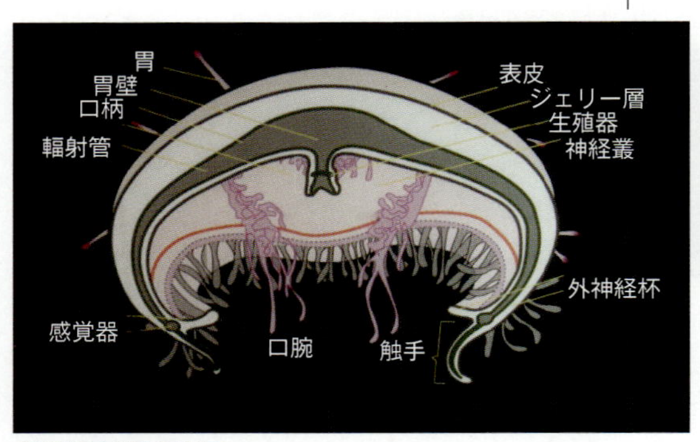

花帽クラゲの解剖図
中枢神経のないクラゲは幾つかの感覚器を有し、複雑な全身の神経回路集積により情報を得ている。（南京水族館資料改変）

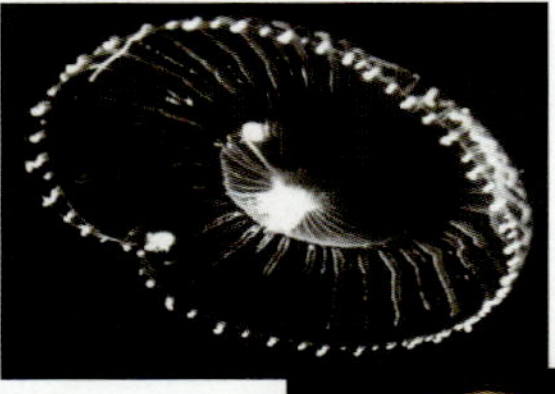

櫛板が光を反射して光る

赤ちゃんの眼

小児の眼

①赤ちゃんは眼軸が短く遠視である。強い遠視の場合、弱視や調節性内斜視が生じるので眼鏡装用が必要になる。その目安は下表に示す通りである。

②新生児の視力は0.02前後、２ケ月児でも0.05前後、３か月児で0.1～0.2程度とされている。

③誕生直後から生後２か月ごろには、口元に笑みを浮かべる「虫笑い」が生じ、人の顔や人の眼に強い関心をもつ。「母子共存関係」の始まりで、これは社会的認知の初段階である。

④５歳までに視力は1.0と成人並みになり、社会参加を可能にする優れた視覚情報処理を可能にする視機能が完成する。

⑤眼が視覚情報を得る感覚器として重要であるのは当然であるが、生下時には未熟な脳視覚野の発達がさらに重要で、赤ちゃんの視機能は脳の発達とともに社会性を得ていく。

⑥社会的認知の初段階には、母親の顔も重要であるが、特に母親の眼による視線感受性（アイコンタクト）が重要とされている。（最近の研究では新生児において触覚も脳の発達に重要との報告もある。京大：明和政子准教授）

⑦多くの動物は生れて初めて見る眼に対して、種別に関係なく視線感受性による母子関係を形成する。鳥のひながヒトの眼を最初に感受すると、ヒトを親として認識する。

⑧先天的に全く眼の見えない場合、聴覚、触覚、嗅覚、味覚などの視覚外感覚から母子関係や社会認知を育成する必要があり、専門の障害児教育が重要になる。

⑨新生児の眼の神経節細胞は130万個存在し、80歳には70万個程度に減少する。これは１年に7000本以上の視神経線維は減少していることを意味する。

⑩ヒトの赤ちゃんが動物と異なる点は、赤ちゃんの視覚到達点が、視覚情報により自他との区別を可能にし（自立）、社会的認知による社会参加をし（参加）、社会の一員として役立つ（貢献）、にあるとの説もある。

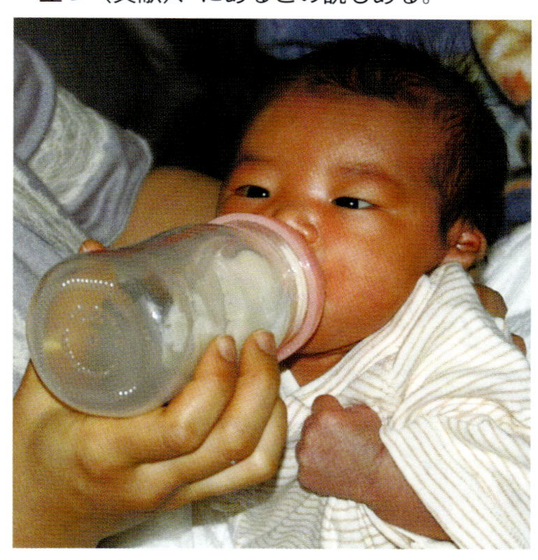

アイコンタクト。赤ちゃんは母親と視線を合わせながら母子共存関係を構築し、自立、参加、貢献という社会認知を醸成する。

年齢	正常屈折度	弱視防止治療対象
３カ月	＋４Ｄ	＋６Ｄ以上
１歳	＋２Ｄ	＋４Ｄ以上
２歳	＋１Ｄ	＋３Ｄ以上
３歳	＋１Ｄ	＋３Ｄ以上

弱視とは視機能の発達障害である。視覚情報処理能力が完成する６歳までに、可及的早期に弱視を発見し、質の良い視覚情報により脳視覚野を醸成する必要がある。

義眼

医療用義眼

①医療用義眼は眼球の萎縮や無眼球に対して、美容を目的に、また乳幼児の場合は眼窩骨の発育促進を目的とする。

②一般にはプラスチック製で、オーダーメイドで製作されるが、既製品もある。

③多くは片眼性なので、作成時は僚眼に似せて作成する。

③義眼を乗せる義眼台の作成は手術による。

④義眼台の作成に際して、残された外眼筋を利用して義眼が動くように工夫される。

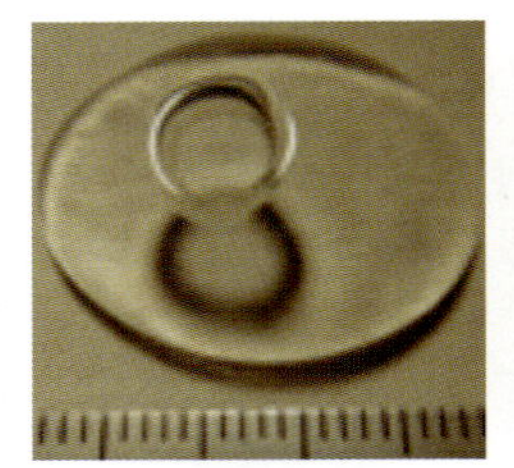

有窓義眼

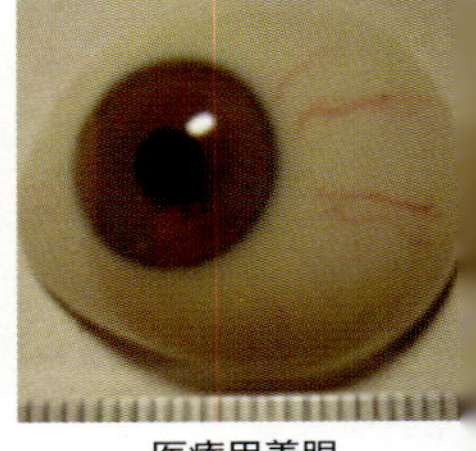

医療用義眼

有窓義眼は義眼台形成時に結膜嚢の萎縮防止のために一時的に用いる。医療用義眼は大きさ、形、瞳孔径、虹彩色など、左右のバランスを配慮して作成される。

非医療用義眼

①変装用：一種の特殊コンタクトである。

②人形・縫ぐるみ用：多くはボタン型である。

③剥製用：リアルを重視するので、製作者の観察力が試される。

下の写真は剥製用の義眼である。スケールの１メモリが１mmである。

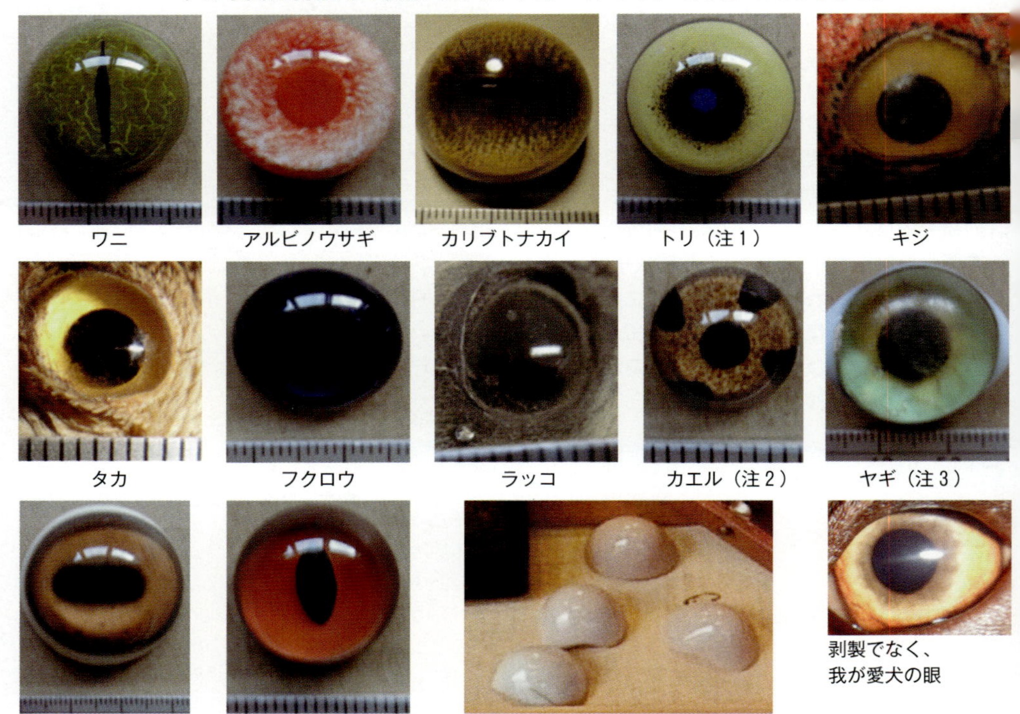

ワニ　アルビノウサギ　カリブトナカイ　トリ（注１）　キジ

タカ　フクロウ　ラッコ　カエル（注２）　ヤギ（注３）

ウマ　キツネ　100年以上前の義眼、パリ骨董屋にて　剥製でなく、我が愛犬の眼

注１：トリの種類は不明。 注２：カエルの種類は不明。多瞳孔又は偽多瞳孔のカエルは日本には存在しない。
注３：ヤギの義眼は米国製で日本のヤギと異なる。

宇宙飛行士の眼

地球上の生物は、ある許容範囲内の、気圧、重力、温度、空気組成、湿度、宇宙線量などで収斂進化してきた。その収斂進化には無限回数の突然変異が介在するため、宇宙のどこかに地球と全く同じ環境の惑星が存在し、そこに生物が存在したとしても、地球上の生物とは全く別な生物であるはずである。

地球環境と全く異なる環境にヒトが適応するのは極めて困難で、異質環境障害の代表として潜函病、高山病、無重力病、過重力病などが考えられる。

潜函病（減圧症）：組織や体液に溶けていた気体が、減圧により体内で気化し、血管閉塞を来す。

高山病：高所の低圧低酸素環境に適応できず、脳浮腫や肺浮腫により、頭痛や呼吸困難などが生じる。エレベストに登頂したヒトの眼底に網膜出血を高頻度に認める。高山病の予防に炭酸脱水素酵素阻害剤（ダイアモックス）が有効との報告もある。

無重力病：宇宙開発の過程で、様々な研究が進んでいる。

過重力病：あまり解明されていない分野である。細菌は過重力の影響を受けずに繁殖するとの報告がある。

宇宙飛行士の眼

Maderらは、宇宙飛行士７名の長期宇宙飛行後の眼障害について報告をしている。

①視力低下・視野異常：視細胞外節と網膜色素上皮との物質交換の低下、その他による。

②網膜軟性白斑：網膜毛細血管の閉塞を意味し、不可逆的視力障害の原因になり得る。

③視神経乳頭の浮腫：長期にわたると神経線維の減少による不可逆的視野障害が生じる可能性もある。

④眼球径の減少：屈折力の変化、特に遠視化が生じる。

⑤脈絡膜皺：脈絡膜循環障害による視細胞の障害や網膜剥離が起こり得る。

⑥白内障：長期合併症としては低眼圧や放射線による白内障も予想される。

L.A.Kramerらは宇宙に長期滞在した宇宙飛行士の脳と眼をMRIで解析し、微小重力や無重力に30日以上暴露されると、突発性頭蓋内圧亢進症類似の所見を示し、眼球後部の扁平化27名中７名（26%）、視神経乳頭腫脹27名中４名（15%）、脳下垂体部の異常27名中３名（11%）など、何らかの障害を来すと報告している。

これらの眼障害の原因について、無重力、急激な重力変化、放射線、その他の身体的ストレス、などの関与も検討する必要がある。

スペースシャトルの環境

①気圧： 室内は１気圧に、 宇宙服内気圧は１/３気圧に調整してある。

②空気：室内の空気は地球上と同様な酸素・窒素比に調整されている。

③ 無重力：筋肉や骨ばかりでなく、脳脊髄液や脳、眼圧や網膜視細胞などに影響を与える。

④ 宇宙線量：正確には不明である。単純には比較できないが、国際線飛行機が浴びる宇宙線は地上の10～100倍とされているので、スペースシャトルの場合は相当高いと思われるが、室内はシールドされていると想像する。

無重力下では細胞が痩せ細る

国際宇宙ステーションの実験で、長期の無重力下で、筋肉や骨が減少することが解っていたが、東谷篤志（東北大）らは、無重力下では細胞内のたんぱく質（アクチンやミオシン）が10～20%減少する、と述べている。

Newton：2016(4)

宇宙飛行士は異質環境による障害を軽減するために、十分な訓練や順応に配慮し、宇宙滞在期間も配慮されている。宇宙飛行士は異質環境で、多くの身体的犠牲を対価にした英雄である。

眼の収斂進化 1　総論（1）

分岐進化と収斂進化

分岐進化とは、ある祖先種などからさまざまな形質をもった生物群が生じる進化をいう。

例えば、同じ種や近縁種の蝶でも文様や色が異なること、ヒトの虹彩の色や屈折が異なること、などが挙げられる。

収斂進化とは、発生学的に全く異なる生物が進化の過程で、同質化・同等化・相似化に進むことをいう。

例えば、節足動物と脊椎動物の足の指が５本で外見的に似ていること、トンボの眼とザリガニの眼が複眼で似ていること、コウモリの声帯とヒトの声帯が似ていること、など全く異なる種同士で類似性の形態へ進化することである。

このような分岐進化や収斂進化には遺伝的多型性の関与、すなわち、同種間又は異種間に類似遺伝子が関与しているためと考えられている。

生物の「種」

1．地球上には170万種の生物が確認されているが、未発見の種はその数十倍と予想されている。

2．生物の進化の方向は限りなく無限に近く、仮に、カンブリアの爆発が再現されても現在と同じ生物に進化する可能性は極めて低い。地球上の生物は生活環境に適応しながら、偶然の突然変異と共に種の形成が行われてきた。

3．類似したグループが「一つの種」か否かは、

●子孫を残せるか否か、

● DNA の塩基配列の相違、

●形態の類似性、

などで決められている。例えば、

①馬と牛は交配で子孫を継代できないので別種である。

②ラバは雄のロバと雌の馬から生まれたものである。ラバ同士で子孫を残すことが出来ないので、ラバは一つの「種」ではなく、雑種である。

③一般に、DNA 分析で５％違えば別種とする。

④細菌の場合は DNA が30％以上違えば別種とされる。

⑤遺伝子には構造遺伝子と調節遺伝子があり、構造遺伝子はポリペプチドの構造や RNA の１次構造を決定する。調節遺伝子は構造遺伝子の発現を制御する。

⑥ヒトとチンパンジーの構造遺伝子の相違度は約0.4％とされている。

⑦ヒトゲノムの15％はチンパンジーよりゴリラに近い。

（英サンガー研究所研究チーム）

社会構造の収斂進化

アリやハチなどの社会性昆虫に見られるように、同一種でありながら繁殖、食物の調達、子ども世話、外敵との戦い、棲み家の修復などを分業にした群生システム（真社会）を形成する。これは一種の社会構造の収斂進化である。これらはヒトの社会構造や社会行動との類似性がある。

感覚器の収斂進化

それぞれの固体においても感覚器は触覚、視覚、聴覚、嗅覚、味覚など役割分担が行われている。種が環境に対応して感覚器をどのように収斂進化させてきたかは、視覚器だけを考えても興味深い問題である。

約1000万年前にゴリラからヒトとチンパンジーが分化したとされている。現存する動物でヒトにもっとも近縁なのは、チンパンジーであるが、ヒトの遺伝子にもゴリラとの共通点が数多くみられる。ヒトとチンパンジーの構造遺伝子の相違度は約0.4％とされ、ヒトゲノムの15％はチンパンジーよりゴリラに近い。その後、ヒトの眼とチンパンジーの眼はどの方向に収斂進化してきたのであろうか？

眼の収斂進化２　総論（２）

人種差・地域差に伴う収斂進化

「地球上のあらゆる人間のゲノムは、分子レベルでは99.9%以上同一である。人種や民族の違いは、実に表面的なものでしかない」といわれている。

ある生物種集団のゲノム塩基配列中に一塩基が変異した多様性が見られ、その変異が集団内で１％以上の頻度で見られる時、これを一塩基多型（SNP）と呼ぶ。

SNPはごく微妙な遺伝子上の相違で、これによりヒトそれぞれ虹彩の色が異なったり、特定の個人がある種の病気にかかりやすくなる。このSNPは人種や民族の収斂進化に伴う異変ともいえる。

その例として、

- ●農耕民族の日本人は糖尿病になりやすい。
- ●ヨーロッパ人に嚢胞性線維症が多い。
- ●アフリカ、地中海沿岸、中近東、インド北部に鎌状赤血球貧血症が多い。
- ●ある種のHLAタイプのヒトは原田病やベーチェットになりやすい。
- ●北米やヨーロッパにクローン病が多い。

ヒトの眼とタコの眼

霊長類であるヒトと軟体動物のタコは、全く異なった進化の道を歩んできた。そして、ヒトとタコの体型的には全く異なった姿であるが、眼に関しては類似性のあるカメラ眼である。これは収斂進化の代表例とも言える。しかし、ヒトとタコは同じカメラ眼でも、その詳細には大きな違いがある。「タコの眼」を参照。

視機能の収斂進化への道

①今後、ヒトの視器がどのような収斂進化の道を辿るかは全く予想が出来ず、またその可能性は無限に存在する。

②特に、ヒトの場合、生活環境の変化を自らがコントロールし、不都合な視機能を自らが補正するので複雑である。

③その自らの視機能のコントロールや補正は収斂退化と裏腹になる。

④今後もヒトは収斂進化に伴って、不適応部分が生じ、さまざまな疾患に悩まされるであろう。それが収斂進化の原動力でもある。

⑤ヒトは知能を持って、収斂進化と退化を自らがコントロールするかも知れない。

⑥将来、ヒトがキイアゲハのように、４色型の色覚を獲得するチャンスは皆無ではないのだ。

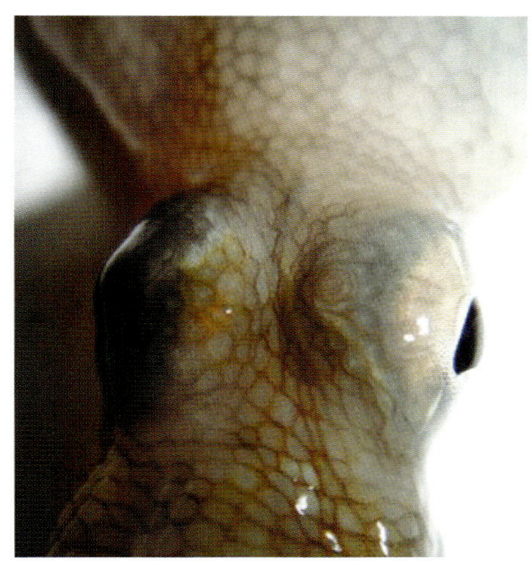

軟体動物のタコもヒトと同様カメラ眼である

タコの眼は種類や擬態により微妙に異なる

キイアゲハは、４色型の色覚を有する。キイアゲハの「色の世界」は我々ヒトには想像できない。

眼の収斂進化3　総論（3）

ヒトの眼は最も収斂進化したものか？

ヒトの眼はカメラ眼としては卓越している。しかし、

1）鷲や鷹の視力は、ヒトよりはるかに優れている。
2）ツバメは、両眼視域とパノラマ視域の可能な中心窩が2か所ある。
3）ネコやイヌの眼は、輝板を有し、夜間視力が良い。また、動体視力もヒトより優れている。
4）馬の視野は、ヒトより約30%広い。
5）ミツバチは、ヒトには見えない300nmの紫外域も見え、可視波長域が広い。
6）魚の調節機能は、ヒトより良いかもしれない。
7）サンヨウチュウは白内障にはならない。
8）ハチのフリッカー値は、ヒトより10倍以上高く、速い動きに対応できる。
9）モンシロチョウやキアゲハの色覚は、4色型で、ヒトが3色型である。
10）チンパンジーの瞬間視力は、ヒトの2倍以上良い。
11）蛙の網膜は、虚血に抵抗性を持つが、ヒトの網膜は虚血に弱い。
12）クジラの眼は、ヒトの10倍以上の眼圧に耐えられる。
13）カメレオンは、両眼視機能をもち、さらに、左右別々に眼球を動かすことが出来る。

以上から、ヒトの眼は収斂進化の最終ステージではない。今後もヒトの生活環境や生活様式の変化に伴って収斂進化、または退化すると思われる。

14）タコの視神経線維は、視神経乳頭をつくらず、直接、眼球外に出るので、緑内障になりにくい。
15）タコの視細胞は、ヒトと異なり、硝子体側に存在し、受光ロスが少ない。

などから考えると、ヒトの眼が他の生物の眼を凌駕している訳ではない。収斂進化は、生物が「ある必要性」に迫られると、その都度繰返し同じ「選択肢」にたどり着く傾向にある。カメラ眼は少なくとも6回は独立進化をしたとされている。

ヒトの眼は収斂進化の過程で、視力や視野、色覚、動体視力、夜間視力、フリッカー値など、全ての視機能を最高なものにする必要がなかった。むしろ、両眼視機能や視角認識能を含めた視覚中枢における視覚情報処理能力に重きを置く結果となった

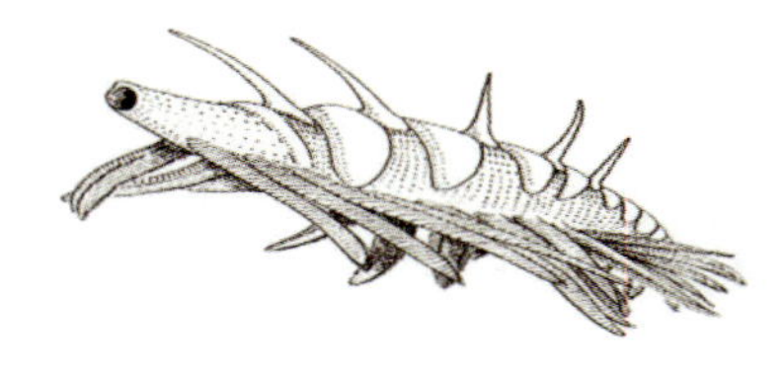

バージェス頁岩生物群の古生物
1986年コリンズにより報告された。これらにはまだ視器は存在していなかった。

二枚貝は早期に視器を獲得した生物である。

ハチのフリッカー値はヒトの10倍以上である。ヒトが振り回す虫取り網はハチにとってはスローモーションに見え、ゆとりをもって逃げられる。

眼の収斂進化４　総論（４）

霊長類の進化は約6500万年前、白亜紀末期頃に始まったと考えられている。以来、ヒトは、加齢白内障、老視、加齢黄斑変性、緑内障、眼精疲労、テクノストレス眼症、糖尿病性網膜症など多くの眼疾患に悩まされてきた。その原因として、

1．収斂進化の過程説

想定として

1）霊長類の平均寿命が40年前後ならば、加齢白内障や老視は生じない。

2）霊長類が本を読んだり細かな仕事をしなければ、老視に悩まされない。

3）霊長類は科学で環境を変えなければ、多くの眼疾患にはかからない。

4）霊長類は思考しなければ、精神的トラブルは生じない。

5）霊長類は飽食をしなければ、糖尿病網膜症で失明しない。

ところが想定外にも

①ヒトは自らが100歳近くまで生きることを可能にした。

②ヒトは本を読んだり、近方作業をするようになった。

③ヒトは生活環境を想定外の環境に変えた。

④ヒトは思考による精神活動を活発化させ、ストレス社会を形成した。

⑤ヒトは自制することなく、飽食に走った。

その結果

ヒトは加齢白内障、老視、加齢黄斑変性、緑内障、眼精疲労、ストレス性眼疾患、膠原病、テクノストレス、糖尿病網膜症など、想定外の眼疾患を抱き込むことになる。家畜は別として、野生動物はこれらヒトを苦しめる眼疾患にならない。多くの眼疾患は収斂進化の過程に生じるもので、それを補正するために収斂進化が進行する、との説。

2．細胞寿命説

霊長類の体細胞は三種類の滅び方がある。

①事故死または壊死（ネクローシス）：外傷や栄養不足、毒物などによる死。

②プログラム死（アポトーシス）：角膜上皮細胞や水晶体上皮細胞のように分裂を繰り返し、新しい細胞に寿命をつなぐ死に方。しかし、その分裂の回数は無限ではない。

③寿命死（アポビオーシス）：角膜内皮細胞や多くの網膜構成細胞のように、生後より細胞分裂をしない細胞で、寿命は長いが、個体の死に直結する細胞死。

ヒトの体細胞は130年前後の寿命が担保されている。しかし、ヒトは担保された細胞の寿命を100％利用せず、科学の進歩や生活環境によりその担保を反故にしている。ヒトは細胞のネクローシスを減らすために、また、快適な環境を得るために科学し、その結果、アポトーシスやアポビオーシスによる細胞死を招いている、との説。

「不在の病」

M. V. マノフ著「寄生虫なき病」では、“寄生虫が撲滅されて、アレルギー疾患が増加した”と云う仮説に対し、自己免疫疾患を有する著者自らが、アメリカ鉤虫に感染する生体実験を試みる。著者は、寄生虫の不在にとどまらず、「不在の病」の影響は互いに影響し合って、さらに複雑な問題を連鎖・相乗的に引き起こす、としている。

ヒトが病になる原因が、収斂進化の過程説か細胞寿命説のいずれにしろ、もはやヒトは野生へ還ったり、科学しないわけにはいかない。ヒトの英知で一つの病を克服すれば、さらなる別の病が生じる。それが「不在の病」である。ヒトに与えられた宿命でもある。

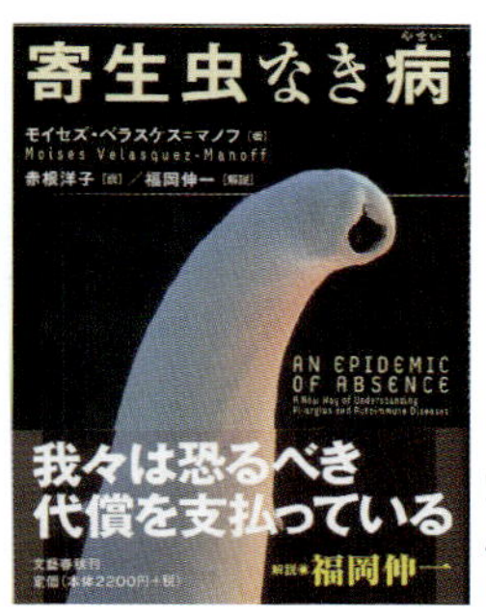

Moises Velasquez Manoff 著
An Epidemic of Absence
（文藝春秋社）2014

アメリカ鉤虫はアフリカ、アジア、インド、中国の熱帯地域に広く蔓延している寄生虫である。この寄生虫に感染しても多くの場合、無症状であるが、まれに、発熱、せき、喘鳴、上腹部痛、食欲減退、下痢、体重減少、貧血が起こる。この寄生虫を撲滅したアメリカではアレルギー疾患が急増したとされている。

眼の収斂進化 5　総論（5）眼疾患の増減

ヒトの眼の収斂進化は数万年レベルの長い間に環境適応して収斂したものである。そして、その収斂はヒトの生活習慣や生活環境など、人為的影響を刻々と受け、場合によっては淘汰、進化、疾患として表現される。眼科疾患の多くも収斂進化の流れの中で発生すると考えられる。しかも、多くの疾患が単一原因ではなく、多因子疾患として捕らえる必要がある。そのため、多くの眼疾患は生活環境の変化、時代の流れと共に増減する。

1．加齢が関与するもの
- ①減少：翼状片、睫毛乱生、慢性涙嚢炎
- ②増加：加齢黄斑変性、加齢白内障、加齢性眼瞼弛緩症、結膜弛緩症、落屑緑内障

2．生活環境、生活習慣が関与するもの
- ①減少：交通事故・労災・スポーツによる眼障害、高血圧網膜症、濾胞性結膜炎、中心性網脈絡膜症
- ②増加：アレルギー性結膜炎、ドライアイ、糖尿病網膜症、近視、加齢黄斑変性、眼精疲労、心因性眼障害

3．感染が関与するもの
- ①減少：トラホーム（クラミジア結膜炎）、細菌性結膜炎、急性出血性結膜炎、流行性角結膜炎、涙嚢炎
- ②増加：ウイルス性角膜炎、真菌性結膜炎、眼瞼ヘルペス、眼瞼乳頭腫

4．体質・素因が関与するもの
- ①減少：高血圧網膜症、原田病、ベーチェット病
- ②増加：正常眼圧緑内障、近視、糖尿病網膜症
- ③不変：網膜色素変性症、ぶどう膜炎、白内障

5．医療の進歩が関与するもの
- ①減少：未熟児網膜症、交感性眼炎
- ②増加：コンタクト・トラブル、水泡性角膜炎、正常眼圧緑内障、視神経症

抗生剤や抗菌剤の進歩により、細菌性結膜炎は減少したが、生活環境の変化により、糖尿病網膜症、眼精疲労、免疫能の低下によるウイルス性疾患やアレルギー性疾患は増加した。10年後、50年後、100年後、500万年後、ヒトはどんな眼疾患を克服し、どんな眼疾患に苦しめられるのであろうか。

眼疾患に限らず、薬害や放射線障害など、全ての疾患に対し切り口を変えて、収斂進化の過程から検討するのも有用と思われる。

- 最近は、眼疾患に限らず、マンガやユルキャラブームにより、文章読解力の低下や情景把握の幼稚化傾向がみられる。
- また、遠い将来、ヒトが放棄した高レベル放射性廃棄物が、ヒトのみならず、地球上の生物全てに何らかの影響を与える可能性がある。
- さらに、ヒトの英知で克服した疾患の後に、予想だにしなかった疾患が出現し、ヒトを苦しめる可能性もある。
- 温暖化やグローバル化により、地域限定疾患の拡大化なども予想される。

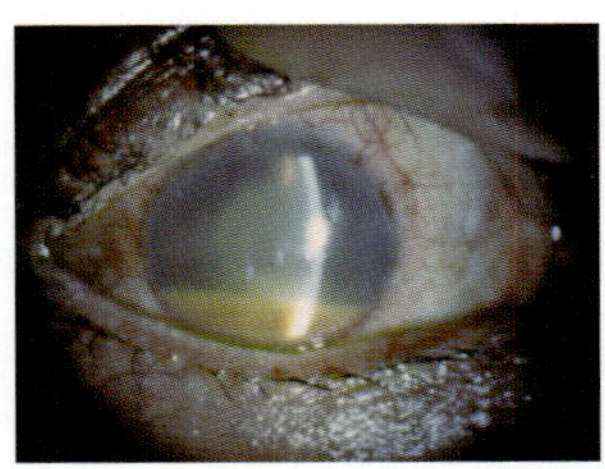

ベーチェット病は主に眼と皮膚粘膜に急性の炎症発作を繰り返す疾患で、特に、眼には前房蓄膿とぶどう膜炎を来す疾患である。約40年前は非常に多かったが、最近は減少した。その理由は不明である。

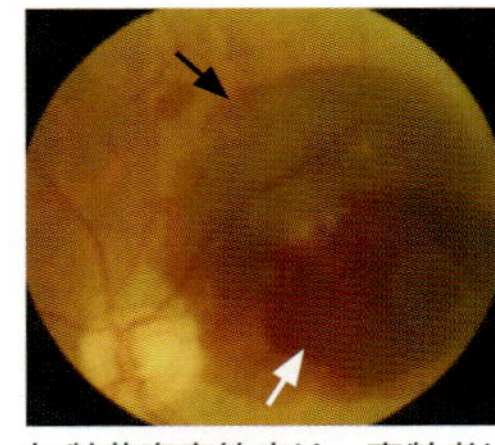

加齢黄斑変性症
70歳男性で黄斑部に出血を繰り返す。網膜の深い層（黒矢印）と浅い層（白矢印）の出血がみられる。

加齢黄斑変性症は、高齢者に発症する網膜黄斑部の新生血管から出血を来す疾患である。約40年前はわが国では殆ど見られなかったが、最近は非常に増加している。その理由は不明である。

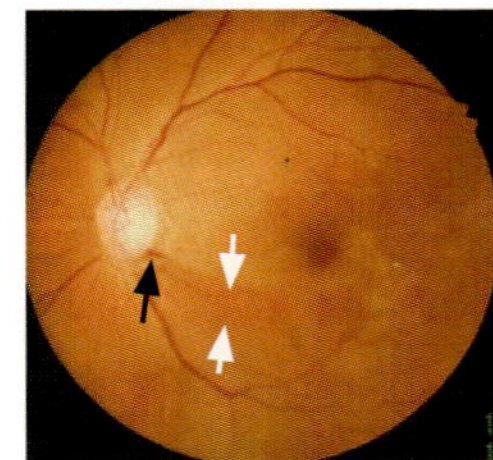

正常眼圧緑内障
55歳女性の眼底視神経乳頭の陥凹と乳頭部出血（黒矢印）を示し、神経線維束の欠損（白矢印）がみられる。眼圧は2 mmHgと正常範囲。

正常眼圧緑内障は眼圧が正常範囲であるのに視神経の萎縮が進行し、緑内障と同様の視野障害が出現する疾患である。40歳代では2％、70歳代になると10％以上にみられる。最近の眼科診断の充実による早期発見による増加も考えられる。

眼の収斂進化６　老化

最近は「老化」でなく「加齢」と表現するが、老化の方がアポトーシスの意味が強い。ヒトの視機能は、生後５歳ごろまでは発育するが、その後はゆっくり老化が始まる。

眼の老化は、形態的にも機能的にも着実に進行し、臨床的には下記のようなものが考えられる。

眼の老化の主たるもの

眼瞼：眼瞼弛緩・色素沈着・腫瘍・内反・眼瞼下垂・疣贅

睫毛：睫毛乱生・睫毛の白毛

涙腺：涙液分泌障害・涙液成分の変化

涙器：涙道通過障害・流涙・涙嚢炎

結膜：結膜萎縮・結膜弛緩・色素沈着・分泌低下・瞼裂斑

角膜：老人環・内皮細胞減少・角膜変性症

隅角：目詰まり・浅前房・緑内障色素沈着

虹彩：縮瞳・萎縮・瞳孔反応低下

毛様体：調節力低下（老眼）

水晶体：白内障・硬化・落屑・石灰化・膨化

硝子体：液化・飛蚊症（混濁）・牽引

網膜血管：動脈硬化・狭細化

網膜：視細胞減少・視野障害・自発蛍光増加・加齢黄斑変性

網膜色素上皮：萎縮・ドルーゼン

脈絡膜：黄斑部新生血管・ポリープ状血管

視神経：神経節細胞減少・萎縮

視覚中枢：どのように老化するかは不明

細胞の老化

細胞老化は、細胞が分裂や増殖する能力、または、それぞれの細胞が担う機能、が不可逆的に低下した状態である。その低下により、細胞の機能障害、易感染性、代謝産物の蓄積などが老化現象として表現される。その老化の仕組みは細胞の種類により異なる。

１．アポトーシス

細胞は、ゲノムレベルで、多くのストレスにより、傷害と修復を繰り返している。修復不可能になるとガン化の防御反応としてアポトーシスが働き排除される。

２．ヘイフリック限界

ヒトの初代培養細胞は永久には分裂せず、分裂回数に限界がある。これを「ヘイフリック限界」という。この限界はゲノムで規定されており、プログラム死である。

３．ミトコンドリアDNA

細胞の老化は、一般に細胞内小器官であるミトコンドリアの老化によるとされる。

ミトコンドリアは細胞内の糖分や脂質などからエネルギーを産生する。このミトコンドリア産生エネルギーが生命活動を推進する。そのミトコンドリアには独自のDNAが存在する。ミトコンドリアがエネルギーを産生するとき、活性酸素も産生し、その活性酸素が細胞内小器官やミトコンドリアDNAを傷つけ、ミトコンドリアの老化が生じ、細胞の老化が起こる。そして、その細胞の老化が組織の加齢変化へと繋がる。

ヒトの眼は系統発生的には収斂進化をするが、個体として視機能の進化は期待出来ない。永遠の生命でなく、老化という限られた生命期間を継代することにより収斂進化を可能にする。

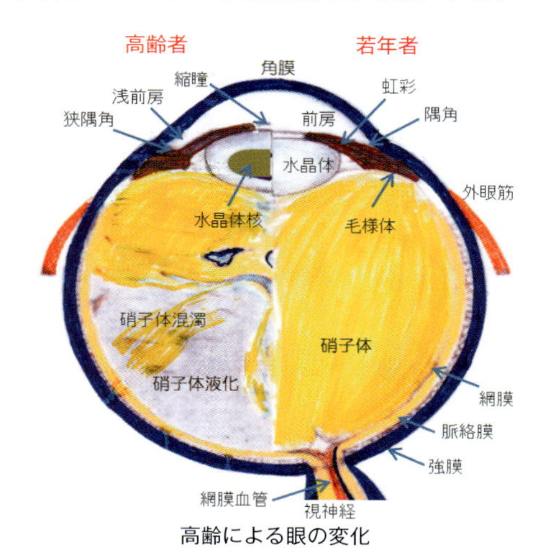

高齢による眼の変化

眼の収斂進化 7　白内障

白内障は水晶体が混濁する疾患である。水晶体は水晶体上皮細胞の産生する水晶体嚢とクリスタリン蛋白からなり、クリスタリン蛋白は様々な原因により混濁変性する。一般にクリスタリン蛋白は多くの動物が保有しており、水晶体専用蛋白ではないが、多くの動物がクリスタリン蛋白を水晶体に利用する収斂進化を示している。

現在のところ、クリスタリン蛋白に優る、長寿にも混濁変性せず、透明を維持する蛋白は存在しない。しかし、現在に至っても混濁変性した水晶体蛋白を透明にする方法はなく、手術に委ねられている。その手術方法の流れとして、

水晶体突き落とし術

水晶体突き落とし術は平安時代から行われていた。細い棒で混濁した水晶体を硝子体内に突き落とす方法で、当時は眼内レンズはおろか矯正眼鏡もなかったため、成功しても術後の視力は0.1以下であった。眼内感染と水晶体過敏性ぶどう膜炎の合併症が多かったと想像する。

近代白内障手術の流れ

近代白内障手術は昭和45年頃から始まった。その起爆剤として、

①針付きの細い糸（10-０絹糸）の開発。
②抗生剤やディスポーザブル備品の発達による感染症防止。
③手術用顕微鏡の進歩。
④超音波乳化吸引手術装置の開発、粘弾性物質の出現と手技の改良。
⑤眼内レンズの開発。
⑥点眼麻酔、無縫合手術、小切開手術への工夫。
⑦豚眼によるウエット・ラボや教育により、安全な手術方法の普及。
⑧しかし、白内障手術が簡単になったわけではない。水晶体核の硬い症例、チン小帯の弱い症例、散瞳し難い症例、などは難しい。
⑨また、ただ視力回復だけでなく、質の良い視機能を提供する必要があり、被術者の期待と要求が年々高くなっている。
⑩単焦点眼内レンズから多焦点眼内レンズ、調節眼内レンズへの模索が始まっている。

ディスポーザブル（disposable）〈ディスポ〉

最近の白内障手術器具の殆どがディスポになった。白内障手術に要するディスポ機器を列挙すると

- 手術用ガウン、帽子、マスク、ゴム手袋・術野カバー
- 各種メス、注射器、注射針
- 超音波乳化吸引装置の、ジアテルミーチップ、超音波チップ、IA チップ

ディスポにする利点は、

①感染防止
②メスの切れ味が良い
②消毒の手間暇や人件費の節約ができる
③医療機器販売業者の利益になる（経済効果がある）

ディスポにする欠点は、

①手術必要経費の増大
②何よりも資源の無駄である
③最終的には保険医療の高騰に繋がる

この20世紀の医療は感染症との闘いで、各種血清肝炎などの医原性疾患を多発させ、強い反省のもと感染症対策を充分に学び、手術機器の消毒技術も確立されている。しかし、時代の流れはディスポの方向に流れつつある。

白内障手術の進歩に保険医療が追従していない

①高価な白内障乳化吸引装置
②高価な顕微鏡と高価な顕微鏡用手術器具
③感染防止から、デイスポーザブルの増加
④付加価値の高い眼内レンズの開発
⑤チーム手術としての人件費
⑥医療訴訟に対する保険料

白内障手術は技術と装置の改良が繰り返され、完成度が高く、必要経費のかかる手術方法に収斂進化した。しかし、保険点数はそれに対応していない。

病草紙に見られる平安時代の白内障手術

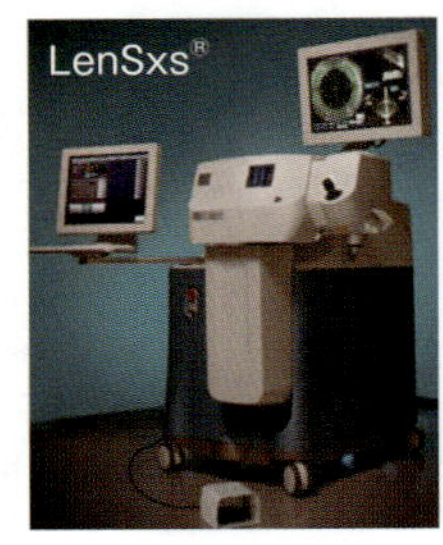

現在、白内障手術は超音波乳化吸引装置で行っている。
次世代の白内障手術として、誰でも、安全に、正確な手術が可能になるフェムト秒・レーザー手術装置が期待されている。既に、数種の装置が開発されているが、定価が約7,000万円で、維持費も高く、現在の白内障手術保険点数12,100点（121,000円）では導入もままならない。

眼の収斂進化８　白内障にならない眼

有史以来、ヒトは白内障に苦しみ、さまざまな対策を講じてきた。

1．白内障の原因の排除：紫外線、赤外線、放射線被ばく、ステロイド等の薬物、糖尿病、アトピー、酸化ストレス、などの原因除去対策。

2．薬物療法：白内障進行防止、混濁した水晶体を透明にする

①キノイド説からピレノキシン製剤が出たが、有意な有効性は認められない。

②ガラクトース説、その他の代謝障害説からファコリジン、チオラ、グルタチオン製剤、サプリメントなどが出たが、全て敗北の結果になった。

3．研究：水晶体上皮細胞に迫る研究も多方面から行われている。例えば、

1）水晶体上皮細胞のアポトーシスを阻害する水晶体上皮細胞はクリスタリンの発現と共に、核や細胞内小器官が消失し、クリスタリンの充填した水晶体線維を形成する。そこで、水晶体上皮細胞のDNAの分解を担う核酸分解酵素の解析の研究（長田重一）

2）水晶体上皮細胞膜の水チャンネル蛋白に関係するアクアポリンFamily遺伝子解析により、白内障の原因を考える。（以上、第114回　日本眼科学会総会シンポジューム「白内障・水晶体研究の最前線」より）

3）後発白内障から透明蛋白を誘導する研究（久保江理）　後発白内障に関与する細胞骨格蛋白トロポミオシンに注目した研究

4）組織幹細胞による水晶体再生の研究（山本直樹）　イモリの水晶体再生から、水晶体上皮細胞の培養・増殖と配列の制御

5）転写遺伝子による水晶体分化の研究（近藤寿人）　転写因子Sox2とPax6の強制発現で毛様体・虹彩・下垂体原基などから水晶体を誘導する。

（以上、3）～5）は第115回　日本眼科学会総会シンポジューム「20代の水晶体を取り戻す」より

4．6500万年後の収斂進化

霊長類の進化は約6500万年前、白亜紀末期頃に始まったと考えられている。現在が折り返し地点として、将来6500万年後の霊長類は白内障を克服するために、どのような収斂進化の道をたどるであろうか？

①加齢による変性が生じない水晶体蛋白＝100年以上透明を維持できる蛋白質（水晶体上皮のアポトーシスの阻止）への収斂進化。

②クリスタリン蛋白以外の水晶体蛋白への収斂進化。

③角膜のような全く異なった方法による透明組織構造への収斂進化。

④サンヨウチュウやクモヒトデのように方解石（炭酸カルシウム）の水晶体への収斂進化。

⑤一部の昆虫のような透明なクチクラレンズへの収斂進化。

⑥一部の両生類のような水晶体の再生機構への収斂進化

⑦その他：想定外の収斂進化

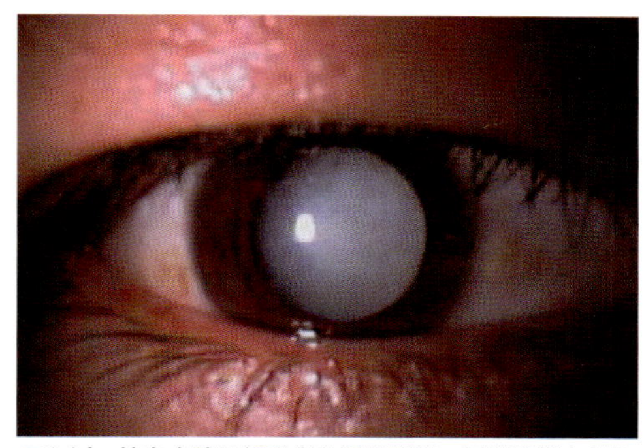

アトピー性白内障は虹彩炎や網膜剥離、円錐角膜なども合併

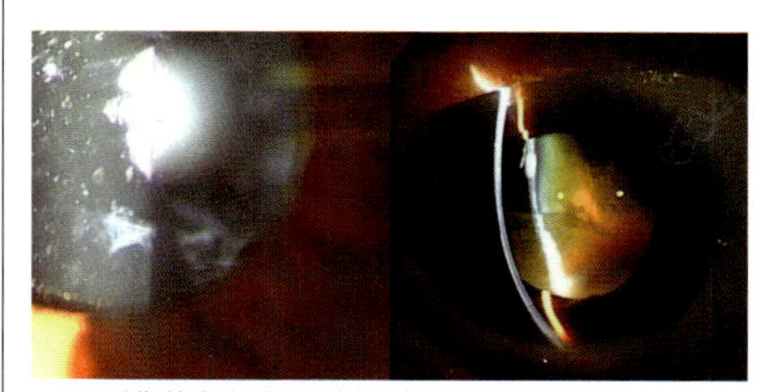

外傷性白内障の２例：症例により様々である

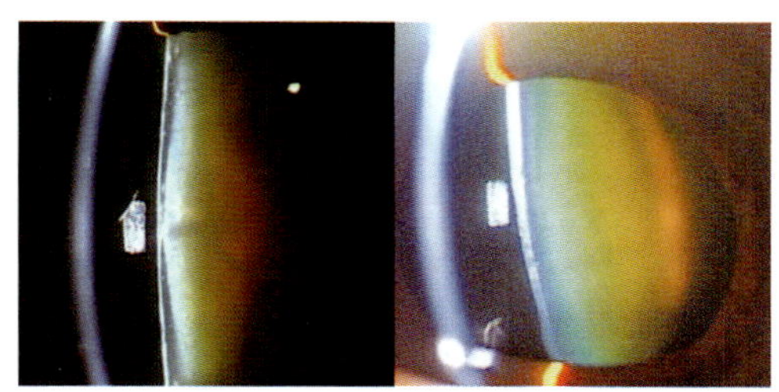

糖尿病白内障の２例：茶褐色になる傾向がある。

眼の収斂進化９　老視

哺乳類は毛様筋により水晶体の厚みを変化させることにより遠近の調節を行っている。加齢と共に水晶体核が硬くなり、水晶体の厚みを調節できなくなるのが老視である。この老視の症状はヒトのみに認められる。

老視症状の動物特性

①老視は45歳以上なら誰にも生じるが、近視のヒトや近方作業のないヒトは老視症状の自覚が軽い。

②近方作業多いヒトや読書好きなヒトは、40歳前後で老視症状を自覚する場合もある。

③ヒト以外は、で水晶体核が硬くなる年齢、45歳以上生きる動物は少ないので老視にならない。（猿は30歳前後の寿命）

④45年以上生存する動物でも、近方視力障害を訴えないだけである。

⑤白内障になる長生きの犬もいるが、それでも水晶体核は硬くはならない。

⑥ヒトと同じ程度の長生きのゾウは水晶体核も硬くなり老視になるが、近方作業がないので症状は訴えない。

⑦老視は、医学の進歩に伴い長寿になったこと、さらに、読書や書字などの知的近方作業を行うようになったこと、による付随的な疾病ともいえる。

調節力の低下

①ヒトは年齢と共に調節力の低下が始まる。40歳前後になり、3D前後の調節力に低下すると、近方視に負担がかかり、老視の症状が出現する。

②近視の人は焦点が近方にあるので、老眼の自覚は遅いが、正視のヒトと同様に調節力は低下している。

③読書や近方作業の多いヒトほど、老視の症状を早く自覚するが、老視を我慢せず、受け入れるべきである。

④ヒトは遠方視から近方視すると、水晶体は厚くなり（調節）、両眼の眼位は内側に入り（輻輳）、瞳孔が小さくなる。そのため、近方視力障害に調節障害と輻輳障害があり、石原の近点計にて鑑別可能である。

⑤老眼になると、調節近点が延長するが、遠方から近方を見る時の時間（調節時間）も延長する。

⑤調節、輻輳、瞳孔径の連動は、複雑な神経支配により行われており、遠近両用眼鏡や調節眼内レンズなど様々な老視対策も、現在のところ完璧なものはない。

調節力－年齢曲線から

①12歳前後の調節力は約10D（ジオプトリー）である。10Dとは焦点距離10cmの凸レンズに相当する。これは水晶体が全く調節していない無限遠視の状態から水晶体を+10D負荷して近方を見ることが出来ることを意味する。

②40歳の調節力は約3Dである。3Dは焦点距離33cmに相当する。これは水晶体が全く調節していない無限遠視の状態から水晶体を+3D負荷して近方を見ることが出来る。

③50歳の調節力は約1.2Dである。1.2Dは焦点距離が約83cmの弱いレンズである。これは水晶体が全く調節していない無限遠視の状態から水晶体を約1.2Dしか負荷出来ないことを意味する。

調節眼内レンズ

①多焦点眼内レンズ（屈折型、回折型、乱視対応屈折型）

②１枚レンズ型：Crystalens（ボシュロム社）

③２枚重ねレンズ型：Synchrony（AMO社）などの調節眼内レンズが試みられている。

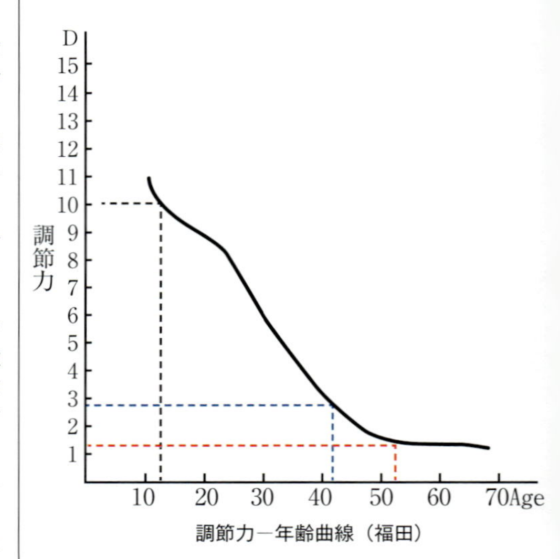

調節力－年齢曲線（福田）

眼の収斂進化10　老視にならない眼

ヒトの老眼対策

有史以来、ヒトは老視にどのような対策を施してきたか？

①細かなものを見るのをあきらめる。本は読まない。針などに糸を通すのは孫の仕事。
②老眼年齢になったら定年とする。（明治時代）
③天眼鏡やルーペを使う。
④老眼鏡を使う。（近用専用眼鏡）
⑤二重焦点レンズ眼鏡を使う。
⑦多焦点レンズ眼鏡を使う。
⑧遠近両用コンタクトレンズにする。
⑨白内障手術時に、眼内レンズによる不同視の作成。片眼を近視、他眼を正視にする。
⑩片眼に角膜インレーを入れる。

注：角膜インレーは、直径3.8ミリメートル、中央に1.6ミリ　メートルの穴が開いた、柔素材でできたドーナッツ形状の薄型角膜リングである。これを角膜内に埋没して、ピンホール効果で焦点深度を深くする。

動物の調節

1．複数の眼による調節
　①複眼による屈折勾配（サンヨウチュウ）
　②複眼と単眼による調節（昆虫など）
　③松果体の頭頂眼による調節（爬虫類）
　④複数単眼による調節（クモ、ムカデ、ハコクラゲ）
2．眼球の移動による調節
　①有柄眼による調節（カタツムリ、カニ）
　②随意性眼球突出による調節（ウサギ、ウシガエル）
3．二重瞳孔（光軸）による調節（深海魚やヨツメウオ）
4．水晶体の前後移動による調節（魚類）
5．水晶体の形状・屈折勾配による調節（鴨）
6．瞬膜による調節（ワニやカエル）
7．瞳孔の形による調節（イエネコ、メガネザル、スズキ）
8．左右眼を別々に動かす調節（カメレオン）
9．角膜筋による調節（イカナゴ、ヤツメウナギ、タラ）
10．水晶体の再生による対応（イモリ）
11．人工水晶体による調節（調節眼内レンズ）
12．複数の中心窩を持つ（ツバメ）

注1：調節の有無と老視（調節障害）とは別な問題で、動物には老視は存在しない。

注2：前述の動物全てが、調節能力持っている訳ではない。ヒトの眼の収斂進化は、これからヒトがどのような生活環境の中で、どのような眼の使い方をするかによって決まるので予想できないが、霊長類の進化約6500万年の過程の現在が折り返し地点とすれば、今後6500万年後のヒトの調節がどのように収斂進化するかの予想である。

将来のヒト調節力の予想

ヒトが老視にならないためには水晶体蛋白が別のものになるか、調節方法が全く異なる仕組みを獲得する必要がある。

ヒトの調節方法は、眼球の内よせ運動、瞳孔運動、水晶体厚の変化が連動しており、さらに脳の調節・輻輳中枢が関与し、極めて複雑な収斂進化の過程にある。

しかし、敢えて6500万年後に、ヒトが老視にならない眼を獲得するとすれば、どのような眼になっているであろうか？

①将来、ペーパーレス時代が来るであろう。新聞や書物は全てコンピューターによる電子媒体が主流になり、主たる近方作業が、眼-ディスプレー間距離の50cm前後になると予想する。
②その結果、50cmの調節のためには2D程度の調節力の補正が必要になり、近用眼鏡が現在より弱くなると予想する。
③さらに、水晶体混濁の予防または混濁水晶体の透明化、ならびに水晶体の加齢硬化の防止に成功すると予想する。
④老視はヒトが長寿を獲得した結果招いたものなので、ヒトが必ず解決するであろう。

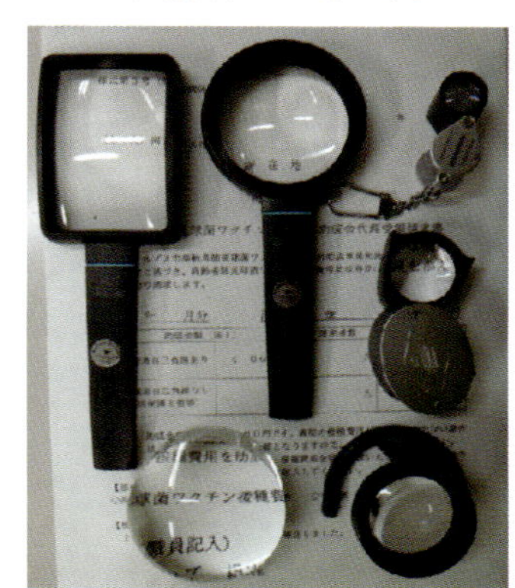

有史以来、ヒトは老眼に悩まされてきた。そして、老眼鏡や様々な拡大鏡が考案されてきた。

眼の収斂進化11　近視

近視の概念

1．近視は眼軸長が長く、無限遠からの光が網膜の手前で像を結ぶ。

2．一般的経過として、乳幼児は眼軸が短く軽い遠視であり、小学入学前までに眼軸が伸び、正視になる。背が急に伸びる小学校高学年から中学時代に、眼軸も急に伸び、近視化する。高校卒業ごろには近視化が緩徐になり、30歳代で近視は固定する。

3．生活環境の変化に伴い、近年、近視は増加傾向にある。

4．近視は遺伝因子と環境因子により生じ、遺伝因子として、
①日本人は近視が多い。
②狩猟民族の西欧人は日本人より近視が少ない。

5．近視を進行させる生活環境因子(説)として、
①持続する近方作業
②長時間のテレビゲーム
③強すぎる眼鏡（過矯正眼鏡）
④悪い姿勢や照明、などの説がある。

眼軸長と近視

①近視には屈折性近視と軸性近視に大別されるが、眼軸長は遠視、正視、近視を決定する重要因子である。

②眼軸長は年齢と共に伸びる。
新生児（22.0mm）、6歳（22.54mm）、12歳（24.3mm）、18歳（24.7mm）、成人（24.8mm）の報告がある。

③成人の眼軸長は正視（±0.375D）を中心として、正規分布を形成する。

④5％以内の確立で長い眼軸長の場合は強度近視で、−7D以上（眼軸に換算して2.3mm長）である。

⑤弱視の原因となる遠視は＋2.5D以上（眼軸長に換算して0.83mm短）である。そして、遠視性弱視の発生率も約5％とすると、ヒトの眼の眼軸は23.98mm～26.8mmの範囲に90％が収められている。

換言すれば、身長の大小に関わらず、ヒト成人の眼は±1.41mmの範囲内の差で眼軸が一定である。

病的近視

強度近視のうち、−8Dを超えると、後部眼球壁が進展して、網膜、脈絡膜、強膜が薄くなる（後部ぶどう腫）。

1）網膜が薄くなると網膜裂孔や網膜剥離になりやすく、また、視細胞錐体の減少により視力が低下する。

2）脈絡膜が萎縮すると、網膜外層の栄養障害が生じる。さらに、網膜色素上皮層外側のブルッフ膜の断裂が起こり、脈絡膜血管由来の新生血管が網膜下に生じ、黄斑部に出血を繰り返す黄斑変性症になりやすい。

3）強膜の菲薄化は、外傷で眼球破裂を起こしやすい。

収斂進化の立場から考えると、近視は眼軸が成長し、近方が見やすくなったもので、近方作業に適した眼で、決して悪いものではない。しかし、強度近視、特に病的近視は、眼球壁の脆弱性によるものと考えられ、進化というより疾患と考えるべきである

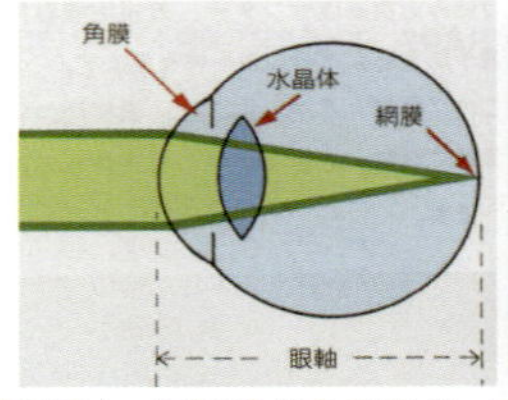

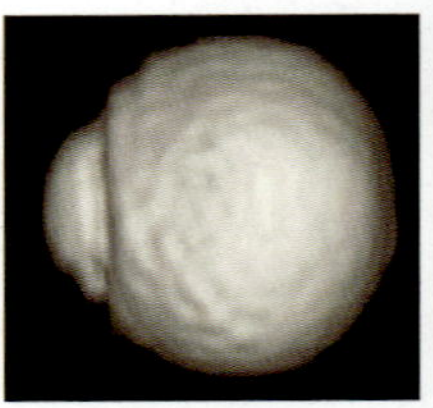

正視は、無限遠からの光が、平行光線として眼に入り屈折して、網膜に焦点を結ぶ。
右上の写真は正視の3DMRI三次元画像（下方から望む）。

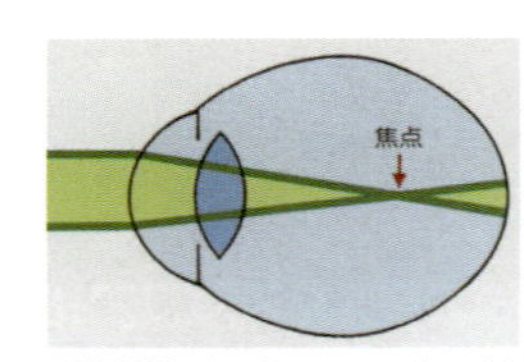

近視は眼軸が伸びて無限遠からの光が網膜の前で焦点を結ぶ。

眼軸が伸びるといっても、90％のヒトの眼軸長は、24±1.41mmの範囲内の差である。
眼軸が1mm長いと、約−3Dの近視になる。
正確な定義はないが、−7D以上（眼軸27mm以上）を強度近視と考えてよい。

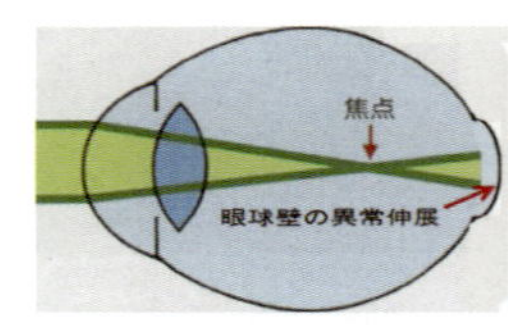

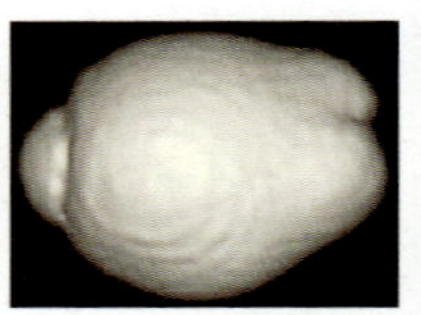

病的近視は後部眼球壁の異常伸展に伴い、網膜・脈絡膜・強膜の菲薄化が起こり、視細胞の減少や新生血管から出血が生じ、中心視力が低下する。右上の写真は病的近視の3DMRI三次元画像。眼球後壁画異常伸展しているのが判る。（3DMRI三次元画像は東京医科歯科大学、大野京子教授提供による）

眼の収斂進化12　弱視

弱視とは

医学的な弱視は「視機能の発達過程において、先天性あるいは後天性の障害因子によって正常の視的条件付けが障害され、あるいは異なった条件付けが成立するにいたったもの」即ち、**視機能の発達障害**を意味する。換言すると「視細胞の錐体から脳の視中枢までの発育障害」とも言える。

視機能の発達障害（医学的弱視）の原因

①光遮断性弱視（先天白内障、片眼性眼瞼下垂、乳幼児期の長期眼帯）
②屈折性弱視（遠視、強度近視）
③斜視弱視（斜視に伴う、変位眼の視機能発育不全）
④微小角斜視弱視（固視不良性弱視・傍中心窩固視弱視）特に、不同視を伴うことが多い。
⑤経線弱視（強度乱視）
⑥光過剰性弱視（白子症、先天性無虹彩）
⑦固視不良性弱視（眼振、黄斑欠損症、白子症）

弱視の障害の場

視覚野はV1と略される一次視覚野及びV2、V3、V4、V5と略される外線条皮質を示す。

①脳の視覚野は生下時には未熟だが、両眼からの光視刺激により、第一次視覚野の眼優位コラムの発達が促される。例えば、左視野の情報は右脳の第一次視覚野に伝達されるが、同じ視野部位の右眼からと左眼からの情報は第一次視覚野では隣同士でコラムを形成する。このことが眼優位コラムとよばれ、左右眼のどちらかが決まる。
②誕生直後のサルに対し、片眼の眼瞼を縫合することで弱視を作成すると、対応側の一次視覚皮質の眼優位コラムの萎縮がみられる。（Horton JC, Hocking DR. J Neurosci. 1997 May 15;17(10):3684-709）
この実験から「機能弱視は一次視覚皮質レベルでおこる」と考えられている。
③この形態覚遮断実験のみで、斜視弱視のように視覚入力の異常がない場合を説明できない。恐らく、健眼の眼優位コラムないし、さらに上位中枢からの抑制も、原因になり得ると思われる。(Correlated binocular activity guidesrecovery from monocular deprivation. NATURE, VOL 416：28 MARCH 2002)
④ただし、弱視症例に、ゴールドマン視野検査を行っても異常が検出されないことから、網膜レベルではあきらかな異常は起きておらず、一次視中枢以降に弱視の原因があると考えられる。
⑤しかし、桿体系の定量的な評価方法があまりないため、弱視に桿体系の異常が起きない、ないし起きにくいことの明らかな裏付けにはならない。
放置された片眼弱視の一次視覚皮質の眼優位コラムの萎縮が、弱視治療の過程で、どのように防げるのかの詳細は不明である。

弱視の治療

医学的な弱視「視機能の発達障害」は、一次視中枢以降に弱視の原因があるので治療の時期が大切であり、可及的な早期発見と原因の除去が必要である。

①光遮断性弱視の先天白内障、片眼性眼瞼下垂に対する可及的早期手術。
②屈折性弱視並びに経線弱視に対する正しい屈折矯正と健眼遮蔽。
③斜視弱視は、健眼遮蔽と眼位矯正手術。
④微小角斜視弱視には不同視の矯正、光過剰性弱視には虹彩付コンタクト、などが考えられるが、固視不良性弱視は予後が悪い。

弱視の治療には、正しい診断と治療計画の上、視能訓練士に依存するところが大きい。

ヒトを含め一部の霊長類のみが獲得した両眼視機能が片眼弱視の治療を困難にしている。一次視覚皮質の眼優位コラムの萎縮する前に、複雑な優位コラムの形成が必要であり、両眼視機能の獲得の難しさでもある。

屈折性弱視に対して、屈折矯正し、健眼を遮蔽する。
眼鏡は鼻めがねにならないように大きめにして固定する。
遮蔽時間に関しては視力の状態を参考に主治医が決める。
アイパッチによる健眼遮蔽が困難な場合は、アトロピン点眼等の調節麻痺剤を健眼に用いるペナリゼーション法（penalization）も行われる。

眼の収斂進化13　緑内障

緑内障は進行性の特有な視野障害を来たす疾患で、眼圧の上昇がリスクファクターの一つとされている。以前は「緑内障は眼圧の上昇に伴い視神経が傷害される疾患」と定義されてきたが、最近は眼圧上昇を伴わない正常眼圧緑内障が多くみられ、緑内障の定義が変化している。

緑内障の臨床病理

緑内障の臨床病理を考える際に、眼圧上昇と視神経線維の障害について検討する必要がある。

1．眼圧上昇

①閉塞隅角緑内障は隅角の形態的異常であり、開放隅角緑内障は線維柱帯細胞の変性による、との説もある。

②線維柱帯細胞の変性を引き起こすものとして、加齢、ステロイド、各種細胞外マトリックス、酸化ストレスなどが考えられる。

③ヒトの眼圧は線維柱帯細胞によりコントロールされているが、そのコントロール域が21mmHg 以下と狭い。また、線維柱帯細胞や細胞外マトリックスが加齢により変性し、眼圧のコントロールが不安定になる。

④ヒトの線維柱帯外の房水流出路であるブドウ膜強膜流出路が 4 ～14％と少ない。他の霊長類は30～65％である。

2．視神経線維障害

①ヒトの網膜は一定の血流や眼内圧に保持され、薬物や毒物から視細胞を護る血液-網膜柵（バリア）が存在する。これは網膜を護り、良好な視機能を維持するのには大切であるが、網膜の脆弱性を意味する。

②ヒトの視神経線維は光の透過性を良くするため無髄である。無髄の視神経線維は強膜篩板で圧迫障害を受けやすい。

③視神経線維は出生時130万本程度あるが、高齢になるとアポトーシスにより減少する。緑内障眼では神経線維の減少が加速する。

野生動物には緑内障がない

1．野生動物の多くは、ヒトの隅角構造と異なり、線維柱帯は乏しく、房水の目詰まりが起こりにくい。また、ブドウ膜強膜房水流出路が発達している。（ウサギやイヌ）

2．視神経線維が眼圧に強い。（クジラ、魚類）

3．眼球壁に軟骨を有し、高眼圧から視神経線維を守る。（クジラや魚類）

4．障害された視神経の再生能力がある。（ウシガエル）

5．視神経線維束が、眼圧の影響を受けやすい強膜篩板を通過しない（視神経乳頭をつくらない）構造。（タコや魚類）

①ヒトは視機能を優先するために、視神経線維が眼圧に障害されやすい構造である。

②ヒトの眼は長寿により、視神経線維の減少する疾患である緑内障を背負い込むことになった。

③住民検診や人間ドックの普及で緑内障の早期症例が増加した。

④緑内障治療薬（眼圧降下薬）の目覚ましい進歩により、手術療法から点眼治療に代わったが、対症療法で根治療法でないため、一生涯、高価な眼圧降下薬を使用する必要があり、医療経済に負荷を与えている。

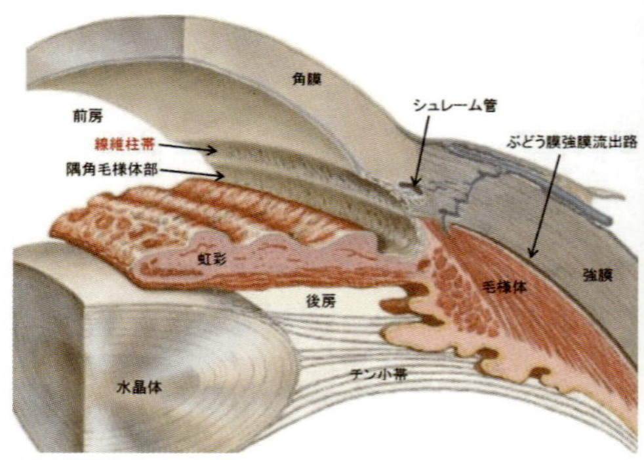

前房隅角図
房水は線維柱帯からシュレーム管に流出する。線維柱帯の房水排出抵抗が眼圧上昇のカギとなる。

強膜篩板
視神経乳頭の強膜レベルは強膜篩状と云い、小さい孔が多数ある。この孔を網膜中心動静脈や視神経線維が通過する。このレベルで網膜中心動静脈閉塞症や緑内障の視神経障害が生じやすい。

眼の収斂進化14　正常眼圧緑内障

正常眼圧緑内障の概要

①正常眼圧緑内障とは眼圧が正常範囲であるにも関わらず視神経の萎縮が進行し、緑内障と同様の視野障害が生じる疾患をいう。

②最近、わが国では正常眼圧緑内障症患者が急増し、40歳代では2％、70歳代で10％を越え、日本国内で治療中の患者は約30万人、潜在患者数は400万人ともいわれている。

③本疾患は、眼圧に脆弱な網膜神経節細胞の軸索に起因すると考えられていたが、最近では網膜神経節細胞の眼球外軸索である有髄神経の障害で一種の神経疾患とする意見もある。

正常眼圧緑内障の治療

①正常眼圧緑内障に対し、眼圧降下点眼剤の有効性については疑義のあるところである。

②正常眼圧緑内障は多発硬化症類似の神経疾患と捕らえ、遺伝子学的アプローチが必要であるかも知れない。例えば、グリア細胞で働く免疫制御遺伝子ASK1やアポトーシスを抑える遺伝子などの解明が求められる。

③又、iPS細胞（人工多能性幹細胞）などによる網膜神経節細胞の再生医療も期待される。

正常眼圧緑内障の背景

正常眼圧緑内障は眼圧上昇の既往が全くないにも関わらず、眼底所見や視野障害が緑内障と極似しているが、現在のところ視神経障害が生じる原因は全く不明である。本症は日本人の中年以降に多くみられる。

1．正常眼圧緑内障の初期には自覚症状が殆どないのに、早期に本症と診断される場合が多い。

2．日本では、成人病検診や人間ドックが普及しており、それらの検診時に眼底写真撮影が一般的に行われている。その際、眼底写真上、「視神経乳頭の陥凹拡大」を指摘され、眼科精密検査に回される。

3．視神経乳頭陥凹拡大症例に対し、眼科検査では、主として視野検査又はOCT（光干渉断層計）検査が施行されるが、日本の眼科診療所では、自動静的視野計やOCT装置が普及しており、容易に正常眼圧緑内障の診断が可能になった。

以上の背景から考えると、日本において、正常眼圧緑内障の検出率が高くなったに過ぎない、との考えもある。

各種検診による正常眼圧緑内障の早期診断ならびに早期治療は、高齢者のQuality of Visionに重要であるが、正常眼圧緑内障で視神経線維が障害される原因や、本症がヒト以外の動物には認められない理由についても、収斂進化の立場から検討する余地があるのかも知れない。

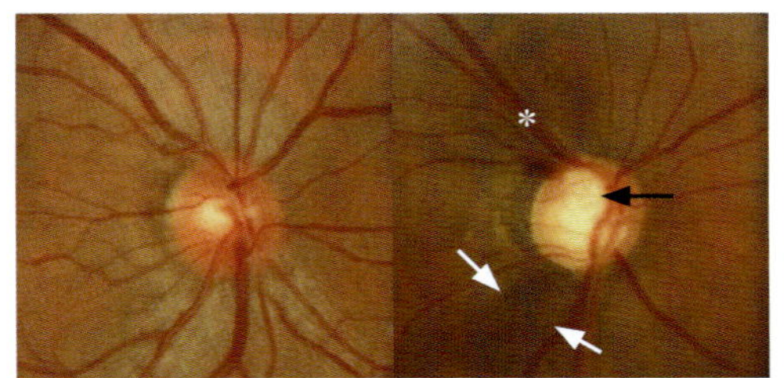

正常の眼底

正常眼圧緑内障の眼底
乳頭部出血（＊）と神経線維束欠損（白矢印）と視神経乳頭陥凹（黒矢印）を認める

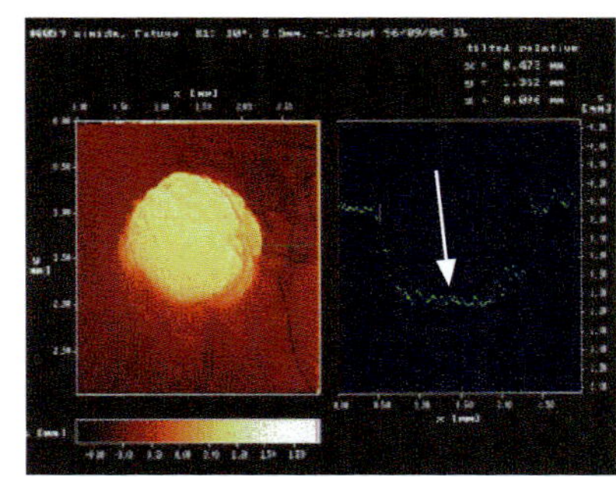

OCTによる緑内障視神経乳頭の三次元解析
視神経乳頭の深い陥凹（矢印）が見られる

正常眼圧緑内障の静的視野

眼の収斂進化15　顔面神経麻痺

顔面神経麻痺の面

韓国の民族村で顔面神経麻痺の女面を見つけた。顔面神経麻痺は突然、片側の顔面筋が麻痺して、顔がゆがみ、口笛が吹けなくなり、涎と流涙が生じる。この面は額の皺に左右差がないので中枢性顔面神経麻痺と考える。この面を作ったヒトの観察力に敬意を表する。

脳神経

Ⅰ　嗅神経……感覚
Ⅱ　視神経
Ⅲ　動眼神経
Ⅳ　滑車神経……運動
Ⅴ　三叉神経……知覚
Ⅵ　外転神経……運動
Ⅶ　顔面神経……主に運動
（Ⅱ～Ⅶ：眼に関係する脳神経）
Ⅷ　聴神経……感覚
Ⅸ　舌咽神……動、知覚、副交感神経
Ⅹ　迷走神経……副交感神経
Ⅺ　副神経……副交感神経
Ⅻ　舌下神経……運動

顔面神経麻痺

1．中枢性顔面神経麻痺：脳腫瘍や脳卒中など、前額の皺の左右差が無い。
2．末梢性顔面神経麻痺：顔面神経麻痺の多くは末梢性である。
①ベル麻痺：循環傷害、単純ヘルペスウイルス説
②ハント症候群：水痘帯状疱疹ウイルス

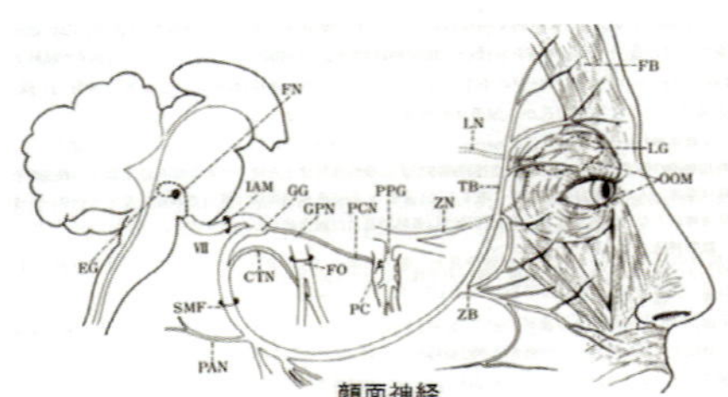

顔面神経
FN:顔面神経（運動）核、EG:顔面神経、GG:膝神経、GPN:大錐体神経、PCN:翼突管神経、PPG:翼口蓋神経節、ZN:胸骨神経、LN:涙腺神経、CTN:鼓索神経、TB:側頭枝、ZB:頬骨枝、IAM:内耳孔、SMF:頸乳突起、PC:翼突起、FO:卵円孔、LG:涙腺、FB:前頭筋、OOM:眼輪筋

顔面神経　上記図は新実際眼科より引用

収斂進化からみた末梢性顔面神経麻痺

霊長類の中でもヒトの脳は大きく発育している。脳の発育のため顔面骨の発育が犠牲になっている。この犠牲は顔面神経の走行に弱点を来した。顔面神経は頭蓋内から頭蓋外に出る際、顔面神経管膝で直角に曲がって走行する。そのため、その部位が末梢性顔面神経麻痺の好発部位になる。ヒトの末梢性顔面神経麻痺は脳が発育した代償とも言える疾患である。逆に、犬は脳の発育を犠牲にして、太い嗅神経が発達して鼻が長く、鋭敏な嗅覚を得ている。

韓国民族村に展示されていた顔面神経麻痺の面

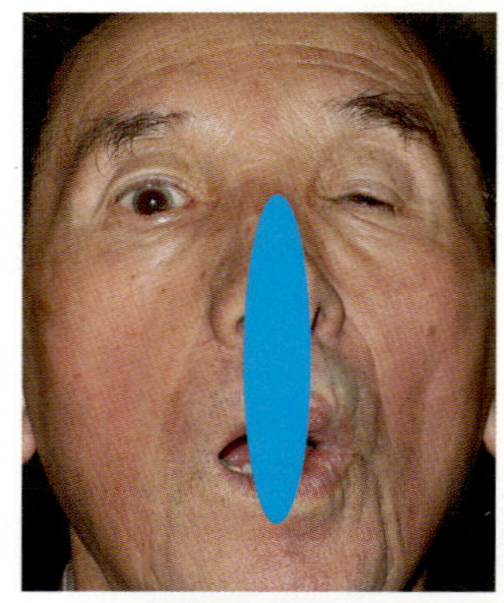

ヒトは脳の発育を優先し、末梢性顔面神経の好発部位を残した

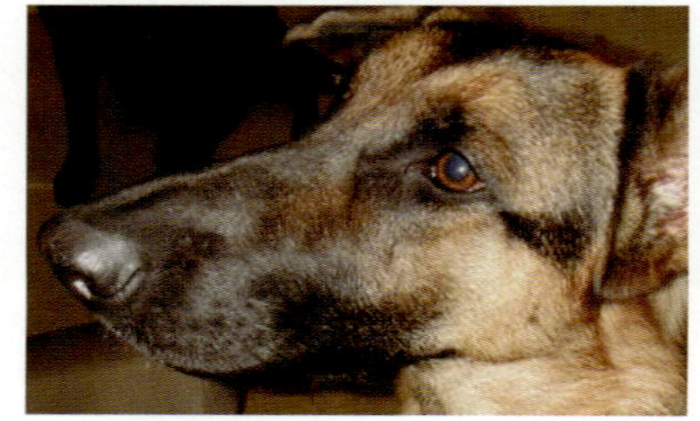

イヌは脳の発育を犠牲にして、太い嗅神経を得る

眼の収斂進化16　網膜

視細胞と網膜色素細胞

①脊椎動物（ヒト）

脊椎動物の光情報は透明網膜を通過し、網膜色素上皮面で結像し、視細胞に情報を伝達する。視細胞から水平細胞、双極細胞、神経節細胞で情報処理され、神経節細胞の軸索が視神経乳頭に集まり、視神経線維として脳の外側膝状体までつながる。そのため、脊椎動物のカメラ眼には視神経乳頭が存在し、その部位は視野の盲点になる。ヒトの眼には黄斑があり、中心窩には視細胞錐体が150,000〜240,000個 / 1 mm^{2}存在する。

②頭足動物（タコ、イカ）

頭足動物の網膜は、硝子体側に視細胞外節が位置し硝子体と外節の間に色素層が存在している。網膜外層は神経節細胞とその軸索で構成され、視神経線維は視神経乳頭を作ることなく眼球後極から脳に導かれている。

ヒトとタコの網膜勝負

①ヒトの場合、多くの細胞で情報処理されるが、タコは単純処理である。

②ヒトの場合、光が透明網膜を通過するので、網膜の出血、浮腫、混濁に影響受ける。

③タコの場合、光が硝子体側の視細胞感光面に直接入るので光ロスが少ない。

④ヒトの場合、神経線維が眼内を長く走行するので視野障害を来たし易い。

⑤ヒトの視神経は神経乳頭から強膜を貫くので、視神経障害を来たし易い。

⑥ヒトにあるマリオット盲点はタコには存在しない。

⑦タコには黄斑がなく視力は弱い。

⑧ヒトは三色型色覚であるが、タコは一色型色覚である。

⑨タコの方が水圧の変化に適応でき、緑内障にならない。

⑩ヒトの視細胞は血流の豊富な脈絡膜から栄養供給され、視細胞密度が高く、良好な視機能が得られる。

ヒト網膜ミュラー細胞の働き

①網膜支持組織としての働き

②血管—網膜バリアーを構成する要素

③ VEGF 等を産生し、血管新生に関与

④光を赤・緑波長と青波長に分離して、錐体や桿体に分光する

霊長類であるヒトと軟体動物のタコは、全く異なった進化の道を歩んできた。ヒトとタコの眼は収斂進化の代表例であるが、細かな点で相違も大きい。

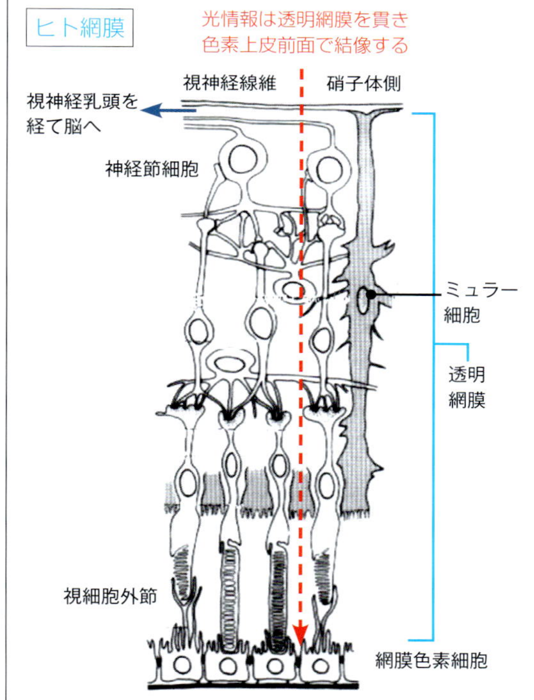

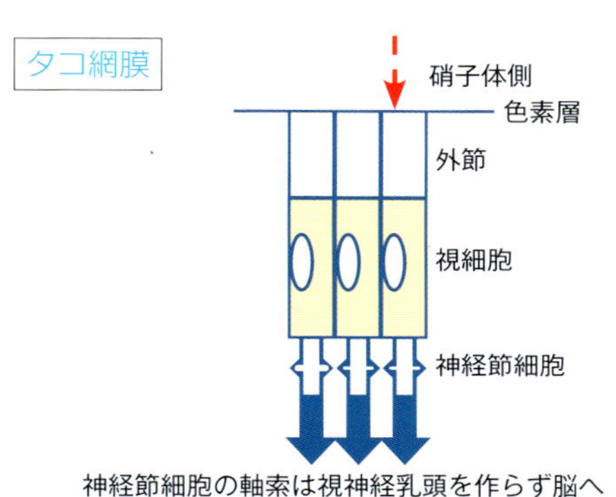

眼の収斂進化17　昼行性と夜行性

昼行性動物と夜行性動物の違い

1．昼行性動物は視細胞が錐体優位であり、夜行性動物は桿体優位と考えられていた。
2．黄斑や中心窩がない動物は夜行性と考えられてきた。
3．しかし、I.Soloveiらは、昼行性と夜行性動物は視細胞桿体の核クロマチンの違いにある、ことを報告した。

（Cell17:137（2）356-368、2009）その報告によると、

①真核細胞内にはDNAとタンパク質の複合体であるクロマチンが存在する。
②総延長2ｍのDNAを凝縮して10μmの核に収納させるのがクロマチンである。
③クロマチンは染色体の凝集の度合いによりヘテロクロマチンとユークロマチンに分類される。
④昼行性の動物はユーロクロマチンが桿体核の中心部に、ヘテロクロマチンが桿体核の周辺部に分布する。
夜行性の動物はヘテロクロマチンが桿体核の中心部に、ユークロマチンが桿体核の周辺部に分布する。
⑤桿体の核は外顆粒層に存在し、夜行性の場合ヘテロクロマチンが外顆粒層でレンズ状になり光を集光する。

4．哺乳類の先祖は恐竜から身を守るために夜行性の生活を選び、恐竜の絶滅後に霊長類は昼行性になった。
それなら、ヒト視細胞桿体の核クロマチンがどうなっているかは不明である。
5．さらに、最近の昼夜逆転の生活習慣が、将来、ヒト視細胞桿体の核クロマチンにどう影響を与えるかも収斂進化の立場から興味が持たれる。
6．一般に、夜行性動物の水晶体は大きく丸い。（マウスや有袋類など）

昼行性代表としてブタ

将来、ヒトの眼は昼行性か夜行性か？

夜行性の代表としてのネコ

眼の収斂進化18　視物質

見物質

①視細胞錐体の外節には視物質であるオプシンにレチナールが結合した色素タンパク質が存在する。

②オプシンのアミノ酸配列の違いにより吸収波長が異なり、紫外型・青型・緑型・赤型の4種類が知られている。

③ヒトの錐体では、L錐体（赤錐体）、M錐体（緑錐体）、S錐体（青錐体）の3種類が存在する。

④3種類の錐体の興奮の割合の違いを利用して色を区別している。この3種類の錐体の1個～複数個の欠損または吸収波長の違いにより色覚異常が生じる。

⑤視細胞桿体の外節には視物質であるロドプシンが存在する。ロドプシンは1種類で、色の違いを区別できない。

⑥視物質は数段階の化学変化を経て、細胞膜のイオンチャンネルを開閉させ、その結果、イオン電流が発生して緩やかな電位変化をもたらす。

⑦ロドプシンは暗順応化でオプシンと11-シス-レチナールと結合したものである。

⑧このロドプシンに光が当たると、オプシンと全トランスレチナールに分離する。この反応により光刺激が化学的変化に変換され、視神経細胞を興奮させる。

⑨ウシやタコ、微生物の視物質の蛋白結晶構造が解析され、それらをロドプシン・グループと総称する。

ゴシキエビ
沖縄八重山地方の食用エビ

動物の視物質

①脊椎動物と昆虫の色覚は独立に進化した。

②脊椎動物は赤緑オプシン遺伝子と青オプシン遺伝子が分岐し、さらに、青オプシン遺伝子からロドプシン遺伝子が分岐した。

③カエルの体表の黒色色素細胞は光受容タンパク質メラノプシンが存在する。メラノプシンは無脊椎動物型オプシンである。

⑤哺乳類以外の脊椎動物の松果体は光受容体として働き、ニワトリの松果体からロドプシン類似構造の光受容タンパク質、ピノプシンが発見されているピノプシンもロドプシン・グループである。

⑥オプシンのような感光色素から出発して感受性を高める特殊化という受容細胞の進化により、 繊毛性感光受容体と管状感光受容体（眼）ができた。

⑦真核生物から脊椎動物に至るまで、視物質の最大吸収帯を個別に進化させてきたが、光受容蛋白としてロドプシン・グループに収斂進化している。

ロドプシンが視神経に信号を伝えるのに、βカロテンが鎖の真ん中で切断され、二つのトランス型レチノールというアルコール型ビタミンAが生成する。レチノールは酸化されてレチナールになる。このトランス型のレチナールを、シス型レチナールに変化させ、オプシンに収納される。この状態が、ロドプシンである。このロドプシンに光が当たるとシス型のレチナールが安定なトランス型に戻り、トランス型レチナール分子は、オプシンに収まらず、はずれてしまう。この変化が、化学的に増幅されて、光が当たった、という信号となって視神経に伝達する。

眼の収斂進化19　未熟児網膜症

未熟児網膜症は、極小未熟児の外側網膜に新生血管が生じ、出血を繰り返し増殖性網膜症に至る疾患で、「未熟児網膜症」というより「未熟網膜症」と呼ぶべきとの意見もある。

未熟児網膜症の概念

①ヒトの眼の網膜は妊娠第3週ごろから妊娠第7週ごろにかけて完成する。しかし、網膜の血管は妊娠16週以降に視神経乳頭部から網膜の周辺へと発達し始め、鼻側の網膜血管は妊娠第8ヶ月位には網膜端まで発達し終わるが、耳側の網膜血管は妊娠9ヶ月ごろまでかかる。

②在胎週数34週未満、出生体重が1800g未満の低出生体重児の眼底外側の網膜血管は未熟・脆弱である。こうした状態では網膜内の血管内皮細胞増殖因子（VEGF）の濃度が高くなる。

③未熟・脆弱な網膜血管はVEGFと高濃度の血中酸素により新生血管が生じる。

④網膜新生血管は脆弱で出血・血管外漏出などにより増殖性網膜症、網膜剥離へと移行する。

⑤網膜は代謝が盛んで、血液を多く必要とし、外側網膜の血管が未発達部位では新生血管が生じやすい。網膜は脳より酸素消費量が多い。

未熟児網膜症の予防と治療

①妊婦の健康管理

②極小未熟児の全身管理：必要最小限の酸素投与

③未熟児の眼底検査

④進展予防：レーザー治療

⑤手術：増殖網膜症に対する硝子体手術

⑥硝子体内注射：血管内皮細胞増殖因子（VEGF）抑制物質の投与

⑦未熟児網膜症はステージ1から5まで分類されているが、重症度の高い4または5に場合硝子体手術でも予後の悪いこともある。

眼の収斂進化と外側網膜30°域

①ヒトの眼の光学的中心は中心窩である。

②中心窩で両眼視機能を得るために視神経乳頭は内側15°位に位置する。

③発生学的に網膜血管は網膜に遅れて形成される。

④網膜は視神経乳頭を基準にすれば、内側に比して外側が30°広い。

⑤外側網膜30°域は網膜血管の発育が遅くなる域になる。

⑥外側網膜30°域は未熟児網膜症、家族性浸出性硝子体網膜症、網膜格子状変性などの好発部位になる。

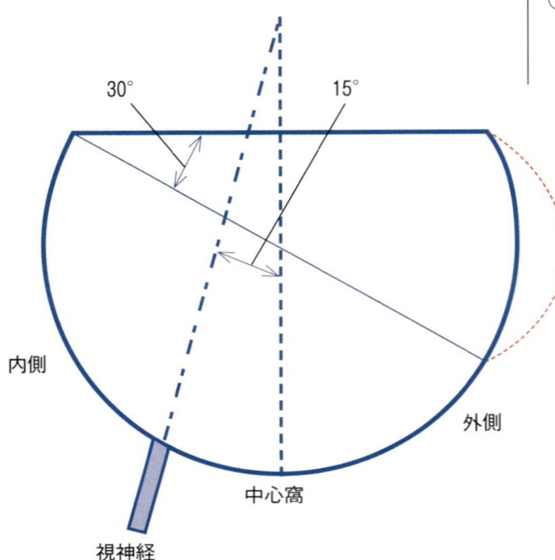

ヒトの眼は中心窩で両眼視機能を有する。そのため視神経乳頭は中心窩より内側15°に存在する。網膜血管は視神経乳頭から眼内に入るため、外側網膜30°域は網膜血管の発育が遅れる部位であり、この部位の網膜血管の脆弱性は未熟児網膜症の好発部位になる。換言すれば、ヒトの眼は良好な視力と両眼視機能を得るために、硝子体側に神経節細胞があり、その軸索である視神経線維は視神経乳頭を形成する。視神経乳頭は眼中心軸から15°内側にあるため、外側30°域の網膜血管が未熟になりやすい。

眼の収斂進化20　加齢黄斑変性

加齢黄斑変性（Age-related Macular Degeneration：AMD）は、加齢に伴い網膜の黄斑部が変性する疾患で、高齢者の失明原因の上位を占めている。

加齢黄斑変性

1．萎縮型：網膜は萎縮し治療の対象外である。
2．滲出型：下の3種に大別され治療の対象である。
①脈絡膜新生血管（CNV）：脈絡膜の新生血管が網膜色素上皮上に伸びて、血管漏出と出血をきたす。
②ポリープ状脈絡膜血管症（PCV）：脈絡膜血管にポリープ状の血管が形成され、血管漏出と出血をきたす。
③網膜血管腫状増殖（RAP）：網膜血管が起源の新生血管から始まり、血管漏出と出血をきたす。

加齢黄斑変性の治療

1．光線力学的療法（Photodynamic therapy：PDT）

PDTは肘静脈から光感受性物質ベルテポルフィンを静注する。ベルテポルフィンは血中でLDLレセプターに結合し、CNVの血管内皮細胞には多数のLDLレセプターがあるので、ベルテポルフィンはCNVの内皮細胞に高率に取り込まれる。静注開始後15分に、CNVに689nmのレーザー光を照射する。その結果CNV中のベルテポルフィンに光化学反応が起こり、CNVが閉塞する。

2．血管内皮細胞増殖因子抗体の硝子体内注射療法

ラニビズマブ（ルセンティス®）やアフリベルセプト（アイリーア®）は血管内皮増殖因子（VEGF）に対する抗体で、これら薬液を硝子体内に注射すると、黄斑部新生血管が見事に消褪する。眼科医でも、眼球に直接注射針を刺すことに抵抗はあるが、治療効果のエビデンスは高い。

3．硝子体手術

手術用顕微鏡下で、黄斑部の網膜下新生血管を抜去したり、硝子体出血を除去する。

4．再生医療

加齢黄斑変性で傷害された網膜色素上皮細胞と新生血管を抜去し、ES細胞やiPSから作成した網膜色素上皮細胞シートを網膜下に移植する。平成28年の時点では視細胞又は網膜全層の移植でないので、進行した加齢黄斑変性症は適応外である。また、初期症例ではVEGF抗体の硝子体内注射の方が第一選択肢になる。

血管内皮細胞増殖因子（VEGF）

VEGFは血管を増殖させる一種のサイトカインである。サイトカインは免疫システムの細胞から分泌されるタンパク質で、特定の細胞に情報伝達をするものをいう。サイトカインの多くは、免疫や炎症に関係したものが多く、生体が細胞の増殖、分化、細胞死、創傷治癒など、収斂進化に伴って獲得したものと理解される。

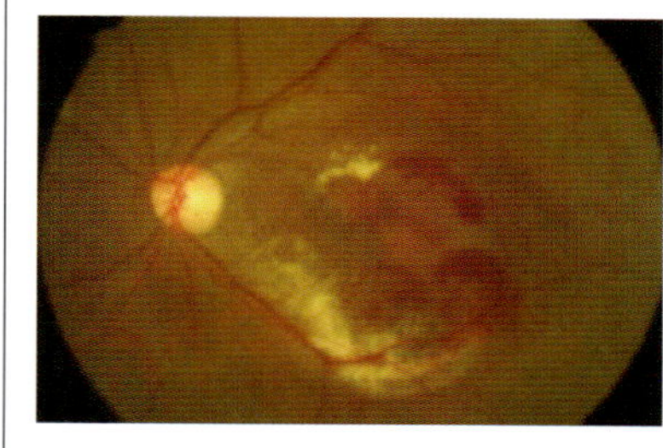

加齢黄斑変性の浸出型

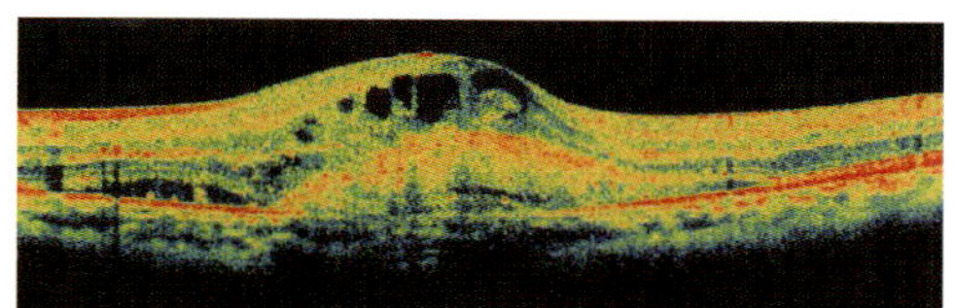

加齢黄斑変性は人類が長寿を獲得した結果、苦しむことになった疾患である。

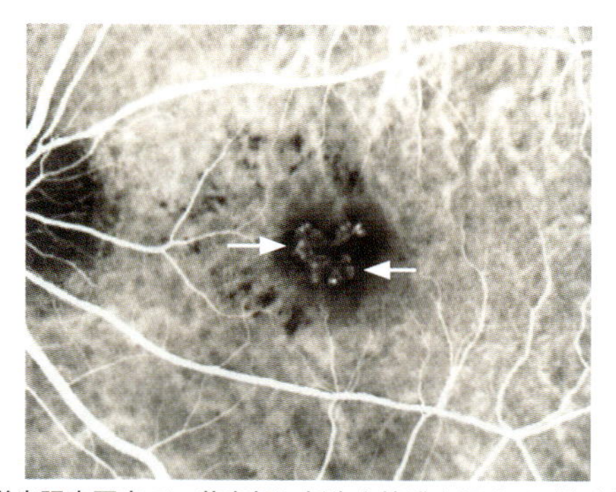

蛍光眼底写真で、黄斑部に新生血管膜を認める（矢印）

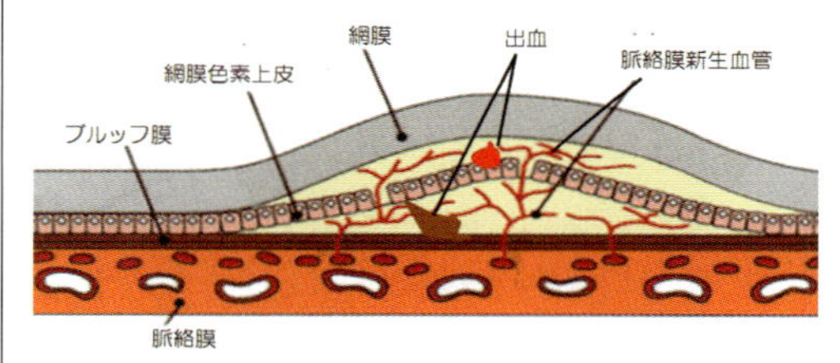

浸出型脈絡膜新生血管のシェーマ
出血を繰り返し進行すると、網膜内出血や硝子体出血になる。

眼の収斂進化21　高血圧性網膜症

我が国では約3,500万人が高血圧症であると言われている。住民健診や人間ドックの普及により、重症高血圧患者は減少したが、高血圧脳症、高血圧網膜症、虚血性心疾患などの合併症には注意を要する。

古典的に、出血の三原因として①血圧の異常、②血管の異常、③血液成分の異常が挙げられる。高血圧性網膜症の場合、血圧の異常として高血圧、血管の異常として動脈硬化が関与することになる。

①生物が海中生活から陸上生活へと進化する過程で、塩分と水分を体内で維持・調節する循環ホルモンシステムとして、レニン・アンジオテンシン系（RAS）が重要であった。そのレニン・アンジオテンシン系の異常が高血圧に関係することになった。

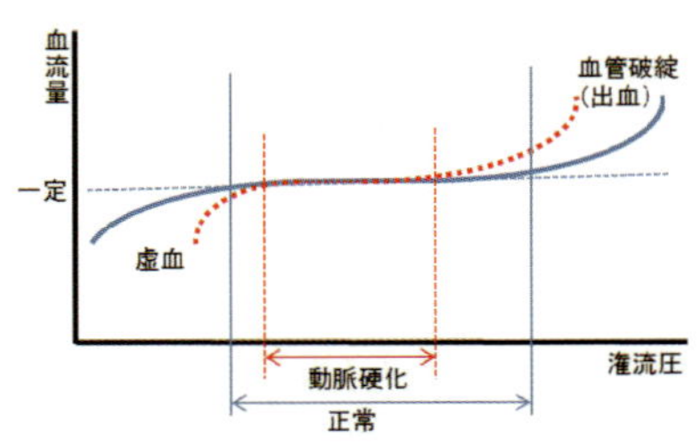

網膜は潅流圧の変化に対して血流量を一定を維持する自動調節機構が存在する。動脈硬化の場合、血流量を一定に保つ潅流圧の幅が狭くなる。
注：潅流圧≒平均血圧ー眼圧

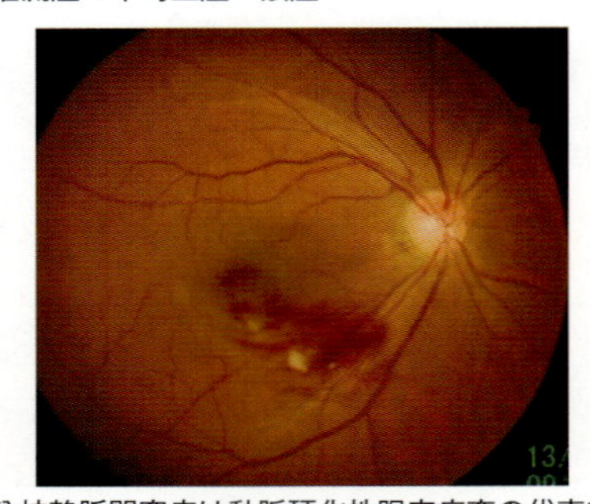

網膜分枝静脈閉塞症は動脈硬化性眼底病変の代表である。軟性白斑（毛細血管閉塞）を伴うものは、新生血管の出現時に網膜光凝固又は血管内皮細胞増殖因子（VEGF）抗体の硝子体内注射が行われる。

②ヒトは二足歩行となり、中枢神経系である脳や網膜が心臓より高い位置になり、中枢神経系への循環を維持機構（自動調節機構）が発達した。その自動調節機構を維持するために高血圧や動脈硬化が関与することになる。

③ヒトは思考による脳細胞の活発な活動に伴う代謝維持のために適度な血流維持が重要である。また、外的・内的刺激（ショック）に対する防御反応のために中枢神経系への血流維持も重要であり、高血圧や低血圧が問題となる。

④ヒトは食事や嗜好品、生活環境、生活習慣の多様化も高血圧や低血圧の一因となった。近年、日本では国民的な高血圧対策が効を奏し重症な高血圧網膜症は激減した。

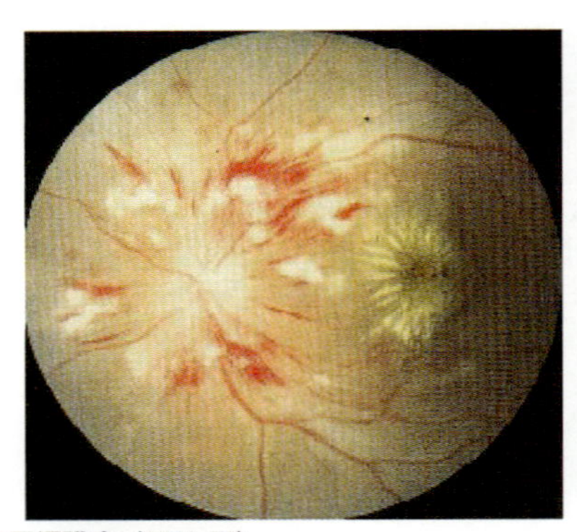

高血圧網膜症（KW-Ⅳ）
網膜細動脈の狭細化、黄斑部の星状白斑、視神経乳頭周囲の軟性白斑と出血を認める。最近はこれほど重症の高血圧網膜症は珍しい。

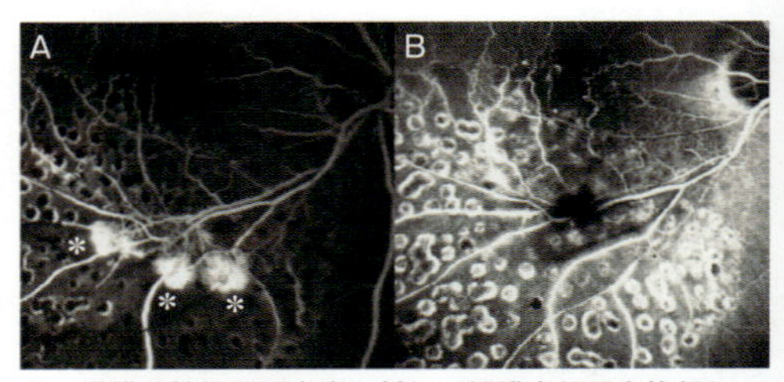

A：網膜分枝静脈閉塞症に対し、網膜光凝固を施行し、2年後に新生血管（＊印）が出現した。B：VEGF抗体の硝子体内注射後1か月で新生血管は消失した。

眼の収斂進化22　糖尿病網膜症

Ⅰ型糖尿病

“生活習慣病”ではない。膵臓のβ細胞が何らかの原因で障害され、インスリンの分泌不全により発症する。治療にインスリン注射が不可欠である。

Ⅱ型糖尿病

“生活習慣病”である。遺伝的に糖尿病を起こしやすい体質の人が、食事、肥満、ストレス、運動不足などによって、インスリンの分泌量が低下または作用不足によって発症する。日本人の糖尿病の約95%以上がこの型に属する。

集計

①日本人の糖尿病患者数740万人
②日本での糖尿病網膜症による失明者数4000人
③糖尿病が発症し、放置すると7年前後で網膜症が生じると言われているが、蛍光眼底検査をすると1～2年で網膜毛細血管異常が認められる。

農耕民族と狩猟民族のインスリン分泌能

1．西欧人のような狩猟民族は一時的に大量のインスリンを分泌する能力が高く、糖尿病になりにくい。
2．日本人のような農耕民族はインスリン分泌能力が低い。その日本人が食生活や生活習慣を西欧化することにより、インスリンの作用不足が生じ糖尿病が発症する。日本人は社会の変化に逆らわず、農耕民族に徹するべきだったのかもしれない。

Ⅱ型糖尿の遺伝子

Ⅱ型糖尿の遺伝子として、単一遺伝子異常によるものは全Ⅱ型糖尿病の3%程度で、残り97%は多因子遺伝子によるとされている。

それらの遺伝子は飢餓と背中合わせの生活をしてきた人類にとって、大切な遺伝子で「倹約遺伝子」とも言われる。

世界の総人口は年々増加し、70億人が目前である。その10%以上の8億7千万人が飢餓に貧している。そして、飢餓人口の98%が発展途上国にある。栄養不良により、発展途上国において5歳になる前に命を落とす子どもが年間で500万人と言われている（平成26年現在）。

世界的に見れば、食料の絶対量が不足しているにも拘らず、日本のテレビは、どのチャンネルも“食い物番組”だらけで、飲食欲に対する自制心を失っている。かつては必要に迫られ収斂進化した倹約遺伝子が、食事や生活習慣の西欧化、過食および運動不足、タバコやアルコール、加齢などの生活習慣によってⅡ型糖尿病を発症させ、悪化させている。

「和食」の無形文化遺産の意義

ユネスコは2013年、「和食」が、
①多様で新鮮な食材とその持ち味を尊重している
②栄養バランスに優れた健康的な食である
③自然の美しさや季節の移ろいの表現がある
④年中行事との密接な関わりを有する

など伝統的な社会慣習として世代を越えて受け継がれていることを評価し、無形文化遺産に指定した。和食の原点は、質素を楽しく、美味しく食べることで、和食の無形文化遺産も食べ方次第である。

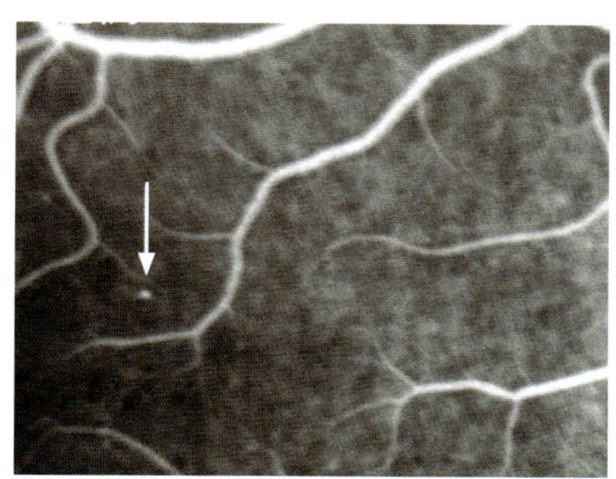

毎年検診を受けていて、糖尿病と診断され1年目の蛍光眼底撮影。画角30°の強拡大で網膜毛細血管瘤が出現している（矢印）。

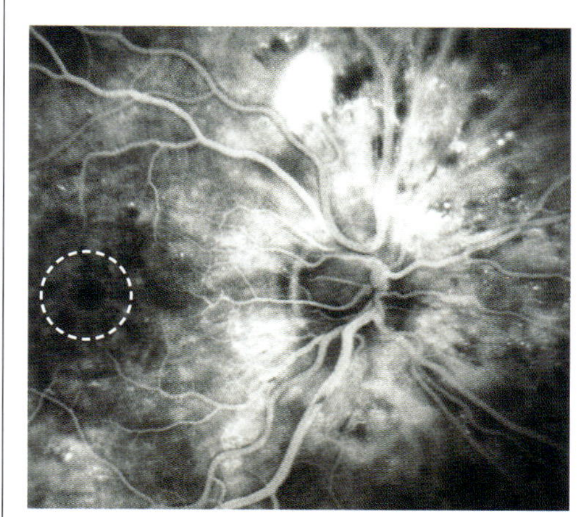

進行した糖尿病網膜症。蛍光色素の漏出が著しく、視力に最も重要な黄斑部にも浮腫がみられる（点状円）。実験動物を除いて、自然界では、こうした糖尿病網膜症が生じるのはヒトのみである。

放射線と眼

①眼科医療において、診断や治療に放射線を利用する場合も少なくない。
「放射線被ばく」の立場から考えると、放射線白内障と放射線網膜症がある。

②放射線白内障を起こす放射線量は、約5シーベルトといわれているが、急性の高線量による場合と慢性の低線量による場合で発症の時期が異なる。特に、低線量被ばくによる血管系や神経系の障害と同様に眼球の晩発性障害が問題になっている。

③放射線網膜症は高線量被ばくにより起こり、網膜毛細血管瘤が生じ、慢性に進行する。一見、糖尿病網膜症様所見を示すが、糖尿病網膜症と異なり、進行防止の治療法がなく、視機能の予後は悪い。

④1986年のチェルノブイリ原子力発電所事故により、ゴーストタウンになった地域では、放射線障害による眼奇形を有する野生動物の報告もある。

⑤放射線物質の半減期は、セシウム$_{137}$ 30年、プルトニウム$_{239}$ 約2万4000年、プルトニウム$_{244}$ 約8000万年、ウラン$_{235}$ 7億年、ウラン$_{238}$ 45億年、と極めて長いものもあり、福島第一原発でメルトダウンした燃料の処理・保管方法が今後問題になりそうである。

⑥これからのエネルギー政策は、原子力発電による放射性廃棄物の処理方法が明確になるまで、原子力発電の凍結は仕方ないであろう。
しかし、2011年3月の福島第一原発の事故後より運転を停止していた日本の原発も、高レベル核廃棄物の処分法が決まらないまま、2015年8月に川内原発1号機が初めて再稼働した。膨大な国家予算を投じて、原子力に代わる代替えエネルギーを開拓すべきである。

⑦神棚のダルマが揺れるたびに地震の恐ろしさを感じる日本列島である。
広島、長崎の原爆投下で500ミリシーベルト以上の放射線量を受けた被爆者は、放射線を受けていないヒトに比べて手術が必要な重症の白内障を発症するリスクが高いとの研究結果を、日米共同の研究機関「放射線影響研究所」（広島市、長崎市）のチームがまとめ、北米放射線学会の専門誌（RADIOLOGY）に発表した。
最近の研究で眼組織は比較的低線量でも放射線の影響を受けやすいことが分かってきており、国際放射線防護委員会（ICRP）は、生涯の眼組織の最大許容量を5シーベルトから500ミリシーベルトに引き下げた。
2012年10月5日　共同通信社

神棚の達磨揺らして煤払

NHK俳句　佳作　兼題「煤払」

平成22年2月号

眼の収斂進化23　無虹彩

無虹彩 aniridia

①先天無虹彩は生後より、両眼の虹彩がなく、羞明、眼振、弱視、緑内障などの症状を伴うことが多い。

②まれな疾患で、5万人に1人と報告されており、ほぼ85%は家族性で、常染色体優性遺伝である。

③第11番染色体上にあるマスター調節遺伝子、PAX 6 遺伝子の異常で発症する。

④加齢とともに角膜が混濁し角膜内に新生血管が入ってくる。

⑤ウイルムスの腎腫瘍、無虹彩、生殖器・尿路異常、知的障害を伴うものをwagr症候群と言う。

⑥無虹彩は加齢と共に角膜混濁、角膜内血管新生が進行することがある。これは、無虹彩の角膜に可溶性VGEF受容体-1 が存在しないために生じていると思われる。(アメリカマナティの角膜に類似) (98頁参照)

⑦症状の羞明は虹彩がないため、弱視は光過剰性弱視で、固視不良のために眼振が生じる。緑内障は隅角形成不全のため、と考えられている。

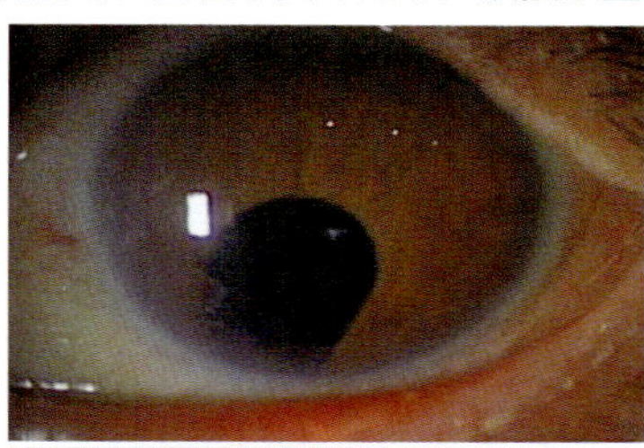

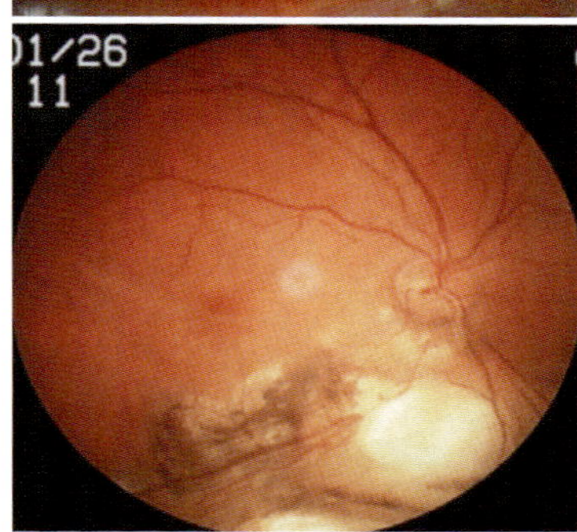

虹彩・網脈絡膜欠損症

虹彩欠損 coloboma of iris

①虹彩欠損は一種の形成不全である。

②眼原器は胎生第2週に神経間の前脳から形成される。眼原器は外側に拡張し第3週に眼胞となる。眼胞は周囲を間葉組織に取り囲まれ、第4週に眼胞の先端部が陥凹し、眼杯と眼茎となる。眼杯の周囲に間葉組織が取り囲み虹彩を形成する。

③虹彩欠損は、下方6時位で間葉組織が閉じなかったものと考えられる。

④虹彩欠損症は脈絡膜欠損や視神経欠損を合併することが多い。

眼はマスターキー遺伝子の一つであるPAX 6 遺伝子が下位の遺伝子のネットワークをコントロールしながら収斂進化している。

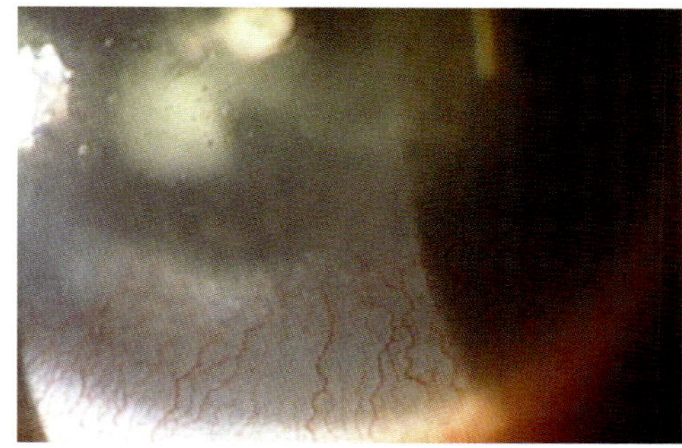

PAX 6 遺伝子変異により無虹彩が生じる

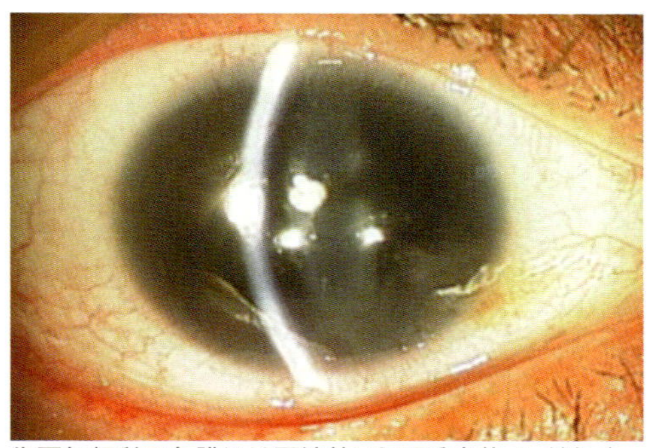

先天無虹彩の角膜には可溶性VGEF受容体-1 がなく、加齢と共に角膜混濁や角膜内に血管が進入してくる。

眼の収斂進化24　黄斑部欠損

眼底写真を撮ると、眼底の後極部直径約2mm域は暗く写る。この領域を黄斑と呼ぶ。黄斑が暗く写るのは黄斑色素（キサントフィル）のためであり、黄斑の中心は中心窩と呼ばれる。中心窩は視細胞のうち錐体のみが存在し、視力や色覚に重要な部位である。中心窩は視細胞錐体のみで、神経線維層や神経節細胞層がないので、網膜の中心窩断面は凹んでいる。ミドリムシの眼点にみられるカルテノイド色素は光の方向性を持たせる働きをするが、ヒトの黄斑色素であるキサントフィルの役割は不明である。

黄斑欠損と視機能

①白子症以外の先天性黄斑欠損は極めて珍しい。
②先天性黄斑欠損は錐体がないので、0.1以下の視力と、色覚異常と眼振を伴う。
③ヒトの場合、両眼の黄斑欠損の場合、光刺激遮断に伴う中枢性眼振がみられる。しかし、黄斑の存在しない動物では周辺固視能により眼振はみられない。

黄斑欠損

①後天的に黄斑部が欠損した場合：視力は0.1以下で、色覚も障害されるが、眼振は生じない。
②白子症のように、黄斑や色素上皮の色素欠損で、視細胞錐体が存在する場合：視力は0.3～0.1以下で、色覚はあるが、眼振が生じる。
③先天性黄斑低形成の様に視細胞錐体は存在するが黄斑色素が存在しない場合：視力は0.4～0.5程度で、色覚はあるが眼振がみられる。
④先天性黄斑欠損の様に、黄斑色素も視細胞錐体も存在しない場合：視力は0.1以下で、色覚障害と眼振がみられる。

黄斑欠損と眼振

黄斑の存在しない霊長類も少なくないが、眼振はみられない。

ヒトの眼は黄斑を有し、中心固視に伴う両眼視機能を脳に収斂進化した。そのため、黄斑欠損や中心視力が極端に悪い場合中枢性眼振を生ずる。

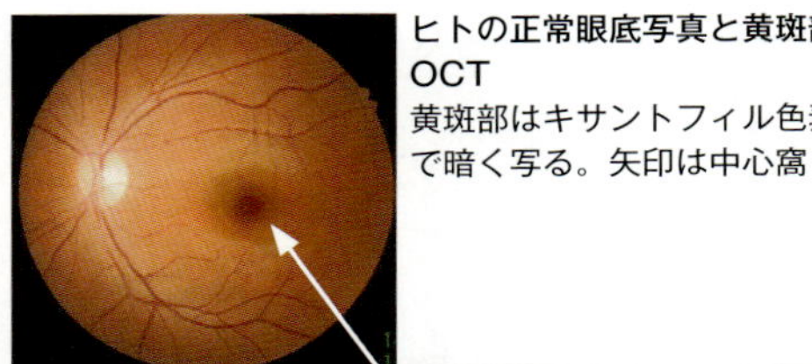
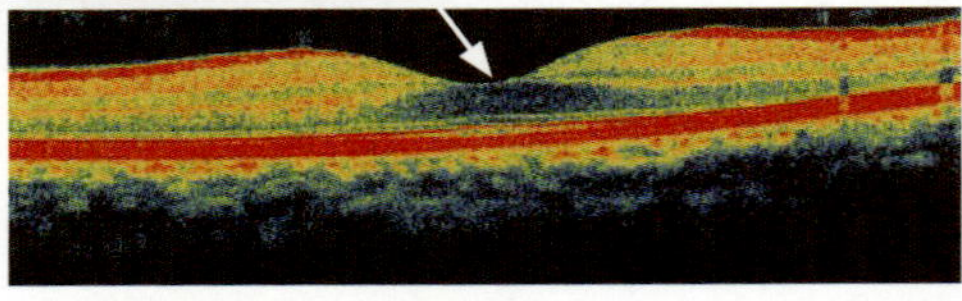
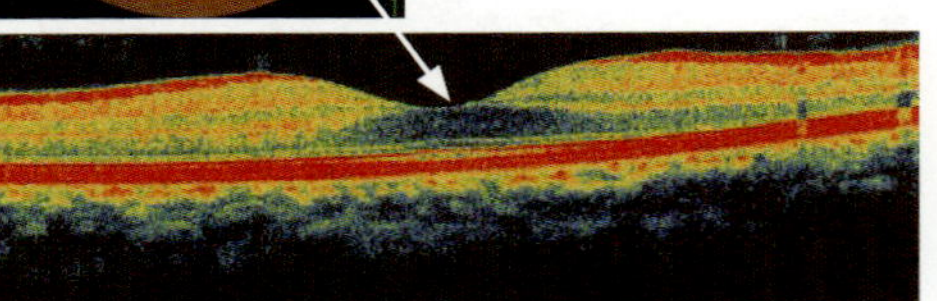

ヒトの正常眼底写真と黄斑部OCT
黄斑部はキサントフィル色素で暗く写る。矢印は中心窩

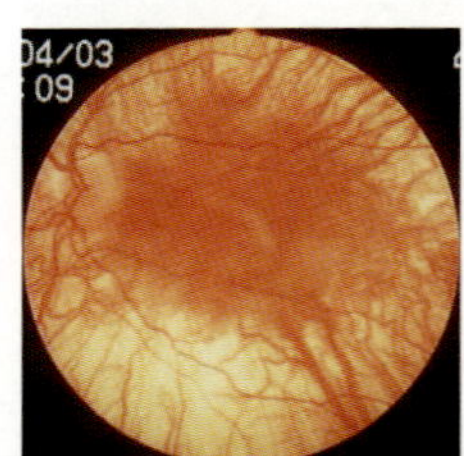
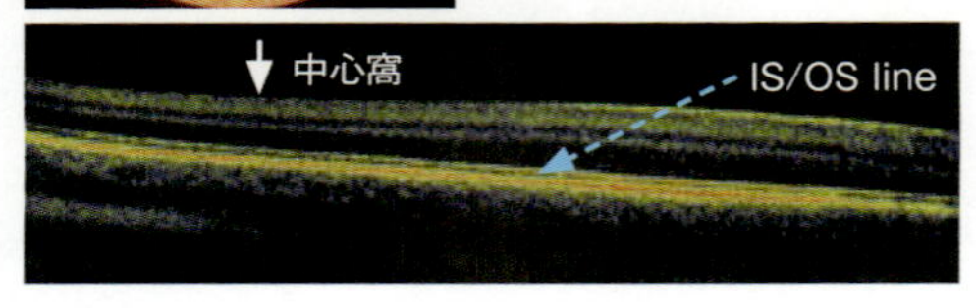

白子症の眼底写真と眼底後極OCT
黄斑色素がなく、中心窩を認めない。視細胞の存在を示す、IS/OS line は認める。

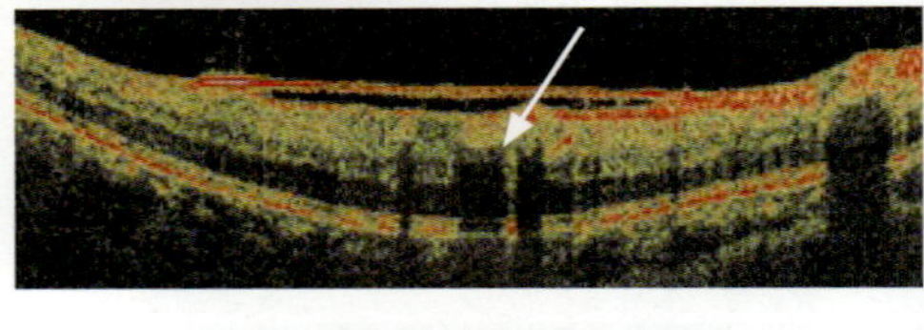

先天性黄斑欠損の眼底写真とOCT
黄斑部も中心窩も、IS/OS line も認めない。黄斑部に血管と網膜上膜がみられる。

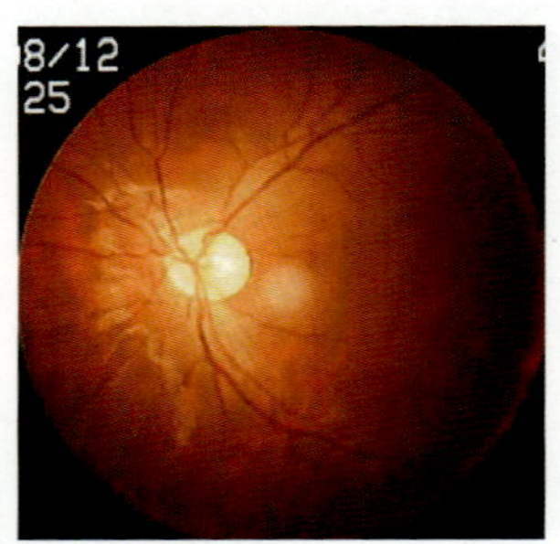

黄斑低形成の眼底写真
視力（0.4）で、眼振が強くOCT検査不能

眼の収斂進化25　色覚（1）

ヒトの網膜黄斑部には視細胞錐体が存在し、この錐体には、赤錐体（610～750nm）青錐体（435～480nm）緑錐体（500～560nm）の三種類があり、それぞれの光を感受する視物質が存在し、その混合によりヒトは色を認識している。

正常の色覚を認識する必要条件

①黄斑部に視細胞錐体が存在すること。
②視細胞錐体に視物質が存在すること。
③視物質の混合が正常であること。
④脳で色覚の情報処理が正常に行われること。
が必要条件である。

動物の色覚

1）上記の四つの必要条件を満たす動物は、ゴリラ、チンパンジー、サルの一部に過ぎない。
2）上記四条件のどれかが欠けていても、必ずしも色が見えないわけではなく、光として感じている。
3）犬が赤色に反応するのも、魚が赤い餌に反応するのも、必ずしも赤と認識しているわけではない。
4）昆虫が紫外線域の光に反応するが、どのように見えているかは不明である。
5）ヒトと同じ色覚を認識しなくても、光の波長を何らかの方法で識別している動物もある。
6）動物によってはヒトの色覚と全く異なった光の情報処理を行っている場合もあり得る。

色覚の認識と記憶

1）生まれつき視力が無いヒトは、色の認識は出来ない。イメージ認識として、赤は情熱の色、青は寒い色、緑は平和な色、とイメージに置換して伝えることは可能だが、実際の色を伝えることは出来ない。
2）後天性に視力を失ったヒトは、色の記憶が薄れてくる。
3）色覚正常者でも、真っ暗な部屋では色を物体に転化してイメージする。例えば、赤は炎の色、青は空の色、緑は森の色、など色の物体転化をせず、色だけをイメージすることは難しい。
4）色の認識と記憶の特殊性から、色のついた夢を見るのは極めて稀な現象である。
5）クジャクやキジのオスの羽根は色彩豊かで美しいが、メスは褐色である。オスの羽根の色彩はメスに対するアピールに用いられる。しかし、メスがオスの羽根をどう認識しているかは不明である。
6）タマムシの翅は光の干渉によって金緑から金紫の色調変化する。特定の色彩名を当てられないことから、どちらつかずの状態のことを慣用句的に「玉虫色」という。この玉虫色も種の保存のために意味がある。ヒトには玉虫色に見えてもタマムシには全く異なった視覚情報として認識している。

色覚獲得の収斂進化は比較的発生後期のものである。

タマムシ

眼の収斂進化26　色覚（2）

動物たちが自覚する色

①物体に当る光の波長
②物体から反射されてくる光の波長
③角膜、中間透光体で吸収され眼底に届く波長
④視細胞の光感受性物質の特性
⑤脳の色覚中枢での特性
などから、それぞれの個体が感じている色は不明である。

動物の色覚特性

４色型の例：爬虫類、鳥類、両生類、蝶類、サメ類
３色型の例：ヒト、カニクイザル、ハト、カエル、
２色型の例：アカゲザル、イヌ、ネコ、ブタ、リス、
１色方の例：ラット、ハエ、タコ、ホタテガイ、

参考：
ヒトの３色型は赤・緑・青の視物質によるが、種により視感度特性は異なる。
４色型は３色型に紫外線域が加わる。
２色型は３色型の赤・緑のいずれかの視物質がない。
１色型は明暗のみの認知になる。

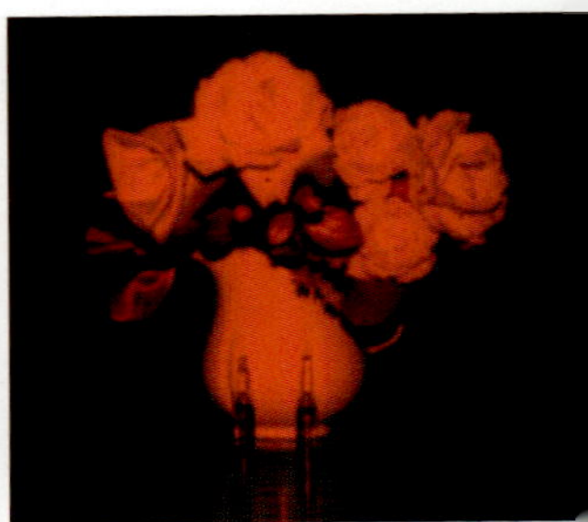

左側の写真は通常カラーフィルム、赤外線フィルム、カラーフィルターなどを用いて撮影した。
右側の写真は全てコンピュータを用いてカラーバランス処理を行った。

同一被写体の色も記録条件でさまざまに表現される。
動物が色をどのように認識しているかは不明であり、色覚正常なヒトでも個人の色認識は同じではない。

眼の収斂進化27　色覚（3）

動物の視細胞内にある視物質のスペクトル吸収特性を調べ、波長順に並べると、L、M1、M2、Sの4グループに分けられる。それぞれの動物が、どのスペクトルグループの視物質を有するかを分析すると以下の通りである。

視物質スペクトル	L	M1	M2	S	紫外
キンギョ	○	○	○	○	
哺乳類	○	×	×	○	
霊長類	○ ○	×	×	○	
モンシロチョウ	○	○	○	○	○

①キンギョは、L、M1、M2、Sの視物質スペクトルを均等に有する4色型色覚である。
②哺乳類の先祖は夜行性の生活を選び、L、Sの視物質を有する2色型になった。
③哺乳類のうち一部の霊長類は、恐竜の絶滅後に昼行性の生活を選び、三色型になるが、M1、M2遺伝子の発現はなく、視物質Lを二種類（赤と緑）に分離した三色型になった。
④ヒトの三色型色覚は、M1、M2域のスペクトル域のない、歪んだ三色型で、必ずしも優れてはいない。また、ヒトに赤緑色覚異常が多い理由でもある。
⑤モンシロチョウは、L、M1、M2、S以外に紫外域にも反応する視物質を有する5色型である。ヒトの眼ではモンシロチョウの羽は雌雄ともに白いが、紫外域ではオスの羽は黒っぽく、メスの羽は白っぽく区別できる。
⑥色彩豊かなサンゴ礁に棲むシャコの仲間には、十三色型色覚の種がいるとの報告もある。

先天色覚異常

1）先天色覚異常はX染色体劣性遺伝なので、男性（XY）の場合、X染色体に色覚異常の遺伝子があれば必ず発症し、女性（XX）は片方のX染色体が正常ならば保因者になる。
2）日本人では男性の4.50%、女性の0.165%、白人男性では約8%が先天赤緑色覚異常である。
3）日本人女性の約10%は色覚異常の保因者であるため、正常色覚の夫婦でも10組に1組は先天色覚異常を生じる可能性が存在する。
4）先天色覚異常だからと言ってモノクロに見えるわけでなく、色の識別が混同しやすいだけである。
5）特に、赤系統や緑系統の色の弁別に困難が生じる人が多い。
6）先天色覚異常は生まれつきのため、本人自身が色覚異常に気づいていない場合が多い。
7）現在のところ、先天色覚異常の治療法がないので先天色覚異常者に対する社会障壁（差別）を取り除くことが大切である。
8）色覚検査は異常者を特定する目的でなく、色覚異常に気付かなかったことが不利益にならないように行うものである。

臨床的色覚検査法

①仮性同色表（石原表、東京医大表（TMC表））は色覚異常のスクリーニングとして広く普及している。
②色相配列検査（パネルD-15テスト）は色覚異常の種類と程度の判別に用いられる。
③ランタンテストは職業適性の弁色能検査として使用される。
④アノマロスコープは混色の割合を正確に検出する目的で行われる。

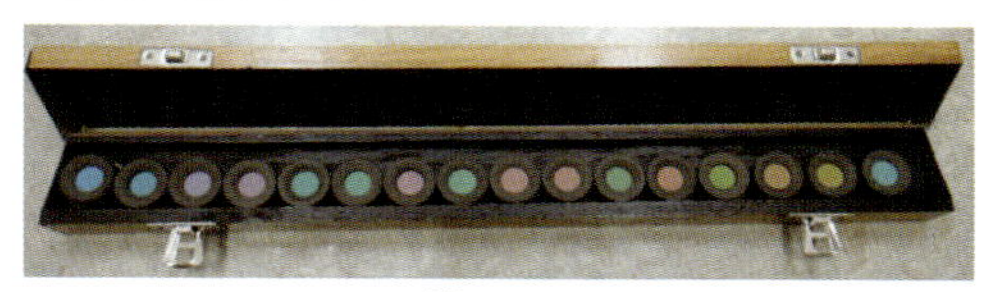

パネルD15

先天色覚異常者の難しい職場

イ）飛行機・船舶関係
ロ）自衛官・警察官・消防士など
ハ）看護関係
ニ）化学分析関係など

色認識

色認識は物の色に置き換えて表現される。従って、先天的に全盲の人に色を認識させることは出来ない。2色型の犬がどのように色を認識しているのか、5色型のモンシロチョウがどのように色を認識しているかは不明である。さらに、先天性色覚異常の人がどのように色認識しているかも詳細は不明である。

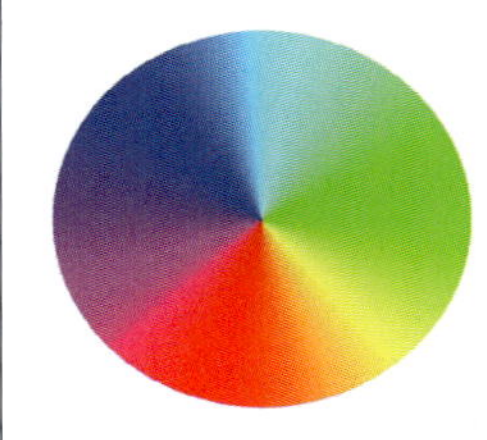

色相環
色相は赤、黄、緑、青、紫などの色の様相で、色相を順序立てて円環にして並べたものを色相環という。色相環の対立位が補色である。

眼の収斂進化28　色覚（4）

先天色覚異常は黄斑部視細胞錐体に存在する視物質の異常により生じる。この赤および緑視物質を決める遺伝子はX染色体のXq28に存在し、赤遺伝子の下流に緑遺伝子が存在する。（ちなみに錐体の青物質遺伝子は第7染色体に、桿体の視物質ロドプシン遺伝子は第3染色体に存在する）

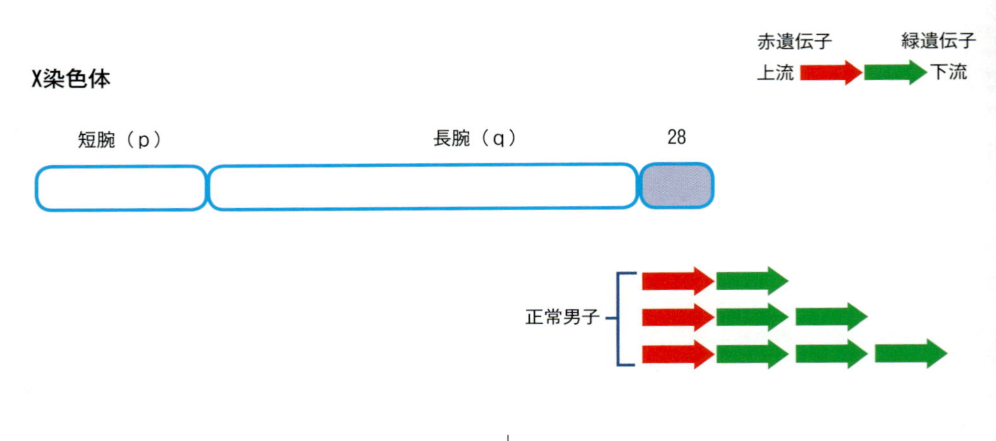

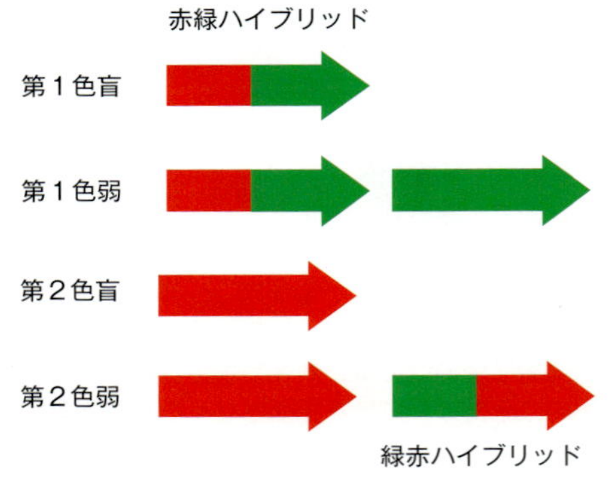

1．正常色覚

両親のXq28上にある赤・緑遺伝子のうち、下流の緑遺伝子のみ不等交叉をする。正常男子の場合1個の赤遺伝子に対して数個の緑遺伝子が下流に存在することになる。そのため正常男子の視細胞視物質の分光特性は微妙に差が生じる。

2．先天赤緑異常

先天赤緑異常は、X染色体劣性遺伝（X連鎖性劣性遺伝）で、遺伝子そのものが生物学的混合（ハイブリッド）を起こす。

3．先天青黄異常

常染色体優性遺伝で、頻度は0.002～0.003％と極めて稀である。

4．全色盲

①桿体１色型色覚：定型桿体１色型色覚と非定型桿体１色型色覚がある。

②錐体１色型色覚：青錐体１色型色覚と緑・赤錐体１色型色覚がある。

色の感知に関与するロドプシンはオプシンとレチナールからなり、オプシンのアミノ酸配列が変化して、特定の波長の光を吸収特性を持つようになる。一色型であろうが四色型であろうが、オプシンのアミノ酸の配列は色覚の収斂進化によって獲得される。さらに、色覚異常が視物質の異常だけでなく、神経伝達系の異常も配慮する必要があり、赤遺伝子、緑遺伝子の構造配列は将来どのように収斂進化して行くかは不明である。

眼の収斂進化29　視覚情報処理（1）網膜色素細胞

眼底の加齢変化

左の眼底写真は同一人物の３歳時と38歳時の眼底写真である。35年前の眼底カメラは画角が30°、最近の眼底カメラは45°で、比較のために30°に合わせて検討する。35年前の眼底カメラはアナログで、フィルム保存条件から、眼底の色調は比較できない。38歳の眼底は３歳の眼底に比較して

①網膜黄斑部の網膜反射輪が消失している。

②視神経乳頭上の毛細血管も少なくなっている。

③網膜血管は幾分伸展している。

④眼底の血管走行は基本的には不変である。

網膜色素上皮の加齢変化

視細胞外節を貪食する網膜色素細胞は、加齢によりリポフスチンが蓄積する。そのリポフスチンは自発蛍光を発するので、自発蛍光写真により、網膜色素上皮の加齢変化も分析可能である。

①リポフスチンは視細胞外節由来で、網膜色素上皮（RPE）内の蓄積残渣物の集合体である。

②RPE内のリポフスチンは、年齢や疾患により差がある。

③リポフスチン内のA２E* はRPEのアポトーシスを誘導する。
（＊A２E:N-retinyledin-N-retinylethanoamine）

④リポフスチンは老齢個体の肝細胞、心筋線維、神経細胞にも存在する。

中心窩下の脈絡膜厚の加齢変化

光干渉断層計（OCT）の進歩により、臨床的に網膜の層分析が可能になり、眼科学は急速に進歩した。

中心窩下の脈絡膜厚は10歳で15.6μm減少する。眼底の網膜神経線維層や網膜色素上皮、そして脈絡膜などの厚みは加齢と共に減少する。

網膜色素細胞も40年前後の加齢対応を前程とした収斂である。それより高齢になると健康が担保されず、加齢黄斑変性になり易くなる。

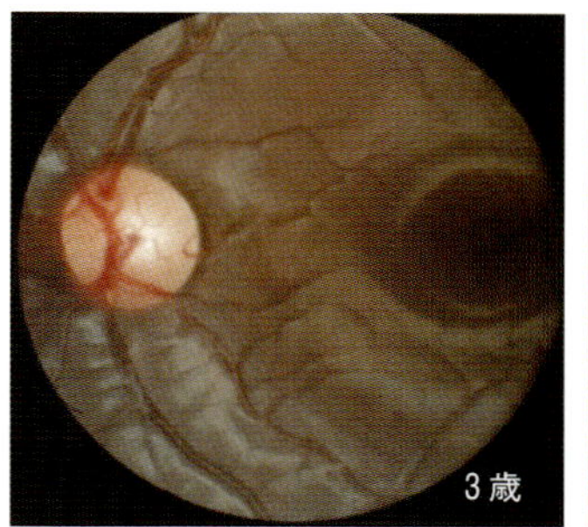

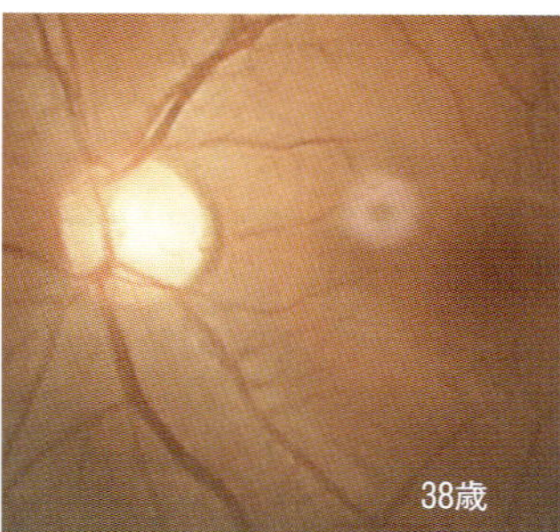

同一人物の35年後の眼底の比較

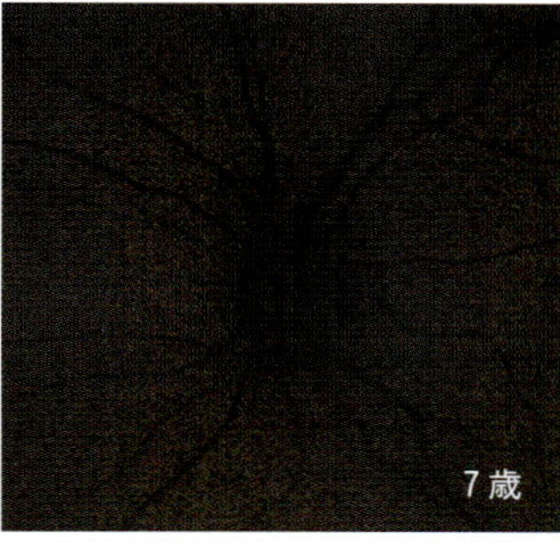

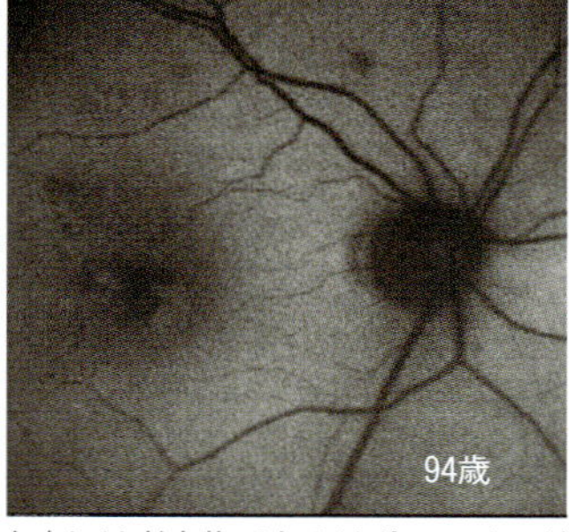

自発蛍光眼底写真：高齢者の網膜色素上皮には老廃物であるリポフスチンが蓄積し、自発蛍光のため眼底が明るい。

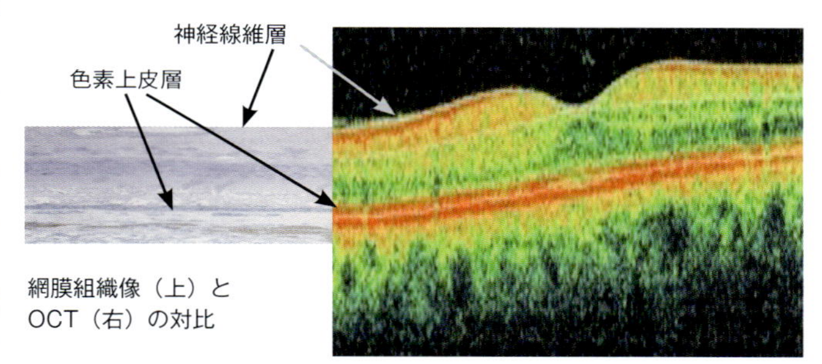

網膜組織像（上）とOCT（右）の対比

眼の収斂進化30　視覚情報処理（２）神経節細胞

①ヒトの網膜視細胞には錐体細胞が600万個、桿体細胞が１億2000万個存在する。

②視細胞が連絡する神経節細胞は130～120万個と、視細胞に比べて極めて少ない。

③中心窩では数個の錐体細胞が１個の神経節細胞と対応しているが、周辺網膜では数千の視細胞が１個の神経節細胞と対応している。これは視細胞から神経節細胞までの間でも視覚情報処理が行われていることを意味する。

④すなわち、視細胞から神経節細胞までに、明暗の強調やコントラスト感度を高める情報処理が行われている。

⑤神経節細胞の軸索は視神経として、視神経乳頭から頭蓋内に入り、視交叉を作り、視索と名を変え間脳の外側膝状体および中脳の上丘などの第一次視覚中枢に達して終わる。

⑥網膜の神経節細胞層と神経線維層（Ganglion Cell Complex：GCC）は加齢や緑内障で減少する。

⑦GCCは網膜断層撮影装置（OCT）にて測定することが臨床的に可能になった。

視神経の再生

脳神経である視神経は再生しないとされていたが、東京都医学総合研究所の原田高幸らは、視神経損傷後、神経細胞死を薬剤で軽減することに、マウスの実験で成功し、細胞死に２つの遺伝子が機能していることを確認した。

①遺伝子「ASK１」が視神経損傷後に過剰に活性化すると推測し、ASK１の欠損マウスを作成し、細胞死の抑制を確認した。

②遺伝子「p38」が、傷を受けて３時間後にピークになことにも着目し、損傷後に、p38の阻害剤を野生のマウスの眼球に投与したところ、その後２週間にわたって細胞死が抑制された。同時に網膜の厚みが保たれていることも確認したという。

2012年９月14日の英国科学雑誌「Cell Death and Differentiation」オンライン版

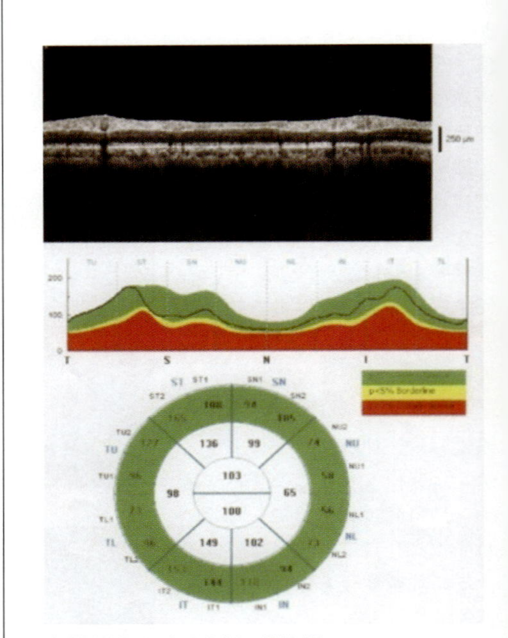

上図はOCTによるGCCの測定例。
下図はOCTによるGCCと年齢の関係：年齢と共にGCCは減少する。ここでも加齢に対する収斂進化が対応出来ていない。

資料は中央産業提供

眼の収斂進化31　視覚情報処理（3）視路

①光情報は、外側膝状体を経て大脳の１次視覚野に達し、さらに高次中枢に伝達され情報処理が行われる。

②この視覚情報処理を行う脳の視覚野ならびに視覚前野はＶ１野からＶ５野に区分される。

③それぞれ区分された領域の視覚情報の役割が解明されつつある。

④さらに、fMRI（機能的磁気共鳴画像）により、ヒトの視覚野の網膜部位再現が可能になった。

視覚情報処理の収斂進化は比較的後天的に獲得する要素で、同じ霊長類でも相違がある。

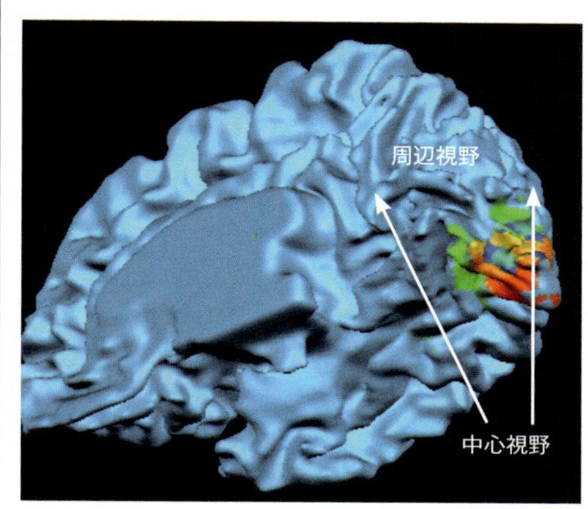

左視野の拡散円形視標による右脳におけるfMRIによるヒト皮質活動

①視覚情報の記憶は脳のどこで行われているのか？

後頭葉視覚野に到達した視覚入力が、海馬へと伝達される。海馬は新たな記憶をつくりだすことに作用する場所で、古い記憶の最終貯蔵庫ではない。海馬は１ヶ月から数ヶ月程度記憶をたくわえ、最終的に大脳皮質（側頭葉）に固定されるとする説がある。

②晴眼者の視覚情報の記憶の特性について

側頭葉下部の大脳皮質細胞には顔に反応するもの、場所に反応するもの、物体に反応するものがある。どれもfMRIで活動を認めるが、そこが果たして記憶までしているのかは不明である。

③視覚情報処理

約１億個の網膜視細胞からの光情報は、約130万個の神経節細胞で情報処理され、視放線を経て、後頭葉視覚中枢で情報処理が行われる。この視覚情報処理能力は網膜光刺激により視覚中枢で獲得される。網膜のどの部位の、どんな刺激が視中枢にどのように伝達され、加齢により視覚情報処理能力がどのように低下するかがfMRIにより解明されつつある。

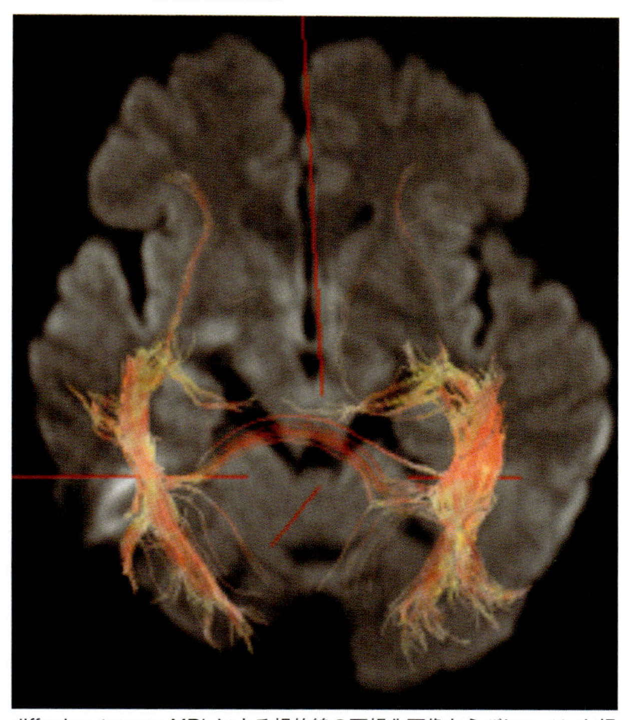

diffusion tensor MRI による視放線の可視化画像ならびにコメント提供：吉田正樹氏、増田洋一郎氏

眼の収斂進化32　視覚情報処理（４）脳

視覚情報は触覚、聴覚など知覚情報と統合されており、それらの何れかが加齢変化しても情報処理に影響を与える。ブロードマンの脳地図（注１）により一次感覚情報について触れる。

新生児の脳重量：400g
成人の脳重量：1150〜1400g（体重比 / 約２％）
脳の酸素消費量は全身の：20％
脳の安静時ぶどう糖消費量：５g/１時間当たり

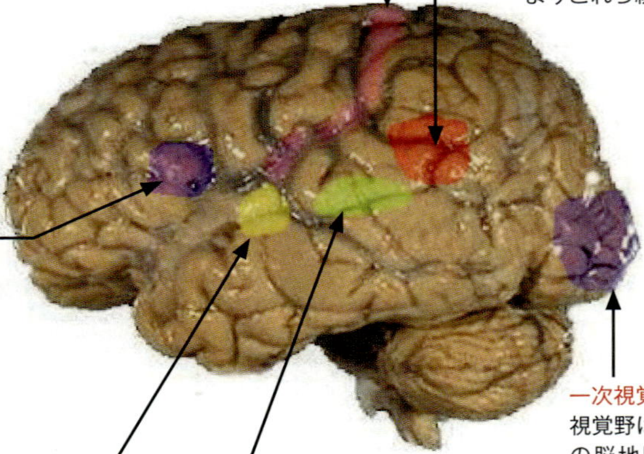

一次体性感覚野
一次体性感覚野は中心後回の外側部で大脳縦裂、中心溝、中心後溝、外側溝に囲まれた領域で、この情報は下頭頂小葉に伝えられる。

下頭頂小葉
下頭頂小葉は頭頂葉と側頭葉の境界近くにあり、一次視覚野と一次聴覚野ならびに一次体性感覚野の情報がここで統合される。見て、聞いて、触れる感覚を統合している。加齢によりこれら統合能力が低下する。

ブローカ野
ブローカ野は左大脳半球に位置し、ブロードマン44野と45野に相当する。ブローカ野の障害により、発話や書字が出来ない失語症になる。ブローカ野はヒト以外の脳には存在しない。

一次視覚野
視覚野は後頭葉のブロードマンの脳地図における17野で、V1と略される一次視覚野、及びV2、V3、V4、V5と略される外線条皮質に相当する。
網膜神経節細胞の情報がこの一次視覚野で視覚の部品として投影される。その情報は下頭頂小葉に伝えられる。

一次聴覚野
一次聴覚野はブロードマンの41野と42野に一致する。この聴覚情報は下頭頂小葉に伝えられる。

ウエルニッケ野
ウエルニッケ野は左大脳半球に位置し、ブロードマン22野に一致する。ウエルニッケ野の障害で、言葉の意味が理解できない失語症になる。ウエルニッケ野はチンパンジーにも小さいものが見られる。

一次視覚野は視覚情報を部品として捕らえる。視覚情報として質の良い部品を揃える必要がある。例えば、軽い遠視や乱視で、生活に不都合が無い視力でも、一次視覚野に投影される視覚情報の質が問題になる。脳の可塑性（注２）を考えると遠視や乱視が軽くても、早期から矯正した方が良いことになる。また、漫画情報が多すぎると上位中枢での統合内容が稚劣になる。

注１：**ブロードマンの脳地図**は大脳皮質組織の神経細胞を染色可視化し、組織構造が均一である部分を区分して１から52までの番号を付けたものである。

注２：**脳の可塑性**とは、発達段階の神経系が環境に応じて最適の処理システムを作り上げるために、よく使われるニューロンの回路の処理効率を高め、使われない回路の効率を下げるという現象で、発達期の脳で顕著にこの性質が観察される

眼の収斂進化33　視覚情報処理（５）上位中枢

大脳新皮質

1）脳は大きく分けて大脳半球（大脳皮質と大脳髄質）、脳幹、小脳で構成されている。
2）大脳半球の右脳と左脳は脳梁で繋がっている。
3）大脳半球の表面は、約３ミリ程度の膜状の大脳新皮質が存在する。
4）この大脳新皮質はヒトの知的活動、主に言語、視覚認識、思考、計算、理性などを司る。
5）この新皮質の150億個の神経細胞と神経回路をつなげているシナプスが複雑な情報ネットワークを形成する。
6）脳内のシナプス伝達物質は100種類以上確認され、知的活動に関与している。

右脳と左脳

①ヒトの大脳半球は右脳と左脳で機能の分担が行われている。
②右脳は、身体左半分の運動や知覚、イメージ、図形、音楽、表情を読み取り、視覚的情報の把握・直感的思考、などに関与。
③左脳は、身体右半分の運動や知覚、言語、会話、概念、計算、声や音の認知、論理的思考、などに関与。
④右脳・左脳の分担は、身体運動や知覚以外は強固に固定されたものではないので、右脳人間、左脳人間の区別は科学的でない。

大脳活動の収斂進化

①下頭頂小葉で一次視覚野の情報が聴覚情報や体性感覚情報などと統合され、海馬で一時記憶される。
②一時記憶された海馬の情報は大脳の情報ネットワークに記憶される。
③この情報ネットワークは繰り返し情報により、強固になり密になる。
④ヒトの大脳活動は繰り返し情報により収斂進化する。

脳の収斂進化を考える

1．ヒトの大脳活動は、繰り返し刺激（訓練）により収斂進化する。
　スポーツや楽器演奏は訓練で上達する。
2．読書はイメージや論理的思考の情報ネットワークを密にする。
3．応用問題の訓練と選択肢問題の訓練では脳の収斂進化に相違が生じる。
4．同じ読書でも、小説と漫画でも脳の収斂進化に相違が生じる。
5．家庭環境、社会環境も脳の収斂進化に影響を与える。

大脳は大脳皮質というハードと神経情報ネットワークというソフトからなる。ソフトは個々の努力と責任の下で質の良いものに醸成可能である。その結果、ハード部分は百年、千年、万年、億年後に収斂進化の結果として表現される。

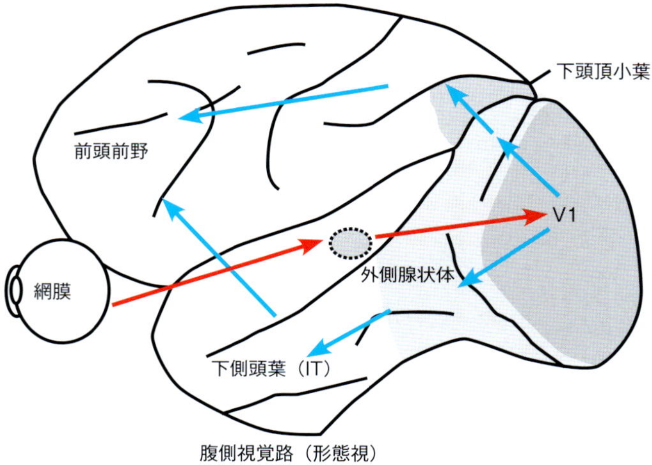

背側視覚路（運動・空間視）
下頭頂小葉（PG）
前頭前野
V1
網膜
外側膝状体
下側頭葉（IT）
腹側視覚路（形態視）

http://www.med.teikyo-a/ana110.htmより

眼の収斂進化34　眼精疲労

眼の疲れはヒトのみに見られる症状であるが、その具体的な症状は個人によって異なる。足が疲れる、手が疲れる、鼻が疲れる、耳が疲れる、頭が疲れる、など、どこが疲れても不思議でないが、眼の疲れを自覚するヒトは極めて多い。眼精疲労は症候名で、その症状は一律でなく、原因も様々である。

眼精疲労の原因

1．症候性眼精疲労

①眼疾患：緑内障、白内障、結膜炎、角膜炎、ぶどう膜炎、眼底病変、視神経疾患など
②屈折異常：強度近視、遠視、乱視、間違った眼鏡やコンタクトの使用、
③調節異常：調節痙攣、調節不全（老眼）、調節麻痺（薬物障害）
④両眼視機能障害：弱視、斜視

2．全身の病気

糖尿病、易疲労性疾患、筋無力症、甲状腺疾患、低血圧、貧血、心身症、むち打ち障害、自律神経失調症、その他

3．生活習慣・生活環境・職業

夜更かし、照明器具、パソコン

4．ストレス

精神的なストレス、テクノストレス

眼精疲労の対策

1．眼精疲労に対して、内服薬や点眼薬、眼の体操や眼部のマッサージ、各種サプリメントなど、様々な対策が講じられている。
2．しかし、眼精疲労の原因を考えないで薬を使用するのは危険である。原因があれば、まず原因の除去が重要である。
3．目の疲れは自覚的なもので、他覚的に判らない。そのため、眼科医は眼の疲れを訴える症例に対し、全身疾患や眼疾患の有無を調べるのみで、目の疲れを、数量化したり画像化することはできない。
3．眼精疲労の原因は様々で、その原因を特定するのは簡単ではなく、全ての眼精疲労に有効な特効薬はない。
4．眼が疲れたら……

①眼の疲れとは、具体的にどんな症状か？
②その症状は何時から始まったか？
③思い当たる原因は？
④その症状は、日により、時間により、変化するか？
⑤生活習慣や環境、職場に原因らしきものがないか？
⑥眼鏡や眼を眼科医にチェックしてもらったか？
⑦糖尿病、高血圧、貧血、甲状腺機能障害、など全身疾患がないか？
⑧眼疾患はないか？

眼精疲労の概念

ヒトは生活を便利にするために、生活習慣や生活環境を変えてきた。その結果、眼精疲労に悩むことになる。動物や子どもには「疲れ」の概念はない。疲れの概念は成人のみに存在する。

オラウータンの眼を疲れさせる

①間違ったメガネやコンタクトをかけさせる。
②長時間テレビを見させる。
③長時間パソコンをさせる。
④長時間近方作業をさせる

さて、オラウータンはどうするか？

答え：オラウータンはそんなことをしない。

動物には何故眼精疲労がないか？

①動物は備わった視機能以上には眼を酷使しない。
②疲れたら休む。
③視覚情報を脳で解析する作業が少ない。
④「眼の疲れ」と言う概念そのものがない。

松井孝道撮影の写真を加工

動物や子どもは目が疲れない

眼の収斂進化35　概日（サーカディアン）リズム

概日リズムとは、約24時間周期で変動する生理現象で、動物、植物などほとんどの生物に存在している。

概日リズムは睡眠や摂食のリズムを決定する上にも重要で、脳波、内外分泌、細胞再生など生命活動のパターンを決定している。

ヒトの概日リズムの発生メカニズムは視床下部の前方にある視交叉上核内で背内側部の中に蓄えられた自発リズムが、朝の明るい日差しが網膜に入射することで視交叉上核の腹外側部が興奮し、背内側部の概日リズムを再起動することが知られている。遺伝子レベルで設定されているこの概日リズムに逆らった生活リズムは、脳神経、自律神経等の変調の原因となる。

第三の光感受性細胞

①ヒトにおいては網膜の視細胞（錐体・桿体）以外に網膜神経節細胞の一部にも光感受性が存在する。

②その光感受性網膜神経節細胞（ipRGC）は全網膜神経節細胞の約１％程度とされている。

③ipRGCはメラノオプシンを産生し、概日リズムに関与している。

④この第三の光感受性細胞、ipRGCは青色光に最も敏感である。

ipRGCは概日リズムの調節ばかりではなく、実際の視覚にも寄与している。

生物リズム（バイオリズム）としての睡眠と覚醒

1）ヒト、サルなどの昼行性動物の多くは概日リズムを有する。

2）ヒトの新生児やネコ・クジラなどは、数時間周期で概日リズムは存在しない。

3）ヒトの乳児期は数時間周期であるが、２歳ごろから概日性になる。

4）ラットやコウモリなどの夜行性動物は、夜行性の概日リズムを有する。

体内時計の緩和

脳には光刺激で睡眠や体温のリズムを形成する体内時計がある、一方、各臓器にも細胞増殖のリズムを形成する固有な体内時計がある。「CIRP」というたんぱく質が脳と各臓器の体内時計を調和させている、と京大とジュネーブ大の研究グループが報告している。

（2012年８月24日　読売新聞）

ベンガルミミズク
鳥類の一般的特徴でもあるが、眼球の動きより首の回転で周囲を見る。ベンガルミミズクは首を360°回転できる。動物によっては概日リズム以外に、時間リズム、週リズム、季節リズム、年リズムなどを有する場合もある。

体内時計の活動可視化

北大の本間らは、神経細胞の活動程度によって色が変わる蛍光タンパク質を使い、時計のずれによる睡眠障害や、時差ボケ発症のメカニズムを解明した。

体内時計の中枢は、「視交叉上核」にあり、約１日周期のリズムをつくっている。マウスで観察すると、リズムを刻む細胞集団が少なくとも二つあり、同調していることが判った。

細胞集団同士のリズムずれが、睡眠障害や時差ボケを引き起こす原因と推定した。

（米科学アカデミー紀要電子版）

生活習慣病

生物は地球の自転リズムを基盤とした概日リズムやバイオリズムに支配されているが、そのリズムに逆うことにより糖尿病、高血圧、動脈硬化、高脂血症などの生活習慣病に罹患する。

地球の自転は地球上の全ての生物に概日リズムを与えた。

そのリズムの収斂進化には昼行性と夜行性の違いはあるが、そのリズムに逆らわずに生きることが重要である。深夜労働、24時間テレビは生理的には有害である。

眼の収斂進化36　これからの視機能

ヒトの眼の収斂進化は約6500万年前から始まり、現在に至っている。

そして、これからヒトの視機能はどのように収斂進化するのであろうか？

人類が獲得した環境から将来の視機能を考える。

1．ペーパーレス文化の影響

①パソコンで読み書きするため、「読むこと」は退化しないが、「書くこと」は苦手になる。

②ディスプレー上での思考が発達するが、ディスプレー外（行間）の思考が苦手になる。

③読書の楽しみが減少し、フォント文化から画像文化に変化する。

④立体（３D）テレビは普及するが、両眼視機能のない人には立体的に見えない。

⑤視覚情報処理能力の発育途上の乳幼児に対するテレビの影響は充分に解っていない。

2．テレビの影響

①低俗番組ばかり見ていると、感覚的、官能的な閾値が高まり、表現の過激化が起こる。

②同一テレビ情報から、国民は同一思考になり、個人の批判能力が低下する。

③テレビの主張を自分の主張と混同する。

④知識は増えても判断能力は下がる。

⑤テレビそのものも漫画表現でないと受け入れられなくなる。

3．漫画の影響

①脳の収斂進化は、文字から得た情報より、漫画から得た情報が主体になる。

②換言すれば、読書が苦手になり、漫画表現がないと情報処理が遅くなる。

③漫画の仮想空間と現実空間との区別が付けられなくなり、思考や記憶にキャラクターの介在が必要になり、ヒトの幼稚化が進行する。

④ここで漫画を否定するものではない。ヒトの視覚情報処理の収斂進化に漫画も必要である。

⑤江戸時代に庶民に愛された『北斎漫画』は洒落、粋、知的ユーモアが根底にあり、現代の漫画と全く異質である。小説は行間を考えさせる。漫画も画像間を考えさせるものは良い

⑦一つの画面から瞬時に全体像を捉える能力（瞬間視力）が発達する。（チンパンジーに近づく）

⑧漫画は人生を豊かにする調味料である。調味料はほんの少しあればよい。調味料のみでは栄養失調になる。

4．夜更かしの影響

夜更かしは、眼から入る光刺激の変化により視機能による身体的収斂に影響する。

①体内時計の概日リズムの位相ずれが、不眠やうつ病を増加または悪化させる。

②血糖の変動を大きくして、糖尿病の増加または悪化させる。

③自律神経への影響が、ストレスや生活習慣病を増加または悪化させる。

④何によりも電力消費の無駄である。

ヒトは快適性や利便性を求めて生活環境や生活習慣を変え続けている。これからの視機能の収斂進化はヒトが決めることになる。

シロスジショウジョウグモ
体長約２～４mmで、腹部に１対の黒紋がある。クモなので４対の単眼を有する。

眼の収斂進化37　視覚障害者の眼

身体障害者福祉法にもとづく日本における視覚障害者の実態は正確に把握できていない。その原因として、

①個人情報の保護の問題、
②視覚障害の原因が単一ではない、
③左右眼で視覚障害の原因が異なる場合がある、
④視覚障害の申請は個人の意思による、などが考えられる。

身体障害者手帳からの視覚障害の原因

第１位　緑内障
⇒早期発見、早期治療、継続的眼圧管理が重要である。

第２位　糖尿病網膜症
⇒生活習慣、糖尿病の管理が重要である。

第３位　網膜色素変性症
⇒遺伝子の異常で、視野障害から始まる。

第４位　加齢黄斑変性症
⇒高齢者に多く、身障手続きしない潜在障害者は多い。

第５位　強度近視
⇒強度近視は眼底の網脈絡膜の障害を来たしやすい。

第６位　眼外傷
⇒交通事故、労災事故、スポーツ災害、人為的暴力などが多い。

視覚障害者の眼球運動

眼球運動は外眼筋とその神経支配により行われているが、視覚が眼球運動の第一次刺激である。視覚障害の場合その第一次刺激がなくなるが、眼球運動が見られる場合がある。視覚障害の原因、程度、期間などにより差異はあるが、脳の眼球運動中枢からの刺激による、眼球振盪、不随意眼球運動、反射性眼球運動などが見られる。

視覚障害者の視覚情報記憶

1．後頭葉視覚野に到達した視覚情報は海馬へと伝達される。海馬では１ヶ月から数ヶ月程度記憶を蓄え、その後、大脳皮質（側頭葉）に固定される。固定された大脳皮質の記憶は繰り返し視覚情報により強固になる。

2．先天視覚障害者の場合、視覚代行情報として触覚、聴覚、嗅覚などの情報として一次中枢を経て海馬に伝達され、大脳皮質に固定されるが、その固定は不安定である。

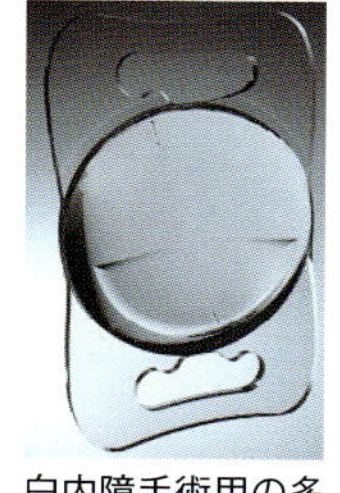

白内障手術用の多焦点眼内レンズLenits®
平成28年３月現在、保険適応ではない。

3．先天性視覚障害者は視覚代行情報により、晴眼者には得られない特異な能力を示す場合もある。

4．後天性の視覚障害の視覚情報の記憶は、色、明暗、形態と記憶固定が脆弱になり、最終的には大脳皮質から消失する。具体的には、黄色はみかんの色、赤は林檎の色、優しいは母の顔、恐いは父の顔、のように物質に置き変えて色や形態を記録する。また、形態の記憶として、側頭葉下部の大脳皮質細胞には「顔に反応するもの」、「場所に反応するもの」、「物体に反応するも」のがあるが、新たな視覚刺激がない限り、記憶は消失していく。

5．本来、ヒトが有する視覚情報の喪失は全く想定外の方向に収斂進化する可能性がある。

点字ブロックと白杖

①日本は世界でも有数の点字ブロック普及国であるが、経済的負担の割には有効に利用されていない。
②最近では超音波を利用した電子白杖が期待されている。
③将来は誘導発信器や白杖センサーなど、安価で有効性のある新しい誘導装置の開発が期待される。
④エコーロケーションやGPSを利用するなどの発想の転換も必要である。

眼の収斂進化38　人工網膜

科学の進歩に伴い人工網膜の研究も進んでいる。特に、人工網膜はわが国の視覚障害の原因の３位を占める網膜色素変性症の症例に対して厚生労働省の国家プロジェクトとして研究が進められている。

Brain machine interface（BMI）⇒ 中枢機能の一部と機械を融合させ、障害を低減する技術をいい、脳卒中、脊損、脳性麻痺、神経・筋疾患での研究が進んでいる。人工網膜も神経節細胞の軸索である視神経を利用したBMIの一種で、Bionic Eyeともいう。

人工網膜の原理

現在開発中の人工網膜は眼外装置と眼内装置で構成されている。

眼外装置⇒一種のCCDカメラで撮影した情報を無線で眼内の装置に伝える。

眼内装置⇒無線で得た情報を多極電極により網膜へ刺激電流として与える。

人工網膜の分解能

分解能は画素数によって表現される。コンピュータの画素数は1024×768＝786,432画素であり、デジタルテレビの受像器の画素数は1920×1080＝２,073,600画素である。ヒト網膜の神経節細胞は約120万から150万個とされており、眼外装置のCCDカメラの分解能は充分である。

一方、眼内装置の多極電極数を高密度にしても電極間で刺激の重積が起こり分解能を上げることが出来ない現状である。現実的には多極電極数が1,500程度の装置が開発されているが、刺激の重積により数十画素程度の刺激と考えられている。

現在の人工網膜の問題点

1．人工網膜の視力：平成27年現在、人工網膜の実験では、明暗の識別から物体の判別まで が可能になっている。
2．眼内装置は網膜上、網膜下、脈絡膜下、強膜内などが考えられている。
3．閉瞼しても情報が入力される。
4．多極電極による網膜刺激の長期安定性に課題を残す。
5．眼球運動や身体運動への対応、めまいや不快感に関する問題点。
6．色調や両眼視機能、動的視力、順応、残像など、複雑な視機能についての課題は多い

人工網膜には、眼内装置、眼組織の電磁波毒性、脳の可塑性など、克服すべき多くの問題点がある。将来は網膜刺激から脳の後頭葉視覚領を直接刺激する方法も考えられる。「たかが明暗、されど明暗」明暗視力でも全盲の人にとっては大きな福音である。

科学の進歩は目覚ましく、近い将来、更なる良質の視覚情報が人工装置によって得られる日が来るであろう。

2013年、大阪大学の研究グループは体内に流れる微弱な電流で作動する人工網膜用の素子（縦横3.5mm、厚さ1.2mm）を開発した。

人工網膜のシュミレーション

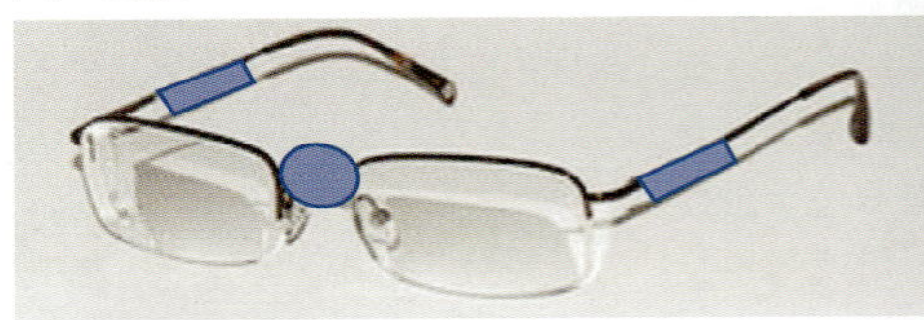

人工網膜眼外装置

CCDカメラで撮影したものを眼内装置に無線で送信する。小型カメラが眼鏡に取り込まれている

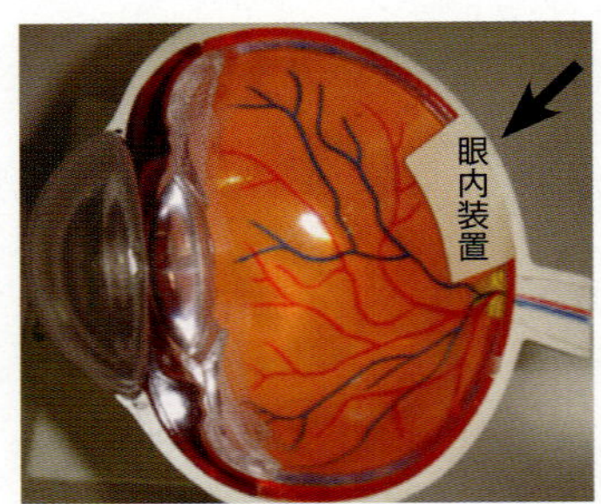

眼内装置は多極電極として網膜を刺激する

米食品医薬局（FAD）は2013年２月に米国の医療機器会社セカンドサイト社製「アーガス２」を人工眼として認可した。

眼の収斂進化39　再生医療（1）ES細胞とiPS細胞

再生医療は、病気や外傷による細胞や組織の機能障害に対し、細胞や組織を補い、機能改善を図る医療である。

再生医療としては人工臓器、臓器移植、組織幹細胞移植、ES細胞やiPS細胞による多能性幹細胞の利用、などがある。

①骨髄移植

骨髄細胞には造血幹細胞が存在するので、白血病や再生不良性貧血などの血液難治性疾患に対し、提供者の正常な骨髄細胞を静脈内に注入する。他者の細胞のため、免疫拒否反応の制御が難題である。そのため、最近は自己末梢血幹細胞移植が主流になりつつある。

②自己末梢血幹細胞移植

一般に、末梢血には造血幹細胞は含まれていないが、造血因子を投与すると末梢血から幹細胞が得られる。この方法により末梢血から自らの白血病細胞に冒されていない正常な造血幹細胞を採取・保存し、自家移植をする。

③臍帯血移植

臍帯血移植は胎児と胎盤をつないでいる臍帯動脈内の造血幹細胞を利用する。この方法は比較的拒否反応が少ないが、臍帯血に含まれる造血幹細胞の数が骨髄や末梢血動員幹細胞に比べて少ないことが問題である。

④羊膜移植

羊膜は抗原性が少なく、癒着防止効果を有し、眼表面の再建に広く利用されている。

⑤ ES細胞（Embryonic stem cells 胚性幹細胞）

ES細胞は動物の発生初期段階である胚盤胞期に属する内部細胞塊より作られる幹細胞株で、あらゆる組織に分化する可能性を持ち、無限に増殖が出来るため、再生医療に期待される。

米国では網膜色素上皮のシートが販売されている。2012年１月米国で加齢黄斑変性の治療が成功した。ヒトの受精卵を使用するので倫理的な問題や供給量が問題になる。

⑥ iPS細胞（Induced pluripotent stem cells）

iPS細胞は2006年、皮膚や血液などの体細胞に複数種（京大iPS研究所では６種類）の遺伝子を組み込んで作られた人工多能性幹細胞である。この研究により山中教授は2012年ノーベル賞を受賞した。このiPS細胞はほぼ無限に培養増殖が可能で、ほぼ全ての細胞に分化できる特徴があり、再生医療や創薬研究に期待される。

その中で、自己の体細胞を用いたiPS細胞は免疫反応が少ない特徴もあり、各種再生医療の中でも最も期待される。

iPS細胞を利用した創薬の研究として、特定の疾患を有する患者の体細胞からiPS細胞を作製し、さらに病的な細胞や組織に誘導し、細胞レベルで薬剤の有効性や毒性を検討できることから、従来の創薬研究より、非臨床試験の制度を高め、短期間に結果が得られ、疾患の個別医療にも期待される。

iPS細胞による再生医療や創薬研究には、多くの知的財産権が生じる。iPS細胞がもたらす恩恵は、一部のヒトや営利企業のためではなく、全てのヒトに還元されるべきで、正しい情報を公開し、十分な研究資金や多くの専門分野の人的支援が必要である。

MOOC（Massive Open Online Course）とはインターネット上で誰でも無料で受講できる公開講座のことである。その一つとしてのgaccoで、山中伸弥教授の講座「よくわかる！　iPS細胞」を受講して得た修了証。

再生医療の将来

①再生医療には終着駅がない。将来は、生活環境、例えば温暖化や食糧危機、生活環境に適応する再生医療（収斂医療？）が求められる可能性もある。

②鳥の様に視力の良い眼、金魚の様な色覚を有する眼など、一種のキメラ動物（眼）の作成も可能になり、倫理問題も重要になる。

③再生医療の研究には、多くの知的財産権（特許）が発生する。研究者は世界中の特許情報を把握し、特許侵害や訴訟にならないように気配りも必要である。

④ iPS細胞の作製コストが高いことから、山中らはHLA（human leukocyte antigen）6座ホモのiPS細胞ストックを用い、HLAマッチング症例に使用する方法も検討している。

眼の収斂進化40　再生医療（2）眼の再生医療

眼の再生医療

1．角膜疾患に対する再生医療

①角膜には血管がなく、比較的免疫性が小さいことから、角膜疾患に対して角膜全層移植が行われてきた。そして、最近の角膜移植は、さらなる免疫反応を軽減させるために、角膜層状移植が主流になりつつある。しかし、角膜を提供してくれるドナーが少ないのが問題である。

②ヒトの角膜輪部（強膜-角膜移行部）には数は少ないが角膜幹細胞が散在する。幹細胞（stem cell）は分裂して自分と同じ細胞を作る能力と、別の種類の細胞に分化する能力を持ち、際限なく増殖できる細胞である。この角膜幹細胞は角膜細胞への分化能と再複製能を有し、角膜に細胞を供給する。

③角膜幹細胞は角膜創傷治癒に関与、難治性の角膜潰瘍や角膜混濁などでは僚眼の角膜輪部移植をする場合もある。しかし、角膜輪部幹細胞は数が少ないのが欠点でもある。

④そのため、ES 細胞や iPS 細胞による角膜再生医療も始まった。

2．網膜疾患に対する再生医療

①網膜色素変性症、加齢黄斑変性症に対し、ES 細胞による網膜視細胞や網膜色素細胞の再生について臨床試験が行われていたが、2014年９月、高橋政代らは iPS 細胞から作成した網膜色素上皮細胞シートを加齢黄斑変性症に世界で初めて移植した。

②また、虚血性網膜症に対し、血管内皮増殖因子（VGEF）による、網膜内への血管誘導の試みがなされている。

③ iPS 細胞による視細胞移植用の視細胞シートは桿体細胞に比して錐体細胞が少なく、錐体細胞の割合を如何に増やすかが課題である。

3．視神経に対する再生医療

①糖尿病網膜症に対し、神経保護・再生促進作用を有するサイトカインの研究が試みられている。

②緑内障に対して、網膜神経節細胞の「神経保護」の研究が進められている。

③平成27年１月国立成育医療研究センターの研究グループは iPS 細胞から視神経節細胞の作製に成功する。

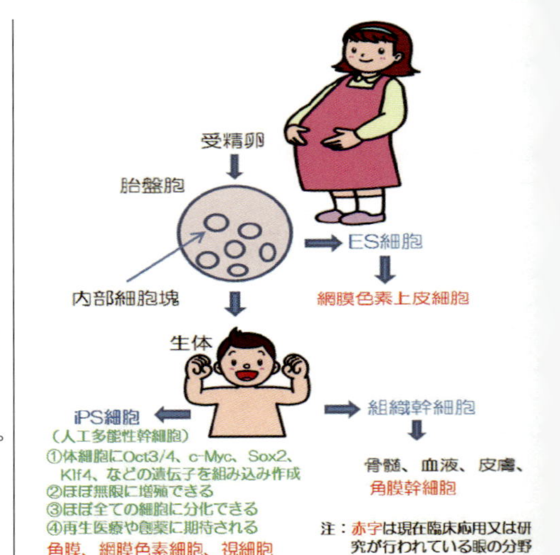

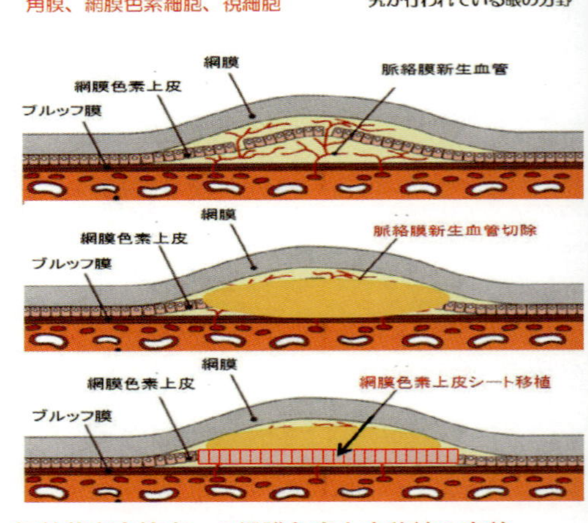

加齢黄斑変性症への網膜色素上皮移植の意義

①初期の加齢黄斑変性には、VEGF 抗体の硝子体内注射という確立された治療法が既にある。

②進行した加齢黄斑変性症に網膜色素上皮の移植をしても視力改善の可能性は少ない。

③ iPS 細胞による再生医療の第一歩で、ガン化など、想定外の事象を知るデータ累積としての意義は大きい。

④網膜色素上皮だけでなく、網膜全層が移植可能になったら本物である。（理研の桑原篤らは、平成27年２月、ES 細胞から、網膜色素上皮を作成後、一部を神経に変化させ、網膜組織の作成に成功した。網膜全層移植も遠くない。）

眼の収斂進化41　再生医療（3）遺伝子治療

チャネルロドプシン-2（ChR-2）

①走光性を示す緑藻類“クラミドモナス”はタンパク質チャネルロドプシン-2と言われる光感受性物質を有する。この原始的な光感受性物質（ChR-2）を利用し、網膜色素変性症に対して、再生医療が試みられている。

②ロドプシンの光受容様式は細胞内での化学変化が複雑であるが、ChR-2は発色団の再生が単純である。

③ChR-2は単一タンパク質の機能で、光受容により細胞内に陽イオンを通過させ、細胞を脱分極させることが可能である。

④神経節細胞内または双極細胞内にChR-2を発現させる遺伝子治療による再生医療である。

ウイルスベクター法

①治療用ベクターウイルスとして、アデノウイルス、アデノ随伴ウイルス、レトロウイルス、レンチウイルスなどが用いられる。

②アデノ随伴ウイルスは神経細胞、筋細胞、肝細胞などに高率に遺伝子発現を惹起させる。

③ChR-2遺伝子を導入したアデノ随伴ウイルス-2型を硝子体内に投与し、ウイルスを神経節細胞に感染させる。

④ChR-2遺伝子を導入された神経節細胞は、視細胞を経由せずに光感受性示すようになる。

⑤一度の投与で、数年間は遺伝子の発現が持続すると言われている。

⑥この遺伝子治療は現在、動物実験の段階であり、「光感受性を得た神経節細胞による視機能」がどのようなものか興味と期待が持たれる。

今後の遺伝子治療

①ChR-2以外にも、多くの古細菌型ロドプシンが発見されている。

②緑藻類“ボルボックス”からは緑に感受性のある光感受性タンパク質である。

③さらに、各種ロドプシンのアミノ酸配列を人為的に変えて目的に合わせた遺伝子治療が考えられている。

以上については、富田浩史らの「臨床講座」：日本の眼科82（12）2011を参考にした。

遺伝子治療

①遺伝子治療とは遺伝子または遺伝子を導入した微生物を人の体内に投与し、疾病を治療する方法である。

②現在の遺伝子治療対象疾患は致死性の遺伝性疾患・癌・エイズ、などのほか、パーキンソン病・他に有効な治療法のない疾患に試みられている。

③遺伝子の導入により、疾病とは関係ないヒトの個性をも変える（例えば背が高くなる、皮膚が白くなる、お酒が強くなる、近視にならない、など）に応用するのは社会的コンセンサスは得られていない。

③遺伝子治療は個人情報やヒトの尊厳が問題になる。そのため、文部科学省ならびに厚生労働省から「遺伝子治療臨床研究に関する指針」が、平成14年に（平成16年全部改正）出されている。

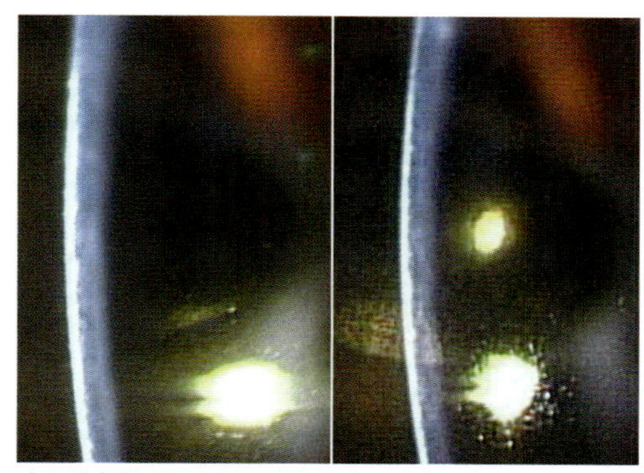

水泡性角膜炎は角膜の内皮細胞の障害で生じる。これに対し、献眼の内皮細胞または培養内皮細胞シートの移植が行われる。写真左は移植前、右は移植後

眼の収斂進化42　50万年後のヒトの眼

1．霊長類の進化は約6500万年前、白亜紀末期頃に始まったと考えられている。この6500万年の間に、環境に適応しつつ、多くの偶然により地球上の生物は収斂進化してきた。

2．太陽系外に地球と全く同じ惑星があり、生物が存在するとしても、そこの生物は地球の生物とは全く異なるはずである。仮に、地球が6500万年に遡り、再スタートしても、今の地球上の生物と同じ生物はできない。

3．約５億4,500万年前に、視覚を得た生物が捕食行動を優位にし、カンブリアの爆発が生じた。その後、約50万年で眼が完成した。50万年は決して長くはない。フィンランドの地下500ｍに廃棄された核廃棄物が完全に安全になるのは25万年後とされている。
映画『10万年後の安全』より。

それでは、50万年後のヒトの眼はどうなっているであろうか？

1）今までは生物として環境に適応した受動的な収斂進化をしてきた。しかし、これからのヒトは科学の力で環境そのものを変えて能動的な収斂進化の道を歩むであろう。

2）医学の進歩により、白内障・緑内障・糖尿病網膜症・網膜色素変性症などは克服されているであろう。しかし、それに伴って、あたらしい眼病に悩まされるであろう。

3）トリの様に優れた遠方視力、馬の様に広い視野、猫の様に優れた夜間視力と動体視力、ハエの様に高いフリッカー視機能、チンパンジーの様に優れた瞬間視力、ミツバチの様に紫外域も見える色覚、カメレオンの様に便利な眼球運動、マグロの様に左右別々に睡眠がとれる眼、など良い方向に収斂進化するとは限らない。

生物が眼を獲得して50万年、収斂進化により我々の眼が存在する。これからヒトがどのような環境の下で、どのように生きるかにより、これから50万年後の眼がどうなっているかが決まる。間違っても退化させてはならない。

4）仏教には七情（喜・怒・哀・楽・愛・悪・欲）がある。そして、欲には色欲、名誉欲保有欲、人相欲、食欲などがある。色欲に関しては道徳と理性が、名誉欲・保有欲・人相欲については知性がある程度コントロールしている。しかし、ヒトは「食欲」については寛容である。巷には「食べログ」「食紀行」「大食い競争」などが満ちている。ヒトには「食欲」が罪悪という認識は全くない。この飽くなき「食欲」がヒトの収斂進化に多大な影響を及ぼすであろう。少なくとも資源の枯渇と生態系への影響は避けられない。

5）「必要悪」の名のもとに阻止できない温暖化や環境汚染、テロや戦争、原発や核兵器、などが能動的収斂進化にどのような影響を与えるであろうか？

6）情報と流通の過多により地域差や季節差がない環境になる。

今後、ヒトの愚行と英知が環境に与える影響は不明であるが、あえて具体的に予想すると

①白内障・緑内障・糖尿病網膜症・網膜色素変性症などが起こらない眼になる。

②文字情報より映像情報が主体になり、行間が理解できず本が読めない眼になる。

③昼行性か夜行性か区別のできない眼、または、左右別々に休息出来る眼になる。

④アナログからデジタル対応の眼になり、瞬間視力はチンパンジーに近づく。

⑤環境汚染の洗礼を受け、突然変異で生き残った全く予想外の視器になる。

科学する眼

①発明は必要の母であり、科学する眼は日常にある。

②科学する眼は全てのヒトに与えられた最高の宝であるが、その宝を有効に使うか否かは個人の問題である。

③科学は、全ての物に興味を持ち、十分な観察と思考により、疑問を生み出し、その疑問を解決する実行力から生まれる。

④興味と思考は科学する眼を育てる。

⑤科学（Science）とは、理性的または知的な思考であり、科学する眼は視力や視野など視機能とは関係ない、理性的、知的思考の出発点である。

花水木（Benthamidia florida）は北アメリカ原産。
日本での植栽は、1912年に当時の尾崎行雄東京市長が、ワシントンDCへ桜を贈った際、1915年にその返礼として贈られたのが始まりである。

NHK俳句　佳作　兼題「花水木」

ドボルザーク聞き終へ庭の花水木

平成23年７月号

感性を培う眼

①視覚情報は捕食や外敵から身を守る上で重要な役割をし、カンブリアの爆発の起爆剤にもなった。

②しかし、ヒトは食うために生きるのではない。

③ヒトは同じ対象物を見ても、それぞれ捉え方が異なる。ヒトの視覚情報は、動物の本能的視覚情報と違って、感性という文化を形成しなければならない。

④感性は知識だけでは生じない。得た情報を脳がどのように消化し、どのように反応するかが重要である。

⑤感性を培うためには、多くの本を読み（マンガではない）、多くの芸術に触れ、よろずの物を十分に観察し、新たな発見と感動の積み重ねが重要である。感性は高次情報処理機能である。

NHK俳句 佳作 兼題「若葉」

若葉添う李朝の膳でもてなされ

奥の細道を読むと松尾芭蕉の感性に圧倒される。感性はヒトの心に響くものである。感性はヒト個人が創造する文化である。

これ以上何を求めん芭蕉かな

「感性を培う場」

生物が捕食者から身を守る原始的な感情は「恐怖」から始まった。モロ反射は、ヒトの生下時から生後２か月ごろまでみられる原始的驚愕反射であり、ヒトのヘビに対する恐怖は原始的な驚愕反射の一つともいえる。その後、ヒトは300万年かけて扁桃体や前頭連合野の神経回路を発達させ、「感性を培う場」を形成した。これはヒトのみが誇れる神経回路であり、ヒトが霊長類の長であり得る根拠でもある。

平成19年６月号

ロービジョン（low vision）

ロービジョンとは視機能が弱く、矯正もできず、それにより日常生活や就労などの場で不自由を強いられる状態で、その多くは中途失明者と呼ばれるが、全盲ではない。社会的弱視、教育的弱視とほぼ同義に用いられている。

ロービジョン学会

日本ロービジョン学会は2000年４月に創設された。本学会は「視覚障害者へのハビリテーション、リハビリテーションに関する研究および臨床の向上」を目的としている。

薬石効なく、視覚障害者になると、

①自暴自棄になり、時には自殺する。
②医療を呪い、医療以外に救済を求める。
③効果がないと判りつつ、現状維持のために通院する。
④転々と医療機関を渡り歩く。

眼科医の敗北

眼科医にとって自分を信頼して治療に専念してきた症例に「もうこれ以上は治りません」と云うのは辛いことである。①～④にならないように、「治療限界の宣告」を受け入れてもらうのは極めて難しい。これは眼科医にとっても敗北を意味する。

日本における中途失明者の現状

西欧先進国に比べて我が国では、視覚障害者の社会復帰が３～４年遅れるとのデータもある。視覚障害者にとって、この３～４年の時間的ロスは極めて大きい。

時間ロスの原因として

1）医師と患者の信頼関係が薄いこと、
2）眼科医が「治療限界宣告」への業務を避けていること、
3）保険証があれば、容易に転院可能で、無駄な医療の継続が長期に続くこと、
4）眼科医自身ロービジョン・ケアーに理解が少ないこと、
5）社会的にも視覚障害者の受け皿が少ないこと、

などが挙げられる。

中途失明者への眼科医療の心得

1．**医療からの脱却**：漫然と意味のない医療を行わない。
2．**残存視機能の維持**：社会復帰の邪魔にならない必要最小限の医療にする。
3．**医療情報の提供**：現状を十分説明し、現代医療の限界と未来医療の可能性を期待を持たさず説明する。
4．**福祉との連携**：身体障害者認定書類や介護保険医師意見書などを作成する。
5．**無駄な時間の短縮**：本人・家族の心理的ケアー、残存視機能の活用、歩行訓練、日常動作訓練、職業訓練、視覚障害者教育などは、早期に専門職に任せるべきである。

視覚障害者対応施設

日本では視覚障害児の専門教育の場として、各県に盲学校が配置されているが、昨今、障害児も普通学校で学ぶ統合教育が主流になり、盲学校は重複障害児など難しい事例や中途失明者への対応施設へとその役割が変化しつつある。その目視するところは、職場復帰、家庭復帰、社会復帰である。しかし、こうした施設や専門職の配置は、地域差が大きく、諸外国に比べても十分とは言えない。

視覚障害はヒトにとって重大な障害の一つである。視機能を失うことによって、想定外の代償機能が発揮されることも有り得る。収斂進化の過程では進化と退化が必ず存在したのだから。

携帯型拡大読書器の一例
障害者のデジタル機器は目覚ましく進歩しており、医師の片手間で指導してはいけない。

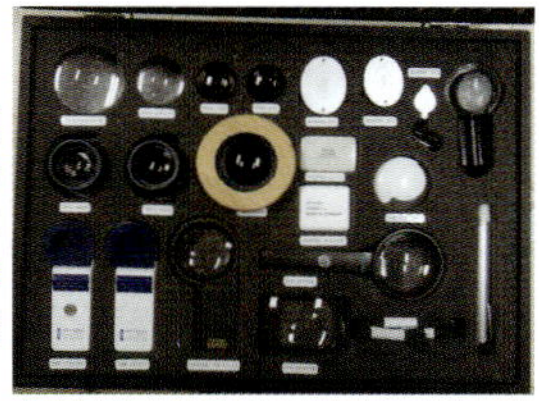

視覚障害者用補装具は、社会復帰に合わせ、計画的に考えるべきで、安易に医療機関で指導すると無駄になるので、視覚障害者用補装具適合判定医師の制度がある。

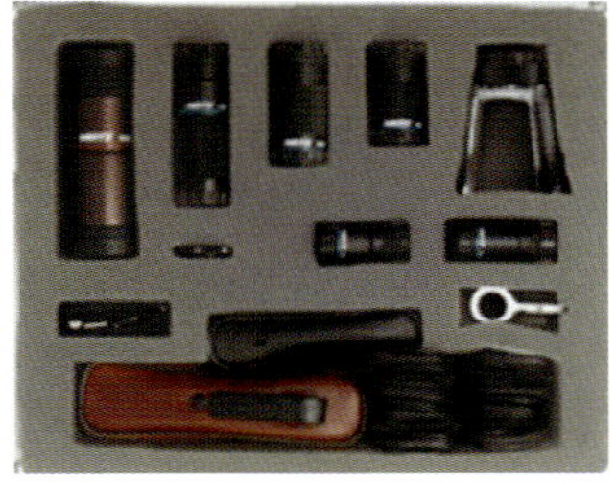

弱視眼鏡トライアルセットの１例

恩師の眼 1

多くの恩師

ヒトの成長にとって最も重要なのは人生の師にめぐり合うことである。両親や小学校・中学・高校・大学の先生は当然であるが、多くの良き師にめぐり合えたヒトほど幸せである。恩師と言っても人間で、聖人君子ではない。人間としての欠点や弱みも十分承知している。そうした人間くささが私を成長させてくれた。ここでは大学卒業以降の我が師の眼を紹介する。

◀ **大橋孝平 教授**

慈恵医大眼科入局時の主任教授で、眼科の生き字引的存在であった。名著『実際眼科学』は私の座右の書のひとつである。絶版の『大橋眼科手術書』を古本屋で探しています。

▲ **船橋知也 教授**

慈恵医大眼科教授で眼科臨床の基礎を学んだ。糖尿病と眼、白内障手術、緑内障手術、眼病理学が専門。実父より強い影響を受けた恩師である。随筆『うどんこ人生』は人間味溢れる文章である。

◀ **松崎 浩 教授**

慈恵医大眼科教授で、神経眼科が専門。向学心と人生哲学を学んだ。著書に『頭頸部損傷と眼』、『新実際眼科学』などがあり、『小児眼科学』などの訳書もある。随筆『月々のコラム』は洗練された蘊蓄に富む文章である。

恩師の眼 2

改めて我が身　私も当時の恩師達と同じ位の年齢に達した。改めて、我が身を振り返り、自分は我が恩師のように、後輩に対して良き師であったであろうか？　草葉の陰で、我が恩師達は私の現状を見て嘆いておられないだろうか？

医学も社会も進歩し続け、人間も収斂進化を続ける。それは永遠である。その時空を共にした恩師や先輩・後輩に心より感謝の意を表する。

◀ Edward　W. D. Norton 教授

マイアミ大学バスコンパルマー眼研究所主任教授で、私を研究員として迎え入れて下さった。当時、彼の配下に、J.Glaser教授、J.L.Smith教授、V.T.Curtin教授、D.Anderson教授、R.Machemer教授、Finn教授、Hamasaki教授、 など錚々たるメンバーがいた。統率力のある師であった。

▲ Noble J. Daivid 教授

マイアミ大学留学中の直属の上司で眼循環の面白さを学んだ。神経内科医であったが、蛍光眼底検査法を利用して世界で最初に眼循環障害の報告を行ったのは、蛍光眼底検査法が発表された年と同年であった。

◀ J. Donald　M. Gass 教授

マイアミ大学教授で、眼底疾患の権威である。毎週、彼が主催する眼底カンファレンスには必ず参加した。眼底疾患については世界の眼科をリードし、眼科医で彼の名を知らぬものはいない

参考文献 1

松崎　浩、太根節直：新実際眼科学、金原出版
Duke-Elder:System　of ophthalmolgy, Henry Kimpton
サイモン・イングス著（吉田利子訳）：見る、早川書房
鈴木光太郎：動物は世界をどう見るか、新曜社
ネイチャー編：知の創造、竹内薫訳、徳間書店
リチャード・フォーティ著（垂水雄二訳）：三葉虫の謎、早川書房
ブライアン・K・ホール著（倉谷 滋訳）、進化発生学、工作舎
カール・ジンマー著（渡邉政隆訳）：進化大全、光文社
大橋孝平：実際眼科学、金原出版
望月公子監修：ラットの解剖図譜、学窓社
猪俣孟：眼の組織・病理アトラス
萩原朗編集：眼の生理学、医学書院
ツァンチエェ、ミエットー（濱田隆士訳）：化石、小学館
坪田一男：アイバンクへの挑戦、中央公論社
P. シュレリー：妊娠したクマとザリガニの眼（相原真理子訳）白水社
KIRK N. GELATT：獣医眼科学全書（上田裕亮訳）LLLセミナー、1995
Ivan R. Schwab:Evolution's Witness, How eyes evolved. Oxford 2012
Gass JD, etal:Choroidal osteoma. Arch Ophthalmol 96:428-435,1978
望月公子訳：兎の解剖図譜（バーボ・シック、バロン・プラン著）、学窓社
サイモン・コンウエイ＝モリス著（松井孝典訳）：カンブリア紀の怪物たち、講談社
アンドリュー・パーカー著（渡邉政隆、今西康子訳）：眼の誕生、草思社
堀内二彦：Soft X Ray Unit による視器血管構築の分析、Therap.Res.vol1
堀内二彦：網膜循環の研究、日眼83（8）1979
堀内二彦：視神経内の血管構築について、日眼80（10）1977
T.Horiuchi, et al:The Xenon clearance method. xcerpta Medica,ISBN 0 444 00060 8
堀内二彦：Xenon クリアランス法の研究、日眼82（4）1974
堀内二彦、他：眼循環の研究、日眼、89（12）1985
堀内二彦：新しい検査と治療　眼内血流の測定、眼科32（10）1990
堀内二彦、他：眼循環の研究、
Therpeutic Research 7（4）1987
スティーヴン・J・グールド著（仁木帝都、渡邉政隆訳）：
個体発生と系統発生、工作舎

オオムラサキ
日本昆虫学会で国蝶に選定されている。日本各地に生息しているが、地域により絶滅が危惧されている。山梨県北杜市にはオオムラサキセンターがあり、保護活動をしている。

参考文献 2

クヌート・シュミット、ニールセン著（沼田英治、中嶋康裕訳）：動物生理学、東京大学出版
Halder G, Callaerts P, Gehring WJ.:Induction of ectopic eyes by targeted expression of the eyeless gene in Drosophila. Science. 1995 Mar24;267（5205）:1788-92.
M. K. Hauswirth WW, el al:Gene therapy for red-green color blindness in adult primates. Nature 461（7265）784-787,2009
D. I. Hamasaki:Properties of the Parietal eye of the Green iguana. Vision Res. Vol.8,,1968
D. I. Hamasaki:Spectral sensitivity of the parietal eye of the Green iguana. Vision Res. Vol.9,1969
Niwa N, Hiromi Y, Okabe M. Conserved developmental program for sensory organ formation in Drosophila melanogaster Nature Genetics, 36（3）, 293-297, 2004.
水野有武：光・眼・視覚、産業図書株式会社
水野有武：眼に効く栄養学、米田出版
ベック＆スミス：神経眼科学、POアプローチ（河合一重訳）、MEDSI社
羽根田弥太：発行生物の話、北隆館
柳川弘志、ほか：生命誕生の謎、Newton、2010、11
増田洋一郎：ヒト第一次視覚野の可塑性と安定性、神経眼科26、4、2009
サイモン・コヌエイ＝モリス：進化の運命、孤独な宇宙の必然としての人間 （遠藤一佳・更科功訳）講談社
J.B. オルトリンガム：コウモリ、進化・生態・行動 （村松澄子監修）八坂書房
神田寛行、他：人工網膜による網膜色素変性の治療、臨眼64（10）2010
北原健二：先天色覚異常、金原出版、2000
有泉豊明：北斎漫画を読む、里文出版、2010
根岸一乃：調節眼内レンズ、日本の眼科81:12、1547、2010
ニック・レーン：生命の跳躍（斉藤隆史訳）みすず書房
神谷正見：魚眼病の一例、神奈川医学会雑誌 第38巻、14-17、2011
H.Gotho、etal:The Sparkle of the Eye:the Impact of Ocular Surface Wetness on Corneal Light Reflection. Am J Ophthaloml 151:691-696、2011
中澤満：網膜色素変性症、臨床眼科65（9）1394－1397、2011
小暮久也：明日への伝言、新風舎、2004
藤田和生：比較行動学、NHK 出版、2001
吉田武史：桿体細胞の核構造と哺乳類の進化における視覚の関連について、日本の眼科81:1545、2010
富田浩史、他：チャネルロドプシンを用いた視覚再生、日本の眼科82:1602-1607、2011
今福道夫：他：魚・貝の生体図鑑、Gakken、2011
山岸明彦：アストロバイオロジー、化学同人、2013

参考文献 3

世古裕子：網膜細胞・組織の再生、日本の眼科82：1608-1611、2011日本の眼科
神田寛行、他：人工網膜による視覚再生、日本の眼科82：1612-1615、2011日本の眼科
八木透、他：眼を徹底解剖、眼のすべて、Newton2月号、2012
Mader TH, et al. Optic disc edema, globe flattening, choroidal folds, and hyperopic shifts observed in astronauts after long-duration space flight. Ophthalmology, 118:2058-2069. 2011
中山潤一、他：DNA.Newton11:18-67. 2011
Walter Metzner:Measuring disutance in tow dimensions.Nature:395、1998
Takayuki Maekawa:Animal eyes. 青菁社、2011
吉田正樹：海外医学情報、緑内障の磁気共鳴画像、日本の眼科83:2号、149-150、2012
鳥井秀成、他：近視の進行予防は可能か、眼科54（4）407-425、2012
M. F. Land, D-E Nilsson:Animal Eyes. OABS, 2012
奥沢康正：冬虫夏草の文化史、石田大成社2012年
L.A.Kramerら：宇宙飛行士の脳と眼の異常. Medical Tribune2012.7.5号
大崎茂芳：クモの糸のミステリー、中公新書、2000
M.F. LAND etal: Animal eyes. OXFORD, 2012
オリバー・サックス：心の視力、太田直子訳、早川書房、2011
モイセズ.V.マノフ：寄生虫なき病、西洋子訳、文芸春秋、2014
D.ブアスチン：大発見、鈴木主税・野中邦子共訳、集英社、2002
岩堀修明：図解、感覚器の進化、講談社、2014
尾園暁：ハムシ・ハンドブック、文一総合出版、2015
馬場友希・谷川明男：クモ・ハンドブック、文一総合出版、2015

オオコウモリ

NHK俳句　佳作　兼題「秋深し」

平成20年12月号

あとがき

ヒトを含めすべての動物は外敵から身を守り、子孫を残し、生きるために環境の変化に対応し収斂進化してきた。しかし、「知恵の実」を食べた人間は知恵を働かせ、快楽を求め、苦労せず、楽しく、豊かに生きられるように環境そのものを変えてきた。今後、ヒトは自らが変えてしまった環境の変化に伴い収斂**退化**の方向に向かうかもしれない。「我れ唯足るを知る」は、京都・竜安寺の「吾唯足知」のつくばいに刻まれた禅語である。しかし、現実的には「足らざるを憂う」ことが多いのもヒトの常である。私はかって自分の書いた書画に満足したことは一度もない。私は自分の足跡を振り返り、多くの悔いと反省のみを残している。私は自分の人生に必ずしも満足していない。そして、今後も「吾唯足知」の心境には近づけないであろう。足りて満足してしまえば終りであり、不満や反省があるから更なる進歩の原動力となり、より良き方向に収斂進化する、思っている。

平成21年の誕生日に、この小本の執筆を始めて、約２年で250余頁になった。しかし、改めて読み返すと、その文章の稚拙が気になり、その内容に不満が残り、到底、世に出す気にはなれなかった。もしかしたら、この原稿は半永久に活字にならないであろう、この原稿は永久に未完成で良いのかも知れない、とも思っていた。

我が余生ワークとして、内容が充実すれば、いつかは「吾唯足知」の心境になるかもしれない、とも思っていた。しかし、周囲の人々の強い勧めもあり、恥ずかしながら本の形に残すことになった。

このThe eyesの初版は多くの方々から誤字誤文のご指摘を頂いた。幸い、それらは第２版で修正することが出来た。そして、多くの人々の励ましで、第３版へと版を重ねることになった。第３版は走査電子顕微鏡写真を中心に、大幅な改正に挑戦してみた。

京都龍安寺の蹲踞「吾唯足知」

この本は、医学書でもなく、眼科専門書でもなく、一般書に分類されている。平素、眼について全く関心のなかった一般の人々、生物に興味のある高校生、これから医師、眼科医、眼科専門医になろうとしている人々、など幅広い読者層を対象に纏めたつもりである。

この本は私の余生ワークである以上、さらに多くの動物の眼と新たな出会いをして、版が重なることを望んでいる。この本から、今後、ヒトはどう生きるべきか、多少なりともヒントを得て頂ければ幸いである。

最後に、多くのご助言・ご協力を頂いた方、大久保修一、小暮久也、吉田正樹、増田洋一郎、林孝彰、敷島敬吾、黒木良太、黒木礼子、渡邉久子、諸氏に感謝の意を表します。また、多くの写真をご提供頂いた松井孝道氏にも甚大なる謝意を表します。

本書に対し推薦の言葉をご寄稿頂いた旭川医科大学学長吉田晃敏先生、慈恵医大眼科主任教授常岡寛先生、東京医大理事長臼井正彦先生に心より御礼申し上げます。

編集に当たり、㈱創英社／三省堂書店の編集部諸氏、特に、水野浩志氏に感謝します。

最後に、長い間私を支えてくれた、そして今後も支えてくれるであろう我が伴侶に感謝します。

靴磨く妻の鼻歌春一番

NHK俳句佳作　兼題「春一番」

著者紹介

堀内二彦
ほりうち　つぎひこ

山梨県小笠原小学校卒
山梨県増穂中学卒
山梨県立巨摩高校卒
立命館大学理工学部機械科中退
東京慈恵会医科大学卒業
米国マイアミ大学バスコンパルマー眼研究所研究員（２年間）
医学博士（網膜循環の研究）
眼科専門医
東京慈恵会医科大学眼科助教授
中巨摩医師会会長（４年間）
医療法人臨医研堀内眼科理事長（院長）

〒400-0306
山梨県南アルプス市小笠原386
堀内眼科　堀内二彦
電話：055-282-0229
FAX：055-282-7310
E-mail：tsugi3844@nifty.com

NHK俳句　佳作　兼題「冷やし酒」

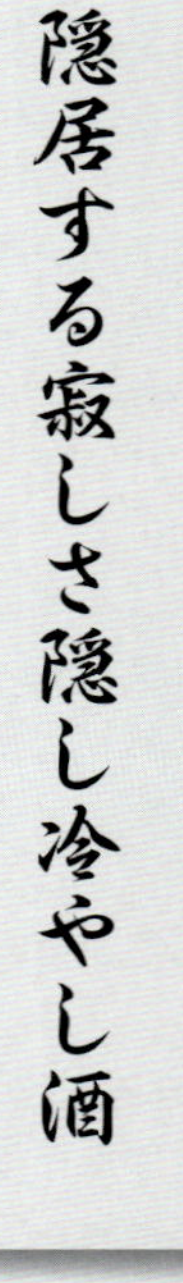

平成23年９月号

ヤスデ
刺激すると体を丸めて身を守る。
通常は渦巻状の円盤となるが、
タマヤスデは球形になる。

増補改訂版　The eyes

2012年７月14日発行	初版発行
2012年12月３日発行	２刷発行
2016年８月19日発行	増補改訂版初版発行

著者
堀内　二彦
発行・発売
創英社／三省堂書店
〒101-0051　東京都千代田区神田神保町1-1
Tel：03-3291-2295　Fax：03-3292-7687
印刷／製本
株式会社新後閑

ISBN978-4-88142-975-4 C0045